供热技术标准汇编

供 暖 卷

（第4版）

中国标准出版社 编

中国标准出版社

北 京

图书在版编目(CIP)数据

供热技术标准汇编. 供暖卷/中国标准出版社编.—4版.—北京:中国标准出版社,2023.10
ISBN 978-7-5066-9999-0

Ⅰ.①供… Ⅱ.①中… Ⅲ.①供热—标准—汇编—中国 Ⅳ.①TU833-65

中国国家版本馆CIP数据核字(2023)第143910号

中国标准出版社出版发行
北京市朝阳区和平里西街甲2号(100029)
北京市西城区三里河北街16号(100045)
网址 www.spc.net.cn
总编室:(010)68533533 发行中心:(010)51780238
读者服务部:(010)68523946
中国标准出版社秦皇岛印刷厂印刷
各地新华书店经销

*

开本 880×1230 1/16 印张 44.75 字数 1 331 千字
2023年10月第四版 2023年10月第四次印刷

*

定价 358.00 元

出版说明

《供热技术标准汇编》包括热力卷和供暖卷，涉及供热热源系统、热量分配系统、终端散热系统以及控制系统等供热工程的大部分内容。

本卷为《供热技术标准汇编　供暖卷》（第4版），收录了截至2023年1月底前发布的现行有效的技术文件共29项，其中国家标准22项、行业标准7项。

本汇编适用于从事供热技术设计、产品制造、安装调试、运行维护、节能监督等相关专业的工程技术人员参考使用，也可供从事相关专业标准化工作的人员使用。

编　者

2023年1月

目　录

ICS 27.060.30
F 04

中华人民共和国国家标准

GB/T 10820—2011
代替 GB/T 10820—2002

生活锅炉热效率及热工试验方法

Thermal efficiency and test methods of boilers for daily life

2011-09-29 发布 2012-03-01 实施

中华人民共和国国家质量监督检验检疫总局
中国国家标准化管理委员会 发布

前　言

本标准按照 GB/T 1.1—2009 给出的规则起草。

本标准代替 GB/T 10820—2002《生活锅炉热效率及热工试验方法》。

本标准与 GB/T 10820—2002 相比主要内容变化如下：

——调整了适用范围，和《生活锅炉经济运行》标准的范围基本一致，并保留了电加热锅炉和真空相变热水锅炉的相关内容；

——增加了“术语和定义”一章；

——取消了生活锅炉热效率考核条件；

——明确了本标准规定的最低热效率值仅针对新出厂锅炉；

——修订了最低热效率值，增加了排烟温度、过量空气系数、灰渣含碳量和炉体外表面温度四个参数的控制值；

——增加了热工测试项目，由原标准的只进行正平衡测试改为以正平衡为主，增加排烟温度、过量空气系数、灰渣含碳量和炉体外表面温度四个测试项目；

——在试验要求的热工况稳定所需时间中，将原来的“燃油、燃气锅炉和电加热锅炉不少于 2 h”修改为“燃油、燃气锅炉和电加热锅炉不少于 1 h”，将燃煤锅炉分为手烧燃煤锅炉和链条燃煤锅炉分别规定，并增加了对型煤锅炉的规定；

——增加了电加热锅炉热工测试前安全检查的内容；

——为保证试验过程的稳定，增加了“试验过程中试验负责人不得变动，其他试验人员不宜变动”的规定；

——在每工况试验持续时间上增加了“型煤锅炉应不少于 6 h”的规定，并将电加热锅炉每工况试验持续时间由原来 2 h 改为 1 h；

——增加了排烟温度、过量空气系数、灰渣含碳量和炉体外表面温度四个参数的测量方法；

——增加了蒸汽或给水温度与设计参数不符时进行修正的规定；

——增加了使用钠离子浓度计和电导率仪测量蒸汽湿度的方法；

——给出了热工试验的报告格式供热工试验单位参考。

本标准由全国能源基础与管理标准化技术委员会(SAC/TC 20)提出并归口。

本标准主要起草单位：中国标准化研究院、陕西省锅炉压力容器检验所、西安交通大学、青海省特种设备检验所、西安特种设备检验检测院、江苏省特种设备安全监督检验研究院无锡分院、陕西环通标准锅炉有限公司、宝鸡市海浪锅炉设备有限公司、江苏四方锅炉有限公司、陕西省渭南锅炉厂。

本标准主要起草人：张晓明、贾铁鹰、赵钦新、葛升群、李秀峰、董亚民、刘飞、马天榜、刘峰、张勤富、段绪强、孙路。

本标准所代替标准的历次版本发布情况为：

——GB/T 10820—1989、GB/T 10820—2002。

生活锅炉热效率及热工试验方法

1 范围

本标准规定了燃煤、燃油、燃气和电加热生活锅炉的出厂热效率及生活锅炉热工试验方法。

本标准适用于下列以煤、油、气为燃料或电能加热，以水为介质的固定式生活锅炉。

a) 额定工作压力小于或等于1.0 MPa且额定蒸发量小于1 t/h的蒸汽锅炉；

b) 额定热功率小于0.7 MW的承压热水锅炉；

c) 常压热水锅炉(以下简称常压锅炉)和真空相变热水锅炉(以下简称真空锅炉)。

本标准不适用于余热锅炉及不以水为介质的锅炉。

2 规范性引用文件

下列文件对于本文件的应用是必不可少的。凡是注日期的引用文件，仅注日期的版本适用于本文件。凡是不注日期的引用文件，其最新版本(包括所有的修改单)适用于本文件。

GB 252 普通柴油

GB 474 煤样的制备方法

GB/T 1576 工业锅炉水质

GB/T 2900.48 电工名词术语 锅炉

GB 5749 生活饮用水卫生标准

GB 13271 锅炉大气污染物排放标准

SH/T 0356 燃料油

3 术语和定义

GB/T 2900.48界定的以及下列术语和定义适用于本文件。为了便于使用，以下重复列出了GB/T 2900.48中的某些术语和定义。

3.1

生活锅炉 boilers for daily life

能提供一定参数的蒸汽或热水，主要用于采暖、洗浴、餐饮等生活服务的热工设备。

3.2

锅炉输入热量 boiler heating input

单位时间内输入到锅炉内燃料的热量或电加热装置输入到锅炉内的热量。

3.3

锅炉供热量 boiler heating output

单位时间内通过蒸汽、水由锅炉向外提供的热量与进入锅炉的水带入热量之差。

3.4

锅炉热效率 boiler efficiency

同一时间内锅炉供热量与锅炉输入热量的百分比。

3.5

正平衡法　direct procedue

直接测量锅炉供热量和锅炉输入热量来确定效率的方法。

3.6

排烟温度　outlet gas temperature

锅炉末级受热面后的烟气温度。

3.7

过量空气系数　excess air coefficient

排烟处实际空气量与理论空气量之比。

3.8

灰渣含碳量　carbon content in boiler slag

灰渣中碳的含量。

3.9

炉体外表面温度　outside surface temperature of boiler

锅炉炉体外表面距门、孔 300 mm 以外的炉壁温度。

4　技术要求

4.1　新出厂锅炉的最低热效率值应符合表 1～表 2 的规定。

4.2　锅炉排烟温度、过量空气系数、灰渣含碳量、炉体外表面温度的控制值可参考附录 A 表 A.1～表 A.4。

4.3　海拔高度 1 000 m 以上地区，允许根据具体情况对表 1～表 2 中燃煤、燃气和燃油锅炉的热效率规定值降低 0～5 个百分点。手烧燃煤锅炉，允许对表 1 中相应的热效率规定值降低 3 个百分点。常压锅炉，允许对表 1～表 2 中相应的热效率规定值降低 1 个百分点。表 1～表 2 中未列燃料的锅炉热效率规定值由供需双方商定。

表 1　燃煤生活锅炉应保证的最低热效率值　　%

<table>
<tr><th rowspan="3">锅炉额定蒸发量
D/(t/h)
或锅炉额定热功率
N/MW</th><th rowspan="2">褐煤</th><th colspan="3">烟煤</th><th rowspan="2">贫煤</th><th colspan="2">无烟煤</th></tr>
<tr><th>Ⅰ</th><th>Ⅱ</th><th>Ⅲ</th><th>Ⅱ</th><th>Ⅲ</th></tr>
<tr><th colspan="7">锅炉热效率</th></tr>
<tr><td>$D \leqslant 0.143$
$N \leqslant 0.1$</td><td>65</td><td>62</td><td>65</td><td>68</td><td>65</td><td rowspan="2">58</td><td rowspan="2">63</td></tr>
<tr><td>$0.143 < D < 0.5$
$0.1 < N < 0.35$</td><td>67</td><td>65</td><td>68</td><td>72</td><td>69</td></tr>
<tr><td>$0.5 \leqslant D < 1$
$0.35 \leqslant N < 0.7$</td><td>71</td><td>68</td><td>72</td><td>74</td><td>71</td><td>60</td><td>65</td></tr>
<tr><td>$0.7 \leqslant N \leqslant 1.4$</td><td>73</td><td>70</td><td>74</td><td>76</td><td>73</td><td>63</td><td>70</td></tr>
<tr><td>$N > 1.4$</td><td>75</td><td>72</td><td>76</td><td>78</td><td>75</td><td>66</td><td>74</td></tr>
<tr><td colspan="8">注：表中所列为锅炉达到额定蒸发量或额定热功率时的热效率。</td></tr>
</table>

表 2 燃油、燃气及电加热生活锅炉应保证的最低热效率值 %

锅炉额定蒸发量 D/(t/h) 或额定热功率 N/MW	燃油[a]	燃气[b]	电加热
$D<1$ $N<0.7$	86	86	97
$0.7 \leqslant N \leqslant 1.4$	88	88	
$N>1.4$	90	90	

[a] 燃油应符合 GB 252 或 SH/T 0356 的规定。

[b] 燃气指城市煤气、天然气、液化石油气。

5 热工试验

5.1 总则

5.1.1 本标准提供的热工试验方法是考核生活锅炉热效率指标的配套方法，同时适用于生活锅炉的仲裁试验及其他目的试验。

5.1.2 锅炉热效率通过正平衡法测得，同时还应测量排烟温度、过量空气系数、灰渣含碳量和炉体外表面温度。

5.1.3 锅炉蒸发量(热功率)、排烟温度、过量空气系数、灰渣含碳量和炉体外表面温度由实测确定。

5.1.4 蒸汽湿度由实测确定。

5.1.5 蒸汽发生器、热水机组及使用其他固体燃料生活锅炉的热工试验可参照本标准的有关规定执行。

5.2 试验准备

5.2.1 试验负责人应由熟悉本标准并有锅炉热工试验经验的人担任。试验负责人应根据本标准的有关规定，结合具体情况制定试验大纲。试验负责人应向有关人员(包括司炉人员)介绍试验大纲，并组织试验大纲的实施。试验大纲内容包括：

a) 试验目的和任务；

b) 试验要求；

c) 测量项目；

d) 测点布置与所用仪表、设备；

e) 试验人员组织与分工；

f) 试验日程与进度；

g) 注意事项及其他。

5.2.2 试验前应全面检查锅炉、辅机及供热系统的运行状况是否正常，如有不正常现象应予排除。对于电加热锅炉应进行电气线路、开关、控制装置、保护接地以及其他安全方面的检查，在确认一切正常后方能通电运行。

5.2.3 按照试验大纲的要求安装仪表和试验设备。

5.2.4 正式试验前，应按试验的要求和测量项目进行预备性试验，以全面检查仪表和试验设备是否正常工作，熟悉试验操作及人员的相互配合。

5.3 试验要求

5.3.1 锅炉给水和锅水应符合 GB/T 1576 的规定。饮用水锅炉的水质应符合 GB 5749 的规定。

5.3.2 正式试验前应使锅炉达到热工况稳定。自冷态点火或通电开始并连续运行到热工况稳定所需时间：

a) 对无砖墙(整装、组装)的锅炉：
   1) 燃油、燃气锅炉和电加热锅炉不少于 1 h；
   2) 手烧燃煤锅炉不少于 2 h；
   3) 链条燃煤锅炉不少于 4 h；

b) 对轻型炉墙锅炉不少于 8 h；

c) 对重型炉墙锅炉不少于 24 h；

d) 对型煤锅炉在上述规定的基础上增加 1 h。

5.3.3 正式试验应在锅炉调整到试验工况稳定运行并经确认后开始。试验过程中试验负责人不得变动，其他试验人员不宜变动。

5.3.4 锅炉的试验工况

a) 蒸汽锅炉压力不应小于设计压力的 85%，给水温度与设计值之差不应大于 10 ℃。

b) 热水锅炉进水温度、出水温度与设计值之差不应大于 5 ℃。试验时锅炉的出水压力不应小于其出口热水温度加 20 ℃的相应饱和压力；铸铁锅炉的出水压力不应小于其出口热水温度加 40 ℃的相应饱和压力。

c) 常压锅炉、真空锅炉进水温度、出水温度与设计值之差不应大于 5 ℃。

d) 实测参数不符合上述规定时，应按照 5.6.3、5.6.4 的规定对锅炉蒸发量和热效率进行修正。

e) 试验期间锅炉出力的波动不应超过 10%。

5.3.5 在试验结束时，锅筒水位和煤斗煤位均应与试验开始时一致，如不一致应进行修正；蒸汽压力与试验开始时的压力差应小于 0.02 MPa；进水温度、出水温度与试验开始时的温差应小于 2.5 ℃。试验期间过量空气系数、燃料供应量、给水量、循环水量、出水量(或进水量)、炉排速度、煤层厚度等应基本一致。

对于手烧燃煤锅炉应在正式试验前 3 min 内将炉内燃煤全部清除，立即重新点火开始计算正式试验。点火应使用准备好的木柴，不允许使用废油、棉纱、油毡等其他引燃材料。试验结束时在符合上述规定的前提下炉内燃煤应充分燃烧。

5.3.6 锅炉的进水温度、出水温度、蒸汽压力以 3 min～5 min 为间隔作对应记录，其他项目每隔 10 min～15 min 记录一次。

5.3.7 锅炉试验应在额定出力下进行两次，新产品测试时，每次试验的实测出力应不低于额定出力的 97%。对于在用生活锅炉，试验应在实际运行稳定状态下进行两次试验。两次试验测得的热效率之差：

a) 对于燃煤锅炉应不大于 4%；

b) 对于燃油、燃气锅炉和电加热锅炉均应不大于 2%。

如果两次试验测得的热效率之差大于上述规定，需重新试验，直至符合上述规定。

对于两次以上试验，其平均热效率取热效率之差为最小值的两次试验热效率进行计算。

5.3.8 每次试验持续时间：

a) 手烧燃煤锅炉应不少于 5 h；

b) 非手烧燃煤锅炉应不少于 4 h；

c) 型煤锅炉应不少于 6 h；

d) 燃油、燃气锅炉应不少于 2 h；

e) 电加热锅炉应不少于 1 h。

5.3.9 试验期间安全阀不得起跳,锅炉不得吹灰、一般情况不排污。

5.3.10 锅炉试验所使用的燃料特性应符合设计要求。

5.3.11 试验所使用的仪表应具备法定检定单位出具的检定合格证(或检定印记)并均应在检定或标定的有效期内。仪表的安装、使用应符合其产品使用说明书和有关规定。在试验开始前和结束后应对仪表进行检查。

5.3.12 试验环境温度一般应为 0 ℃~30 ℃;若为露天装置的锅炉,应避免阳光直接照射,风速大于 5.4 m/s 或雨雪天气应停止试验。

5.4 测量项目

测量项目对于不同燃料、不同输出介质(蒸汽、热水等)的锅炉是不同的。可按需要在试验大纲内明确。

5.5 测试方法及使用仪表

5.5.1 燃料取样

a) 煤的取样和制备应符合附录 B 的规定,对要求更高的煤样制备应按 GB 474 进行。

b) 燃油取样应在整个试验时间内从燃烧器前(并尽量靠近燃烧器)的管道截面上连续抽取。小型锅炉可在燃油箱中取样,用抽油管沿油箱垂直高度方向分几点(不少于 3 点)抽取。每次试验应取 2 L 以上的原始试样,在容器内搅拌均匀后,立即倒入两只约 1 L 的玻璃瓶内,加盖密封,并作上封口标记,供化验分析及备用保存。

c) 气体燃料在燃烧器前(并尽量靠近燃烧器)的管道上开一取样孔,接上燃气取样器连续取样。气体燃料的发热量可用气体量热计测定,也可按具体成分计算。

d) 燃料试样应送具备相应资质的检验机构(实验室)或有关各方认可的具备燃料化验能力的单位进行化验。

5.5.2 燃料消耗量测量

a) 对于煤、木柴,使用衡器称重,所使用衡器(包括本标准中其他用于称重的衡器)的量程应为 0 kg~100 kg,其准确度等级应不低于Ⅲ级。

b) 对于燃油,用衡器称重或由经直接称重标定过的油箱上进行测量,也可通过测量流量及密度确定燃油消耗量。所使用的油流量计,其准确度等级应不低于 0.5 级。

c) 对于气体燃料,用气体流量计测量,其准确度等级应不低于 1.5 级。气体燃料的压力和温度应在流量测点测出。

5.5.3 电加热锅炉电耗量测量

用电度表测量,其准确度等级应不低于 1.5 级。如果使用互感器,互感器准确度等级应不低于 0.5 级。

5.5.4 蒸汽流量测量

蒸汽锅炉输出蒸汽量通过测量锅炉给水流量的方法确定。

5.5.5 水流量测量

a) 给水流量、循环水量、出水量(或进水量)用标定过的水箱测量或其他流量计测量,流量计准确度等级应不低于 0.5 级，并采用累计方法。循环水量应在锅炉进水管道上测定。

b) 锅水取样量、排污量用衡器称重或用标定过的水箱测量。

5.5.6 压力测量

测量锅炉给水压力、蒸汽压力、进水压力、出水压力及气体燃料压力的压力表，其准确度等级应不低于 1.6 级。

大气压力可使用空盒气压表在被测锅炉附近测量，其示值误差应不大于 0.2 kPa。

5.5.7 温度测量

锅炉给水温度、出水温度、进水温度、气体燃料温度及排烟温度的测量，可使用水银温度计或其他测温仪表，其示值误差应不大于 0.5 ℃。测点应布置在管道上介质温度比较均匀的地方。排烟温度的测点应接近最后一级受热面出口端距离不大于 1 m 处，测温仪表插入深度应在烟道截面 1/3 至 2/3 之间。

环境温度可使用水银温度计在被测锅炉附近测量，其示值误差应不大于 1 ℃。

5.5.8 蒸汽湿度测定

蒸汽湿度的测定按附录 C 的规定。

5.5.9 排烟处过量空气系数测量

使用烟气分析仪测量，其取样点应同排烟温度测点相接近。

5.5.10 灰渣取样和含碳量化验

a) 装有机械除渣设备的锅炉，在灰渣出口处定期取样(每 15 min 取一次)。

b) 手烧锅炉应在正式测试前将炉底灰渣清理干净，每个工况测试完毕后，将炉底灰渣全部清理出炉，进行取样。

c) 每次试验采集的灰渣样不小于 20 kg。总灰渣量不足 20 kg 时，全部取样。样品制备可参考附录 B 煤的制备规定。

d) 灰渣试样应送具备相应资质的检验机构(实验室)或有关各方认可的具备化验能力的单位进行化验。

5.5.11 炉体外表面温度的测量

可用接触式测温仪或红外测温仪进行测量。炉体外表面温度的测点应均匀地布置在锅炉外表面的各个侧面和顶部，一般每平方米面积取一个测点，炉体外表面距门、孔处 300 mm 范围内不应布置测点。每个测点每隔 30 min 记录一次，以其算术平均值作为测量结果。

5.6 试验结果计算

5.6.1 锅炉供热量计算

a) 对蒸汽锅炉按式(1)计算：

$$Q = D_{gs}\left(h_{bq} - h_{gs} - \frac{r\omega}{100}\right) - G_s r \qquad (1)$$

式中：

Q ——锅炉供热量，单位为千焦每时(kJ/h)；

D_{gs}——蒸汽锅炉给水流量，单位为千克每时(kg/h)；

h_{bq} ——饱和蒸汽焓，单位为千焦每千克(kJ/kg)；

h_{gs} ——给水焓，单位为千焦每千克(kJ/kg)；
r ——汽化潜热，单位为千焦每千克(kJ/kg)；
ω ——蒸汽湿度，用质量分数表示，单位为千克每千克(kg/kg)；
G_s ——锅水取样量(计入排污量)，单位为千克每时(kg/h)。

b) 对热水锅炉、真空锅炉按式(2)计算：

$$Q=G(h_{cs}-h_{js}) \qquad \cdots\cdots(2)$$

式中：
Q ——锅炉供热量，单位为千焦每时(kJ/h)；
G ——锅炉循环水量，单位为千克每时(kg/h)；
h_{cs}——锅炉出水焓，单位为千焦每千克(kJ/kg)；
h_{js}——锅炉进水焓，单位为千焦每千克(kJ/kg)。

c) 对常压锅炉按式(3)计算：

$$Q=G_c(h_{cs}-h_{js}) \qquad \cdots\cdots(3)$$

式中：
Q ——锅炉供热量，单位为千焦每时(kJ/h)；
$G_c(G_j)$ ——锅炉出水量(或进水量)，单位为千克每时(kg/h)；
h_{cs} ——锅炉出水焓，单位为千焦每千克(kJ/kg)；
h_{js} ——锅炉进水焓，单位为千焦每千克(kJ/kg)。

5.6.2 锅炉热效率计算

a) 对燃煤锅炉按式(4)计算：

$$\eta=\frac{Q}{BQ_{net,v,ar}+B_{mc}(Q_{net,v,ar})_{mc}}\times 100\% \qquad \cdots\cdots(4)$$

式中：
η ——锅炉热效率；
Q ——锅炉供热量，单位为千焦每时(kJ/h)；
B ——煤消耗量，单位为千克每时(kg/h)；
$Q_{net,v,ar}$ ——煤收到基低位发热量，单位为千焦每千克(kJ/kg)；
B_{mc} ——木柴消耗量，单位为千克每时(kg/h)；
$(Q_{net,v,ar})_{mc}$——木柴收到基低位发热量，单位为千焦每千克(kJ/kg)。

b) 燃油锅炉按式(5)计算：

$$\eta=\frac{Q}{B_{yo}\times(Q_{net,v,ar})_{yo}}\times 100\% \qquad \cdots\cdots(5)$$

式中：
η ——锅炉热效率；
Q ——锅炉供热量，单位为千焦每时(kJ/h)；
B_{yo} ——油消耗量，单位为千克每时(kg/h)；
$(Q_{net,v,ar})_{yo}$——油收到基低位发热量，单位为千焦每千克(kJ/kg)。

c) 对燃气锅炉按式(6)计算：

$$\eta=\frac{Q}{B_q\times(Q_{net,v,ar})_q}\times 100\% \qquad \cdots\cdots(6)$$

式中：
η ——锅炉热效率；
Q ——锅炉供热量，单位为千焦每时(kJ/h)；

B_q ——气体燃料消耗量(标态),单位为立方米每时(m^3/h);

$(Q_{net,v,ar})_q$ ——气体燃料收到基低位发热量(标态),单位为千焦每立方米(kJ/m^3)。

d) 对电加热锅炉按式(7)计算:

$$\eta=\frac{Q}{3.6\times N_{dg}\times 10^3}\times 100\% \quad \cdots\cdots(7)$$

式中:

η ——锅炉热效率;

Q ——锅炉供热量,单位为千焦每时(kJ/h);

N_{dg}——电消耗量,单位为千瓦时每时(kW·h/h)。

5.6.3 蒸汽锅炉蒸发量修正方法

蒸汽锅炉蒸汽和给水的实测参数与设计不一致时,锅炉的蒸发量应按式(8)进行修正。

$$D_{zs}=D_{sc}\frac{h_{bq}-h_{gs}}{h_{bq}^{*}-h_{gs}^{*}} \quad \cdots\cdots(8)$$

式中:

D_{zs} ——折算蒸发量,单位为吨每时(t/h);

D_{sc} ——输出蒸发量,单位为吨每时(t/h);

h_{bq}、h_{gs} ——饱和蒸汽、给水的实测参数下的焓,单位为千焦每千克(kJ/kg);

h_{bq}^{*}、h_{gs}^{*} ——饱和蒸汽、给水的设计参数下的焓,单位为千焦每千克(kJ/kg)。

5.6.4 热水锅炉热效率修正方法

热水锅炉的实际出水温度平均值与设计出水温度偏差超过−5 ℃时,应对测试效率进行折算。对于燃煤锅炉,出水温度每低于设计出水温度 15 ℃时,效率数值下降 1%;对燃油、燃气锅炉,出水温度每低于设计出水温度 25 ℃时,效率数值下降 1%。不足或大于上述温度时,按比例折算。

5.7 试验报告

5.7.1 试验报告的内容和格式可参考附录 D,但应包括下列内容:

a) 锅炉型号、出厂日期、产品编号和锅炉制造厂名称;

b) 委托单位;

c) 试验地点、试验日期;

d) 试验负责单位、试验负责人和人员;

e) 燃料和灰渣化验单位;

f) 试验目的、任务和要求;

g) 锅炉设计数据综合表;

h) 测点布置图及测量仪表、设备说明;

i) 试验工况说明及结果分析;

j) 试验数据计算结果汇总表。

5.7.2 编写试验报告时,锅炉设计数据综合表、试验数据计算结果汇总表应根据本标准要求,选择必要的项目填写。

5.7.3 试验原始数据应存档备查。

附　录　A
（规范性附录）
排烟温度、过量空气系数、灰渣含碳量、炉体外表面温度的控制值

表 A.1　生活锅炉排烟温度控制值

单位为摄氏度

锅炉类型	蒸汽锅炉		热水锅炉	
燃料种类	燃煤	油、气	燃煤	油、气
排烟温度	<230	<210	<200	<180
注：表中所列规定值为锅炉在额定负荷下运行时的排烟温度值。				

表 A.2　生活锅炉过量空气系数控制值

使用燃料	散煤		型煤		油、气
通风方式	自然通风	机械通风	自然通风	机械通风	—
过量空气系数	<2.0	<1.75	<2.2	<2.0	<1.3
注：燃用无烟煤的锅炉，不受表内数值限制。					

表 A.3　燃煤生活锅炉灰渣含碳量控制值

%

锅炉额定蒸发量 D/(t/h) 或锅炉额定热功率 N/(MW)	褐煤	烟煤			贫煤	无烟煤	
		Ⅰ	Ⅱ	Ⅲ		Ⅱ	Ⅲ
$D<1$ $N<0.7$	≤18	≤20	≤18	≤17	≤18	≤24	≤21
$0.7 \leqslant N \leqslant 1.4$	≤18	≤19	≤18	≤16	≤18	≤21	≤18
$N>1.4$	≤16	≤18	≤16	≤14	≤16	≤18	≤15

表 A.4　生活锅炉炉体外表面温度控制值

单位为摄氏度

炉体部位	侧面	炉顶
炉体外表面距门、孔 300 mm 以外的温度	≤50	≤70

附 录 B
（规范性附录）
煤的取样和制备

B.1 生活锅炉的上煤先用车从煤场拉至磅秤，过磅后再送至炉前煤斗，取样应紧接在过秤前小车上或炉前地面上进行。取样部位一般在小车上距离四角 5 cm 处和中心部位五点取样；在地面上一般在煤堆四周高于地面 10 cm 以上处，取样不得少于 5 点；在皮带输送机上取样应用铁铲横截煤流，时间要间隔均匀。上述取样方法每点或每次重量不得少于 0.5 kg，取好后的煤样应放入带盖容器中，以防煤中水分蒸发。每次试验所取的原始煤样数量不少于总燃煤量的 1%，且总取样量不少于 10 kg。

B.2 取化验室煤样，原始煤样应经过混合缩分。混合时把原始煤样放入方形铁皮盘中或铁板上，先将大粒煤破碎，通过 13 mm 以下分样筛后，再进行充分搅拌缩分。煤样的缩分简易方法是采用堆掺四分法缩分。操作时用平板铁锹将煤铲起，不应过多，自上而下撒落在锥体的顶端，使其均匀地落在锥体四周，反复三次，以使煤样的粒度分布均匀；然后用锹从锥体顶端压平，形成一个饼状，再分成四个形状相等的扇形体，将相对的两个扇形体抛去。再继续照同样的方法进行掺合和缩分，直到所需煤样重量为止。一般缩分到不小于 2 kg，分为两份装入容器内，并严密封口，一份送化验室，一份保存备查。

附 录 C
（规范性附录）
蒸汽湿度的测定

C.1 蒸汽和锅水样的采集

蒸汽取样器的结构和安装如图 C.1 所示。

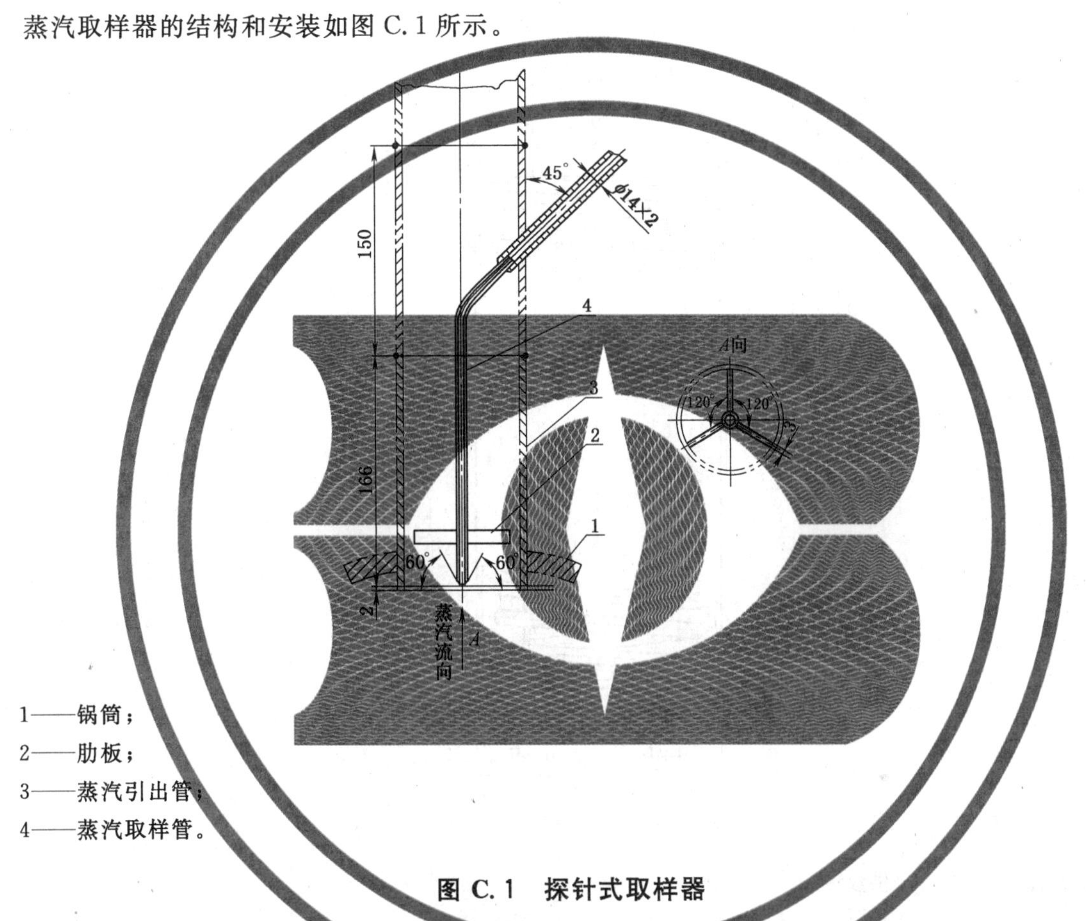

1——锅筒；
2——肋板；
3——蒸汽引出管；
4——蒸汽取样管。

图 C.1 探针式取样器

为使蒸汽取样管取出的蒸汽含水量与蒸汽引出管中的含水量一致，蒸汽取样管中的速度应和蒸汽引出管中蒸汽速度相等，等速取样时蒸汽试样流量可按式(C.1)决定：

$$D_{qi}=\frac{d_{qi}^{2}}{d^{2}}D_{sc} \qquad \cdots\cdots(C.1)$$

式中：

D_{qi}——蒸汽试样流量，单位为千克每时(kg/h)；

d_{qi}——蒸汽取样管孔内径，单位为毫米(mm)；

d——蒸汽引出管内径，单位为毫米(mm)；

D_{sc}——锅炉输出蒸汽量，单位为千克每时(kg/h)。

锅水取样点应从具有代表锅水浓度的管道上引出。

蒸汽和锅水样品，必须通过冷却器冷却到低于 30 ℃～40 ℃。取样管道与设备必须用不影响分析的耐蚀材料制成。蒸汽和锅水样品应保持常流，以确保样品有充分的代表性。

盛取蒸汽凝结水样品必须是塑料制成的瓶，盛取锅水样品的容器也可以用硬质玻璃瓶。采样前，应先将取样瓶彻底清洗干净，采样时再用水样冲洗三次以后，按计算的试样流量取样，取样后应迅速盖上瓶塞。

在试验期间应定期同时对锅水和蒸汽进行取样和测定。

取样冷却器的结构如图C.2所示。

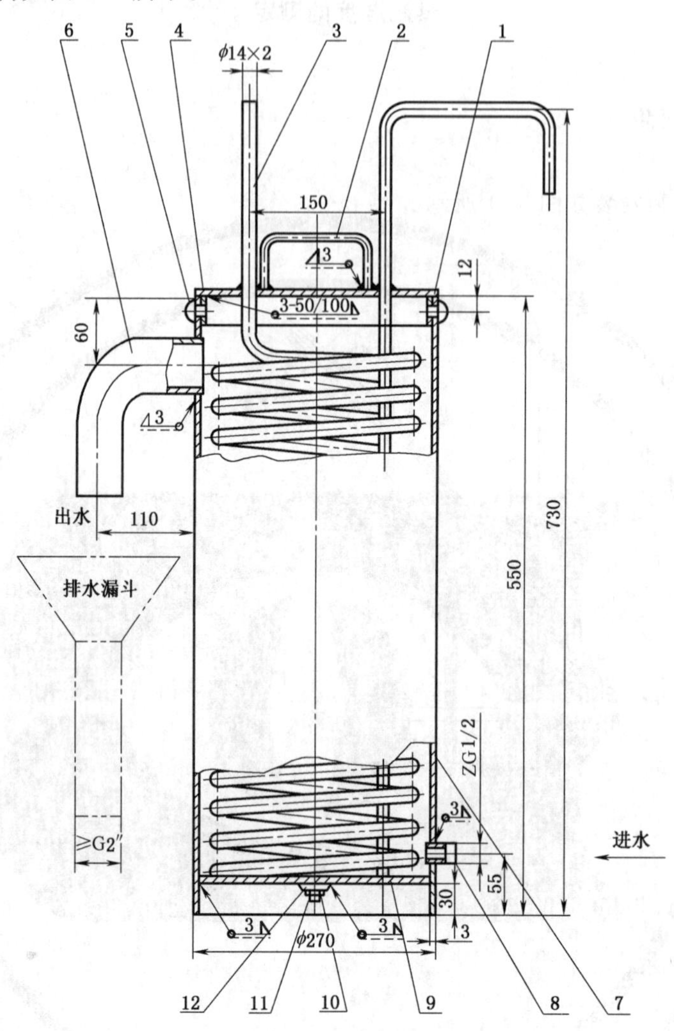

注：图示件号与尺寸仅供参考。

图C.2 取样冷却器

C.2 氯根法(硝酸银容量法)测定蒸汽湿度

C.2.1 测定原理

在中性(pH 7左右)溶液中，氯化物与硝酸银作用生成白色氯化银沉淀，过量的硝酸银与铬酸钾作用生成红色铬酸银沉淀，使溶液显橙色，即为滴定终点。滴入的硝酸银量可以表示出溶液中的氯化物含量。

用氯根法测得的蒸汽和锅水氯根含量之比的质量分数称为蒸汽湿度。

C.2.2 试剂及材料

a) 氯化钠：基准试剂。

b) 硝酸银。

c) 氢氧化钠标准滴定溶液：$c(NaOH)=0.1$ mol/L。

d) 硫酸标准滴定溶液：$c(H_2SO_4)=0.05$ mol/L。

e) 氯化钠标准溶液(1 mL 含 1 mg 氯离子)及配制：
取氯化钠 3 g～4 g 置于瓷坩埚内，于高温炉内升温至 500 ℃灼烧 10 min，然后放入干燥器内冷却至室温。准确称取 1.649 g 氯化钠，先溶于少量蒸馏水，然后稀释至 1 000 mL。

f) 硝酸银标准溶液(1 mL 相当于 1 mg 氯离子)及配制：
称取 5 g 硝酸银溶于 1 000 mL 蒸馏水中配制成硝酸银溶液，以氯化钠标准溶液进行标定。标定方法如下：
于三个锥形瓶中，用移液管分别注入 10 mL 氯化钠标准溶液，再各加入 90 mL 蒸馏水及 1 mL 10％铬酸钾指示剂，均用硝酸银溶液滴定至橙色，分别记录硝酸银溶液的消耗量。以平均值计算。但三个平行试验数值间的相对误差应小于 0.25％。
另取 100 mL 蒸馏水作空白试验，除不加氯化钠标准溶液外，其他步骤同上。记录硝酸银溶液的消耗量 V_1。
硝酸银溶液浓度(T)按式(C.2)计算：

$$T=\frac{10\times c}{V-V_1} \qquad \text{(C.2)}$$

式中：
T ——硝酸银溶液浓度，单位为毫克每毫升(mg/mL)；
V_1——空白试验消耗硝酸银溶液的体积，单位为毫升(mL)；
V ——氯化钠标准溶液消耗硝酸银溶液的平均体积，单位为毫升(mL)；
10——氯化钠标准溶液的体积，单位为毫升(mL)；
c ——氯化钠标准溶液的浓度，单位为毫克每毫升(mg/mL)。
最后调整硝酸银溶液，使其成为 1 mL 相当于 1 mg 氯离子的硝酸银标准溶液。

g) 10％铬酸钾指示剂。

h) 1％酚酞指示剂(乙醇为溶剂)。

C.2.3 测定方法

a) 量取 100 mL 水样于锥形瓶中，加 2～3 滴 1％酚酞指示剂，若显红色，即用硫酸标准滴定溶液[C.2.2d)]滴至无色；若不显红色，则用氢氧化钠标准滴定溶液[C.2.2c)]滴至微红色，然后以硫酸标准滴定溶液[C.2.2d)]滴回至无色，再加入 1 mL 10％铬酸钾指示剂。

b) 用硝酸银标准溶液滴定至橙色，记录硝酸银标准溶液的消耗体积 V_1。同时作空白试验[方法同 C.2.2f)中的空白试验]，记录硝酸银标准溶液的消耗体积 V_2。

氯根(Cl^-)含量 X 按式(C.3)计算：

$$X=\frac{(V_1-V_2)\times 1.0}{V-V_1}\times 1\,000 \qquad \text{(C.3)}$$

式中：
X ——氯根(Cl^-)含量，单位为毫克每升(mg/L)；
V_1 ——滴定水样消耗硝酸银标准溶液的体积，单位为毫升(mL)；
V_2 ——滴定空白试样消耗硝酸银标准溶液的体积，单位为毫升(mL)；
1.0——硝酸银标准溶液的滴定度，1 mL 相当于 1 mg 氯离子；
V ——水样的体积，单位为毫升(mL)。

C.2.4 测定水样时注意事项

a) 如水样中氯离子含量小于5 mg/L,可将硝酸银标准溶液稀释为1 mL相当于0.5 mg氯离子后使用。

b) 为了便于观察终点,可另取100 mL水样加1 mL铬酸钾指示剂作对照。

c) 为便于滴定,宜取10 mL锅水水样加蒸馏水稀释至100 mL后,按上述规定的方法进行滴定。

C.3 钠度计法测定蒸汽湿度

C.3.1 用钠离子浓度计进行蒸汽含盐量的测定,测量方法按该仪器的说明书进行操作。

C.3.2 蒸汽湿度按照式(C.4)计算:

$$蒸汽湿度=\frac{蒸汽冷凝水钠离子含量(mg/kg)}{锅水钠离子含量(mg/kg)}\times 100\% \qquad (C.4)$$

C.4 电导率法测定蒸汽湿度

C.4.1 用电导率仪进行蒸汽湿度的测定,测量方法按该仪器的说明书进行操作。

C.4.2 电极常数按电极上标定的系数进行操作。

C.4.3 蒸汽湿度按照式(C.5)计算:

$$蒸汽湿度=\frac{蒸汽冷凝水电导率值(\mu s/\Omega)}{锅水电导率值(\mu s/\Omega)}\times 100\% \qquad (C.5)$$

附 录 D
（资料性附录）
生活锅炉热工试验报告

报告编号：　　　　　　　　　　　　　　　　　　　　　　　　　　　　共　页　　第　页

<table>
<tr><td>产品名称</td><td></td><td>锅炉型号</td><td></td></tr>
<tr><td>出厂日期</td><td></td><td>产品编号</td><td></td></tr>
<tr><td>锅炉制造厂</td><td colspan="3"></td></tr>
<tr><td>委托单位</td><td colspan="3"></td></tr>
<tr><td>试验地点</td><td colspan="3"></td></tr>
<tr><td>试验日期</td><td colspan="3"></td></tr>
<tr><td>试验负责单位</td><td colspan="3"></td></tr>
<tr><td>燃料及灰渣分析化验单位</td><td colspan="3"></td></tr>
<tr><td>试验依据</td><td colspan="3"></td></tr>
<tr><td>试验项目</td><td colspan="3"></td></tr>
<tr><td>试验结果及说明</td><td colspan="3"></td></tr>
<tr><td colspan="4">试验人员：</td></tr>
<tr><td colspan="2">试验负责人：　　　　年　月　日</td><td colspan="2" rowspan="4">（检验专用章）
年　　月　　日</td></tr>
<tr><td colspan="2">编　制：　　　　年　月　日</td></tr>
<tr><td colspan="2">审　核：　　　　年　月　日</td></tr>
<tr><td colspan="2">批　准：　　　　年　月　日</td></tr>
</table>

报告编号：　　　　　　　　　　　　　　　　　　　　　　　　　　　　　　　　共　页　第　页

试验的目的和要求：

本次试验的目的是试验________________________热工性能；出具测试综合数据报告。

本次试验依据________________________标准进行。

一、锅炉主要设计参数

序号	名　称	符号	单位	设计数据
(一)锅炉一般特性				
1	蒸汽锅炉额定蒸发量	D_e	t/h	
2	热水锅炉额定热功率	N_e	MW	
3	常压锅炉额定热功率	N_e	MW	
4	真空锅炉额定热功率	N_e	MW	
5	蒸汽锅炉锅筒蒸汽压力	p	MPa	
6	蒸汽锅炉给水温度	t_{gs}	℃	
7	热水锅炉循环水量	G	kg/h	
8	热水锅炉进水温度	t_{js}	℃	
9	热水锅炉出水温度	t_{cs}	℃	
10	热水锅炉进水压力	p_{js}	MPa	
11	热水锅炉出水压力	p_{cs}	MPa	
12	常压锅炉进水温度	t_{js}	℃	
13	常压锅炉出水温度	t_{cs}	℃	
14	真空锅炉锅筒压力	p	kPa	
15	真空锅炉循环水量	G	kg/h	
16	真空锅炉进水温度	t_{js}	℃	
17	真空锅炉出水温度	t_{cs}	℃	
18	真空锅炉进水压力	p_{js}	MPa	
19	真空锅炉出水压力	p_{cs}	MPa	
20	锅炉热效率	η	%	
21	燃料品种	—	—	
22	燃料消耗量(标态)	B	kg/h；m^3/h	
23	电加热锅炉电消耗量	N_{dg}	(kW·h)/h	

二、试验仪表及设备

序号	仪表名称	仪器编号	型号规格	测量范围	精度	备注

三、测点布置图(略)

四、试验数据及计算结果汇总

序号	名　称	符号	单位	计算公式或数据来源	试验数据	
					第一工况	第二工况
1	煤收到基低位发热量	$Q_{net,v,ar}$	kJ/kg	化验数据		
2	木柴收到基低位发热量	$(Q_{net,v,ar})_{mc}$	kJ/kg	取经验数据:12 545 kJ/kg		
3	燃油收到基低位发热量	$(Q_{net,v,ar})_{yo}$	kJ/kg	化验数据		
4	气体燃料收到基低位发热量(标态)	$(Q_{net,v,ar})_{q}$	kJ/m³	化验数据		
5	给水流量	D_{gs}	kg/h	试验数据		
6	锅水取样量(计入排污量)	G_s	kg/h	试验数据		
7	输出蒸汽量	D_{sc}	kg/h	$D_{gs}-G_s$		
8	蒸汽压力	p	MPa	试验数据		
9	饱和蒸汽焓	h_{bq}	kJ/kg	查表		
10	蒸汽湿度	ω	%	试验数据		
11	汽化潜热	r	kJ/kg	查表		
12	给水温度	t_{gs}	℃	试验数据		
13	给水压力	p_{gs}	MPa	试验数据		
14	给水焓	h_{gs}	kJ/kg	查表		
15	热水锅炉或真空锅炉循环水量	G	kg/h	试验数据		
16	常压锅炉出水量(或进水量)	$G_c(G_j)$	kg/h	试验数据		
17	进水压力	p_{js}	MPa	试验数据		
18	进水温度	t_{js}	℃	试验数据		
19	进水焓	h_{js}	kJ/kg	查表		
20	出水压力	p_{cs}	MPa	试验数据		
21	出水温度	t_{cs}	℃	试验数据		
22	出水焓	h_{cs}	kJ/kg	查表		

续表

序号	名　　称	符号	单位	计算公式或数据来源	试验数据	
					第一工况	第二工况
23	锅炉供热量	Q	kJ/h	蒸汽锅炉按式(1)计算 热水锅炉、真空锅炉按式(2)计算 常压锅炉按式(3)计算		
24	锅炉热功率	N	MW	$N=Q/36\times10^{-5}$		
25	锅炉平均热功率	$\overline{N}$	MW	$\overline{N}=(N_1+N_2)/2$		
26	煤消耗量	B	kg/h	试验数据		
27	木柴消耗量	B_{mc}	kg/h	试验数据		
28	油消耗量	B_{yo}	kg/h	试验数据		
29	气体燃料温度	t_q	℃	试验数据		
30	气体燃料压力	p_q	MPa	试验数据		
31	排烟温度	t_{py}	℃	试验数据		
32	过量空气系数	α_{py}		试验数据		
33	炉体外表面温度	t_{lb}	℃	试验数据		
34	灰渣含碳量	C_{lz}	%	化验数据		
35	大气压力	p_d	hPa	试验数据		
36	环境温度	t_o	℃	试验数据		
37	气体燃料消耗量(标态)	B_q	m^3/h	试验数据		
38	电加热锅炉电消耗量	N_{dg}	(kW·h)/h	试验数据		
39	试验时间	S	h	试验数据		
40	锅炉热效率	η	%	燃煤锅炉按式(4)计算 燃油锅炉按式(5)计算 燃气锅炉按式(6)计算 电加热锅炉按式(7)计算		
41	两次热效率差值	$\Delta\eta$	%	$\Delta\eta=\|\eta_1-\eta_2\|$		
42	平均热效率	$\overline{\eta}$	%	$\overline{\eta}=(\eta_1+\eta_2)/2$		

五、测试工况说明及结果分析

测试工况说明：____

测试结果有效性分析：____________________________________

ICS 75.160.30
P 45

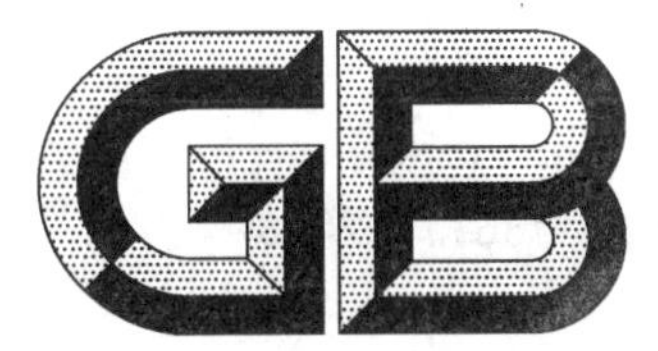

中华人民共和国国家标准

GB/T 13611—2018
代替 GB/T 13611—2006

城镇燃气分类和基本特性

Classification and basic characteristics of city gas

2018-03-15 发布　　　　2019-02-01 实施

中华人民共和国国家质量监督检验检疫总局
中国国家标准化管理委员会　发布

前 言

本标准按照 GB/T 1.1—2009 给出的规则起草。

本标准代替 GB/T 13611—2006《城镇燃气分类和基本特性》，与 GB/T 13611—2006 相比主要技术变化如下：

——修改了城镇燃气分类原则（见 4.1，2006 年版的 4.1）；

——修改了城镇燃气的类别及特性指标（见 4.3，2006 年版的 4.3）；

——增加了液化石油气混空气、二甲醚气、沼气（见 4.3）；

——修改了城镇燃气的试验气（见 4.4，2006 年版的 4.4）；

——增加了城镇燃气燃烧器具试验气测试压力（见 4.5）；

——增加了试验用气的配制方法（见附录 B）；

——删除了本标准与 BS EN437：1994 和 EN 30-1-1：1999 的对比（见 2006 年版的附录 C）。

本标准由中华人民共和国住房和城乡建设部提出并归口。

本标准起草单位：中国市政工程华北设计研究总院有限公司、石油工业天然气质量监督检验中心、深圳市燃气集团股份有限公司、济南港华燃气有限公司、北京市燃气集团研究院、中国燃气控股有限公司、昆仑能源有限公司、青岛经济技术开发区海尔热水器有限公司、宁波方太厨具有限公司、艾欧史密斯（中国）热水器有限公司、芜湖美的厨卫电器制造有限公司、广东万家乐燃气具有限公司、广东万和新电气股份有限公司、北京菲斯曼供热技术有限公司、能率（中国）投资有限公司、浙江帅丰电器有限公司、博西华电器（江苏）有限公司、中山百得厨卫有限公司、上海梦地工业自动控制系统股份有限公司 、瑞必科净化设备（上海）有限公司、国家燃气用具质量监督检验中心。

本标准主要起草人：高文学、王启、周理、刘建辉、郭军、刘丽珍、高慧娜、苗永健、刘云、郑军妹、毕大岩、徐国平、余少言、张华平、邵柏桂、张坤东、邵于佶、王海云、高强、金建民、白学萍、渠艳红。

本标准所代替标准历次版本发布情况为：

——GB/T 13611—1992、GB/T 13611—2006。

城镇燃气分类和基本特性

1 范围

本标准规定了城镇燃气的分类原则、特性指标计算方法、类别和特性指标要求、城镇燃气试验气，以及城镇燃气燃烧器具试验气测试压力。

本标准适用于作为城镇燃料使用的各种燃气的分类。

2 规范性引用文件

下列文件对于本文件的应用是必不可少的。凡是注日期的引用文件，仅注日期的版本适用于本文件。凡是不注日期的引用文件，其最新版本(包括所有的修改单)适用于本文件。

GB/T 11062 天然气 发热量、密度、相对密度和沃泊指数的计算方法

3 术语和定义

下列术语和定义适用于本文件。

3.1

城镇燃气 city gas

符合规范的燃气质量要求，供给居民生活、商业(公共建筑)和工业企业生产作燃料用的公用性质的燃气。

注：城镇燃气一般包括人工煤气、天然气、液化石油气、液化石油气混空气、二甲醚气、沼气。

3.2

基准状态 reference conditions

温度为 15 ℃，绝对压力为 101.325 kPa 条件下的干燥燃气状态。

[GB/T 16411—2008，定义 3.1]

3.3

热值 heating value; calorific value

规定量的燃气完全燃烧所释放出的热量。

注：其中，释放出的包括烟气中水蒸气汽化潜热在内的热量称为高热值，释放出的不包括烟气中水蒸气汽化潜热的热量称为低热值。

[改写 GB/T 12206—2006，定义 3.1]

3.4

相对密度 relative density; specific gravity

一定体积干燃气的质量与同温度同压力下等体积的干空气质量的比值。

注：相对密度为无量纲量，以符号 d 表示。

[GB/T 12206—2006，定义 3.5]

3.5

华白数 Wobbe number; Wobbe index

燃气的热值与其相对密度平方根的比值。

3.6

基准气　reference gas

基准燃气

代表某一类燃气的标准气体。

3.7

界限气　limit gas

界限燃气

根据燃气允许的波动范围配制的标准气体。

4　分类原则

城镇燃气应按燃气类别及其特性指标华白数 W 分类，并应控制华白数 W 和热值 H 的波动范围。

5　特性指标计算方法

5.1　热值

热值可按式(1)计算：

$$H=\frac{1}{100}(H_1f_1+H_2f_2+H_3f_3+\cdots H_nf_n)=\frac{1}{100}\sum_{r=1}^{n}H_rf_r \quad \cdots\cdots(1)$$

式中：

H ——燃气热值(分高热值 H_s 和低热值 H_i)，单位为兆焦耳每立方米(MJ/m^3)；

H_r ——燃气中 r 可燃组分的热值，单位为兆焦耳每立方米(MJ/m^3)；

f_r ——燃气中 r 可燃组分的体积分数，%。

5.2　相对密度

相对密度可按式(2)计算：

$$d=\frac{1}{100}(d_1f_1+d_2f_2+d_3f_3+\cdots d_nf_n)=\frac{1}{100}\sum_{v=1}^{n}d_vf_v \quad \cdots\cdots(2)$$

式中：

d ——燃气相对密度(空气相对密度为 1)；

d_v ——燃气中 v 可燃组分的相对密度；

f_v ——燃气中 v 可燃组分的体积分数，%。

5.3　华白数

华白数可按式(3)计算：

$$W=\frac{H}{\sqrt{d}} \quad \cdots\cdots(3)$$

式中：

W ——燃气华白数(分高华白数 W_s 和低华白数 W_i)，单位为兆焦耳每立方米(MJ/m^3)；

H ——燃气热值(分高热值 H_s 和低热值 H_i)，单位为兆焦耳每立方米(MJ/m^3)；

d ——燃气相对密度(空气相对密度为 1)。

6 类别及特性指标

城镇燃气的类别及特性指标(15 ℃,101.325 kPa,干)应符合表1的规定。

表1 城镇燃气的类别及特性指标

类别		高华白数 W_s/(MJ/m³)		高热值 H_s/(MJ/m³)	
		标准	范围	标准	范围
人工煤气	3R	13.92	12.65～14.81	11.10	9.99～12.21
	4R	17.53	16.23～19.03	12.69	11.42～13.96
	5R	21.57	19.81～23.17	15.31	13.78～16.85
	6R	25.70	23.85～27.95	17.06	15.36～18.77
	7R	31.00	28.57～33.12	18.38	16.54～20.21
天然气	3T	13.30	12.42～14.41	12.91	11.62～14.20
	4T	17.16	15.77～18.56	16.41	14.77～18.05
	10T	41.52	39.06～44.84	32.24	31.97～35.46
	12T	50.72	45.66～54.77	37.78	31.97～43.57
液化石油气	19Y	76.84	72.86～87.33	95.65	88.52～126.21
	22Y	87.33	72.86～87.33	125.81	88.52～126.21
	20Y	79.59	72.86～87.33	103.19	88.52～126.21
液化石油气混空气	12YK	50.70	45.71～57.29	59.85	53.87～65.84
二甲醚[a]	12E	47.45	46.98～47.45	59.87	59.27～59.87
沼气	6Z	23.14	21.66～25.17	22.22	20.00～24.44

注1:燃气类别,以燃气的高华白数按原单位为kcal/m³时的数值,除以1 000后取整表示,如12T,即指高华白数约计为12 000 kcal/m³时的天然气。

注2:3T、4T为矿井气或混空轻烃燃气,其燃烧特性接近天然气。

注3:10T、12T天然气包括干井气、油田气、煤层气、页岩气、煤制天然气、生物天然气。

[a] 二甲醚气应仅用作单一气源,不应掺混使用。

7 试验气

7.1 配制城镇燃气试验气所用单一气体的质量应符合附录A的规定。

7.2 所配试验气(15 ℃,101.325 kPa,干)宜符合表2的规定。

表 2 城镇燃气试验气

<table>
<tr><th colspan="2" rowspan="2">类别</th><th rowspan="2">试验气</th><th rowspan="2">体积分数/%</th><th rowspan="2">相对密度 d</th><th colspan="2">热值/(MJ/m³)</th><th colspan="2">华白数/(MJ/m³)</th><th rowspan="2">理论干烟气中 CO_2 体积分数/%</th></tr>
<tr><th>H_i</th><th>H_s</th><th>W_i</th><th>W_s</th></tr>
<tr><td rowspan="20">人工煤气</td><td rowspan="4">3R</td><td>0</td><td>$f_{CH_4}=9, f_{H_2}=51, f_{N_2}=40$</td><td>0.472</td><td>8.27</td><td>9.57</td><td>12.04</td><td>13.92</td><td>4.23</td></tr>
<tr><td>1</td><td>$f_{CH_4}=13, f_{H_2}=46, f_{N_2}=41$</td><td>0.500</td><td>9.12</td><td>10.48</td><td>12.89</td><td>14.81</td><td>5.45</td></tr>
<tr><td>2</td><td>$f_{CH_4}=7, f_{H_2}=55, f_{N_2}=38$</td><td>0.445</td><td>8.00</td><td>9.30</td><td>12.00</td><td>13.94</td><td>3.48</td></tr>
<tr><td>3</td><td>$f_{CH_4}=16, f_{H_2}=32, f_{N_2}=52$</td><td>0.614</td><td>8.71</td><td>9.92</td><td>11.12</td><td>12.65</td><td>6.44</td></tr>
<tr><td rowspan="4">4R</td><td>0</td><td>$f_{CH_4}=8, f_{H_2}=63, f_{N_2}=29$</td><td>0.369</td><td>9.16</td><td>10.64</td><td>15.08</td><td>17.53</td><td>3.71</td></tr>
<tr><td>1</td><td>$f_{CH_4}=13, f_{H_2}=58, f_{N_2}=29$</td><td>0.393</td><td>10.35</td><td>11.93</td><td>16.51</td><td>19.03</td><td>5.22</td></tr>
<tr><td>2</td><td>$f_{CH_4}=6, f_{H_2}=67, f_{N_2}=27$</td><td>0.341</td><td>8.89</td><td>10.37</td><td>15.22</td><td>17.76</td><td>2.94</td></tr>
<tr><td>3</td><td>$f_{CH_4}=18, f_{H_2}=41, f_{N_2}=41$</td><td>0.525</td><td>10.31</td><td>11.76</td><td>14.23</td><td>16.23</td><td>6.63</td></tr>
<tr><td rowspan="4">5R</td><td>0</td><td>$f_{CH_4}=19, f_{H_2}=54, f_{N_2}=27$</td><td>0.404</td><td>11.98</td><td>13.71</td><td>18.85</td><td>21.57</td><td>6.54</td></tr>
<tr><td>1</td><td>$f_{CH_4}=25, f_{H_2}=48, f_{N_2}=27$</td><td>0.433</td><td>13.41</td><td>15.25</td><td>20.37</td><td>23.17</td><td>7.57</td></tr>
<tr><td>2</td><td>$f_{CH_4}=18, f_{H_2}=55, f_{N_2}=27$</td><td>0.399</td><td>11.74</td><td>13.45</td><td>18.58</td><td>21.29</td><td>6.34</td></tr>
<tr><td>3</td><td>$f_{CH_4}=29, f_{H_2}=32, f_{N_2}=39$</td><td>0.560</td><td>13.13</td><td>14.83</td><td>17.55</td><td>19.81</td><td>8.37</td></tr>
<tr><td rowspan="4">6R</td><td>0</td><td>$f_{CH_4}=22, f_{H_2}=58, f_{N_2}=20$</td><td>0.356</td><td>13.41</td><td>15.33</td><td>22.48</td><td>25.70</td><td>6.95</td></tr>
<tr><td>1</td><td>$f_{CH_4}=29, f_{H_2}=52, f_{N_2}=19$</td><td>0.381</td><td>15.18</td><td>17.25</td><td>24.60</td><td>27.95</td><td>7.97</td></tr>
<tr><td>2</td><td>$f_{CH_4}=22, f_{H_2}=59, f_{N_2}=19$</td><td>0.347</td><td>13.51</td><td>15.45</td><td>22.94</td><td>26.23</td><td>6.93</td></tr>
<tr><td>3</td><td>$f_{CH_4}=34, f_{H_2}=35, f_{N_2}=31$</td><td>0.513</td><td>15.14</td><td>17.08</td><td>21.14</td><td>23.85</td><td>8.79</td></tr>
<tr><td rowspan="4">7R</td><td>0</td><td>$f_{CH_4}=27, f_{H_2}=60, f_{N_2}=13$</td><td>0.317</td><td>15.31</td><td>17.46</td><td>27.19</td><td>31.00</td><td>7.58</td></tr>
<tr><td>1</td><td>$f_{CH_4}=34, f_{H_2}=54, f_{N_2}=12$</td><td>0.342</td><td>17.08</td><td>19.38</td><td>29.20</td><td>33.12</td><td>8.43</td></tr>
<tr><td>2</td><td>$f_{CH_4}=25, f_{H_2}=63, f_{N_2}=12$</td><td>0.299</td><td>14.94</td><td>17.07</td><td>27.34</td><td>31.23</td><td>7.28</td></tr>
<tr><td>3</td><td>$f_{CH_4}=40, f_{H_2}=37, f_{N_2}=23$</td><td>0.470</td><td>17.39</td><td>19.59</td><td>25.36</td><td>28.57</td><td>9.23</td></tr>
<tr><td rowspan="11">天然气</td><td rowspan="4">3T</td><td>0</td><td>$f_{CH_4}=32.5, f_{Air}=67.5$</td><td>0.853</td><td>11.06</td><td>12.28</td><td>11.97</td><td>13.30</td><td>13.19</td></tr>
<tr><td>1</td><td>$f_{CH_4}=35, f_{Air}=65$</td><td>0.842</td><td>11.91</td><td>13.22</td><td>12.98</td><td>14.41</td><td>13.19</td></tr>
<tr><td>2</td><td>$f_{CH_4}=16, f_{H_2}=34, f_{N_2}=50$</td><td>0.596</td><td>8.92</td><td>10.16</td><td>11.55</td><td>13.16</td><td>15.65</td></tr>
<tr><td>3</td><td>$f_{CH_4}=30.5, f_{Air}=69.5$</td><td>0.862</td><td>10.37</td><td>11.52</td><td>11.18</td><td>12.42</td><td>11.73</td></tr>
<tr><td rowspan="4">4T</td><td>0</td><td>$f_{CH_4}=41, f_{Air}=59$</td><td>0.815</td><td>13.95</td><td>15.49</td><td>15.45</td><td>17.16</td><td>11.73</td></tr>
<tr><td>1</td><td>$f_{CH_4}=44, f_{Air}=56$</td><td>0.802</td><td>14.97</td><td>16.62</td><td>16.71</td><td>18.56</td><td>11.73</td></tr>
<tr><td>2</td><td>$f_{CH_4}=22, f_{H_2}=36, f_{N_2}=42$</td><td>0.553</td><td>11.16</td><td>12.67</td><td>15.01</td><td>17.03</td><td>7.40</td></tr>
<tr><td>3</td><td>$f_{CH_4}=38, f_{Air}=62$</td><td>0.828</td><td>12.93</td><td>14.36</td><td>14.20</td><td>15.77</td><td>11.73</td></tr>
<tr><td rowspan="3">10T</td><td>0</td><td>$f_{CH_4}=86, f_{N_2}=14$</td><td>0.613</td><td>29.25</td><td>32.49</td><td>37.38</td><td>41.52</td><td>11.51</td></tr>
<tr><td>1</td><td>$f_{CH_4}=80, f_{C_3H_8}=7, f_{N_2}=13$</td><td>0.678</td><td>33.37</td><td>36.92</td><td>40.53</td><td>44.84</td><td>11.92</td></tr>
<tr><td>2</td><td>$f_{CH_4}=70, f_{H_2}=19, f_{N_2}=11$</td><td>0.508</td><td>25.75</td><td>28.75</td><td>36.13</td><td>40.33</td><td>10.88</td></tr>
</table>

表 2（续）

类别		试验气	体积分数/%	相对密度 d	热值/(MJ/m^3)		华白数/(MJ/m^3)		理论干烟气中 CO_2 体积分数/%
					H_i	H_s	W_i	W_s	
天然气	10T	3	$f_{CH_4}=82, f_{N_2}=18$	0.629	27.89	30.98	35.17	39.06	11.44
	12T	0	$f_{CH_4}=100$	0.555	34.02	37.78	45.67	50.72	11.73
		1	$f_{CH_4}=87, f_{C_3H_8}=13$	0.684	41.03	45.30	49.61	54.77	12.29
		2	$f_{CH_4}=77, f_{H_2}=23$	0.443	28.54	31.87	42.87	47.88	11.01
		3	$f_{CH_4}=92.5, f_{N_2}=7.5$	0.586	31.46	34.95	41.11	45.66	11.62
液化石油气	19Y	0	$f_{C_3H_8}=100$	1.550	88.00	95.65	70.69	76.84	13.76
		1	$f_{C_4H_{10}}=100$	2.076	116.09	125.81	80.58	87.33	14.06
		2	$f_{C_3H_6}=100$	1.476	82.78	88.52	68.14	72.86	15.05
		3	$f_{C_3H_8}=100$	1.550	88.00	95.65	70.69	76.84	13.76
	22Y	0	$f_{C_4H_{10}}=100$	2.076	116.09	125.81	80.58	87.33	14.06
		1	$f_{C_4H_{10}}=100$	2.076	116.09	125.81	80.58	87.33	14.06
		2	$f_{C_3H_6}=100$	1.476	82.78	88.52	68.14	72.86	15.05
		3	$f_{C_3H_8}=100$	1.550	88.00	95.65	70.69	76.84	13.76
	20Y	0	$f_{C_3H_8}=75, f_{C_4H_{10}}=25$	1.682	95.02	103.19	73.28	79.59	13.85
		1	$f_{C_4H_{10}}=100$	2.076	116.09	125.81	80.58	87.33	14.06
		2	$f_{C_3H_6}=100$	1.476	82.78	88.52	68.14	72.86	15.05
		3	$f_{C_3H_8}=100$	1.550	88.00	95.65	70.69	76.84	13.76
液混气	12YK	0	$f_{LPG}=58, f_{Air}=42$	1.393	55.11	59.85	46.69	50.70	13.85
		1	$f_{C_4H_{10}}=58, f_{Air}=42$	1.622	67.33	72.97	52.87	57.29	14.06
		2	$f_{LPG}=48, f_{Air}=42, f_{H_2}=10$	1.232	46.63	50.74	42.01	45.71	13.62
		3	$f_{C_3H_8}=55, f_{Air}=40, f_{N_2}=5$	1.299	48.40	52.61	42.46	46.16	13.70
二甲醚	12E	0	$f_{CH_3OCH_3}=100$	1.592	55.46	59.87	43.96	47.45	15.05
		1	$f_{CH_3OCH_3}=87, f_{C_3H_8}=13$	1.587	59.69	64.52	47.39	51.23	14.80
		2	$f_{CH_3OCH_3}=77, f_{H_2}=23$	1.242	45.05	48.88	40.43	43.86	14.44
		3	$f_{CH_3OCH_3}=92.5, f_{N_2}=7.5$	1.545	51.30	55.38	41.27	44.55	14.96
沼气	6Z	0	$f_{CH_4}=53, f_{N_2}=47$	0.749	18.03	20.02	20.84	23.14	10.63
		1	$f_{CH_4}=57, f_{N_2}=43$	0.732	19.39	21.54	22.66	25.17	10.78
		2	$f_{CH_4}=41, f_{H_2}=21, f_{N_2}=38$	0.610	16.09	18.03	20.61	23.09	9.60
		3	$f_{CH_4}=50, f_{N_2}=50$	0.761	17.01	18.89	19.50	21.66	10.50

注 1：空气(Air)的体积分数：$f_{O_2}=21\%$，$f_{N_2}=79\%$。

注 2：试验气：0——基准气，1——黄焰和不完全燃烧界限气，2——回火界限气，3——脱火界限气。

注 3：12YK-0，2 中所用 LPG 为 20Y-0 气组分。

注 4：相对密度 d、热值 H 和华白数 W 依据附录 A 中 A.3 的规定计算确定。

7.3 当试验用气不能按照表 2 规定的试验气体积分数进行配制时，可参照附录 B 规定的方法配制。

8 燃烧器具试验气测试压力

8.1 家用燃气燃烧器具试验气测试压力

家用燃气燃烧器具试验气测试压力(表压)应符合表 3 的规定。

表 3 城镇家用燃气燃烧器具的试验气测试压力

单位为千帕

序号	类别		额定压力	最小压力	最大压力
1	人工煤气 R	3R	1.0	0.5	1.5
		4R	1.0	0.5	1.5
		5R	1.0	0.5	1.5
		6R	1.0	0.5	1.5
		7R	1.0	0.5	1.5
2	天然气 T	3T	1.0	0.5	1.5
		4T	1.0	0.5	1.5
		10T	2.0	1.0	3.0
		12T	2.0	1.0	3.0
3	液化石油气 Y	19Y	2.8	2.0	3.3
		22Y	2.8	2.0	3.3
		20Y	2.8	2.0	3.3
4	液化石油气混空气 YK	12YK	2.0	1.0	3.0
5	二甲醚 E	12E	2.0	1.0	3.0
6	沼气 Z	6Z	1.6	0.8	2.4

8.2 非家用燃气燃烧器具试验气测试压力

非家用燃气燃烧器具试验气测试压力及其波动范围，宜按照各用户用气设备的额定压力确定。

附 录 A
（规范性附录）
配制试验气所用单一气体的质量要求及特性值

A.1 配制试验气所用单一气体，其纯度不应低于下述值：

a) 氮气（N_2）99%；

b) 氢气（H_2）99%；

c) 甲烷（CH_4）95%；

d) 丙烯（C_3H_6）95%；

e) 丙烷（C_3H_8）95%；

f) 丁烷（C_4H_{10}）95%；

g) 以上 c)、d)、e)、f) 中氢、一氧化碳和氧总含量应低于 1%，氮和二氧化碳总含量应低于 2%。

A.2 当甲烷供应有困难时，可选用当地天然气代替；当丙烷、丁烷和丙烯供应有困难时，可选用液化石油气代替；但配制试验气的华白数 W 与给定值的误差应在 ±2% 规定范围内。

A.3 配制试验气用的各种单一气体，其相对密度 d 和热值 H 应按 GB/T 11062 的规定计算确定，常用的单一气体特性值（15 ℃、101.325 kPa，干）应采用表 A.1 的规定值。

表 A.1 常用的单一气体特性值

成分	相对密度 d	热值/（MJ/m³）		理论干烟气中 CO_2 体积分数/%
		H_i	H_s	
空气（Air）	1.000 0	—	—	—
氧（O_2）	1.105 3	—	—	—
氮（N_2）	0.967 1	—	—	—
二氧化碳（CO_2）	1.527 5	—	—	—
一氧化碳（CO）	0.967 2	11.966 0	11.966 0	34.72
氢（H_2）	0.069 53	10.216 9	12.094 7	—
甲烷（CH_4）	0.554 8	34.016 0	37.781 6	11.73
乙烯（C_2H_4）	0.974 5	56.320 5	60.104 7	15.06
乙烷（C_2H_6）	1.046 7	60.948 1	66.636 4	13.19
丙烯（C_3H_6）	1.475 9	82.784 6	88.516 3	15.06
丙烷（C_3H_8）	1.549 6	87.995 1	95.652 2	13.76
1-丁烯（C_4H_8）	1.996 3	110.787 1	118.536 2	15.06
异丁烷（i-C_4H_{10}）	2.072 3	115.710 5	125.416 8	14.06
正丁烷（n-C_4H_{10}）	2.078 7	116.472 6	126.209 0	14.06
丁烷（C_4H_{10}）	2.075 5	116.089 7	125.811 0	14.06
戊烷（C_5H_{12}）	2.657 5	147.684 5	159.717 8	14.25

注 1：气体的 d、H_i、H_s 为按 GB/T 11062 中的理想气体值除以压缩因子计算所得。

注 2：C_4H_{10} 的体积分数：i-C_4H_{10}=50%，n-C_4H_{10}=50%。

注 3：干空气的真实气体密度：ρ_{Air}（288.15 K，101.325 kPa）=1.225 4 kg/m³。

注 4：干空气的体积分数：O_2=21%，N_2=79%。

注 5：燃烧和计量的参比条件均为 15 ℃、101.325 kPa。

附 录 B
(资料性附录)
试验用气的配制方法

B.1 一般要求

B.1.1 人工煤气应采用原料气甲烷、氢气、氮气进行配制。

B.1.2 天然气,以甲烷组分为主,宜采用甲烷、氮气、丙烷或丁烷进行配制。

B.1.3 天然气回火界限气,宜采用甲烷、氢气、丙烷或丁烷等进行配制。

B.1.4 用于燃气具实验室抽样检验、型式检验时,不应使用液化石油气混空气作为天然气类燃具的测试气源。

B.2 人工煤气

B.2.1 以甲烷、氢气及氮气为原料气配气时,可采用控制试验气和基准气的华白数、燃烧速度指数两个参数相等(同)以得到需要的试验气中各组分含量,可按式(B.1)、式(B.2)、式(B.3)进行计算:

试验气华白数:

$$W_s = \frac{H_{s,CH_4} f_{CH_4} + H_{s,H_2} f_{H_2}}{10 \cdot \sqrt{100 \cdot d_{N_2} + (d_{CH_4} - d_{N_2}) f_{CH_4} + (d_{H_2} - d_{N_2}) f_{H_2}}} = W_{s,0} \qquad \cdots\cdots (B.1)$$

试验气燃烧速度指数:

$$S_F = \frac{10 \cdot (f_{H_2} + 0.3 f_{CH_4})}{\sqrt{100 \cdot d_{N_2} + (d_{CH_4} - d_{N_2}) f_{CH_4} + (d_{H_2} - d_{N_2}) f_{H_2}}} = S_{F,0} \qquad \cdots\cdots (B.2)$$

其氮气组分:

$$f_{N_2} = 100 - (f_{CH_4} + f_{H_2}) \qquad \cdots\cdots (B.3)$$

式中:

$W_{s,0}$ ——准备替代的基准气源的华白数,单位为兆焦耳每立方米(MJ/m^3);

$S_{F,0}$ ——准备替代的基准气源的燃烧速度指数;

f_{CH_4}、f_{H_2}、f_{N_2} ——分别为试验气中甲烷、氢气及氮气成分的体积分数,%;

H_{s,CH_4}、H_{s,H_2} ——分别为甲烷及氢气的高热值,单位为兆焦耳每立方米(MJ/m^3);

d_{CH_4}、d_{H_2} 及 d_{N_2} ——分别为甲烷、氢气及氮气的相对密度。

注:$W_{s,0}$ 与 $S_{F,0}$,可解联立方程式(B.1)、式(B.2)、式(B.3),求得试验气中甲烷、氢气及氮气的体积分数。

B.2.2 燃烧速度指数 S_F 可按式(B.4)和式(B.5)计算:

$$S_F = k \times \frac{1.0 f_{H_2} + 0.6(f_{C_mH_n} + f_{CO}) + 0.3 f_{CH_4}}{\sqrt{d}} \qquad \cdots\cdots (B.4)$$

$$k = 1 + 0.005\,4 \times f_{O_2}^2 \qquad \cdots\cdots (B.5)$$

式中:

S_F ——燃烧速度指数;

f_{H_2} ——燃气中氢气体积分数,%;

$f_{C_mH_n}$ ——燃气中除甲烷以外碳氢化合物体积分数,%;

f_{CO} ——燃气中一氧化碳体积分数,%;
f_{CH_4} ——燃气中甲烷体积分数,%;
d ——燃气相对密度(空气相对密度为1);
k ——燃气中氧气含量修正系数;
f_{O_2} ——燃气中氧气体积分数,%。

B.3 天然气

B.3.1 原料气

天然气类试验气配制时,应采用甲烷、氢气、氮气、丙烷或丁烷作为配气原料气,其原料气中甲烷含量不宜低于80%,配制的试验气性质宜采用原天然气基准气性质。

B.3.2 配气计算

B.3.2.1 计算方法

B.3.2.1.1 天然气试验气的燃烧特性参数宜选取燃气的华白数、热值,依据式(B.6)、式(B.7)、式(B.8)进行计算,并应校核黄焰指数:

试验气华白数:

$$W_s=\frac{H_{s,CH_4}f_{CH_4}+H_{s,H_2}f_{H_2}+H_{s,C_3H_8}f_{C_3H_8}}{10\cdot\sqrt{100\cdot d_{N_2}+(d_{CH_4}-d_{N_2})f_{CH_4}+(d_{H_2}-d_{N_2})f_{H_2}+(d_{C_3H_8}-d_{N_2})f_{C_3H_8}}}=W_{s,0} \qquad \text{(B.6)}$$

试验气热值:

$$H_s=\frac{1}{100}(H_{s,CH_4}f_{CH_4}+H_{s,H_2}f_{H_2}+H_{s,C_3H_8}f_{C_3H_8})=H_{s,0} \qquad \text{(B.7)}$$

其氮气组分:

$$f_{N_2}=100-(f_{CH_4}+f_{H_2}+f_{C_3H_8}) \qquad \text{(B.8)}$$

式中:

f_{CH_4}、f_{H_2}、f_{N_2}、$f_{C_3H_8}$ ——试验气中甲烷、氢气、氮气及丙烷成分的体积分数,%;
H_{s,CH_4}、H_{s,H_2}、H_{s,C_3H_8} ——分别为甲烷、氢气及丙烷的高热值,单位为兆焦耳每立方米(MJ/m^3);
d_{CH_4}、d_{H_2}、$d_{C_3H_8}$及d_{N_2} ——分别为甲烷、氢气、丙烷及氮气的相对密度。

注:设$W_{s,0}$、$H_{s,0}$分别为准备替代的基准气源的华白数、热值,通过解联立方程式(B.6)、式(B.7)、式(B.8),来求得试验气中甲烷、氢气、丙烷及氮气的体积分数。

B.3.2.2 配气原料气更换

当配气原料气为甲烷、氢气、氮气、丁烷时,可将式(B.6)、式(B.7)、式(B.8)中的丙烷各参数更换为丁烷的对应值。

B.3.2.3 黄焰指数 I_Y

B.3.2.3.1 人工煤气的黄焰指数可按式(B.9)计算,计算结果不应大于80:

$$I_Y=(1-0.314\frac{f_{O_2}}{H_s})\frac{\sum_{r=1}^{n}y_rf_r}{\sqrt{d}} \qquad \text{(B.9)}$$

式中：

I_Y ——燃气黄焰指数；

y_r ——燃气中 r 碳氢化合物的黄焰系数，数值见表 B.1；

f_r ——燃气中的 r 碳氢化合物的体积分数，%；

d ——燃气相对密度；

f_{O_2}——燃气中的氧气体积分数，%；

H_s——燃气的高热值，单位为兆焦耳每立方米（MJ/m³）。

B.3.2.3.2 天然气的黄焰指数可按式（B.10）计算，计算结果不应大于 210：

$$I_Y = (1 - 0.418\,7\frac{f_{O_2}}{H_s})\frac{\sum_{r=1}^{n} y_r f_r}{\sqrt{d}} \qquad \cdots\cdots(B.10)$$

式中各符号含义与式（B.9）相同。

表 B.1 各种碳氢化合物对应的黄焰系数

碳氢化合物	CH_4	C_2H_6	C_2H_4	C_2H_2	C_3H_8	C_3H_6	C_4H_{10}	C_4H_8	C_5H_{12}	C_6H_6
黄焰系数	1.0	2.85	2.65	2.40	4.8	4.8	6.8	6.8	8.8	20

B.4 液化石油气

液化石油气试验气配制时，配制方法可参照 B.2 或 B.3，其黄焰指数可按式（B.11）计算：

$$I_Y = \frac{\sum y_r f_r}{\sqrt{d}} \qquad \cdots\cdots(B.11)$$

式中各符号含义与式（B.9）相同。

B.5 其他类别燃气

除人工煤气、天然气、液化石油气之外类别的燃气试验气的配制，亦可参照上述方法进行。

参 考 文 献

[1] GB/T 3606—2001 家用沼气灶
[2] GB 11174—2011 液化石油气
[3] GB/T 12206—2006 城镇燃气热值和相对密度测定方法
[4] GB/T 13612—2006 人工煤气
[5] GB/T 16411—2008 家用燃气用具通用试验方法
[6] GB 17820—2012 天然气
[7] GB/T 19205—2008 天然气标准参比条件
[8] GB 25035—2010 城镇燃气用二甲醚
[9] CJ/T 341—2010 混空轻烃燃气
[10] NB/T 12003—2016 煤制天然气

ICS 91.140.01
P 45

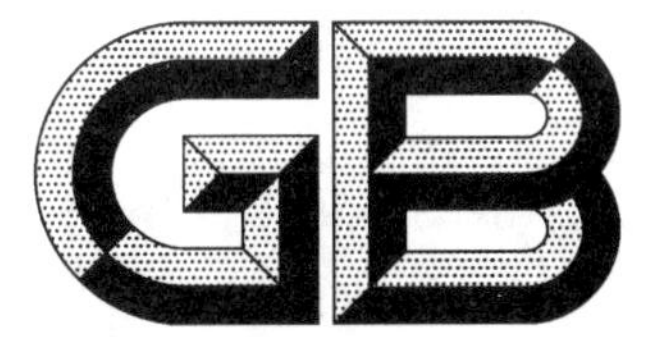

中华人民共和国国家标准

GB/T 16803—2018
代替 GB/T 16803—1997

供暖、通风、空调、净化设备术语

Equipment of heating, ventilating, air conditioning and air cleaning terminology

2018-05-14 发布　　　　2019-04-01 实施

国家市场监督管理总局
中国国家标准化管理委员会　发布

前　言

本标准按照 GB/T 1.1—2009 给出的规则起草。

本标准代替 GB/T 16803—1997《采暖、通风、空调、净化设备　术语》，与 GB/T 16803—1997 相比主要技术变化如下：

——修改了范围；

——增加了供暖设备中户式热源、辐射供暖装置、电供暖设备和热计量装置等内容；

——增加了空调设备中辐射供冷装置、独立式空调设备和新风换气机等内容；

——调整了消声器一节的位置，由空调设备调到通风设备。

本标准由中华人民共和国住房和城乡建设部提出。

本标准由全国暖通空调及净化设备标准化技术委员会(SAC/TC 143)归口。

本标准负责起草单位：中国建筑科学研究院。

本标准参加起草单位：天津大学、同济大学、重庆大学、清华大学、广东省建筑科学研究院集团股份有限公司、昆山市建设工程质量检测中心、四川省建筑科学研究院、曼瑞德集团有限公司、珠海格力电器股份有限公司、上海兰舍空气技术有限公司、昆山台佳机电有限公司、上海博卡实业有限公司、三菱重工空调系统(上海)有限公司、上海声望声学科技股份有限公司、宁波和邦检测研究有限公司、上海帝广机电工程技术有限公司、北京格润爱科技有限公司、安徽安泽电工有限公司、中建三局第一建设工程有限责任公司。

本标准主要起草人：路宾、凌继红、刘东、卢军、赵彬、张昕宇、李丹、王东青、李颖、刘晓华、谢玲、余鹏、胡建华、张红、张保红、陈进、王红丹、何辉、俞平权、张贵华、王欢、董波、党相兵、刘春兴、张峻业、王亮。

本标准所代替标准的历次版本发布情况为：

——GB/T 16803—1997。

供暖、通风、空调、净化设备术语

1 范围

本标准界定了供暖、通风、空调、净化设备的构造、性能通用术语和定义。

本标准适用于供暖、通风、空调、净化设备的设计、生产和应用，也适用于供暖、通风、空调、净化设备的科研、教学和出版工作。

本标准不适用于锅炉等热源设备和交通工具使用的供暖设备、消烟、排毒设备和通用的风机等通风设备以及交通工具和特殊用途的空调设备。

2 供暖设备

2.1 通用术语

2.1.1

散热器标准散热量　standard heating capacity of radiator

在标准测试工况下的散热器散热量。

2.1.2

电供暖散热器额定散热量　rated heating capacity of electric heating radiator

在额定电压下，电供暖散热器满负荷工作时，散热器的输入电功率。

2.1.3

暖风机额定供热量　rated heating capacity of unit heater

额定工况下，暖风机供给空气的热量。

2.1.4

工作压力　working pressure

保证设备正常工作时的允许最大压力。

2.1.5

金属热强度　thermal output per weight per temperature difference of radiator

散热器在标准测试工况下，每单位过余温度下单位质量金属的散热量。

注：单位为 W/(kg·K)。

2.1.6

散热器供暖　radiator heating

利用散热器向室内传热的供暖方式。

2.1.7

热风供暖　warm-air heating

以热空气作为供暖介质的对流供暖方式。

2.1.8

辐射供暖　radiant heating

以辐射传热为主的供暖方式。

2.1.9

集中供暖　centralized heating

热源和散热设备分别设置，用热媒管道相连接，由热源向多个热力入口或热用户供给热量的供暖方式。

2.1.10

分散供暖　decentralized heating

热用户由自备的小型热源向室内供给热量的供暖方式，热源和散热设备可以分别设置或合为一体。

2.2　供暖末端

2.2.1

散热器　radiator

以对流和辐射方式向供暖房间传递热量的设备。

2.2.1.1

灰铸铁柱型散热器　cast iron column-type radiator

以灰铸铁为材质，由具有中空柱的散热片组成的散热器。

2.2.1.2

灰铸铁翼型散热器　cast iron wing-type radiator

以灰铸铁为材质，管外具有翼片的散热器。包括柱翼型、长翼型、圆翼型、方翼型等。

2.2.1.3

钢管散热器　steel tube radiator

以钢为材质，由具有中空柱的散热片组成的散热器。

2.2.1.4

钢制板型散热器　steel panel radiator

以钢制金属板压制焊接而成的散热器。

2.2.1.5

钢制扁管型散热器　steel flat tube-type radiator

以钢制扁管与散热片焊接而成的散热器。

2.2.1.6

串片散热器　finned tube radiator

以金属管、片串接而成的散热器。

2.2.1.7

排管散热器　tubular radiator

以若干金属管焊接呈栅型的散热器。

2.2.1.8

铜铝复合柱翼型散热器　copper-aluminum column-wing type radiator

由铜管立柱与铝翼管胀接复合后，再与上下铜管联箱组合焊接成型的复合型散热器。

2.2.1.9

钢铝复合散热器　steel-aluminum compound radiator

由钢管立柱与铝翼管胀接复合后，再与上下钢管联箱组合焊接成型的复合型散热器。

2.2.1.10

压铸铝合金散热器　die-casting aluminum alloy radiator

以铝合金为材质，采用压铸工艺加工而成的散热器，包括整体式、组合式和复合式。

2.2.1.11

铝制柱翼型散热器　aluminum column-wing type radiator

由铝翼管立柱与上下铝制联箱组合焊接成型的散热器。

2.2.1.12

铜管对流散热器　copper tube convector

以铜管铝串片为散热元件的自然对流散热器。

2.2.1.13

卫浴型散热器　bath room radiator

用于卫生间、浴室、厨房等场所，具有装饰性和其他特定辅助功能的散热器。

2.2.1.14

钢制翅片管对流散热器　steel finned-tube convector

以钢管与钢带通过高频焊接成为散热元件的自然对流散热器。

2.2.1.15

铝塑复合型散热器　aluminum-plastic compound radiator

由塑料管立柱与铝翼管过盈复合后，再与上下塑料三通组合，通过专用焊机采用承插式热熔焊接组装而成的散热器。

2.2.2

辐射供暖装置　radiant heating unit

以辐射传热为主的供暖装置。

2.2.2.1

地面辐射供暖　floor radiant heating

加热元件敷设在地面中的辐射供暖方式，俗称地暖。

2.2.2.2

顶棚辐射供暖　ceiling radiant heating

加热元件敷设在顶棚内的辐射供暖方式。

2.2.2.3

墙壁辐射供暖　wall radiant heating

加热元件敷设在墙壁中的辐射供暖方式。

2.2.2.4

毛细管辐射供暖　capillary mat radiant heating

辐射末端采用细小管道，加工成并联的网栅，直接铺设于地面、顶棚或墙面的一种热水辐射供暖方式。

2.2.2.5

金属辐射板　metal radiant panel

以金属板为辐射面，由金属管或塑料管、金属板为主体构成的以辐射传热为主的散热装置。

2.2.2.6

非金属辐射板　nonmetal radiant panel

以非金属板为辐射面，由塑料管、聚乙烯隔热材料、石墨板等非金属为主体构成的以辐射传热为主的散热装置。

2.2.3

电热供暖装置　electric heating unit

以电为能源，将电能转化成热能，以对流和辐射方式向供暖房间传递热量的设备。

2.2.3.1

电供暖散热器　electric heating radiator

以电为能源，将电能转化成热能，通过温度控制器实现供暖控制的散热器。

2.2.3.2

直接作用式电供暖散热器　direct-acting electric heating radiator

将热能直接传到建筑物内的电供暖散热器，也称直热式电暖器。

2.2.3.3

蓄热式电供暖散热器　thermal storage electric heating radiator

将热能通过蓄热介质进行储存，在需要时将所储存的热量用于建筑物供暖的电供暖散热器。

2.2.3.4

低温辐射电热膜　low temperature electric radiant heating film

以供暖为目的，通电后能够发热的薄膜，电绝缘材料与封装其内的发热电阻材料组成平面型发热元件，工作时表面温度不超过 60 ℃，主要以辐射方式传递热量。

2.2.3.5

加热电缆　heating cable

以供暖为目的，通电后能够发热的电缆。

2.2.3.6

电热红外线辐射器　electric heating infrared radiator

以电作为能源，主要以红外线的形式传递辐射热的高温供暖装置。

2.2.4

燃气红外线辐射器　gas-fired infrared radiator

利用可燃气体在辐射器中燃烧，主要以红外线的形式传递辐射热的辐射供暖装置。

2.2.5

暖风机　unit heater

由通风机、空气加热器和风口等联合组成的热风供暖装置。

2.3　户式热源

2.3.1

户式空气源热泵　household air source heat pump

采用单台名义制冷量不大于 50 kW 的空气源热泵冷热水机组或空气源多联式热泵热水机组作为热源，通过制冷剂-水换热装置产生热水，为单独用户的供暖末端设施和生活热水提供热源的设备。

2.3.2

户式燃气炉　household gas boiler

以燃气为能源，保证一户或几户生活用热为目标，采用自动控制其燃烧达到供暖及供生活热水的器具。

2.3.2.1

燃气供暖热水炉　gas-fired heating and hot water combi-boiler

以燃气作为能源，额定热输入不大于 70 kW，系统工作压力不大于 0.3 MPa，工作时水温不大于 95 ℃，采用大气式燃烧器或风机辅助式燃烧器或全预混式燃烧器的供暖热水两用型或单供暖型器具。

2.3.2.2

冷凝式燃气暖浴两用炉　condensing gas-fired heating and hot water combi-boiler

以燃气作为能源，额定热输入不大于 70 kW，系统工作压力不大于 0.3 MPa，工作时水温不大于

95 ℃,采用风机辅助大气式燃烧器或全预混式燃烧器,燃烧烟气中水蒸汽被部分冷凝,其冷凝过程中释放的潜热被有效利用的供暖热水两用型器具。

2.3.3

太阳能集热器　solar collector

吸收太阳辐射并将产生的热能传递到传热介质的装置。

2.3.3.1

平板型太阳能集热器　flat plate solar collector

吸收体表面基本为平板形状的非聚光型太阳能集热器。

2.3.3.2

聚光型太阳能集热器　concentrating solar collector

利用反射器、透镜或其他光学器件将进入采光口的太阳辐射改变方向并汇聚到吸热体上的太阳能集热器。

2.3.3.3

真空管型太阳能集热器　evacuated tube solar collector

采用透明管(通常为玻璃管)并在管壁和吸热体之间有真空空间的太阳能集热器。

2.3.3.4

太阳能空气工质集热器　air heating solar collector

传热工质为空气的太阳能集热器。

2.3.3.5

太阳能液体工质集热器　liquid heating solar collector

传热工质为液体的太阳能集热器。

2.4　供暖部件

2.4.1

换热器　heat exchanger

温度不同的介质在其中进行热量交换的设备,也称热交换器。

2.4.1.1

水-水式换热器　water-to-water type heat exchanger

加热用的热媒和被加热的介质均为水的换热器。

2.4.1.2

汽-水式换热器　steam-to-water type heat exchanger

加热用的热媒为蒸汽,被加热的介质为水的换热器。

2.4.1.3

表面式换热器　surface-type heat exchanger

被加热的水与热媒不直接接触,而通过金属表面进行换热的换热器。包括管壳式、套管式、板式、螺旋板式换热器等,也称间接式换热器。

2.4.1.4

汽-水混合式换热器　steam-water mixed heat exchanger

使蒸汽(热媒)和水(被加热介质)直接接触进行混合而实现换热的换热器。包括淋水式、喷管式换热器等。

2.4.2

换热机组　heat exchanger

由换热器、水泵、过滤器、阀门、仪表、控制系统及附属设备等组成，以实现流体间热量交换的整体换热装置。

2.4.3

混水装置　water-water mixing unit

热水系统中，使供回水相混合，从而达到所要求参数的装置。

2.4.4

系统附件　system fittings

用于供暖系统的辅助设备。

2.4.4.1

膨胀水箱　expansion tank

热水系统中对水体积的膨胀和收缩起调剂补偿等作用的水箱。

2.4.4.2

分集水器　manifold

供暖水系统中，连接供回水干管和各分支管道，由分水器主体与集水器主体组成的用于集中分配和汇集各分支管道水量的装置。

2.4.4.3

分水器　supply water distribution header

供暖水系统中，用于向各个分支系统集中分配水量的截面较大的配水装置。

2.4.4.4

集水器　return water collecting header

供暖水系统中，用于汇集各个分支系统回水的截面较大的集水装置。

2.4.4.5

手动排气阀　manual vent

安装在散热器上，手动排除空气的装置。

2.4.4.6

自动排气阀　automatic vent

安装在管路或散热器上，自动排除空气的装置。

2.4.4.7

集气罐　air collector

用以聚集和排除热水供暖系统中空气的装置。

2.4.4.8

疏水器　steam trap

从蒸汽供暖系统中排除凝结水，同时阻止蒸汽通过的装置。

2.4.4.9

除污器　strainer

阻留热水供暖系统中污物的装置。

2.4.5

阀门　valve

供暖空调水系统中用于调节系统流量和压力的装置。

2.4.5.1

平衡阀 balancing valve

用于进行系统阻力平衡或流量平衡的阀门。

2.4.5.2

静态水力平衡阀 static hydraulic balancing valve

能够利用阀体上设置的测孔，使用流量测量仪表测量流经阀门的流量，通过手动调节阀门阻力，使水力管网达到系统水力平衡的专用调节阀门。

2.4.5.3

自力式压差控制阀 self-operated differential pressure control valve

无需系统外部动力驱动，依靠自身的机械动作，能够在工作压差范围内保持压差稳定的控制阀。

2.4.5.4

自力式流量控制阀 self-operated flow control valve

无需系统外部动力驱动，依靠自身的机械动作，能够在工作压差范围内保持流量稳定的控制阀。

2.4.5.5

调节阀 control valve

通过手动或自动调节阀门开度，能够有效地改变管段水流量的阀门。

2.4.5.6

锁闭调节阀 lock and adjust valve

需用专用工具方可开启，具有关断与调节功能的阀门。

2.4.5.7

电动调节阀 motorized valve

由电动执行机构和调节阀组合成的流量调节装置。包括比例调节阀和通断调节阀。

2.4.5.8

气动调节阀 pneumatic valve

由气动执行机构和调节阀组合成的流量调节装置。

2.4.5.9

电磁阀 solenoid valve

以电磁铁作为动力元件，以电磁铁的吸、放对小口径阀门作通断两种状态控制的阀门。

2.4.6

温度控制装置 temperature control equipment

通过调节阀门的开度，实现控制空气温度在限定范围的装置。

2.4.6.1

恒温阀 thermo-static valve

无需外部能源输入，具有自动调节并保持室温恒定功能的阀门，也称自力式温控阀。

2.4.6.2

电热式恒温控制阀 electrical thermal actuating valve

依靠阀门驱动器内被电加热的温包膨胀产生的推力推动阀杆，关闭或开启阀门流道的自动控制阀，简称热电阀。

2.4.6.3

温控器 thermostat

根据温度变化而动作，并用以保持调节对象所需温度的自动控制装置。

2.4.6.4

限温器　temperature limiter

正常工作条件下能使温度保持低于某一特定值的温度敏感控制器。

2.5　热计量装置

2.5.1

热量表　heat meter

用于测量热媒流经热交换系统、热传输系统或住宅户内供暖系统内所释放或吸收热量的仪表。

2.5.2

整体式热量表　complete heat meter

由流量传感器、计算器和配对温度传感器等部件组成的且不可分解的热量表。

2.5.3

组合式热量表　combined heat meter

由流量传感器、计算器、配对温度传感器等部件组合而成的热量表。

2.5.4

热分配表　heat cost allocator

安装在散热器上用于间接反映散热量的装置，需配合贸易结算点的热量表使用。

2.5.5

蒸发式热分配表　heat cost allocators based on the evaporation principle

根据液管中测量液体的蒸发量来测量被测散热器在特定时间内散热量的装置。

注：测量液体的蒸发量是被测散热器热媒平均温度与时间积分的近似值。

2.5.6

电子热分配表　heat cost allocators with electrical energy supply

使用温度传感器测量散热器的特征温度与相应供暖时间积分的装置。

注：其显示值是散热器被测量特征温度与时间积分的近似值，或是散热器表面平均温度与室内温度的差值对采暖时间积分的近似值。

3　通风设备

3.1　通用术语

3.1.1

额定工况　rated condition

标准规定用以标定通风空调设备能力的测试工况。

3.1.2

额定风量　rated airflow rate

在额定工况时，单位时间内设备吸入或排出的空气体积流量。

3.1.3

额定风压　rated air pressure

在额定风量时，设备进口与出口的全压差。

3.1.4

额定转速　rated rotating speed

在额定工况时，单位时间设备转子具有的转数。

3.1.5

设备阻力　total pressure loss

空气流过设备时的全压损失。

3.1.6

局部阻力系数　local loss coefficient

通风部件的压力损失与相应动压的比值。

3.1.7

设备噪声　equipment noise

在额定工况时，设备按规定的方法测得的声压级值或声功率级值。

3.1.8

额定输入功率　rated power input

在额定工况下，设备运行时所输入的电功率。

3.1.9

出口风速　outlet air velocity

设备出风口处的平均风速。

3.1.10

控制风速　capture velocity

能将污染物质吸入罩内所需的控制点处风速，也称捕集速度。

3.1.11

沉降速度　settling velocity

静止空气中的尘粒在重力作用下降落时所能达到的最大速度。

3.1.12

悬浮速度　suspended velocity

使尘粒处于悬浮状态时的最小上升气流速度。

3.1.13

罩口风速　face velocity

排风罩罩口处的断面平均风速。

3.1.14

过滤速度　filtration velocity

单位时间、单位过滤面积通过的空气量。

3.1.15

除尘效率　overall efficiency of separation

含尘气流通过除尘器时，在同一时间内被捕集的粉尘量与进入除尘器的粉尘量之比，以百分率表示，也称除尘器全效率。

3.1.16

分级除尘效率　grade efficiency

除尘器对粉尘某一粒径范围的除尘效率。

3.1.17

透过率　penetration rate

在同一时间内，穿过过滤器或除尘器的粒子质量与进入的粒子质量之比，一般用百分率表示。

3.1.18

排风柜泄漏浓度 containment

排风柜在规定条件下运行时,示踪气体在排风柜内规定位置以规定的流量散发,在柜外规定位置的标准人模型鼻孔高度处所测量的从柜内逸出的示踪气体浓度。

注:用来评价排风柜性能的指标。

3.2 风口

3.2.1

通用风口 air opening

通用于通风系统的各种送/排风口。

3.2.1.1

固定风口 fixed air opening

流通截面、导流方向均不可调节的风口。

3.2.1.2

可调节风口 adjustable air opening

流通截面或导流方向均可调节的风口。

3.2.1.3

百叶风口 register

由一层或多层叶片构成的风口。

3.2.1.4

格栅风口 grille

流通截面呈网格状的风口。

3.2.1.5

灯具风口 light fixture opening

与灯具组合的风口。

3.2.2

送风口 air outlet

空调通风系统中,用于发送和分配空气到使用空间的装置。

3.2.2.1

散流器 diffuser

由固定叶片、可调叶片构成,能够形成下吹或平吹扩散气流的风口。

3.2.2.2

旋转风口 rotary outlet

可绕风口轴线旋转并在气流出口处装有可调导流叶片的风口。

3.2.2.3

条缝风口 slot outlet

长宽比大于10的狭长风口。

3.2.2.4

球形喷口 globe type nozzle

可沿球面转动的收敛形风口。

3.2.2.5

送风孔板　perforated diffuser

具有规则排列孔眼的扩散板风口。

3.2.3

排风罩　hood

排除生产或生活过程中有害气体的罩型吸风装置。

3.2.3.1

密闭罩　enclosed hood

将有害物质源全部密闭在罩内的局部排风罩。

3.2.3.2

通风柜　fume hood

三面围挡一面敞开或装有操作拉门的柜式排风装置。

3.2.3.3

补风型通风柜　auxiliary air hood

设有补充室外空气送风功能的排风柜。

3.2.3.4

外部吸气罩　capturing hood

设在污染源附近,依靠罩口的抽吸作用,在控制点上形成一定的风速,排除有害物质的局部排风罩。

3.2.3.5

接受式排风罩　receiving hood

设在污染源附近,利用生产过程中污染气流的自身运动接受和排除有害物质的局部排风罩。

3.2.3.6

吹吸式排风罩　push-pull hood

利用吹吸气流的联合作用控制有害物质扩散的局部排风罩。

3.2.3.7

槽边排风罩 lateral exhaust at the edge of bath

设置在电镀槽、酸洗槽等工业槽边的外部罩。包括单侧、双侧和环形槽边排风罩。

3.2.3.8

厨房排油烟罩　cooker hood

用于厨房,带有油过滤器及排油沟槽的排风罩,也可带有送风口。

3.2.4

空气幕　air curtain

由风机、风口等组成,以平面气流隔断室内外空气对流的送风装置。

3.2.4.1

热空气幕　warm air curtain

装有热盘管或电加热器,能送出热气流的空气幕。

3.2.4.2

冷空气幕　cold air curtain

装有冷盘管,能送出冷气流的空气幕。

3.2.4.3

顶吹空气幕　downflow air curtain

装置在需要阻隔气流交换的门洞或其他场合的上部并向下送风的空气幕。

3.2.4.4

侧吹空气幕　horizontal flow air curtain

装置在需要阻隔气流交换的门洞或其他场合的单侧或双侧，水平送风的空气幕。

3.3 风阀

3.3.1

单叶风阀　single leaf damper

具有单个安装于中心或末端的枢轴中心线上的叶片的风阀。

3.3.2

多叶风阀　multiblade damper

具有若干对开或平行安装的叶片的风阀。

3.3.2.1

平开多叶阀　parallel multiblade damper

由平行叶片组成的按同一方向旋转的多叶联动风阀。

3.3.2.2

对开多叶阀　opposed multiblade damper

由平行叶片组成的，相邻叶片按相对方向转动的风阀。

3.3.3

菱形叶片阀　diamond-shaped damper

通过菱形阀片的体形变化来改变气流通道截面的风阀。

3.3.4

蝶阀　butterfly damper

阀板绕与管道轴线垂直的轴转动的风阀。

3.3.5

插板阀　slide damper

阀板垂直于风管轴线并能在两个滑轨之间滑动的风阀。

3.3.6

斜插板阀　inclined damper

阀板与风管轴线倾斜安装的风阀。

3.3.7

光圈阀　diaphragm regulation damper

通过一组叶片向心收缩以同心圆方式改变气流通道截面的风阀。

3.3.8

分风阀　swinging damper

装于三通部件上起分流导向作用的风阀。

3.3.9

防火阀　fire-resisting damper

能自动阻断来自火灾区的热气流和火焰通过的阀门。

3.3.10

防烟阀　smoke proof damper

借助感烟(温)器能自动关闭以阻断烟气通过的阀门。

3.3.11

排烟阀　smoke exhaust damper

装于排烟系统内，火灾时能自动开启进行排烟的阀门。

3.3.12

止回阀　non-return damper

气流只能按一个方向流动，用以防止送排风支管中的空气倒流的阀门。

3.3.13

旁通阀　by-pass damper

分流空气用的阀门。

3.3.14

泄压阀　pressure relief damper

当通风除尘系统所输送的空气混合物压力超过破坏限度时，能自行进行泄压的安全保护装置。

3.3.15

文丘里阀　venturi air damper

基于文丘里效应，用以控制空气流量的气流控制阀。

3.4　通风机

3.4.1

离心式通风机　centrifugal fan

空气由轴向进入叶轮，沿径向方向离开的通风机。

3.4.2

轴流式通风机　axial fan

空气沿叶轮轴向进入并离开的通风机。

3.4.3

贯流式通风机　tangential fan

空气以垂直于叶轮轴的方向由机壳一侧的叶轮边缘进入并在机壳另一侧流出的通风机。

3.4.4

射流风机　jet fan

用于在某个房间区域中产生气体射流的风机。

3.4.5

诱导风机　inductive fan

在房间或空间区域中产生有引射作用的空气射流而进行通风的风机。

3.4.6

室内通风器　room ventilator

排除室内污染空气或送入室外空气的装置，包括单向流、双向流和热交换通风器。

3.4.7

屋顶通风器　roof ventilator

装在屋顶上，用于通风换气的设备。

3.4.8

排烟屋顶通风器　smoke control roof ventilator

排除高温烟气时能安全运行的屋顶通风机。

3.4.9

斜流式管道风机 tubular fan

空气沿管道轴向进出,并可安装在直管道上的斜流式通风机。

3.4.10

混流式管道通风机 mixed-flow tubular fan

气流轴向进入叶轮向斜前方螺旋运动离开叶轮,其流动方向介于径向与轴向之间的管道式通风机。

3.4.11

喷雾风扇 spray fan

带有淋水雾化装置的轴流式通风机。

3.4.12

脱排油烟机 range hood

用于烹调时排除油烟的排风装置。

3.4.13

防爆通风机 explosion proof fan

蜗壳、叶轮等部件采用遇摩擦不产生火花的材料制作的通风机。

3.4.14

排尘通风机 dust exhaust fan

适用于输送含有固体颗粒物气体的专用通风机。

3.5 除尘器

3.5.1

机械除尘器 machinery dust collector

利用机械的方式将粉尘从含尘气流中分离、捕集下来的除尘器。包括惯性除尘器、过滤式除尘器和湿式除尘器。

3.5.2

惯性除尘器 inertial dust separator

利用尘粒的惯性作用分离且集尘的除尘器。

3.5.2.1

重力沉降室(除尘器) gravity dust collector

粉尘在重力作用下沉降而被分离的惯性除尘器。

3.5.2.2

挡板式除尘器 impingement dust collector

含尘气流在挡板(或叶片)作用下改变方向,粉尘由于惯性而被分离出来的除尘器。

3.5.2.3

离心式除尘器 centrifugal dust collector

利用含尘气体旋转流动,使粉尘在惯性力的作用下沿径向移动而被分离出来的除尘器。

3.5.3

旋风除尘器 cyclone dust collector

含尘气流沿切线方向进入筒体作螺旋形旋转运动,在离心力作用下将尘粒分离和捕集的除尘器,离心式除尘器的一种。

3.5.3.1

旋风子　cyclonic collection tube

使含尘气流旋转并分离粉尘的器件。

3.5.3.2

多管旋风除尘器　multicyclone

使用共同的进、出风管道和灰斗，将若干规格相同的旋风子并联组合为一体的旋风除尘器。

3.5.3.3

旋流除尘器　rotary-flow dust collector

一种加入二次风以增加旋流强度的离心式除尘器。

3.5.4

袋式除尘器　bag-type fabric collector

用纤维性滤袋捕集粉尘的除尘器。

3.5.4.1

机械振动类袋式除尘器　mechanical shaking type bag filter

利用机械装置(含手动、电磁或气动装置)使滤袋产生振动而清灰的袋式除尘器。

3.5.4.2

分室反吹类袋式除尘器　sectional reverse blow type bag filter

利用分室结构，用阀门逐室切换气流，在反向气流作用下，迫使滤袋缩瘪或鼓胀而清灰的袋式除尘器。

3.5.4.3

喷嘴反吹类袋式除尘器　nozzle reverse blow type bag filter

气流通过移动的喷嘴进行反吹，使滤袋变形、抖动而清灰的袋式除尘器。

3.5.4.4

振动反吹并用类袋式除尘器　combine shaking and reverse blow type bag filter

机械振动(含电磁振动或气动振动)和反吹两种清灰方法并用的袋式除尘器。

3.5.4.5

脉冲喷吹类袋式除尘器　pulse jet type bag filter

利用脉冲喷吹机构在瞬间释放压缩气体，使滤袋急剧鼓胀，依靠冲击振动清灰的袋式除尘器。

3.5.5

静电除尘器　electrostatic precipitator

由电晕极和集尘极及其他构件组成，在高压电场作用下，使含尘气流中的粒子荷电并被吸引、捕集到集尘极上的除尘器。

3.5.6

过滤式除尘器　porous layer dust collector

利用多孔介质的过滤作用捕集含尘气体中粉尘的除尘器。

3.5.7

颗粒层除尘器　gravel bed filter

利用颗粒状材料构成的过滤层捕集粉尘的除尘器。

3.5.8

干式除尘器　dry dust separator

不用水或其他液体捕集和分离空气或气体中粉尘粒子的除尘器。

3.5.9

湿式除尘器　wet separator

借含尘气体与液滴或液膜的接触、撞击等作用，使尘粒从气流中分离出来的设备。

3.5.9.1

冲激式除尘器　impact dust scrubber

含尘气流进入筒体转弯向下冲击液面，部分粗大的尘粒直接沉降在泥浆斗内，随后含尘气流高速通过S形通道，激起大量水花和液滴，使微细粉尘与水雾充分混合、接触而被捕集的湿式除尘器。

3.5.9.2

文丘里除尘器　venturi scrubber

含尘气流经过喉管形成高速湍流，使液滴雾化并与粉尘碰撞，凝聚后被捕集的湿式除尘器。

3.5.9.3

水膜除尘器　water-film separator

含尘气体从筒体下部进风口沿切线方向进入后旋转上升，尘粒受到离心力作用被抛向筒体内壁，同时被沿筒体内壁向下流动的水膜所粘附捕集，并从下部锥体排出的除尘器。

3.5.9.4

旋风水膜除尘器　cyclone scrubber

在筒体内壁形成一层流动水膜，含尘气流中粉尘靠离心作用甩向筒壁被水膜所捕集的湿式除尘器。

3.5.9.5

卧式旋风水膜除尘器　horizontal water-film cyclone

由卧式内外旋筒组成，利用含尘气流旋转冲击水面，在外旋筒内形成流动的水膜并产生大量水雾，使尘粒与水雾液滴碰撞、凝集，在离心力作用下被水膜捕集的湿式除尘器。

3.5.9.6

泡沫除尘器　foam dust separator

依靠含尘气流经筛板产生的泡沫捕集粉尘的湿式除尘器。

3.5.9.7

洗涤过滤式除尘器　filtering scrubber

利用不断被液体冲洗的过滤介质捕集含尘气流中粉尘的湿式除尘器。

3.5.10

复合除尘器　complex of the dust collector

把不同除尘器机理综合在一起组成的除尘器，包括电-旋风除尘器、喷雾-冲击除尘器、干-湿一体除尘器、电-袋复合除尘器等。

3.5.11

除尘机组　dust collecting unit

通风机与除尘器直接连接成一体的设备。

3.6　消声器

3.6.1

阻性消声器　dissipative muffler

利用吸声材料的摩擦，将声能转化为热能的特性，使沿管道传播的噪声在其中不断被吸收和逐渐衰减的消声装置。

3.6.2

抗性消声器 reactive muffler

依靠管道截面积的改变或旁接共振腔等，在声传播过程中引起声阻抗的改变，产生声能的反射与消耗，从而达到消声目的的消声装置。

3.6.3

阻抗复合消声器 impedance compound muffler

综合阻性和抗性消声器的特点，既具有吸声材料，又有共振腔、扩张室、穿孔板等滤波元件的消声装置。

3.6.4

微穿孔板消声器 micro-perforated muffler

利用微穿孔板吸声结构制成的，具有阻抗复合式消声器的特点，有较宽消声频带的消声装置。

3.6.5

有源控制消声器 active control muffler

在风道内，用传声器接收到的噪声信号经过软件计算，控制电子发声器产生一种与需消噪声的频率、强度相同，但相位相反的干涉声波来消除噪声的消声装置。

3.6.6

消声部件 noise damping part

内敷吸声材料的通风空调系统部件，包括消声弯头、消声静压箱、消声风口和消声百叶窗等。

4 空气调节设备

4.1 通用术语

4.1.1

空气调节设备 air conditioning equipment

用于处理和输配空气以满足受控空间的空气温度、湿度、洁净度和气流速度等要求的各种建筑环境控制设备的总称，也称空调设备。

4.1.2

机器露点 apparatus dewpoint

在空调设备内湿空气接近饱和时的终状态点。

4.1.3

露点控制 dewpoint control

通过控制机器露点温度使空气被处理到规定参数的控制方法。

4.1.4

定露点控制 constant dewpoint control

在采用露点控制法处理空气时，机器露点温度设定值全年不变的控制方法。

4.1.5

变露点控制 variable dewpoint control

在采用露点控制法处理空气时，机器露点温度设定值随室内热湿负荷、室外气象参数的变化而变化的控制方法。

4.1.6

等湿冷却 sensible cooling

湿空气含湿量保持不变、温度下降的冷却过程，也称干式冷却。

4.1.7

减湿冷却　dehumidifying cooling

湿空气冷却时有水蒸汽凝结析出的过程。

4.1.8

蒸发冷却　evaporative cooling

利用水蒸发吸热来降低空气干球温度的冷却过程。

4.1.9

新风比　fresh air ratio

在空气处理设备中,新风量占送风量的百分率,也称新风百分比。

4.1.10

诱导比　induction ratio

一次风诱导形成的总风量与一次风风量之比。

4.1.11

机外静压　unit external static pressure

机组在额定风量时克服自身阻力后,机组进出风口静压差。

4.1.12

额定空气阻力　rated airflow resistance

在额定风量下,空气经空调设备的全压损失。

4.1.13

额定水阻力　rated water resistance

在额定水流量下,经空调设备水路的压力损失。

4.1.14

额定供冷量　rated cooling capacity

空调设备在标准规定的试验工况下的总除热量。

4.1.15

额定供热量　rated heating capacity

空调设备在标准规定的试验工况下供给的总显热量。

4.1.16

漏风率　air leakage rate

在标准规定的试验工况下,机组的漏风量与额定风量之比,以百分率表示。

4.1.17

接触系数　contact factor

空气经冷却器冷却前、后的实际温差与冷却至饱和状态时温差之比值。

4.1.18

析湿系数　separated water factor

湿空气冷却时,失去的全热量与失去的显热量之比。也称换热扩大系数。

4.1.19

显热比　sensible heat ratio

从空间除去的显热量与全热量之比值。

4.1.20

有效辐射面积　active radiation area

实际参与换热工作的辐射板面积。

4.2 空调机组

4.2.1

组合式空调机组 assembled air handling unit

由预制单元箱体组合，具有空气循环、净化、加热、冷却、加湿、去湿、消声、混合等多种功能的空气处理设备。

4.2.1.1

功能段 functional section

组合式空调机组中，对空气具有特定的处理功能的单元箱体。

4.2.1.2

混合段 mixing box section

组合式空气调节机组中的混合箱预制单元。

4.2.1.3

加热段 heating coil section

组合式空气调节机组中，装设热盘管的预制单元。

4.2.1.4

电加热段 electric heater section

组合式空气调节机组中，装设电加热器的预制单元。

4.2.1.5

加湿段 humidifier section

组合式空气调节机组中，装设加湿器的预制单元。

4.2.1.6

喷水段 spray section

组合式空气调节机组中，装设喷水装置的预制单元。

4.2.1.7

冷却段 cooling coil section

组合式空气调节机组中，装设冷盘管的预制单元。

4.2.1.8

风机段 fan section

组合式空气调节机组中，装设通风机的预制单元。

4.2.1.9

消声段 muffler section

组合式空气调节机组中，装设消声器的预制单元。

4.2.1.10

过滤段 filter section

组合式空气调节机组中，装设空气过滤器的预制单元。

4.2.1.11

喷水室 spray chamber

用喷淋水与空气直接接触的热湿交换设备。

4.2.1.12

凝结水盘 condensate drain pan

冷盘管冷凝水的集水盘。

4.2.1.13

喷嘴　spray nozzle

特指将具有一定压力的水喷射成分散的细小水滴的元件。

4.2.1.14

挡水板　eliminator

阻挡喷水室或冷盘管处理的空气中所带水滴的装置。

4.2.1.15

静压箱　plenum chamber

使气流降低速度以获得较稳定静压的中空箱体。

4.2.2

立式机组　vertical unit

各功能段立式排列的空调机组。

4.2.3

卧式机组　horizontal unit

功能段水平排列的空调机组。

4.2.4

吊挂式机组　hanging type unit

采用吊挂安装的卧式空调机组。

4.2.5

混合式机组　mixed type unit

由部分功能段立式和卧式排列组成的组合式空调机组。

4.2.6

新风机组　fresh air handling unit

用于处理室外空气的大焓差空调机组。

4.2.7

变风量机组　variable air volume unit

送风量可以自动调节的空调机组。

4.2.8

净化空调机组　air cleaning conditioning unit

带有净化功能段的空调机组。

4.2.9

蒸发式空气冷却机组　evaporative air cooling unit

利用水蒸发与空气直接或间接热湿交换，使空气干球温度降低的空气冷却设备。

4.2.10

柜式空调机组　cabinet air handling unit

将空气过滤器、表冷器、加热器、加湿器等部件整体装在一个柜式箱体内的空调机组。

4.2.11

专用机组　special unit

用于特殊场合的空调机组。包括手术室净化专用空调机组和机房专用空调机组等。

4.2.12

双风机空调机组　dual-fan air conditioning unit

有回风机和送风机，可调节系统内的回风量、新风量和排风量的组合式空调机组。

4.2.13

多分区空调机组　multiple zone air conditioning unit

出风段有两个或两个以上出风口，每个风口设置调节风阀和再热盘管，通过调节各出风口风量和参数以满足各分区不同送风要求的组合式空调机组。

4.3　空气换热器

4.3.1

空气加热器　air heater

用蒸汽、热水或电加热空气的空气换热器，也称热盘管。

4.3.2

空气冷却器　air cooler

使空气等湿或减湿冷却的空气换热器，也称冷盘管。

4.3.3

热管换热器　heat pipe heat exchanger

由热管组成的空气换热器。

4.3.4

肋片换热器　finned tube heat exchanger

由以肋片作为扩展表面的肋管组成的空气换热器。

4.3.5

串片换热器　infixed finned air heat exchanger

采用冲孔金属箔套紧在管上形成的肋片式空气换热器。

4.3.6

绕片换热器　spiral finned tube heat exchanger

由带状金属薄板连续绕紧在管上形成螺旋型肋片管组成的空气换热器。

4.3.7

轧片换热器　finned tube heat exchanger with integral rolled fins

由金属管经冷轧使其外壁形成螺旋型肋片组成的空气换热器。

4.3.8

镶片换热器　inlaid finned tube heat exchanger

带状金属薄板镶入绕紧在金属管表面浅槽内，形成的螺旋型肋片管组成的空气换热器。

4.3.9

焊片换热器　welded spiral finned tube heat exchanger

带状金属薄板连续绕紧在管上，同时加以焊接形成的螺旋型肋片管组成的空气换热器。

4.3.10

复合管换热器　finned compound tube heat exchanger

由两种管材组成的肋片管换热器。

4.3.11

螺旋板式换热器　spiral plate heat exchanger

由两张平行的金属板卷制成两个螺旋形通道，冷热流体之间通过螺旋板壁进行换热的换热器。分为可拆和不可拆两种型式。

4.3.12

电加热器　electric heater

通过电阻元件将电能转换为热能的空气加热设备。

4.3.13

空气预热器　air preheater

在空气调节装置中，对新风进行预先加热的设备。

4.4　加湿设备

4.4.1

干蒸汽加湿器　steam humidifier

向空气中喷射干蒸汽的空气加湿设备。

4.4.2

电热式加湿器　electric humidifier

由插入水中的电热元件使水加热产生蒸汽的空气加湿设备，也称电阻式加湿器。

4.4.3

电极式加湿器　electrode humidifier

由插入水中的电极使电极间的水加热产生蒸汽的空气加湿设备。

4.4.4

超声波加湿器　ultrasonic humidifier

由超声波作用使水雾化的空气加湿设备。

4.4.5

压缩空气喷雾加湿器　compressed air spray type humidifier

由喷射压缩空气使水雾化的空气加湿设备。

4.4.6

离心式加湿器　spinning disk humidifier

依靠转盘的离心力使水雾化的空气加湿设备，也称转盘式加湿器。

4.4.7

喷射加湿器　jet humidifier

由高压喷射使水雾化的空气加湿设备。

4.4.8

红外线加湿器　infrared humidifier

由远红外加热元件使表面水蒸发产生水蒸气的空气加湿设备。

4.4.9

间接蒸汽加湿器　indirect steam humidifier

利用锅炉等产生的蒸汽作为热源，间接加热加湿器中的水，使之变成蒸汽的加湿器。

4.4.10

湿膜加湿器　wet membrane humidifier

气流通过与被水润湿的多孔材料表面进行热湿交换，获得加湿的装置。

4.5 除湿设备

4.5.1

冷冻除湿机 refrigerating dehumidifier

空气经制冷设备冷却使水蒸气凝结的空气除湿设备。

4.5.2

液体吸收剂除湿机 liquid-absorbent dehumidifier

湿空气与某些盐类的水溶液接触时水蒸气被吸收的空气除湿设备。

4.5.3

转轮除湿机 rotary dehumidifier

由吸湿材料构成的转轮在转动时，被处理湿空气通过转轮的一部分而被除湿，再生热空气通过另一部分使吸湿材料的除湿功能再生，可连续进行空气减湿处理的空气除湿设备。

4.5.4

溶液调湿装置 liquid desiccant device

依靠空气中水蒸气的分压力与溶液表面的饱和蒸汽分压力之间的压力差为推动力而进行质传递的减湿(加湿)装置。

4.5.5

固体吸湿装置 solid sorption device

以固体吸湿剂表面与空气间的水蒸气分压力差为驱动力进行水分传递，从而实现对空气减湿的装置。

4.6 末端装置

4.6.1

风机盘管机组 fan-coil unit;FCU

由风机、换热器及过滤器等组成一体的空气调节设备，是空气-水空调系统的末端装置。

4.6.1.1

单盘管风机盘管机组 fan-coil unit with single coil

仅有一组盘管，冷、热媒进行转换的普通型风机盘管机组。

4.6.1.2

双盘管风机盘管机组 fan-coil unit with double coils

两组盘管分别接冷、热媒，具有较高调节能力的风机盘管机组。

4.6.1.3

明装风机盘管机组 exposed fan-coil unit

可落地或壁挂安装，适于在室内明装的具有外壳的风机盘管机组。

4.6.1.4

暗装风机盘管机组 concealed fan-coil unit

适于安装在壁罩、吊顶内的风机盘管机组。

4.6.1.5

立式风机盘管机组 floor fan-coil unit

盘管与风机分别装置在上、下部位，出风方向垂直向上或向斜前方的风机盘管机组，有明装、暗装两种机型。

4.6.1.6

卧式风机盘管机组　ceiling fan-coil unit

盘管与风机在水平方向前后放置，前方水平方向出风，后部和下部回风的风机盘管机组，有明装、暗装两种机型。

4.6.1.7

立柱式风机盘管机组　column type fan-coil unit

外形为柱状的立式风机盘管机组。

4.6.1.8

嵌入式风机盘管机组　cassette type fan-coil unit

暗装在吊顶内，仅送、回风口明露在室内的风机盘管机组，也称吸顶式风机盘管机组。

4.6.1.9

干式风机盘管机组　dry fan-coil unit

满足室内干工况运行，专门用来向房间提供显冷量的风机盘管机组。

4.6.1.10

无动力盘管机组　coil unit

无风机，靠自然通风使空气流动的风机盘管机组。

4.6.1.11

直流无刷风机盘管机组　brushless DC fan-coil unit

采用直流无刷电机和大屏幕液晶温控器，可通过控制信号(0 V～10 V或4 mA～20 mA)实现无极调速的风机盘管机组。

4.6.2

诱导器　induction unit

依靠喷嘴将经过处理的空气(一次风)形成射流，诱导室内空气(二次风)后混合构成房间送风的空调设备。

4.6.2.1

全空气诱导器　all-air induction unit

无换热盘管，室内冷热负荷由一次风承担的诱导器。

4.6.2.2

空气-水诱导器　air-water induction unit

具有换热盘管，室内冷热负荷由一次风和通过换热盘管的二次风共同承担的诱导器。

4.6.3

变风量末端装置　variable air volume (VAV) terminal box

根据空调房间负荷的变化自动调节送风量以保持室内所需参数的装置。

4.6.3.1

节流型变风量末端装置　throttle type VAV terminal box

通过改变流通截面积而改变风量的末端装置。

4.6.3.2

旁通型变风量末端装置　by-pass type VAV terminal box

通过旁通改变送往室内风量的末端装置。

4.6.3.3

诱导型变风量末端装置　induction type VAV terminal box

利用可变风量的诱导器改变诱导比的末端装置。

4.6.3.4

单风道型变风量末端装置　single duct VAV terminal box

由箱体、控制器、风速传感器、室温传感器和调节风阀等组成，房间负荷改变时可通过调节风阀改变送风量的变风量末端装置。

4.6.3.5

双风道变风量末端装置　dual duct VAV terminal box

利用风量控制器调节风阀，改变冷、热送风量的变风量末端装置。

4.6.3.6

压力相关型变风量末端装置　pressure-dependent（PD）VAV terminal box

利用内设的风量控制器，靠系统压力变化改变风量的变风量末端装置。

4.6.3.7

压力无关型变风量末端装置　pressure-independent（PI）VAV terminal box

利用内设的风量控制器，不受系统压力变化影响，仅靠室内温度变化而改变风量的变风量末端装置。

4.6.3.8

串联式风机动力型变风量末端装置　series fan powered VAV terminal box

由箱体、控制器、风速传感器、室温传感器、调节风阀和内置增压风机等组成的末端装置。

注：内置增压风机与一次风调节风阀串联设置，经空调机组处理后的一次风既通过一次风调节风阀，也通过增压风机。

4.6.3.9

并联式风机动力型变风量末端装置　parallel fan powered VAV terminal box

由箱体、控制器、风速传感器、室温传感器、调节风阀和内置增压风机等组成的末端装置。

注：内置增压风机与一次风调节风阀串联设置，经空调机组处理后的一次风只通过一次风调节风阀，不通过增压风机。

4.6.4

辐射冷却末端　radiant cooling terminal

以辐射传热为主要方式，消除室内余热的空调末端装置。

4.6.4.1

辐射板　radiant panel

用于辐射供冷系统进行显热交换的板式末端设备。

4.6.4.2

塑料管辐射板　plastic tube radiant panel

由塑料管材与其他板材复合而成的辐射板。

4.6.4.3

金属管辐射板　metal tube radiant panel

由金属板材与其他板材通过压模等工艺复合而成的带有水通路的辐射板。

4.6.5

冷梁　chilled beam

设置在平吊顶上、内置冷却盘管，以对流和辐射方式实现空气调节的末端装置，包括主动式冷梁和被动式冷梁两类。

4.7 空气-空气能量回收装置

4.7.1

全热回收装置 air-to-air total heat exchanger

使进风和排风之间同时产生显热和潜热交换的热回收器,也称全热回收器。

4.7.2

显热回收装置 air-to-air sensible heat exchanger

进风和排风之间只产生显热交换的热回收器,也称显热回收器。

4.7.3

转轮式热回收装置 rotary heat exchanger

利用填充具有很大内表面积的换热介质的转轮进行送、排风热量交换的热回收器,也称热轮。

4.7.4

板式热回收装置 plate heat exchanger

进、排风通过多层平行相间的通道进行间接换热的热回收器。

4.7.5

热管式热回收装置 heat pipe heat exchanger

由热管组成,排风与进风分别流经热管的蒸发段、冷凝段而进行间接热回收的换热装置。

4.7.6

液体循环式热回收装置 liquid cycle energy recovery device

通过连接排风与新风通路中空气换热器的管路系统内的液体循环实现能量转移的显热回收装置。

4.7.7

溶液吸收式热回收装置 absorption energy recovery device

利用吸湿溶液作为媒介,通过在新风和排风之间的循环流动实现能量回收的装置。

4.8 独立式空调机组

4.8.1

房间空气调节器 room air conditioner

向封闭的房间或空间直接提供经过处理的空气的设备,主要包括制冷和除湿用的制冷系统以及空气循环和净化装置,还可包括加热和通风装置,也称房间空调器。

4.8.2

一拖多房间空气调节器 multi-split room air conditioner

向多个密闭空间、房间或区域直接提供经过处理的空气的设备。

注:由一台室外机组与多于一台的室内机组相连接,不改变制冷剂流量,可以实现多室内机组同时工作或单独室内机组工作的组合体系统,也称一拖多空调器。

4.8.3

单元式空调机 unitary air conditioner

向封闭的房间、空间或区域直接提供经过处理的空气的设备。

注:主要包括制冷和除湿用的制冷系统以及空气循环和净化装置,还可包括加热和通风装置,也称空调机。

4.8.4

多联机空调系统 multi-connected split air conditioning system

一组空气(水)源制冷或热泵机组配置多台室内机,通过改变制冷剂流量适应各房间负荷变化的直接膨胀式空调系统。

4.8.5

整体式空调机　packaged air conditioner

将制冷压缩机、换热器、通风机、过滤器以及自动控制仪表等组装成一体的空调设备，也称整体式空调器。

4.8.6

分体式空调机　split air conditioner

由分离的两个部分组成的空调设备：一部分为安装在空调区域内的空气调节装置，另一部分为安装在空调区域外的装置，也称分体式空调器。

4.8.7

窗式空调机　window air conditioner

安装在外窗(或外墙)上的整体式空调设备。

4.8.8

热泵式空调机　heat pump air conditioner

装有四通换向阀以实现蒸发器与冷凝器功能转换的整体或分体式空调设备，也称热泵式空调器。

4.8.8.1

水源热泵式空调机组　water source heat pump air conditioner

由使用侧换热设备、压缩机、热源侧换热设备组成的，具有制冷和制热功能，采用循环流动于共用管路中的水或从水井、湖泊或河流中抽取的水或在地下盘管中循环流动的水为冷(热)源，制取冷(热)风或冷(热)水的设备。

4.8.8.2

空气源热泵式空调机组　air source heat pump air conditioner

由电动机驱动的蒸气压缩制冷循环，以空气为冷热源的机组。

4.8.9

半导体空调装置　semiconductors air conditioner

利用半导体通入直流电产生帕尔贴效应实现制冷或制热的空调设备。

4.9　新风换气机

4.9.1

单向流新风换气机　one-way flow fresh air unit

仅向室内送风或排风的换气设备。

4.9.2

双向流新风机　two-way flow fresh air unit

既能向室内送风，也能同时向室外排风的换气设备。

4.9.3

全热交换新风机　total heat exchange fresh air unit

通过全热交换器对新风进行预热预冷的换气设备。

4.9.4

显热交换新风机　sensible heat exchange fresh air unit

通过显热交换器对新风进行预热预冷的换气设备。

4.9.5

热泵新风换气机　heat pump fresh air unit

用压缩制冷循环对新风进行降温减湿(或加热)处理，达到舒适空调送风需求的换气设备。

4.9.6

热泵式热回收型溶液调湿新风机　heat pump driven liquid desiccant outdoor air processor with heat recovery

以电能作为驱动能源，将热泵循环和溶液式空气处理装置结合起来，集溶液式全热回收段、溶液式调温调湿段为一体，具备对新风全热回收、降温减湿、加热加湿等处理功能的换气设备。

4.9.7

蒸发式新风换气机　evaporative fresh air unit

利用水蒸发与新风直接或间接进行热湿交换，使空气干球温度降低的换气设备。

5　空气净化设备

5.1　通用术语

5.1.1

悬浮微粒　airborne particle

悬浮在空气中，直径小于某个下限值(如 0.1 μm、0.5 μm、1.0 μm、2.5 μm 或 10 μm 等)的固体或液体粒子。

5.1.2

总悬浮颗粒物　total suspended particle；TSP

指环境空气中空气动力学当量直径小于或等于 100 μm 的颗粒物。

5.1.3

细颗粒　fine particle

PM2.5

空气动力学当量直径小于或等于 2.5 μm 的颗粒物。

5.1.4

可吸入颗粒　inhalable particle

PM10

空气动力学当量直径小于或等于 10 μm 的颗粒物。

5.1.5

超细颗粒　ultra fine particle

空气动力学当量直径小于 0.1 μm 的粒子。

5.1.6

活粒子　viable particle

携带一个或多个活微生物、或其本身就是活微生物的粒子。

5.1.7

活单元　viable unit

计为一个单元的一个或多个活粒子。

5.1.8

粒径　particle size

给定的粒径测定仪所显示的、与被测粒子的响应量相当的球形体直径。

5.1.9

粒径分布　particle size distribution

粒子粒径频率分布和累积分布，是粒径的函数。

5.1.10

空气污染物　air pollutant

空气中对人员及其所处环境有(负面或有害)影响的物质,包括液态、固态、有害(气溶胶)物及其气味。

5.1.11

中值直径　median diameter

气溶胶粒径累积分布占总量50%时所对应的粒径值。

注:常用计数中值直径和质量中值直径。

5.1.12

含尘浓度　particle concentration

单位体积空气中悬浮粒子的颗数。

5.1.13

空气净化　air cleaning

减少空气中的悬浮微粒、微生物以及气体污染物,使空气洁净的技术。

5.1.14

洁净度　cleanliness

单位容积空气中含有某种微粒的数量所对应的洁净程度。

5.1.15

洁净度级别　cleanliness classification

按洁净度划定的空气洁净程度的级别。

5.1.16

单向流　unidirectional airflow

沿单一方向呈平行流线并且横断面上风速一致的气流,也称层流。包括垂直单向流和水平单向流。

5.1.17

非单向流　non-unidirectional airflow

不符合单向流定义的气流,也称乱流。

5.1.18

混合流　mixed airflow

单向流和非单向流的组合。

5.1.19

质量浓度　mass concentration

单位容积空气中悬浮微粒的质量。

5.1.20

计数浓度　number concentration

单位容积空气中悬浮微粒的粒数。

5.1.21

过滤效率　filtration efficiency

空气净化设备过滤掉的微粒量与进入该净化设备的微粒量之比,根据试验方法不同,可分为计重效率、计数效率等。

5.1.22

计径过滤效率　fractional filtration efficiency

空气净化设备去除给定粒径或给定粒径范围粒子的能力,通常表示为粒径与对应过滤效率的曲线图。

5.1.23

阻力　resistance to airflow

额定风量下空气净化设备前后的静压差。

5.1.24

初阻力　initial resistance to airflow

空气过滤器未积存微粒等污染物时气流流经过滤器的阻力或压降。

5.1.25

终阻力　final resistance to airflow

空气过滤器积存微粒等污染物达到相当量,按规定需要清洗更换时气流流经过滤器的阻力或压降。

5.1.26

容尘量　dust holding capacity

空气过滤器达到试验终阻力时所捕集到的标准试验尘质量。

5.1.27

测试用气溶胶　test aerosol

粒径分布和浓度已知且受控的呈气态悬浮的固体或液体微粒。

5.1.28

负荷尘　loading dust

用于空气净化设备容尘量及计重效率测试的标准人工尘。

5.1.29

自净时间　cleanliness recovery time

洁净空间被污染后,洁净系统开始运行至恢复到稳定洁净度所需的时间。

5.1.30

滤料　filter media

对空气中微粒具有过滤作用的材料。

注:滤料材质包括合成或天然纤维、玻璃纤维、金属丝和多孔材料等做成的滤纸、滤布、滤网等。也称过滤介质或滤材。

5.1.31

可清洁滤料　renewable filter media

用清洗或其他清扫方法处理后,能够重复使用的滤料。

5.1.32

滤芯　filter insert

可替换的或一次性的、包含滤料且只能在装配于框架内部时运作的过滤器部件。

5.1.33

过滤元件　filter element

由过滤材料、支撑物和过滤器安装框架之间连接物所组成的结构。

5.1.34

吸收　absorption

吸着物经输送、分解或溶解至液体吸收剂中,以形成均匀同质的溶液混合物的过程。

5.1.35

吸附　adsorption

经物理或化学过程,吸附剂表面吸住周围介质(气体或蒸气)中的分子或离子的过程。

5.1.36

吸收剂　absorbent

能将与之接触的液体或气体介质中的部分成分吸收的物质。

5.1.37

吸收质　absorbate

吸收剂所吸收的物质。

5.1.38

吸附剂　adsorbent

具有较大吸附能力的物质。

5.1.39

吸附质　adsorbate

吸附剂所吸附的物质。

5.1.40

化学吸附　chemical adsorption

在吸附剂表面以包含化学反应的方式来捕集气体或蒸气污染物的吸附作用。

5.1.41

物理吸附　physical adsorption

由物理过程来吸引吸着物至固体吸附剂的外表面及内孔表面的吸附作用。

5.1.42

脱附　desorption

通过与气体吸附或吸收相反的过程，将被吸附或吸收的气体或溶质从吸附剂或吸收剂中放出的过程，也称解吸。

5.1.43

气体吸附　adsorption of gas and vapor

采用适当的固体吸附剂清除气体混合物中有害组分的方法。

5.2　空气过滤器

5.2.1

干式空气过滤器　dry type air filter

滤料不浸油或不喷液体的空气过滤器。

5.2.2

湿式空气过滤器　wet type air filter

利用液膜或液滴增强捕集空气中微粒效果的空气过滤器。

5.2.3

粘附式空气过滤器　viscous type air filter

滤料上喷涂粘附剂以增强捕集效果的空气过滤器。

5.2.4

粗效空气过滤器　primary efficiency air filter

过滤效率为20%～80%，初阻力不大于50 Pa，以过滤5 μm以上的微粒为主的空气过滤器。

5.2.5

中效空气过滤器　medium efficiency air filter

过滤效率为20%～70%，初阻力不大于80 Pa，以过滤1 μm以上的微粒具有中等程度捕集效率为主的空气过滤器。

5.2.6

高中效空气过滤器　high efficiency air filter

过滤效率为 70%～99%，初阻力不大于 100 Pa。对粒径大于等于 0.5 μm 的微粒的计数效率 70%～95%，初阻力不大于 100 Pa，对 1 μm 以上微粒具有较高捕集效率的空气过滤器。

5.2.7

亚高效空气过滤器　sub-high efficiency particulate air filter

过滤效率不小于 95%，初阻力不大于 120 Pa，以过滤 0.5 μm 以上的微粒为主的空气过滤器。

5.2.8

高效空气过滤器　high efficiency particulate air filter

用于进行空气过滤器使用 GB/T 6165 规定的钠焰法检测，过滤效率不低于 99.9%的空气过滤器。

5.2.9

超高效空气过滤器　ULPA（ultra low penetration air）filter

用于进行空气过滤器使用 GB/T 6165 规定的计数法检测，过滤效率不低于 99.999%的空气过滤器。

5.2.10

平板式空气过滤器　panel filter

将滤料组装成板状的空气过滤器。

5.2.11

楔形空气过滤器　expand-type air filter

把多个板状过滤器组装成楔形的空气过滤器。

5.2.12

折褶式空气过滤器　folded media-type air filter

把滤料叠成折褶状的空气过滤器。

5.2.12.1

有隔板过滤器　folded media-type filter with separator

其滤芯是按所需深度将滤料往返折叠制成，在被折叠的滤料之间靠波纹状分隔板支撑，形成空气通道的过滤器。

5.2.12.2

无隔板过滤器　mini pleat folded media-type filter

其滤芯是按所需深度将滤料往返折叠制成，在被折叠的滤料之间用线状粘结剂或其他支撑物支撑，形成空气通道的过滤器。

5.2.13

袋式空气过滤器　pocket filter

滤料制成袋形、并联而成的空气过滤器；其中利用机械装置使滤袋产生振动而过滤的袋式空气过滤器称为机械振动类袋式空气过滤器。

5.2.14

自动卷绕式空气过滤器　roll-type air filter

滤料呈卷形，可由积尘后的压差变化自动卷绕更替滤料受尘面的空气过滤装置，包括垂直卷绕、水平卷绕两种型式。

5.2.15

静电式空气净化装置　electric air cleaner

利用高压静电场使微粒荷电，然后被集尘板捕集的空气过滤装置，包括单级电离及双级电离两类。

5.2.16

电感应式空气过滤器　charged-media electric air filter

由电离段和强感电滤料组成，在静电感应的作用下捕集电离段带电微粒的空气过滤器。

5.2.17

薄膜空气过滤器　membrane filter

由具有均匀微孔的薄膜滤料做成的空气过滤器。

5.2.18

活性炭空气吸附器　carbon air filter

以多孔活性炭材料为吸附材料，可吸附去除空气中有害气体的空气吸附器。

5.2.19

抗菌过滤器　anti-microbe filter

除了具有相应空气过滤器的过滤效率外，能有效杀死附着在滤料上的常规细菌，又不挥发出化学污染物的过滤器。

5.2.20

毛刷过滤器　brush filter

滤料由互相啮合的毛刷组成的空气过滤器。

5.2.21

筒式过滤器　cartridge filter

设计成圆筒形的紧凑型空气过滤器。

5.2.22

蜂巢形过滤器　cellular filter

安装在多层库房或者墙体结构中可替换的空气过滤器。

5.2.23

陶瓷过滤器　ceramic filter

滤料由陶瓷纤维或烧结多孔陶瓷组成的空气过滤器。

5.2.24

可清洁过滤器　cleanable filter

可通过适宜方式将所收集到的灰尘去除的空气过滤器。

5.2.25

可更换滤料过滤器　renewable media filter

滤料可替换更新的空气过滤器。

5.2.26

驻极体过滤器　electret filter

过滤纤维带有静电的空气过滤器，也称电介体过滤器。

5.2.27

织物过滤器　fabric filter

滤料由编织纺织品、非编织纺织品或上述两者综合构成的空气过滤器。

5.2.28

纤维过滤器 fibrous filter

滤料由大量的纤维,包括细纤维与极细纤维,组成的空气过滤器。

5.2.29

预过滤器 pre-filter

为减轻某过滤器的负荷而另安装在其上风向的空气过滤器。

5.2.30

终滤器 final filter

用于实验或实际系统中的最后一级过滤器,也称末级过滤器。

5.2.31

金属过滤器 metal filter

滤料由金属网丝、金属纤维或烧结多孔金属材料组成的空气过滤器。

5.2.32

吸着过滤器 sorption filter

采用吸收或吸附的方式,从气流中除去气体或蒸气污染物的空气过滤器。

5.3 洁净室

5.3.1

装配式洁净室 assembly cleanroom

用工厂模数化生产的部件在建筑物内组装成的洁净室。

5.3.2

移动式洁净小室 mobile clean booth

可整体移动位置的小型洁净室。有刚性或薄膜围档两类。

5.3.3

隧道式洁净室 tunnel cleanroom

由单向流洁净设备组装成的隧道型洁净室。

5.3.4

医药洁净室 pharmaceutical cleanroom

空气悬浮粒子和微生物浓度,以及温度、湿度、压力等参数受控的房间或限定医药空间。

5.3.5

生物洁净室 biological cleanroom

空气中悬浮微生物控制在规定洁净度的有限空间。

5.3.6

生物安全实验室 biosafety laboratory

通过防护屏障和管理措施,达到生物安全要求的生物实验室和动物实验室。包括主实验室及其辅助房间。

5.3.7

人身净化用室 room for cleaning human body

人员在进入洁净区之前按一定程序经行净化的房间。

5.3.8

物料净化用室 room for cleaning material

物料在进入洁净区之前按一定程序经行净化的房间。

5.3.9

空气吹淋室　air shower

利用高速洁净气流吹落并清除进入洁净室人员表面附着粒子的小室。

5.3.10

气闸室　air lock

设置在洁净室出入口，用以阻隔室外或邻室污染气流和控制压差而设置的缓冲间。

5.3.11

缓冲室　buffer room

设置在被污染概率不同的洁净室区域间的密闭室。需要时可设置机械通风系统，其门具有互锁功能，不能同时处于开启状态。

5.3.12

隔离室　isolator room

用于无菌动物的饲养，在密封容器中，设有高效过滤器送排风口，可隔离操作的装置。

5.4　局部净化设备

5.4.1

洁净工作台　clean bench

能够保持操作空间所需洁净度的工作台。

5.4.1.1

直流式洁净工作台　directional flow type clean bench

由室内吸入空气，并将空气排至室内的洁净工作台。

5.4.1.2

全循环式洁净工作台　cycle flow type clean bench

空气在内部循环的洁净工作台。

5.4.1.3

排风式洁净工作台　exhaust type clean bench

由室内吸入空气，并将空气排至室外的洁净工作台。

5.4.2

生物安全柜　bio-safety cabinet

处理危险性微生物时所用的箱形空气净化装置。

5.4.3

高效过滤器送风口　HEPA filter unit

可自带风机，由静压箱、高效空气过滤器等构成的洁净空气出风口。也称高效送风口。

5.4.4

洁净罩　clean cover

可形成局部垂直单向流的空气净化设备。周边带有空气幕的洁净罩又称为气幕式洁净罩。

5.4.5

洁净屏　clean partition

可形成局部水平单向流的空气净化设备。

5.4.6

洁净烘箱　clean oven

内部设有高效净化送风装置的电热烘箱。

5.4.7

空气自净器　self air cleaner

由风机和过滤器等组成，可使洁净室内空气循环、净化的设备。

5.4.8

风机过滤器机组　fan filter unit

由高效空气过滤器，超高效空气过滤器和风机组合在一起，构成自身可提供动力的末端空气净化装置。

5.4.9

独立通风笼具　individually ventilated cage; IVC

用于饲养清洁、无特定病原体或感染(负压)动物的独立通风屏障设备。

5.4.10

动物隔离设备　animal isolated device

动物生物安全实验室内饲育动物采用的隔离装置的统称。

注：该设备的动物饲育内环境为负压，以防止病原体外泄至环境并能有效防止动物逃逸。

5.4.11

洁净衣柜　clean garment stocker

内部设有高效净化送风装置的专用衣柜。

5.4.12

洁净防护服　clean protective clothing

用于超净场所，能防止静电积聚、阻隔体屑外露、耐磨损的工作服。

5.4.13

洁净保管柜　clean shelf

内部设有高效净化送风装置的专用物品存放柜。

5.4.14

传递箱(窗)　pass box (window)

两侧装有不能同时开启的门扇并可设置气闸，在洁净室隔墙上设置的传递部件或小设备的开口。

5.4.15

余压阀　excess pressure damper

为保持洁净室内静压稳定，设置在侧墙上的可自动开关的阀门。有机械或电动两种。

5.4.16

高效吸尘器　vacuum cleaner

用于洁净室清扫的、以高效过滤器作为终过滤器的可移动式真空吸尘设备。

5.4.17

吸收装置　absorption device

采用适当的液体吸收剂清除混合气体中某种有害组分的设备。

5.4.18

吸附装置　adsorption device

用于从气体中脱除臭气、溶剂和其他低浓度气态污染物的设备。

5.4.19

筛板塔　perforated plate tower

筒体内设有几层筛板，气体自下而上穿过筛板上的液层，通过气体的鼓光使有害物质被吸收的净化设备。

5.4.20

填料塔　packed column

筒体内装有环形、波纹形或其他形状的填料，吸收剂自塔顶向下喷淋于填料上，气体沿填料间隙上升，通过气液接触使有害物质被吸收的净化设备。

索　　引

汉语拼音索引

J

K

L

Y

Z

英文对应词索引

A

B

C

D

E

F

G

H

I

N

O

P

R

S

T

U

V

W

ICS 27.010
F 01

中华人民共和国国家标准

GB 20665—2015
代替 GB 20665—2006

家用燃气快速热水器和燃气采暖热水炉能效限定值及能效等级

Minimum allowable values of energy efficiency and energy efficiency grades for domestic gas instantaneous water heaters and gas fired heating and hot water combi-boilers

2015-05-15 发布　　2016-06-01 实施

中华人民共和国国家质量监督检验检疫总局
中国国家标准化管理委员会　发布

前　言

本标准 4.3 为强制性的，其余为推荐性的。

本标准按照 GB/T 1.1—2009 给出的规则起草。

本标准代替 GB 20665—2006《家用燃气快速热水器和燃气采暖热水炉能效限定值及能效等级》。与 GB 20665—2006 相比，除编辑性修改外主要技术变化如下：

——范围中将"本标准适用于热负荷不大于 70 kW 的热水器和采暖炉"更改为"本标准适用于仅以燃气作为能源的热负荷不大于 70 kW 的热水器和采暖炉"；

——引用标准中增加了 GB 25034《燃气采暖热水炉》、CJ/T 336《冷凝式家用燃气快速热水器》和 CJ/T 395《冷凝式燃气暖浴两用炉》；

——第 4 章中增加了"4.1　基本要求"；

——表 1 中各个级别的最低允许能效指标由原来固定的针对额定负荷和部分负荷热效率的单一限值变为只限定这两个热效率值的较大值下限和较小值下限；

——试验方法中除了要按 GB 6932《家用燃气快速热水器》的要求进行外，还增加了按照 GB 25034《燃气采暖热水炉》、CJ/T 336《冷凝式家用燃气快速热水器》和 CJ/T 395《冷凝式燃气暖浴两用炉》的相关要求的内容。

本标准由国家发展和改革委员会资源节约和环境保护司、工业和信息化部节能与综合利用司提出。

本标准由全国能源基础与管理标准化技术委员会(SAC/TC 20)归口。

本标准起草单位：中国标准化研究院、国家燃气用具质量监督检验中心、国家燃气用具产品质量监督检验中心(佛山)、广东万和新电气股份有限公司、广州迪森家用锅炉制造有限公司、艾欧史密斯(中国)热水器有限公司、广东万家乐燃气具有限公司、海尔热水器有限公司、广东美的厨卫电器制造有限公司、威能(北京)供暖设备有限公司、上海林内有限公司、国际铜业协会(中国)、华帝股份有限公司、宁波方太厨具有限公司、能率(中国)投资有限公司。

本标准主要起草人：刘伟、陈海红、刘彤、林力、钟家淞、楼英、毕大岩、胡定钢、郑涛、梁国荣、盖新峰、徐蔚春、申隽、易洪斌、徐德明、张坤东。

本标准所代替标准的历次版本发布情况为：

——GB 20665—2006。

家用燃气快速热水器和燃气采暖热水炉能效限定值及能效等级

1 范围

本标准规定了家用燃气快速热水器(含冷凝式家用燃气快速热水器,以下简称热水器)和燃气采暖热水炉(含冷凝式燃气暖浴两用炉,以下简称采暖炉)的能效限定值、节能评价值、能效等级、试验方法和检验规则。

本标准适用于仅以燃气作为能源的热负荷不大于 70 kW 的热水器和采暖炉。

本标准不适用于燃气容积式热水器。

本标准所指燃气应符合 GB/T 13611 的规定。

2 规范性引用文件

下列文件对于本文件的应用是必不可少的。凡是注日期的引用文件,仅注日期的版本适用于本文件。凡是不注日期的引用文件,其最新版本(包括所有的修改单)适用于本文件。

GB 6932—2001 家用燃气快速热水器

GB/T 13611 城镇燃气分类和基本特性

GB 25034—2010 燃气采暖热水炉

CJ/T 336—2010 冷凝式家用燃气快速热水器

CJ/T 395—2012 冷凝式燃气暖浴两用炉

3 术语和定义

GB 6932、GB 25034、CJ/T 336 和 CJ/T 395 界定的以及下列术语和定义适用于本文件。

3.1

热水器和采暖炉能效限定值 minimum allowable values of energy efficiency for domestic gas instantaneous water heaters and gas fired heating and hot water combi-boilers

按照规定的试验条件,热水器和采暖炉应达到的最低热效率值。

3.2

热水器和采暖炉节能评价值 evaluating values of energy conservation for domestic gas instantaneous water heaters and gas fired heating and hot water combi-boilers

按照规定的试验条件,节能热水器和节能采暖炉应达到的最低热效率值。

4 技术要求

4.1 基本要求

本标准所适用的热水器和采暖炉应分别符合 GB 6932—2001、GB 25034—2010、CJ/T 336—2010 和 CJ/T 395—2012 的规定。

4.2 能效等级

热水器和采暖炉能效等级分为3级,其中1级能效最高。各等级的热效率值不应低于表1的规定。表1中的 η_1 为热水器或采暖炉额定热负荷和部分热负荷(热水状态为50%的额定热负荷,采暖状态为30%的额定热负荷)下两个热效率值中的较大值,η_2 为较小值。当 η_1 与 η_2 在同一等级界限范围内时判定该产品为相应的能效等级;如 η_1 与 η_2 不在同一等级界限范围内,则判为较低的能效等级。

表1 热水器和采暖炉能效等级

类型			热效率值 η/%		
			能效等级		
			1级	2级	3级
热水器		η_1	98	89	86
		η_2	94	85	82
采暖炉	热水	η_1	96	89	86
		η_2	92	85	82
	采暖	η_1	99	89	86
		η_2	95	85	82

注:能效等级判定举例:

例1:某热水器产品实测 $\eta_1=98\%$,$\eta_2=94\%$,η_1 和 η_2 同时满足1级要求,判为1级产品;

例2:某热水器产品实测 $\eta_1=88\%$,$\eta_2=81\%$,虽然 η_1 满足3级要求,但 η_2 不满足3级要求,故判为不合格产品;

例3:某采暖炉产品热水状态实测 $\eta_1=98\%$,$\eta_2=94\%$,热水状态满足1级要求;采暖状态实测 $\eta_1=100\%$,$\eta_2=82\%$,采暖状态为3级产品;故判为3级产品。

4.3 能效限定值

热水器和采暖炉能效限定值为表1中能效等级的3级。

4.4 节能评价值

热水器和采暖炉节能评价值为表1中能效等级的2级。

5 试验方法

5.1 家用燃气快速热水器

家用燃气快速热水器的试验条件除符合以下条件外,其他试验条件应符合GB 6932—2001的有关规定。

a) 试验室环境温度为20 ℃±5 ℃;

b) 进水口冷水温度为20 ℃±2 ℃。

测定额定热负荷热效率时,试验方法按GB 6932—2001的表26进行。测定50%的额定热负荷热效率时,调节出水温度比进水温度高20 K±1 K,其他试验方法按GB 6932—2001的表26进行。

5.2 冷凝式家用燃气快速热水器

冷凝式家用燃气快速热水器的试验条件和试验方法按 CJ/T 336—2010 的要求进行，分别测定额定热负荷和 50%的额定热负荷时的热效率。

5.3 燃气采暖热水炉

燃气采暖热水炉热水状态的试验条件按 GB 25034—2010 的要求进行。测定额定热负荷热效率时，试验方法按 GB 25034—2010 的 7.7.3 进行；测定 50%的额定热负荷热效率时，调节出水温度比进水温度高 20 K±1 K，其他试验方法按 GB 25034—2010 的 7.7.3 进行。采暖炉采暖状态的试验条件按 GB 25034—2010 的要求进行，测定额定热负荷热效率时，试验方法按 GB 25034—2010 的 7.7.1 进行；测定 30%的额定热负荷热效率时，试验方法按 GB 25034—2010 的 7.7.2.2.1 进行。

5.4 冷凝式燃气暖浴两用炉

冷凝式燃气暖浴两用炉热水状态的试验条件按 CJ/T 395—2012 进行，测定额定热负荷热效率时，试验方法按 CJ/T 395—2012 的 7.6.4 进行；测定 50%的额定热负荷热效率时，调节出水温度比进水温度高 20 K±1 K，其他试验方法按 CJ/T 395—2012 的 7.6.4 进行。冷凝炉采暖状态的试验条件按 CJ/T 395—2012 进行，测定额定热负荷热效率时，试验方法按 CJ/T 395—2012 的 7.6.2 进行；测定 30%的额定热负荷热效率时，试验方法按 CJ/T 395—2012 的 7.6.3 进行。

6 检验规则

6.1 出厂检验

6.1.1 能效限定值应作为热水器和采暖炉出厂检验项目。抽样方案由生产企业质量检验部门自行决定。

6.1.2 经检验认定能效不满足 4.3 要求的产品不允许出厂。

6.2 型式检验

6.2.1 热水器和采暖炉产品出现下列情况之一时，应进行能效型式检验：

a) 试制的新产品；

b) 改变产品设计、工艺或所用材料明显影响其性能时；

c) 质量技术监督部门提出检验要求时。

6.2.2 能效型式检验的抽样，每次抽 3 台，其中两台试验，一台备用。试验结果两台均符合本标准要求，则该批为合格；如果两台均不符合本标准要求，则该批为不合格。如果有一台能效值不符合本标准要求，应对备用热水器和采暖炉进行测试，如测试结果符合本标准要求则该批为合格；如测试结果仍不符合本标准要求，则该批为不合格。

ICS 91.140
P 45

中华人民共和国国家标准

GB 25034—2020
代替 GB 25034—2010

燃气采暖热水炉

Gas-fired heating and hot water combi-boiler

2020-10-11 发布　　2021-11-01 实施

国家市场监督管理总局
国家标准化管理委员会　发布

前　言

本标准按照 GB/T 1.1—2009 给出的规则起草。

本标准代替 GB 25034—2010《燃气采暖热水炉》。与 GB 25034—2010 相比主要技术变化如下：

——修改了范围(见第 1 章,2010 年版的第 1 章)；

——增加了部分术语和定义(见 3.1、3.7、3.8、3.9、3.10、3.18、3.19、3.20、3.21、3.22、3.23、3.24、3.25 和 3.26)；

——补充了分类方式(见第 4 章,2010 年版的第 4 章)；

——增加了冷凝式采暖炉的要求(见 5.2.5、5.2.6、6.6.1.1.2、6.6.1.2、6.6.1.3.2、6.6.2.2 和 6.9)；

——修改了气流监控要求(见 5.2.4 和 6.4.6,2010 年版的 5.3.5 和 6.5.8)；

——增加了 3 级耐压采暖炉的要求(见 5.1.4、6.1.3.1.2 和 6.4.4.2.2.2)；

——增加了远程控制器的要求(见 5.4)；

——增加了模块炉的要求(见 5.5 和 6.3.5.3)；

——修改了部分控制和安全装置的要求(见 5.2.4.2、5.3.4.2.1、5.3.7.3 和 5.3.9.2.1.2,2010 年版的 5.4和 6.5)；

——修改了燃气系统密封性的要求(见 6.1.1,2010 年版的 6.2.1)；

——补充了燃烧系统密封性的要求(见 6.1.2,2010 年版的 6.2.2)；

——增加了非冷凝炉排烟温度要求(见 6.5.5)；

——修改了热效率要求(见 6.6.1.1.1、6.6.1.3.1 和 6.6.2.1,2010 年版的 6.7)；

——增加了辅助能耗要求(见 6.6.3)；

——修改了生活热水性能要求(见 6.7.1、6.7.2、6.7.5、6.7.6 和 6.7.7,2010 年版的 6.8.3、6.8.4.1 和 6.8.7)；

——修改了噪声要求及试验方法(见 6.10 和 7.11,见 2010 年版的 6.10 和 7.10)；

——增加了室外型采暖炉的要求(见 5.3.10、6.8 和 6.10)；

——增加了风险评估要求(见 6.13)；

——修改了热工性能和热效率试验示意图(见图 1、图 2,2010 年版的图 3、图 4 和图 8)；

——删除了采暖炉应配备手动燃气阀的要求[见 2010 年版的 5.4.3 e)]；

——删除了安全限温器的要求(见 2010 年版的 5.5.6)；

——删除了给排气管表面温升的要求(见 2010 年版的 6.4.1.4)；

——删除了积碳的要求(见 2010 年版的 6.6.4)；

——删除了水阻力的要求(见 2010 年版的 6.9)；

——删除了 2010 年版的图 1、图 2、图 5 和图 6；

——删除了 2010 年版的附录 A 和附录 B。

本标准由中华人民共和国住房和城乡建设部提出并归口。

本标准所代替标准的历次版本发布情况为：

——GB 25034—2010。

燃气采暖热水炉

1 范围

本标准规定了燃气采暖热水炉(以下简称采暖炉)的术语和定义,分类和型号,材料、结构和安全要求,性能要求,试验方法,检验规则,标志和说明书,包装、运输和贮存。

本标准适用于额定热负荷小于 100 kW,最大采暖工作水压不大于 0.6 MPa,工作时水温不大于 95 ℃,采用大气式或全预混式燃烧的采暖炉,包括:

a) 附录 A 中的 1P 和 1G 型强制给排气式采暖炉;

b) 附录 A 中的 9P 和 9G 型且热负荷大于 70 kW 的强制排气式全预混冷凝炉;

c) 附录 A 中的 10Z 、10P 和 10G 型室外型采暖炉。

本标准所指燃气是 GB/T 13611 规定的人工煤气、天然气和液化石油气。

2 规范性引用文件

下列文件对于本文件的应用是必不可少的。凡是注日期的引用文件,仅注日期的版本适用于本文件。凡是不注日期的引用文件,其最新版本(包括所有的修改单)适用于本文件。

GB/T 191 包装储运图示标志

GB/T 2828.1 计数抽样检验程序 第1部分:按接收质量限(AQL)检索的逐批检验抽样计划

GB/T 3768—2017 声学 声压法测定噪声源声功率级和声能量级 采用反射面上方包络测量面的简易法

GB 4706.1—2005 家用和类似用途电器的安全 第1部分:通用要求

GB/T 5013.1 额定电压 450/750 V 及以下橡皮绝缘电缆 第1部分:一般要求

GB/T 5023.1 额定电压 450/750 V 及以下聚氯乙烯绝缘电缆 第1部分:一般要求

GB/T 6663.1 直热式负温度系数热敏电阻器 第1部分:总规范

GB/T 7306.1 55°密封管螺纹 第1部分:圆柱内螺纹与圆锥外螺纹

GB/T 7306.2 55°密封管螺纹 第2部分:圆锥内螺纹与圆锥外螺纹

GB/T 7307 55°非密封管螺纹

GB/T 9124.1 钢制管法兰 第1部分:PN 系列

GB/T 12113—2003 接触电流和保护导体电流的测量方法

GB/T 14536.1—2008 家用和类似用途电自动控制器 第1部分:通用要求

GB/T 16411 家用燃气用具通用试验方法

GB/T 17626.2—2018 电磁兼容 试验和测量技术 静电放电抗扰度试验

GB/T 17626.4—2018 电磁兼容 试验和测量技术 电快速瞬变脉冲群抗扰度试验

GB/T 17626.5 电磁兼容 试验和测量技术 浪涌(冲击)抗扰度试验

GB/T 17626.6 电磁兼容 试验和测量技术 射频场感应的传导骚扰抗扰度

GB/T 17626.11 电磁兼容 试验和测量技术 电压暂降、短时中断和电压变化的抗扰度试验

GB/T 17627 低压电气设备的高电压试验技术 定义、试验和程序要求、试验设备

GB/T 19212.1—2016 变压器、电抗器、电源装置及其组合的安全 第1部分:通用要求和试验

GB/T 22688 家用和类似用途压力式温度控制器

GB/T 37499 燃气燃烧器和燃烧器具用安全和控制装置 特殊要求 自动和半自动阀

GB/T 38603—2020 燃气燃烧器和燃烧器具用安全和控制装置 特殊要求 电子控制器

GB/T 38693 燃气燃烧器和燃烧器具用安全和控制装置 特殊要求 热电式熄火保护装置

GB 50057 建筑物防雷设计规范

CJ/T 157—2017 家用燃气灶具用涂层钢化玻璃面板

CJ/T 198 燃烧器具用不锈钢排气管

CJ/T 199 燃烧器具用给排气管

CJ/T 356 家用及建筑物用电子系统(HBES)通用技术条件

CJ/T 398 家用燃气用具电子式燃气与空气比例调节装置

CJ/T 450 燃气燃烧器具气动式燃气与空气比例调节装置

HG/T 20592 钢制管法兰(PN 系列)

JB/T 81 板式平焊钢制管法兰

3 术语和定义

下列术语和定义适用于本文件。

3.1

燃气流量调节器 gas rate adjuster

根据供气条件,可将燃烧器的燃气流量调节到一个预定值的装置。

3.2

额定热负荷调节装置 range-rating device

安装人员可根据用户实际热需求,在制造商给出的额定热负荷的最大值和最小值范围内设定采暖炉额定热负荷的装置。

3.3

控制温控器 control thermostat

使水温自动保持在预定值范围内的控制装置。

3.4

限制温控器 temperature limiter

当温度达到极限温度值时关闭通往主燃烧器的燃气通路,并在当温度降到低于该极限值时,自动重新开启通往主燃烧器的燃气通路的装置。

3.5

过热保护装置 overheat cut-out device

当采暖炉产生过热时,在引起采暖炉损坏或安全事故发生之前,引发安全关闭和非易失锁定的保护装置。

3.6

点火热负荷 ignition rate

ϕ_{IGN}

在点火安全时间内的平均热负荷。

3.7

点火延迟开阀时间 ignition delay opening time

T_{IA}

热电式火焰监控装置,从被监控火焰点燃到火焰信号使气阀处于吸合状态之间的时间。

3.8

熄火延迟闭阀时间　extinction delay closing time

T_{IE}

热电式火焰监控装置，从被监控火焰熄灭到切断燃气供应之间的时间。

3.9

点火安全时间　ignition safety time

T_{SA}

在未点燃的情况下，从打开主燃烧器燃气供应命令到关闭燃气供应命令之间的时间。

3.10

熄火安全时间　extinction safety time

T_{SE}

从被监控火焰熄灭到发出切断燃气供应命令之间的时间。

3.11

再点火　spark restoration

当火焰意外熄灭时，在不完全切断燃气供应的情况下，再次开启点火装置的一种控制功能。

3.12

再启动　recycling

在采暖炉运行过程中意外熄火时，立即切断燃气供给，并按启动程序自动重新启动的控制功能。

3.13

安全关闭　safety shutdown

通过控制装置、安全装置或系统内部的故障检测实现安全切断燃气。

3.14

易失锁定　volatile lockout

系统的重新启动除通过手动复位外还可通过断电后恢复供电来实现的一种安全关闭状态。

3.15

非易失锁定　non-volatile lockout

系统的重新启动只能通过手动重置实现的一种安全关闭状态。

3.16

气流监控装置　air proving device

当空气供应或燃烧烟气排放出现异常情况时安全关闭采暖炉的装置。

3.17

气动式燃气与空气比例控制系统　pneumatic gas/air ratio control system

通过对比空气压力（或差压）的响应，调节输出燃气压力的燃气与空气比例的控制系统。

3.18

电子式燃气与空气比例控制系统　electronic gas/air ratio control system

由电子控制模块、执行机构（至少含燃气调节单元和空气流量调节单元）和指定的反馈信号组成的，用以调节燃气和空气比例的闭环控制系统。

3.19

额定冷凝热输出　nominal condensing output

在本标准规定的基准条件下，冷凝炉使用基准气在供/回水温度为 50 ℃/30 ℃工况下的热输出。

3.20

模块炉　modular boiler

在同一外壳下，由两个或两个以上可独立运行的相同模块组成的采暖炉。

3.21

集烟室　common chamber of combustion products

模块炉内收集烟气的共用烟道。

3.22

故障容许时间　fault tolerating time

在不造成危害的情况下，采暖炉从发生故障到安全动作实施的最大容许时间。

3.23

远程控制器　remote controller

除采暖炉本体的有线控制装置外，通过有线或无线连接控制采暖炉的装置。

3.24

远程复位功能　remote reset function

远程控制采暖炉从锁定状态复位实现重新启动的功能。

3.25

交替点火燃烧器　intermittent/interrupted ignition burner

交叉点火燃烧器　cross-lighting burner

主燃烧器被点燃后立即熄灭的点火燃烧器。在主燃烧器熄灭前被主燃烧器火焰重新点燃。

3.26

储水式采暖炉　storage type combination boiler

火焰和燃烧产物不直接加热储水罐内生活热水的采暖炉。

4　分类和型号

4.1　分类

4.1.1　按烟气中水蒸气利用分类

按烟气中水蒸气利用分类见表1。

表1　按烟气中水蒸气利用分类

类别	结构说明	代号
冷凝炉	燃烧烟气中水蒸气被部分冷凝，且冷凝过程中释放的潜热被有效利用的采暖炉	L
非冷凝炉	燃烧烟气中水蒸气不会冷凝，或冷凝过程中释放的潜热不能被有效利用的采暖炉	F

4.1.2　按用途分类

按用途分类见表2。

表2　按用途分类

类别	用途	代号
单采暖型	仅用于采暖	N
两用型	采暖和热水两用	L

4.1.3 按燃烧方式分类

按燃烧方式分类见表 3。

表 3 按燃烧方式分类

类别	结构说明	代号
全预混式	采用全预混式燃烧系统	Q
大气式	采用大气式燃烧系统	D

4.1.4 按采暖系统结构形式分类

按采暖系统结构形式分类见表 4。

表 4 按采暖系统结构形式分类

类别	结构说明	代号
封闭式	采暖系统未设置永久性通往大气的孔	B
敞开式	采暖系统设置永久性通往大气的孔	K

4.1.5 封闭式采暖系统按采暖最大工作水压分类

按采暖最大工作水压分类见表 5。

表 5 按采暖最大工作水压分类

类别	采暖最大工作水压 PMS MPa
2 级耐压	PMS=0.3
3 级耐压	0.3<PMS≤0.6

4.1.6 按主参数分类

主参数采用采暖额定热负荷(kW)四舍五入后的阿拉伯数字表示。

4.2 型号

采暖炉型号编制如下：

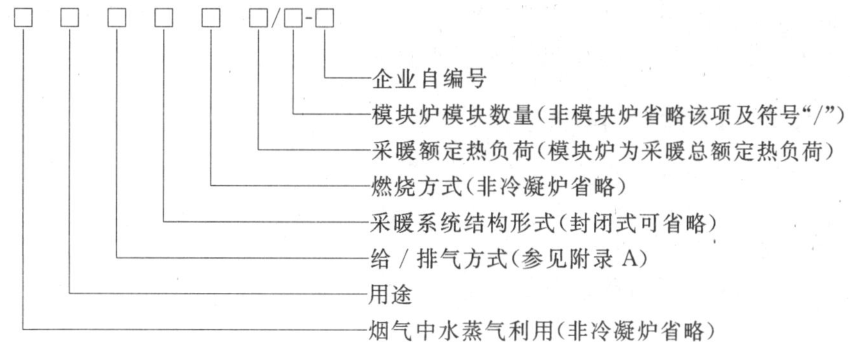

示例 1：采暖额定热负荷为 24 kW 的全预混燃烧封闭式 1G 型两用型冷凝炉表示为：LL1GBQ24-××××或 LL1GQ24-××××。

示例 2：采暖额定热负荷为 24 kW 的大气式燃烧敞开式 1P 型单采暖非冷凝炉表示为：N1PK24-××××。

示例 3：由 2 个模块组成的模块炉采暖总额定热负荷为 70 kW 的全预混燃烧封闭式 1G 型两用型冷凝炉表示为：LL1GBQ70/2-××××或 LL1GQ70/2-××××。

5 材料、结构和安全要求

5.1 材料

5.1.1 一般要求

5.1.1.1 在正常安装及规定使用条件下，采暖炉在制造商声称的使用寿命期间内其材料和结构应能承受预期的机械和热应力而没有任何影响安全的变形。

5.1.1.2 接触燃气、烟气或冷凝水的材料，应耐腐蚀或经过耐腐蚀处理。

5.1.1.3 采暖炉使用的材料中不应含有石棉。

5.1.1.4 隔热材料应为难燃材料。

5.1.1.5 焊料中不应含有金属镉。

5.1.1.6 与生活水接触的材料不应影响水质。

5.1.1.7 接触燃气的管路应为金属材料。

5.1.1.8 涉及安全的重要材料，其特性应由采暖炉制造商和材料供应商予以保证，如：提供必要的书面证明。

5.1.2 保温材料

保温材料应符合下列规定：

a) 保温材料应能承受正常可预见的热应力和机械应力，且在受热和老化的影响下不变形，并能保持其保温性能；
b) 除符合下列情况外，保温材料应为难燃材料：
   ——保温材料是用在与水接触的管路表面；
   ——在正常运行过程中保温材料的表面温度不大于 85 ℃；
   ——有难燃材料构成的外壳对保温材料进行保护。

5.1.3 外壳材料

外壳材料应符合下列规定：

a) 采暖炉外壳材料应采用耐腐蚀或表面进行过耐腐蚀处理的难燃材料；
b) 采暖炉的塑料外壳长期使用温度应至少大于外壳最高表面温度 20 K；
c) 采暖炉外壳用玻璃的碎片状态应符合 CJ/T 157—2017 中 5.8 的规定；
d) 外壳的密封件、密封垫应采用耐腐蚀的柔性材料。

5.1.4 3 级耐压采暖炉热交换器材料与壁厚

5.1.4.1 材料

材料应符合下列规定：

a) 碳钢和不锈钢材料应符合附录 B 的规定；
b) 铸造用铝材料应符合附录 C 的规定；

c) 铜或铜合金材料应符合附录 D 的规定。

5.1.4.2 壁厚

壁厚应符合下列规定：

a) 轧制部件的最小壁厚应符合附录 E 的规定；

b) 铸造部件的最小壁厚应符合附录 F 的规定。

5.2 结构

5.2.1 连接接口

5.2.1.1 与供燃气管道的连接接口

螺纹应符合 GB/T 7306.1、GB/T 7306.2 或 GB/T 7307 的规定。采用 GB/T 7307 规定的螺纹，采暖炉进气接头的末端应具有一个平整的环形表面，端面粗糙度 Ra 不应大于 3.2；法兰应符合 GB/T 9124.1、HG/T 20592 和 JB/T 81 的规定，且制造商应提供配对法兰和密封垫。

5.2.1.2 与供水管道的连接接口

螺纹应符合 GB/T 7306.1、GB/T 7306.2 或 GB/T 7307 的规定；法兰应符合 GB/T 9124.1、HG/T 20592或 JB/T 81 的规定，且制造商应提供配对法兰和密封垫。

5.2.2 燃气通路

燃气通路应符合下列规定：

a) 除测量孔外，用于安装零部件的螺钉孔、螺栓孔等其他用途的孔和燃气通路之间的壁厚不应小于 1 mm。

b) 燃气通路结构应确保水不能渗入。

c) 日常维修时需拆装的燃气通路连接件应采用机械方式密封。如金属与金属间的接头连接应通过垫片、密封圈密封。对于永久性装配，应采用密封带、液态胶等密封。

d) 非螺纹装配时，装配的密封性不应通过软焊料或粘合剂实现。

e) 应设置燃气过滤网(器)。

5.2.3 给/排气系统

5.2.3.1 一般要求

5.2.3.1.1 在点火期间以及在制造商声称的热负荷范围内，应提供采暖炉燃烧用的足够空气。

5.2.3.1.2 制造商提供的给/排气管应符合 CJ/T 199 或 CJ/T 198 的规定。

5.2.3.1.3 除大气式采暖炉非金属外壳不应构成燃烧系统的一部分外，如采暖炉外壳构成燃烧系统的一部分并且不借助工具拆卸时，当该外壳错装时采暖炉不应运行或不应有燃烧产物泄漏到安装采暖炉的房间内。

5.2.3.2 室外型外壳开孔

室外型采暖炉的排气口及外壳的开孔处在承受 5 N 的作用力按压直径为 16 mm 的钢球时，该球不应进入采暖炉内。

5.2.3.3 风机

风机应符合下列规定：

a） 安装在采暖炉壳体外的风机，风机的转动部件不应被直接接触；
b） 输送介质为可燃气体时，风机的电机及控制部件不应接触风机输送的介质；风机与燃气接触的所有部件相互碰擦不应产生火花。

5.2.4 气流监控装置

5.2.4.1 一般要求

除装有燃气与空气比例控制系统的采暖炉外，在每次风机启动前，气流监控装置应检测是否有模拟空气流，通过监控进气或排气流量实现。当风机有多个转速时应监控每一个转速。

燃烧用空气应通过下列方法之一监控：

a） 燃气与空气比例控制系统；
b） 持续监控进气流量或排气流量；
c） 启动监控进气流量或排气流量应符合下列规定：
 1） 装有同轴式给排气管或燃烧系统泄漏量应符合 6.1.2.1.2 的规定；
 2） 且每连续运行 24 h 至少有一次切断；
 3） 且运行过程中采用间接监控(如风机转速监控)。

5.2.4.2 燃气与空气比例控制系统

5.2.4.2.1 气动式燃气与空气比例控制系统

气动式燃气与空气比例控制系统应符合 CJ/T 450 的规定。

5.2.4.2.2 电子式燃气与空气比例控制系统

电子式燃气与空气比例控制系统应符合 CJ/T 398 的规定。

5.2.4.2.3 燃气与空气比例控制系统取压管

燃气与空气比例控制系统取压管应符合下列规定：

a） 取压管的结构应满足可预见的损坏不会影响采暖炉安全性。
b） 取压管应采用金属材料或具有同等特性的材料制造。非金属材料制造的取压管，其断开、破裂或泄漏不应引发安全事故。
c） 燃气或空气取压管横截面积不应小于 12 mm^2，内径不应小于 1 mm；应能避免任何冷凝水残留，并能防止出现皱折、泄漏或断裂。若使用一条以上的取压管，结构应确保不会错装。
d） 制造商提供相关证据并采取了避免在取压管中形成冷凝水的预防措施时，空气取压管横截面积不应小于 5 mm^2。

5.2.5 冷凝水的收集和排放

5.2.5.1 启动时的冷凝水

启动时产生的冷凝水不应影响运行安全性，且不应滴到燃烧器火孔或电器元件的接线端子。

5.2.5.2 冷凝水收集和排放系统的结构

冷凝水收集和排放系统的结构应符合下列规定：

a） 冷凝水收集装置和排放管应作为冷凝炉的标配附件；应方便安装和拆卸，易于检查和清洁。
b） 通过重力作用排放冷凝水的系统，冷凝水排放系统的内径不应小于 13 mm。水封结构的冷凝水收集装置，在完成本标准试验期间不应有烟气从冷凝水收集装置逸出，且水封高度不应小于25 mm。

c） 通过机械设备辅助排放冷凝水的系统，冷凝水的排放系统尺寸不应小于制造商声称值。

d） 除冷凝水排水口外，冷凝水收集和排放系统表面不应有冷凝水渗漏。

e） 与冷凝水接触的部件表面应能防止冷凝水滞留（除排水管、水封槽、中和装置和虹吸管以外的部分）。

5.2.6　烟温限制装置

烟温限制装置应符合下列规定：

a） 燃烧产物排放系统含有塑料材料的冷凝炉应设置烟温限制装置；

b） 排烟系统中含有塑料烟管、塑料连接管的冷凝炉应设置烟温限制装置；

c） 烟温限制装置动作点应不可调节。

5.2.7　泄压阀和压力指示器

封闭式采暖炉采暖系统应设置泄压阀和压力指示器。

5.2.8　膨胀水箱和循环水泵

采暖额定热负荷小于35 kW的采暖炉应内置膨胀水箱和循环水泵。

5.2.9　排气装置

封闭式采暖炉采暖系统应安装排气装置。

5.2.10　燃烧器

5.2.10.1　每个可拆卸的喷嘴或限流器应标注直径或代码，其固定方法应确保不会错装。不可拆卸的喷嘴或限流器，在分气管或预混器上应有标志。

5.2.10.2　燃烧器或燃烧器的一部分可拆卸时，其安装方法应确保不会错装。

5.2.11　燃气测压管

采暖炉应有供气压力和喷嘴前压力测压管。测压管外径为 $9.0^{+0}_{-0.5}$ mm，有效长度不应小于10 mm，最小部位孔径不应大于1 mm。测压孔不应影响气路的密封性。

5.2.12　控制面板

控制面板应符合下列规定：

a） 控制面板标志应清晰，控制装置应安全可靠，误操作时不应损坏采暖炉或造成危险；

b） 控制和调节装置失灵不应影响安全装置的关闭功能；

c） 温度指示标志应标明水温升降方向。用数字表示时，最大数字应对应最高温度。

5.2.13　运行指示

运行指示应符合下列规定之一：

a） 采暖炉应能够通过反射镜、观察孔等观测火焰状态。

b） 如主燃烧器装有专用火焰监控装置时，允许采用间接指示方式（例如指示灯）。该火焰指示器不得用来指示任何其他故障；如火焰监控装置出现故障时，应能显示故障。如火焰指示仅在远程控制器显示，则远程控制器应连同采暖炉一起试验。

5.2.14 电源运行安全性

停止供电时采暖炉应安全关闭，恢复供电时采暖炉应正常运行或处于非易失锁定状态。

5.2.15 2级耐压的非模块炉或模块炉的单独模块的热负荷

2级耐压的非模块炉或模块炉的单独模块的热负荷不应大于70 kW。

5.3 调节、控制和安全装置

5.3.1 一般要求

调节和控制装置不应违背安全装置而运行。控制与安全系统不应执行两个或两个以上不可接受的程序动作组合，动作次序一经固定应不能改动。

不准许用户和安装人员调节的任何部件，应采用能显示出干扰痕迹的方法标记(如漆封)。调节螺钉的位置及结构应确保其不会落入燃气通路中。

5.3.2 燃气流量调节器

使用人工煤气的采暖炉，应安装燃气流量调节器。出厂后不准许调节的采暖炉，调节装置应被封闭；出厂后准许调节的采暖炉，安装说明书应注明该装置的调节方法。

5.3.3 额定热负荷调节装置

额定热负荷调节装置和燃气流量调节器为同一装置时，安装说明书应注明该装置的调节方法。

5.3.4 燃气控制装置和燃气通路的组成

5.3.4.1 燃气控制装置

燃气控制装置应符合下列规定：

a) 由两个燃气阀分别控制主燃烧器和点火燃烧器的燃气流量，应确保在点火燃烧器点燃之前不会向主燃烧器供气；
b) 如采用同一个旋钮控制主燃烧器和点火燃烧器，旋钮应能单手操作，点火位置应设置止挡或凹槽；
c) 通过旋钮控制的燃气阀，应为顺时针旋转旋钮关闭燃气。

5.3.4.2 燃气通路的组成

5.3.4.2.1 燃气阀

燃气阀应符合下列规定：

a) 自动阀应符合GB/T 37499的规定；
b) 热电式熄火保护装置应符合GB/T 38693的规定。

5.3.4.2.2 燃气通路

燃气通路应符合下列规定：

a) 组成燃气通路的燃气阀气密力等级不应低于表6的规定。
b) 任一燃气通路的热负荷大于0.25 kW时，且采暖炉的安全装置引发非易失锁定时，两道燃气阀门应为同步关闭。符合下列规定时，两道阀门可不同步关闭：

1） 燃气通路装有热电式熄火保护装置；

2） 热负荷不大于 70 kW 的燃气通路装有两道 C 级阀的无点火燃烧器的不带风机的采暖炉；

3） 热负荷不大于 70 kW 的燃气通路装有两道 C 级阀的无点火燃烧器的有预清扫的采暖炉。

c） 同步关闭的两道阀，关闭信号之间的延时不应大于 5 s。

d） 燃气通路组成的示意图参见附录 G。

表 6 燃气通路的组成

<table>
<tr><th rowspan="4">燃气通路
热负荷 Φ
kW</th><th colspan="6">燃气阀气密力等级</th></tr>
<tr><th colspan="2" rowspan="2">不带风机(10Z)的
采暖炉</th><th colspan="4">带风机的采暖炉</th></tr>
<tr><th colspan="2">有预清扫</th><th colspan="2">无预清扫</th></tr>
<tr><th>无点火燃烧器</th><th>有点火
燃烧器</th><th>无点火
燃烧器</th><th>有点火
燃烧器</th><th>无常明火或
交替点火燃烧器</th><th>有常明火或
交替点火燃烧器</th></tr>
<tr><td>$\Phi \leqslant 0.25$</td><td colspan="6">C[a]</td></tr>
<tr><td>$0.25 < \Phi \leqslant 70$</td><td>C[a,b]+J 或
C +C(可不
同步关闭)</td><td>C[a,b]+J</td><td>C[a,b]+J
或 C +C(可不
同步关闭)</td><td>C[a,b]+J</td><td>C[a,b]+C 或 B+J</td><td>C[a,b]+J</td></tr>
<tr><td>$70 < \Phi < 100$</td><td colspan="4">C[a,b]+J</td><td></td><td></td></tr>
<tr><td colspan="7">[a] 允许带热电式熄火保护装置的阀代替 C 级阀，如燃气通路装有带热电式熄火保护装置的阀，允许另一道燃气阀用机械式温度控制装置代替。
[b] 点火燃烧器热负荷小于 1 kW 时，且制造商能提供相关安全证明，点火燃烧器通路允许只安装一个 C 级阀。</td></tr>
</table>

5.3.5 燃气稳压功能

使用管道气的采暖炉应具有燃气稳压功能。

5.3.6 点火装置

5.3.6.1 一般要求

使用常用工具应能拆装点火装置，且应具有防止错装的措施。

5.3.6.2 点火燃烧器

点火燃烧器应符合下列规定：

a） 点燃点火燃烧器不应改变采暖炉燃烧产物排放系统的运行状态；

b） 对于使用人工煤气的采暖炉，在点火燃烧器燃气流量不受控制时，点火燃烧器通路应设置燃气流量调节器；

c） 预清扫后点火的采暖炉，点火热负荷不大于 0.25 kW 的，允许燃气在预清扫过程中进入点火燃烧器。

5.3.6.3 自动点火装置

自动点火装置应符合下列规定：

a） 点火装置安装应牢固，位置应准确；

b） 采暖炉供电电压在额定电压的 85%～110%波动，自动点火装置应正常工作；

c） 点火信号不应迟于燃气阀开阀信号；

d) 除火焰检测部件外，点火装置应在点火安全时间内停止工作。

5.3.7 火焰监控装置

5.3.7.1 一般要求

主燃烧器由点火燃烧器点燃时，火焰监控装置应在检测到点火燃烧器火焰后才能向主燃烧器供气。

5.3.7.2 热电式火焰监控装置

热电式火焰监控装置应符合下列规定：

a) 热电式火焰监控装置在火焰意外熄灭或监控装置自身故障时，应引发非易失锁定；

b) 应具有点火联锁功能或再启动联锁功能；

c) 如安全装置触发热电式火焰监控装置关闭时，热电式火焰监控装置应无延迟立即关闭。

5.3.7.3 自动燃烧控制系统火焰监控装置

自动燃烧控制系统火焰监控装置应符合下列规定：

a) 自动燃烧控制系统在点火不成功时，应导致再点火、再启动或易失锁定；

b) 再点火或再启动时，在点火安全时间结束后，燃烧器如仍未点燃，控制器应至少引发易失锁定；

c) 具有火焰监控功能的自动燃烧控制系统的安全性不应低于制造商声称的安全要求等级。

5.3.8 预清扫

带风机的采暖炉，主燃烧器每次点火前应进行预清扫，符合下列规定之一的采暖炉允许不进行预清扫：

a) 装有常明火或交替点火燃烧器；

b) 燃气阀等级不应低于两个同步关闭的C级阀或同步关闭的一个B级阀加一个J级阀；

c) 热负荷小于70 kW的1P和1G型且符合6.3.6的规定。

5.3.9 控制温控器和水温限制装置/功能

5.3.9.1 一般要求

控制温控器和水温限制装置/功能应符合下列规定之一：

a) 不带水温限制装置的敞开式采暖炉，控制温控器失效不应损坏采暖炉或给用户造成危险；

b) 除符合a)规定之外的采暖炉应安装符合5.3.9.2.1规定的水温限制装置/功能。

5.3.9.2 水温限制装置/功能

5.3.9.2.1 采暖系统

5.3.9.2.1.1 机电控制型

机电控制型应符合下列规定之一：

a) 装有符合5.3.9.4的限制温控器和符合5.3.9.5的过热保护装置；

b) 装有符合5.3.9.5规定的过热保护装置。

5.3.9.2.1.2 电子控制型

电子控制型应符合下列规定之一：

a) 装有控制和限制温度的电子控制系统和一个符合5.3.9.5的过热保护装置。电子控制系统应符合 GB/T 38603—2020 附录 F 中的 A 类安全要求。

b) 装有控制和限制温度且能提供过热切断功能的电子温度控制系统；电子控制系统应符合 GB/T 38603—2020 附录 F 中的 C 类安全要求；该系统应至少具备三种温度设置点：控制温度、限制温度和过热切断温度；在水温达到限制温度最大预设值 110 ℃前，该系统应安全关闭采暖炉；当温度重新降至预设值以下时采暖炉应重新启动；当温度达到过热切断温度预设值前（损坏采暖炉或造成危险之前），该系统应产生非易失锁定。

5.3.9.2.2 生活热水系统

生活热水系统应符合下列规定：

a) 如生活热水系统已安装控制温控器和/或水温限制装置/功能，控制温控器和水温限制装置/功能应符合 5.3.9.2.1、5.3.9.3～5.3.9.6 的规定；

b) 储水式采暖炉应装有控制温控器，最大温度设定值不应小于 60 ℃；

c) 如储水式采暖炉已安装温度压力安全阀，该装置应在生活热水回路上其他安全装置动作无效后再动作。

5.3.9.3 控制温控器

控制温控器应符合下列规定：

a) 应符合 GB/T 14536.1—2008 中针对 1 型动作的规定；

b) 应符合 GB/T 6663.1 的规定；

c) 当控制温控器设定在最高温度时，在采暖出水温度大于 95 ℃之前采暖炉应至少受控停机，生活热水出水温度大于 85 ℃之前采暖炉应至少受控停机。

5.3.9.4 限制温控器

限制温控器应符合下列规定：

a) 应符合 GB/T 14536.1—2008 中针对 1 型或 2 型动作的规定；

b) 应符合 GB/T 6663.1 的规定；

c) 最高设定值应不可调节；当水温低于该设定值时，采暖炉应重新启动；

d) 限制温控器在出水温度大于 110 ℃之前应安全关闭采暖炉。

5.3.9.5 过热保护装置

过热保护装置应符合下列规定：

a) 过热保护装置应符合 GB/T 14536.1—2008 中针对 2 型动作的规定；

b) 应符合 GB/T 22688 的规定；

c) 过热切断温度值应不可调节，采暖炉的正常运行不应导致该装置的设定值发生变化；

d) 传感器与控制器间信号中断时应至少安全关闭采暖炉。

5.3.9.6 温度传感器

温度传感器应符合下列规定：

a) 机电控制型的控制温控器、限制温控器和过热保护装置应具有独立的传感器。

b) 允许电子控制型的控制温控器和限制温控器采用同一个传感器，该传感器失效不应带来危险或损坏采暖炉。

5.3.10 室外型采暖炉防冻功能

5.3.10.1 室外型采暖炉的安装环境温度低于 0 ℃时，应设置自动防冻功能。

5.3.10.2 防冻功能启动温度设定值应不可调节。

5.4 远程控制器

5.4.1 一般要求

5.4.1.1 当远程控制器发生故障时，采暖炉不应发生危险。
5.4.1.2 远程控制器的设计应能避免未经授权的操作，并应防止意外运行或操作。
5.4.1.3 连接远程控制器，不应干扰采暖炉内部的电气连接。
5.4.1.4 采暖炉的本地操作应优先于远程控制器的操作。
5.4.1.5 当远程控制器连接到家用及建筑物用电子系统时，应符合 CJ/T 356 的规定。

5.4.2 远程复位功能

5.4.2.1 一般要求

采暖炉自身具有关断功能时，允许远程控制器具有复位功能。

5.4.2.2 功能要求

应符合下列规定：

a) 复位功能应至少由两次手动动作激活；
b) 不应允许自动复位(如定时器等自动装置产生的复位)；
c) 复位功能应至少符合 GB/T 38603—2020 中 B 类安全要求，故障容许时间为 24 h；
d) 当远程控制器不在采暖炉的可视范围内时，应符合下列规定：
   1) 远程控制器应显示采暖炉的运行状态和相关信息；
   2) 15 min 内应最多允许执行 5 次复位操作，大于 5 次的复位动作应不被执行；
   3) 如同一故障代码连续复位 5 次仍未解决该故障，大于 5 次的复位动作不应被执行。

5.4.2.3 评估

按 GB/T 38603—2020 附录 D 中内部故障保护要求对远程控制器复位功能评估。

5.5 模块炉附加要求

5.5.1 模块炉的任一模块应包含燃气阀、换热器、燃烧器、安全装置和完整的控制系统(如火焰监控装置、控制温控器和水温限制装置/功能等)，控制和安全装置的性能按单一模块的额定热负荷确定。
5.5.2 当独立模块的水路被关闭时，该模块的运行不应导致危险。
5.5.3 带有集烟室的模块炉，单一模块的燃烧产物排放系统应有防倒流装置，集烟室应设置冷凝水收集器。
5.5.4 带有集烟室的模块炉，当至少有一个模块已经运行时，任一模块的预清扫不应影响该模块。
5.5.5 独立排放燃烧产物的模块炉，应独立预清扫。
5.5.6 如单一模块发生故障，不应干扰其他模块的运行。

6 性能要求

6.1 密封性

6.1.1 燃气系统密封性

燃气系统的泄漏量不应大于 0.14 L/h。

6.1.2 燃烧系统密封性

6.1.2.1 强制给排气式

6.1.2.1.1 同轴或部分同轴式

同轴或部分同轴式采暖炉燃烧系统最大允许漏气量应符合表7的规定。

表7 最大允许漏气量

给排气管类型	试验样品说明	最大允许漏气量/(m^3/h)	
		$\Phi_n \leqslant 40$ kW	$\Phi_n > 40$ kW
同轴式	采暖炉安装了最长给排气管及所有的连接件	5	$5 \cdot \Phi_n/40$
	采暖炉只安装了连接给排气管的连接件	3	$3 \cdot \Phi_n/40$
	连接了全部连接件的最长给排气管	2	$2 \cdot \Phi_n/40$
部分同轴式	采暖炉安装了最长给排气管及所有的连接件	1	$\Phi_n/40$
	采暖炉只安装了连接给排气管的连接件	0.6	$0.6 \cdot \Phi_n/40$
	连接了全部连接件的最长给排气管	0.4	$0.4 \cdot \Phi_n/40$

6.1.2.1.2 气流监控为间接监控的采暖炉排烟管

排烟管单位表面积的泄漏量不应大于0.006 L/(s·m^2)。

6.1.2.1.3 分离式排烟管

排烟管单位表面积的泄漏量不应大于0.006 L/(s·m^2)。

6.1.2.2 强制排气式

燃烧产物应只从烟道出口处逸出。

6.1.3 水路系统密封性

6.1.3.1 封闭式采暖系统

6.1.3.1.1 2级耐压采暖炉

封闭式采暖系统试验过程中应无泄漏，试验后应无明显的永久变形。

6.1.3.1.2 3级耐压采暖炉

6.1.3.1.2.1 钢或铜热交换器

封闭式采暖系统试验过程中应无泄漏，试验后应无明显的永久变形。

6.1.3.1.2.2 铸铝热交换器

铸铝热交换器应符合下列规定：

a) 试验过程中应无泄漏，试验后应无明显的永久变形；

b) 试验过程中应无泄漏。

6.1.3.2 敞开式采暖系统

敞开式采暖系统应无泄漏。

6.1.3.3 生活热水系统

生活热水系统试验过程中应无泄漏，试验后应无明显的永久变形。

6.2 热负荷和热输出

6.2.1 采暖额定热负荷或带有额定热负荷调节装置的最大额定热负荷和最小额定热负荷

实测折算热负荷与制造商声称值的偏差绝对值百分比不应大于10%。当10%所对应数值小于500 W时，偏差允许值为500 W。

6.2.2 采暖热负荷的调节准确度

实测折算热负荷与制造商声称值的偏差绝对值百分比不应大于5%。当5%所对应数值小于500 W时，偏差允许值为500 W。

6.2.3 点火热负荷

点火热负荷不应大于制造商声称值。

6.2.4 采暖额定热输出或带有额定热负荷调节装置的最大热输出

实测热输出不应小于制造商声称值。

6.2.5 采暖额定冷凝热输出或带有额定热负荷调节装置的最大冷凝热输出

实测冷凝热输出不应小于制造商声称值。

6.2.6 生活热水额定热负荷

实测折算热负荷与制造商声称值的偏差绝对值百分比不应大于10%。当10%所对应数值小于500 W时，偏差允许值为500 W。

6.2.7 0.1 MPa进水压力下的生活热水热负荷

生活热水热负荷不应小于7.3.6试验的实测折算热负荷的85%。

6.2.8 产热水能力

产热水能力不应小于制造商声称值的95%。

6.3 运行安全性

6.3.1 表面温升

6.3.1.1 调节和控制装置

调节、控制和安全装置的表面温升不应大于制造商声称值并应正常工作。对控制钮和使用时需接触的部位，金属件和玻璃触摸屏的表面温升不应大于 35 K、瓷件的表面温升不应大于 45 K、塑料件的表面温升不应大于 60 K。

6.3.1.2 采暖炉侧面、前面和顶部

距观火窗边缘 50 mm 以外和烟道周围 150 mm 以外的采暖炉侧面、前面和顶部的表面温升不应大于 80 K。

6.3.1.3 测试板和安装底板

测试板和安装底板的表面温升不应大于 80 K；当制造商允许采暖炉安装底板或墙体由易燃材料组成，且表面温升达到 60 K 至 80 K 时，制造商应提供采暖炉与安装底板或墙体的隔热保护措施，采取保护措施后试验的表面温升不应大于 60 K。

6.3.2 点火及火焰稳定性

6.3.2.1 极限条件

点火及火焰稳定性应符合下列规定：

a) 采暖炉应正常点火，火焰应稳定，允许点火期间短暂的离焰；
b) 采暖炉在制造商规定的气量调节范围内应正常点火；
c) 常明火在主燃烧器燃烧或熄灭时不应熄灭、回火和离焰；
d) 采暖炉在快速和连续调节控制温控器使燃气通路反复通断时，点火燃烧器应正常工作；
e) 具有再点火或再启动功能的采暖炉，重复上述试验时应符合上述规定；
f) 装有火焰指示器的采暖炉，使用 3-2 气，在热平衡状态下试验，$CO_{(\alpha=1)}$ 浓度不应大于 0.1%。

6.3.2.2 有风条件

点火燃烧器和主燃烧器应正常点火，火焰应稳定。

6.3.2.3 点火燃烧器低流量时点火稳定性

主燃烧器应能点燃且不应损坏采暖炉。

6.3.3 降低燃气压力

降低燃气压力不应危及人身安全或损坏采暖炉。

6.3.4 靠近主燃烧器的燃气截止阀故障

当点火燃烧器由主燃烧器的两个起密封作用的阀门之间的管路供应燃气，靠近主燃烧器的截止阀发生关闭故障时，应保证安全。

6.3.5 预清扫

6.3.5.1 额定热负荷不大于 70 kW 的采暖炉

预清扫应符合下列规定之一：

a) 预清扫空气均匀分布于燃烧室整个横断面的采暖炉，预清扫排气量不应小于整个燃烧室容积或在对应额定热负荷的空气流量下预清扫时间不应小于 5 s；

b) 预清扫空气不是均匀分布于燃烧室整个横断面的采暖炉，预清扫排气量不应小于 3 倍的燃烧室容积或在对应额定热负荷的空气流量下预清扫时间不应小于 15 s。

6.3.5.2 额定热负荷大于 70 kW 的采暖炉

预清扫应符合下列规定之一：

a) 至少以 40%的额定热负荷下空气流速预清扫，预清扫排气量至少等于 3 倍的燃烧室容积；

b) 以额定热负荷下空气流速清扫，预清扫时间不应小于 30 s。

6.3.5.3 模块炉

带有集烟室的模块炉，任一模块的预清扫空气量不应小于全部模块燃烧室容积总和的 3 倍。

6.3.6 燃烧室保护特性

不带预清扫的热负荷小于 70 kW 的 1P 和 1G 型采暖炉，如不带常明火或交替点火燃烧器，且燃气通路是由一个 C 级阀加一个 J 级阀组成时，冷态下点火不应损坏采暖炉。

6.3.7 待机状态风机停转时常明火性能

待机状态风机停转时，常明火应能正常工作。

6.4 调节、控制和安全装置

6.4.1 点火装置

6.4.1.1 点火燃烧器的手动点火装置

点火燃烧器的手动点火装置应符合下列规定：

a) 至少 20 次点燃；

b) 操作速度不应影响点火效果；

c) 最高工作温度下施加 0.85 倍和 1.1 倍的额定电压后仍能正常工作；

d) 在检测到点火燃烧器的火焰后，再向主燃烧器发出开阀信号。

6.4.1.2 自动点火装置

自动点火装置应符合下列规定：

a) 一次完整的点火过程中，初次点火未点燃后如进入再启动，总的点火次数不应大于 5 次；

b) 一次完整的点火过程结束后，如未点燃应至少产生易失锁定；

c) 点火成功率不应低于 90%。

6.4.1.3 常明火或交替点火燃烧器热负荷

常明火或交替点火燃烧器热负荷不应大于 0.25 kW。

6.4.2 火焰监控装置

6.4.2.1 热电式火焰监控装置

6.4.2.1.1 点火延迟开阀时间(T_{IA})

点火延迟开阀时间不应大于 30 s;如此过程不需要手动操作,则点火延迟开阀时间不应大于 60 s。

6.4.2.1.2 熄火延迟闭阀时间(T_{IE})

熄火延迟闭阀时间应符合下列规定:

a) 当额定热负荷不大于 35 kW 时,熄火延迟闭阀时间不应大于 60 s;

b) 当额定热负荷大于 35 kW 时,熄火延迟闭阀时间不应大于 45 s。

6.4.2.2 自动燃烧控制系统火焰监控装置

6.4.2.2.1 点火安全时间(T_{SA})

点火安全时间应符合下列规定之一:

a) 点火燃烧器的热负荷大于 0.25 kW 但不大于 1 kW 时,应符合制造商声称值。

b) 点火安全时间不应大于公式(1)计算值,且最长不应大于 10 s:

$$T_{SA} \leqslant 5 \times \frac{\Phi_n}{\Phi_{IGN}} \qquad \cdots\cdots(1)$$

式中:

T_{SA} ——点火安全时间,单位为秒(s);

5 ——时间常数,单位为秒(s);

Φ_n ——额定热负荷,单位为千瓦(kW);

Φ_{IGN} ——点火热负荷,单位为千瓦(kW)。

c) 不符合 a)和 b)规定的采暖炉,在点火安全时间内延迟点火不应损坏采暖炉或给用户造成危险。

d) 无预清扫的采暖炉,多次点火的总持续时间应符合 a)、b)或 c)的规定之一。

e) 有预清扫的采暖炉,每次的点火安全时间不应大于 T_{SA}。

6.4.2.2.2 熄火安全时间(T_{SE})

除具有再点火功能的采暖炉外,额定热负荷不大于 70 kW 的采暖炉熄火安全时间不应大于 5 s,额定热负荷大于 70 kW 的采暖炉熄火安全时间不应大于 3 s。

6.4.2.2.3 再点火

再点火间隔时间不应大于 1 s,点火安全时间应符合 6.4.2.2.1 的规定。

6.4.2.2.4 再启动

再启动应先关闭气路;点火过程应从头开始,点火安全时间应符合 6.4.2.2.1 的规定。

6.4.2.2.5 延迟点火安全性

延迟点火不应危及人身安全或损坏采暖炉。

6.4.2.2.6 模块炉点火间隔时间

独立排烟的模块炉,应允许各模块同步点火;具有集烟室的模块炉,任意两个模块间的点火过程间的间隔时间不应小于 5 s。

6.4.3 稳压性能

在规定燃气压力波动范围内的热负荷与额定压力下实测折算热负荷的偏差绝对值的百分比不应大于 7.5%。

6.4.4 控制温控器和水温限制装置/功能

6.4.4.1 采暖系统控制温控器调节精度

控制温控器调节精度应符合下列规定:

a) 装有固定式控制温控器的采暖炉,最高出水温度与制造商声称值的偏差范围为±10 K;
b) 对于装有可调式控制温控器的采暖炉,出水温度与制造商声称值的偏差范围为±10 K;
c) 最高出水温度不应大于 95 ℃。

6.4.4.2 采暖系统水温限制装置/功能

6.4.4.2.1 循环水量不足

敞开式采暖炉循环水量不足时不应损坏采暖炉。

6.4.4.2.2 水温过热

6.4.4.2.2.1 2 级耐压

水温过热性能应符合下列规定之一:

a) 装有限制温控器/功能和过热保护装置/功能的采暖炉,在出水温度大于 110 ℃之前,限制温控器/功能应产生安全关闭;过热保护装置应在损坏采暖炉或给用户造成危险之前产生非易失锁定。
b) 装有过热保护装置的采暖炉,在出水温度大于 110 ℃之前,过热保护装置应产生非易失锁定。

6.4.4.2.2.2 3 级耐压

水温过热性能应符合下列规定:

a) 如装有限制温控器/功能的采暖炉,在出水温度大于 110 ℃之前,限制温控器/功能应产生安全关闭;
b) 在出水温度大于 110 ℃之前,过热保护装置/功能应产生非易失锁定。

6.4.4.3 生活热水水温限温装置/功能

生活热水水温限温装置/功能应符合下列规定之一:

a) 套管式采暖炉,采暖系统的水温限制装置应符合 6.4.4.2 的规定;
b) 生活热水管路与烟气直接接触的采暖炉,生活热水系统的水温限制装置在出水温度大于 100 ℃之前应至少引发安全关闭。

6.4.5 烟温限制装置

装有烟温限制装置的冷凝炉应符合下列规定:

a) 排烟温度应小于制造商声称的燃烧产物排放系统材料和烟道材料允许的最高工作温度；
b) 烟温限制装置的动作后冷凝炉应产生非易失锁定。

6.4.6 气流监控装置

6.4.6.1 给/排气运行工况监控

给/排气运行工况监控应符合下列规定之一：

a) 对于持续监控型采暖炉，烟气中 $CO_{(\alpha=1)}$ 浓度大于 0.2%之前应关闭燃气；
b) 对于启动监控型采暖炉，热平衡状态烟气中 $CO_{(\alpha=1)}$ 浓度大于 0.1%时，重启采暖炉不应点燃。

6.4.6.2 燃气与空气比例控制系统

6.4.6.2.1 非金属取压管的泄漏

非金属材料取压管破裂或泄漏时，采暖炉应正常运行或安全关闭，且燃气不应泄漏到采暖炉壳体外。

6.4.6.2.2 燃烧排放和供气工况监控

燃烧排放和供气工况监控应符合下列规定之一：

a) 对于持续监控型采暖炉应符合下列规定：
   1) 在制造商规定的热负荷调节范围内，烟气中 $CO_{(\alpha=1)}$ 浓度大于 0.2%之前，应关闭燃气；
   2) 在热负荷低于制造商规定调节范围的最小值时，烟气中 $CO_{(\alpha=1)}$ 浓度大于公式(2)计算值之前，应关闭燃气：

$$CO_{(\alpha=1)}=0.2\%\times\frac{\Phi_{min}}{\Phi} \quad \cdots\cdots(2)$$

   式中：
   Φ ——瞬时热负荷，单位为千瓦(kW)；
   Φ_{min} ——最小热负荷，单位为千瓦(kW)；
   0.2% ——烟气中 CO 浓度限值。

b) 对于启动监控型采暖炉，热平衡状态烟气中 $CO_{(\alpha=1)}$ 浓度大于 0.1%时，重启采暖炉不应点燃。

6.4.6.2.3 燃气与空气比例控制系统调节性能

烟气中 $CO_{(\alpha=1)}$ 浓度应符合 6.4.6.2.2 的规定。

6.5 燃烧

6.5.1 额定热负荷时 CO 含量

烟气中 $CO_{(\alpha=1)}$ 浓度不应大于 0.06%。

6.5.2 极限热负荷时 CO 含量

烟气中 $CO_{(\alpha=1)}$ 浓度不应大于 0.1%。

6.5.3 特殊燃烧工况时 CO 含量

6.5.3.1 黄焰和不完全燃烧界限气工况

烟气中 $CO_{(\alpha=1)}$ 浓度不应大于 0.2%。

6.5.3.2 **电压波动适应性**

烟气中 $CO_{(\alpha=1)}$ 浓度不应大于 0.2%。

6.5.3.3 **脱火界限气工况**

烟气中 $CO_{(\alpha=1)}$ 浓度不应大于 0.2%。

6.5.3.4 **冷凝水堵塞状态**

当冷凝炉的冷凝水排水口堵塞或冷凝水排水泵关闭而导致冷凝水堵塞时，冷凝水不应溢出和泄漏，且冷凝炉应符合下列规定之一：

a) 堵塞冷凝水排放系统，在烟气中 $CO_{(\alpha=1)}$ 浓度大于 0.2%之前应关闭冷凝炉；
b) 堵塞冷凝水排放系统，热平衡状态烟气中 $CO_{(\alpha=1)}$ 浓度不小于 0.1%时，重启冷凝炉不应点燃。

6.5.3.5 **有风燃烧**

烟气中 $CO_{(\alpha=1)}$ 浓度不应大于 0.20%。

6.5.4 **NO_x**

烟气中 NO_x 浓度应符合附录 H 的规定。

6.5.5 **非冷凝炉排烟温度**

非冷凝炉排烟温度不应小于 110 ℃。

6.6 **热效率**

6.6.1 **采暖状态**

6.6.1.1 **额定热负荷 80 ℃/60 ℃ 状态**

6.6.1.1.1 **非冷凝炉**

非冷凝炉热效率应符合下列规定之一：

a) 不带额定热负荷调节装置的采暖炉，额定热负荷时的热效率不应小于 89%；
b) 带额定热负荷调节装置的采暖炉，最大热负荷时的热效率不应小于 89%；对应于最大额定热负荷和最小额定热负荷的算术平均值时的热效率不应小于 89%。

6.6.1.1.2 **冷凝炉**

冷凝炉热效率应符合下列规定之一：

a) 不带额定热负荷调节装置的冷凝炉，额定热负荷时的热效率不应小于 92%；
b) 带额定热负荷调节装置的冷凝炉，最大热负荷时的热效率不应小于 92%；对应于最大额定热负荷和最小额定热负荷的算术平均值时的热效率不应小于 92%。

6.6.1.2 **冷凝炉额定热负荷 50 ℃/30 ℃ 状态**

冷凝炉热效率应符合下列规定之一：

a) 不带额定热负荷调节装置的冷凝炉，额定热负荷时的热效率不应小于 99%；
b) 带额定热负荷调节装置的冷凝炉，最大热负荷时的热效率不应小于 99%；对应于最大额定热负荷和最小额定热负荷的算术平均值时的热效率不应小于99%。

6.6.1.3 部分热负荷

6.6.1.3.1 非冷凝炉

非冷凝炉部分热负荷热效率应符合下列规定之一：

a) 不带额定热负荷调节装置的采暖炉，对应于30%额定热负荷时的热效率不应小于85%；

b) 带额定热负荷调节装置的采暖炉，对应于最大额定和最小额定热负荷的算术平均值的30%时的热效率不应小于85%。

6.6.1.3.2 冷凝炉

冷凝炉部分热负荷热效率应符合下列规定之一：

a) 不带额定热负荷调节装置的冷凝炉，对应于30%额定热负荷时的热效率不应小于95%；

b) 带额定热负荷调节装置的冷凝炉，对应于最大额定和最小额定热负荷的算术平均值的30%时的热效率不应小于95%。

6.6.2 热水状态

6.6.2.1 非冷凝炉

非冷凝炉额定热负荷状态热效率不应小于89%。

6.6.2.2 冷凝炉

冷凝炉额定热负荷状态热效率不应小于96%。

6.6.3 辅助能耗

6.6.3.1 额定热负荷状态

额定热负荷状态电功率与制造商声称值偏差百分比不应大于10%。

6.6.3.2 最小热负荷状态

最小热负荷状态电功率与制造商声称值偏差百分比不应大于10%。

6.6.3.3 待机状态

待机状态下电功率与制造商声称值偏差百分比不应大于10%。

6.7 生活热水性能

6.7.1 最高热水温度

6.7.1.1 快速式

生活热水温度不应大于85 ℃。

6.7.1.2 储水式

生活热水温度不应大于85 ℃。

6.7.2 停水温升

快速式采暖炉生活热水温度不应大于 80 ℃。

6.7.3 套管式生活热水过热

生活热水温度不应大于 95 ℃。

6.7.4 加热时间

加热时间不应大于 90 s。

6.7.5 快速式水温控制

出水温度应为 45 ℃～75 ℃。

6.7.6 水温超调幅度

水温超调幅度应在±5 K 范围内。

6.7.7 热水温度稳定时间

热水温度稳定时间不应大于 60 s。

6.7.8 储水式生活热水温度

储水式生活热水温度不应小于 60 ℃。

6.8 室外型采暖炉防冻性能

制造商声称的采暖炉最低安装环境温度低于 0 ℃时，采暖炉的采暖水、生活热水和冷凝水水温应大于 0.5 ℃。

6.9 冷凝炉热交换器耐久性

冷凝炉热交换器耐久性应符合下列规定：

a) 与耐久试验前热负荷偏差绝对值百分比不应大于 10%；
b) 热效率应符合 6.6.1.2 的规定；
c) 烟气中 $CO_{(\alpha=1)}$ 浓度应符合 6.5.1 的规定；
d) 水路系统密封性应符合 6.1.3 的规定。

6.10 噪声

燃烧噪声应符合表 8 的规定。

表 8 噪声最大允许值(声功率级)

额定热负荷 Φ_n kW	噪声最大允许值/dB(A)		
	室内型	室外型	模块炉
$\Phi_n \leqslant 40$	60	63	66
$40 < \Phi_n \leqslant 70$	63	66	70
$70 < \Phi_n < 100$	65	70	75

6.11 电气安全性

使用交流电源采暖炉的电气安全性应符合附录I的规定。

6.12 电磁兼容安全性

使用交流电源采暖炉的电磁兼容安全性应符合附录J的规定。

6.13 风险评估

风险评估应符合附录K的规定。

7 试验方法

7.1 试验条件和采暖炉安装

7.1.1 试验条件

7.1.1.1 试验气条件

试验气和试验气压力代号见表9。

表9 试验气和试验气压力代号

试验气		试验气压力/Pa				
气种代号	气质	压力代号	液化石油气	天然气		人工煤气
			19Y,20Y,22Y	10T,12T	3T,4T	3R,4R,5R,6R,7R
0	基准气					
1	黄焰和不完全燃烧界限气	1(最高压力)	3 300	3 000	1 500	1 500
2	回火界限气	2(额定压力)	2 800	2 000	1 000	1 000
3	脱火界限气	3(最低压力)	2 000	1 000	500	500

7.1.1.2 基准状态

室温为15 ℃、大气压力为101.3 kPa。

7.1.1.3 实验室条件

除非另有说明,实验室条件应符合下列规定:

a) 实验室温度:20 ℃±5 ℃;
b) 进水温度:20 ℃±2 ℃;
c) 实验室温度与进水温度之差不应大于5 K;
d) 其他条件应符合GB/T 16411的规定。

7.1.1.4 热平衡状态

试验时的热平衡状态是指供/回水温度波动值在±2 K内。

7.1.1.5 **电源条件**

除非另有说明，试验电压应为额定电压。

7.1.1.6 **两用型采暖炉运行状态**

当两用型采暖炉生活热水额定热负荷大于采暖额定热负荷时，进行下列试验项目时将采暖炉设置在生活热水状态：

a) 燃烧系统气密性试验；

b) 表面温升试验；

c) 点火及火焰稳定性试验；

d) 火焰监控装置；

e) 燃烧试验中的7.6.1、7.6.2和7.6.3。

7.1.2 **采暖炉安装**

7.1.2.1 **采暖炉配件**

制造商应提供其在安装说明书中涉及的所有配件，包括烟道等。

7.1.2.2 **热工性能试验**

按下列步骤调试：

a) 采暖炉应安装在图1或图2所示的试验台或制造商提供的其他可获得相同结果的试验台上；

b) 除非另有说明，安装制造商声称的最短烟道；

c) 通过调节图1或图2中的控制阀，使供/回水温度差为20 K±1 K。

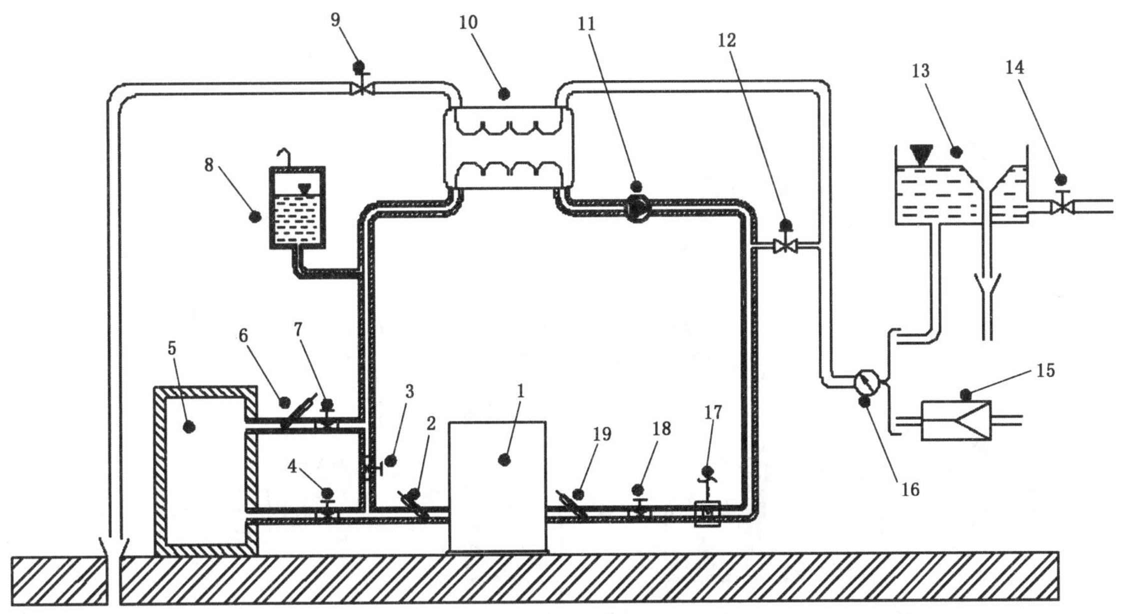

说明：

1 ——试验样品；
2,6,19 ——温度计；
3,4,7,9,12,14,18 ——控制阀；
5 ——储水箱；
8 ——膨胀水箱；
10 ——热交换器；
11 ——循环泵；
13 ——稳压水箱；
15 ——连接到恒压分配管；
16 ——水压表；
17 ——电磁流量计。

图 1 带换热器的试验台

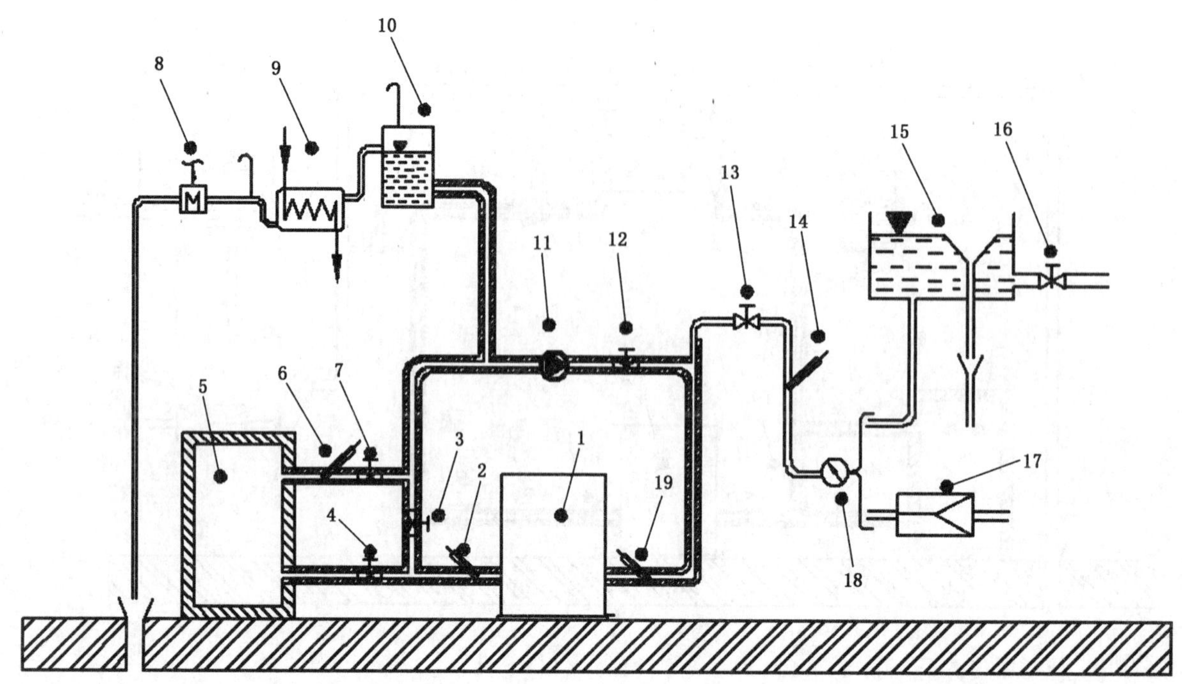

说明：

1	——试验样品；
2,6,14,19	——温度计；
3,4,7,12,13,16	——控制阀；
5	——储水箱；
8	——电磁流量计
9	——冷却器 ；
10	——膨胀水箱；
11	——循环泵；
15	——稳压水箱；
17	——连接到恒压分配管；
18	——水压表。

图 2　直接循环的试验台

7.1.3　试验仪器仪表

试验仪器仪表应符合表 10 的规定或采用同等及以上精度等级的其他试验仪器仪表。

表 10　试验仪器仪表

试验项目		仪器仪表示例	范围	最大允许误差/准确度等级/分度值
温度	环境温度	温度计	0 ℃～50 ℃	0.2 ℃
	水温	低热惰性温度计，如水银温度计或热敏电阻温度计	0 ℃～150 ℃	0.2 ℃
			0 ℃～100 ℃	0.1 ℃
	排烟温度	热电偶温度计	0 ℃～300 ℃	2 ℃
	燃气温度	水银温度计	0 ℃～50 ℃	0.2 ℃
	表面温度	热电温度计或热电偶温度计	0 ℃～300 ℃	2 ℃

表 10（续）

试验项目		仪器仪表示例	范围	最大允许误差/准确度等级/分度值
相对湿度		湿度计	0%～100%	1%
压力	大气压力	定槽式水银气压计 盒式气压计	81 kPa～107 kPa	0.1 kPa
	燃气压力	U 型压力计或压力表	0 Pa～6 000 Pa	10 Pa
	燃烧室压力	微差压计	0 Pa～200 Pa	1 Pa
	水压力	精密压力表	0 MPa～0.6 MPa	0.4 级
	水路耐压	压力表	0 MPa～6 MPa	1.6 级
流量	燃气流量	流量计	0.01 m^3/h～3 m^3/h	1.0 级
			0.01 m^3/h～6 m^3/h	1.0 级
			0.15 m^3/h～23 m^3/h	1.0 级
			0.30 m^3/h～45 m^3/h	1.0 级
	水流量	电磁流量计	0 L/h～10 000 L/h	0.5 级
	空气流量	干式气体流量计	0 m^3/h～10 m^3/h	1.0 级
燃气系统密封性		气体检漏仪	—	0.01 mL/min
烟气分析	CO 含量	CO 分析仪	0%～0.2%	±1%
	CO_2 含量	CO_2 分析仪	0%～25%	0.1%
	O_2 含量	O_2 分析仪	0%～25%	±1%
	NO_2 含量	NO_2 分析仪	0%～0.1%	±1%
空气中 CO_2		CO_2 分析仪	0%～25%	0.1%
燃气分析	燃气成分	色谱仪	—	灵敏度： ≥800 mV·mL/mg， 定量重复性：≤3%
	燃气相对密度	燃气相对密度仪	—	±2%
	燃气热值	热量计	—	±1%
时 间	1 h 以内	秒表	—	0.1 s
	大于 1 h	时钟	—	—
噪 声		声级计	15 dB～140 dB	0.5 dB
气体流速		风速仪	0 m/s～30 m/s	0.1 m/s
质 量		衡器	0 kg～300 kg	20 g
功率		数字功率计	0 W～4 kW	0.1 W

表 10（续）

试验项目		仪器仪表示例	范围	最大允许误差/准确度等级/分度值
电气安全	电气强度	耐压试验仪	电压:0 V～5 000 V 电流:0 mA～40 mA	1.0 级
	绝缘电阻	绝缘电阻测试仪	DC 500V 0.05 MΩ～100 MΩ	1.0 级
	接地电阻	接地电阻测试仪	电压:DC 12V, 电流:25A 电阻:0 Ω～0.1 Ω	1.0 级
	泄漏电流	泄漏电流测试仪	电压:AC 0 V～250 V 电流:0 mA～3.5 mA	1.0 级
电磁兼容	电压暂降和短时中断	电压暂降、瞬断和电压变化模拟器	符合 GB/T 17626.11 要求	
	浪涌抗扰度	浪涌/冲击模拟试验仪	符合 GB/T 17626.5 要求	
	电快速瞬变抗扰度	快速瞬变模拟器	符合 GB/T 17626.4—2018 要求	
	静电放电抗扰度	静电放电发生器	符合 GB/T 17626.2—2018 要求	
	射频场感应的传导骚扰抗扰度	试验信号发生器	符合 GB/T 17626.6 要求	

7.2 密封性试验

7.2.1 燃气系统密封性

应打开起密封作用的所有阀门，并用制造商提供的适当零件代替喷嘴或限流器来堵塞燃气出口。燃气进口施加压力 15 kPa 的环境温度下的空气检查泄漏量。在完成本标准规定的所有试验后，应按制造商规定的维修保养时需要拆卸的气密接头反复拆装 5 次后，再按上述步骤进行一次密封性试验。检查是否符合 6.1.1 规定。

7.2.2 燃烧系统密封性

7.2.2.1 强制给排气式

7.2.2.1.1 同轴式

采暖炉安装制造商声称的最长给排气管，给排气管一端连接常温压缩空气，另一端堵塞，试验压力按制造商规定但不少于 50 Pa。检验是否符合 6.1.2.1.1 的规定。

7.2.2.1.2 部分同轴式

采暖炉安装制造商声称的最长给排气管，给排气管一端连接常温压缩空气，另一端堵塞，试验压力为采暖炉热平衡状态下排烟管内部压力与大气压的压力差。检验是否符合 6.1.2.1.1 的规定。

7.2.2.1.3 气流监控为间接监控的采暖炉排烟管

将制造商声称的最长给排气管一端连接常温压缩空气，另一端堵塞，试验压力为 200 Pa，检验是否符合 6.1.2.1.2 的规定。

7.2.2.1.4 分离式排烟管

将制造商声称的最长给排气管一端连接常温压缩空气，另一端堵塞，试验压力为 200 Pa，检验是否符合 6.1.2.1.3 的规定。

7.2.2.2 强制排气式

使用 0-2 气，未安装烟道状态，逐渐堵塞燃烧产物排放管路，直至采暖炉关闭，记录关闭时采暖炉最大风压。使气流监控装置不工作，安装标准烟管，逐渐堵塞燃烧产物排放管路使采暖炉在最大风压下运行。使用 CO_2 分析仪或露点板试验是否有燃烧产物逸出，露点板的温度应高于环境空气露点温度。检查是否符合 6.1.2.2 的规定。

7.2.3 水路系统密封性

7.2.3.1 封闭式采暖系统

7.2.3.1.1 2 级耐压采暖炉

采暖状态，采暖水路注水达到 1.5 倍的最大工作水压，保压 10 min 后泄压。检查是否符合6.1.3.1.1 的规定。

7.2.3.1.2 3 级耐压采暖炉

7.2.3.1.2.1 钢或铜热交换器

采暖状态，采暖水路注水达到 2 倍的最大工作水压，保压 10 min 后泄压。检查是否符合6.1.3.1.2.1 的规定。

7.2.3.1.2.2 铸铝热交换器

按下列步骤试验：

a) 采暖状态，采暖水路注水达到 2 倍的最大工作水压且不小于 0.8 MPa，保压 10 min 后泄压；
b) 采暖状态，采暖水路注水达到 4 倍的最大工作水压加上 0.2 MPa，保压 10 min。

检查是否符合 6.1.3.1.2.2 的规定。

7.2.3.2 敞开式采暖系统

采暖水路注满水，采暖炉运行 10 min，检查是否符合 6.1.3.2 的规定。

7.2.3.3 生活热水系统

生活热水状态，生活热水水路注入 1.5 倍的最大工作压力且不小于 1.0 MPa 的水，保压 10 min 后泄压。检查是否符合 6.1.3.3 的规定。

7.3 热负荷和热输出试验

7.3.1 采暖额定热负荷或带有额定热负荷调节装置的最大额定热负荷和最小额定热负荷

按 7.1.2 安装采暖炉，使用 0-2 气，按制造商声称的方法调节采暖炉在额定或最大、最小热负荷状态，非冷凝炉在供/回水温度为 80 ℃/60 ℃状态下试验，冷凝炉分别在供/回水温度为 80 ℃/60 ℃和

50 ℃/30 ℃状态下试验，达到热平衡后，用气体流量计试验燃气流量，试验时间不少于 10 min，装有喷嘴和引射器的采暖炉将实测的燃气流量按公式(3)换算成基准状态下热负荷。当使用湿式流量计试验时，应用公式(4)对燃气密度进行修正；用 d_h 取代 d。

$$\Phi_n = \frac{1}{3.6} \times H_{ir} \times q_{vg} \times \frac{p_{amb}+p_m}{p_{amb}+p_g} \times \sqrt{\frac{101.3+p_g}{101.3} \times \frac{p_{amb}+p_g}{101.3} \times \frac{288.15}{273.15+t_g} \times \frac{d}{d_r}} \quad \cdots\cdots(3)$$

$$d_h = \frac{d \times (p_{amb}+p_m-p_s)+0.622 \times p_s}{p_{amb}+p_m} \quad \cdots\cdots(4)$$

式中：

Φ_n ——折算到基准状态下的热负荷，单位为千瓦(kW)；

H_{ir} ——基准状态下基准气的低热值，单位为兆焦每标准立方米(MJ/Nm^3)；

q_{vg} ——实测燃气流量，单位为立方米每小时(m^3/h)；

p_{amb} ——试验时大气压力，单位为千帕(kPa)；

p_m ——试验时燃气流量计内的燃气压力，单位为千帕(kPa)；

p_g ——试验时采暖炉前的燃气压力，单位为千帕(kPa)；

t_g ——试验时燃气流量计内的燃气温度，单位为摄氏度(℃)；

d ——干试验气的相对密度；

d_r ——基准气的相对密度；

d_h ——湿试验气的相对密度；

0.622 ——理想状态下水蒸气的相对密度；

p_s ——在 t_g 时的饱和水蒸气压力，单位为千帕(kPa)。

装有全预混燃烧器和燃气与空气比例控制系统的采暖炉应按公式(5)计算热负荷。

$$\Phi_n = \frac{1}{3.6} \times H_{ir} \times q_{vg} \times \frac{101.3+p_m}{101.3} \times \sqrt{\frac{273.15+t_{air}}{293.15} \times \frac{288.15}{273.15+t_g} \times \frac{d}{d_r}} \quad \cdots\cdots(5)$$

式中：

Φ_n ——折算到基准状态下的热负荷，单位为千瓦(kW)；

H_{ir} ——基准状态下基准气的低热值，单位为兆焦每标准立方米(MJ/Nm^3)；

q_{vg} ——实测燃气流量，单位为立方米每小时(m^3/h)；

p_m ——试验时燃气流量计内的燃气压力，单位为千帕(kPa)；

t_{air} ——试验时进空气口的空气温度，单位为摄氏度(℃)；

t_g ——试验时燃气流量计内的燃气温度，单位为摄氏度(℃)；

d ——干试验气的相对密度；

d_r ——基准气的相对密度。

检查是否符合 6.2.1 的规定。

7.3.2 采暖热负荷的调节准确度

按制造商声称调节方法调节燃气阀后压力为制造商声称值，按 7.3.1 试验，检查是否符合 6.2.2 的规定。

7.3.3 点火热负荷

按 7.3.1 试验，试验点火安全时间内燃气流量并计算热负荷，检查是否符合 6.2.3 的规定。

7.3.4 采暖额定热输出或带有额定热负荷调节装置的最大热输出

用 7.7.1.1 方法试验的 80 ℃/60 ℃状态热效率乘以该温度下实测折算热负荷为实测热输出，检查是否符合 6.2.4 的规定。

7.3.5 采暖额定冷凝热输出或带有额定热负荷调节装置的最大冷凝热输出

用 7.7.1.2 方法试验的 50 ℃/30 ℃状态热效率乘以该温度下实测折算热负荷为实测冷凝热输出，检查是否符合 6.2.5 的规定。

7.3.6 生活热水额定热负荷

使用 0-2 气，进水压力为 0.1 MPa±0.02 MPa，额定热负荷或最大热负荷状态，将生活热水温度设置在最高温度，使控制温控器失效，调节生活热水出水温度比进水温度高 40 K±1 K，当不能调至此温度时，采用增加进水水压等方法调至最接近的温度。当达到热平衡状态后开始试验，试验时间不少于 10 min，按公式(3)或公式(5)计算热负荷，检查是否符合 6.2.6 的规定。

7.3.7 0.1 MPa 进水压力下的生活热水热负荷

使用 0-2 气，生活热水进水压力 0.1 MPa±0.02 MPa，将生活热水温度设置在最高温度，当达到热平衡状态后开始试验，试验时间不少于 10 min，检查是否符合 6.2.7 的规定。

7.3.8 产热水能力

7.3.8.1 快速式

按 7.3.6 试验，热平衡后试验进出水温度和水流量，试验时间不少于 10 min。按公式(6)计算：

$$q_{mh}=\frac{60\times m_i}{T}\times\frac{\Delta t}{25} \qquad \cdots\cdots(6)$$

式中：

q_{mh}——温升 25K 时产热水能力，单位为千克每分(kg/min)；

m_i——试验时间内的热水量，单位为千克(kg)；

Δt——试验时间内热水平均温升，单位为开尔文(K)；

T——试验时间，单位为秒(s)。

检查是否符合 6.2.8 的规定。

7.3.8.2 储水式

生活热水状态，将控制温控器调节到 65 ℃或最接近的温度，当不能调至此温度时调至最接近的温度，当燃烧器熄灭后开始放水，第一次放水结束不能早于第二次燃烧器熄灭并且持续 10 min。试验要连续进行两次。记录冷、热水温度和水流量。采暖炉运行 20 min 后，再进行第二次 10 min 的排水，记录温度和水流量。对每次排水按公式(6)计算，并计算两次产热水能力的平均值，检查是否符合 6.2.8 的规定。

7.4 运行安全性试验

7.4.1 表面温升

7.4.1.1 采暖炉安装

按说明书方法将壁挂式采暖炉安装在垂直的木质试验板上，落地式采暖炉安装在水平的木质试验板上。采暖炉与侧板和背板的间距应符合制造商声称值但不应大于 200 mm。装在顶棚下的采暖炉，采暖炉与顶板的间距应符合制造商声称值，如制造商未规定，测试板直接与采暖炉烟道接触。

木质试验板厚 25 mm±1 mm 并被涂成无光泽黑色，尺寸应至少大于采暖炉相应尺寸 50 mm。温度传感器应嵌入木板距采暖炉侧木板表面 3 mm 处，传感器间间距不应大于 150 mm。

环境温度试验点在距地面 1.5 m、距采暖炉至少 3 m 处，且不受热辐射处。

安装最短烟道。使用 0-1 气，控制温控器设置在最高温度值，额定热负荷下供/回水温度为 80 ℃/60 ℃，采暖炉至少运行 30 min 后，达到热平衡时试验表面温升。

7.4.1.2 调节和控制装置

用表面温度计试验调节装置、控制装置和安全装置各部位的最高温度，检查是否符合 6.3.1.1 的规定。

7.4.1.3 采暖炉侧面、前面和顶部

用表面温度计试验采暖炉各部位最高温度，检查是否符合 6.3.1.2 的规定。

7.4.1.4 测试板和安装底板

试验板温度变化稳定在±2 K 时试验表面温升。当安装底板与墙体由易燃材料组成时，如表面温升达到 60 K 至 80 K 时，按制造商说明书采取措施后，重新试验一次。

检查是否符合 6.3.1.3 的规定。

7.4.2 点火及火焰稳定性

7.4.2.1 极限条件

冷态和热平衡状态，除 f)在额定电压下试验外其他项分别在 0.85 倍和 1.1 倍的额定电压下进行下列试验，试验过程中不应改变燃烧器的初始状态：

a) 使用 0-3 气，按正常操作点火应符合 6.3.2.1 a)、c)、d)的规定；
在以上试验合格后，将手动调节燃气流量的采暖炉调节为最小热负荷状态下进行点火试验，检查是否符合 6.3.2.1 b) 的规定。

b) 使用 2-3 气，按正常操作点火应符合 6.3.2.1 a)、c)、d) 的规定；
在以上试验合格后，将手动调节燃气流量的采暖炉调节为最小热负荷状态下进行点火试验，检查是否符合 6.3.2.1 b)的规定。

c) 使用 3-3 气，按正常操作点火应符合 6.3.2.1 a)、c)、d) 的规定；
在以上试验合格后，将手动调节燃气流量的采暖炉调节为最小热负荷状态下进行点火试验，检查是否符合 6.3.2.1 b)的规定。

d) 使用 3-1 气，按正常操作点火应符合 6.3.2.1 a)、c)、d) 的规定；
在以上试验合格后，将手动调节燃气流量的采暖炉调节为最小热负荷状态下进行点火试验，检

查是否符合 6.3.2.1 b)的规定。

e) 具有再点火或再启动的采暖炉，再点火或再启动状态重复以上试验，检查是否符合 6.3.2.1 a)、b)、c)、d)的规定；

f) 采暖炉使用 3-2 气，点燃后以点火热负荷状态运行，达到热平衡状态后，试验烟气中 $CO_{(\alpha=1)}$ 的含量，检查是否符合 6.3.2.1 f) 的规定。

7.4.2.2 有风条件

有风条件试验步骤如下：

a) 采暖炉及其附件安装在图 3 所示的试验台上，使用 0-2 气，室内型安装最短烟道，如制造商提供的配件中有终端保护器，应安装终端保护器进行试验。按下列步骤试验：额定热负荷下，在立向角 α(0°、+30°、−30°)、平面角 β(0°、45°、90°)组合的方向，用风速为 2.5 m/s 的风吹向采暖炉的排烟口。试验九个点的 CO 含量，计算出各点 $CO_{(\alpha=1)}$ 的值，再求出九个点 $CO_{(\alpha=1)}$ 的算术平均值是否符合 6.5.3.5 的规定。CO_2 的含量最低点为"A 风向"，CO_2 的含量最高点为"B 风向"。

b) 对"A 风向"按下列步骤试验：

   1) 使用 3-1 气，用风速为 12.5 m/s 的风吹向采暖炉的排烟口。额定热负荷下启动采暖炉，观察点火性能和火焰稳定性；

   2) 使用 3-3 气，用风速为 12.5 m/s 的风吹向采暖炉的排烟口。最小热负荷下启动采暖炉，观察点火性能和火焰稳定性。

c) 对"B 风向"按下列步骤试验：

   1) 使用 1-1 气，用风速为 12.5 m/s 的风吹向采暖炉的排烟口。额定热负荷下启动采暖炉，观察点火性能和火焰稳定性；

   2) 使用 2-3 气，用风速为 12.5 m/s 的风吹向采暖炉的排烟口。最小热负荷下启动采暖炉，观察点火性能和火焰稳定性。

检查是否符合 6.3.2.2 的规定。

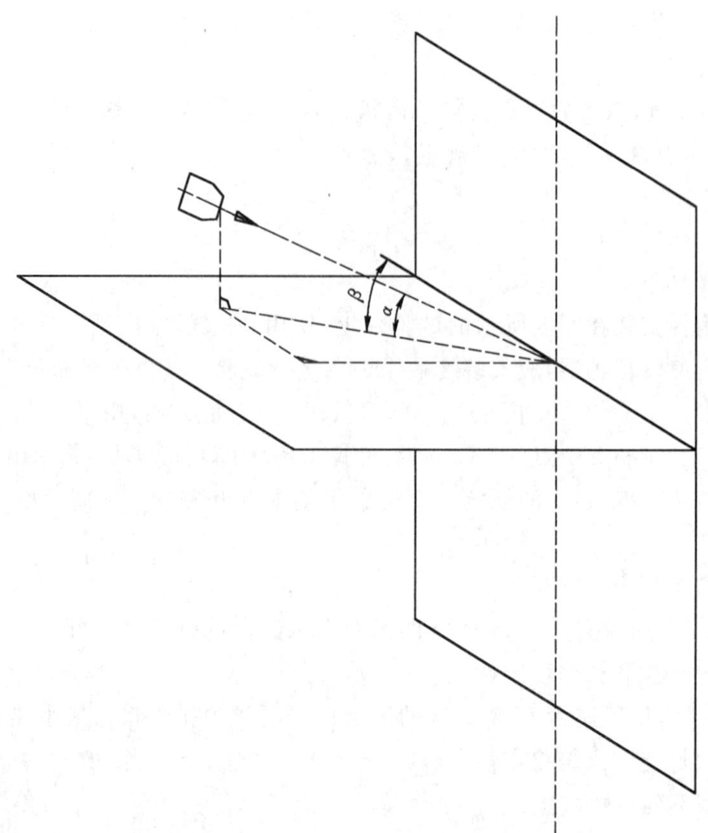

说明：

α——立向角，α=0°、-30°、+30°；

β——平面角，β=0°、45°、90°(垂直于试验墙壁)。

角度β可以随着风筒(固定端)的位置变动或试验墙沿中央垂直轴的旋转而改变。

试验墙是一堵牢固的垂直墙，至少为1.8 m×1.8 m，墙的中部有一块可移动式面板。安装进、排气装置时对应使其几何中心对准测试墙壁的中心点O，其在墙壁上的突出部分应符合制造商的规定。

风筒的特点及其和测试墙壁之间的距离在中央面板撤走后，应符合下列标准：

——室内型采暖炉试验时风筒的前端为长0.9 m、直径0.6 m的圆柱形；室外型采暖炉试验时风筒的前端为长1.5 m、直径1.2 m的圆柱形；

——风速分别为2.5 m/s和12.5 m/s的风，精度为±10%；

——风流应当平行，无残余旋转；

——如中央可移式面板的大小无法满足上述标准，检查时可以不用试验墙，而是根据试验墙壁和风筒出口之间的距离来确定一个合适的距离。

图3 有风试验示意图

7.4.2.3 点火燃烧器低流量时点火稳定性

使用基准气，按下列规定调节燃气压力：

a) 对无稳压器或装有燃气与空气比例控制系统的采暖炉，进气压力为最低压力；

b) 对装有稳压器的采暖炉，按下列规定调节燃气阀后压力：

——人工煤气：90%额定热负荷的对应值；

——天然气：92.5％额定热负荷的对应值；

——液化石油气：95％额定热负荷的对应值。

将点火燃烧器的燃气流量降至维持其正常工作的最小燃气流量，重新启动采暖炉，检查是否符合6.3.2.3的规定。

将手动调节燃气流量的采暖炉调节为最小热负荷状态下，重复以上试验，检查是否符合 6.3.2.3 的规定。

7.4.3 降低燃气压力

将燃气入口压力从额定压力的 70％以 100 Pa 为一级逐级降为 0 Pa，每降一级检查是否符合 6.3.3 的规定。

7.4.4 靠近主燃烧器的燃气截止阀故障

向控制主燃烧器的两个自动阀之间的点火燃烧器供气，人为打开靠近主燃烧器的燃气截止阀，使用0-2 气，点燃点火燃烧器，检查是否符合 6.3.4 的规定。

7.4.5 预清扫

7.4.5.1 预清扫排气量

按下列步骤试验：

a） 在停机状态下，风机按实际预清扫状态供电；

b） 在冷态下试验排气管出口的流量；

c） 把实测的流量折算成标准状态值；

d） 与制造商给出的燃烧室容积比较。

检查是否符合 6.3.5 的规定。

7.4.5.2 预清扫时间

试验风机启动至点火开始的时间间隔，检查是否符合 6.3.5 的规定。

7.4.6 燃烧室保护特性

按 7.1.2 安装采暖炉和制造商规定的最长烟道，使用 0-2 气，采暖炉在冷态下，在燃烧室和排气管中充满空气、燃气混合气后，按正常操作启动采暖炉，检查是否符合 6.3.6 的规定。

7.4.7 待机状态风机停转时常明火性能

按 7.1.2 安装采暖炉，风机停转、无风状态，使用 1-1 气，在冷态下点燃点火燃烧器并保持 1 h。检查是否符合 6.3.7 的规定。

7.5 调节、控制和安全装置试验

7.5.1 点火装置

7.5.1.1 点火燃烧器的手动点火装置

使用 0-2 气，在冷态和额定热负荷下试验。使点火燃烧器在第一次成功点火之后，连续点火 40 次，每两次之间的间隔时间不小于 1.5 s。电辅助的手动点火装置，在最高工作温度下分别供应 0.85 倍和

1.1倍的电压，重复以上试验。

检查是否符合 6.4.1.1 的规定。

7.5.1.2 自动点火装置

在 0.85 倍的额定电压下试验。必要时，可按制造商规定调节主燃烧器和点火燃烧器的喷嘴。按下列步骤进行试验：

a) 未通气状态，启动采暖炉，试验一个完整的点火过程中的点火次数和锁定类型；
b) 冷态启动采暖炉，在首次点火成功后，以 30 s 的间隔点火 20 次；
c) 额定热负荷下连续运行 10 min 后人为熄灭主燃烧器，在首次点火成功后，以 30 s 间隔点火 20 次。

检查是否符合 6.4.1.2 的规定。

7.5.1.3 常明火或交替点火燃烧器热负荷

使用 0-2 气，按 7.3.1 试验点火燃烧器热负荷，点火燃烧器装有燃气流量调节器时可按照制造商的规定调节。检查是否符合 6.4.1.3 的规定。

7.5.2 火焰监控装置

7.5.2.1 热电式火焰监控装置

7.5.2.1.1 点火延迟开阀时间(T_{IA})

使用 0-2 气，冷态，点燃点火燃烧器，维持到 6.4.2.1.1 规定的时间，取消手动操作。检查是否符合 6.4.2.1.1的规定。

7.5.2.1.2 熄火延迟闭阀时间(T_{IE})

使用 0-2 气，采暖炉在额定热负荷状态下工作 10 min 后，人为关断燃气，点火燃烧器和主燃烧器火焰熄灭瞬间开始计时，重新打开燃气直至安全装置切断燃气结束计时。可采用等效方法代替。检查是否符合 6.4.2.1.2 的规定。

7.5.2.2 自动燃烧控制系统火焰监控装置

7.5.2.2.1 点火安全时间(T_{SA})

0.85 倍和 1.1 倍额定工作电压下，在冷态和热平衡状态分别试验未点燃情况下从开阀到关阀的时间。检查是否符合 6.4.2.2.1 的规定。

7.5.2.2.2 熄火安全时间(T_{SE})

采暖炉在额定热负荷状态下运行 10 min，人为关断燃气或断开火焰检测器来模拟火焰故障，从火焰熄灭瞬间开始计时，重新打开燃气直至安全装置切断燃气结束计时。检查是否符合 6.4.2.2.2 的规定。

7.5.2.2.3 再点火

按下列步骤试验：

a) 从人为熄灭主燃烧器开始计时到点火装置再次开始点火计时结束，检查再点火间隔时间是否符合 6.4.2.2.3 的规定；

b) 从点火装置再次点火开始计时到切断燃气阀计时结束，检查点火安全时间是否符合 6.4.2.2.3 的规定。

7.5.2.2.4 再启动

在运行过程中，通过人为关断燃气或断开火焰检测器模拟火焰故障，从火焰熄灭后，到自动重新启动的时间内，检查燃气通路是否处于关闭状态、点火安全时间是否符合 6.4.2.2.4 的规定。

7.5.2.2.5 延迟点火安全性

在冷态下，燃气阀开启后开始点火，第一次点火延迟时间为开阀后 1 s，且每重复一次循环，点火延迟时间增加 1s，直到延迟时间为最大点火安全时间结束。检查是否符合 6.4.2.2.5 的规定。

7.5.2.2.6 模块炉点火间隔时间

在冷态下，启动模块炉，试验任意两个模块炉间点火时间间隔。检查是否符合 6.4.2.2.6 的规定。

7.5.3 稳压性能

基准气，额定热负荷状态，调节供气压力为 0.75 倍的额定压力和最高压力，按 7.3.1 方法试验热负荷。检查是否符合 6.4.3 的规定。

7.5.4 控制温控器和水温限制装置/功能

7.5.4.1 采暖系统控制温控器调节精度

使用 0-2 气，将采暖炉调至额定热负荷状态，对可调式控制温控器，分别在最高温度设置点和最低温度设置点试验。试验中，限制温控器(控制温控器装在回水管路上的除外)和过热保护装置不应动作。逐渐降低冷却水流量，以获得大约为 2 K/ min 的温升，直至火焰熄灭，记录最高出水温度。检查是否符合 6.4.4.1 的规定。

7.5.4.2 采暖系统水温限制装置/功能

7.5.4.2.1 循环水量不足

逐渐降低采暖系统循环水量以获得大约 2 K/min 的温升直至火焰熄灭。检查是否符合 6.4.4.2.1 的规定。

7.5.4.2.2 水温过热

7.5.4.2.2.1 装有限制温控器/功能和过热保护装置/功能的采暖炉

使控制温控器停止工作后，逐渐降低冷却水流量以获得大约 2 K/min 的温升，直到主燃烧器熄灭。检查限制温控器/功能是否符合 6.4.4.2.2.1a)或 6.4.4.2.2.2a)的规定。使控制温控器和限制温控器/功能停止工作，逐渐降低冷却水流量以获得大约 2 K/min 的温升，直至火焰熄灭。检查过热保护装置/功能是否符合 6.4.4.2.2.1a)或 6.4.4.2.2.2b)的规定。

7.5.4.2.2.2 装有过热保护装置的采暖炉

使控制温控器停止工作，逐渐降低冷却水流量以获得大约 2 K/min 的温升，直至火焰熄灭。检查过热保护装置是否符合 6.4.4.2.2.1b)的规定。

7.5.4.3 生活热水水温限制装置/功能

按下列方法之一试验：

a) 套管式采暖炉，在生活热水状态，使生活热水控制温控器和采暖水控制温控器失效，逐渐减少生活热水出水量直至火焰熄灭。检查是否符合 6.4.4.3 的规定。

b) 生活热水管路部分或全部与燃烧产物接触的采暖炉，使生活热水控制温控器失效，逐渐减少生活热水流量直至火焰熄灭。检查是否符合 6.4.4.3 的规定。

7.5.5 烟温限制装置

冷凝炉安装最短烟道，按下列步骤进行试验：

a) 使控制温控器和水温限制装置不起作用；

b) 可通过增加燃气流量或制造商声称的增加温度的其他方式(例如拆除挡板)逐步升高排烟温度，温升速度应保持在 1 K/min 到 3 K/min 范围内，直至熄火。

检查是否符合 6.4.5 的规定。

7.5.6 气流监控装置

7.5.6.1 给/排气运行工况监控

安装制造商规定的最长烟道或对应压力损耗的烟道，可不装烟道终端。分别在最大热负荷、最小热负荷试验；两用型采暖炉的采暖和热水热负荷不同时分别在采暖和热水状态进行试验，带有集烟室的模块炉在每一个运行组合下试验；达到热平衡后，连续试验烟气中的 CO 和 CO_2 或 O_2 含量。按下列方法之一试验：

a) 对于持续监控型采暖炉，逐渐堵塞排气管(使用的堵塞方法应当确保不会导致烟气的回流)至采暖炉停机。检查是否符合 6.4.6.1a)的规定。

b) 对于启动监控型采暖炉，逐渐堵塞排气管使烟气中 $CO_{(\alpha=1)}$ 浓度大于 0.1%(使用的堵塞方法应当确保不会导致烟气的回流)。关闭采暖炉，然后重新启动采暖炉，检查是否符合 6.4.6.1b)的规定。

7.5.6.2 燃气与空气比例控制系统

7.5.6.2.1 非金属取压管的泄漏

采暖炉按 7.1.2 安装，使用 0-2 气，在额定热负荷状态，模拟下列能够引发泄漏的情况：

a) 从空气压力管泄漏；

b) 从燃烧室压力管泄漏；

c) 从燃气压力管泄漏。

检查是否符合 6.4.6.2.1 的规定。

7.5.6.2.2 燃烧排放和供气工况监控

安装制造商规定的最短烟道，可不装烟道终端。分别在最大热负荷、最小热负荷试验；两用型采暖炉的采暖和热水热负荷不同时分别在采暖和热水状态进行试验，带有集烟室的模块炉在每一个运行组合下试验；达到热平衡后，连续试验烟气中的 CO 和 CO_2 或 O_2 含量。

a) 对于持续监控型采暖炉按下列规定试验：

1） 逐渐堵塞给气管至采暖炉停机；

2） 逐渐堵塞排气管（使用的堵塞方法应当确保不会导致烟气的回流）至采暖炉停机；

3） 逐渐降低风机转速（如降低风机工作电压）至采暖炉停机。

检查是否符合 6.4.6.2.2a）的规定。

b） 对于启动监控型采暖炉按下列规定试验：

1） 逐渐堵塞给气管使烟气中 $CO_{(\alpha=1)}$ 浓度大于 0.1%；

2） 逐渐堵塞排气管使烟气中 $CO_{(\alpha=1)}$ 浓度大于 0.1%（使用的堵塞方法应确保不会导致烟气的回流）；

3） 降低风机工作电压使烟气中 $CO_{(\alpha=1)}$ 浓度大于 0.1%。

关闭采暖炉，然后重新启动采暖炉，检查是否符合 6.4.6.2.2b）的规定。

7.5.6.2.3 燃气与空气比例控制系统调节性能

如燃气与空气比例控制系统可调节空燃比和偏移值，按制造商说明书声称的最大热负荷和最小热负荷的 CO_2 范围值调节 CO_2，按下列步骤调节燃气与空气比例控制系统后重复 7.5.6.2.2 试验。

a） 最大功率下调节空燃比使 CO_2 达到最大值，最小功率下调节偏移值使 CO_2 达到最小值；

b） 最大功率下调节空燃比使 CO_2 达到最小值，最小功率下调节偏移值使 CO_2 达到最大值。

试验烟气中 CO 含量，检查是否符合 6.4.6.2.3 的规定。

7.6 燃烧试验

7.6.1 额定热负荷时 CO 含量

装有大气式燃烧器的采暖炉安装最长的烟道或对应压力损耗的烟道，装有燃气与空气比例控制系统的采暖炉安装最短烟道，使用 0-2 气。非冷凝炉在供/回水温度为 80 ℃/60 ℃下试验，冷凝炉在供/回水温度为 80 ℃/60 ℃和 50 ℃/30 ℃下试验，在热平衡状态时试验燃烧产物中的 CO 和 CO_2 或 O_2 含量。按公式（7）或公式（8）计算：

$$CO_{(\alpha=1)} = (CO)_m \times \frac{(CO_2)_N}{(CO_2)_m} \qquad \cdots\cdots (7)$$

式中：

$(CO)_m$ ——取样试验的 CO 含量的数值（体积分数），%；

$(CO_2)_N$ ——干燥、过剩空气系数 $\alpha=1$ 时，烟气中 CO_2 最大含量的数值（体积分数），%；

$(CO_2)_m$ ——取样试验的 CO_2 含量的数值（体积分数），%。

注：$(CO_2)_N$ 的数值按实际燃气的理论烟气量计算或参见 GB/T 13611。

$$CO_{(\alpha=1)} = (CO)_m \times \frac{21}{21-(O_2)_m} \qquad \cdots\cdots (8)$$

式中：

$(CO)_m$ ——取样试验的 CO 含量的数值（体积分数），%；

$(O_2)_m$ ——取样试验的 O_2 含量的数值（体积分数），%。

注：当 CO_2 浓度小于 2%时，建议采用公式（8）。

检查是否符合 6.5.1 的规定。

7.6.2 极限热负荷时 CO 含量

7.6.2.1 不带燃气与空气比例控制系统的采暖炉

安装最长烟道或对应压力损耗的烟道，使用 0-2 气，安装水冷式燃烧器的采暖炉分别在供/回水温度为 80 ℃/60 ℃和 50 ℃/30 ℃下试验、安装其他类型燃烧器的采暖炉在供/回水温度为 80 ℃/60 ℃下试验，按下列方法之一试验：

a) 不带燃气稳压功能的采暖炉，最大供气压力下试验；

b) 带燃气稳压功能使用人工煤气的采暖炉，在 1.07 倍的实测额定热负荷下试验；

c) 带燃气稳压功能使用天然气和液化石油气的采暖炉，在 1.05 倍的实测额定热负荷下试验。

检查是否符合 6.5.2 的规定。

7.6.2.2 带燃气与空气比例控制系统的采暖炉

安装最短烟道，使用 0-2 气，在供/回水温度为 50 ℃/30 ℃下，按下列步骤试验：

a) 按照制造商的声称，在最大热负荷工况下，调节空燃比使 CO_2 达到制造商声称的最大值；在最小热负荷工况下，调节偏移值使 CO_2 达到制造商声称的额定值。空燃比不可调节的采暖炉维持出厂状态，在最大和最小热负荷下试验烟气中 CO 含量。

b) 最大热负荷工况下，调节空燃比设定，使 CO_2 值为最大声称值再加上 0.5%，在最大和最小热负荷下试验烟气中 CO 含量。

c) 按 a)调节空燃比后在最小热负荷工况下，调节偏移值设定，使空气压力和燃气压力的差值分别增加和减少 5Pa，在最大和最小热负荷下试验烟气中 CO 含量。

检查是否符合 6.5.2 的规定。

7.6.3 特殊燃烧工况时 CO 含量

7.6.3.1 黄焰和不完全燃烧界限气工况

装有大气式燃烧器的采暖炉安装最长的烟道或对应压力损耗的烟道，装有燃气与空气比例控制系统的采暖炉安装最短烟道，使用 0-2 气，非冷凝炉在供/回水温度为 80 ℃/60 ℃下试验，冷凝炉在供/回水温度为 50 ℃/30 ℃下试验，按下列状态之一调试采暖炉：

a) 不带燃气稳压功能的采暖炉，在 1.075 倍的实测额定热负荷下试验；

b) 带燃气与空气比例控制系统的采暖炉，在最大热负荷和最小热负荷工况下试验；

c) 带燃气稳压功能的采暖炉，在 1.05 倍的实测额定热负荷下试验。

再使用黄焰和不完全燃烧界限气代替基准气，检查是否符合 6.5.3.1 的规定。

7.6.3.2 电压波动适应性

装有大气式燃烧器的采暖炉安装最长的烟道或对应压力损耗的烟道，装有燃气与空气比例控制系统的采暖炉安装最短烟道，使用 0-2 气，非冷凝炉在供/回水温度为 80 ℃/60 ℃下试验，冷凝炉在供/回水温度为 50 ℃/30 ℃下试验，额定热负荷状态，电源电压在制造商声称的额定电压的 0.85 倍和 1.10 倍之间变动，检查是否符合 6.5.3.2 的规定。

7.6.3.3 脱火界限气工况

装有大气式燃烧器的采暖炉安装最长的烟道或对应压力损耗的烟道，装有燃气与空气比例控制系统的采暖炉安装最短烟道，使用 0-2 气，非冷凝炉在供/回水温度为 80 ℃/60 ℃下试验，冷凝炉在供/回水温度为 50 ℃/30 ℃下试验，按下列状态之一调试采暖炉：

a) 不带燃气稳压功能的采暖炉，在最低供气压力下试验；

b) 带燃气与空气比例控制系统的采暖炉，在实测最小热负荷工况下试验；

c) 带燃气稳压功能的采暖炉，在 0.95 倍的实测最小热负荷下试验。

再使用脱火界限气代替基准气，检查是否符合 6.5.3.3 的规定。

7.6.3.4 冷凝水堵塞状态

装有大气式燃烧器的冷凝炉安装最长的烟道或对应压力损耗的烟道，装有燃气与空气比例控制系统的冷凝炉安装最短烟道，使用 0-2 气，额定热负荷状态冷凝炉连续运行 30 min 以上，任选下列方法之一试验：

a) 堵塞冷凝水排水口或使排放冷凝水的内置泵停止工作时，试验烟气中 CO 浓度，检查是否符合 6.5.3.4 的规定；

b) 堵塞冷凝水排水口使烟气中 $CO_{(\alpha=1)}$ 浓度不小于 0.1%，重新启动冷凝炉，检查是否符合6.5.3.4 的规定。

7.6.3.5 有风燃烧

按 7.4.2.2 试验，计算九种组合下烟气中 $CO_{(\alpha=1)}$ 含量的算术平均值，检查是否符合 6.5.3.5 的规定。

7.6.4 NO_x

按附录 H 试验。

7.6.5 非冷凝炉排烟温度

当两用型采暖炉生活热水额定热负荷和采暖额定热负荷不同时，在热负荷较低状态下运行，采暖状态供/回水温度为 80 ℃/60 ℃或生活热水状态出水温度为 60 ℃，采暖炉安装最短烟道，在烟道出口试验排烟温度，检查是否符合 6.5.5 的规定。

7.7 热效率试验

7.7.1 采暖状态

7.7.1.1 额定热负荷 80 ℃/60 ℃状态

按 7.1.2 安装采暖炉，使用 0-2 气、额定电压，使采暖炉的控制温控器不工作，采暖水流量稳定在 ±1%时，调节供/回水温度为 80 ℃/60 ℃。采暖炉处在热平衡状态时，连续试验供/回水温度、燃气流量和采暖水流量，试验时间不少于 10 min，用公式(9)计算热效率：

$$\eta=\frac{4.186\times q_{\mathrm{vw}}\times\rho\times(t_2-t_1)\times(273.15+t_{\mathrm{g}})\times 101.325}{10^3\times q_{\mathrm{vg}}\times H_{\mathrm{i}}\times(P_{\mathrm{amb}}+P_{\mathrm{m}}-P_{\mathrm{s}})\times 288.15}\times 100 \qquad (9)$$

式中：

η ——热效率，%；

q_{vw} ——实测采暖水流量，单位为立方米每小时(m^3/h)；

ρ ——试验时采暖水密度，单位为千克每立方米(kg/m^3)；

t_2 ——试验时采暖出水温度平均值，单位为摄氏度(℃)；

t_1 ——试验时采暖回水温度平均值，单位为摄氏度(℃)；

t_{g} ——试验时燃气流量计内的燃气温度，单位为摄氏度(℃)；

q_{vg} ——实测燃气流量，单位为立方米每小时(m^3/h)；

H_{i} ——试验燃气在基准状态下的低热值，单位为兆焦每立方米(MJ/m^3)；

p_{amb}——试验时的大气压力，单位为千帕(kPa)；

p_m ——试验时燃气流量计内的燃气压力，单位为千帕(kPa)；

p_s ——在 t_g 时的饱和水蒸气压力，单位为千帕(kPa)。

注：计算生活热水热效率时 q_{vw} 为生活热水水流量，ρ 为生活热水进水密度，t_2 为生活热水出水温度，t_1 为生活热水进水温度。

热效率的确定条件：

——不带额定热负荷调节装置的采暖炉，在额定热负荷 Φ_n 条件下试验热效率；

——带额定热负荷调节装置的采暖炉，分别在最大额定热负荷 Φ_{max} 条件下和在最大额定热负荷和最小额定热负荷的算术平均值 Φ_a 条件下试验热效率。

检查是否符合 6.6.1.1 的规定。

7.7.1.2 冷凝炉额定热负荷 50 ℃/30 ℃状态

调节供/回水温度为 50 ℃/30 ℃，按 7.7.1.1 方法试验热效率，如试验时空气含湿量和/或回水温度与基准值不同，则按附录 L 修正。检查是否符合 6.6.1.2 的规定。

7.7.1.3 部分热负荷

按 7.1.2 安装采暖炉，使用 0-2 气、额定电压，水泵应连续运行，水流量稳定在±1%以内。按下列步骤试验：

a) 调节非冷凝炉回水温度为 47 ℃±1 ℃，冷凝炉回水温度为 30.5 ℃±0.5 ℃。当不能调至上述温度时，在采暖炉所能达到的最低回水温度下试验。

b) 按表 11 中公式计算试验时采暖炉运行和停机时间。通过室内温控器或手动操作来控制采暖炉的工作循环；采暖炉处在热平衡状态时，在 10 min 的试验时间内连续试验供/回水温度、采暖水流量和燃气流量，并计算供/回水温度平均值，用公式(9)计算热效率。

c) 实测折算热负荷与 30%的额定热负荷的偏差范围应在±1%内，当偏差大于± 2%时，应进行两次试验，一次在高于 30%的额定热负荷下试验热效率，一次在低于 30%额定热负荷下试验热效率，然后采用线性内插法确定对应于 30%额定热负荷的热效率。

如试验时空气含湿量和/或回水温度与基准值不同，则按附录 L 修正。检查是否符合 6.6.1.3 的规定。

表 11 部分热负荷热效率试验采暖炉周期时间计算

序号	运行条件	输入热量	周期时间/s
1	部分热负荷等于 30%的额定热负荷	$\Phi_2 = 0.3 \cdot \Phi_n$	$T_2 = 600$
2	额定热负荷	$\Phi_1 = \Phi_n$	$T_1 = \dfrac{180\Phi_1 - 600\Phi_3}{\Phi_1 - \Phi_3}$ $T_3 = 600 - T_1$
	受控停机	Φ_3 = 常明火热负荷	
3	部分热负荷	$\Phi_{21} > 0.3 \cdot \Phi_n$	$T_{21} = \dfrac{180\Phi_1 - 600\Phi_3}{\Phi_{21} - \Phi_3}$ $T_3 = 600 - T_{21}$
	受控停机	Φ_3 = 常明火热负荷	
4	额定热负荷	$\Phi_1 = \Phi_n$	$T_1 = \dfrac{180\Phi_1 - 600\Phi_{22}}{\Phi_1 - \Phi_{22}}$ $T_{22} = 600 - T_1$
	部分热负荷	$\Phi_{22} < 0.3 \cdot \Phi_n$	
5	部分热负荷 1	$\Phi_{21} > 0.3 \cdot \Phi_n$	$T_{21} = \dfrac{180\Phi_1 - 600\Phi_{22}}{\Phi_{21} - \Phi_{22}}$ $T_{22} = 600 - T_{21}$
	部分热负荷 2	$\Phi_{22} < 0.3 \cdot \Phi_n$	

表 11（续）

序号	运行条件	输入热量	周期时间/s
6	额定热负荷	$\Phi_1=\Phi_n$	T_1=测定值(见附录 M)
	部分热负荷	Φ_2	$T_2=\dfrac{(180-T_1)\Phi_1-(600-T_1)\Phi_3}{\Phi_2-\Phi_3}$
	受控停机	Φ_3=常明火热负荷	$T_3=600-(T_1+T_2)$
注 1：带额定热负荷调节装置的采暖炉，采用最大额定热负荷和最小额定热负荷的算数平均值 Φ_a 来代替额定热负荷 Φ_n。 注 2：当采暖炉无常明火时，$\Phi_3=0$。			

7.7.2 热水状态

使用 0-2 气，进水压力为 0.1 MPa±0.02 MPa，额定热负荷或最大热负荷状态，将生活热水温度设置在最高温度，使控制温控器失效，调节生活热水出水温度比进水温度高 40 K±1 K，当不能调至此温度时，采用增加进水水压等方法调至最接近的温度。在热平衡状态连续试验进出水温度、燃气流量和生活热水流量，试验时间不少于 10 min。按公式(9)计算热效率，检查是否符合 6.6.2 的规定。

7.7.3 辅助能耗

7.7.3.1 额定热负荷状态

使用 0-2 气、额定电压，安装最短烟道，在尽量靠近采暖炉进出水口处安装差压计(或压力指示装置)。调节外部水阻力(包括连接的试验台)为 0.015 MPa，试验电功率。检查是否符合 6.6.3.1 的规定。

7.7.3.2 最小热负荷状态

按 7.7.3.1 安装采暖炉，使采暖炉在最小热负荷状态运行，调节外部系统阻力(包括连接的试验台)为 0.015 MPa，试验电功率。检查是否符合 6.6.3.2 的规定。

7.7.3.3 待机状态

按制造商说明使采暖炉处于待机状态，试验电功率。检查是否符合 6.6.3.3 的规定。

7.8 生活热水性能试验

7.8.1 最高热水温度

7.8.1.1 快速式

使用 0-2 气，进水压力为 0.1 MPa±0.02 MPa，生活热水温度设定在最高温度，在额定热负荷下运行 15 min 后，逐渐减小供水压力，直至主燃烧器熄灭，记录最高出水温度，检查是否符合 6.7.1.1 的规定。

7.8.1.2 储水式

使用 0-2 气，进水压力为 0.1 MPa±0.02 MPa，生活热水温度设定在最高温度，生活热水不排水状态使采暖炉运行直至主燃烧器熄灭后立即排水，记录最高出水温度，检查是否符合 6.7.1.2 的规定。

7.8.2 停水温升

使用0-2气,进水压力为0.1 MPa±0.02 MPa,生活热水温度设定在最高温度,调节水流量使温升为40 K±1 K,在额定热负荷下采暖炉运行15 min后,关闭生活热水出水阀,1 min后打开生活热水出水阀,记录最高出水温度,检查是否符合6.7.2的规定。

7.8.3 套管式生活热水过热

使用0-2气,将采暖水温度设在最高温度,采暖状态调节冷却水流量使采暖出水温度为最高出水温度,以采暖状态额定热负荷运行1 h后,打开生活热水出水阀,进水压力为0.1 MPa±0.02 MPa,以采暖炉能够运行的最低生活热水水流量排水,记录生活热水最高出水温度。检查是否符合6.7.3的规定。

7.8.4 加热时间

使用0-2气,进水压力为0.1 MPa±0.02 MPa,生活热水温度设定在最高温度,调节水流量使温升为40 K±1 K,在额定热负荷下运行15 min后关闭采暖炉,当热交换器内水温与生活热水进水温度相同后重新启动采暖炉,从采暖炉启动开始计时直到出水温升达到36 K结束计时。检查是否符合6.7.4的规定。

7.8.5 快速式水温控制

使用0-2气,生活热水温度设定在最高温度,分别在采暖最高设定温度和最低设定温度进行下列试验:进水压力为0.05 MPa,采暖炉运行15 min后,记录出水温度,依次调节进水压力为0.1 MPa、0.2 MPa与0.4 MPa或制造商规定的最大适用水压值(如制造商规定的最大适用水压值大于0.4 MPa时),达到热平衡后记录出水温度。检查是否符合6.7.5的规定。

7.8.6 水温超调幅度

使用0-2气,将生活热水出水温度设定比进水温度高30 K±2 K,调节进水压力使采暖炉在额定热负荷下运行且温升为30 K±1 K,此时的水流量为最大水流量q_{vwhmax},逐渐降低水流量至$0.8q_{vwhmax}$,温度稳定后记录温度值t_r。在2 s内将水流量降低至$0.6q_{vwhmax}$,记录最高出水温度;稳定后再将水流量从$0.6q_{vwhmax}$升高至$0.8q_{vwhmax}$,记录最低出水温度。计算与t_r值的最大水温偏差。检查是否符合6.7.6的规定。

7.8.7 热水温度稳定时间

按7.8.6试验,在2 s内将水流量从$0.8q_{vwhmax}$降低至$0.6q_{vwhmax}$,从调节水流量开始计时直到出水温度再次达到t_r℃±2 ℃计时结束;再将水流量从$0.6q_{vwhmax}$升高至$0.8q_{vwhmax}$,从调节水流量开始计时直到出水温度再次达到t_r℃±2 ℃计时结束,取两次时间的平均值。检查是否符合6.7.7的规定。

7.8.8 储水式生活热水温度

生活热水温度设置在最高值,采暖炉受控关闭后,每分钟排水量为储水量的5%,放水10 min。或当制造商声称的最小流量高于每分钟储水量的5%时,就以制造商声称的最小流量排水,此时允许燃烧器点火。1 min后试验出水温度。检查是否符合6.7.8的规定。

7.9 室外型采暖炉防冻性能试验

7.9.1 采暖炉安装

按7.1.2将采暖炉安装在恒温室内,使用0-2气,采暖系统与恒温室外的水容量不大于100 L的散热系统相连,采暖系统注水温度为2 ℃±0.5 ℃;生活热水系统进水压力为0.1 MPa,水温为2 ℃±0.5 ℃;冷凝水收集器注水温度为2 ℃±0.5 ℃,直至水排出。通过适当的管路将烟气排放到恒温室外,接通电源,采暖水温和生活热水水温设定为最低温度值。如制造商声称可连接室内温控器,按制造商声称安装室内温控器,室内温控器温度设定为最低温度并将室内温控器放置在恒温室外。

7.9.2 无风状态

将恒温室内的温度调至−20 ℃±2 ℃,按下列步骤试验:

a) 待机状态下放置4 h,试验期间恒温室外的温度应确保室内温控器不会启动采暖炉,然后试验采暖水、生活热水和冷凝水水温;
b) 采暖状态最小热负荷下运行0.5 h,试验采暖水、生活热水和冷凝水水温;
c) 生活热水状态最小热负荷下运行0.5 h,试验采暖水、生活热水和冷凝水水温。

检查是否符合6.8的规定。

7.9.3 有风状态

按图4所示安装采暖炉,将恒温室内的温度调至−10 ℃±2 ℃,风筒的前端为长1.5 m、直径1.2 m的圆柱形;以3 m/s的风速吹向采暖炉,按下列步骤试验:

a) 待机状态下吹风4 h,试验期间恒温室外的温度应确保室内温控器不会启动采暖炉,然后试验采暖水、生活热水和冷凝水水温;
b) 采暖状态最小热负荷下运行0.5 h,试验采暖水、生活热水和冷凝水水温;
c) 生活热水状态最小热负荷下运行0.5 h,试验采暖水、生活热水和冷凝水水温。

检查是否符合6.8的规定。

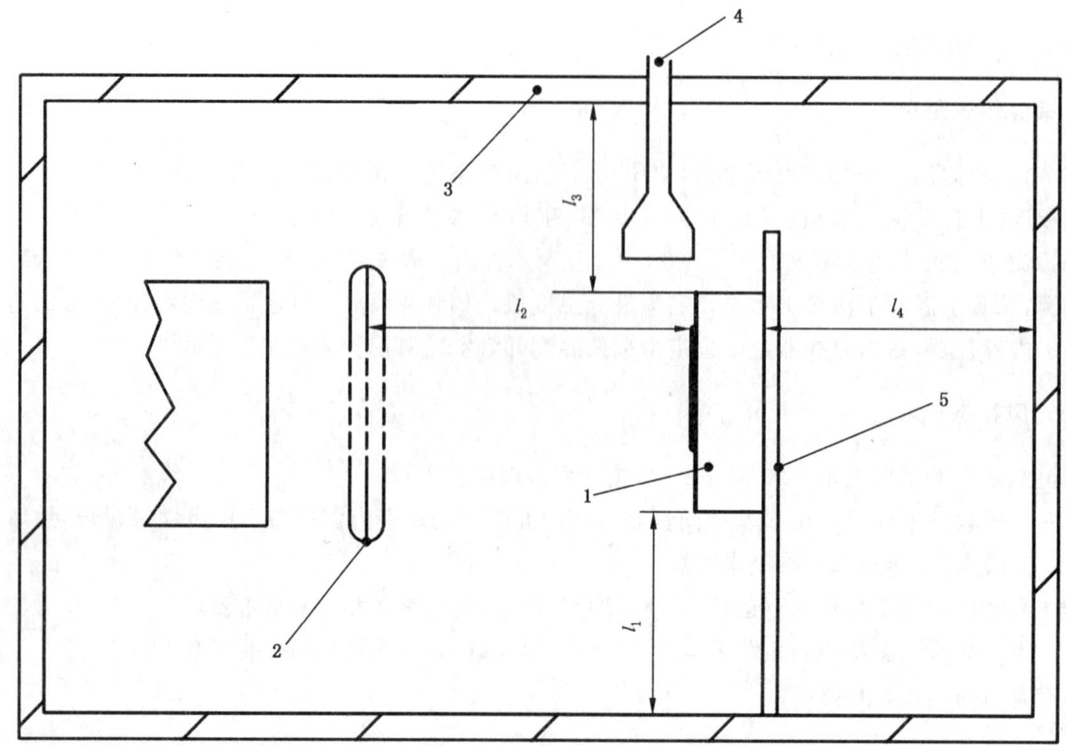

说明：

1——试验样品；

2——风速试验点；

3——恒温室内壁；

4——烟气排放管；

5——采暖炉挂板；

l_1——壁挂式采暖炉底部距试验室地面间距应大于 0.4 m；

l_2——风速试验点距采暖炉表面距离为 1.2 m；

l_3——壁挂式采暖炉顶部距试验室屋顶间距应大于 1.0 m；

l_4——采暖炉挂板距试验室墙壁间距应大于 0.4 m。

图 4 防冻性能有风状态试验

7.10 冷凝热交换器耐久性试验

使用 0-2 气，将冷凝炉设置为采暖模式，供/回水温度为 50 ℃/30 ℃的工况，额定热负荷下连续运行 1 200 h 后，检查是否符合 6.9 的规定。

7.11 噪声试验

按图 5 所示安装采暖炉，使用 0-2 气，消声室或半消声室的本底噪声不应大于 32 dB(A)。采暖系统与消声室或半消声室外散热系统相连，水流量调节装置应设置在消声室或半消声室外；通过适当的管路将烟气排放到消声室或半消声室外。

壁挂式安装背板外沿至少大于同方向测量面 0.1 m 以上；当测量面的长宽高均不大于 3 d 时，传声器位置位于测量面中心；当测量面的任一边长大于 3 d 时，传声器位置及数量应按 GB/T 3768—2017 中 C.1 确定。在采暖额定热负荷下按 GB/T 3768—2017 规定的平行六面体测量面法试验声压级并计算声功率级。检查是否符合 6.10 的规定。

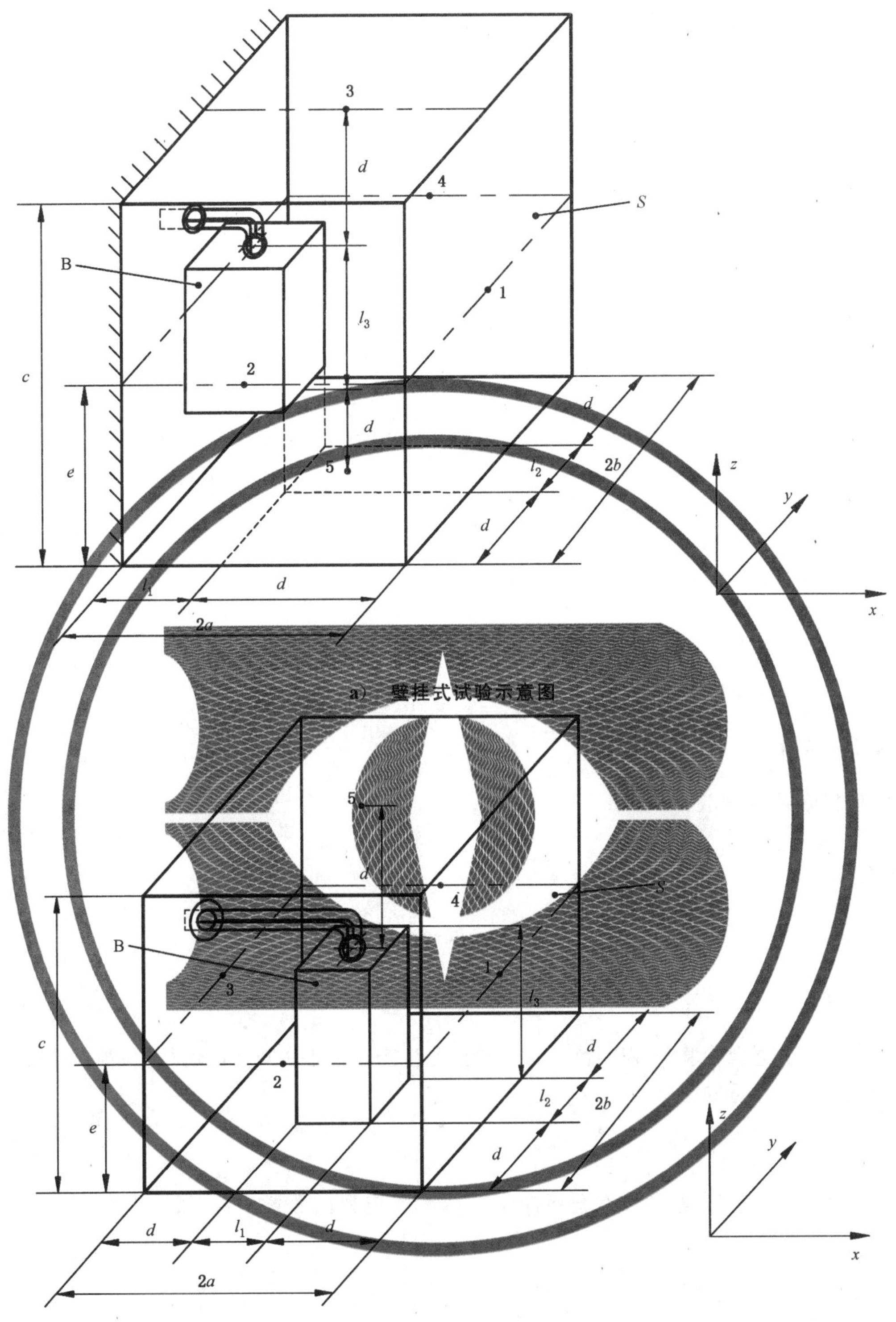

a） 壁挂式试验示意图

b） 落地式试验示意图

图5 噪声试验示意图

说明：

· ——传声器位置(1、2、3、4、5)；

B ——试验样品；

$2a$ ——测量面长，壁挂式：$2a=l_1+d$；落地式：$2a=l_1+2d$，单位为米(m)；

$2b$ ——测量面宽，$2b=l_2+2d$，单位为米(m)；

c ——测量面高，壁挂式：$c=l_3+2d$；落地式：$c=l_3+d$，单位为米(m)；

d ——测量距离，$d\geqslant 1$ m；

e ——侧面传声器高度，$e=c/2$，单位为米(m)；

l_1 ——采暖炉长，单位为米(m)；

l_2 ——采暖炉宽，单位为米(m)；

l_3 ——采暖炉高，单位为米(m)；

S ——测量面面积，壁挂式：$S=2(4ab+bc+2ac)$；落地式：$S=4(ab+bc+ac)$，单位为平方米(m^2)。

图 5（续）

7.12 电气安全性试验

电气安全性按附录 I 试验。

7.13 电磁兼容安全性试验

电磁兼容按附录 J 试验。

7.14 风险评估试验

风险评估按附录 K 试验。

8 检验规则

8.1 出厂检验

8.1.1 一般要求

出厂检验可分为逐台检验和抽样检验，逐台检验是生产全过程中对产品的检验；抽样检验是产品进入成品库前或交货时进行的检验。

8.1.2 逐台检验

检验项目按表 12 执行。检验项目全部符合要求时，判定为合格。

8.1.3 抽样检验

应符合下列规定：

a) 抽样方案按 GB/T 2828.1 进行，也可由制造商自行确定；

b) 检验项目按表 12 执行；

c) 检验项目全部符合要求时，判定为合格。

8.2 型式检验

8.2.1 检验条件

有下列情况之一时，应进行型式检验：

a) 新产品鉴定定型；

b) 投入批量生产之前或转厂生产；

c) 正式生产后，产品在材料、工艺、结构等方面有较大改变可能影响产品性能时；

d) 出厂检验结果与上次型式检验有较大差异时；

e) 停产 1 年以上恢复生产时。

8.2.2 检验项目

按表 12 执行。

8.2.3 判定规则

检验项目全部符合要求时，判定为合格。

8.3 检验项目及不合格分类

检验项目及不合格分类见表 12。

表 12 检验项目及不合格分类

<table>
<tr><th rowspan="2">序号</th><th rowspan="2" colspan="2">检验项目</th><th colspan="2">出厂检验</th><th rowspan="2">型式检验</th><th rowspan="2">不合格分类</th><th rowspan="2">章条号</th></tr>
<tr><th>逐台检验</th><th>抽样检验</th></tr>
<tr><td>1</td><td colspan="2">材料</td><td>—</td><td>—</td><td>√</td><td>B</td><td>5.1</td></tr>
<tr><td>2</td><td colspan="2">结构</td><td>—</td><td>—</td><td>√</td><td>B</td><td>5.2</td></tr>
<tr><td>3</td><td colspan="2">调节、控制和安全装置</td><td>—</td><td>—</td><td>√</td><td>B</td><td>5.3</td></tr>
<tr><td>4</td><td colspan="2">远程控制器</td><td>—</td><td>—</td><td>√</td><td>B</td><td>5.4</td></tr>
<tr><td>5</td><td colspan="2">模块炉附加要求</td><td>—</td><td>—</td><td>√</td><td>B</td><td>5.5</td></tr>
<tr><td rowspan="3">6</td><td rowspan="3">密封性</td><td>燃气系统密封性</td><td>√</td><td>√</td><td>√</td><td>A</td><td>6.1.1</td></tr>
<tr><td>燃烧系统密封性</td><td>—</td><td>√</td><td>√</td><td>A</td><td>6.1.2</td></tr>
<tr><td>水路系统密封性</td><td>√</td><td>√</td><td>√</td><td>A</td><td>6.1.3</td></tr>
<tr><td rowspan="8">7</td><td rowspan="8">热负荷和热输出</td><td>采暖额定热负荷或带有额定热负荷调节装置的最大额定热负荷和最小额定热负荷</td><td>√</td><td>√</td><td>√</td><td>B</td><td>6.2.1</td></tr>
<tr><td>采暖热负荷的调节准确度</td><td>—</td><td>√</td><td>√</td><td>B</td><td>6.2.2</td></tr>
<tr><td>点火热负荷</td><td>—</td><td>—</td><td>√</td><td>B</td><td>6.2.3</td></tr>
<tr><td>采暖额定热输出或带有额定热负荷调节装置的最大热输出</td><td>—</td><td>√</td><td>√</td><td>B</td><td>6.2.4</td></tr>
<tr><td>采暖额定冷凝热输出或带有额定热负荷调节装置的最大冷凝热输出</td><td>—</td><td>√</td><td>√</td><td>B</td><td>6.2.5</td></tr>
<tr><td>生活热水额定热负荷</td><td>—</td><td>√</td><td>√</td><td>B</td><td>6.2.6</td></tr>
<tr><td>0.1 MPa 进水压力下的生活热水热负荷</td><td>—</td><td>√</td><td>√</td><td>B</td><td>6.2.7</td></tr>
<tr><td>产热水能力</td><td>—</td><td>√</td><td>√</td><td>B</td><td>6.2.8</td></tr>
</table>

表 12（续）

序号	检验项目			出厂检验		型式检验	不合格分类	章条号
				逐台检验	抽样检验			
8	运行安全性	表面温升		—	—	√	B	6.3.1
		点火及火焰稳定性	极限条件	—	—	√	A	6.3.2.1
			有风状态	—	—	√	B	6.3.2.2
			点火燃烧器低流量时点火稳定性	—	—	√	B	6.3.2.3
		降低燃气压力		—	—	√	B	6.3.3
		靠近主燃烧器的燃气截止阀故障		—	—	√	B	6.3.4
		预清扫		—	—	√	B	6.3.5
		燃烧室保护特性		—	—	√	B	6.3.6
		待机状态风机停转时常明火性能		—	√	√	B	6.3.7
9	调节、控制和安全装置	点火装置		—	—	√	B	6.4.1
		火焰监控装置		√	√	√	B	6.4.2
		稳压性能		—	√	√	B	6.4.3
		控制温控器和水温限制装置/功能	采暖系统控制温控器调节精度	—	—	√	B	6.4.4.1
			采暖系统水温限制装置/功能	—	√	√	A	6.4.4.2
			生活热水水温限制装置/功能	—	√	√	A	6.4.4.3
		烟温限制装置		—	—	√	A	6.4.5
		气流监控装置		—	√	√	A	6.4.6
10	燃烧	额定热负荷时 CO 含量		—	√	√	A	6.5.1
		极限热负荷时 CO 含量		—	—	√	A	6.5.2
		特殊燃烧工况时 CO 含量		—	—	√	A	6.5.3
		NO_x		—	—	√	B	6.5.4
		非冷凝炉排烟温度		—	√	√	B	6.5.5
11	热效率			—	√	√	B	6.6
12	生活热水性能			—	√	√	B	6.7
13	室外型采暖炉防冻性能			—	—	√	B	6.8
14	冷凝炉热交换器耐久性			—	—	√	B	6.9
15	噪声			—	—	√	B	6.10
16	电气安全性	电气强度和接地电阻		√	√	√	A	附录 I
		其他所有项		—	√	√	A	附录 I
17	电磁兼容安全性			—	—	√	B	附录 J

表 12（续）

<table>
<tr><td rowspan="2">序号</td><td rowspan="2" colspan="2">检验项目</td><td colspan="2">出厂检验</td><td rowspan="2">型式检验</td><td rowspan="2">不合格分类</td><td rowspan="2">章条号</td></tr>
<tr><td>逐台检验</td><td>抽样检验</td></tr>
<tr><td rowspan="2">18</td><td rowspan="2">标志和说明书</td><td>标志</td><td>√</td><td>√</td><td>√</td><td>B</td><td>9.1</td></tr>
<tr><td>说明书</td><td>—</td><td>√</td><td>√</td><td>B</td><td>9.2</td></tr>
<tr><td>19</td><td colspan="2">包装</td><td>√</td><td>√</td><td>√</td><td>B</td><td>10.1</td></tr>
<tr><td colspan="8">注 1：不合格分类中 A 类为涉及安全项目。
注 2："√"为需要检验项目，"—"为不需要检项目。</td></tr>
</table>

9 标志和说明书

9.1 标志

9.1.1 铭牌

采暖炉上应有醒目的铭牌，且应牢固、耐用，铭牌应至少包含下列信息：

a) 制造商名称。

b) 生产编号或日期。

c) 产品名称及型号。

d) 燃气类别及额定压力，单位为千帕(kPa)或帕(Pa)。

e) 采暖额定热负荷，对于热负荷可调的采暖炉，标注最大和最小热负荷，单位为千瓦(kW)。

f) 采暖额定热输出，对于热输出可调的采暖炉，标注最大和最小热输出，单位为千瓦(kW)。

g) 采暖额定冷凝热输出(不适用于非冷凝炉)，对于热输出可调的冷凝炉，标注最大冷凝热输出和最小冷凝热输出，单位为千瓦(kW)。

h) 生活热水额定热负荷，单位为千瓦(kW)。

i) 采暖系统最高工作水压，单位为兆帕(MPa)。

j) 生活热水系统适用水压(不适用于单采暖型)，单位为兆帕(MPa)。

k) 电击防护类型。

l) 电源性质：交流"～"；额定频率，单位为赫兹(Hz)；额定电压，单位为伏(V)。

m) 额定电功率，单位为瓦(W)。

n) 外壳防护等级的 IP 代码。

9.1.2 包装的标志

包装箱上应至少包括下列信息：

a) 产品名称及型号；

b) 质量及外形尺寸；

c) 燃气类别及额定压力，单位为千帕(kPa)或帕(Pa)；

d) 制造商名称；

e) 生产地址；

f) 生产编号或日期；

g) 符合 GB/T 191 规定的储运标志。

9.1.3 警示牌

采暖炉上应有醒目的专用警示牌，且应牢固、耐用，警示牌应至少包括下列信息：

a) 不应使用规定外的其他燃气；

b) 通风要求和安装环境；

c) 使用交流电的采暖炉接地措施应安全可靠(不适用于Ⅱ类器具)；

d) 安装前应仔细阅读安装说明书；

e) 用户使用前应仔细阅读使用说明书；

f) 室外型采暖炉排烟口应有高温危险部位不得接触的警示；

g) 室外型采暖炉允许的安装环境温度。

9.2 说明书

9.2.1 安装说明书

9.2.1.1 一般要求

每台采暖炉均应配有专门用于安装的安装说明书，说明书中除应包含 9.1 内容外，应至少包含下列信息：

a) 铭牌上除生产编号或日期外的所有信息(参见 9.1.1)。

b) 最小热负荷状态和待机状态电功率。

c) 如有助于采暖炉的正确安装和使用，指定参考的标准或特定的法规。

d) 冷凝炉塑料烟管烟温限制装置限定值。

e) 安装应包括下列资料：

——应符合距可燃物的最短距离；

——采暖炉附近不耐热的墙壁应采取的隔热保护措施，如木墙采取的隔热保护措施；

——应保证安装采暖炉的墙壁和采暖炉外侧热表面之间的最小间隙。

f) 采暖炉结构说明，对于需要拆除的主要零件及部件，应配有插图。

g) 采暖炉清洁方法，在硬水地区(钙、镁化合物大于 450 mg/L)，应建议用户使用专用的水质保护剂。

h) 建议维修和维护时间间隔。

9.2.1.2 误使用风险警示

在说明书中应对可预期的误使用风险提出警示，应至少包含下列信息：

a) 安装不当会引起对人、畜和物的危害；

b) 采暖炉应严格按说明书和相关规定安装；

c) 采暖炉严禁安装在卧室、客厅和浴室等房间；

d) 采暖炉不宜暗装；

e) 应使用原装配件和烟道，以免降低产品的安全性；

f) 严禁用单管烟道代替同轴烟道；

g) 不应购买经销商改装的采暖炉；

h) 应在采暖炉燃气进气口前安装燃气截止阀；

i) 采暖炉不应安装在电磁炉、微波炉等强电磁辐射电器附近；

j) 安装场所的配电系统应有接地线；采暖炉连接的插座不应设置在有用水设备附近或淋浴设备的房间；插头、插座应通过相关认证；

k) 只有制造商授权的代理商或技术人员才能维修、更换零部件或整机；

l) 产品维修后维修和检查人员应在产品上标志；

m) 严禁拆动采暖炉上的任何密封件；

n) 无行为能力和限制行为能力人员不应操作采暖炉，如儿童；

o) 用户不应操作泄压阀和排污阀；

p) 不应使用有腐蚀性的清洁剂清洁采暖炉；

q) 提示用户为了避免采暖炉或管路冻坏，在冬季长期停机时，应将采暖炉内的水全部排空或加入防冻剂，短期不使用时应确保采暖炉处于通电通燃气状态；

r) 强制排气式全预混冷凝炉应安装在与居住环境隔离的设备间内。

9.2.1.3 电气安装说明：

说明书应至少包含下列信息：

a) 电气端子接线图(包括外部控制装置)；

b) Y 型连接的采暖炉，应写有："如电源软线损坏，为避免危险，应由制造商或制造商认可的维修人员来更换"；

c) Z 型连接的采暖炉，应写有："电源软线不能更换，如软线损坏，此采暖炉应废弃"。

9.2.1.4 燃气系统的安装和调节说明

说明书应至少包含下列信息：

a) 强调安装处所的燃气类别、电源性质和供水压力应与采暖热水炉的燃气类别、使用电源和适用水压一致；

b) 应提供燃气流量调节参数表。

9.2.1.5 采暖系统的安装说明

说明书应至少包含下列信息：

a) 适宜的采暖模式及对应的供/回水温度，单位为摄氏度(℃)；

b) 应提供采暖炉出口水压特性曲线图或水泵压力特性曲线图；

c) 说明可配套使用的控制装置。

9.2.1.6 给/排气系统的安装说明

说明书应至少包含下列信息：

a) 采暖炉允许的安装类型；

b) 附件安装说明；

c) 终端和终端保护装置的安装方法；

d) 终端与窗户、新风系统进气口、空调和换气扇的最小间距；

e) 如烟管附件必须装在墙壁或屋顶上，应提供安装说明；

f) 分离式烟管附件接头应安装在边长为 50 cm 的区间内。

9.2.1.7 燃气与空气比例控制系统调节说明

说明书应至少包含下列信息：

a) 燃气与空气比例控制系统的调节方法；

b) 适用的 CO_2 或 O_2 调节范围。

9.2.1.8 冷凝水排放系统的安装说明

说明书应至少包含下列信息：

a) 应规定冷凝炉烟管和冷凝水排水管的最小倾斜度和坡向；

b) 强调冷凝炉初次使用前冷凝水收集装置应注满水；

c) 强调未经稀释或中和处理的冷凝水不应直接排入除生活污水排水管外的管道或地表。

9.2.1.9 室外机安装说明

说明书应至少包含下列信息：

a) 严禁安装在室内；

b) 严禁安装在被围困的地方或阻碍空气流通的场所；

c) 严禁安装在楼梯或安全出口附近；避免安装在其噪声和排气热流影响相邻住户的地方；

d) 严禁安装在影响燃气表、燃气管道和燃气容器等检修的场所；

e) 严禁安装在沙土和灰尘容易积聚的地方；

f) 户外机如不安装处于建筑物上避雷系统的保护范围内，应按 GB 50057 的规定增设避雷措施；

g) 应安装在说明书允许的最低温度以上的区域；

h) 应注明安装空间相邻建筑物、设备和修理维护的距离要求；

i) 禁止在安装环境温度低于 0 ℃区域安装无防冻功能的室外机；

j) 安装位置与窗户、新风系统进气口、空调和换气扇的最小间距。

9.2.2 使用说明书

使用说明书应至少包含下列信息：

a) 强调采暖炉的安装和调节应由制造商认可的专业人员进行；

b) 用户应遵守警示事项；

c) 应说明采暖炉的启动和停机操作方法；

d) 采暖系统温度设定范围、生活热水系统温度设定范围；

e) 说明采暖炉的正常使用、清洁及日常维护所需进行的操作；

f) 强调锁定装置不应随意调节；

g) 强调应由专业人员进行定期检查和维护；

h) 必要时应提醒用户注意不要直接接触观火窗表面以免烫伤；

i) 说明应采取的防冻措施；

j) 冷凝炉应规定不要变更或堵塞冷凝水排水口，有冷凝水中和装置的，应说明冷凝水中和装置的清洗、维护和更换的方法及周期。

10 包装、运输和贮存

10.1 包装

10.1.1 一般要求

产品的包装应牢固、安全、可靠、便于装卸，在正常的装卸、运输和贮存期内应确保产品的安全和使用性能不会因包装原因发生损坏。

10.1.2 包装材料

产品所用的包装材料，应符合下列规定：

a) 包装材料应采用无害、可再生和符合环境保护要求的材料；

b) 包装设计在满足保护产品基本要求的同时，应考虑采用可循环利用的结构；

c) 在符合对产品安全、可靠、便于装卸的条件下，应避免过度包装。

10.2 运输

10.2.1.1 运输过程中应防止剧烈振动、挤压、雨淋及化学品的侵蚀。

10.2.1.2 搬运时不应滚动、抛掷和手钩等有害作业。

10.3 贮存

10.3.1 产品应在干燥通风、无高温或阳光直射、周围无腐蚀性气体的仓库内存放。

10.3.2 分类存放，堆码不应大于规定高度极限，防止挤压和倒垛损坏。

附 录 A
（资料性附录）
按给/排气安装方式分类

A.1 给排气式分类

给排气式分类见表 A.1。

表 A.1 给排气式分类

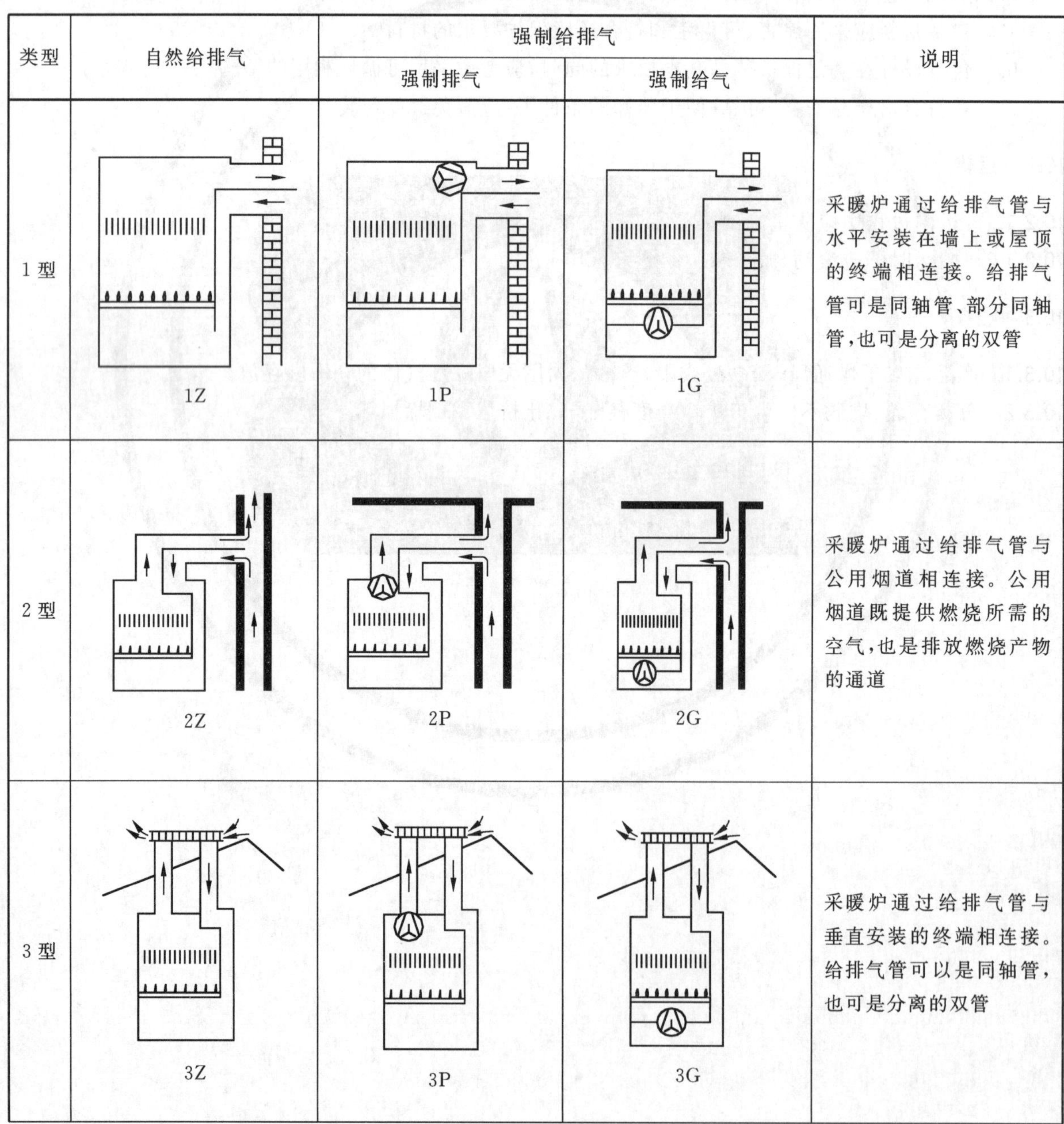

类型	自然给排气	强制给排气		说明
		强制排气	强制给气	
1 型	1Z	1P	1G	采暖炉通过给排气管与水平安装在墙上或屋顶的终端相连接。给排气管可是同轴管、部分同轴管，也可是分离的双管
2 型	2Z	2P	2G	采暖炉通过给排气管与公用烟道相连接。公用烟道既提供燃烧所需的空气，也是排放燃烧产物的通道
3 型	3Z	3P	3G	采暖炉通过给排气管与垂直安装的终端相连接。给排气管可以是同轴管，也可是分离的双管

表 A.1（续）

类型	自然给排气	强制给排气		说明
		强制排气	强制给气	
4 型	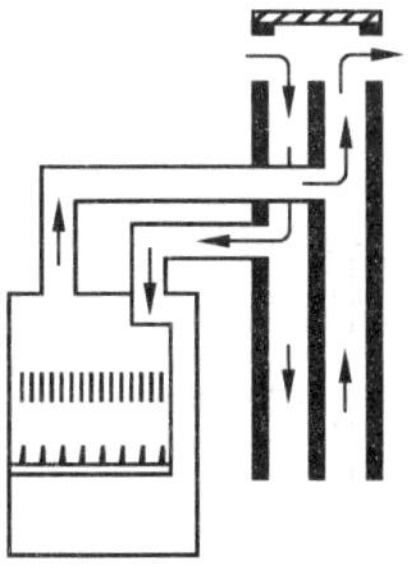 4Z	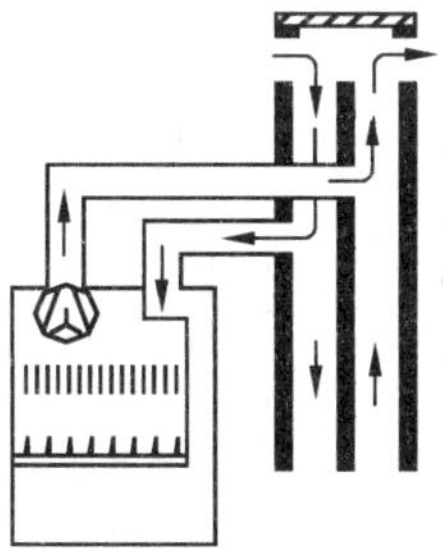 4P	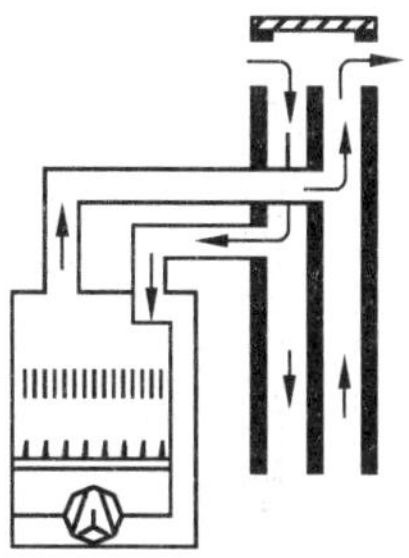 4G	采暖炉通过给排气管分别进入公用烟道的给、排气管，给气管提供燃烧所需的空气，排气管排放燃烧产物
5 型	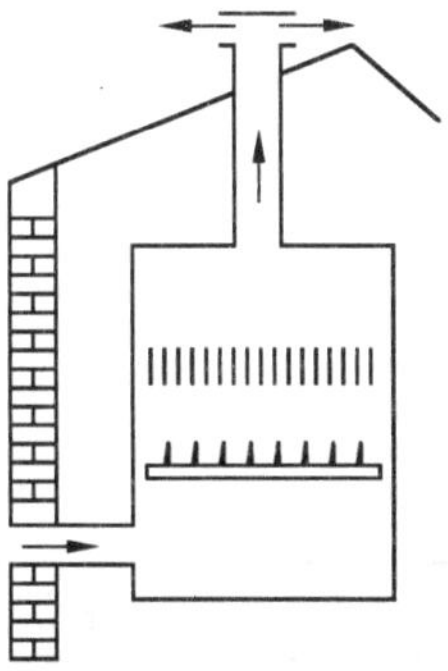 5Z	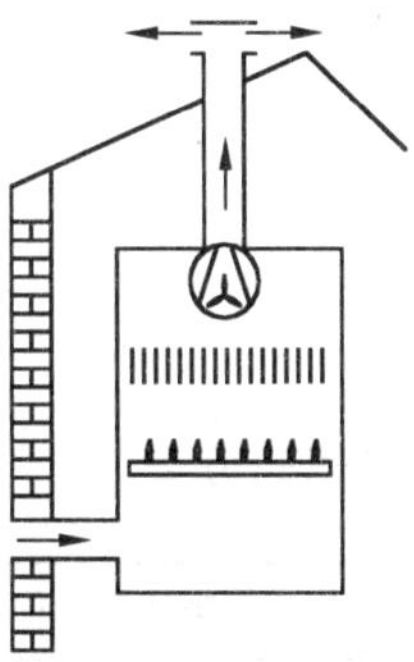 5P	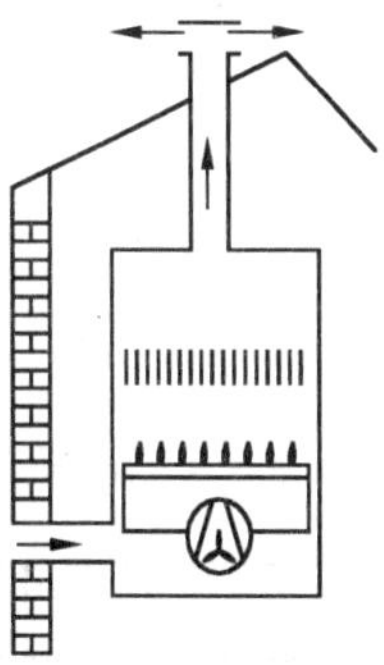 5G	采暖炉通过独立的给排气管与其处于不同压力区域的终端相连接的
6 型	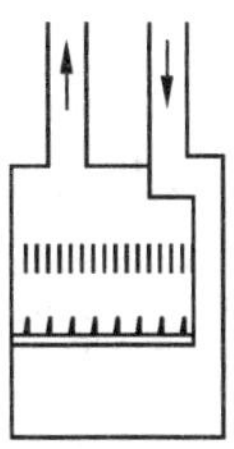 6Z	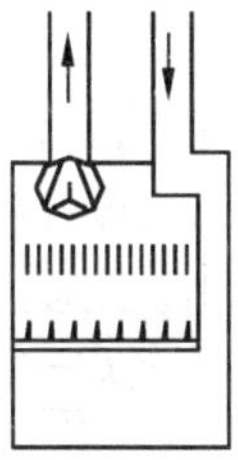 6P	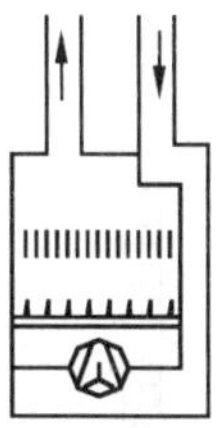 6G	采暖炉与经认证的第三方提供的给排系统相连接
7 型	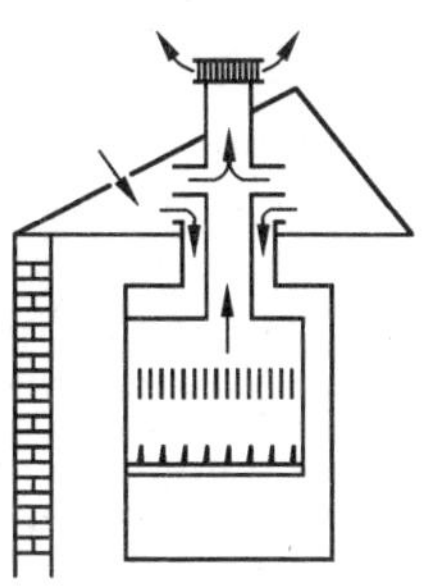 7Z	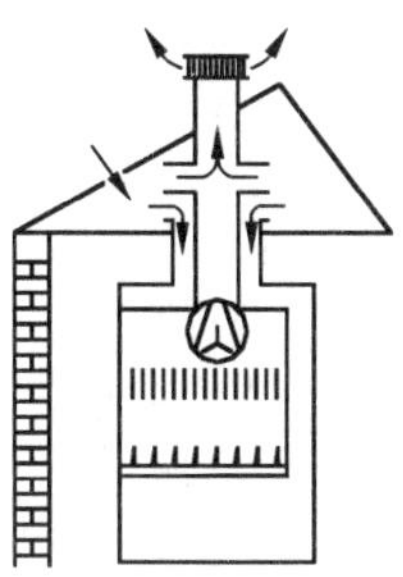 7P	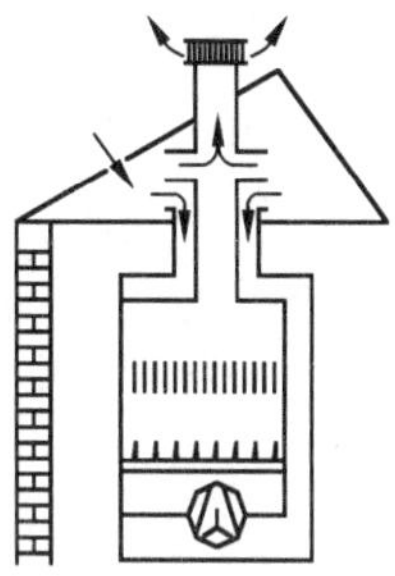 7G	采暖炉通过垂直给排气管和位于屋顶空间的换向器，与次级烟道相连接，燃烧所需空气取自屋顶空间

表 A.1(续)

类型	自然给排气	强制给排气		说明
		强制排气	强制给气	
8 型	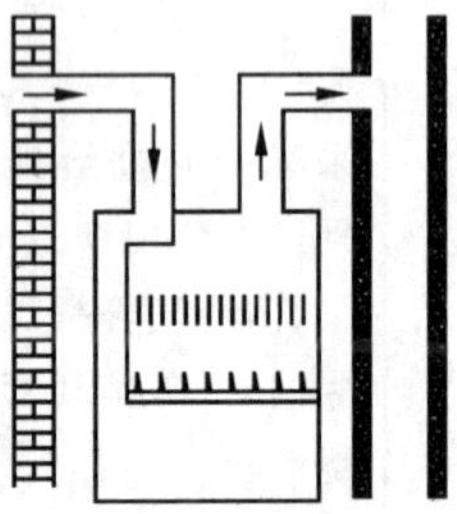 8Z	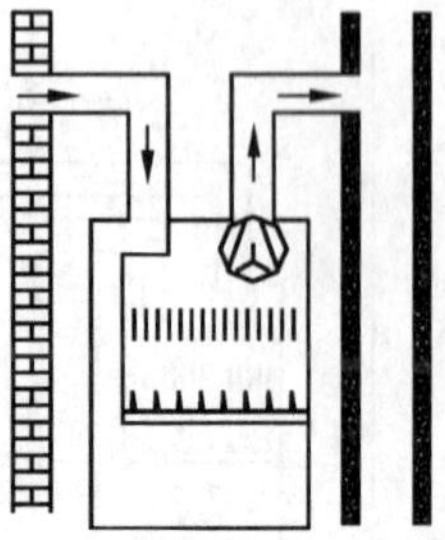 8P	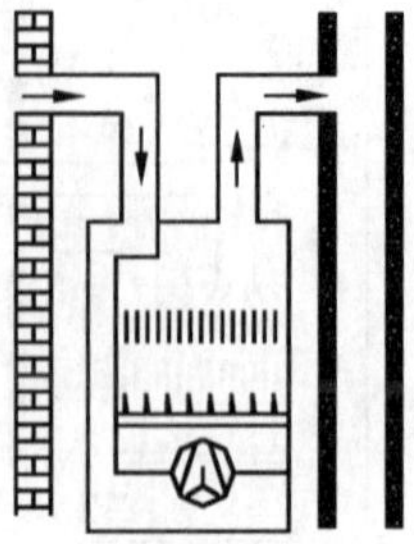 8G	采暖炉给、排气管分别与进气终端和独立的或公用的烟道相连接

A.2 强制排气式分类

强制排气式分类见表 A.2。

表 A.2 强制排气式分类

类型	强制排气	强制给气	说明
9 型	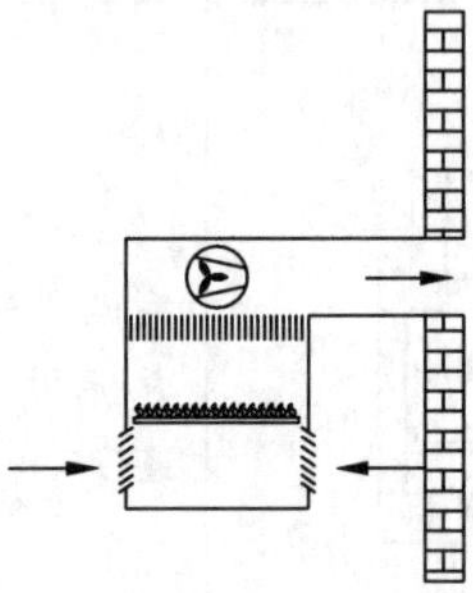 9P	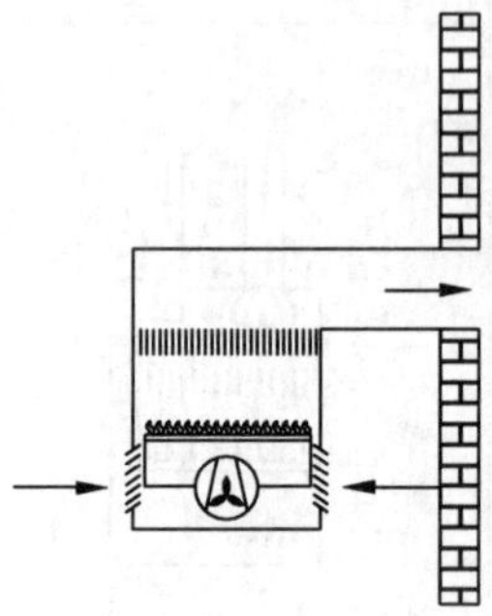 9G	采暖炉排气管与水平安装在墙上或屋顶的终端相连接,采暖炉直接吸取室内的空气

A.3 室外型分类

室外型分类见表 A.3。

表 A.3　室外型分类

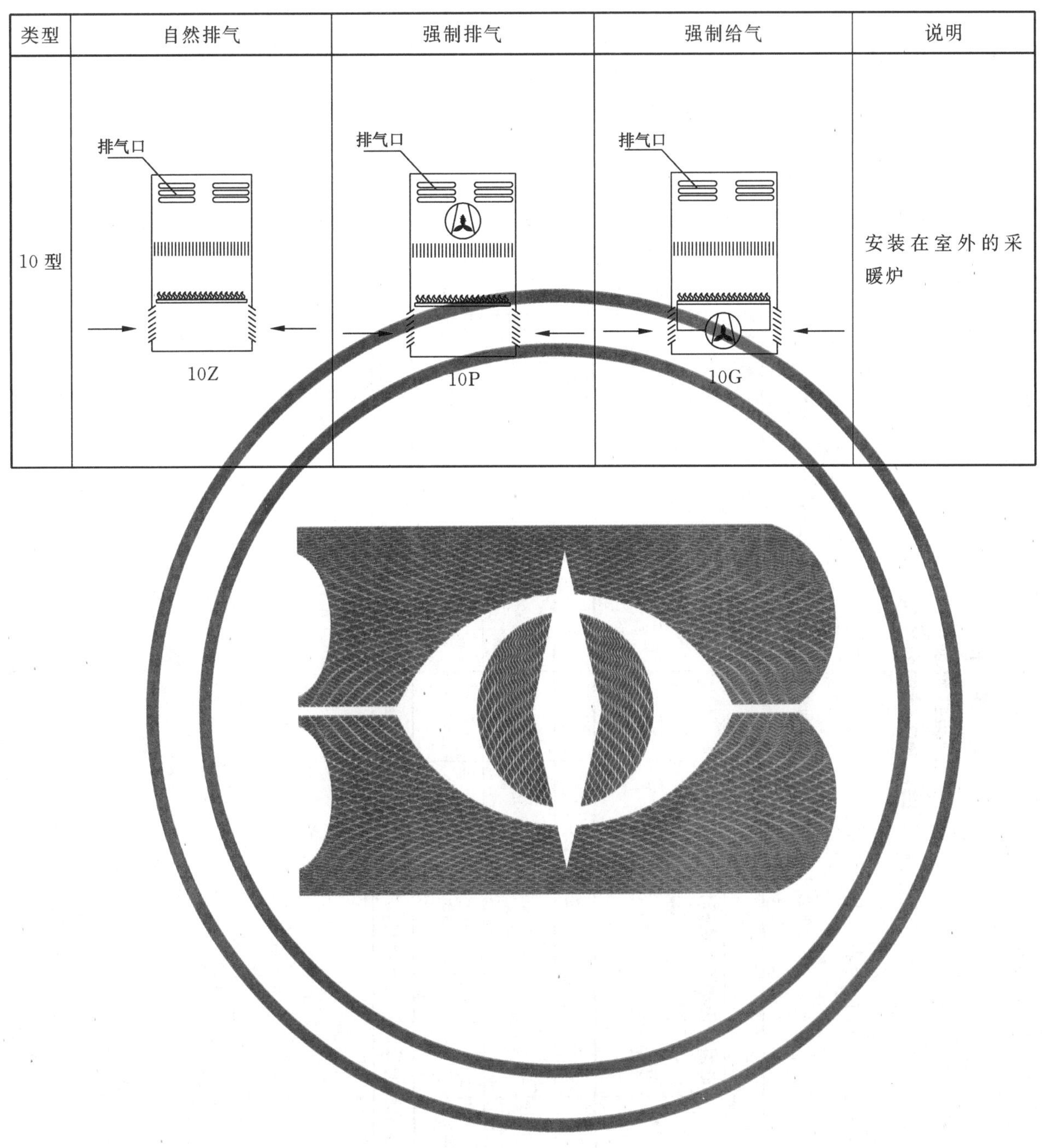

类型	自然排气	强制排气	强制给气	说明
10 型	排气口 10Z	排气口 10P	排气口 10G	安装在室外的采暖炉

附　录　B
（规范性附录）
碳钢和不锈钢的性能

碳钢和不锈钢的机械性能和化学成分应符合表 B.1 的规定。

表 B.1　碳钢和不锈钢的机械性能和化学成分

机械性能						化学成分(质量分数)/%									
材料	钢种	抗拉强度 R_m N/mm²	屈服点 R_{oH}/R_p 0.2 N/mm²	断裂延伸率 $A_{纵向}$ $L_o=5d_o$ %	断裂延伸率 $A_{横向}$ $L_o=5d_o$ %	C	P	S	Si	Mn	Cr	Mo	Ni	Ti	Nb/Ta
板材	碳钢	≤ 520	≤ 0.7[a]	≥ 20	—	≤ 0.25	≤0.05	≤0.05	—	—	—	—	—	—	—
板材	铁素体不锈钢	≤ 600	≥250	≥ 20	≥15	≤ 0.08	≤0.045	≤0.030	≤1.0	≤1.0	15.5～18	≤1.5	—	≤7×%C	≤12×%C
管材板材	奥氏体不锈钢	≤ 800	≥180	≥ 30	≥30	≤ 0.08	≤0.045	≤0.030	≤1.0	≤20	16.5～20	2.0～3.0	9～15	≤5×%C	≤8×%C

[a] 屈服和抗拉强度比。在部件所承受的最高温度下，钢材应保证具有足够的高温屈服点。

附 录 C
（规范性附录）
铸造用铝材料化学成分

铸造用铝材料化学成分应符合表C.1的规定。

表C.1 铸造用铝材料化学成分

化学成分(质量分数)/%												
Si	Fe	Cu	Mn	Mg	Ni	Zn	Pb	Sn	Ti	其他元素		Al
										单一	总	
9.0～11.0	0.55 (0.4)	0.05 (0.03)	0.45	0.20～0.45 (0.25～0.45)	0.05	0.10	0.05	0.05	0.15	0.05	0.15	剩余

注1：括号内的数字表示的是铝锭成分建议范围。

注2：本表中未显示范围的，表示为上限值。

注3："其他元素"不包括用于精炼的微量元素，如钠、锶、锑、磷。

附 录 D
（规范性附录）
铜或铜合金部件性能

铜或铜合金部件性能应符合表 D.1 的规定。

表 D.1 铜或铜合金部件性能

牌号	抗拉强度 R_m/(N/mm^2)	温度范围/℃
TP2	≥200	≤250
BFe30-1-1	≥310	≤350

附 录 E
（规范性附录）
轧制部件的最小壁厚

轧制部件的最小壁厚应符合表 E.1 的规定。

表 E.1 轧制部件的最小壁厚

单位为毫米

碳素钢	不锈钢	铜
4.0	1.0	2.0

附 录 F
（规范性附录）
承（水）压铸造部件的最小壁厚

承（水）压铸造部件的最小壁厚应符合表 F.1 的规定。

表 F.1 承（水）压铸造部件的最小壁厚

额定热负荷 Φ_n kW	设计壁厚/mm		成型壁厚/mm	
	铝	铜	铝	铜
$\Phi_n \leqslant 35$	3.5	3.0	2.8	2.4
$35 < \Phi_n \leqslant 70$	4.0	3.5	3.2	3.2
$70 < \Phi_n < 100$	4.5	4.0	3.6	3.6

附 录 G
(资料性附录)
自动阀燃气通路的组成

G.1 一般要求

自动点火燃烧器热负荷在0.25 kW～1 kW范围内的采暖炉,且制造商能提供相关安全证明,点火燃烧器燃气通路允许只安装一个C级阀。

G.2 燃气通路由同步关闭的两道阀组成

G.2.1 不带风机或有预清扫的采暖炉,或不带预清扫但装有常明火或交替点火燃烧器的采暖炉燃气通路最低要求。

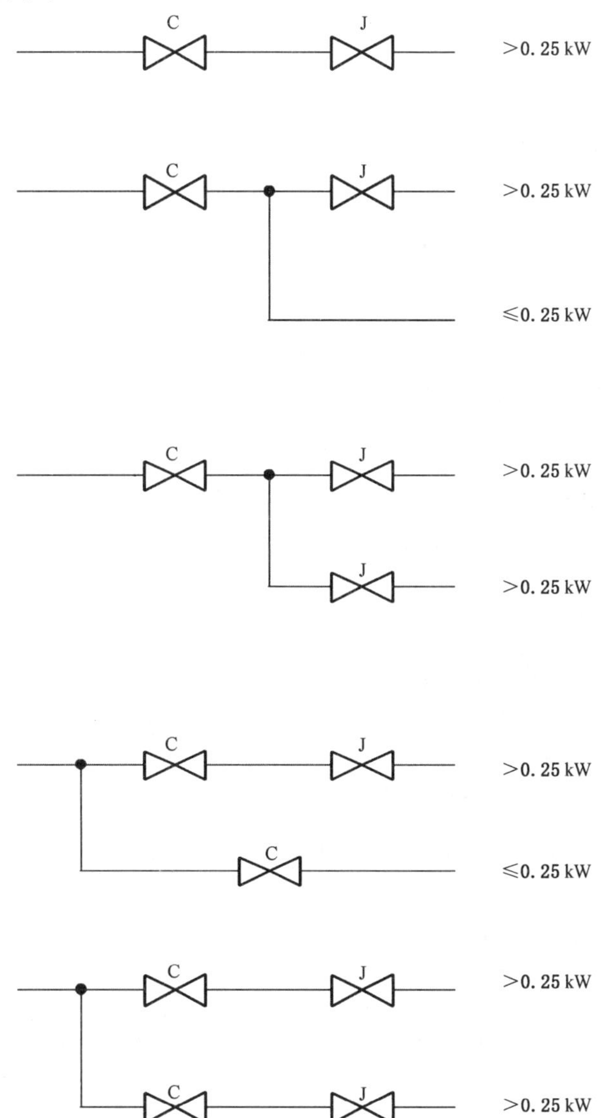

G.2.2 无预清扫功能且无常明火或交替点火燃烧器的采暖炉燃气通路最低要求。

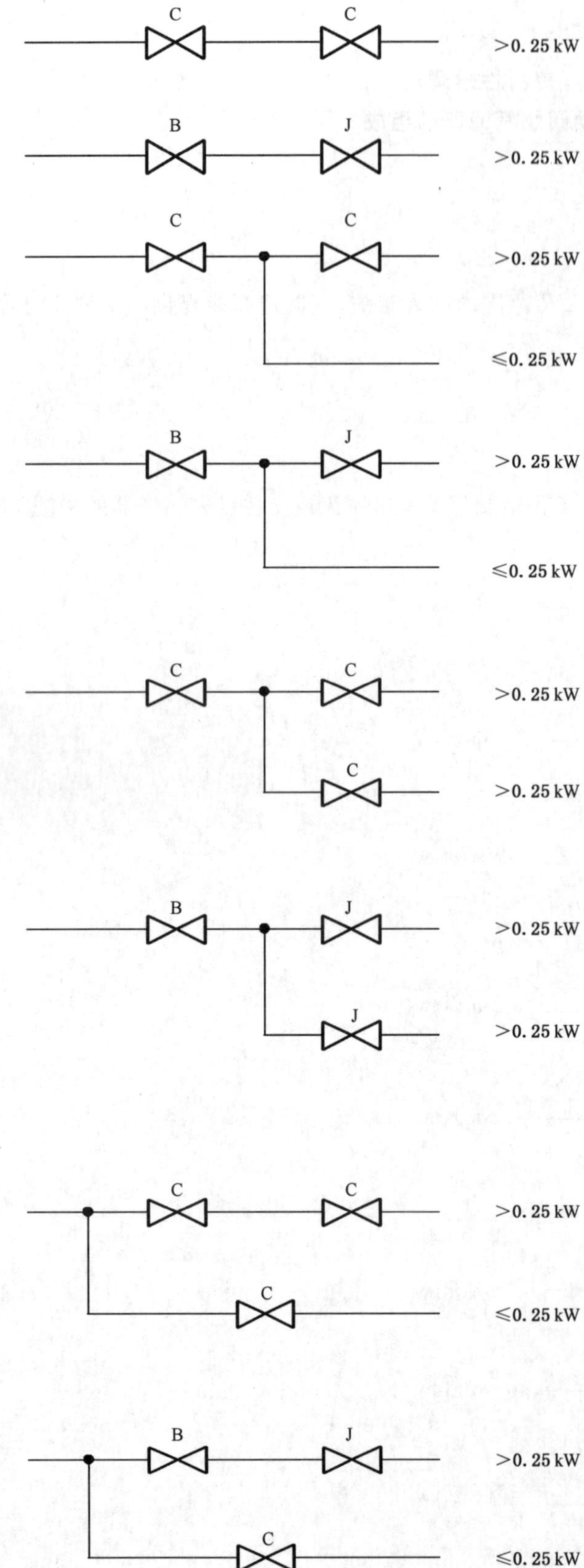

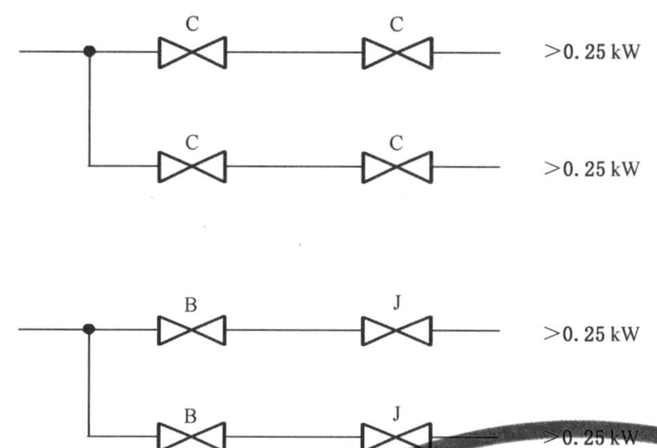

G.2.3 不带风机或有预清扫的采暖炉燃气通路由不同步关闭的两道阀组成的最低要求。

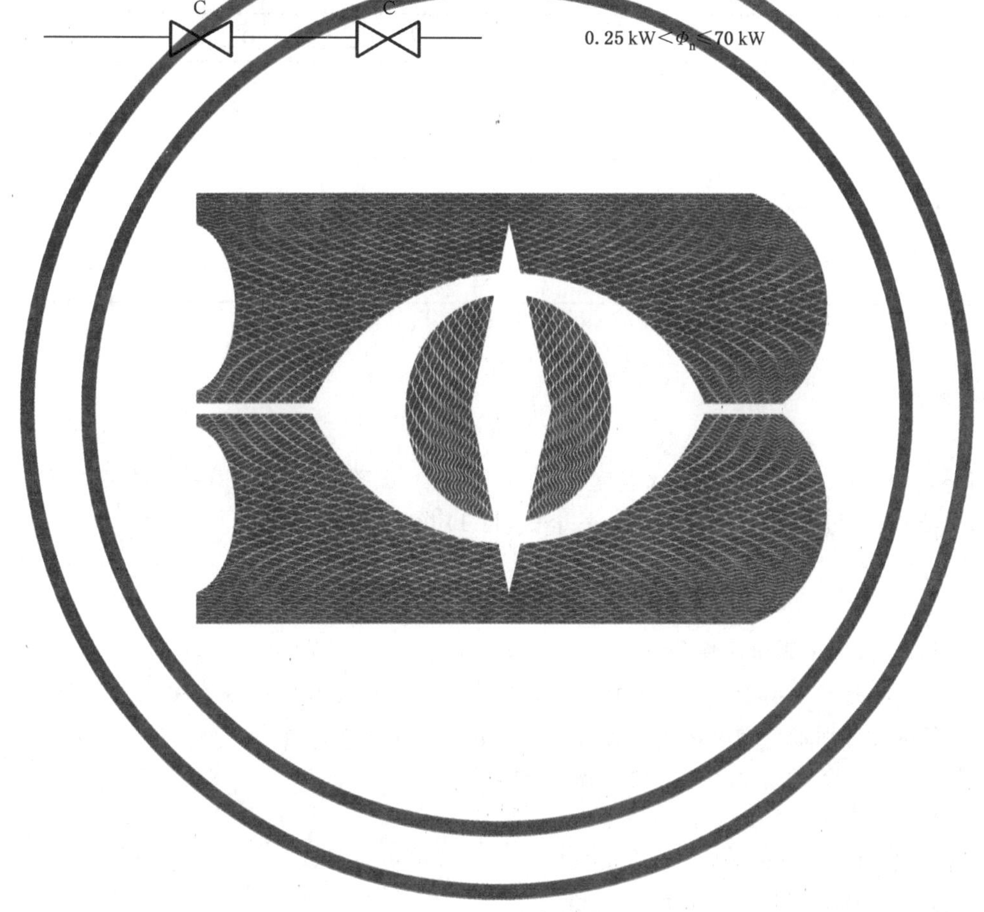

附 录 H
（规范性附录）
NO_x 试验

H.1 NO_x 排放等级

NO_x 排放等级如表 H.1 所示。

表 H.1 NO_x 排放等级

排放等级	浓度上限/[mg/(kW·h)]
1	260
2	200
3	150
4	100
5	62

H.2 NO_x 的试验

0-2 气，额定热负荷状态，调节供/回水温度为 80 ℃/60 ℃，试验过程中采暖水流量保持恒定。当采暖炉在部分热负荷状态下运行时，回水温度 t_r 按公式(H.1)确定：

$$t_r = 0.4k_{pi} + 20 \quad\cdots\cdots\cdots\cdots\cdots\cdots(\text{H.1})$$

式中：

t_r ——回水温度，单位为摄氏度(℃)；

k_{pi} ——部分热负荷 Φ_{pi} 与额定热负荷 Φ_n 百分比的数值，带额定热负荷调节装置的采暖炉用最大额定热负荷和最小额定热负荷的算术平均值 Φ_a 代替 Φ_n，%。

在热平衡状态下，试验 NO_x 浓度。试验基准条件如下：

a) 实验室环境温度：20 ℃；

b) 空气含湿量：10 g/kg；

c) 使用干式气体流量计。

当试验条件不符合基准条件时，按公式(H.2)折算：

$$(NO_x)_O = (NO_x)_m + \frac{0.02(NO_x)_m - 0.34}{1 - 0.02(h_m - 10)} \cdot (h_m - 10) + 0.85 \cdot (20 - t_m) \quad\cdots\cdots\cdots\cdots\cdots\cdots(\text{H.2})$$

式中：

$(NO_x)_O$ ——折算到基准状态的 NO_x，单位为毫克每千瓦时[mg/(kW·h)]；

$(NO_x)_m$ ——在 h_m 和 t_m 时测得的 NO_x 值，单位为毫克每千瓦时[mg/(kW·h)]，测量范围：50 mg/(kW·h)～300 mg/(kW·h)；

h_m ——试验 NO_x 时的含湿量，单位为克每千克(g/kg)，范围：5 g/kg～15 g/kg；

t_m ——试验 NO_x 时的空气温度，单位为摄氏度(℃)，范围：15 ℃～25 ℃。

H.3 试验值的加权计算

H.3.1 权重因子

权重因子按表 H.2 选取。

表 H.2 权重因子

部分热负荷 Φ_{pi} 与额定热负荷 Φ_n 的百分比 k_{pi} %	70	60	40	20
权重因子 F_{pi}	0.15	0.25	0.30	0.30

H.3.2 对于热负荷不可调节的采暖炉

在额定热负荷下试验 NO_x，按公式(H.2)折算。

H.3.3 分段式部分热负荷不能调节到表 H.2 规定时

在采暖炉可调节的部分负荷状态试验 NO_x 值，用公式(H.3)和公式(H.4)计算权重因子，按公式(H.2)折算再按公式(H.5)进行加权计算。

$$(F_p)_{highrate}=F_{pi}\times\frac{k_{pi}-k_{lowrate}}{k_{highrate}-k_{lowrate}}\times\frac{k_{highrate}}{k_{pi}} \qquad \text{(H.3)}$$

$$(F_p)_{lowrate}=F_{pi}-(F_p)_{highrate} \qquad \text{(H.4)}$$

例如部分热负荷值是 50%Φ_n 和 30%Φ_n 时：

$$F_{(50)}=F_{(40)}\times\frac{k_{(40)}-k_{(30)}}{k_{(50)}-k_{(30)}}\times\frac{k_{(50)}}{k_{(40)}}$$

$$F_{(30)}=F_{(40)}-F_{(50)}$$

$$(NO_x)_{pond}=\sum[(NO_x)_{O(rate)}\cdot F_{p(rate)}] \qquad \text{(H.5)}$$

H.3.4 最小热负荷不大于 20%Φ_n 的比例调节采暖炉

在表 H.2 规定的部分热负荷下试验 NO_x 含量，按公式(H.2)折算再按公式(H.6)加权计算。

$$(NO_x)_{pond}=0.15(NO_x)_{O(70)}+0.25(NO_x)_{O(60)}+0.30(NO_x)_{O(40)}+0.30(NO_x)_{O(20)} \qquad \text{(H.6)}$$

H.3.5 最小热负荷大于 20%Φ_n 的比例调节采暖炉

在最小热负荷和表 H.2 规定的部分热负荷下(均比最小热负荷大)试验 NO_x 含量，按公式(H.2)折算再按公式(H.7)加权计算。

$$(NO_x)_{pond}=(NO_x)_{O(\Phi_{min})}\times\sum F_{pi(\Phi\leqslant\Phi_{min})}\sum[(NO_x)_{O(k_{pi})}\cdot F_{pi}] \qquad \text{(H.7)}$$

H.3.6 计算符号

在 H.3 中使用了下列符号，其含义如下：

$(NO_x)_{pond}$ ——NO_x 浓度的权重值，单位为毫克每千瓦时[mg/(kW·h)]；
$(F_p)_{highrate}$ ——对应 $k_{high\ rate}$ 的权重因子；
$k_{lowrate}$ ——比 k_{pi} 小的百分比的数值；
$k_{highrate}$ ——比 k_{pi} 大的百分比的数值；
$(F_p)_{lowrate}$ ——对应 $k_{low\ rate}$ 的权重因子；
$(NO_x)_{O(rate)}$ ——特定热负荷时折算到基准状态的 NO_x，单位为毫克每千瓦时[mg/(kW·h)]；
$(NO_x)_{O(\Phi min)}$ ——最小热负荷时(比例调节采暖炉)折算到基准状态的 NO_x，单位为毫克每千瓦时[mg/(kW·h)]；
$\sum F_{pi(\Phi \leqslant \Phi min)}$ ——表 H.2 中不大于最小可调热负荷的部分热负荷百分比 k_{pi} 所对应的权重因子 F_{pi} 相加的数值；
$(NO_x)_{O(k_{pi})}$ ——表 H.2 中大于最小可调热负荷的部分热负荷的折算到基准状态的 NO_x，单位为毫克每千瓦时[mg/(kW·h)]；
$(NO_x)_{O(70)}$，$(NO_x)_{O(60)}$，$(NO_x)_{O(40)}$，$(NO_x)_{O(20)}$——热负荷分别为 70%、60%、40%和 20%时 NO_x 试验值，单位为毫克每千瓦时[mg/(kW·h)]。

H.4 单位换算

单位换算应符合下列规定：

a) 人工煤气基准气的 NO_x 排放量的单位换算按表 H.3 选取；
b) 天然气基准气 NO_x 排放量的单位换算按表 H.4 选取；
c) 液化石油气基准气 NO_x 排放量的单位换算按表 H.5 选取。

注：对于 NO_x：1 ppm=2.054 mg/m³。

表 H.3 人工煤气基准气的 NO_x 排放量的单位换算(α=1) 单位为毫克每千瓦时

单位换算	人工煤气类别				
	3R	4R	5R	6R	7R
1 ppm	1.803 1	1.646 4	1.698 1	1.653 4	1.627 9

表 H.4 天然气基准气 NO_x 排放量的单位换算(α=1) 单位为毫克每千瓦时

单位换算	天然气类别			
	3T	4T	10T	12T
1 ppm	1.752 2	1.755 4	1.788 9	1.755 4

表 H.5 液化石油气基准气 NO_x 排放量的单位换算(α=1) 单位为毫克每千瓦时

单位换算	液化石油气类别		
	19Y	20Y	22Y
1 ppm	1.729 6	1.720 9	1.701 5

附 录 I
（规范性附录）
使用交流电源采暖炉的电气安全

I.1 一般要求

I.1.1 型式试验时按本附录全部项目进行。

I.1.2 如Ⅰ类器具带有未接地、易触及的金属部件，且未使用接地的中间金属部件将其与带电部件隔开，则按对Ⅱ类结构规定的有关要求确定这些部件是否合格。

如Ⅰ类器具带有易触及的非金属部件，除非这些部件用一个接地的中间金属部件将其与带电部件隔开，否则按对Ⅱ类结构规定的有关要求确定这些部件是否合格。

I.2 防护等级

防护等级应符合下列规定：

a) 采暖炉的电击防护类型应为Ⅰ类或Ⅱ类；

b) 外壳防护等级应符合制造商声称值，且室内型采暖炉应至少是 IPX4，室外型采暖炉应至少是 IPX5D。

通过视检和相关的试验确定其是否合格。

注：外壳防护等级在 GB 4208 中给出。

I.3 标志和说明

I.3.1 当使用符号时应符合 GB 4706.1—2005 中 7.6 的规定。

I.3.2 用于与电网连接的接线端子的标志应符合 GB 4706.1—2005 中 7.8 的规定。

I.3.3 电源软线连接方式应为 GB 4706.1—2005 中 7.12.5 规定的 Y 型或 Z 型连接，使用说明符合标准要求。

I.4 对触及带电部件的防护

I.4.1 采暖炉的结构和外壳应使其对意外触及带电部件有足够的防护，例如不使用工具打开外壳和取下可拆卸部件的状态也是安全的。

I.4.2 Ⅱ类器具和Ⅱ类结构，其结构和外壳对与基本绝缘以及仅用基本绝缘与带电部件隔开的金属部件意外接触应有足够的防护。

I.4.3 正常使用时与燃气管路及水路相连接的Ⅱ类器具中，其与燃气管路或与水接触的具有导电性的金属部件，都应采用双重绝缘或加强绝缘与带电部件隔开。

I.4.4 带有高压点火的脉冲发生装置，应采取预防措施，防止与高压源接触。在脉冲发生装置或采暖炉外壳应有明显的防护性警示。

I.4.5 按 GB 4706.1—2005 中第 8 章的规定测量对易触及带电部件的防护。

I.5 工作温度下的泄漏电流和电气强度

I.5.1 在工作温度下，采暖炉的泄漏电流不应过大，且其电气强度应满足规定要求。

通过 I.5.2 和 I.5.3 的试验确定其是否合格。

采暖炉工作的时间一直延续至正常使用时最不利条件产生所对应的时间。

以 1.06 倍的额定电压供电。

在进行该试验前断开保护阻抗和无线电干扰滤波器。

I.5.2 泄漏电流通过用 GB/T 12113—2003 中图 4 所描述的电路装置进行测量，测量在电源的任一极与连接金属箔的易触及金属部件之间进行。被连接的金属箔面积不应大于 20 cm×10 cm，并与绝缘材料的易触及表面相接触。

注 1：使用 GB/T 12113—2003 中图 4 所示的电压表测量电压的实际有效值。

对使用单相电源的采暖炉，其测量电路在下述图中给出：

a) 对Ⅱ类器具，见 GB 4706.1—2005 中图 1；

b) 对Ⅰ类器具，见 GB 4706.1—2005 中图 2。

将选择开关分别拨到 a)、b)的每一个位置来测量泄漏电流。

采暖炉工作的时间一直延续至正常使用时最不利条件产生所对应的时间之后，Ⅱ类器具的泄漏电流不应大于 0.25 mA；Ⅰ类器具的泄漏电流不应大于 3.5 mA。

如采暖炉装有在试验期间动作的热控制器，则要在控制器断开电路之前的瞬间测量泄漏电流。

注 2：开关处于断开位置来进行试验，是为了验证连接在一个单极开关后面的电容器不产生过高的泄漏电流。

I.5.3 按照 GB/T 17627 的规定，断开采暖炉电源后，采暖炉绝缘立即经受频率为 50 Hz 的电压，历时 1 min。

用于此试验高压电源在其输出电压调节到相应试验电压后，应能在输出端子之间供给一个短路电流 I_s，电路的过载释放器对低于跳闸电流 I_r 的任何电流均不动作。不同高压电源的 I_s 和 I_r 值见表 I.1。

试验电压施加在带电部件和易触及部件之间，非金属部件用金属箔覆盖。对在带电部件和易触及部件之间有中间金属件的Ⅱ类结构，要分别跨越基本绝缘和附加绝缘来施加电压。

应注意避免电子电路元件的过应力。

试验电压值按表 I.2 的规定。

表 I.1 高电压电源的特性

试验电压/V	最小电流/mA	
	I_s	I_r
≤4 000	200	100
>4 000～10 000	80	40
>10 000～20 000	40	20
注：此电流是以在该电压范围的上限，短路和释放能量分别为 800 VA 和 400 VA 为基础计算得出的。		

表 I.2 电气强度试验电压

绝 缘	试验电压/V			
	额定电压			工作电压(U)
	安全特低电压 SELV	≤150	>150～250[a]	>250
基本绝缘	500	1 000	1 000	1.2U+700
附加绝缘	—	1 250	1 750	1.2U+1 450
加强绝缘	—	2 500	3 000	2.4U+2 400

[a] 对额定电压≤150 V 的采暖炉，测试电压施加到工作电压在>150 V～250 V 范围内的部件上。

在试验期间，不应出现击穿。

注：可忽略不造成电压下降的辉光放电。

I.6 耐潮湿

I.6.1 根据制造商声称的防水等级，按 GB 4706.1—2005 中 15.1.1 和 15.1.2 进行试验，此时采暖炉不连接电源。喷淋试验后，采暖炉应经受 I.7.3 的电气强度试验，并且视检应表明在绝缘上没有能导致电气间隙和爬电距离降低到低于 GB 4706.1—2005 中第 29 章规定限值的水迹。

I.6.2 采暖炉应能承受在正常使用中可能出现的潮湿条件。按照 GB 4706.1—2005 中 15.3 进行试验，试验后，采暖炉应在原潮湿箱内，或在一个使采暖炉达到规定温度的房间内，把已取下的部件重新组装完毕，随后经受 I.7 的试验。

I.7 泄漏电流和电气强度

I.7.1 采暖炉的泄漏电流不应过大，并且其电气强度应符合规定的要求。

通过 I.7.2 和 I.7.3 的试验确定其是否合格。

在进行试验前，保护阻抗要从带电部件上断开。

使采暖炉处于室温，且不连接电源的情况下进行该试验。

I.7.2 交流试验电压施加在带电部件和连接金属箔的易触及金属部件之间。被连接的金属箔面积不大于 20 cm×10 cm，它与绝缘材料的易触及表面相接触。

对单相采暖炉试验电压为 1.06 倍的额定电压；

在施加试验电压后的 5 s 内，测量泄漏电流。

泄漏电流不应大于下述值：

a) 对Ⅱ类器具：0.25 mA；

b) 对Ⅰ类器具：3.5 mA；

c) 采暖炉带有无线电干扰滤波器。在这种情况下，断开滤波器时的泄漏电流不应大于规定的限值。

I.7.3 在 I.7.2 试验之后，绝缘要立即经受 1 min 频率为 50 Hz 或 60 Hz 基本正弦波的电压。表 I.3 中已给出适用于不同类型绝缘的试验电压值。绝缘材料的易触及部分，应用金属箔覆盖。

注 1：注意金属箔的放置，以使绝缘的边缘处不出现闪络。

表 I.3 试验电压

绝缘方式	试验电压/V			
	额定电压			工作电压(U)
	安全特低电压 SELV	≤150	>150～250[a]	>250
基本绝缘	500	1 250	1 250	1.2 U +950
附加绝缘	—	1 250	1 750	1.2 U +1 450
加强绝缘	—	2 500	3 000	2.4 U +2 400

[a] 对额定电压≤150 V 的采暖炉，测试电压施加到工作电压在>150 V～250 V 范围内的部件上。

对入口衬套处、软线保护装置处或软线固定装置处的电源软线用金属箔包裹后，在金属箔与易触及金属部件之间施加试验电压，将所有夹紧螺钉用 GB 4706.1—2005 中表 14 规定力矩的三分之二值夹紧。对Ⅰ类器具，试验电压为 1 250 V，对Ⅱ类器具，试验电压为 1 750 V。

注 2：表 I.1 对试验用的高压电源做出规定。

注 3：对同时带有加强绝缘和双重绝缘的Ⅱ类结构，要注意施加在加强绝缘上的电压不对基本绝缘或附加绝缘造成过应力。

注 4：在基本绝缘和附加绝缘不能分开单独试验的结构中，该绝缘经受对加强绝缘规定的试验电压。

注 5：在试验绝缘覆盖层时，可用一个砂袋使其有大约为 5 kPa 的压力将金属箔压在绝缘上。该试验可限于那些绝缘可能薄弱的地方，例如：在绝缘的下面有金属锐棱的地方。

注 6：如可行，绝缘衬层要单独试验。

注 7：注意避免对电子电路的元件造成过应力。

试验初始，施加的电压不大于规定电压值的一半，然后平缓地升高到规定值。

在试验期间不应出现击穿。

I.8 变压器和相关电路的过载保护

采暖炉带有由变压器供电的电路时，其结构应使得在正常使用中可能出现的短路时，该变压器内或与变压器相关的电路中，不会出现过高的温度。

注 1：例如在安全特低电压下工作的易接触及电路的裸导线或没有充分绝缘的导线的短路。

注 2：不考虑在正常使用中可能发生的基本绝缘失效。

通过施加正常使用中可能出现的最不利的短路或过载状况，来确定是否合格。采暖炉供电电压为 1.06 倍或 0.94 倍的额定电压，取两者中较为不利的情况。

安全特低电压电路中的导线绝缘层的温升值，不应超过 GB 4706.1—2005 表 3 中有关规定值的 15 K。

绕组的温度不应超过 GB 4706.1—2005 表 8 规定的值。但是，这些限制对于符合 GB/T 19212.1—2016 中 15.5 规定的无危害式变压器不适用。

I.9 结构

I.9.1 在正常使用时，采暖炉的结构应使其电气绝缘不受到在冷表面上可能凝结的水或从水阀、热交换器、接头和采暖炉的类似部分可能泄漏出的液体的影响。

通过视检确定其是否合格。

I.9.2 采暖炉应具有防止内部水压力过高的安全防护措施。

通过视检，并且必要时，通过适当的试验确定其是否合格。

I.9.3 非自动复位控制器的复位钮，如其意外复位能引起危险，则应防止或防护使得不可能发生意外复位。

通过视检确定其是否合格。

I.9.4 应有效的防止带电部件与热绝缘的直接接触，除非这种材料是不腐蚀、不吸潮并且不燃烧的。

通过视检确定其是否合格。

I.9.5 木材、棉花、丝、普通纸以及类似的纤维或吸湿性材料，除非经过浸渍，否则不应作为绝缘材料使用。

通过视检确定其是否合格。

I.9.6 操作旋钮、手柄、操纵杆和类似零件的轴不应带电，除非将轴上的零件取下后，轴是不易触及的。

通过视检，并通过取下轴上的零件，甚至借助于工具取下这些零件后，用 GB 4706.1—2005 中 8.1 规定的试验探棒确定其是否合格。

I.10 内部布线

I.10.1 采暖炉内部布线通路应光滑，而且无锐利棱边。

布线的保护应使它们不与那些可引起绝缘损坏的毛刺、冷却或换热用翅片或类似的棱缘接触。

有绝缘导线穿过的金属孔洞，应有平整、圆滑的表面或带有绝缘套管。

应有效地防止布线与运动部件接触。

通过视检确定其是否合格。

I.10.2 内部布线的绝缘应能经受住在正常使用中可能出现的电气应力，按下列试验之一确定其是否合格：

a) 基本绝缘的电气性能应等效于 GB/T 5023.1 或 GB/T 5013.1 所规定的软线的基本绝缘；

b) 在导线和包裹在绝缘层外面的金属箔之间施加 2 000 V 电压，持续 15 min，不应击穿。

注 1：如导线的基本绝缘不满足这些条件之一，则认为该导线是裸露的。

注 2：该试验仅对承受电网电压的布线适用。

注 3：对于Ⅱ类结构，附加绝缘和加强绝缘的要求适用，除非软线护套符合 GB 5023.1 或 GB 5013.1 的要求，则软线护套可以作为附加绝缘。

I.10.3 当套管作为内部布线的附加绝缘来使用时，它应采用可靠的方式保持在位。

通过视检并通过手动试验确定其是否合格。

注：如一个套管只有在破坏或切断的情况下才能移动，或如它的两端都被夹紧，则可认为是可靠的固定方式。

I.10.4 黄/绿组合双色标志的导线，应只用于接地导线。

通过视检确定其是否合格。

I.10.5 铝线不应用于内部布线。

注：绕组不被认为是内部布线。

通过视检确定其是否合格。

I.10.6 多股绞线在其承受接触压力之处，不应使用铅-锡焊将其焊在一起，除非夹紧装置的结构能使得此处不会出现由于焊剂的冷流变而产生不良接触的危险。

注 1：使用弹簧接线端子可满足本要求，仅拧紧夹紧螺钉不被认为是充分的。

注 2：允许多股绞线的顶端钎焊。

通过视检确定其是否合格。

I.11 电源连接和外部软线

I.11.1 不打算永久连接到固定布线的采暖炉，应对其提供有下述的电源的连接装置之一：

——装有一个插头的电源软线；

——至少与器具要求的防水等级相同的器具输入端口；

——用来插入到输出插座的插脚。

通过视检确定其是否合格。

I.11.2 打算永久性连接到固定布线的采暖炉，应允许将采暖炉与支撑架固定在一起以后再进行电源线的连接，并且这类采暖炉上应具有下述的电源连接装置之一：

——允许连接具有 GB 4706.1—2005 中 26.6 规定的标称横截面积的固定布线电缆的一组接线端子；

——允许连接适当类型的软缆或导管的一组接线端子和软缆入口、导管入口、预留的现场成形孔或压盖。

如一个固定式采暖炉的结构为便于安装，使其能取下它的一些部分，那么在此采暖炉的一部分被固定安装到其支撑后，如能无困难地连接固定布线，可认为满足本要求。在这种情况下，可取下的部件的结构应使它们易于被重新组装，而不会发生误装、损坏布线或接线端子的危险。

通过视检，并且必要时，通过进行适当的连接确定其是否合格。

I.11.3 电源软线应通过下述方法之一安装到采暖炉上：

——Y 型连接；

——Z 型连接。

通过视检确定其是否合格。

I.11.4 电源软线不应轻于以下规格：

——普通硬橡胶护套的软线为 GB/T 5013.1 中 53 号线；

——普通聚氯乙烯护套软线为 GB/T 5023.1 中 53 号线，采暖炉质量大于 3 kg。

I.11.5 电源软线的导线，应具有不小于表 I.4 中所示的标称横截面积。

表 I.4 导线的最小横截面

采暖炉的额定电流/A	标称横截面/mm^2
≤3	0.5[a] 和 0.75
>3～6	0.75
>6～10	1
>10～16	1.5

[a] 只有软线或软线保护装置进入采暖炉的那一点到进入插头的那一点之间的长度不超过 2 m，才可以使用这种软线。

I.11.6 电源软线不应与采暖炉的尖点或锐边接触。

通过视检确定其是否合格。

I.11.7 Ⅰ类器具的电源软线应有一根黄/绿芯线，它连接在采暖炉的接地端子和插头的接地触点之间。

通过视检确定其是否合格。

I.11.8 电源软线的导线在承受接触压力之处，不应通过铅-锡焊将其合股加固，除非夹紧装置的结构使其不因焊剂的冷流变而存在不良接触的危险。

注 1：可以通过适用弹簧接线端子来达到本要求，只紧固加紧螺钉不认为是充分的。

注 2：允许绞合线的顶端焊接。

通过视检确定其是否合格。

I.11.9 电源软线入口的结构应使电源软线护套能在没有损坏危险的情况下穿入。除非软线进入开口处的外壳是绝缘材料制成，否则应提供符合 GB 4706.1—2005 中 29.3 规定的附加绝缘要求的不可拆卸衬套或不可拆卸套管。

通过视检确定其是否合格。

I.11.10 对 Y 型连接和 Z 型连接，应有软线固定装置，其软线固定装置应使导线在接线端处免受拉力和扭矩，并保护导线的绝缘免受磨损。

应不可能将软线推入采暖炉，以致于损坏软线或采暖炉内部部件的情况。

通过视检、手动试验并通过下述的试验来检查其合格性。

当软线经受 100 N 的拉力和 0.35 N·m 的扭矩时，在距软线固定装置约为 20 mm 处，或其他合适点做一标记。

然后，在最不利的方向上施加规定的拉力，共进行 25 次，不得使用爆发力，每次持续 1 s。

在此试验期间，软线不应损坏，并且在各个接线端子处不应有明显的张力。再次施加拉力时，软线的纵向位移不应超过 2 mm。

I.11.11 对 Y 型连接和 Z 型连接的 I 类器具，其电源软线的绝缘导线应使用基本绝缘与易触及的金属部件之间再次隔开；对 Ⅱ 类器具，则应使用附加绝缘来隔开。这种绝缘可以用电源软线的护套，或其他方法来提供。

通过视检，并通过有关的试验确定其是否合格。

I.12 接地措施

I.12.1 万一绝缘失效可能带电的 Ⅰ 类器具的易触及金属部件，应永久并可靠地连接到采暖炉内的一个接地端子，或采暖炉输入插口的接地触点。

接地端子和接地触点不应连接到中性接线端子。

Ⅱ 类器具不应有接地措施。

通过视检确定其是否合格。

I.12.2 接地端子的夹紧装置应充分牢固，以防止意外松动，接地端子不应兼作它用。不借助工具应不能松动。采暖炉应设有永久性接地标志。

通过视检和手动试验确定其是否合格。

I.12.3 采暖炉如带有接地连接的可拆卸部件插入到采暖炉的另一部份中，其接地连接应在载流连接之前完成，当拔出部件时，接地连接应在载流连接断开之后断开。

带电源软线的采暖炉，其接线端子或软线固定装置与接线端子之间导线长度的设置，应使得如软线从软线固定装置中滑出，载流导线在接地导线之前先绷紧。

通过视检和手动试验确定其是否合格。

I.12.4 打算连接外部导线的接地端子，其所有零件都不应由于与接地导线的铜接触，或与其他金属接触而引起腐蚀危险。

用来提供接地连续性的部件，应是具有足够耐腐蚀的金属，但金属框架或外壳部件除外。如这些部件是钢制的，则应在本体表面上提供厚度至少为 5 μm 的电镀层。

如接地端子主体是铝或铝合金制造的框架或外壳的一部分，则应采取预防措施以避免由于铜与铝或铝合金的接触而引起腐蚀的危险。

通过视检和测量确定其是否合格。

I.12.5 接地端子或接地触点与接地金属部件之间的连接，应具有低电阻值。

按下述步骤试验确定其是否合格：

a) 从空载电压不大于 12 V(交流或直流)的电源取得电流，并且该电流等于采暖炉额定电流 1.5

倍或 25 A(两者中取较大者),让该电流轮流在接地端子或接地触点与每个易触及金属部件之间通过。

b) 在采暖炉的接地端子或采暖炉输入插口的接地触点与易触及金属部件之间测量电压降。由电流和该电压降计算出电阻,该电阻值不应大于 0.1 Ω。

注 1:有疑问情况下,试验要一直进行到稳定状态建立。

注 2:电源软线的电阻不包括在此测量之中。

注 3:注意在试验时,要使测量探棒顶端与金属部件之间的接触电阻不影响试验结果。

附 录 J
（规范性附录）
电磁兼容安全性

J.1 判定准则

准则Ⅰ:进行下面试验时,采暖炉应正常工作。

准则Ⅱ:进行下面试验时,采暖炉应正常工作或安全关闭或进入并保持锁定。

J.2 电压暂降、短时中断和电压变化的抗扰度性能

J.2.1 电压暂降和短时中断

J.2.1.1 技术要求

电压暂降和短时中断技术要求应符合下列规定:

a) 对电压暂降时间不大于1个周期,采暖炉应符合判定准则Ⅰ规定;

b) 对电压暂降或短时中断时间大于1个周期,采暖炉应符合判定准则Ⅱ规定。

J.2.1.2 试验方法

试验条件和试验仪器见GB/T 17626.11的规定。额定工作电压U_r和变化后的电压之间的变化突然发生时,对于电压暂降,其阶跃要求在电源电压0°、90°、180°和270°这四个相位角上开始;对于短时中断,其阶跃要求在电源电压相位角0°开始。

每次施加电压暂降和短时中断的间隔时间不应小于10 s。试验参数按表J.1选取,在采暖炉的下列状态各实施3次电压暂降和短时中断试验:

a) 运行状态;

b) 锁定状态;

c) 待机状态。

表 J.1 电压暂降和短时中断

持续时间(周期)	额定电压		
	暂降30%	暂降60%	暂降100%(中断)
0.5	—	√	—
1	—	√	—
2.5	√	—	—
25	√	—	—
50	√	—	√
注:"√"为需要检验项目;"—"为不需要捡项目。			

J.2.2 电压变化

J.2.2.1 技术要求

电压变化技术要求应符合下列规定：

a) 电源电压从额定电压降低到记录电压的过程中，采暖炉应符合判定准则Ⅰ规定；

b) 电源电压低于记录电压时以及电源电压从 0 V 逐渐升高直到采暖炉启动，采暖炉应符合判定准则Ⅱ规定。

J.2.2.2 试验方法

试验条件和试验仪器见 GB/T 17626.11 的规定。额定电压下，供电电压下降时间、下降后的维持时间和电压上升的时间按表 J.2 选取。确保在任何电压下存在于电源电压无关的传感器和安全开关信号，为了防止与安全相关的输出端断电，该信号可以采用模拟信号。按下列步骤试验：

a) 采暖炉运行约 1 min 后，降低电源电压至采暖炉停止工作后，记录该电源电压值后继续降低额定电压 10%的电压并维持；

b) 将电源电压以额定电压的 10%为一级降低电压至 0 V 并维持，再从 0 V 逐级升高至采暖炉的额定工作电压。

表 J.2 短时供电电压波动时间

电压测试等级	电压下降的时间/s	电压下降后的维持时间/s	电压上升的时间/s
记录电压－10%额定电压	60±12	10±2	60±12
0 V	60±12	10±2	60±12

J.3 浪涌抗扰度性能

J.3.1 技术要求

浪涌抗扰度技术要求应符合下列规定：

a) 按严酷等级 2 试验时，采暖炉应符合判定准则Ⅰ规定；

b) 按严酷等级 3 试验时，采暖炉应符合判定准则Ⅱ规定。

J.3.2 试验方法

试验条件和试验仪器见 GB/T 17626.5 规定。试验电压按表 J.3 选取，每组脉冲包含施加在线-线及线-地间的正脉冲和施加在线-线及线-地间的负脉冲。每次施加脉冲的间隔时间不小于 60 s。在下列状态各施加 2 组浪涌脉冲：

a) 运行状态；

b) 锁定状态；

c) 待机状态。

注：浪涌波形(开路状态下)：1.2 μs/50 μs。

表 J.3 浪涌抗扰度

严酷等级	主电源/kV	
	线-线	线-地
2	0.5	1.0
3	1.0	2.0

J.4 电快速瞬变抗扰度性能

J.4.1 技术要求

电快速瞬变抗扰度技术要求应符合下列规定：

a) 按严酷等级 2 试验时，采暖炉应符合判定准则Ⅰ规定；

b) 按严酷等级 3 试验时，采暖炉应符合判定准则Ⅱ规定。

J.4.2 试验方法

试验条件和试验仪器见 GB/T 17626.4—2018 的规定。只适用于与电缆的连接部分(端子)。在相线、零线、地线间的任意组合各进行 1 次试验，每次试验在正、负 2 个极性上各持续 2 min。依制造商的规定，电缆长度可以大于 3 m，并按照 GB/T 17626.4—2018 中 7.3.1 的规定对线缆进行捆扎摆放。

试验电压峰值和重复频率按表 J.4 选取，在采暖炉的下列运行状态试验：

a) 运行状态；

b) 锁定状态；

c) 待机状态。

表 J.4 电快速瞬变抗扰度

严酷等级	电源端口和接地端口	
	电压峰值/kV	重复频率/kHz
2	1.0	5 或 100
3	2.0	5 或 100

J.5 静电放电抗扰度性能

J.5.1 技术要求

静电放电抗扰度技术要求应符合下列规定：

a) 按严酷等级 2 试验时，采暖炉应符合判定准则Ⅰ规定；

b) 按严酷等级 3 试验时，采暖炉应符合判定准则Ⅱ规定。

J.5.2 试验方法

试验条件和试验仪器见 GB/T 17626.2—2018 的规定。静电放电抗扰度试验电压按表 J.5 选取。

表 J.5 静电放电抗扰度

严酷等级	试验电压/kV	
	接触放电	空气放电
2	4	4
3	6	8

按 GB/T 17626.2—2018 规定进行试验，接触放电是优先的试验方法，空气放电则用在不能使用接触放电的场合中，如绝缘表面。

试验以单次放电的方式进行，单次放电的时间间隔至少 1 s，根据 GB/T 17626.2—2018 中 A.5 选择试验点，对每个试验点施加 24 次放电，在采暖炉的下列运行状态试验：

a) 在运行状态下施加 8 次(4 次正极性，4 次负极性)；

b) 在锁定状态下施加 8 次(4 次正极性，4 次负极性)；

c) 在待机状态下施加 8 次(4 次正极性，4 次负极性)。

J.6 射频场感应的传导骚扰抗扰度

J.6.1 技术要求

射频场感应的传导骚扰抗扰度技术要求应符合下列规定：

a) 按严酷等级 2 试验时，采暖炉应符合判定准则Ⅰ规定；

b) 按严酷等级 3 试验时，采暖炉应符合判定准则Ⅱ规定。

J.6.2 试验方法

试验条件和试验仪器见 GB/T 17626.6 的规定。额定电压下，试验电压按表 J.6 选取，以规定的扫描频率对控制装置进行 1 次全频率范围的扫描。

试验频率范围 0.15 MHz～80 MHz，该信号是用 1 kHz 正弦波调幅(80%的调制度)来模拟实际骚扰。

全频率范围扫频期间，每个频率停止时间不应小于采暖炉被运用和能响应所需的时间，且敏感的频率或主要影响频率可以单独进行分析。

表 J.6 电源线传导抗扰度试验电压

严酷等级	电压等级(e.m.f.)U_0 V
2	3
3	10

附 录 K
（规范性附录）
风险评估

K.1 总则

燃气采暖炉的设计和制造应在采暖炉正常使用时可以满足其安全运行的要求，且不会出现危及人员、家畜或财产安全的危险。这类危险可被表述为风险，是与燃气燃烧和水的加热相关的固有风险。当采暖炉的材料、结构及调节、控制和安全装置不满足本标准中相应的要求或存在本标准未涵盖到的安全风险时，应对采暖炉使用过程中可能存在的安全风险进行评估。

K.2 评估方法

按下列规定执行：

a) 由制造商提供书面的评估文件，评估文件应至少包括下列内容：

  1) 分析产品使用过程中可能存在的基本风险，如：着火、爆炸、CO 中毒等。基本风险等级划分参见附录 N；

  2) 导致基本风险的因素或源头，可以采用图 K.1 中故障树形式分析，但不仅限于此形式；

  3) 产生风险的因素和源头是在采暖炉的正常状态还是非正常状态；

注 1：正常状态是指采暖炉可预见的，并希望发生的状态，该状态下采暖炉是安全的并且功能正常。

注 2：非正常状态是指采暖炉可预见的，但不希望发生的状态，该状态下采暖炉是安全的。

  4) 解决风险的安全保护措施。

b) 试验机构根据制造商提供的评估文件，以故障模式和效果分析对相关的安全保护措施进行试验和评估，安全保护措施层级不应低于基本风险等级，安全保护措施层级划分参见附录 O。

c) 当安全保护措施完全依靠某个部件来实现，且该部件能单独试验时，也可以考虑单独对零部件进行试验和评估。如：当采暖炉的调节、控制和安全装置完全依靠控制器来实现时，可单独对控制器进行试验和评估，评估方法依据 GB/T 38603—2020 中附录 B～附录 G 的相关规定进行。

K.3 示例

风险评估示例参见附录 P。

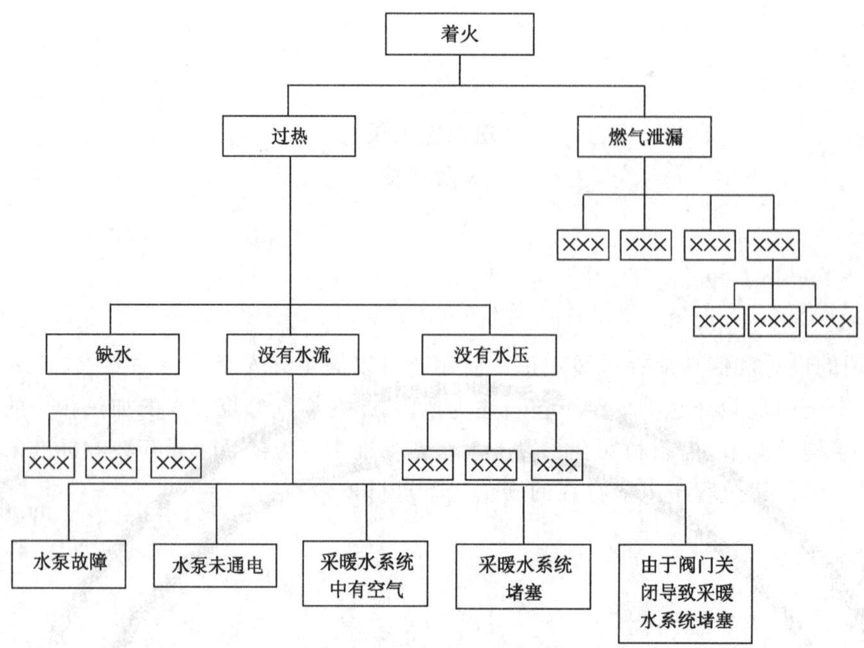
着火
过热
燃气泄漏
×××
×××
×××
×××
×××
×××
×××
缺水
没有水流
没有水压
×××
×××
×××
×××
×××
×××
水泵故障
水泵未通电
采暖水系统中有空气
采暖水系统堵塞
由于阀门关闭导致采暖水系统堵塞

图 K.1 故障树分析示例

附 录 L
（规范性附录）
回水温度 30 ℃状态冷凝炉采暖热效率修正

L.1 空气含湿量和回水温度范围

空气含湿量和回水温度应在下列范围内：

a) 空气含湿量 X：0 g/kg≤ X≤ 20 g/kg。空气含湿量基准值为 10 g/kg。

b) 回水温度 t：30 ℃≤t≤35 ℃。回水温度基准值为 30 ℃。

L.2 含湿量修正

如采暖热效率试验时空气含湿量与基准值不符，采暖热效率修正值按公式(L.1)计算：

$$\Delta\eta_1 = 0.08(X_{st} - X_m) \qquad \text{(L.1)}$$

式中：

$\Delta\eta_1$——空气含湿量偏离基准值时热效率修正值的数值，%；

X_{st}——基准工况下助燃空气的含湿量，单位为克每千克(g/kg)，X_{st}=10 g/kg；

X_m——试验工况下助燃空气的含湿量，单位为克每千克(g/kg)。

L.3 回水温度修正

如采暖热效率试验时回水温度与基准值不符，采暖热效率修正值按公式(L.2)计算：

$$\Delta\eta_2 = 0.12(t_m - t_{st}) \qquad \text{(L.2)}$$

式中：

$\Delta\eta_2$——回水温度偏离基准值时热效率修正值的数值，%；

t_m——试验时的回水温度，单位为摄氏度(℃)；

t_{st}——回水温度的基准值，单位为摄氏度(℃)，t_{st}=30 ℃。

L.4 修正后采暖热效率

修正后采暖热效率按公式(L.3)计算：

$$\eta_u = \eta_m + \Delta\eta_1 + \Delta\eta_2 \qquad \text{(L.3)}$$

式中：

η_u——基准工况下采暖热效率的数值，%；

η_m——试验工况下采暖热效率的数值，%。

附　录　M
（规范性附录）
额定热负荷下点火时间试验方法

按图 1 或图 2 所示安装采暖炉，该系统所包含的水量至少为 6 L/kW 乘以额定热输出，通过压力计试验喷嘴前燃气压力。初始水温为 47 ℃±1 ℃，使采暖炉运行，并记录在控制器作用下从燃烧器点火开始达到下列时刻之间的时间 t_1：

a)　热负荷达到：$0.37\Phi_n + 0.63\Phi_{red}$

b)　或喷嘴前的压力达到：$(0.37\sqrt{p_{nom}} + 0.63\sqrt{p_{red}})^2$

其中：

Φ_n　——额定热负荷，单位为千瓦(kW)；

Φ_{red} ——部分热负荷，单位为千瓦(kW)；

p_{nom} ——额定热负荷下喷嘴前燃气压力，单位为千帕(kPa)；

p_{red} ——部分热负荷下喷嘴前燃气压力，单位为千帕(kPa)。

附 录 N
(资料性附录)
基本风险等级

N.1 风险评估要素

风险评估要素应包含下列内容:

a) 参数 S——故障带来的影响和缺陷的严重程度,按表 N.1 选取;

b) 参数 O——故障发生概率,按表 N.2 选取;

c) 参数 D——故障被发现的可能性,按表 N.3 选取。

表 N.1 故障带来的影响和缺陷的严重程度—参数 *S*

定义	参数 S	严重程度的说明	示例	修复
人员伤害	10	事故发生时,人不在采暖炉附近,造成3人及以上的死亡事故	爆炸或着火造成建筑物被毁	不可修复
	9	事故发生时,人在采暖炉附近。造成人员伤害(死亡或严重伤害致残)及建筑物被损坏	建筑物内起火	
更换必要的部件	8	采暖炉严重损坏,造成建筑物局部损坏。存在严重的安全隐患	安装采暖炉的房间起火,房间损坏	修复时间:数周
	7	零部件损坏,造成建筑物局部受损。暂时不能使用,存在轻微的安全隐患	采暖炉损坏,火焰溢出采暖炉壳体外	更换采暖炉。修复时间:采暖炉送达后一天
	6	零部件可修复的损坏,暂时不能使用	燃烧器、控制器有缺陷,故障原因不清楚	更换部件。修复时间:部件送达后1 h~2h
	5	零部件没有损坏,但明显感到不安全	频繁的报气流监控故障	由售后人员维修。受理及修复时间:几小时
可修复缺陷	4	零部件没有损坏,采暖炉反复出现该问题,影响使用,如启动时爆燃	燃烧器故障	由售后人员维修。受理及修复时间:几小时
	3	采暖炉整体运行不好,影响系统使用。客户不满意	采暖水循环不畅,由于水温过高频繁的造成采暖炉受控停机	由售后人员维修。受理及修复时间:几小时
	2	采暖炉整体运行正常,但某些方面存在缺陷。客户对缺陷抱怨	噪声大	由售后人员维修。受理及修复时间:几小时
	1	有不影响功能和使用的缺陷	外观缺陷	检查或上门维修

表 N.2 故障发生概率—参数 *O*

概率	参数 O
非常高	10
比较高	9

表 N.2（续）

概率	参数 O
经常	8
不经常	7
偶尔	6
偶然	5
很少	4
不太可能	3
几乎不可能	2
没有	1
注：统计 1 000 000 台采暖炉，每台在 20 年内平均进行 1 000 000 次启停。	

表 N.3 故障被发现的可能性—参数 D

<table>
<tr><th>可能性</th><th>参数 D</th><th>发现故障难易程度</th></tr>
<tr><td>非常低</td><td>10</td><td>故障没被发现</td></tr>
<tr><td>低</td><td>9</td><td>故障很隐蔽，几乎难以发现</td></tr>
<tr><td>少</td><td>8</td><td>故障隐蔽，难以发现</td></tr>
<tr><td>较少</td><td>7</td><td>故障会被发现</td></tr>
<tr><td>中等偏下</td><td>6</td><td rowspan="5">故障肯定能被发现</td></tr>
<tr><td>中等</td><td>5</td></tr>
<tr><td>不太高</td><td>4</td></tr>
<tr><td>高</td><td>3</td></tr>
<tr><td>较高</td><td>2</td></tr>
<tr><td>非常高</td><td>1</td><td>故障确实被发现</td></tr>
<tr><td colspan="3">注：采暖炉故障的发现取决于使用者的水平。</td></tr>
</table>

N.2 基本风险等级

基本风险等级见表 N.4。

表 N.4 基本风险等级

基本风险等级	等级分值
B	$100 < S \times O \times D \leqslant 175$
C	$S \times O \times D > 175$

N.3 示例

1P 型燃气采暖热水炉因阀门卡住无法关闭，而导致过热进而引起火灾的风险级别评估示例，见表 N.5。

表 N.5 评估示例

风险评估要素	参数 S	参数 O	参数 D	$S \times O \times D$
等级分值	8	3	9	216
说明	建筑物受损	不太可能	故障很隐蔽，几乎难以发现	C 级

附 录 O
（资料性附录）
安全保护措施

O.1 安全保护措施层级

各级别安全保护措施的实现，如图 O.1 所示。

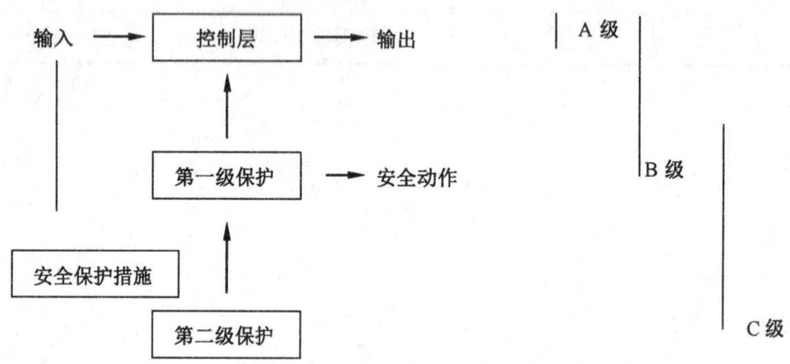

说明：
A 级——不要求具有保护功能，因此不进行风险评估。
B 级——要求在单个独立故障条件下具有自我保护功能，在进行风险评估时只考虑一个故障。
C 级——要求在第一和第二独立故障条件下具有自我保护功能，在进行风险评估时要考虑两个故障。

图 O.1 安全保护措施层级

O.2 安全保护措施要求

安全保护措施要求应满足下列规定：

a) A 级安全保护措施

即控制层只有控制功能，如从传感器读取信号，发送控制信号到执行机构。这一层没有任何安全保护措施，在这一层发生故障将直接导致危险，如发送一个错误的信号去操作阀门。这种故障被称为“危险性故障”。

b) B 级安全保护措施

为了避免上述的“危险性故障”发生，需要增加安全保护措施。这些措施可以被认为是 B 级安全保护措施（第一级保护），它的功能是在采暖炉正常状态下发生危险性故障时，能启动一个安全保护动作。B 级安全保护措施是通过控制层和第一级保护层来实现的。

c) C 级安全保护措施

未被发现的故障称为“潜在故障”，这类故障可能发生在保护功能上，也可能发生在控制功能上。这类潜在故障有可能在多年之后，当有第二故障发生时，导致危险情况的发生。为避免这种情况的发生，需要另外增加安全保护措施。为了防止第一级保护没有发现潜在故障的危险，应对第一级安全保护进行监控。这种措施被称为 C 级安全保护措施（第二级保护）。C 级安全保护措施是在 B 级的基础上增加第二级保护来实现的。

O.3 安全保护措施实现方式

安全保护措施可通过下列方式实现：

a) B级安全保护措施可采用下列方式：
   1) 带有周期自检的单个装置，该装置集成了控制和第一级保护功能；
   2) 两个独立的装置，各装置可以用相同或不同的技术。
b) C级安全保护措施可采用下列方式：
   1) 失效安全的单个装置(不需要第一级和第二级保护)；
   2) 带有周期自检和监控的单个装置，该装置集成了控制、第一级保护和第二级保护的功能；
   3) 带比较的两个装置，各装置可以用相同的或不同的技术，第二级保护在比较时提供；
   4) 三个独立的装置，各装置可以用相同或不同的技术。

附　录　P
(资料性附录)
风险评估示例

P.1　概述

全预混冷凝炉中，与风机连接之前的一段燃气管路中使用非金属材料燃气管，见图 P.1。这样连接的优点：满足安全性能的使用情况下，更加经济且易于加工和安装。

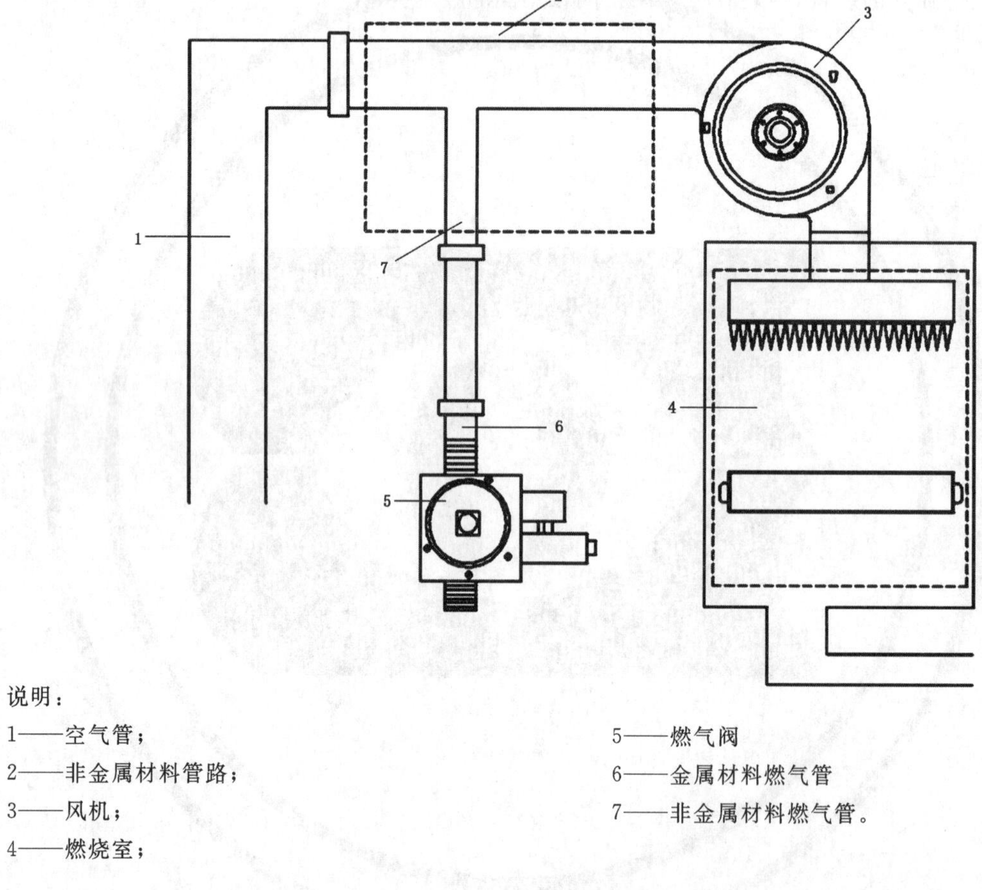

说明：

1——空气管；
2——非金属材料管路；
3——风机；
4——燃烧室；
5——燃气阀
6——金属材料燃气管
7——非金属材料燃气管。

图 P.1　与风机连接之前的一段燃气管路中使用非金属材料燃气管

P.2　风险

非金属材料的机械强度、抗静电、耐燃烧、耐腐蚀性、耐老化等性能都无法与金属材料相媲美，当非金属材料燃气管发生裂缝、变形甚至断裂时将导致燃气泄漏或燃烧不充分，进而可能会引起烟气中 CO 超标、火灾或爆炸。

P.3　风险评估

全预混冷凝炉中使用非金属材料燃气管风险评估示例见表 P.1。

表 P.1 风险评估示例

与安全使用燃气相关的潜在风险		风险等级	风险源头	次风险源	次风险源	正常或非正常状态	安全保护措施等级	避免风险的技术措施
一台全预混冷凝炉中使用非金属材料燃气管，燃烧不充分时导致CO超标的情况风险级别：$S\times O\times D=6\times 4\times 7=168$=B	CO超标	B	非金属材料燃气管变形	非金属材料燃气管周围温度高于非金属材料材质耐温温度	燃烧空然比设计不合理造成燃烧时热交换器温度过高	正常	B	1.合理设计空燃比； 2.通过试验 CO_2 含量确定空燃比； 3.试验热水炉腔体内温度，并根据温度最大值选取耐温更高的材质
一台全预混冷凝炉中使用非金属材料燃气管，燃气泄漏导致火灾的情况风险级别：$S\times O\times D=(7-10)\times 4\times 7=196\sim 280$=C	着火	C	燃气泄漏	非金属材料燃气管断裂或破裂	装配时非金属材料燃气管受应力扭曲	正常	C	1.装配公差计算及装配确认避免产生装配应力； 2.选用韧性和强度好的非金属材料； 3.通过非金属材料燃气管耐机械强度破坏性试验，验证材料是否符合要求
				非金属材料燃气管老化变脆产生裂缝	装配时非金属材料燃气管受应力扭曲	正常	C	选用耐燃气腐蚀的非金属材料，如：增强聚酰胺玻璃纤维
				非金属材料燃气管与金属管连接失效	非金属材料燃气管机械强度失效	正常	C	1.选用机械强度符合要求的非金属材料； 2.对连接处进行耐扭力等试验，检查是否有裂缝
			非金属材料燃气管产生的静电引燃管内燃气	非金属材料燃气管内的聚焦静电	选用了非抗静电的非金属材料	正常	C	选用抗静电材料

参 考 文 献

［1］ GB/T 4208 外壳防护等级(IP 代码)
［2］ GB/T 13611 城镇燃气分类和基本特性

ICS 91.140.01
P 46

中华人民共和国国家标准

GB/T 28636—2012

采暖与空调系统水力平衡阀

Heating and air conditioning system hydraulic balance valve

2012-07-31 发布 2013-02-01 实施

中华人民共和国国家质量监督检验检疫总局
中国国家标准化管理委员会 发布

前　言

本标准按照GB/T 1.1—2009给出的规则起草。

本标准由中华人民共和国住房和城乡建设部提出。

本标准由全国暖通空调及净化设备标准化技术委员会(SAC/TC 143)归口。

本标准负责起草单位:中国建筑科学研究院。

本标准参加起草单位:中国建筑设计研究院、上海建筑设计研究院有限公司、北京市建筑设计研究院、中国建筑东北设计研究院、中南建筑设计院、广东永泉阀门科技有限公司、欧文托普阀门系统(北京)有限公司、北京霍尼韦尔节能设备有限公司、河北平衡阀门制造有限公司、毅智机电系统(北京)有限公司、北京爱康环境技术开发公司、埃迈贸易(上海)有限公司、上海唯之嘉水暖器材有限公司、浙江盛世博扬阀门工业有限公司。

本标准主要起草人:黄维、郎四维、潘云钢、寿炜炜、万水娥、金丽娜、马友才、陈键明、马学东、张军工、刘万岭、丁世明、卜维平、冯铁栓、孔祥智、黄军、周玉图。

采暖与空调系统水力平衡阀

1 范围

本标准规定了采暖与空调系统水力平衡阀(以下简称平衡阀)的术语和定义,结构、分类、规格、公称压力与型号,材料,要求,试验方法,检验规则,以及标志、使用说明书及合格证、包装、运输和贮存等。

本标准适用于在集中供暖和空调循环水(或乙二醇水溶液)系统中,通过手动改变局部阻力调节循环水系统水力平衡的平衡阀;其工作压力不大于 2.5 MPa,公称通径为 DN15～DN400,工作温度为 −10 ℃～130 ℃。

2 规范性引用文件

下列文件对于本文件的应用是必不可少的。凡是注日期的引用文件,仅注日期的版本适用于本文件。凡是不注日期的引用文件,其最新版本(包括所有的修改单)适用于本文件。

GB/T 1047 管道元件 DN(公称尺寸)的定义和选用

GB/T 1220 不锈钢棒

GB/T 1414 普通螺纹 管路系列

GB/T 2828.1 计数抽样检验程序 第1部分:按接收质量限(AQL)检索的逐批检验抽样计划

GB/T 9112 钢制管法兰 类型与参数

GB/T 9969 工业产品使用说明书 总则

GB/T 12220 通用阀门 标志

GB/T 12221 金属阀门 结构长度

GB/T 12225 通用阀门 铜合金铸件技术条件

GB/T 12226 通用阀门 灰铸铁件技术条件

GB/T 12227 通用阀门 球墨铸铁件技术条件

GB/T 13808 铜及铜合金挤制棒

GB/T 13927—2008 工业阀门 压力试验

3 术语和定义

下列术语和定义适用于本文件。

3.1

采暖与空调系统水力平衡阀 heating and air conditioning system hydraulic balance valve

集中供暖/空调循环水系统中,能够使用流量测量仪表测量流经阀门的流量,通过手动调节阀门阻力,使水力管网达到系统水力平衡的专用调节阀门。

3.2

流通能力 flow capacity

采暖与空调系统水力平衡阀在某一开度下、阀门两端压差为 0.1 MPa、流体温度为 5 ℃～40 ℃时,所通过的流体体积流量。

3.3

最大流通能力　maximal flow capacity

采暖与空调系统水力平衡阀全开时的流通能力。

3.4

中间开度　middle of opening

采暖与空调系统水力平衡阀全开度的中间位置。

3.5

相对开度　relative opening

采暖与空调系统水力平衡阀实际开度与全开时开度的比值。

3.6

回差　hysteresis

在开启和关闭过程中，分别测得采暖与空调系统水力平衡阀在中间开度对应的流通能力，其差值与最大流通能力的比值。

3.7

测压嘴　pressure measuring taps

采暖与空调系统水力平衡阀阀体上用以测量阀体内流体压差的具有自密封功能的部件。

3.8

流量测量仪表　flow measuring meter

内部存储有相应采暖与空调系统水力平衡阀的阻力特性数据，能够测量采暖与空调系统水力平衡阀测压嘴压差并计算出流量值的采暖与空调系统水力平衡阀专用仪表。

3.9

开度限位　limit stop

采暖与空调系统水力平衡阀上的一个特殊机构，能够在任意位置锁定阀门的最大开度，且不影响阀门的正常关闭。

4　结构、分类、规格、公称压力与型号

4.1　结构

平衡阀由手轮和阀体两部分组成，见图1。

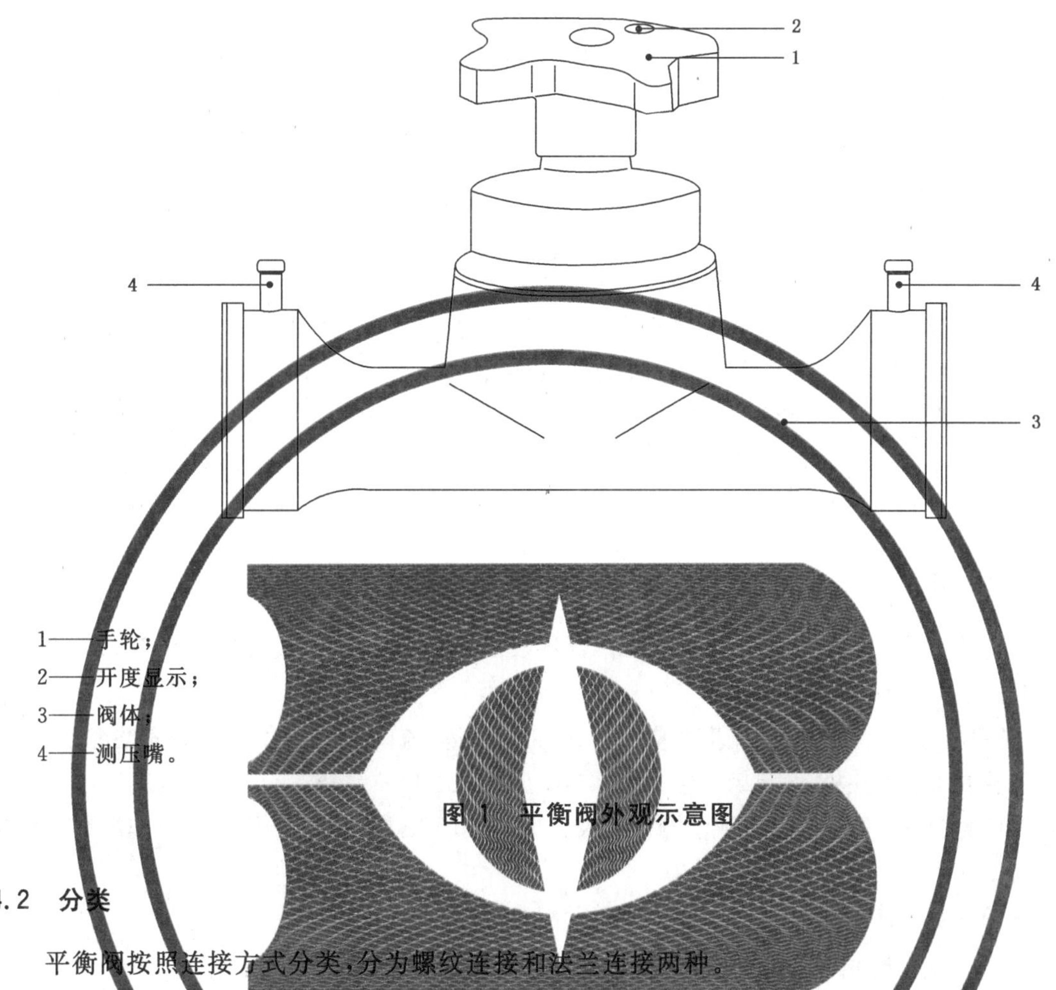

1——手轮；
2——开度显示；
3——阀体；
4——测压嘴。

图 1 平衡阀外观示意图

4.2 分类

平衡阀按照连接方式分类，分为螺纹连接和法兰连接两种。

4.3 规格

平衡阀公称通径的规格系列应符合 GB/T 1047 的规定，规格系列表示为 DN15、DN20、DN25、DN32、DN40、DN50、DN65、DN80、DN100、DN125、DN150、DN200、DN250、DN300 和 DN400。

4.4 公称压力

平衡阀公称压力按等级分为 PN10、PN16、PN25。

4.5 型号

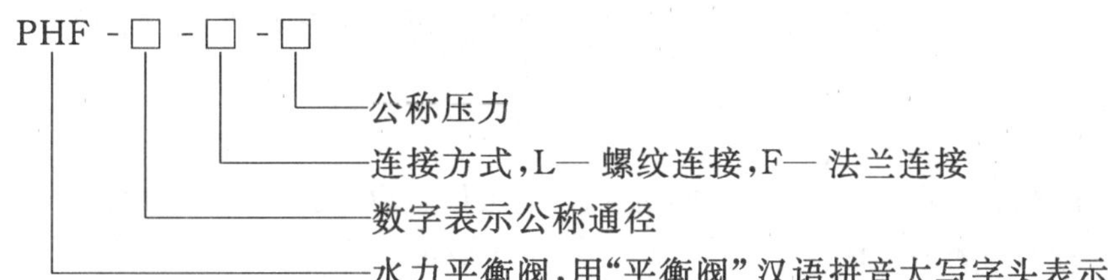

示例：

PHF-50-L-16：公称压力为 1.6 MPa，采用螺纹连接的 DN50 平衡阀。

5 材料

5.1 阀门密封可采用氟橡胶或三元乙丙橡胶(EPDM),或耐热密封性能更好的其他材料。

5.2 阀体采用灰铸铁材料时,其性能应符合 GB/T 12226 的规定;采用铜合金材料时,其性能应符合 GB/T 12225 的规定,采用球墨铸铁材料时,其性能应符合 GB/T 12227 的规定。

5.3 阀杆采用黄铜棒材料时,其性能应符合 GB/T 13808 的规定;采用不锈钢棒材料时,其性能应符合 GB/T 1220 的规定。

5.4 平衡阀零件若采用其他材料加工制造时,其机械性能不应低于上述材料的机械性能指标。

5.5 平衡阀阀体外表面应进行防腐处理,金属零部件应进行电镀或氧化处理。

5.6 平衡阀螺纹连接应符合 GB/T 1414 的规定,法兰连接应符合 GB/T 9112 的规定。

5.7 平衡阀长度应符合 GB/T 12221 的规定。

6 要求

6.1 外观和动作要求

6.1.1 平衡阀的外观,要求表面应光洁,色泽一致,涂漆表面应均匀。无起皮、龟裂、气泡等缺陷并无明显的磕碰伤和锈蚀。

6.1.2 文字、图形符号、型号、示值和刻度线应清晰、端正和牢固,流向标志箭头、标志牌完整清晰。

6.1.3 阀门手轮或手柄不应松动,启闭应轻松、均匀,不应有卡阻现象。

6.1.4 平衡阀厂家应提供平衡阀专用流量测量仪表和工具,用于测量两个测压嘴的压差和流经平衡阀的瞬时流量。

6.1.5 平衡阀的开度应有清晰准确的数字显示,显示精度不宜低于 1/10 圈。

6.1.6 平衡阀在关闭状态下,开度显示应归零。

6.1.7 平衡阀应该具有开度限位的功能,开度限位只能通过专用工具改变。

6.2 机械性能要求

6.2.1 阀体强度

平衡阀在开启状态下,在试验液体压力为阀门最大工作压力 1.5 倍时,阀体不应发生结构损伤或液体渗漏。

6.2.2 上密封性能

平衡阀在全开状态下,在试验液体压力为阀门最大工作压力 1.1 倍时,阀杆处不应出现可见渗漏。

6.2.3 密封性能

平衡阀在关闭状态下,在阀门上游方向施加 1.1 倍工作压力(试验介质为液体),阀门不应发生结构损伤,最大允许泄漏量应符合 GB/T 13927—2008 中表 4 要求。

6.3 流量测量仪表准确度

使用生产厂家提供的流量测量仪表的流量测量误差不应大于±10%。

6.4 调节性能要求

6.4.1 最大流通能力

平衡阀的实测最大流通能力与设计最大流通能力之间的偏差不应大于±10%。

6.4.2 流量调节性能

平衡阀在三种不同开度下的流通能力，应符合以下要求：

a) 平衡阀相对开度为20%时的流通能力，应在实测最大流通能力的5%～30%之间；

b) 平衡阀相对开度为50%时的流通能力，应在实测最大流通能力的20%～65%之间；

c) 平衡阀相对开度为80%时的流通能力，应在实测最大流通能力的60%～90%之间。

6.4.3 回差

回差不应大于10%。

7 试验方法

7.1 外观和动作检查

外观和动作检查采用目测和手动方式检查，检查结果应符合6.1的规定。

7.2 机械性能试验

7.2.1 阀体强度试验

平衡阀在开启状态下，在试验液体压力为阀门最大工作压力1.5倍时，保持试验压力的最短时间应符合GB/T 13927—2008中表2的规定，试验结果应符合6.2.1的规定。

7.2.2 上密封性能试验

平衡阀在全开状态下，在试验液体压力为阀门最大工作压力1.1倍时，保持试验压力的最短时间应符合GB/T 13927—2008中表2的规定，试验结果应符合6.2.2的规定。

7.2.3 密封性能试验

平衡阀在关闭状态下，在阀门上游方向施加1.1倍工作压力(试验介质为液体)，保持试验压力的最短时间应符合GB/T 13927—2008中表2的规定，试验结果应符合6.2.3的规定。

7.3 流量测量仪表准确度试验

7.3.1 试验方法应符合附录A的规定。

7.3.2 试验步骤为任取三个开度值，通过生产厂家提供的流量测量仪表，分别测量记录平衡阀的压差和流量，与试验装置上的仪表读数进行比对，结果应符合6.3的规定，测量仪表应满足附录B的要求。

7.4 调节性能试验

7.4.1 最大流通能力试验

平衡阀在全开状态时，按照附录A中规定的试验方法，测量平衡阀的流通能力，应按6.4.1的要求进行检查。

7.4.2 流量调节性能试验

平衡阀在开启过程中，应按附录A规定的试验方法，分别测得相对开度为20%、50%和80%时的流通能力，应按6.4.2的要求进行检查。

7.4.3 回差试验

在开启和关闭过程中，分别测得平衡阀在中间开度的流通能力，计算出回差，应按6.4.3的要求进行检查。

8 检验规则

8.1 检验分类

产品检验分为出厂检验和型式检验。

8.2 出厂检验

检验项目按表1的规定执行，抽样方法及合格判定应符合GB/T 2828.1的规定，并应有产品质量合格证。

表1 检验项目

序 号	检验项目	出厂检验	型式检验	要 求	试验方法
1	外观和动作	√	√	6.1	7.1
2	阀体强度	√	√	6.2.1	7.2.1
3	上密封性能		√	6.2.2	7.2.2
4	密封性能		√	6.2.3	7.2.3
5	流量测量仪表准确度		√	6.3	7.3
6	最大流通能力		√	6.4.1	7.4.1
7	流量调节性能		√	6.4.2	7.4.2
8	回差		√	6.4.3	7.4.3

8.3 型式检验

8.3.1 凡有下列情况之一时，应进行型式检验。

a) 新产品批量投产前；

b) 产品在设计、工艺、材料上有较大改变时；

c) 停产满一年再次生产时；

d) 正常生产时每两年进行一次；

e) 出厂检验结果与上次型式检验有较大差异时；

f) 国家质量监督部门提出要求时。

8.3.2 检验项目应按表1的规定执行。

8.3.3 抽样方案、方法及判定

型式检验及其他检验时，检验项目应按照GB/T 2828.1的规定进行抽样、检验。

一般检验水平Ⅰ，采用正常检验二次抽样方案，其检验项目、接受质量限应符合表2的规定。批量范围不在表2规定范围时，可参照GB/T 2828.1规定进行抽样检验。

表2 平衡阀接受质量限

批量/个	样本量字码	样本	样本量/个	累计样本量/个	接受质量限(AQL)											
					阀体强度		密封性能		流量测量仪表准确度		最大流通能力		流量调节性能		滞后	
					1.0		4.0		4.0		2.5		2.5		6.5	
					Ac	Re	Ac	Re	Ac	Re	Ac	Re	Ac	Re	Ac	Re
91-150	D	第一	5	5	0	1	0	2	0	2	0	1	0	1	0	2
		第二	5	10	—	—	1	2	1	2	—	—	—	—	1	2
151-280	E	第一	8	8	0	1	0	2	0	2	0	2	0	2	0	3
		第二	8	16	—	—	1	2	1	2	1	2	1	2	3	4
281-500	F	第一	13	13	0	1	0	3	0	3	0	2	0	2	1	3
		第二	13	26	—	—	3	4	3	4	1	2	1	2	4	5

9 标志、使用说明书及合格证

9.1 标志

9.1.1 平衡阀应在明显部位设置清晰、牢固的型号标牌，型号标牌材料应用不锈钢、铜合金或铝合金制造，其内容应包括：

a) 平衡阀型号；

b) 平衡阀的工作压力；

c) 厂名和商标；

d) 生产日期。

9.1.2 产品应带有标签，标签上标明产品名称、标准编号、商标、生产企业名称、地址、种类和型号。

9.1.3 阀门标志应符合GB/T 12220的规定。

9.2 使用说明书

使用说明书应符合GB/T 9969的规定，其内容至少包括：

a) 制造厂名和商标；

b) 工作原理和结构说明；

c) 工作压力、公称通径、适用介质和温度；

d) 主要零件的材料；

e) 技术参数、重量及外型尺寸和连接尺寸；

1) 最大允许的静压；

2) 最大允许的压差；

3) 最大允许的热水温度(若小于130 ℃)；

4) 最大流通能力；

5） 阀门各开度值与阀门流通能力值的对应表格或曲线。

f） 平衡阀选型计算方法；

g） 维护、保养、安装和使用说明；

h） 水力平衡调试(平衡阀的应用项目)服务承诺和准备条件；

i） 常见故障及排除方法。

9.3 合格证内容包括：

a） 制造厂名和出厂日期；

b） 产品型号、规格；

c） 执行标准编号；

d） 产品编号、合格证号、检验日期、检验员标记。

10 包装、运输和贮存

10.1 包装

10.1.1 平衡阀的包装应保证产品在正常运输中不致损坏。

10.1.2 平衡阀两端应用端盖加以保护，且易于装拆。

10.1.3 出厂包装外面应注明：

a） 产品名称、型号及数量；

b） 制造厂名及地址。

10.1.4 平衡阀包装时，应附有使用说明书和产品质量合格证。

10.2 运输

平衡阀在运输过程中，应防止剧烈震动，严禁抛掷、碰撞等，防止雨淋及化学物品的侵蚀。

10.3 贮存

平衡阀及其配件应贮存在干燥通风无腐蚀性介质的室内，并有入库登记。

附　录　A
（规范性附录）
采暖与空调系统水力平衡阀流量特性试验方法

A.1　试验装置原理图

采暖与空调系统水力平衡阀流量特性试验装置原理图，如图 A.1 所示。

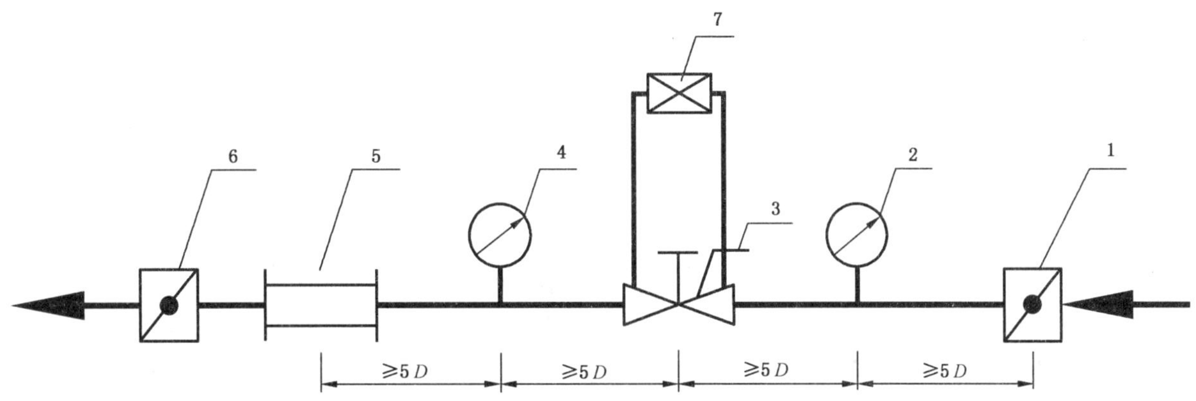

1、6——调节阀；
2、4——压力传感器；
3——被测平衡阀；
5——流量计；
7——流量测量仪表；
D——进、出口连接管公称直径。

图 A.1　采暖与空调系统水力平衡阀流量特性试验装置原理图

A.2　试验仪表

试验用的各类测量仪器仪表应在计量鉴定有效期内，其准确度应符合表 A.1 的规定。

表 A.1　测量仪表

测量参数	测量仪表		仪表准确度
压力	压力表	kPa	准确度应为 1.5 级以上
流量	流量计	%	量程内允许偏差不应大于 1%
		m^3/h	1

A.3 试验条件

A.3.1 试验介质为5 ℃～40 ℃的水。

A.3.2 平衡阀前后压差:0.02 MPa～0.20 MPa

A.4 试验方法

A.4.1 系统满水,开启循环泵;

A.4.2 按照试验要求调节平衡阀的开度;

A.4.3 调节平衡阀前后的调节阀,使得压力表压差在0.02 MPa～0.20 MPa范围之内;

A.4.4 记录流量计流量;

A.4.5 用平衡阀的流量测量仪表测量流量和压差,并记录。

A.5 流通能力计算

流通能力计算见式(A.1)。

$$C = 316 \frac{Q}{\sqrt{\Delta P}} \qquad \cdots\cdots\cdots\cdots (A.1)$$

式中:

C ——流通能力,单位为立方米每小时(m^3/h);

Q ——通过平衡阀的介质流量,单位为立方米每小时(m^3/h);

ΔP——平衡阀前后压差,单位为帕斯卡(Pa)。

附 录 B
（规范性附录）
采暖与空调系统水力平衡阀流量测量仪表性能要求

B.1 流量测量仪表应具有压差旁通或者过压保护功能，在测量压差过程中，避免单向压力过高损坏压差传感器。

B.2 流量测量仪表应具有压差归零的操作功能，以避免压差传感器漂移带来测量误差。

B.3 流量测量仪表压差测量范围应至少满足－8 kPa～200 kPa。

B.4 流量测量仪表应能在－10 ℃～130 ℃液体介质温度范围内工作。

ICS 83.140.30
G 33

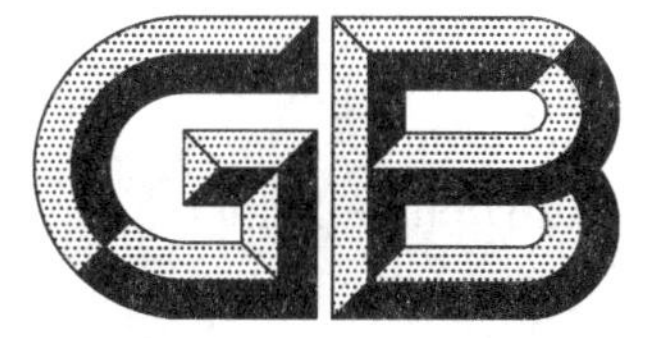

中华人民共和国国家标准

GB/T 28799.1—2020
代替 GB/T 28799.1—2012

冷热水用耐热聚乙烯(PE-RT)管道系统 第1部分:总则

Polyethylene of raised temperature resistance(PE-RT) piping systems for hot and cold water installations—Part 1:General

(ISO 22391-1:2009,Plastics piping systems for hot and cold water installations—Polyethylene of raised temperature resistance(PE-RT)—Part 1:General,NEQ)

2020-11-19 发布　　　　2021-06-01 实施

国家市场监督管理总局
国家标准化管理委员会　发布

前　言

GB/T 28799《冷热水用耐热聚乙烯(PE-RT)管道系统》分为以下部分：

——第1部分：总则；

——第2部分：管材；

——第3部分：管件；

——第5部分：系统适用性。

本部分为GB/T 28799的第1部分。

本部分按照GB/T 1.1—2009给出的规则起草。

本部分代替GB/T 28799.1—2012《冷热水用耐热聚乙烯(PE-RT)管道系统　第1部分：总则》，与GB/T 28799.1—2012相比，主要技术变化如下：

——增加了“温泉管道系统和集中供暖二次管网系统等”的适用范围和贸易性的“注”(见第1章)；

——修改了“规范性引用文件”(见第2章，2012年版的第2章)；

——修改了“术语、定义、符号和缩略语”(见第3章，2012年版的第3章)；

——增加了使用条件级别3(见第4章)；

——增加了PE-RT Ⅱ在应用于温泉管道、集中供暖二次管网时的材料要求(见第5章)；

——增加了“灰分、氧化诱导时间”等性能要求(见5.2中表2)；

——增加了45 ℃、60 ℃和75 ℃三个供热采暖的使用条件级别示例(见附录A)；

——将2012版的附录A调整为附录B，并修改了PE-RT Ⅱ型原材料长期静液压强度曲线。

本部分使用重新起草法参考ISO 22391-1:2009《冷热水用塑料管道系统　耐热聚乙烯(PE-RT)　第1部分：总则》，与ISO 22391-1:2009一致程度为非等效。

请注意本文件的某些内容可能涉及专利。本文件的发布机构不承担识别这些专利的责任。

本部分由中国轻工业联合会提出。

本部分由全国塑料制品标准化技术委员会(SAC/TC 48)归口。

本部分起草单位：中国石油化工股份有限公司齐鲁分公司研究院、道达尔石化(上海)有限责任公司、中国石油化工股份有限公司北京化工研究院、中国石油天然气股份有限公司石油化工研究院、博禄贸易(上海)有限公司、上海白蝶管业科技股份有限公司、利安德巴赛尔聚烯烃(上海)有限公司、宁夏青龙塑料管材有限公司、爱康企业集团(上海)有限公司、上海乔治费歇尔管路系统有限公司、沙特基础工业(中国)投资有限公司、宁波市宇华电器有限公司、顾地科技股份有限公司、江特科技股份有限公司。

本部分主要起草人：赵启辉、王群涛、孙晋、卢晓英、方东宇、唐辉、薛勤、李永峰、邱强、依欣宇、张寅杰、陈建强、李晓东、谭冬华。

本部分所代替标准的历次版本发布情况为：

——GB/T 28799.1—2012。

冷热水用耐热聚乙烯(PE-RT)管道系统 第1部分:总则

1 范围

GB/T 28799 的本部分规定了冷热水用耐热聚乙烯(PE-RT)管道系统的术语、定义、符号和缩略语、使用条件级别、材料要求。

本部分与 GB/T 28799 的其他部分一起适用于冷热水管道系统,包括民用与工业建筑的冷热水、饮用水和采暖系统、温泉管道系统和集中供暖二次管网系统等。

本部分的 PE-RT Ⅰ型管道不适用于温泉管道系统和集中供暖二次管网系统。

注:选购方有责任根据其特定应用需求,结合相关法规、标准或规范要求,恰当选用本产品。

2 规范性引用文件

下列文件对于本文件的应用是必不可少的。凡是注日期的引用文件,仅注日期的版本适用于本文件。凡是不注日期的引用文件,其最新版本(包括所有的修改单)适用于本文件。

GB/T 1033.1—2008 塑料 非泡沫塑料密度的测定 第1部分:浸渍法、液体比重瓶法和滴定法(ISO 1183-1:2004,IDT)

GB/T 1033.2—2010 塑料 非泡沫塑料密度的测定 第2部分:密度梯度柱法(ISO 1183-2:2004,MOD)

GB/T 1040.2 塑料 拉伸性能的测定 第2部分:模塑和挤塑塑料的试验条件(GB/T 1040.2—2006,ISO 527-2:1993,IDT)

GB/T 3682.1 塑料 热塑性塑料熔体质量流动速率(MFR)和熔体体积流动速率(MVR)的测定 第1部分:标准方法(GB/T 3682.1—2018,ISO 1133-1:2011,MOD)

GB/T 6111 流体输送用热塑性塑料管道系统 耐内压性能的测定(GB/T 6111—2018,ISO 1167-1:2006、ISO 1167-2:2006、ISO 1167-3:2007、ISO 1167-4:2007,NEQ)

GB/T 9345.1 塑料 灰分的测定 第1部分:通用方法(GB/T 9345.1—2008,ISO 3451-1:1997,IDT)

GB/T 17219 生活饮用水输配水设备及防护材料的安全性评价标准

GB/T 18252 塑料管道系统 用外推法确定热塑性塑料材料以管材形式的长期静液压强度(GB/T 18252—2008,ISO 9080:2003,IDT)

GB/T 18476 流体输送用聚烯烃管材 耐裂纹扩展的测定 慢速裂纹增长的试验方法(切口试验)(GB/T 18476—2019,ISO 13479:2009,MOD)

GB/T 18991 冷热水系统用热塑性塑料管材和管件(GB/T 18991—2003,ISO 10508:1995,IDT)

GB/T 19278—2018 热塑性塑料管材、管件与阀门通用术语及其定义

GB/T 19466.6 塑料 差示扫描量热法(DSC) 第6部分:氧化诱导时间(等温 OIT)和氧化诱导温度(动态 OIT)的测定(GB/T 19466.6—2009,ISO 11357-6:2008,MOD)

GB/T 19809 塑料管材和管件 聚乙烯(PE)管材/管材或管材/管件热熔对接组件的制备(GB/T 19809—2005,ISO 11414:1996,IDT)

GB/T 19810 聚乙烯(PE)管材和管件 热熔对接接头拉伸强度和破坏形式的测定

(GB/T 19810—2005,ISO 13953:2001,IDT)

GB 50736—2012 民用建筑供暖通风与空气调节设计规范

3 术语、定义、符号和缩略语

3.1 术语和定义

GB/T 19278—2018 界定的以及下列术语和定义适用于本文件。

3.1.1 与几何尺寸相关的术语和定义

3.1.1.1

公称外径 nominal outside diameter

d_n

管材或管件插口部位外径的名义值。

[GB/T 19278—2018,定义 2.3.8]

3.1.1.2

平均外径 mean outside diameter

d_{em}

管道部件任一横截面的外圆周长除以 3.142(圆周率)并向大圆整到 0.1 mm 得到的值。

[GB/T 19278—2018,定义 2.3.11]

3.1.1.3

最大平均外径 maximum mean outside diameter

$d_{em,max}$

平均外径的最大允许值。

[GB/T 19278—2018,定义 2.3.13]

3.1.1.4

最小平均外径 minimum mean outside diameter

$d_{em,min}$

平均外径的最小允许值。

[GB/T 19278—2018,定义 2.3.12]

3.1.1.5

承口平均内径 mean inside diameter of socket

d_{sm}

承口规定部位的平均内径。

[GB/T 19278—2018,定义 2.3.16]

3.1.1.6

不圆度 out-of roundness

椭圆度 ovality

在管道部件的同一圆形横截面上,外径(或内径)最大测量值与最小测量值之差。

注:改写 GB/T 19278—2018,定义 2.3.19。

3.1.1.7

公称壁厚 nominal wall thickness

e_n

管材壁厚的名义值,近似等于以毫米为单位的制造尺寸。

注 1：管件的公称壁厚，用与其相同管系列 S 或相同标准尺寸比 SDR 的同规格管材的公称壁厚表述。

注 2：改写 GB/T 19278—2018，定义 2.3.20。

3.1.1.8

任一点壁厚　wall thickness at any point

e_y

管道部件上任一点处内外壁间的径向距离。

注 1：壁厚的最大(或最小)规定值，称为最大(或最小)壁厚，用 e_{max}(或 e_{min})表示。

注 2：改写 GB/T 19278—2018，定义 2.3.21。

3.1.1.9

管件的主体壁厚　wall thickness of the fitting main body

管件独立承受管道系统中静液压应力的任一点的壁厚。

3.1.1.10

管系列　pipe series

S

与公称外径和公称壁厚有关的无量纲数，按公式(1)计算并按一定规则圆整。

$$S=\frac{d_n-e_n}{2e_n} \qquad (1)$$

注 1：对均质材料的压力管材，存在以下公式(2)关系：

$$S=\frac{\sigma}{P} \qquad (2)$$

式中：

P ——内压；

σ ——内压在管壁内引起的[平均]环向应力。

注 2：改写 GB/T 19278—2018，定义 2.3.29。

3.1.1.11

标准尺寸比　standard dimension ratio；SDR

公称外径 d_n 与公称壁厚 e_n 的无量纲比值，按公式(3)计算并按一定规则圆整。

$$SDR=\frac{d_n}{e_n} \qquad (3)$$

注 1：SDR=2S+1。

注 2：改写 GB/T 19278—2018，定义 2.3.28。

3.1.2　与使用条件相关的术语和定义

3.1.2.1

设计压力　design pressure

P_D

管道系统设计时考虑的最大可能内压，包括残余水锤压力，即：管道系统设计压力＝最大允许工作压力＋残余水锤压力。

注：改写 GB/T 19278—2018，定义 2.5.1.7。

3.1.2.2

最大允许工作压力　maximum allowable operating pressure

P_{PMS}

考虑总体使用设计系数后，确定的管材的允许使用压力。

3.1.2.3

静液压应力　hydrostatic stress

σ

在内部静液压作用下管壁产生的沿圆周方向的平均应力。

注1：也称为应力，可按公式(4)近似计算：

$$\sigma = P \cdot \frac{(d_{em} - e_{min})}{2e_{min}} \quad \cdots\cdots(4)$$

式中：

P ——管道所受内压，单位为兆帕(MPa)；

d_{em}——管材的平均外径，单位为毫米(mm)；

e_{min}——管材的最小壁厚，单位为毫米(mm)。

注2：改写GB/T 19278—2018，定义2.5.1.2。

3.1.2.4

设计温度　design temperature

T_D

管道系统设计时，预期在正常工作状态下承受的温度或温度—时间组合。

3.1.2.5

最高设计温度　maximum design temperature

T_{max}

正常操作期间(包括启动/关闭操作)管道预期承受的最高温度。通常是仅在短时间内出现的可接受的最高温度，即设计温度的最高值。不包括异常情况，例如故障温度。

[GB/T 19278—2018，定义2.5.1.9]

3.1.2.6

故障温度　malfunction temperature

T_{mal}

管道系统超出控制极限时出现的最高温度。

[GB/T 19278—2018，定义2.5.1.10]

3.1.3　与材料性能相关的术语和定义

3.1.3.1

预测静液压强度置信下限　lower confidence limit of the predicted hydrostatⅠc strength

σ_{LPL}

一个与应力有相同量纲的量，是在置信度为97.5 %时，与温度T和时间t对应的预期静液压强度的置信下限。

注：可表示为$\sigma_{LPL}=\sigma(T,t,0.975)$。

3.1.3.2

总体使用(设计)系数　overall service (design) coefficient

C

一个大于1的数值，它的取值需考虑使用条件的影响以及管道部件在系统中的特性，是在材料置信下限所包含因素之外考虑的安全裕度。

注：改写GB/T 19278—2018，定义2.5.1.3。

3.1.3.3

阻隔性管材　pipes with barrier layer

阻隔管

为阻止或减少介质或光线透过管壁，在管壁中增加特殊阻隔材料层的管材。

注 1：阻隔层(及其粘合剂层)的厚度一般不超过 0.4 mm，管材设计时不考虑其强度贡献。

注 2：改写 GB/T 19278—2018，定义 2.2.10。

3.2　符号

GB/T 19278—2018 界定的以及下列符号适用于本文件。

D：最小通径

$d_{em,min}$：最小平均外径

d_{s1}：承口口部内径

d_{s2}：承口根部内径

d_{s3}：熔融区内径

E：拉伸弹性模量

E_m：主体壁厚

E_s：任一点测量的熔接面的壁厚

L_1：承口深度

L_2：承插深度

L_3：熔融区长度

L_4：承口口部非加热长度

L_5：回切长度

L_6：管状长度

$P_{D,cold}$：输送冷水时的设计压力(规定为 1 MPa)

$P_{D,max}$：最大设计压力

R：承口根半径

$S_{calc,max}$：最大管系列计算值

S_{calc}：管系列计算值

T：温度

t：时间

t_y：允许偏差

σ_{cold}：20 ℃、50 年的设计应力

σ_D：管材材料的设计应力

σ_t：拉伸应力

δ_{MFR}：熔体质量流动速率变化率

α：热膨胀系数

ΔT：温差

3.3　缩略语

GB/T 19278—2018 界定的以及下列缩略语适用于本文件。

MFR：熔体质量流动速率 (Melt mass-Flow Rate)

MOP：最大允许工作压力(Maximum allowable Operating Pressure)

4 使用条件级别

4.1 耐热聚乙烯(PE-RT)管道系统按照GB/T 18991的规定,按照使用条件选用其中的1、2、3、4、5使用条件级别,见表1。每个级别均对应特定的应用范围及50年设计使用寿命,在实际应用时,还应考虑0.4 MPa、0.6 MPa、0.8 MPa和1.0 MPa等不同的设计压力。

表1 使用条件级别

使用条件级别	T_D ℃	T_D下的使用时间t[a]分布 年	T_{max} ℃	T_{max}下的使用时间t分布 年	T_{mal} ℃	T_{mal}下的使用时间t分布 h	典型应用范围
1	60	49	80	1	95	100	供热水 (60 ℃)
2	70	49	80	1	95	100	供热水 (70 ℃)
3	20 30 40	0.5 20 25	50	4.5	65	100	低温 地板/辐射采暖
4	20 40 60	2.5 20 25	70	2.5	100	100	地板/辐射采暖 或 低温散热器采暖
5	20 60 80	14 25 10	90	1	100	100	高温散热器采暖

注1:当T_D、T_{max}和T_{mal}超出本表所给出的值时,不宜使用本表规定的级别。

注2:相关内容可参见GB/T 18991。

[a] 对任何一个级别,当设计温度不止一个时,时间应累加处理。

4.2 表1中所列各种使用条件级别的管道系统也应同时满足在20 ℃和1.0 MPa条件下输送冷水,达到50年设计使用寿命。所有管道系统所输送的介质只能是水或者经处理的水。

注:塑料管材和管件生产厂家宜提供水处理的类型和有关使用要求,如许用透氧率等性能的指导。

4.3 按照GB 50736—2012的供暖条件时,使用条件见GB 50736—2012中5.2和5.3。

注:相关设计标准给出了集中供暖二次管网用PE-RT Ⅱ材料使用条件示例,参见附录A。

5 材料要求

5.1 PE-RT混配料的长期预测静液压强度

5.1.1 生产管材、管件及阀门所用的混配料应为经过定级并符合附录B规定的预测强度参照曲线要求的PE-RT Ⅰ型或PE-RT Ⅱ型混配料。

混配料按GB/T 18252进行定级。将定级所得长期预测静液压强度曲线(蠕变破坏曲线)与附录B

给出的预测强度参照曲线进行比对，混配料的预测静液压强度置信下限（σ_{LPL}）值在全部温度以及时间范围内均应不小于预测强度参照曲线上的对应值。

注：国际上一般采用 ISO 9080 对混配料进行定级。

5.1.2 根据混配料的长期预测静液压强度曲线分为 PE-RT Ⅰ 型和 PE-RT Ⅱ 型。

5.1.3 对于 PE-RT Ⅱ 型混配料，任何温度下（直到 110 ℃），8 760 h 之前的试验结果均不应出现脆性破坏，即 8 760 h 之前曲线上不应存在拐点。

5.2 PE-RT 混配料的性能

PE-RT Ⅰ 型和 PE-RT Ⅱ 型混配料的性能应符合表 2 的要求，应用于温泉管道及集中供暖二次管网的 PE-RT Ⅱ 混配料的性能还应符合表 3 的要求。

表 2 PE-RT Ⅰ 型和 PE-RT Ⅱ 型混配料的性能要求

序号	项目	要求	试验参数		试验方法
1	密度	由材料生产商提供	试验温度	23 ℃	GB/T 1033.1—2008 GB/T 1033.2—2010
2	熔体质量流动速率（MFR）	最大偏差不应超过原料标称值的±20%	试验温度	190 ℃	GB/T 3682.1
			负荷质量	5.0 kg	
3	氧化诱导时间（OIT）	≥30 min（原料） ≥24 min（管材 95 ℃/1 000 h 静液压试验后）	试验温度 试样质量	210 ℃ （15±2） mg	GB/T 19466.6
4	拉伸屈服应力	≥15.0 MPa	试样类型 拉伸速度	1B 50 mm/min	GB/T 1040.2
5	拉伸断裂标称应变	≥350%			
6	灰分	≤0.1%（本色料） ≤0.8%（着色料）	煅烧温度	（600±25）℃	GB/T 9345.1
7	拉伸弹性模量	由混配料生产商提供	试样类型 试验速度	1B 1 mm/min	GB/T 1040.2

表 3 温泉管道及集中供暖二次管网 PE-RT Ⅱ 型混配料的性能要求

序号	项目	要求	试验参数		试验方法
1	熔体质量流动速率[a]	0.2 g/10 min～1.4 g/10 min	190 ℃/5 kg		GB/T 3682.1
2	拉伸屈服应力[a]	≥18 MPa	试样类型 拉伸速度	1B 50 mm/min	GB/T 1040.2
3	耐慢速裂纹增长 管材切口试验（NPT） d_n 110 mm，SDR 11	无破裂、无渗漏	试验温度 试验压力 试验类型 试验时间	80 ℃ 0.92 MPa 水-水 ≥500 h	GB/T 18476
[a] 仅当生产 d_n>110 mm 管材时适用。					

5.3 PE-RT Ⅱ型混配料的熔接兼容性

5.3.1 同一 PE-RT Ⅱ型混配料熔接兼容性

同一厂家同一型号的 PE-RT Ⅱ混配料应为可熔接。混配料制造商应证实自己产品范围内同一混配料的熔接性，将混配料加工成管材，在环境温度 23 ℃±2 ℃条件下，按 GB/T 19809 规定的参数，将两段管材制备成对接熔接接头，然后按 GB/T 19810 测试，结果应满足表 4 的拉伸试验破坏形式的测定的试验及要求。

5.3.2 不同 PE-RT Ⅱ型混配料熔接兼容性

不同混配料可考虑为互熔的。用户要求时，制造商应证实自己产品范围内与不同混配料的熔接兼容性，将不同混配料材料加工成管材，在环境温度 23 ℃±2 ℃条件下，按 GB/T 19809 规定的参数，将两段管材制备成对接熔接接头，然后按 GB/T 19810 和 GB/T 6111 测试，结果应满足表 4 的拉伸试验破坏形式的测定、静液压试验及要求。

表 4 PE-RT Ⅱ型材料的熔接兼容性——以对接熔接接头形式测定

序号	项目	要求	试验参数		试验方法
1	对接熔接拉伸试验破坏形式的测定 (d_n 110 mm，SDR 11)	试验至破坏： 韧性破坏—通过 脆性破坏—未通过	试验温度	23 ℃	GB/T 19810
2	静液压强度	无破裂、无渗漏	试验温度 环应力 试验时间	95 ℃ 4.0 MPa 165 h	GB/T 6111

5.4 卫生要求

用于输送生活饮用水的 PE-RT 混配料应符合 GB/T 17219 的规定。

附 录 A
(资料性附录)
集中供暖二次管网应用条件示例

按照 GB 50736—2012 规定的设计条件，表 A.1 给出了 PE-RT Ⅱ型管道在集中供暖二次管网的几种应用条件示例。

表 A.1 集中供暖二次管网应用条件示例

应用条件	设计温度 T_D ℃	在 T_D 下的时间累计分布 年	最高温度 T_{max} ℃	在 T_{max} 下的时间 年	故障温度 T_{mal} ℃	在 T_{mal} 下的时间 h
45 ℃地板供暖	20	0.5	60	4.5	70	100
	30	20				
	45	25				
60 ℃地板供暖	20	12.5	70	2.5	80	100
	40	25				
	60	10				
75 ℃散热器供暖	20	14	75	1	90	100
	50	25				
	60	10				

附 录 B
(规范性附录)
PE-RT 预测静液压强度参照曲线

B.1 PE-RT Ⅰ型预测静液压强度参照曲线

PE-RT Ⅰ型预测静液压强度参照曲线见图 B.1。

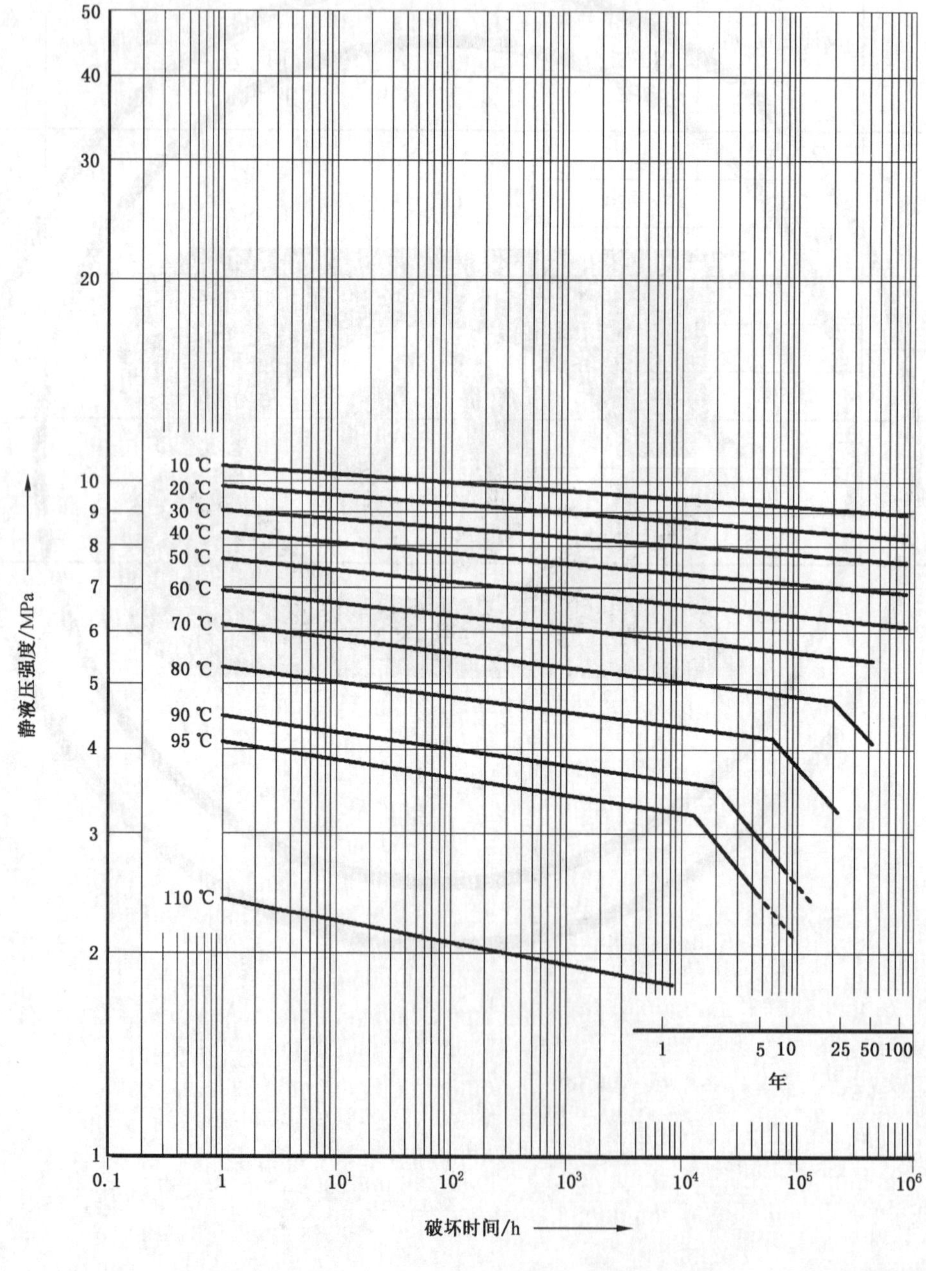

图 B.1 PE-RT Ⅰ型预测静液压强度参照曲线

B.2 PE-RT Ⅱ型预测静液压强度参照曲线

PE-RT Ⅱ型预测静液压强度参照曲线见图 B.2。

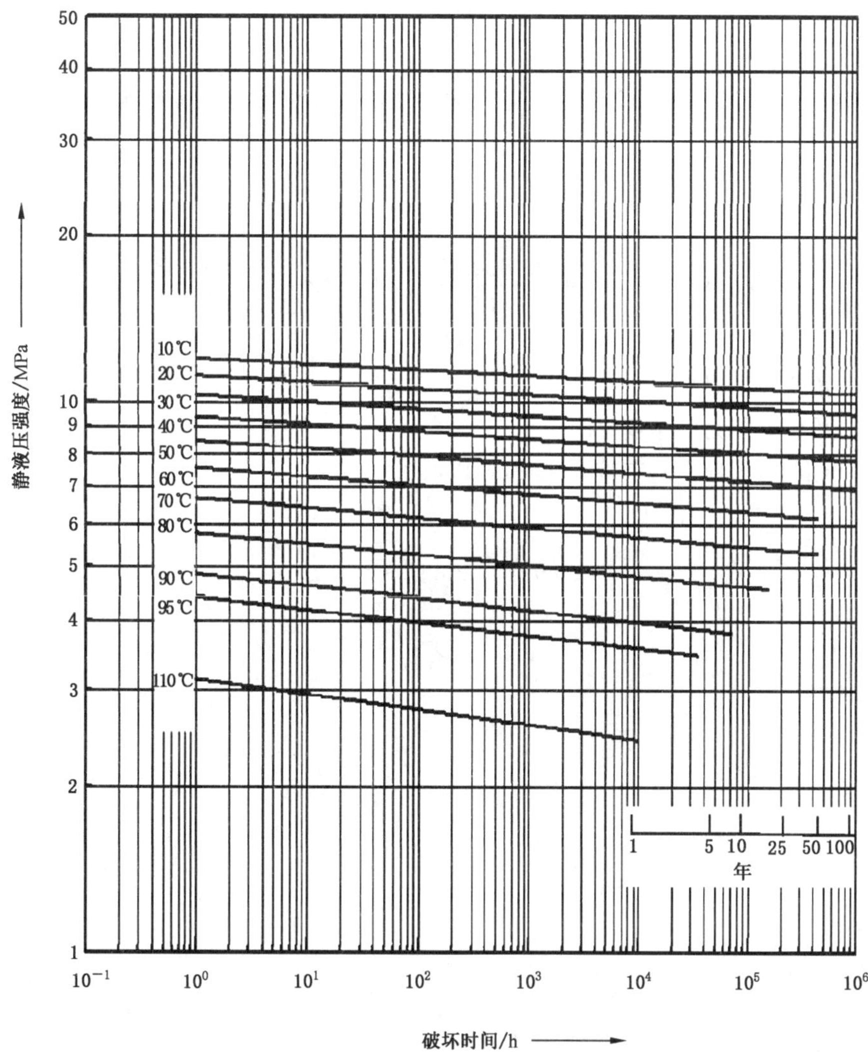

图 B.2 PE-RT Ⅱ型预测静液压强度参照曲线

B.3 PE-RT Ⅰ型材料在 10 ℃～95 ℃温度范围内的最小预测静液压强度参照曲线

PE-RT Ⅰ型材料在 10 ℃～95 ℃温度范围内的最小预测静液压强度参照曲线见图 B.1,可由公式(B.1)和公式(B.2)推导得出：

第一条支线(即图 B.1 中拐点左边的直线段)：

$$\lg t = -190.481 + \frac{78\ 763.07}{T} + 119.877\lg\sigma - \frac{58\ 219.035}{T}\lg\sigma \qquad \text{(B.1)}$$

第二条支线(即图 B.1 中拐点右边的直线段)：

$$\lg t = -23.795\ 4 + \frac{11\ 150.56}{T} - \frac{1\ 723.318}{T}\lg\sigma \qquad \text{(B.2)}$$

式中：

t ——时间，单位为小时(h)；

T——温度，单位为热力学温度(K)；

σ ——静液压强度(环应力)，单位为兆帕(MPa)。

110 ℃的曲线是单独测定的，试样内部为水，外部为空气，它不是从公式(B.1)和公式(B.2)推导得出。

B.4 PE-RT Ⅱ型材料在 10 ℃～110 ℃温度范围内的最小预测静液压强度参照曲线

PE-RT Ⅱ型材料在 10 ℃～110 ℃温度范围内的最小预测静液压强度参照曲线见图 B.2。可由公式(B.3)推导得出：

$$\lg t = -223.901 + \frac{92\ 680.35}{T} + 132.7\lg\sigma - \frac{64\ 730.53}{T}\lg\sigma \qquad \text{(B.3)}$$

式中：

t ——时间，单位为小时(h)；

T ——温度，单位为热力学温度(K)；

σ ——静液压强度(环应力)，单位为兆帕(MPa)。

参 考 文 献

[1] ISO 9080 Plastics piping and ducting systems—Determination of the long-term hydrostatic strength of thermoplastics materials in pipe from by extrapolation

[2] ISO 13760:1998 Plastics pipes for the conveyance of fluids under pressure—Miner's rule—Calculation method for cumulative damage

ICS 83.140.30
G 33

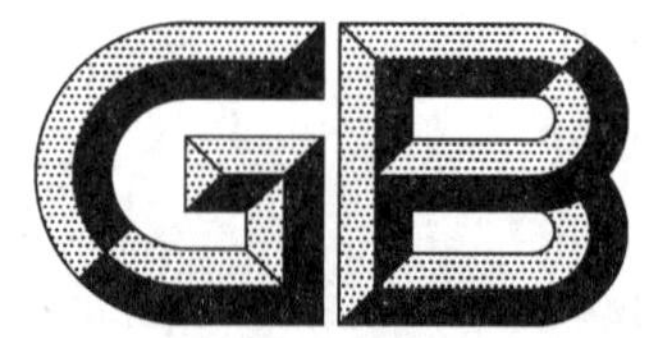

中华人民共和国国家标准

GB/T 28799.2—2020
代替 GB/T 28799.2—2012

冷热水用耐热聚乙烯(PE-RT)管道系统 第2部分:管材

Polyethylene of raised temperature resistance (PE-RT) piping systems for hot and cold water installations—Part 2: Pipes

[ISO 22391-2:2009, Plastics piping systems for hot and cold water installations—Polyethylene of raised temperature resistance(PE-RT)—Part 2: Pipes, NEQ]

2020-11-19 发布 2021-06-01 实施

国家市场监督管理总局
国家标准化管理委员会 发布

前　言

GB/T 28799《冷热水用耐热聚乙烯(PE-RT)管道系统》分为以下部分:

——第1部分:总则;

——第2部分:管材;

——第3部分:管件;

——第5部分:系统适用性。

本部分为GB/T 28799的第2部分。

本部分按照GB/T 1.1—2009给出的规则起草。

本部分代替GB/T 28799.2—2012《冷热水用耐热聚乙烯(PE-RT)管道系统　第2部分:管材》,与GB/T 28799.2—2012相比,主要技术变化如下:

——修改了管道系统的适用范围(见第1章,2012年版的第1章);

——增加了贸易性的"注"(见第1章);

——修改了相关的规范性引用文件(见第2章,2012年版的第2章);

——增加了"术语、定义、符号和缩略语"(见第3章);

——修改了材料的规定(见第4章,2012年版的第3章);

——修改了产品分类(见第5章,2012年版的第4章);

——修改了管系列S的选择(见第6章,2012年版的第4章);

——修改了颜色的规定(见7.1,2012年版的5.1);

——扩大了管材的外径尺寸范围(见表3,2012年版的表3);

——修改了壁厚允许偏差表(见表4,2012年版的表4);

——增加了管材长度的规定(见7.3.3);

——增加了管材的灰分、氧化诱导时间以及95 ℃/1 000 h静液压试验后的氧化诱导时间、颜料分散、耐慢速裂纹扩展性能的要求,修改了透氧率要求的表达方式(见表6,2012年版的表6);

——将系统适用性调整为单独的一章,并删除了系统适用性要求的具体内容(见第8章,2012年版的5.7);

——修改了试验方法(见第9章,2012年版的第6章);

——修改了组批(见10.2.1,2012年版的7.2.1);

——修改了分组(见10.2.2,2012年版的7.2.2);

——修改了定型检验的要求(见10.3,2012年版的7.3);

——修改了出厂检验的项目要求(见10.4.1,2012年版的7.4.1);

——修改了抽样方案的批量范围(见10.4.2,2012年版的7.4.2);

——修改了型式检验的要求(见10.5,2012年版的7.5);

——修改了判定规则(见10.6,2012年版的7.6);

——修改了标志的内容(见11.1,2012年版的8.1);

——修改了附录A的内容,将"管材允许工作压力的计算"改为"最大管系列计算值的推导"(见附录A,2012年版的附录A)。

本部分使用重新起草法参考ISO 22391-2:2009《冷热水用塑料管道系统　耐热聚乙烯(PE-RT)　第2部分:管材》,与ISO 22391-2:2009的一致性程度为非等效。

请注意本文件的某些内容有可能涉及专利。本文件的发布机构不承担识别这些专利的责任。

本部分由中国轻工业联合会提出。

本部分由全国塑料制品标准化技术委员会(SAC/TC 48)归口。

本部分起草单位:永高股份有限公司、上海白蝶管业科技股份有限公司、淄博洁林塑料制管有限公司、成都川路塑胶集团有限公司、宝路七星管业有限公司、日丰企业集团有限公司、浙江伟星新型建材股份有限公司、广东联塑科技实业有限公司、武汉金牛经济发展有限公司、爱康企业集团(上海)有限公司、浙江中财管道科技股份有限公司、宏岳塑胶集团股份有限公司、宁夏青龙塑料管材有限公司、河北方盛塑业有限公司、道达尔石化(上海)有限责任公司、北京建筑材料检验研究院有限公司。

本部分主要起草人:黄剑、柴冈、谢建玲、贾立蓉、徐红越、汪磊、李大治、李统一、刘峰、邱强、王百提、祖国富、李永峰、谷红强、柯锦玲、李延军、孙华丽。

本部分所代替标准的历次版本发布情况为:

——GB/T 28799.2—2012。

冷热水用耐热聚乙烯(PE-RT)管道系统 第2部分:管材

1 范围

GB/T 28799的本部分规定了耐热聚乙烯(PE-RT)管材(以下简称“管材”)的术语、定义、符号和缩略语、材料、产品分类、管系列S的选择、要求、系统适用性、试验方法、检验规则、标志、包装、运输和贮存。

本部分与GB/T 28799的其他部分一起适用于冷热水管道系统,包括民用与工业建筑的冷热水、饮用水和采暖系统、温泉管道系统和集中供暖二次管网系统等。

本部分适用于PE-RT Ⅰ型和PE-RT Ⅱ型管材。

本部分的PE-RT Ⅰ型管材不适用于温泉管道系统和集中供暖二次管网系统。

注:选购方有责任根据其特定应用需求,结合相关法规、标准或规范要求,恰当选用本产品。

2 规范性引用文件

下列文件对于本文件的应用是必不可少的。凡是注日期的引用文件,仅注日期的版本适用于本文件。凡是不注日期的引用文件,其最新版本(包括所有的修改单)适用于本文件。

GB/T 2828.1 计数抽样检验程序 第1部分:按接收质量限(AQL)检索的逐批检验抽样计划(GB/T 2828.1—2012,ISO 2859-1:1999,IDT)

GB/T 2918 塑料 试样状态调节和试验的标准环境(GB/T 2918—2018,ISO 291:2008,MOD)

GB/T 3682.1 塑料 热塑性塑料熔体质量流动速率(MFR)和熔体体积流动速率(MVR)的测定 第1部分:标准方法(GB/T 3682.1—2018,ISO 1133-1:2011,MOD)

GB/T 6111—2018 流体输送用热塑性塑料管道系统 耐内压性能的测定(ISO 1167-1:2006,ISO 1167-2:2006,ISO 1167-3:2007,ISO 1167-4:2007,NEQ)

GB/T 6671 热塑性塑料管材 纵向回缩率的测定(GB/T 6671—2001,eqv ISO 2505:1994)

GB/T 8806 塑料管道系统 塑料部件尺寸的测定(GB/T 8806—2008,ISO 3126:2005,IDT)

GB/T 9345.1 塑料 灰分的测定 第1部分:通用方法(GB/T 9345.1—2008,ISO 3451-1:1997,IDT)

GB/T 17219 生活饮用水输配水设备及防护材料的安全性评价标准

GB/T 18251 聚烯烃管材、管件和混配料中颜料或炭黑分散度的测定(GB/T 18251—2019,ISO 18553:2002,MOD)

GB/T 18476 流体输送用聚烯烃管材 耐裂纹扩展的测定 慢速裂纹增长的试验方法(切口试验)(GB/T 18476—2019,ISO 13479:2009,MOD)

GB/T 19278—2018 热塑性塑料管材、管件与阀门通用术语及其定义

GB/T 19466.6 塑料 差示扫描量热法(DSC) 第6部分:氧化诱导时间(等温OIT)和氧化诱导温度(动态OIT)的测定(GB/T 19466.6—2009,ISO 11357-6:2008,MOD)

GB/T 21300 塑料管材和管件 不透光性的测定(GB/T 21300—2007,ISO 7686:2005,IDT)

GB/T 28799.1—2020 冷热水用耐热聚乙烯(PE-RT)管道系统 第1部分:总则(ISO 22391-1:2009,NEQ)

GB/T 28799.3 冷热水用耐热聚乙烯(PE-RT)管道系统 第3部分:管件(GB/T 28799.3—2020,ISO 22391-3:2009,NEQ)

GB/T 28799.5 冷热水用耐热聚乙烯(PE-RT)管道系统 第5部分:系统适用性(GB/T 28799.5—2020,ISO 22391-5:2009,NEQ)

GB/T 34437 多层复合塑料管材氧气渗透性能测试方法(GB/T 34437—2017,ISO 17455:2005,MOD)

ISO 13760 流体输送用塑料压力管材 Miner's 规则 累计破坏时间的计算(Plastics pipes for the conveyance of fluids under pressure—Miner's rule—Calculation method for cumulative damage)

3 术语、定义、符号和缩略语

GB/T 28799.1—2020 和 GB/T 19278—2018 界定的术语、定义、符号和缩略语适用于本文件。

4 材料

4.1 用于生产管材的 PE-RT 材料应是符合 GB/T 28799.1—2020 要求的定级混配料。

4.2 用于生产温泉管道系统、集中供暖二次管网系统的 PE-RT Ⅱ型混配料除应符合 4.1 的要求外,还应符合 GB/T 28799.1—2020 中表 3 的要求。当 PE-RT Ⅱ型管道采用热熔连接时,应符合 GB/T 28799.1—2020 中 5.3 熔接兼容性的要求。

4.3 管材生产中,可少量使用本厂同牌号的清洁回用料。

4.4 阻隔性管材所用阻隔层及粘接层材料不应对管材性能产生不利影响。

5 产品分类

管材按材料分为 PE-RT Ⅰ型管材和 PE-RT Ⅱ型管材。

PE-RT Ⅱ型管材包括:

——温泉管道和集中供暖二次管网用 PE-RT Ⅱ型管材;

——除温泉管道和集中供暖二次管网之外的 PE-RT Ⅱ型管材。

6 管系列 *S* 的选择

管材按不同的材料、使用条件级别和设计压力选择对应的管系列 S,见表 1 及表 2。管材也可以根据不同地域的气候条件以及相关设计的要求选用其他的温度—时间组合,在考虑外推时间极限的前提下,按 ISO 13760 的规定,用 Miner's 规则计算出该温度—时间组合的设计应力,进而得到对应的管系列 S。

管系列 S 和 $S_{calc,max}$ 以及集中供暖二次管网 $S_{calc,max}$ 的推导参见附录 A。

表 1　管系列 S 的选择(PE-RT Ⅰ型)

设计压力 P_D MPa	管系列 S				
	级别 1 $\sigma_D=3.29$ MPa	级别 2 $\sigma_D=2.68$ MPa	级别 3 $\sigma_D=4.65$ MPa	级别 4 $\sigma_D=3.25$ MPa	级别 5 $\sigma_D=2.38$ MPa
0.4	5	5	5	5	5
0.6	5	4	5	5	3.2
0.8	4	3.2	5	4	2.5
1.0	3.2	2.5	4	3.2	—

表 2　管系列 S 的选择(PE-RT Ⅱ型)

设计压力 P_D MPa	管系列 S				
	级别 1 $\sigma_D=3.70$ MPa	级别 2 $\sigma_D=3.53$ MPa	级别 3 $\sigma_D=5.31$ MPa	级别 4 $\sigma_D=3.55$ MPa	级别 5 $\sigma_D=3.02$ MPa
0.4	5	5	5	5	5
0.6	5	5	5	5	5
0.8	4	4	5	4	3.2
1.0	3.2	3.2	5	3.2	2.5

7　要求

7.1　颜色

地暖管材一般为本色，生活饮用水、温泉管道和集中供暖二次管网管材一般为灰色。其他颜色可由供需双方协商确定。对于阻隔性管材，阻隔层和粘接层的颜色宜与 PE-RT 材料有明显区分。

7.2　外观

管材内外表面应光滑、平整、清洁，不应有明显划痕、凹陷、气泡、杂质等影响产品性能的缺陷。管材表面颜色应均匀一致，不准许有明显色差。管材端面应切割平整并与轴线垂直。

7.3　规格尺寸

7.3.1　管材的公称外径、平均外径以及管系列 S 对应的公称壁厚见表 3。带阻隔层管材的壁厚值不包括阻隔层和粘接层的厚度。用于热熔承插连接的管材，壁厚应不小于 1.9 mm。用于热熔对接连接的管材，壁厚应不小于 5.0 mm。

表 3 管材规格

单位为毫米

公称外径 d_n	平均外径		公称壁厚 e_n			
			管系列 S			
	$d_{em,min}$	$d_{em,max}$	5	4	3.2	2.5
			标准尺寸比			
			SDR 11	SDR 9	SDR 7.4	SDR 6
8	8.0	8.3	1.0	1.0	1.1	1.4
10	10.0	10.3	1.0	1.2	1.4	1.7
12	12.0	12.3	1.3	1.4	1.7	2.0
16	16.0	16.3	1.5	1.8	2.2	2.7
20	20.0	20.3	1.9	2.3	2.8	3.4
25	25.0	25.3	2.3	2.8	3.5	4.2
32	32.0	32.3	2.9	3.6	4.4	5.4
40	40.0	40.4	3.7	4.5	5.5	6.7
50	50.0	50.5	4.6	5.6	6.9	8.3
63	63.0	63.6	5.8	7.1	8.6	10.5
75	75.0	75.7	6.8	8.4	10.3	12.5
90	90.0	90.9	8.2	10.1	12.3	15.0
110	110.0	111.0	10.0	12.3	15.1	18.3
125	125.0	126.2	11.4	14.0	17.1	20.8
140	140.0	141.3	12.7	15.7	19.2	23.3
160	160.0	161.5	14.6	17.9	21.9	26.6
180	180.0	181.7	16.4	20.1	24.6	29.9
200	200.0	201.8	18.2	22.4	27.4	33.2
225	225.0	227.1	20.5	25.2	30.8	37.4
250	250.0	252.3	22.7	27.9	34.2	41.5
280	280.0	282.6	25.4	31.3	38.3	46.5
315	315.0	317.9	28.6	35.2	43.1	52.3
355	355.0	358.2	32.2	39.7	48.5	59.0
400	400.0	403.6	36.3	44.7	—	—
450	450.0	454.1	40.9	50.3	—	—
注：制造商也可根据 GB/T 4217 和 GB/T 10798 的规定选择其他规格尺寸，并在相关技术文件中规定。						

7.3.2 管材任一点的壁厚偏差应符合表4的规定。

表4 任一点壁厚的偏差

单位为毫米

公称壁厚 e_n	允许偏差 t_y
$e_n \leqslant 1.0$	0.2
$1.0 < e_n \leqslant 2.0$	0.3
$2.0 < e_n \leqslant 3.0$	0.4
$3.0 < e_n \leqslant 4.0$	0.5
$4.0 < e_n \leqslant 5.0$	0.6
$5.0 < e_n \leqslant 6.0$	0.7
$6.0 < e_n \leqslant 7.0$	0.8
$7.0 < e_n \leqslant 8.0$	0.9
$8.0 < e_n \leqslant 9.0$	1.0
$9.0 < e_n \leqslant 10.0$	1.1
$10.0 < e_n \leqslant 11.0$	1.2
$11.0 < e_n \leqslant 12.0$	1.3
$12.0 < e_n \leqslant 13.0$	1.4
$13.0 < e_n \leqslant 14.0$	1.5
$14.0 < e_n \leqslant 15.0$	1.6
$15.0 < e_n \leqslant 16.0$	1.7
$16.0 < e_n \leqslant 17.0$	1.8
$17.0 < e_n \leqslant 18.0$	1.9
$18.0 < e_n \leqslant 19.0$	2.0
$19.0 < e_n \leqslant 20.0$	2.1
$20.0 < e_n \leqslant 21.0$	2.2
$21.0 < e_n \leqslant 22.0$	2.3
$22.0 < e_n \leqslant 23.0$	2.4
$23.0 < e_n \leqslant 24.0$	2.5
$24.0 < e_n \leqslant 25.0$	2.6
$25.0 < e_n \leqslant 26.0$	2.7
$26.0 < e_n \leqslant 27.0$	2.8
$27.0 < e_n \leqslant 28.0$	2.9
$28.0 < e_n \leqslant 29.0$	3.0
$29.0 < e_n \leqslant 30.0$	3.1

表 4（续）

单位为毫米

公称壁厚 e_n	允许偏差 t_y
$30.0<e_n\leqslant 31.0$	3.2
$31.0<e_n\leqslant 32.0$	3.3
$32.0<e_n\leqslant 33.0$	3.4
$33.0<e_n\leqslant 34.0$	3.5
$34.0<e_n\leqslant 35.0$	3.6
$35.0<e_n\leqslant 36.0$	3.7
$36.0<e_n\leqslant 37.0$	3.8
$37.0<e_n\leqslant 38.0$	3.9
$38.0<e_n\leqslant 39.0$	4.0
$39.0<e_n\leqslant 40.0$	4.1
$40.0<e_n\leqslant 41.0$	4.2
$41.0<e_n\leqslant 42.0$	4.3
$42.0<e_n\leqslant 43.0$	4.4
$43.0<e_n\leqslant 44.0$	4.5
$44.0<e_n\leqslant 45.0$	4.6
$45.0<e_n\leqslant 46.0$	4.7
$46.0<e_n\leqslant 47.0$	4.8
$47.0<e_n\leqslant 48.0$	4.9
$48.0<e_n\leqslant 49.0$	5.0
$49.0<e_n\leqslant 50.0$	5.1
$50.0<e_n\leqslant 51.0$	5.2
$51.0<e_n\leqslant 52.0$	5.3
$52.0<e_n\leqslant 53.0$	5.4
$53.0<e_n\leqslant 54.0$	5.5
$54.0<e_n\leqslant 55.0$	5.6
$55.0<e_n\leqslant 56.0$	5.7
$56.0<e_n\leqslant 57.0$	5.8
$57.0<e_n\leqslant 58.0$	5.9
$58.0<e_n\leqslant 59.0$	6.0
$e_n\leqslant e_y\leqslant e_n+t_y$	

7.3.3　直管长度一般为 4 m 或 6 m，盘管长度一般为 100 m、200 m 或 300 m，也可由供需双方协商确定。管材长度不应有负偏差。

注：盘管的最小盘卷内径不宜小于 $18d_n$。

7.4　静液压强度

管材的静液压强度应符合表 5 的规定。

表 5　管材的静液压强度

材料	要求	试验参数			试样数量	试验方法
		静液压应力 MPa	试验温度 ℃	试验时间 h		
PE-RT Ⅰ型	无破裂，无渗漏	9.9 3.8 3.6 3.4	20 95 95 95	1 22 165 1 000	3	GB/T 6111—2018 A 型密封接头 试验类型：水-水
PE-RT Ⅱ型	无破裂，无渗漏	11.2 4.1 4.0 3.8	20 95 95 95	1 22 165 1 000	3	GB/T 6111—2018 A 型密封接头 试验类型：水-水

7.5　物理和化学性能

管材的物理和化学性能应符合表 6 的规定。

表 6　管材的物理和化学性能

项目		要求		试验条件		试样数量	试验方法
				参数	数值		
灰分		本色	≤0.1%	煅烧温度	(600±25)℃	—	GB/T 9345.1
		着色	≤0.8%				
氧化诱导时间		≥30 min		试验温度	210 ℃	3	GB/T 19466.6
95 ℃/1 000 h 静液压试验后的氧化诱导时间		≥24 min		试验温度	210 ℃	3	GB/T 19466.6
颜料分散[a]	尺寸等级	≤3		—		—	GB/T 18251
	表观等级	A1、A2、A3 或 B					
纵向回缩率[b]		≤2%		试验温度	(110±2)℃	—	GB/T 6671
熔体质量流动速率		与对应原料测定值之差不应超过±0.3 g/10 min 且变化率不超过 20%		砝码质量	5 kg	3	GB/T 3682.1
				试验温度	190 ℃		

表 6（续）

项目	要求	试验条件		试样数量	试验方法
		参数	数值		
静液压状态下热稳定性	无破裂，无渗漏	静液压应力	PE-RT Ⅰ型：1.9 MPa	1	GB/T 6111—2018 A型密封接头 试验类型：水-空气
			PE-RT Ⅱ型：2.4 MPa		
		试验温度	110 ℃		
		试验时间	8 760 h		
透光率[c]	≤0.2%	—		—	GB/T 21300
透氧率[d]	≤0.32 mg/(m² · d)	试验温度	40 ℃	—	GB/T 34437
耐慢速裂纹增长[e] 切口试验(NPT)	无破裂，无渗漏	试验压力	0.92 MPa	—	GB/T 18476 试验类型：水-水
		试验温度	80 ℃		
		试验时间	500 h		

[a] 仅适用于着色管材。

[b] 仅适用于 e_n≤16 mm 的管材。

[c] 仅适用于标识为“不透光”的管材。

[d] 仅适用于带阻氧层的管材。

[e] 仅适用于温泉管道和集中供暖二次管网用 PE-RT Ⅱ型管材。

7.6 卫生要求

用于输送饮用水的管材应符合 GB/T 17219 的规定。

8 系统适用性

管材与符合 GB/T 28799.3 规定的管件或其他管配件连接后，应按 GB/T 28799.5 进行系统适用性试验。

9 试验方法

9.1 一般要求

9.1.1 试验应在管材生产 24 h 后进行试验。除非另有规定，试样应按 GB/T 2918 规定，在温度为(23±2)℃的条件下进行状态调节，时间不少于 24 h，并在此温度下进行试验。

9.1.2 阻隔性管材在进行灰分试验、氧化诱导时间试验、熔体质量流动速率试验时，试样应不包含阻隔层和粘接层。

9.2 颜色和外观检查

目测。

9.3 尺寸测量

9.3.1 外径

按 GB/T 8806 测量，量具精度的选择应符合 GB/T 8806 规定。平均外径在距离管材端口 100 mm～150 mm 处测量。

9.3.2 壁厚

按 GB/T 8806 测量，量具精度的选择应符合 GB/T 8806 规定。测量壁厚时应选取距离端面 10 mm～50 mm 处进行。阻隔性管材测量阻隔层和粘接层的壁厚时，在管材的同一横截面上平均切取四段弧状试样，用切片机切取厚度为 20 μm 的样品并用盖玻片平整盖好，在倍率不低于 100 倍的显微镜下进行测量，计算四段阻隔层和粘接层的厚度，取平均值为阻隔层和粘接层的壁厚，精确到 0.01 mm。

9.3.3 长度

按 GB/T 8806 测量。盘管长度测量记米标识间的距离。

9.4 静液压强度

按 GB/T 6111—2018 进行试验。使用测量尺寸计算试验压力。带阻隔层管材计算试验压力时，按照 GB/T 6111—2018 的公式(1)进行计算，其中壁厚应不包含阻隔层和粘接层的厚度。

9.5 灰分

按 GB/T 9345.1，采用直接煅烧法进行试验。试验结果取平均值。

9.6 氧化诱导时间

按 GB/T 19466.6 进行试验，试验容器为铝皿。从管材内表面取样，试验结果取最小值。

9.7 95 ℃/1 000 h 静液压试验后的氧化诱导时间

按 GB/T 19466.6 进行试验，试验容器为铝皿。试样取自完成 95 ℃/1 000 h 静液压试验后的管材内表面。试验结果取最小值。

9.8 颜料分散

按 GB/T 18251 进行试验。采用切片制样。

9.9 纵向回缩率

按 GB/T 6671 中的烘箱法进行试验。

9.10 熔体质量流动速率

按 GB/T 3682.1 进行试验。试验结果取平均值。

熔体质量流动速率变化率按公式(1)计算：

$$\delta_{MFR}=\frac{|MFR_1-MFR_0|}{MFR_0}\times 100\% \qquad \cdots\cdots(1)$$

式中：

δ_{MFR} ——管材熔体质量流动速率变化率；

MFR_1 ——管材熔体质量流动速率；

MFR_0 ——混配料熔体质量流动速率。

9.11 静液压状态下热稳定性

按 GB/T 6111—2018 进行试验，试验条件见表 6。按照 GB/T 6111—2018 的公式(1)进行计算。试验介质：管材内部为水，外部为空气。带阻隔层管材计算试验压力时，其中壁厚应不包含阻隔层和粘接层的厚度。

9.12 透光率

按 GB/T 21300 进行试验。

9.13 透氧率

按 GB/T 34437 进行试验。

9.14 耐慢速裂纹增长

按 GB/T 18476 进行试验。

9.15 卫生要求

按 GB/T 17219 进行试验。

10 检验规则

10.1 检验分类

检验分为定型检验、出厂检验和型式检验。

10.2 组批和分组

10.2.1 组批

同一原料和工艺且连续生产的同一规格管材为一批。$d_n \leqslant 250$ mm 规格的管材每批重量不超过 50 t，$d_n > 250$ mm 规格的管材每批重量不超过 100 t。如果生产 7 天仍不足上述重量，则以 7 天为一批。

10.2.2 分组

同类型管材按表 7 进行尺寸分组。型式检验按表 7 选取每一尺寸组中任一规格的管材进行检验，即代表该尺寸组内所有规格产品。

表 7 管材的尺寸组和公称外径范围

尺寸组	公称外径范围 mm
1	$d_n \leqslant 63$
2	$63 < d_n \leqslant 250$
3	$d_n > 250$

10.3 定型检验

定型检验的项目为第 7 章规定的所有项目。同一管材制造商同一生产地点首次投产以及改变设备种类、改变混配料类型时应进行定型检验。

10.4 出厂检验

10.4.1 出厂检验的项目为颜色、外观、尺寸、静液压强度及 7.5 中的纵向回缩率、熔体质量流动速率。其中静液压强度试验为 20 ℃/1 h 和 95 ℃/22 h(或 165 h)。

10.4.2 管材颜色、外观、尺寸按 GB/T 2828.1 采用正常检验一次抽样方案,取一般检验水平Ⅰ,接收质量限(AQL)4.0,抽样方案见表 8。

表 8 抽样方案

单位为根(盘)

批量范围 N	样本大小 n	接收数 Ac	拒收数 Re
≤15	2	0	1
16~25	3	0	1
26~90	5	0	1
91~150	8	1	2
151~280	13	1	2
281~500	20	2	3
501~1 200	32	3	4
1 201~3 200	50	5	6
3 201~10 000	80	7	8
10 001~35 000	125	10	11
35 001~150 000	200	14	15
150 001~500 000	315	21	22
≥500 001	500	21	22

10.4.3 在 10.4.2 计数抽样合格的产品中,随机抽取规定数量的样品,进行静液压强度、纵向回缩率、熔体质量流动速率的检验。

10.5 型式检验

10.5.1 型式检验的项目为第 7 章中除 7.5 中的静液压状态下热稳定性外的所有项目。

10.5.2 按 10.4.2 对颜色、外观、尺寸进行检验,在检验合格的样品中随机抽取规定数量的样品,进行其他项目的检验。

10.5.3 一般情况下,每三年进行一次型式检验。

若有下列情况之一,也应进行型式检验:

a) 正式生产后,若材料、工艺有较大变化,可能影响产品性能时;

b) 因任何原因停产一年以上恢复生产时;

c) 出厂检验结果与上次型式检验结果有较大差异时。

10.6 判定规则

颜色、外观、尺寸按表8进行判定。卫生要求不合格则判定为不合格批。其他要求有一项或多项不合格时，则随机抽取双倍样品进行不合格项的复检，如仍有不合格项，则判定为不合格批。

11 标志、包装、运输和贮存

11.1 标志

11.1.1 产品至少应有下列永久性标志：

a) 生产厂名和/或商标；

b) 产品名称中，应按材料类型标明 PE-RT Ⅰ或 PE-RT Ⅱ；

c) 规格及尺寸：应包含管系列 S(或标准尺寸比 SDR)、公称外径和公称壁厚；

d) 本部分编号；

e) 生产批号和/或生产日期；

f) 制造商声明为"不透光"的管材，应标注"不透光"；

g) 若带阻隔层，应标注，例如：阻氧；

h) 制造商声明用于饮用水、温泉管道和集中供暖二次管网的管材，应标注，例如：给水、温泉、集中供暖等；

i) 盘管应有计米标识。

11.1.2 管材标志应打印或者直接成型在管材上，间隔不超过2 m。直管应包含1个及以上的完整标志。标志不应造成管材出现裂痕或其他形式的损伤。如果是打印标志，标志的颜色应不同于管材本体的颜色。

11.2 包装

包装由供需双方协商确定。同一个包装袋内的管材规格宜相同。

11.3 运输

管材在装卸和运输时，不应抛掷、曝晒、沾污、重压等以免对管材造成损伤。

11.4 贮存

管材应堆放于库房内，远离热源、防止阳光直射。管材堆放高度不宜超过1.5 m。

附 录 A
（资料性附录）
最大管系列计算值的推导

A.1 总则

本附录给出了最大管系列计算值 $S_{calc,max}$ 的计算原理，以确定相关使用条件和相应设计压力 P_D 下管材的管系列 S。其使用条件级别符合 GB/T 28799.1—2020 中表 1 的规定。

A.2 设计应力

不同使用条件级别的管材的设计应力 σ_D 按照 ISO 13760 的 Miner's 规则，并与 GB/T 28799.1—2020 中表 1 相应的使用条件级别以及表 A.1 中所给出的总体使用（设计）系数来确定。各种使用条件级别的设计应力 σ_D 的计算结果见表 A.2。

表 A.1 总体使用（设计）系数

温度 ℃	总体使用系数 C
T_D	1.5
T_{max}	1.3
T_{mal}	1.0
T_{cold}	1.25

表 A.2 设计应力

使用条件级别	设计应力 σ_D[a] MPa	
	PE-RT Ⅰ型	PE-RT Ⅱ型
1	3.29	3.70
2	2.68	3.53
3	4.65	5.31
4	3.25	3.55
5	2.38	3.02
20 ℃/50 年	6.68	7.69

[a] 设计应力值 σ_D 向下圆整到小数点后第二位，即 0.01 MPa。

A.3 最大管系列计算值 $S_{calc,max}$ 的推导

$S_{calc,max}$ 取 σ_D/P_D 和 $\sigma_{cold}/P_{D,cold}$ 中的较小值。其中：

——σ_D 为表 A.2 给定的设计应力；

——P_D 为设计压力；

——σ_{cold} 为 20 ℃、50 年的设计应力；

——$P_{D,cold}$ 为输送冷水时的设计压力，规定为 1.0 MPa。

$S_{calc,max}$ 的推导结果见表 A.3 和表 A.4。

表 A.3 PE-RT Ⅰ型的 $S_{calc,max}$

设计压力 P_D MPa	PE-RT Ⅰ型的 $S_{calc,max}$ [a]				
	级别 1 σ_D=3.29 MPa	级别 2 σ_D=2.68 MPa	级别 3 σ_D=4.65 MPa	级别 4 σ_D=3.25 MPa	级别 5 σ_D=2.38 MPa
0.4	6.6[b]	6.6[b]	6.6[b]	6.6[a]	5.9
0.6	5.4	4.4	6.6[b]	5.4	3.9
0.8	4.1	3.3	5.8	4.0	2.9
1.0	3.2	2.6	4.6	3.2	2.3

[a] 向下圆整到小数点后第一位。

[b] 由 20 ℃、1.0 MPa、50 年使用条件确定的值。

表 A.4 PE-RT Ⅱ型的 $S_{calc,max}$

设计压力 P_D MPa	PE-RT Ⅱ型的 $S_{calc,max}$ [a]				
	级别 1 σ_D=3.70 MPa	级别 2 σ_D=3.53 MPa	级别 3 σ_D=5.31 MPa	级别 4 σ_D=3.55 MPa	级别 5 σ_D=3.02 MPa
0.4	7.6[b]	7.6[b]	7.6[b]	7.6[b]	7.5
0.6	6.1	5.8	7.6[b]	5.9	5.0
0.8	4.6	4.4	6.6	4.4	3.7
1.0	3.7	3.5	5.3	3.5	3.0

[a] 向下圆整到小数点后第一位。

[b] 由 20 ℃、1.0 MPa、50 年使用条件确定的值。

A.4 集中供暖二次管网 $S_{calc,max}$ 的推导

用于 45 ℃、60 ℃和 75 ℃供暖的集中供暖二次管网的 $S_{calc,max}$ 的推导结果见表 A.5。

表 A.5 集中供暖二次管网的 $S_{calc,max}$

设计压力 P_D MPa	管系列 $S_{calc,max}$ [a]		
	45 ℃供暖 σ_D=4.90 MPa	60 ℃供暖 σ_D=4.19 MPa	75 ℃供暖 σ_D=4.03 MPa
0.4	7.6[b]	7.6[b]	7.6[b]
0.6	7.6[b]	6.9	6.7

表 A.5（续）

设计压力 P_D MPa	管系列 $S_{calc,max}$[a]		
	45 ℃供暖 σ_D=4.90 MPa	60 ℃供暖 σ_D=4.19 MPa	75 ℃供暖 σ_D=4.03 MPa
0.8	6.1	5.2	5.0
1.0	4.9	4.1	4.0

[a] 向下圆整到小数点后第一位。

[b] 由 20 ℃、1.0 MPa、50 年使用条件确定的值。

A.5 以 $S_{calc,max}$ 确定管系列 S 的方法

由表 A.3 和表 A.4 给出的 $S_{calc,max}$ 向下圆整至最近的管系列 S，分别见表 1 和表 2。

参 考 文 献

[1] GB/T 4217 流体输送用热塑性塑料管材 公称外径和公称压力

[2] GB/T 10798 热塑性塑料管材通用壁厚表

ICS 83.140.30
G 33

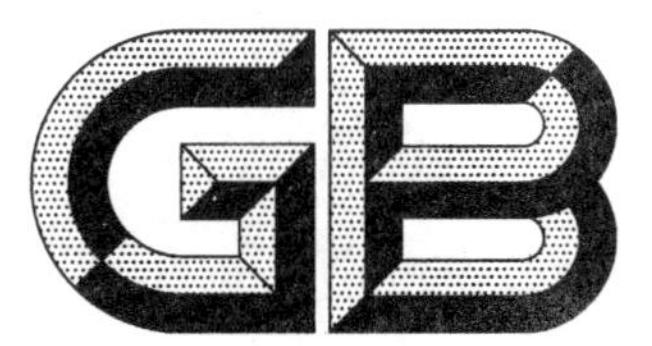

中华人民共和国国家标准

GB/T 28799.3—2020
代替 GB/T 28799.3—2012

冷热水用耐热聚乙烯(PE-RT)管道系统 第3部分:管件

Polyethylene of raised temperature resistance (PE-RT) piping systems for hot and cold water installations—Part 3:Fittings

[ISO 22391-3:2009,Plastics piping systems for hot and cold water installations—Polyethylene of raised temperature resistance(PE-RT)—Part 3:Fittings,NEQ]

2020-11-19 发布　　　　2021-06-01 实施

国家市场监督管理总局
国家标准化管理委员会　发布

前　言

GB/T 28799《冷热水用耐热聚乙烯(PE-RT)管道系统》分为以下部分：

——第 1 部分：总则；

——第 2 部分：管材；

——第 3 部分：管件；

——第 5 部分：系统适用性。

本部分为 GB/T 28799 的第 3 部分。

本部分按照 GB/T 1.1—2009 给出的规则起草。

本部分代替 GB/T 28799.3—2012《冷热水用耐热聚乙烯(PE-RT)管道系统　第 3 部分：管件》，与 GB/T 28799.3—2012 相比，主要技术变化如下：

——修改了管道系统的适用范围(见第 1 章，2012 年版的第 1 章)；

——增加了贸易性的“注”(见第 1 章)；

——修改了相关的规范性引用文件(见第 2 章，2012 年版的第 2 章)；

——增加了“术语、定义、符号和缩略语”(见第 3 章)；

——增加了管件“不应使用回用料”的要求(见 4.1)；

——增加了用于生产温泉管道系统、集中供暖二次管网系统的 PE-RT Ⅱ型混配料的要求(见 4.2)；

——修改了产品分类(见第 5 章，2012 年版的第 4 章)；

——删除了“管件按管系列 S 分类与管材相同，按 GB/T 28799.2—2012 的规定”的内容(见 2012 年版的 4.3)；

——修改了颜色的规定(见 6.1，2012 年版的 5.1)；

——增加了电熔管件的电阻偏差(见 6.3)；

——修改了热熔承插连接管件承口示意图(见图 1，2012 年版的图 1)；

——将表 1 中的“承口参照深度”修改为“承口深度”(见表 1，2012 年版的表 1)；

——删除了表 1 中的“承口加热深度尺寸”、“承插深度的最大值尺寸”和与“去皮”相关的尺寸要求(见 2012 年版的表 1)；

——修改了“管件的主体壁厚应大于相同管系列 S 的管材的壁厚”(见 6.4.5，2012 年版的 4.3)；

——修改了电熔连接管件承口示意图(见图 2，2012 年版的图 2)；

——将电熔连接管件承口尺寸从公称外径 d_n 160 mm 扩大至 d_n 450 mm 及增加了相关的尺寸(见表 2)；

——增加了熔融区最大平均内径尺寸，修改了 d_n 16 mm～d_n 160 mm 的最大承插深度尺寸(见表 2，2012 年版的表 2)；

——增加了管件插口端尺寸的要求(见 6.4.3)；

——增加了法兰连接管件尺寸的要求(见 6.4.4.2)；

——增加了管件的灰分、氧化诱导时间、95 ℃/1 000 h 静液压试验后的氧化诱导时间、颜料分散的物理和化学性能(见表 6)；

——将系统适用性调整为单独的一章，并删除了系统适用性要求的具体内容(见第 7 章，2012 年版的 5.7)；

——修改了试验方法(见第 8 章，2012 年版的第 6 章)；

——修改了组批(见 9.2.1，2012 年版的 7.2.1)；

——修改了分组(见 9.2.2,2012 年版的 7.2.2);

——修改了定型检验的要求(见 9.3,2012 年版的 7.3);

——修改了出厂检验的项目要求(见 9.4.1,2012 年版的 7.4.1);

——修改了抽样方案的批量范围(见 9.4.2,2012 年版的 7.4.2);

——修改了型式检验的要求(见 9.5,2012 年版的 7.5);

——修改了判定规则(见 9.6,2012 年版的 7.6);

——修改了标志、包装、运输和贮存的要求(见第 10 章,2012 年版的第 8 章)。

本部分使用重新起草法参考 ISO 22391-3:2009《冷热水用塑料管道系统　耐热聚乙烯(PE-RT)第 3 部分:管件》,与 ISO 22391-3:2009 的一致性程度为非等效。

请注意本文件的某些内容可能涉及专利。本文件的发布机构不承担识别这些专利的责任。

本部分由中国轻工业联合会提出。

本部分由全国塑料制品标准化技术委员会(SAC/TC 48)归口。

本部分起草单位:上海白蝶管业科技股份有限公司、永高股份有限公司、广东联塑科技实业有限公司、福建恒杰塑业新材料有限公司、天津军星管业集团有限公司、上海天力实业(集团)有限公司、浙江中财管道科技股份有限公司、武汉世纪金牛管件技术有限公司、宏岳塑胶集团股份有限公司、金德管业集团有限公司、宁波市宇华电器有限公司、河北方盛塑业有限公司、西安塑龙熔接设备有限公司。

本部分主要起草人:柴冈、黄剑、李统一、许建钦、夏艳、朱利平、王百提、程钟龄、祖国富、王士良、陈建强、谷红强、赵锋、张雪华。

本部分所代替标准的历次版本发布情况为:

——GB/T 28799.3—2012。

冷热水用耐热聚乙烯(PE-RT)管道系统 第3部分:管件

1 范围

GB/T 28799 的本部分规定了耐热聚乙烯(PE-RT)管件(以下简称"管件")的术语、定义、符号和缩略语、材料、产品分类、要求、系统适用性、试验方法、检验规则、标志、包装、运输和贮存。

本部分与 GB/T 28799 的其他部分一起适用于冷热水管道系统,包括民用与工业建筑的冷热水、饮用水和采暖系统、温泉管道系统和集中供暖二次管网系统等。

本部分适用于 PE-RT Ⅰ型和 PE-RT Ⅱ型管件。

本部分的 PE-RT Ⅰ型管件不适用于温泉管道系统和集中供暖二次管网系统。

注:选购方有责任根据其特定应用需求,结合相关法规、标准或规范要求,恰当选用本产品。

2 规范性引用文件

下列文件对于本文件的应用是必不可少的。凡是注日期的引用文件,仅注日期的版本适用于本文件。凡是不注日期的引用文件,其最新版本(包括所有的修改单)适用于本文件。

GB/T 2828.1 计数抽样检验程序 第1部分:按接收质量限(AQL)检索的逐批检验抽样计划(GB/T 2828.1—2012,ISO 2859-1:1999,IDT)

GB/T 2918 塑料 试样状态调节和试验的标准环境(GB/T 2918—2018,ISO 291:2008,MOD)

GB/T 3682.1 塑料 热塑性塑料熔体质量流动速率(MFR)和熔体体积流动速率(MVR)的测定 第1部分:标准方法(GB/T 3682.1—2018,ISO 1133-1:2011,MOD)

GB/T 6111—2018 流体输送用热塑性塑料管道系统 耐内压性能的测定(ISO 1167-1:2006,ISO 1167-2:2006,ISO 1167-3:2007,ISO 1167-4:2007,NEQ)

GB/T 7306.1 55°密封管螺纹 第1部分:圆柱内螺纹与圆锥外螺纹(GB/T 7306.1—2000,eqv ISO 7-1:1994)

GB/T 7306.2 55°密封管螺纹 第2部分:圆锥内螺纹与圆锥外螺纹(GB/T 7306.2—2000,eqv ISO 7-1:1994)

GB/T 8806 塑料管道系统 塑料部件尺寸的测定(GB/T 8806—2008,ISO 3126:2005,IDT)

GB/T 9345.1 塑料 灰分的测定 第1部分:通用方法(GB/T 9345.1—2008,ISO 3451-1:1997,IDT)

GB/T 17219 生活饮用水输配水设备及防护材料的安全性评价标准

GB/T 18251 聚烯烃管材、管件和混配料中颜料或炭黑分散度的测定(GB/T 18251—2019,ISO 18553:2002,MOD)

GB/T 19278—2018 热塑性塑料管材、管件与阀门 通用术语及其定义

GB/T 19466.6 塑料 差示扫描量热法(DSC) 第6部分:氧化诱导时间(等温 OIT)和氧化诱导温度(动态 OIT)的测定(GB/T 19466.6—2009,ISO 11357-6:2008,MOD)

GB/T 21300 塑料管材和管件 不透光性的测定(GB/T 21300—2007,ISO 7686:2005,IDT)

GB/T 28799.1—2020 冷热水用耐热聚乙烯(PE-RT)管道系统 第1部分:总则(ISO 22391-1:2009,NEQ)

GB/T 28799.2—2020 冷热水用耐热聚乙烯(PE-RT)管道系统 第2部分:管材(ISO 22391-2:2009,NEQ)

GB/T 28799.5 冷热水用耐热聚乙烯(PE-RT)管道系统 第5部分:系统适用性(GB/T 28799.5—2020,ISO 22391-5:2009,NEQ)

3 术语、定义、符号和缩略语

GB/T 28799.1—2020 和 GB/T 19278—2018 界定的术语、定义、符号和缩略语适用于本文件。

4 材料

4.1 用于生产管件的 PE-RT 材料应使用符合 GB/T 28799.1—2020 要求的定级混配料,不应使用回用料。

4.2 用于生产温泉管道系统、集中供暖二次管网系统的 PE-RT Ⅱ型混配料除应符合 4.1 的要求外,还应符合 GB/T 28799.1—2020 中表 3 的要求;当 PE-RT Ⅱ型管道采用热熔连接时,应符合 GB/T 28799.1—2020 中 5.3 熔接兼容性的要求。

4.3 管件金属部分的材料不应对管道性能产生不利影响。

5 产品分类

5.1 管件按材料分为 PE-RT Ⅰ型管件、PE-RT Ⅱ型管件。

PE-RT Ⅱ型管件包括:

——除温泉管道和集中供暖二次管网之外的 PE-RT Ⅱ型管件;

——温泉管道和集中供暖二次管网用 PE-RT Ⅱ型管件。

5.2 管件按连接方式的不同分为热熔连接管件、电熔连接管件和机械连接管件。

热熔连接管件按熔接方式的不同分为:

——热熔承插连接管件;

——热熔对接连接管件。

机械连接管件是指通过机械方式实现连接的管件,例如:

——螺纹连接管件;

——法兰连接管件。

6 要求

6.1 颜色

地暖用管件一般为本色,生活饮用水、温泉管道和集中供暖二次管网管件一般为灰色。其他颜色可由供需双方协商确定。

6.2 外观

管件表面应光滑、平整,不应有裂纹、气泡、脱皮、明显的杂质、严重的缩形、色泽不均、分解变色以及其他影响产品性能的表面缺陷。

6.3　电熔连接管件的电阻偏差

在 23 ℃下，电熔连接管件的电阻应在以下范围内：

——最大值：标称值×(1+10%)+0.1 Ω；

——最小值：标称值×(1−10%)。

注：+0.1 Ω 是考虑到测量时可能存在接触电阻。

6.4　规格尺寸

6.4.1　热熔承插连接管件承口端尺寸

热熔承插连接管件的承口示意图见图 1，承口尺寸应符合表 1 的规定。

单位为毫米

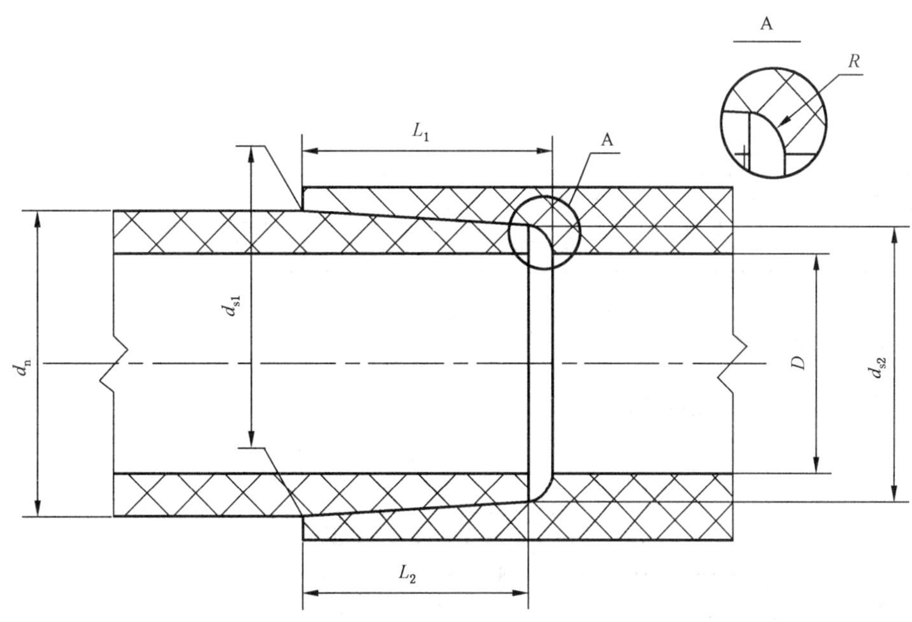

说明：

D ——最小通径；

d_n ——与管件相连的管材的公称外径；

d_{s1} ——承口口部内径；

d_{s2} ——承口根部内径；

L_1 ——承口深度；

L_2 ——承插深度；

R ——承口根部圆角。

图 1　热熔承插连接管件承口示意图

表 1 热熔承插连接管件承口尺寸

单位为毫米

公称外径 d_n	承口平均内径				最大不圆度	最小通径 D	承口深度 $L_{1,min}$	承插深度[a] $L_{2,min}$
	口部		根部					
	$d_{sm1,min}$	$d_{sm1,max}$	$d_{sm2,min}$	$d_{sm2,max}$				
16	15.0	15.5	14.8	15.3	0.6	9.0	13.3	9.8
20	19.0	19.5	18.8	19.3	0.6	13.0	14.5	11.0
25	23.8	24.4	23.5	24.1	0.7	18.0	16.0	12.5
32	30.7	31.3	30.4	31.0	0.7	25.0	18.1	14.6
40	38.7	39.3	38.3	38.9	0.7	31.0	20.5	17.0
50	48.7	49.3	48.3	48.9	0.8	39.0	23.5	20.0
63	61.6	62.2	61.1	61.7	0.8	49.0	27.4	23.9
75	73.2	74.0	71.9	72.7	1.0	58.2	31.0	27.5
90	87.8	88.8	86.4	87.4	1.2	69.8	35.5	32.0
110	107.5	108.5	105.8	106.8	1.4	85.4	41.5	38.0
注：公称外径 d_n 指与管件相连的管材的公称外径。								
[a] 承插深度指管材或管件插口端插入管件承口的插入深度。管件本身不作要求。								

6.4.2 电熔管件承口端尺寸

电熔连接管件的承口示意图见图 2,承口尺寸应符合表 2 的规定。

单位为毫米

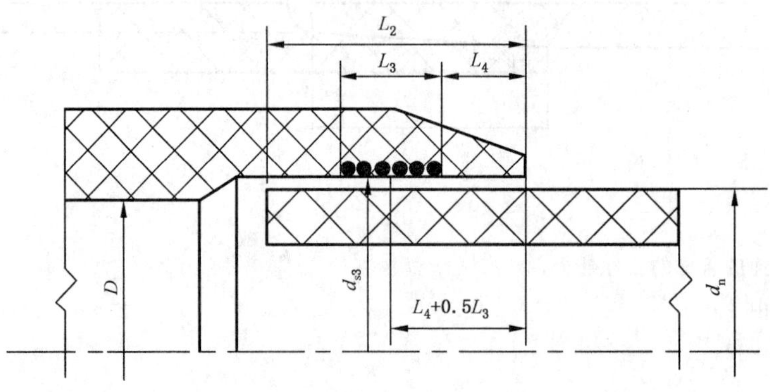

说明：

D ——最小通径；

d_n ——指与管件相连的管材的公称外径；

d_{s3} ——熔融区内径；

L_2 ——承插深度；

L_3 ——熔融区长度；

L_4 ——管件承口口部非加热长度，$L_4 \geqslant 5$ mm。

图 2 电熔连接管件承口示意图

表 2　电熔连接管件承口尺寸

单位为毫米

公称外径 d_n	熔融区平均内径[a]		承插深度[b]		熔融区长度 $L_{3,min}$
	$d_{sm,min}$	$d_{sm,max}$	$L_{2,min}$	$L_{2,max}$	
16	16.1	16.6	20	41	10
20	20.1	20.6	20	41	10
25	25.1	25.6	20	41	10
32	32.1	32.9	20	44	10
40	40.1	41.0	20	49	10
50	50.1	51.1	20	55	10
63	63.2	64.1	23	63	11
75	75.2	76.3	25	70	12
90	90.2	91.5	28	79	13
110	110.3	111.6	32	82	15
125	125.3	126.7	35	87	16
140	140.3	141.7	38	92	18
160	160.4	162.1	42	98	20
180	180.4	182.1	46	105	21
200	200.4	202.1	50	112	23
225	225.5	227.6	55	120	26
250	250.5	252.6	73	129	33
280	—	—	81	139	35
315	—	—	89	150	39
355	—	—	99	164	42
400	—	—	110	179	47
450	—	—	122	195	51

注：公称外径 d_n 指与管件相连的管材的公称外径。

[a] 当管件承口端公称外径 $d_n \geqslant 280$ mm 时，熔融区平均内径由供需双方商定。

[b] 承插深度指管材或管件插口端插入管件承口的插入深度。管件本身不作要求。

6.4.3　管件插口端尺寸

管件插口端示意图见图 3，插口端尺寸应符合表 3 的规定。

单位为毫米

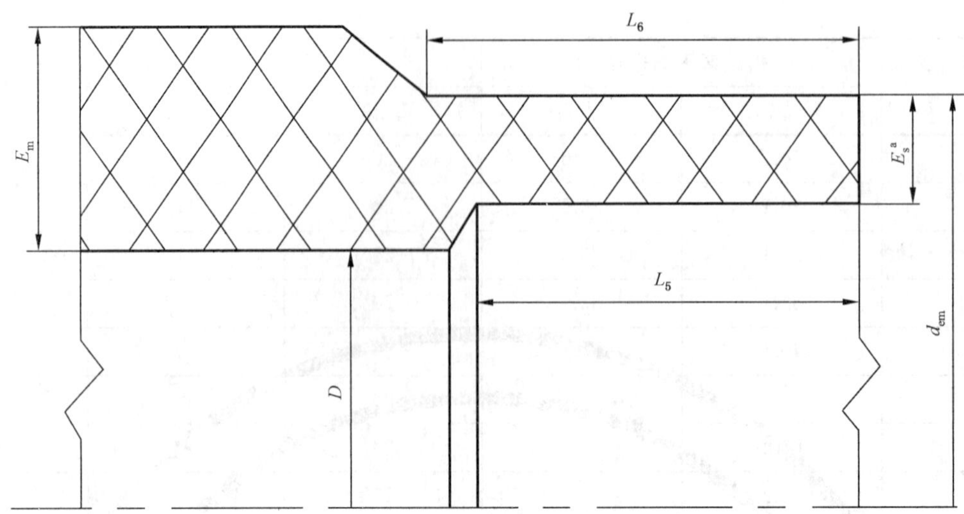

说明：

D ——管件的最小通径，测量时不包括焊接形成的卷边(若有)；

d_{em} ——熔接段的平均外径，在距离端口不大于 L_6(管状长度)、平行于该端口平面的任一截面处测量；

E_m ——管件主体壁厚，在管件主体上任一点测量的壁厚；

E_s ——在距离插入端口不超过 L_5(回切长度)处任一点测量的熔接面的壁厚；

L_5 ——熔接段的回切长度，即热熔对接或重新熔接所需的插口端的初始深度；

L_6 ——熔接段的管状长度，即熔接端的初始长度。

[a] 任一点测量的熔接面的壁厚应与相同管系列 S 管材的壁厚及允许偏差相同，允许偏差应符合 GB/T 28799.2—2020中表 4 的要求。

图 3　管件插口端示意图

表 3　管件插口端尺寸

单位为毫米

插口公称尺寸 d_n	熔接段的平均外径		电熔连接和热熔对接				热熔承插连接
	$d_{em,min}$	$d_{em,max}$	最大不圆度	最小通径 D	回切长度 $L_{5,min}$	管状长度 $L_{6,min}$	管状长度 $L_{6,min}$
20	20.0	20.3	0.3	13	25	41	11
25	25.0	25.3	0.4	18	25	41	12.5
32	32.0	32.3	0.5	25	25	44	14.6
40	40.0	40.4	0.6	31	25	49	17
50	50.0	50.4	0.8	39	25	55	20
63	63.0	63.4	0.9	49	25	63	24
75	75.0	75.5	1.2	59	25	70	25
90	90.0	90.6	1.4	71	28	79	28
110	110.0	110.7	1.7	87	32	82	32
125	125.0	125.8	1.9	99	35	87	—
140	140.0	140.9	2.1	111	38	92	—
160	160.0	161.0	2.4	127	42	98	—

表 3（续）

单位为毫米

插口公称尺寸 d_n	熔接段的平均外径		电熔连接和热熔对接				热熔承插连接
	$d_{em,min}$	$d_{em,max}$	最大不圆度	最小通径 D	回切长度 $L_{5,min}$	管状长度 $L_{6,min}$	管状长度 $L_{6,min}$
180	180.0	181.1	2.7	143	46	105	—
200	200.0	201.2	3.0	159	50	112	—
225	225.0	226.4	3.4	179	55	120	—
250	250.0	251.5	3.8	199	60	129	—
280	280.0	281.7	4.2	223	75	139	—
315	315.0	316.9	4.8	251	75	150	—
355	355.0	357.2	5.4	283	75	164	—
400	400.0	402.4	6.0	319	75	179	—
450	450.0	452.7	6.8	359	100	195	—

6.4.4 机械连接管件尺寸

6.4.4.1 螺纹连接管件的螺纹部分应符合 GB/T 7306.1 和 GB/T 7306.2 的规定。

6.4.4.2 法兰连接管件的示意图见图 4，尺寸应符合表 4 的规定。

注：法兰接头压紧面的厚度取决于公称压力等级。

单位为毫米

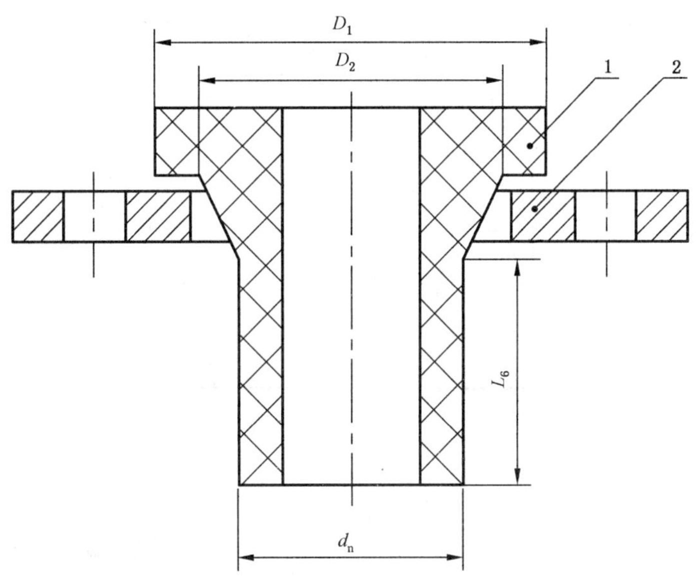

说明：

1 ——法兰连接管件；
2 ——金属法兰盘；
D_1——法兰连接管件头部的外径；
D_2——法兰连接管件柄（颈）部的外径；
d_n——指与管件相连的管材的公称外径；
L_6——熔接段的管状长度，即熔接端的初始长度。

图 4 法兰连接管件示意图

表 4　法兰连接管件的尺寸

单位为毫米

公称外径 d_n	D_1 min	D_2	管状长度 $L_{6,min}$
20	45	27	41
25	58	33	41
32	68	40	44
40	78	50	49
50	88	61	55
63	102	75	63
75	122	89	70
90	138	105	79
110	158	125	82
125	158	132	87
140	188	155	92
160	212	175	98
180	212	180	105
200	268	232	112
225	268	235	120
250	320	285	129
280	320	291	139
315	370	335	150
355	430	375	164
400	482	427	179
450	585	514	195

6.4.5　壁厚

管件的主体壁厚应大于相同管系列 S 的管材的公称壁厚。

6.5　静液压强度

管件的静液压强度应符合表 5 的规定。

表 5 管件的静液压强度

材料	要求	试验参数 静液压应力 MPa	试验参数 试验温度 ℃	试验参数 试验时间 h	试样数量	试验方法
PE-RT Ⅰ型	无破裂,无渗漏	9.9	20	1	3	GB/T 6111—2018 A 型密封接头 试验类型:水-水
		3.8	95	22		
		3.6	95	165		
		3.4	95	1 000		
PE-RT Ⅱ型		11.2	20	1	3	
		4.1	95	22		
		4.0	95	165		
		3.8	95	1 000		

6.6 物理和化学性能

管件的物理和化学性能应符合表 6 的规定。

表 6 管件的物理和化学性能

项目		要求		试验条件 参数	试验条件 数值	试样数量	试验方法
灰分		本色	≤0.1%	煅烧温度	(600±25)℃	—	GB/T 9345.1
		着色	≤0.8%				
氧化诱导时间		≥30 min		试验温度	210 ℃	3	GB/T 19466.6
95 ℃/1 000 h 静液压试验后的氧化诱导时间		≥24 min		试验温度	210 ℃	3	GB/T 19466.6
颜料分散[a]	尺寸等级	≤3		—		—	GB/T 18251
	表观等级	A1、A2、A3 或 B					
熔体质量流动速率		与对应原料测定值之差不应超过±0.3 g/10min 且变化率不超过 20%		砝码质量	5 kg	3	GB/T 3682.1
				试验温度	190 ℃		
静液压状态下热稳定性[b]		无破裂,无渗漏		静液压应力	PE-RT Ⅰ型:1.9 MPa	1	GB/T 6111—2018 A 型密封接头 试验类型:水-空气
					PE-RT Ⅱ型:2.4 MPa		
				试验温度	110 ℃		
				试验时间	8 760 h		
透光率[c]		≤0.2%		—		—	GB/T 21300

[a] 仅适用于着色管件。

[b] 相同原料、同一生产厂家的管材已做过该项性能试验的,管件可不做。

[c] 仅适用于标示为"不透光"的管件。

6.7 卫生要求

用于输送饮用水的管件应符合 GB/T 17219 的规定。

7 系统适用性

管件与符合 GB/T 28799.2—2020 规定的管材连接后，应按 GB/T 28799.5 规定的要求进行系统适用性试验。

8 试验方法

8.1 试样状态调节

应在管件生产 24 h 后进行试验。

除非另有规定，试样应按 GB/T 2918 规定，在温度为 23 ℃±2 ℃的条件下进行状态调节，时间不少于 24 h，并在此温度下进行试验。

8.2 颜色及外观检查

目测。

8.3 电阻测量

管件电阻应使用符合表 7 要求的电阻仪进行测量。

表 7 电阻仪工作特性

范围 Ω	分辨率 mΩ	精度
0～1	1	读数的 2.5%
0～10	10	读数的 2.5%
0～100	100	读数的 2.5%

8.4 尺寸测量

按 GB/T 8806 规定测量，量具精度的选择应符合 GB/T 8806 的推荐要求。

8.5 静液压强度

8.5.1 按 GB/T 6111—2018 进行试验。需要时，使用短管作为管件与密封接头的连接部件。试样内外的介质为水，采用 A 型密封接头。如试样在非管件处破裂，试验结果无效。

8.5.2 管件的试验压力按公式(1)计算：

$$P=\frac{\sigma}{S} \qquad (1)$$

式中：

P ——试验压力，单位为兆帕(MPa)；

σ ——静液压应力，单位为兆帕(MPa)；

S ——管系列。

8.6 灰分

按 GB/T 9345.1,采用直接煅烧法进行试验。试验结果取平均值。

8.7 氧化诱导时间

按 GB/T 19466.6 进行试验。试验容器为铝皿。从管件内表面取样,试验结果取最小值。

8.8 95 ℃/1 000 h 静液压试验后的氧化诱导时间

按 GB/T 19466.6 进行试验。试验容器为铝皿。试样取自完成 95 ℃/1 000 h 静液压试验后的管件内表面。试验结果取最小值。

8.9 颜料分散

按 GB/T 18251 进行试验。采用切片制样。

8.10 熔体质量流动速率

按 GB/T 3682.1 进行试验。试验结果取平均值。

熔体质量流动速率变化率按公式(2)计算:

$$\delta_{MFR} = \frac{|MFR_1 - MFR_0|}{MFR_0} \times 100\% \qquad \cdots\cdots(2)$$

式中:

δ_{MFR} ——管件熔体质量流动速率变化率;

MFR_1 ——管件熔体质量流动速率;

MFR_0 ——混配料熔体质量流动速率。

8.11 静液压状态下热稳定性

按 GB/T 6111—2018 进行试验,采用 A 型密封接头,试验条件见表 6。试验介质:内部为水,外部为空气。需要时,使用短管作为管件与密封接头的连接部件。如试样在非管件处破裂,试验结果无效。

8.12 透光率

按 GB/T 21300 进行试验。管件不能满足制样要求时,试样可取自与管件同一牌号原料生产的管材或注塑管状试样。

8.13 卫生要求

按 GB/T 17219 进行试验。

9 检验规则

9.1 检验分类

检验分为定型检验、出厂检验和型式检验。

9.2 组批和分组

9.2.1 组批

同一原料和工艺且连续生产的同一规格管件作为一批。$d_n \leqslant 63$ mm 规格的管件每批不超过 20 000 个,63 mm$< d_n \leqslant 250$ mm 规格的管件每批不超过 5 000 个,$d_n > 250$ mm 规格的管件每批不超过 3 000 个。如果生产 7 天仍不足上述数量，则以 7 天为一批。

9.2.2 分组

同类型管件按表 8 规定进行尺寸分组。型式检验按表 8 规定选取每一尺寸组中任一规格的管件进行检验，即代表该尺寸组内所有规格产品。

表 8 管件的尺寸组和公称外径范围

尺寸组	公称外径范围 mm
1	$d_n \leqslant 63$
2	$63 < d_n \leqslant 250$
3	$d_n > 250$

9.3 定型检验

定型检验的项目为第 6 章规定的所有项目。同一管件制造商同一生产地点首次投产以及改变设备种类、改变混配料类型时应进行定型检验。

9.4 出厂检验

9.4.1 出厂检验项目为颜色、外观、尺寸、20 ℃/1 h 的静液压强度、95 ℃/22 h(或 165 h)的静液压强度和熔体质量流动速率。

9.4.2 管件的颜色、外观、尺寸按 GB/T 2828.1 采用正常检验一次抽样方案，取一般检验水平 I，接收质量限(AQL)4.0，抽样方案见表 9。

表 9 抽样方案

单位为个

批量范围 N	样本大小 n	接收数 Ac	拒收数 Re
≤15	2	0	1
16～25	3	0	1
26～90	5	0	1
91～150	8	1	2
151～280	13	1	2
281～500	20	2	3
501～1 200	32	3	4
1 201～3 200	50	5	6
3 201～10 000	80	7	8
10 001～35 000	125	10	11

9.4.3 电熔管件应逐个检验电阻。

9.4.4 在颜色、外观、尺寸和电阻检验合格的产品中，随机抽取规定数量的样品，进行 20 ℃/1 h 的静液压强度、95 ℃/22 h(或 165 h)的静液压强度和熔体质量流动速率试验。

9.5 型式检验

9.5.1 型式检验的项目为第6章中除6.6中的静液压状态下热稳定性的所有项目。

9.5.2 按9.4.2对颜色、外观、尺寸进行检验，在检验合格的样品中随机抽取规定数量的样品，进行其他规定项目的检验。

9.5.3 一般情况下，每三年进行一次型式检验。

若有以下情况之一，应进行型式检验：

a) 正式生产后，若结构、材料、工艺有较大改变，可能影响产品性能时；
b) 产品因任何原因停产一年以上恢复生产时；
c) 出厂检验结果与上次型式检验结果有较大差异时。

9.6 判定规则

颜色、外观、尺寸按表9进行判定。卫生要求不合格则判为不合格批。其他要求有一项或多项不合格时，则随机抽取双倍样品进行不合格项的复检，如仍有不合格项，则判为不合格批。

10 标志、包装、运输和贮存

10.1 标志

10.1.1 管件应有下列永久性标志：

a) 厂名缩写或商标；
b) 产品名称中，应按材料类型标明 PE-RT Ⅰ或 PE-RT Ⅱ；
c) 产品规格应注明公称外径 d_n、管系列 S(或标准尺寸比 SDR)。

示例：

等径管件标记为 d_n 20 S 2.5；

异径管件标记为 d_n 200×160 SDR 11；

带螺纹管件标记为 d_n 25×1/2″S 2.5。

10.1.2 管件包装至少应有下列标志：

a) 生产厂名、厂址、商标；
b) 产品名称、规格；
c) 生产日期或生产批号；
d) 本部分编号；
e) 制造商声明为“不透光”的管件，应标注“不透光”；
f) 制造商声明用于饮用水、温泉管道和集中供暖二次管网的管件，应标注，例如：给水、温泉、二次供暖等。

10.2 包装

管件应包装，包装方式由供需双方协商确定。

10.3 运输

管件在装卸和运输时，不应抛掷、曝晒、沾污、重压，以避免对管件造成损伤。

10.4 贮存

管件应贮存在室内，远离热源，合理堆放。

ICS 83.140.30
G 33

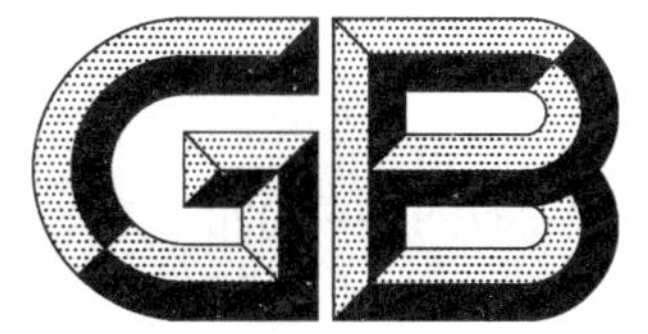

中华人民共和国国家标准

GB/T 28799.5—2020

冷热水用耐热聚乙烯(PE-RT)管道系统 第5部分:系统适用性

Polyethylene of raised temperature resistance (PE-RT) piping systems for hot and cold water installations—Part 5:Fitness for purpose of the system

[ISO 22391-5:2009,Plastics piping systems for hot and cold water installations—Polyethylene of raised temperature resistance (PE-RT)—Part 5:Fitness for purpose of the system,NEQ]

2020-11-19 发布 2021-06-01 实施

国家市场监督管理总局
国家标准化管理委员会 发布

前　言

GB/T 28799《冷热水用耐热聚乙烯(PE-RT)管道系统》分为以下部分：

——第1部分：总则；

——第2部分：管材；

——第3部分：管件；

——第5部分：系统适用性。

本部分为GB/T 28799的第5部分。

本部分按照GB/T 1.1—2009给出的规则起草。

本部分采用重新起草法参考ISO 22391-5：2009《冷热水用塑料管道系统　耐热聚乙烯(PE-RT)　第5部分：系统适用性》，与ISO 22391-5：2009的一致性程度为非等效。

请注意本文件的某些内容可能涉及专利，本文件的发布机构不承担识别这些专利的责任。

本部分由中国轻工业联合会提出。

本部分由全国塑料制品标准化技术委员会(SAC/TC 48)归口。

本部分起草单位：爱康企业集团(上海)有限公司、日丰企业集团有限公司、浙江伟星新型建材股份有限公司、宝路七星管业有限公司、上海天力实业(集团)有限公司、广州特种承压设备检测研究院、保定市力达塑业有限公司、金德管业集团有限公司。

本部分主要起草人：邱强、汪磊、李大治、徐红越、朱利平、涂欣、李艳英、王士良、鲍道飞。

冷热水用耐热聚乙烯(PE-RT)管道系统 第5部分:系统适用性

1 范围

GB/T 28799的本部分规定了冷热水用耐热聚乙烯(PE-RT)管道系统适用性的术语和定义、符号、缩略语、要求和试验方法。

本部分与GB/T 28799的其他部分一起适用于冷热水管道系统,包括民用和工业建筑的冷热水、饮用水和采暖管道系统、温泉管道系统和集中供暖二次管网系统等。

2 规范性引用文件

下列文件对于本文件的应用是必不可少的。凡是注日期的引用文件,仅注日期的版本适用于本文件。凡是不注日期的引用文件,其最新版本(包括所有的修改单)适用于本文件。

GB/T 2918 塑料 试样状态调节和试验的标准环境(GB/T 2918—2018,ISO 291:2008,MOD)

GB/T 6111—2018 流体输送用热塑性塑料管道系统 耐内压性能的测定(ISO 1167-1:2006,ISO 1167-2:2006,ISO 1167-3:2007,ISO 1167-4:2007,NEQ)

GB/T 15820 聚乙烯压力管材与管件连接的耐拉拔试验(GB/T 15820—1995,eqv ISO 3501:1976)

GB/T 19278—2018 热塑性塑料管材、管件与阀门 通用术语及其定义

GB/T 19806 塑料管材和管件 聚乙烯电熔组件的挤压剥离试验(GB/T 19806—2005,ISO 13955:1997,IDT)

GB/T 19808 塑料管材和管件 公称外径大于或等于90 mm的聚乙烯电熔组件的拉伸剥离试验(GB/T 19808—2005,ISO 13954:1997,IDT)

GB/T 19810 聚乙烯(PE)管材和管件 热熔对接接头拉伸强度和破坏形式的测定(GB/T 19810—2005,ISO 13953:2001,IDT)

GB/T 19993 冷热水用热塑性塑料管道系统 管材管件组合系统热循环试验方法(GB/T 19993—2005,EN 12293:1999,IDT)

GB/T 28799.1—2020 冷热水用耐热聚乙烯(PE-RT)管道系统 第1部分:总则(ISO 22391-1:2009,NEQ)

ISO 3503 塑料管道系统 压力管道机械连接接头 弯曲时承受内压的密封性试验方法(Plastics piping systems—Mechanical joints between fittings and pressure pipes—Test method for leaktightness under internal pressure of assemblies subjected to bending)

ISO 13056 塑料管道系统 冷热水压力系统 真空密封性试验方法(Plastics piping systems—Pressure systems for hot and cold water—Test method for leaktightness under vacuum)

ISO 19892 塑料管道系统 冷热水用热塑性塑料管材和管件 接头压力循环试验方法(Plastics piping systems—Thermoplastics pipes and fittings for hot and cold water—Test method for the resistance of joints to pressure cycling)

3 术语、定义、符号和缩略语

GB/T 28799.1—2020 和 GB/T 19278—2018 界定的术语、定义、符号和缩略语适用于本文件。

4 要求

4.1 总则

4.1.1 系统制造商或系统供应商应根据工程应用实际，提供与连接方式相对应的系统适用性证明文件。

4.1.2 当管材、管件由不同的制造商或供应商提供时，选购方应进行系统适用性验证。

4.1.3 系统适用性试验应按表 1 的规定分组进行。分组试验时，在每一尺寸组中任选一个系统规格，即代表该尺寸组内的所有系统规格。

表 1 系统的尺寸分组

尺寸组	公称外径范围 mm
1	$d_n \leqslant 63$
2	$63 < d_n \leqslant 250$
3	$d_n > 250$

4.1.4 根据系统的连接方式，应按表 2 选择对应的试验项目。

表 2 系统适用性试验

试验项目	连接方式			
	热熔承插连接	热熔对接连接	电熔连接	机械连接
内压试验	Y	Y	Y	Y
弯曲试验[a]	N	N	N	Y
耐拉拔试验	N	N	N	Y
热循环试验	Y	Y	Y	Y
压力循环试验	N	N	N	Y
真空试验	N	N	N	Y
电熔管件承口端的挤压剥离和拉伸剥离试验	N	N	Y	N
热熔对接接头拉伸强度	N	Y	N	N
Y——需要试验；N——不需要试验。				
[a] 仅适用于 $d_n \geqslant 32$ mm 的管道系统。				

4.1.5 按表 3 确定在全部使用条件级别中与管系列 S 对应的最大设计压力。

表 3 管系列 S 对应的最大设计压力($P_{D,max}$)

管系列 S	最大设计压力 MPa	
	PE-RT Ⅰ型	PE-RT Ⅱ型
5	0.8	1
4	1	1
3.2	1	1
2.5	1	1

4.2 内压试验

系统的内压试验应符合表 4 的规定。

表 4 内压试验

管系列 S	试验压力 MPa		试验温度 ℃	试验时间 h	试样数量	要求
	PE-RT Ⅰ型	PE-RT Ⅱ型				
5	0.63	0.75	95	1 000	3	连接处无渗漏
4	0.84	0.86				
3.2	1.05	1.08				
2.5	1.27	1.26				
注：也可选择与实际使用条件相对应的试验条件，其试验结果仅对该使用条件适用。						

4.3 弯曲试验

系统的弯曲试验应符合表 5 的规定。弯曲半径为系统制造商或系统供应商推荐的管材最小弯曲半径。

表 5 弯曲试验

管系列 S	试验压力 MPa		试验温度 ℃	试验时间 h	试样数量	要求
	PE-RT Ⅰ型	PE-RT Ⅱ型				
5	1.83	2.23	20	1	3	连接处无渗漏
4	2.44	2.54				
3.2	3.05	3.17				
2.5	3.69	3.71				
注：也可选择与实际使用条件相对应的试验条件，其试验结果仅对该使用条件适用。						

4.4 耐拉拔试验

系统的耐拉拔试验应符合表 6 的规定。

表 6 耐拉拔试验

试验温度[a] ℃	拉拔力[b] N	试验时间 h	试样数量	要求
23	$1.5\times F$	1	3	连接不松脱
95	F			

[a] 也可根据实际的设计温度来确定试验温度，其中：冷水系统仅做 23 ℃试验；热水和采暖系统的高温试验温度按(T_{max}＋10)℃计算，但最高不超过 95 ℃。其试验结果仅对该使用条件适用。

[b] 也可根据实际的设计压力来确定试验拉拔力，其试验结果仅对该使用条件适用。

表 6 中力 F 应按公式(1)计算：

$$F=\frac{\pi}{4}\times d_n{}^2\times P_{D,max} \quad \cdots\cdots(1)$$

式中：

F ——力，单位为牛顿(N)；

d_n ——管材的外径，单位为毫米(mm)；

$P_{D,max}$ ——最大设计压力，单位为兆帕(MPa)。

4.5 热循环试验

系统的热循环试验应符合表 7 的规定。

表 7 热循环试验

试验温度[a] ℃		试验压力[b] MPa	循环次数[c]		预应力 MPa	试样数量	要求
最高	最低						
95	20	$P_{D,max}$	$d_n\leqslant 160$ mm	5 000	σ_t	1	连接处无渗漏
			$d_n>160$ mm	500			

[a] 也可根据实际的设计温度，按(T_{max}＋10)℃来确定最高试验温度，但最高不超 95 ℃。其试验结果仅对该使用条件。

[b] 也可根据实际的设计压力来确定试验压力，其试验结果仅对该使用条件适用。

[c] 一个循环的时间为 30^{+2}_{0} min，包括 15^{+1}_{0} min 最高试验温度和 15^{+1}_{0} min 最低试验温度。

表 7 中 σ_t 应按公式(2)计算：

$$\sigma_t=\alpha\times\Delta T\times E \quad \cdots\cdots(2)$$

式中：

σ_t ——拉伸应力，单位为兆帕(MPa)；

α ——热膨胀系数，单位为每开尔文(K^{-1})；

ΔT ——温差，单位为开尔文(K)；

E ——弹性模量,单位为兆帕(MPa)。

对应本部分:$\alpha=1.9\times10^{-4}\ K^{-1}$;$\Delta T=20\ K$;$E$ 为试样所用材料牌号标称的弹性模量,也可用典型值:PE-RT Ⅰ型为580 MPa,PE-RT Ⅱ型为680 MPa。

4.6 压力循环试验

系统的压力循环试验应符合表8的规定。

表8 压力循环试验

试验压力[a] MPa		试验温度 ℃	循环次数	循环频率 min		试样数量	要求
最高	最低						
$1.5\times P_{D,max}$	0.05	23±2	10 000	$d_n\leqslant160$ mm	30±5	1	连接处无渗漏
				$d_n>160$ mm	15±3		

[a] 也可根据实际的设计压力来确定试验压力,其试验结果仅对该使用条件适用。

4.7 真空试验

系统的真空试验应符合表9的规定。

表9 真空试验

试验温度 ℃	试验时间 h	试验压力 MPa	试样数量	要求
23	1	−0.08	1	真空压力的变化≤0.005 MPa

4.8 电熔管件承口端的挤压剥离和拉伸剥离试验

系统的电熔管件承口端的挤压剥离和拉伸剥离试验应符合脆性破坏百分比不大于33.3%。

4.9 热熔对接接头拉伸强度

系统的热熔对接接头拉伸强度应符合表10的规定。

表10 热熔对接接头拉伸强度

试验温度 ℃	拉伸速度 mm/min	试样数量[a]		要求
23±2	5±1	90 mm≤d_n<110 mm	2	试验至破坏:韧性破坏-通过 脆性破坏-未通过
		110 mm≤d_n<180 mm	4	
		180 mm≤d_n<315 mm	6	
		$d_n\geqslant315$ mm	7	

[a] 试样数量为从组件连接处切割的样条数量。

5 试验方法

5.1 一般要求

5.1.1 应在管材、管件生产 24 h 后进行取样。除非另有规定，试样应按 GB/T 2918 规定，在温度为 23 ℃±2 ℃的条件下进行状态调节至少 24 h。

5.1.2 试样经状态调节后方可进行组装。除非另有规定，连接后的组件应在温度为 23 ℃±2 ℃条件下进行状态调节至少 24 h，并在此条件下进行试验。

5.2 内压试验

按 GB/T 6111—2018 进行试验。使用组合件试样（管材和两种及以上管件的组合）。试样内外的介质均为水，采用刚性连接（A 型）密封接头。

5.3 弯曲试验

按 ISO 3503 进行试验。

5.4 耐拉拔试验

按 GB/T 15820 进行试验。

5.5 热循环试验

按 GB/T 19993 进行试验。试样组装按无法弯曲（刚性管）的要求进行。

5.6 压力循环试验

按 ISO 19892 进行试验。

5.7 真空试验

按 ISO 13056 进行试验。

5.8 电熔管件承口端的挤压剥离试验

按 GB/T 19806 进行试验。试样数量为 3 个，试验结果取最大值。

5.9 电熔管件承口端的拉伸剥离试验

按 GB/T 19808 进行试验。试样数量为 3 个，试验结果取最大值。

5.10 热熔对接接头拉伸强度

按 GB/T 19810 进行试验。

ICS 91.140.01
P 46

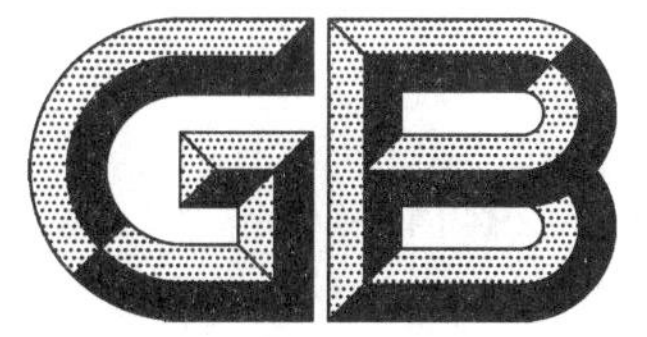

中华人民共和国国家标准

GB/T 29414—2012

散热器恒温控制阀

Thermostatic radiator valve

2012-12-31 发布　　2013-08-01 实施

中华人民共和国国家质量监督检验检疫总局
中国国家标准化管理委员会　发布

前　言

本标准按照 GB/T 1.1—2009 给出的规则起草。

本标准使用重新起草法参照 EN 215:2006《散热器恒温控制阀》，与 EN 215:2006 的一致性程度为非等效。

本标准由中华人民共和国住房和城乡建设部提出。

本标准由全国暖通空调及净化设备标准化技术委员会(SAC/TC 143)归口。

本标准负责起草单位：中国建筑科学研究院。

本标准参加起草单位：建设部供热质量监督检验中心、北京市建筑设计研究院、北京建筑节能与建筑材料管理办公室、天津市供热办公室、丹佛斯(上海)自动控制有限公司、欧文托普阀门系统(北京)有限公司、埃迈贸易(上海)有限公司、北京霍尼韦尔节能设备有限公司、北京金房暖通节能技术有限公司、东阳市华恒温控器厂、浙江盾安阀门有限公司、浙江盛世博扬阀门工业有限公司、盛世博扬(上海)暖通科技有限公司、广州海鸥卫浴用品股份有限公司、佛山市南海知行机电发展有限公司、无锡市惠山华宏自动控制有限公司、嘉科米尼采暖制冷科技(北京)有限公司、天津华创源科技有限公司、浙江慧康暖通设备有限公司、广州新菱(佛冈)自控有限公司、浙江沃孚阀门有限公司、北京联商同创科技有限公司。

本标准主要起草人：黄维、何莹、万水娥、田桂清、田雨辰、李晓鹏、马学东、冯铁栓、张军工、丁琦、楼向阳、赵明祥、孔祥智、黄军、高大勇、余耀德、唐勇彪、唐萍、孟宇、李倜、苏辉本、陈鸣、谭骞。

散热器恒温控制阀

1 范围

本标准规定了散热器恒温控制阀(以下简称恒温阀)的术语和定义;结构、分类与型号;要求;试验方法;检验规则;标志、使用说明书和合格证,以及包装、运输和贮存。

本标准适用于民用建筑供暖系统中,通过自力式动作控制流经采暖散热器的热水流量,用以实现室温调控的恒温阀(水温 95 ℃以下),不适用于电动等其他驱动形式的控温阀门。

2 规范性引用文件

下列文件对于本文件的应用是必不可少的。凡是注日期的引用文件,仅注日期的版本适用于本文件。凡是不注日期的引用文件,其最新版本(包括所有的修改单)适用于本文件。

GB/T 5231 加工铜及铜合金牌号和化学成分

GB/T 7306.1 55°密封管螺纹 第1部分:圆柱内螺纹与圆锥外螺纹

GB/T 7306.2 55°密封管螺纹 第2部分:圆锥内螺纹与圆锥外螺纹

GB/T 7307 55°非密封管螺纹

GB/T 9969 工业产品使用说明书 总则

GB/T 12220 通用阀门 标志

JB/T 6169 金属波纹管

3 术语和定义

以下术语和定义适用于本文件。

3.1

散热器恒温控制阀 thermostatic radiator valve

与采暖散热器配合使用的一种专用阀门,由阀头和阀体组成,通过其阀头温包感应环境温度驱动阀体动作,调节流经散热器的热水流量,从而实现室温的恒温控制和自主调节。

3.2

温包 sensor

在恒温阀阀头中感受环境温度变化并产生驱动力的部件。

3.3

开启曲线 opening curve

在保持恒温阀设定温度不变、前后压差不变的条件下,通过逐渐降低环境温度使恒温阀做开启动作,开启过程中得出的温度-流量特性曲线。

3.4

关闭曲线 closing curve

在保持恒温阀设定温度不变、前后压差不变的条件下,通过逐渐升高环境温度使恒温阀做关闭动作,关闭过程中得出的温度-流量特性曲线。

3.5

开启温度　opening temperature

开启曲线中零流量点所对应的温度值。

3.6

关闭温度　closing temperature

关闭曲线中零流量点所对应的温度值。

3.7

理想曲线　theoretical curve

将实测的开启曲线或关闭曲线按特定作图方法经回归处理后绘制出的、用以表示温度和流量关系的直线。

3.8

S 点　temperature point

理想曲线上零流量点所对应的温度值。

3.9

特性流量　characteristic flow rate(q_{ms})

在恒温阀前后压差为 0.01 MPa 时的温度-流量曲线上，温度比 S 点低 2 K 时所对应的流量。

3.10

公称流量　nominal flow rate(q_{mN})

恒温阀在静压为 0.1 MPa，阀前后压差为 0.01 MPa，阀头温度设定在中间刻度时，开启曲线上的特性流量。

对带预设定功能的恒温阀，其公称流量是指预设装置设定在最大值时的特性流量值。

3.11

滞后　hysteresis

开启曲线和关闭曲线在公称流量下所对应的不同温度之差。

3.12

压差影响　differential pressure influence

恒温阀在不同压差下的两条关闭曲线上 S 点之间的温差。

3.13

静压影响　influence of static pressure

恒温阀在不同静压下的两条关闭曲线上在公称流量下所对应的不同温度之差。

4　结构、分类与型号

4.1　产品结构

恒温阀主要由恒温阀阀头和恒温阀阀体组成，见图 1。

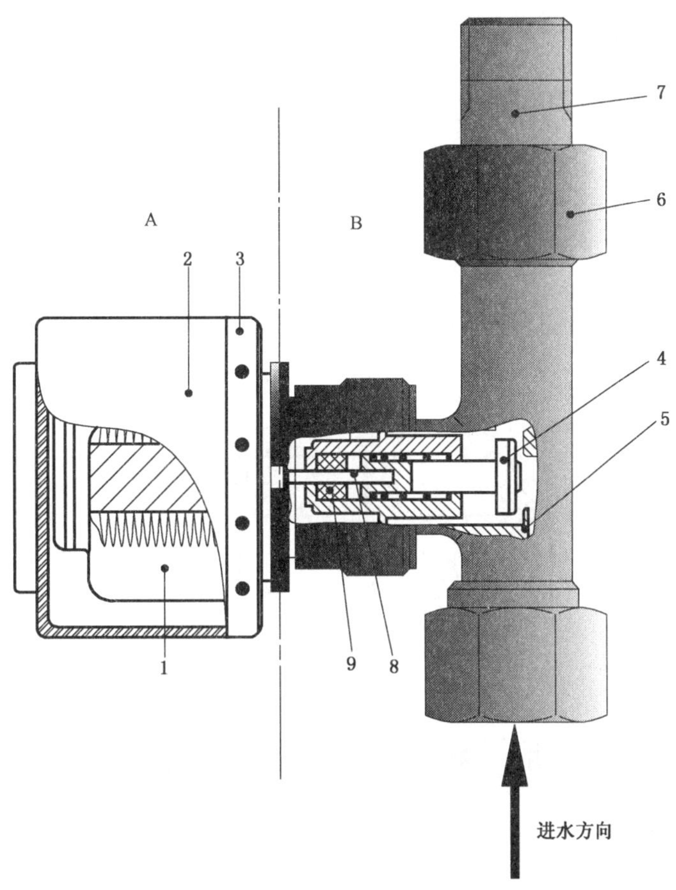

说明：

A ——恒温阀阀头；

B ——恒温阀阀体；

1 ——温包；

2 ——温度设定器；

3 ——温度设定标尺；

4 ——阀芯；

5 ——阀座；

6 ——螺母或活接头；

7 ——尾管；

8 ——阀杆；

9 ——密封件。

图 1　内置温包式恒温阀结构示意图

4.2　分类

4.2.1　恒温阀阀头分类如下：

a)　内置温包式：感温温包在阀头内，可与阀体直接连接的构造，见图 2 a)。

b)　外置温包式：温度设定器与执行器一体构造，温包独立外置，二者之间通过毛细管连接的构造，见图 2 b)。

c)　远程调控式：感温温包与温度设定器成一体并外置，通过毛细管与执行器连接的构造，见图 2 c)。

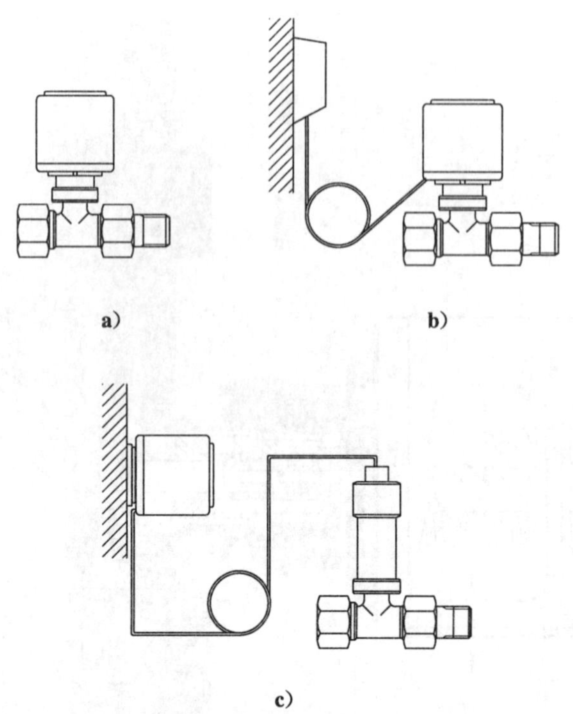

图 2　不同型式的恒温阀头示意图

4.2.2　恒温阀阀体分类如下：

a)　按公称直径可分为：DN 10、DN 15、DN 20、DN 25。

b)　按阀体连接形式可分为：

- 角型连接，见图 3 a)；
- 直通连接，见图 3 b)；
- 其他(三通连接、H 型连接、散热器内置型等)。

c)　按阀体功能可分为：

- 预设定式恒温阀：恒温阀阀体具有预设阻力调节的功能；
- 非预设定式恒温阀：恒温阀阀体不具有预设阻力调节的功能。

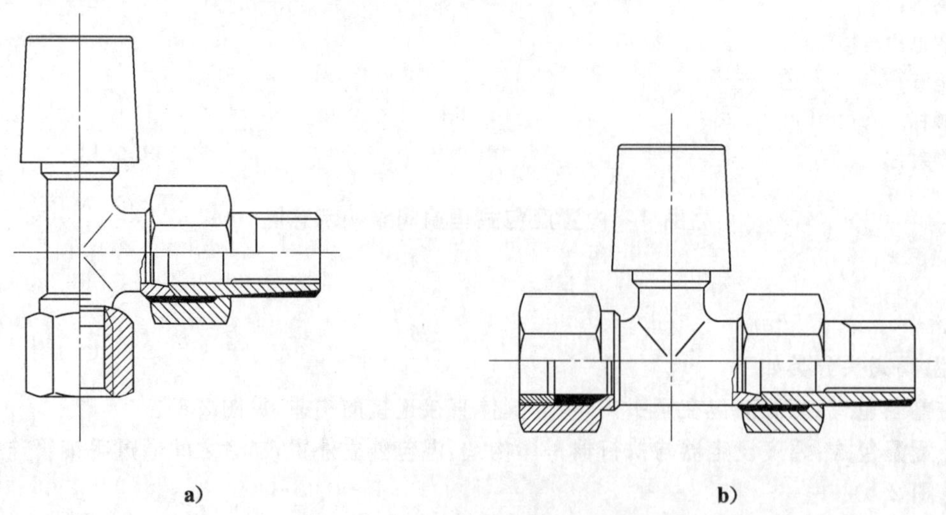

图 3　不同型式的连接方式示意图

4.3 型号

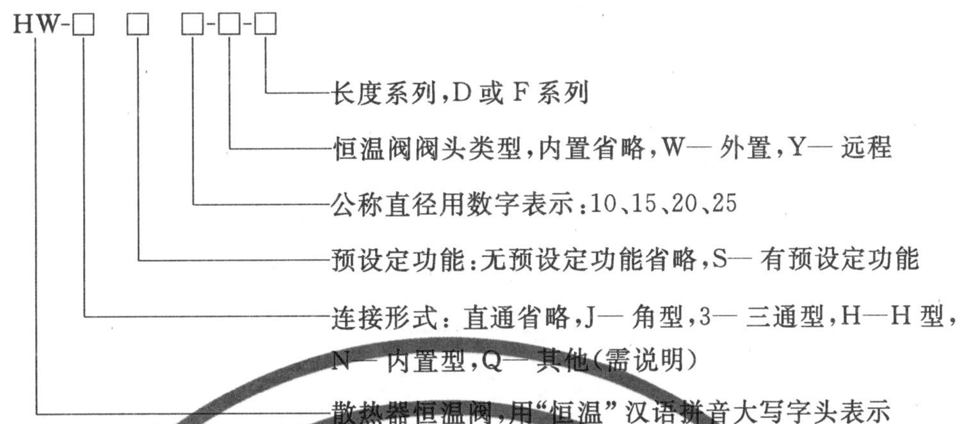

型号示例:

HW-JS25-W-D:恒温阀由 DN 25 mm 的角型预设定式阀体,与外置温包式阀头构成,基本尺寸符合 D 系列。

HW-15-F:恒温阀由 DN 15 mm 的直通型无预设定式阀体,与内置温包式阀头构成,基本尺寸符合 F 系列。

5 要求

5.1 一般要求

5.1.1 外观和动作要求

5.1.1.1 阀体表面应无可见裂纹或夹层、疏松、夹砂等缺陷,不应有影响美观的磕、碰、划伤或锈蚀。

5.1.1.2 文字、图形符号、型号、示值和刻度线应清晰、端正和牢固。

5.1.1.3 温度设定器不应松动、歪斜,启闭应轻松、连续可调,不应有卡阻现象。

5.1.1.4 恒温阀管道装配连接件应有活接作用和密封作用。

5.1.1.5 恒温阀阀体结构应符合对其在线检修和清堵的要求。

5.1.1.6 恒温阀阀体出厂包装中应配有保护帽,保护帽上应有开启/关闭旋转方向指示,保护帽应起到手动调节和关闭阀门的作用。

5.1.1.7 恒温阀阀体结构长度宜符合附录 A 中关于阀门长度的要求。

5.1.2 温度设定器设定范围

5.1.2.1 最大设定温度不应大于 28 ℃。

5.1.2.2 最小设定温度范围应为 5 ℃~16 ℃。

5.1.2.3 工作介质温度:4 ℃~95 ℃。

5.1.3 额定压力

恒温阀工作介质额定压力不应低于 1.0 MPa。

5.1.4 材料要求

5.1.4.1 恒温阀中使用的金属材料、塑料材料和密封材料等,应满足在供暖系统中的耐老化和耐锈蚀的要求,在供暖工作温度下应具有足够的机械强度。

5.1.4.2 管路螺纹连接应符合 GB/T 7306.1、GB/T 7306.2 和 GB/T 7307 中的相关规定。

5.1.4.3 采用铜合金材料时，其性能应符合 GB/T 5231 的规定。

5.1.4.4 感温元件采用金属波纹管时，其性能应符合 JB/T 6169 的规定。

5.1.4.5 橡胶密封圈应采用三元乙丙橡胶或其他性能更好的耐热橡胶材料。

5.2 机械性能要求

5.2.1 阀体装配件抗弯性

恒温阀阀体及装配件在承受表 1 中的力矩下，阀体不应发生损伤或永久变形。

表 1 装配件承受扭矩

公称直径/mm	扭矩 M/Nm
DN10	100
DN15	120
DN20	180
DN25	220

5.2.2 阀体的耐压密封性

恒温阀阀体及其连接件应按 6.2.2 进行耐压密封性试验，不得损坏或渗漏。

5.2.3 阀杆的气密性

恒温阀阀杆应按 6.2.3 进行气密性试验，不得发生气体渗漏。

5.2.4 阀杆的密封耐久性

恒温阀阀杆应按 6.2.4 进行密封耐久性试验，阀杆密封处不应渗漏。

5.2.5 温包的有效性

温包应按 6.2.5 进行试验，温包实验前、后的有效行程之差不应大于 0.15 mm。

5.2.6 阀头的抗扭性

恒温阀阀头应按 6.2.6 进行抗扭性试验，不应发生损伤或变形。

5.2.7 阀头的抗弯性

恒温阀阀头应按 6.2.7 进行抗弯性试验，不应发生损伤或变形。

5.3 调节性能要求

5.3.1 公称流量准确性

当公称流量大于 33 kg/h 时，其厂家提供的公称流量值与实测值误差不得超过 10%；当公称流量不大于 33 kg/h 时，其厂家提供的公称流量值与实测值误差不得超过 3 kg/h。

5.3.2 流量调节性

按附录 B 试验方法绘制出曲线 3，曲线上低于 S 点 1 K 时所对应的流量，不得超过公称流量的 70%。

5.3.3 最大和最小设定位置时的特性流量和温度范围

恒温阀温度设定器设定在最大位置时，所得到的特性流量不应小于0.8倍公称流量，S点不应大于30 ℃；恒温阀温度设定器设定在最小位置时，所得到的特性流量不应大于1.2倍公称流量，且不应小于0.5倍公称流量，S点应在7 ℃～18 ℃之间。

5.3.4 滞后

滞后不应大于1 K。

5.3.5 压差影响

压差影响不应大于1 K。

5.3.6 静压影响

静压影响不应大于1 K。

5.3.7 S点偏差

开启温度与开启曲线S点的温差不应大于0.8 K，关闭温度与关闭曲线S点的温差不应大于0.8 K。

5.3.8 环境温度对带有远程传输部件恒温阀的影响

按6.3.8进行环境温度对带有远程传输部件恒温阀的影响试验后，其试验前后公称流量对应的温度变化不应大于1.5 K。

5.3.9 机械疲劳性能

恒温阀应按6.3.9进行机械疲劳试验后，其试验前后公称流量的变化量不应大于试验前公称流量值的20%，公称流量对应的温度变化不应大于2 K。

5.3.10 热力疲劳性能

恒温阀应按6.3.10进行热力疲劳试验后，其试验前后公称流量的变化量不应大于试验前公称流量值的20%，公称流量对应的温度变化不应大于2 K。

5.3.11 耐温性能

恒温阀应按6.3.11进行耐温疲劳试验后，其试验前后公称流量的变化量不应大于试验前公称流量值的20%，公称流量对应的温度变化不应大于1.5 K。

6 试验方法

6.1 外观和动作

恒温阀的外观和动作采用目测和手动方式检测。

6.2 机械性能试验

6.2.1 阀体装配件抗弯性试验

将恒温阀阀体和连接件装配连接（装配力矩按厂家提供数据），垂直于管道施加力矩M(1±10%)（M数值见表1）30 s（见图4），观察阀体是否发生损伤。

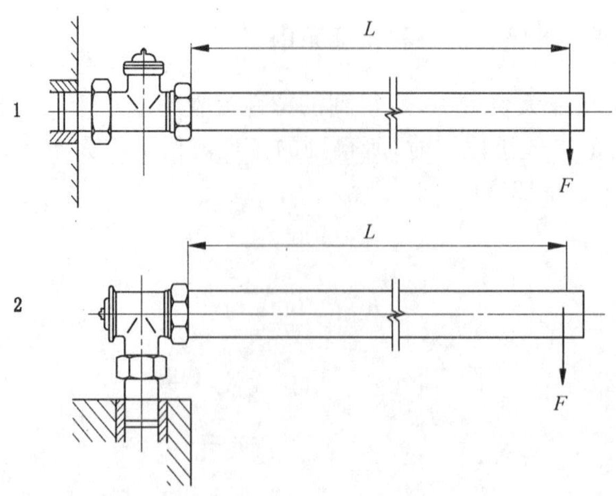

图 4　阀体装配件抗弯性试验装置示意图

6.2.2　阀体耐压密封性试验

将自由开启的恒温阀阀体和连接件装配连接，将连接散热器的一端封死，在另一端施加 1.25 倍额定压力的水压，持续 1 min 后(见图 5)观察阀体和连接处是否损坏或渗漏。

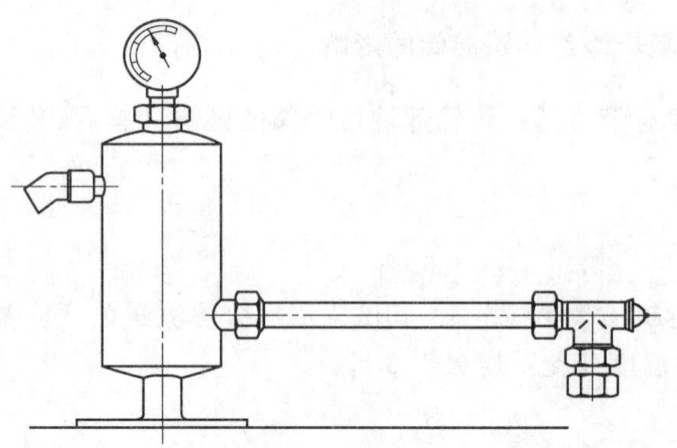

图 5　耐压密封性试验装置示意图

6.2.3　阀杆气密性试验

将恒温阀阀体和连接件装配连接，将连接散热器的一端封死，并将整阀浸入水中，在另一端施加(20±2)kPa 的气压，持续 1 min 后关闭、开启阀芯 5 次(见图 6)，检查是否持续有气泡冒出。

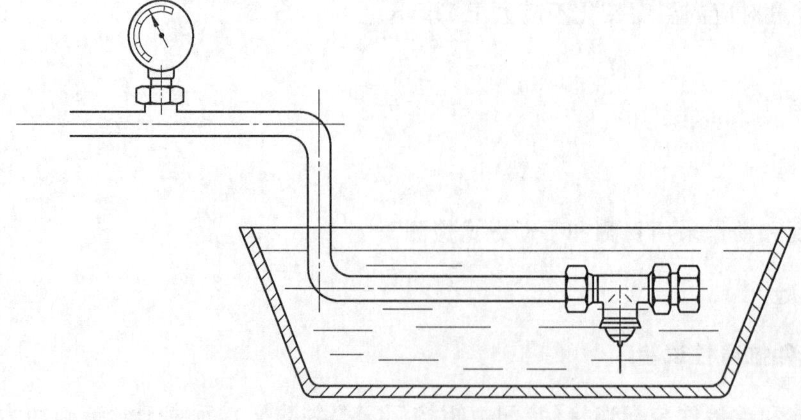

图 6　阀杆气密性试验装置示意图

6.2.4 阀杆密封耐久性试验

将恒温阀阀体安装在水温为(95±2)℃的循环水系统中，阀前后压差不低于0.02 MPa，全行程启闭阀杆60 000次，启闭频率不得高于120次/min。

6.2.5 温包有效性试验

6.2.5.1 按图7所示设备进行试验。先后在(20±2)℃和(40±2)℃的环境中，对温包施加(50±5)N的压力持续15 min，并测量温包尺寸的变化量，该变化量即为该温包的有效行程。

6.2.5.2 将温包取出，置于(20±2)℃的环境中承压(180±5)N，不少于12 h。

6.2.5.3 将温包取出，无压放入(60±2)℃的环境中，不少于6 h。

6.2.5.4 将温包取出，再次按6.2.5.1测量有效行程，得出两次有效行程的差值。

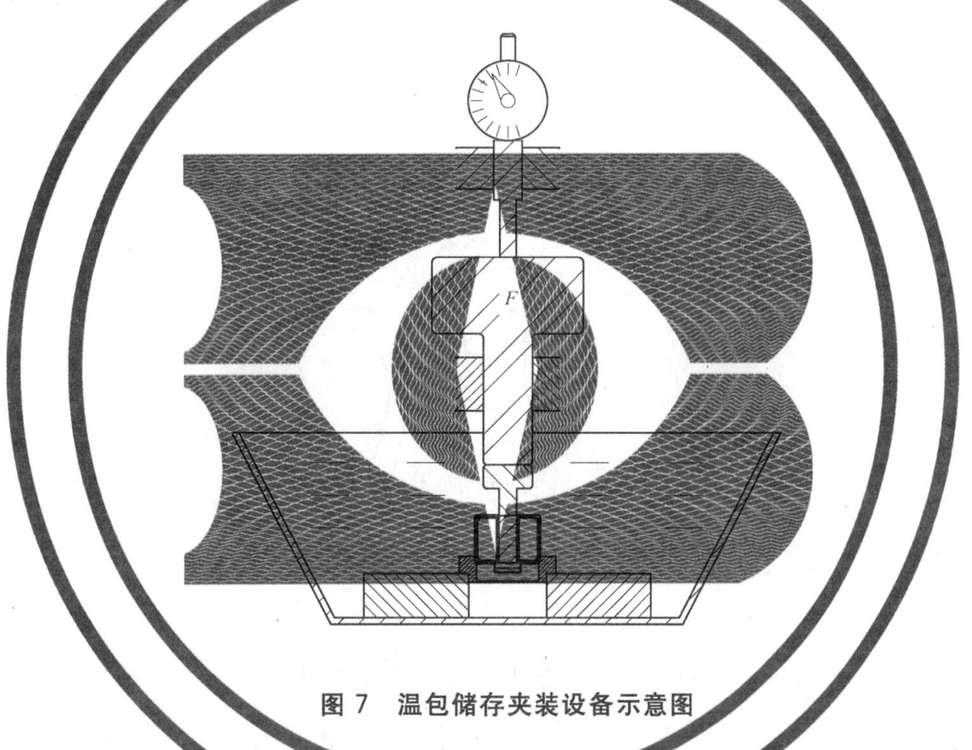

图7 温包储存夹装设备示意图

6.2.6 阀头抗扭性试验

将恒温阀阀体安装于静压(0.1±0.01)MPa、水温(90±2)℃(外置温包式和远程调控式阀头可以不要求水温)的水系统中稳定不少于20 min，将阀头调到最小温度点，关闭方向施加(8±1)N·m的扭矩30 s；再将阀头调到最大温度点，开启方向施加(8±1)N·m的扭矩30 s(见图8)，观察是否有损伤变形。

6.2.7 阀头抗弯性试验

将恒温阀阀体安装于静压(0.1±0.01)MPa、水温(90±2)℃(外置温包式和远程调控式阀头可以不要求控制水温)的水系统中稳定不少于20 min，通过宽度为20 mm的皮带在距阀头最远边10 mm的位置上施加垂直于恒温阀轴线方向上的(250±5)N外力30 s(见图9)，观察是否有损伤变形。

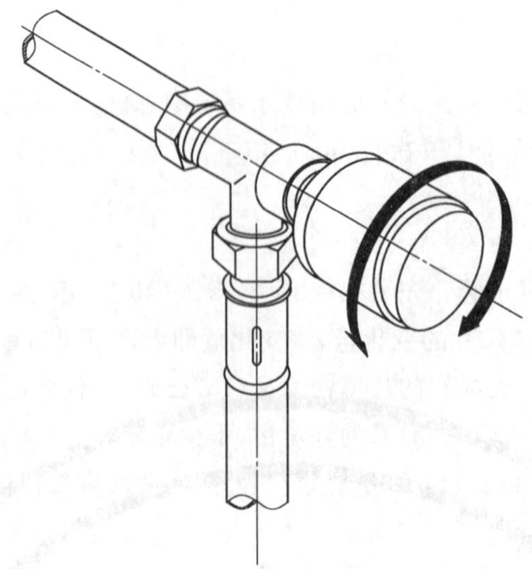

图 8　阀头抗扭性试验示意图

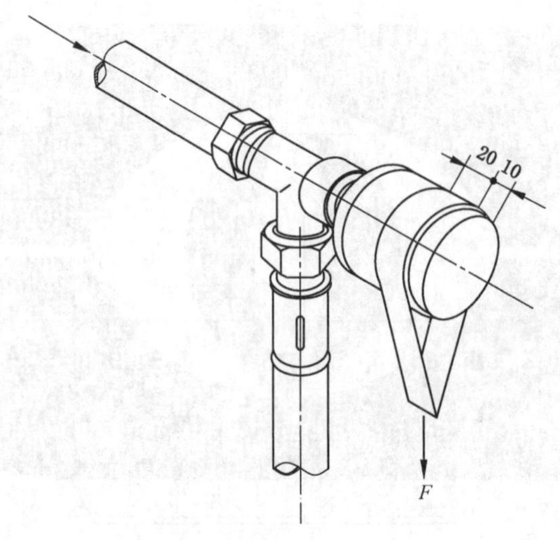

图 9　阀头抗弯性试验装置示意图

6.3　调节性能试验

6.3.1　公称流量的测定

按附录 B 绘制曲线 3(见图 B.3)，测量得出恒温阀公称流量。对带预设定功能的恒温阀，在未特殊说明的情况下，公称流量应在预设装置设定在最大时测定。

6.3.2　流量调节性的测定

按附录 B 绘制曲线 3(见图 B.3)，得出低于 S 点 1 K 所对应的流量。

6.3.3　最大和最小设定位置时的特性流量和温度范围测定

恒温阀温度设定器设定在最大位置时，按附录 B 绘制曲线 2(见图 B.3)得出的特性流量值 $q_{\mathrm{ms\ max}}$ 和 S 点。

恒温阀温度设定器设定在最小位置时，按附录 B 绘制曲线 1(见图 B.3)得出的特性流量值 $q_{\mathrm{ms\ min}}$ 和

S 点。

6.3.4 滞后的测定

按附录 B 绘制曲线 3 和曲线 4(见图 B.3),得出同一公称流量所对应的两曲线温度点的温差。

6.3.5 压差影响的测定

按附录 B 绘制曲线 4 和曲线 6(见图 B.3),得出两曲线 S 点的温差。

6.3.6 静压影响的测定

按附录 B 绘制曲线 4 和曲线 7(见图 B.3),得出公称流量所对应的两曲线温度点的温差。

6.3.7 S 点偏差测定

按附录 B 绘制曲线 3 和曲线 4(见图 B.3),得出开启温度和开启曲线 S 点,关闭温度和关闭曲线 S 点。

6.3.8 环境温度对带有远程传输部件恒温阀的影响测定

按附录 B 绘制曲线 3 和曲线 5(见图 B.3),得出公称流量所对应的两个温度点并计算温差。

6.3.9 机械疲劳试验

机械疲劳试验应按照下列步骤进行:

a) 按附录 B 绘制曲线 3(见图 B.3),得出公称流量和公称流量所对应的温度;
b) 将恒温阀安装在水温(90±2)℃、静压(0.1±0.01)MPa、最大压差(0.06±0.002)MPa 的水系统中。将阀头旋转开启和关闭,每次转动约 10 s,等待约 5 s 后转另一侧,完成一次开启和关闭动作为一个周期,共做 5 000 个周期;
c) 恒温阀开启并在环境温度中存放 24 h 以上;
d) 再次绘制曲线 3(见图 B.3),得出公称流量和公称流量所对应的温度与先前值进行比较。

6.3.10 热力疲劳试验

热力疲劳试验应按照下列步骤进行:

a) 按照附录 B 中所述的方法绘制曲线 3(见图 B.3),得出公称流量和公称流量所对应的温度;
b) 保持阀头设定温度中间位置不变,将阀头交替浸入到(15±1)℃和(25±1)℃的水槽中 5 000 次,阀头在每一个水槽中停留的时间不少于 30 s;
c) 在热力疲劳试验后,恒温阀在环境温度中存放不少于 24 h;
d) 再次绘制曲线 3(见图 B.3),得出公称流量和公称流量所对应的温度与先前值进行比较。

6.3.11 耐温性能试验

耐温性能试验应按照下列步骤进行:

a) 按照附录 B 所述的方法绘制曲线 3(见图 B.3),得出公称流量及 S 点,并在阀头上标记开度;
b) 将实验完毕后的恒温阀阀头和阀体从实验台上拆下,并按出厂状态包装;
c) 将恒温阀连带包装放入(50±2)℃的空气中 3 h;
d) 将恒温阀包装除去,将阀体和阀头组装好,将恒温阀阀头温度设定于最小值,放置于(40±2)℃的温度中持续 3 h;
e) 将实验完毕的恒温阀调至开启状态,在环境温度中存放不少于 24 h;

f) 将温度设定器设定为原标记位置，再次绘制特征曲线3(见图B.3)，得出公称流量和S点，与先前值进行比较。

7 检验规则

7.1 检验分类

产品检验分为出厂检验和型式检验。

7.2 出厂检验

7.2.1 检验项目

出场检验项目符合表2的规定。

表2 检验项目

序号	检验项目	出厂检验	型式检验	技术要求条款	试验方法条款
1	外观和动作	√	√	5.1.1	6.1
2	阀体装配件抗弯性		√	5.2.1	6.2.1
3	阀体耐压密封性	√	√	5.2.2	6.2.2
4	阀杆气密性	√	√	5.2.3	6.2.3
5	阀杆密封耐久性		√	5.2.4	6.2.4
6	温包有效性		√	5.2.5	6.2.5
7	阀头抗扭性		√	5.2.6	6.2.6
8	阀头抗弯性		√	5.2.7	6.2.7
9	公称流量准确性		√	5.3.1	6.3.1
10	流量调节性		√	5.3.2	6.3.2
11	最大和最小设定位置时的特性流量和温度范围		√	5.3.3	6.3.3
12	滞后		√	5.3.4	6.3.4
13	压差影响		√	5.3.5	6.3.5
14	静压影响		√	5.3.6	6.3.6
15	S点偏差		√	5.3.7	6.3.7
16	环境温度对带远程传输部件恒温阀的影响		√	5.3.8	6.3.8
17	机械疲劳性能		√	5.3.9	6.3.9
18	热力疲劳性能		√	5.3.10	6.3.10
19	耐温性能		√	5.3.11	6.3.11

7.2.2 抽样方案与判定规则

产品应经制造厂质量检验部门逐批检验，以100只产品为一批，不足100只按一批计，每批抽检

5只,检验合格并附有质量检验合格证方可出厂。

7.3 型式检验

7.3.1 检验条件

有下列情况之一时,应进行型式检验:

a) 新产品或老产品转厂生产的试制定型鉴定;

b) 正式生产后,如结构、材料、工艺有较大改变,可能影响产品性能时;

c) 正式生产时,每两年进行一次;

d) 产品停产两年后,恢复生产时;

e) 出厂检验结果与上次有较大差异时;

f) 发生重大质量事故时;

g) 国家质量监督机构提出进行型式检验要求时。

7.3.2 检验项目

恒温阀检验项目应按表2的规定执行。

7.3.3 抽样方案与方法

抽样应在出厂检验合格产品中,以1 000只产品为一批,不足1 000只按一批计,每批次随机抽取不少于5只,且不同规格产品不少于2只。

7.3.4 判定规则与复验规则

检验过程中,发现任何一项指标不合格时,应在同批产品中加倍抽样,复检其不合格项目;若仍不合格,则该批产品为不合格。

8 标志、使用说明书和合格证

8.1 标志

8.1.1 恒温阀应在明显部位设置清晰、牢固的型号标牌,其内容应包括:

a) 公称直径;

b) 公称压力;

c) 介质流向;

d) 制造厂标;

e) 温度设置标记。

8.1.2 产品应带有标签,标签上标明产品名称、标准编号、商标、生产企业名称、地址、种类、规格和型号。

8.1.3 阀门标志应符合GB/T 12220的规定。

8.2 使用说明书

使用说明书应符合GB/T 9969的规定,其内容至少应包括以下内容:

a) 制造厂名和商标;

b) 结构原理;

c) 主要零件的材料;

d) 重量、外形尺寸和连接尺寸；

e) 维护、保养、安装和使用说明；

f) 常见故障及排除方法；

g) 技术参数不应少于以下内容：

- 温度选择的最大值、最小值和标记；
- 最大允许的静压；
- 最大允许的压差；
- 最大允许的热水温度；
- 允许的工作压差范围；
- 公称流量下的流通能力或阻力系数；
- 对带预设定的恒温阀，应标明阀门预设定操作说明、不同预设值对应公称流量下的流通能力或阻力系数。

8.3 合格证

合格证内容至少应包括以下内容：

a) 制造厂名和出厂日期；

b) 产品型号、规格，执行标准号；

c) 检验日期、检验员标记。

9 包装、运输和贮存

9.1 包装

9.1.1 恒温阀的包装应保证产品在正常运输中不致损坏。

9.1.2 包装外面应注明：

a) 产品名称、型号及数量；

b) 制造厂名及地址。

9.1.3 恒温阀包装时，应附有使用说明书和产品质量合格证。

9.2 运输

恒温阀在运输过程中，应防止剧烈震动，不应抛掷、碰撞等，防止雨淋及化学物品的侵蚀。

9.3 贮存

恒温阀及其配件应贮存在干燥通风无腐蚀性介质的室内，并有入库登记。

附 录 A
（规范性附录）
散热器恒温控制阀基本尺寸

恒温阀阀体的基本尺寸应符合图 A.1 中阀门长度系列的要求。

单位为毫米

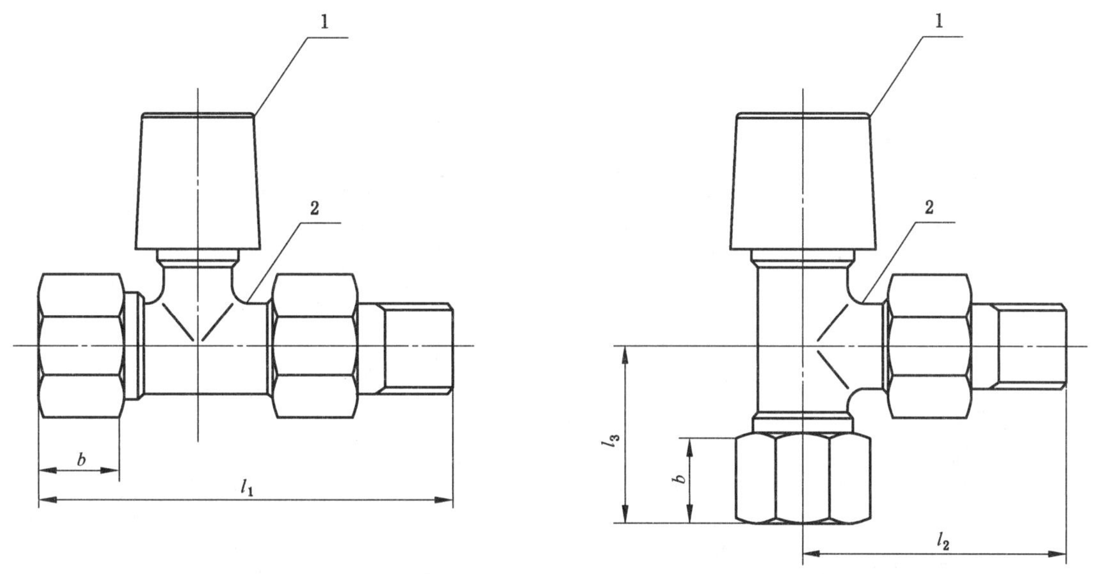

	D 系列			F 系列		
DN	10			15		
b （最小值）	10.1			13.2		
$l_1\pm2$	85	95	20	10	15	20
$l_2\pm1.5$	52	58	14.5	8	9	10
$l_3\pm1.5$	22	26	106	75	82	98

说明：

1——恒温阀阀头；

2——恒温阀阀体。

图 A.1 直通型和角型阀门 D、F 系列

附 录 B
（规范性附录）
散热器恒温控制阀调节性能试验方法

B.1 恒温阀调节性能试验装置原理图

B.1.1 获取恒温控制阀调节性能试验装置原理图，见图 B.1。

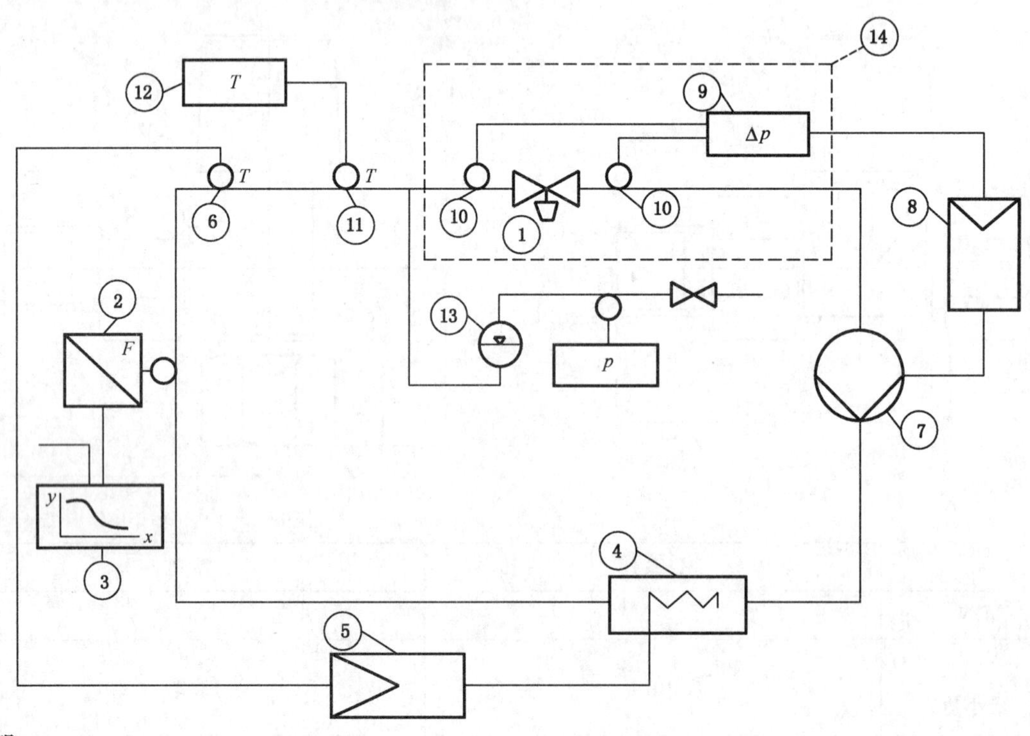

说明：

1 ——试验样品；
2 ——流量计；
3 ——数据记录仪；
4 ——加热器；
5 ——温度控制器；
6 ——温度传感器；
7 ——循环泵；
8 ——差压控制器；
9 ——差压传感器；
10——差压测点；
11——温度测点；
12——温度计；
13——稳压容器；
14——恒温水槽试验装置。

图 B.1 获取恒温阀水力调节数据的模拟采暖系统示意图

B.1.2 试验样阀的阀头部分应浸入提供给模拟室温环境的恒温水槽中，见图 B.2。

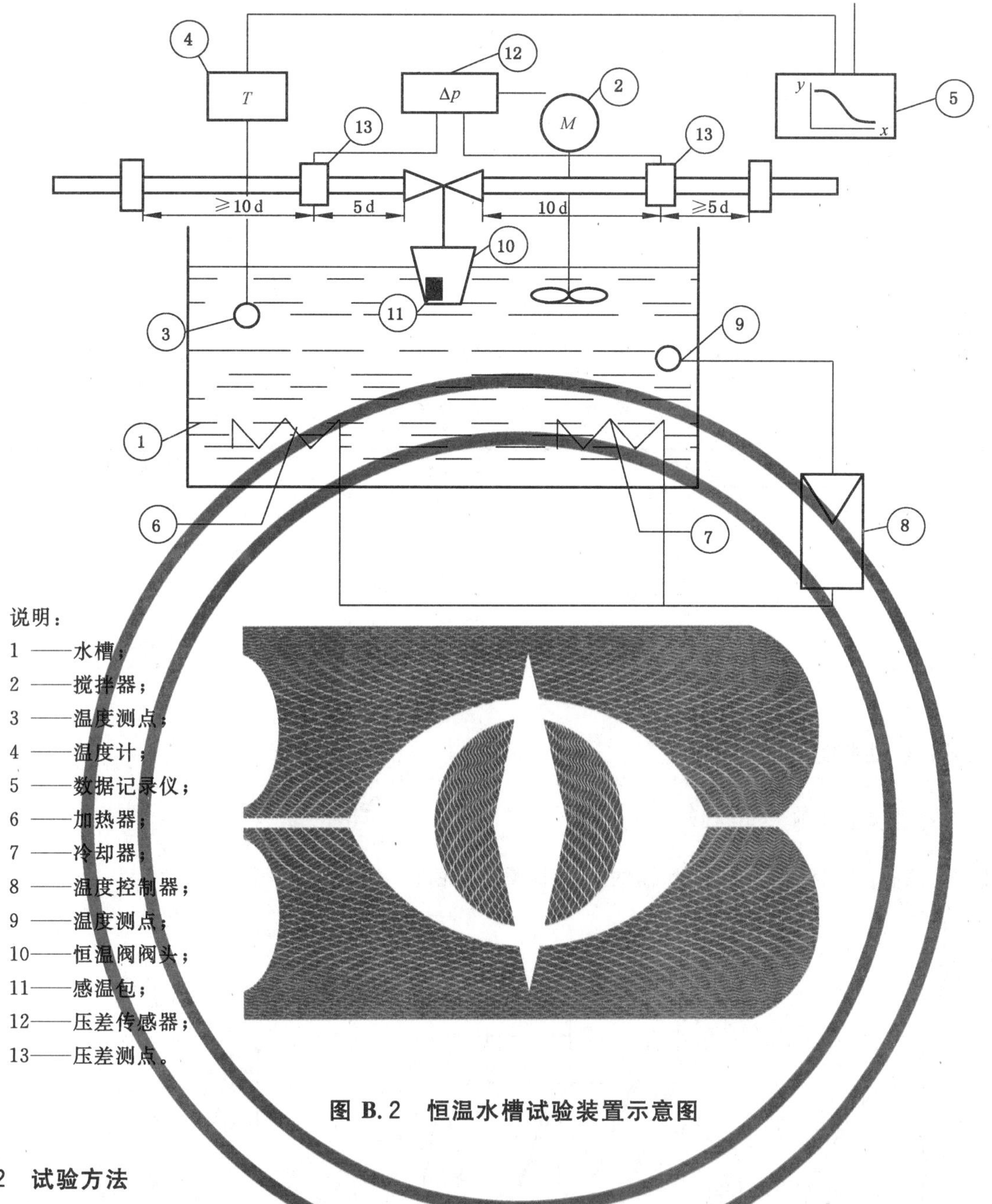

说明：

1 ——水槽；

2 ——搅拌器；

3 ——温度测点；

4 ——温度计；

5 ——数据记录仪；

6 ——加热器；

7 ——冷却器；

8 ——温度控制器；

9 ——温度测点；

10——恒温阀阀头；

11——感温包；

12——压差传感器；

13——压差测点。

图 B.2 恒温水槽试验装置示意图

B.2 试验方法

B.2.1 压差测点安放在试验样阀前后，压差数据可从压差计上读出；压差控制器控制范围在(0.01～0.06)MPa 之间，偏差±2%。

B.2.2 稳压罐控制流经恒温阀的水系统静压恒定，定压点在试验样阀前；最大系统静压应为 1 MPa，偏差±2%。

B.2.3 流经恒温阀的水系统温度可在 50 ℃～90 ℃之间恒定，温度偏差±0.2 K；温度传感器测点在试验样阀前，偏差±0.2 K。

B.2.4 流经恒温阀的水流量可从流量计上读出，并自动记录。

B.2.5 试验样阀的阀头应完全浸入在恒温水槽之中，应保证水在阀头周围连续混合和循环，水槽内温度均匀。

B.2.6 恒温水槽自控恒温，温度控制精度为 0.03 ℃；恒温水槽应能通过控制设备平稳地改变温度，温度变化量应小于 3 K/h。

B.2.7 除非有特殊的说明，试验条件如下：

恒温阀入口静压为(0.1±0.01)MPa，阀两端压差为0.01(1±2%)MPa；

流经恒温阀的循环水温度保持在(50±2)℃，恒温水槽中水温变化速率应小于3 K/h(每10 min变化小于0.5 K)；

除曲线1、曲线2，其他试验均应将温度选择器设定在中间位置，进行温度设定时应从最大刻度旋转到中间刻度。

B.3 试验仪表

试验用的各类测量仪器仪表应有计量检定有效期内的合格证，其准确度应符合表B.1的规定。

表 B.1 试验仪表要求

测量参数	测量仪表	单位	仪表精度
温度	铂电阻温度计	℃	0.03
压力	压力表 压差变送器	MPa	准确度不低于1.5级
时间	秒表	s	1
流量	流量计	%	不大于2

B.4 恒温阀特性曲线的绘制

B.4.1 特性曲线的绘制

使用恒温阀调节性能试验装置绘制的温度-流量特性曲线(曲线1～曲线7)，见图B.3。

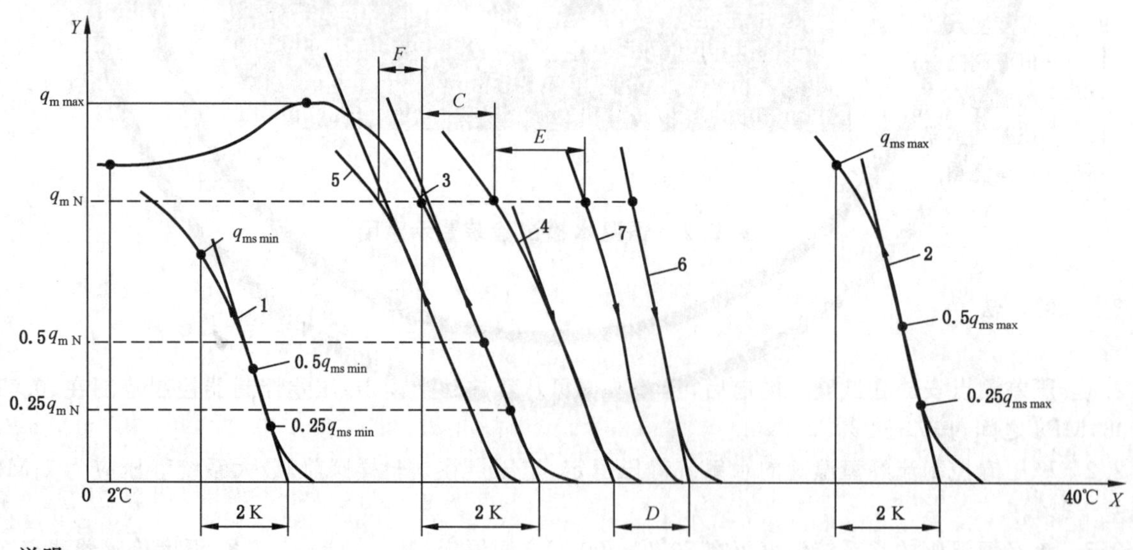

说明：

C——滞后值；

D——压差影响值；

E——静压影响值；

F——环境温度对带有远程传输部件恒温阀的影响值。

图 B.3 恒温阀温度-流量特性曲线示意图

a) 温度设定在最小设置和最大设置时的开启曲线(见曲线 1 和曲线 2)

将温度设定于最小位置,起始水槽温度至少高于开启温度 2 K,然后将水槽温度降到低于开启温度 3 K,绘制开启曲线(见曲线 1);

将温度设定于最大位置,重复上述步骤,绘制开启曲线(见曲线 2)。

b) 温度设定在中间位置时的开启曲线(见曲线 3)

将温度设定于中间位置,起始水槽温度高于开启温度至少 2 K,然后将水槽温度降低,比开启温度低 6 K,绘制开启曲线。

c) 温度设定在中间位置时的关闭曲线(见曲线 4)

将温度设定于中间位置,起始水槽温度至少低于开启温度 4 K,然后将水槽温度增到比关闭温度高 1 ℃,绘制关闭曲线。

d) 温度设定于中间位置时,带有远端传输部件的温控阀的开启曲线(见曲线 5)

温度设定于中间位置,将传输部件以及联通部件 1 m 长的一段浸入到第二个水槽中,该水槽中水温应高于(28±0.2)℃。恒温阀的其余部分置于第一个水槽中。

起始水槽温度至少要高于开启温度 2 K,然后将水槽温度降到低于开启温度 3 K,绘制开启曲线。

e) 温度设定于中间位置,压差大于 0.1 MPa 时的关闭曲线(见曲线 6)

将阀前后压差控制在 0.06(1±2%)MPa,按照 c)方式绘制关闭曲线。

f) 温度设定于中间位置,恒温阀的静压为 1 MPa 时的关闭曲线(曲线 7)

将静压控制在 1(1±2%)MPa,按照 c)方式绘制关闭曲线。

B.4.2 理想曲线的绘制

理想曲线的绘制应按照下述步骤完成,绘制示意图,见图 B.4。

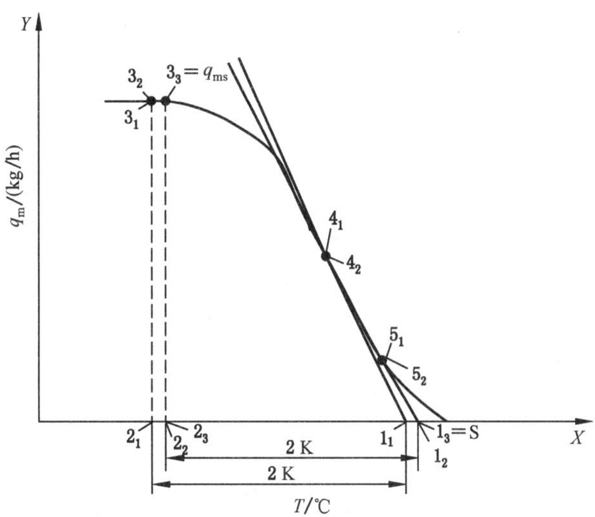

说明:

q_m ——流量(kg/h);

q_{ms} ——特性流量(kg/h);

T ——温度(℃);

S ——S 点(℃)。

图 B.4 理想曲线绘制示意图

a） 延长曲线的线性部分或通过拐点的切线交 X 轴于点 1_1；

b） 在 X 轴上比交点 1_1 低 2 K 的一点为 2_1，点 2_1 在曲线上所对应的点为 3_1；

c） 点 4_1 所对应的流量为点 3_1 所对应的流量 50%，点 5_1 所对应的流量为点 3_1 所对应流量的 25%；

d） 将点 4_1 和点 5_1 连线并延长交 X 轴于点 1_2；

e） 以点 1_2 为起点，重复 a)、b)、c)过程直到 1_n 点不再发生位移，1_n 点即为 S 点；

f） 低于 S 点 2 K 的 X 轴上点所对应的流量即为 q_{ms}。

ICS 91.140
Q 76

中华人民共和国国家标准

GB/T 29735—2013

采暖空调用自力式流量控制阀

Self-operating flow control valve for heating and cooling system

2013-09-18 发布　　　　2014-06-01 实施

中华人民共和国国家质量监督检验检疫总局
中国国家标准化管理委员会　发布

前 言

本标准由中华人民共和国住房和城乡建设部提出。

本标准由全国暖通空调及净化设备标准化技术委员会(SAC/TC 143)归口。

本标准负责起草单位:中国建筑科学研究院。

本标准参加起草单位:建研爱康(北京)科技发展公司、山西建工申华暖通设备有限公司、毅智机电系统(北京)有限公司、欧文托普阀门系统(北京)有限公司、河北平衡阀门制造有限公司、河北同力自控阀门制造有限公司、丹佛斯(上海)自动控制有限公司、天津龙泰吉科技发展有限公司、北京天箭星节能科技有限公司、河北金桥平衡阀门有限公司、杭州春江阀门有限公司、浙江沃孚阀门有限公司、浙江沃尔达暖通科技有限公司、北京建工一建工程建设有限公司。

本标准主要起草人:杜朝敏、卜维平、冯铁栓、刘克勤、李军华、杨丹、刘健康、马利、张寒晶、陈振双、柳箭、迟晓光、柴为民、陈鸣、卓旦春、黄勃。

采暖空调用自力式流量控制阀

1 范围

本标准规定了采暖空调用自力式流量控制阀的术语和定义，分类和标记，基本规定，要求，试验方法，检验规则，以及标志、包装、运输和贮存等。

本标准适用于集中供热和集中空调循环水(或乙二醇溶液)系统中，无需系统外部动力驱动，能够依靠自身的机械结构，利用系统压差保持流量稳定的自力式流量控制阀(以下简称控制阀)。

2 规范性引用文件

下列文件对于本文件的应用是必不可少的。凡是注日期的引用文件，仅注日期的版本适用于本文件。凡不注日期的引用文件，其最新版本(包括所有的修改单)适用于本文件。

GB/T 1047 管道元件 DN(公称尺寸)的定义和选用

GB/T 1048 管道元件 PN(公称压力)的定义和选用

GB/T 1220 不锈钢棒

GB/T 1239.2—2009 冷卷圆柱螺旋弹簧技术条件 第2部分:压缩弹簧

GB/T 1414 普通螺纹 管路系列

GB/T 12220 通用阀门 标志

GB/T 12225 通用阀门 铜合金铸件技术条件

GB/T 12226 通用阀门 灰铸铁件技术条件

GB/T 12227 通用阀门 球墨铸铁件技术条件

GB/T 12229 通用阀门 碳素钢铸件技术条件

GB/T 13808 铜及铜合金挤制棒

GB/T 13927 工业阀门 压力试验

GB/T 17241.6 整体铸铁法兰

JB/T 10507 阀门用金属波纹管

3 术语和定义

下列术语和定义适用于本文件。

3.1

自力式流量控制阀 self-operating flow control valve

一种无需系统外部动力驱动，依靠自身的机械动作，能够在工作压差范围内保持流量稳定的控制阀。

3.2

工作压差 operating pressure differential

作用于控制阀两端，使控制阀能够正常实现流量控制功能的压差。

3.3

固定流量型 fixed flow type

在出厂前已按照客户的要求设定控制流量，出厂后不可再调整控制流量的控制阀类型。

3.4

可调流量型 adjustable flow type

可在工程现场对控制流量予以调整的控制阀类型。

4 分类和标记

4.1 分类

4.1.1 控制阀按照调节功能分为可调流量型和固定流量型。

4.1.2 控制阀按照连接方式分为螺纹连接型和法兰连接型。

4.2 规格

控制阀的规格用公称通径表示，公称通径系列应符合 GB/T 1047 的规定，分为 DN15、DN20、DN25、DN32、DN40、DN50、DN65、DN80、DN100、DN125、DN150、DN200、DN250、DN300 和 DN350。

4.3 标记

控制阀型号标记的构成如下：

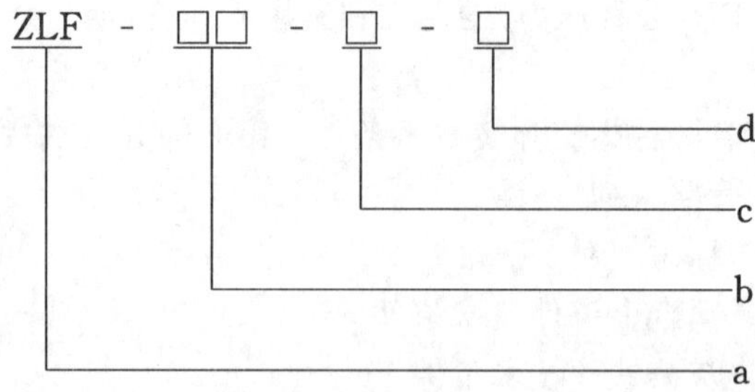

控制阀型号标记的含义如下：

a) 控制阀型号标记的第一部分为名称段，用“自力、流量、阀”的汉语拼音大写字头 ZLF 表示；

b) 控制阀型号标记的第二部分为分类段，用“可调”或“固定”的汉语拼音大写字头 K 或 G 表示调节功能；用“螺纹”或“法兰”的汉语拼音大写字头 L 或 F 表示连接方式；

c) 控制阀型号标记的第三部分为规格段，用公称通径系列中的数字表示；

d) 控制阀型号标记的第四部分为承压段，用公称压力等级中的数字表示。

示例 1：

ZLF-KL-40-16 表示可调流量，螺纹连接，规格为 DN40，承压 1.6 MPa 的自力式流量控制阀。

示例 2：

ZLF-GF-150-25 表示固定流量，法兰连接，规格为 DN150，承压 2.5 MPa 的自力式流量控制阀。

5 基本规定

5.1 参数

5.1.1 公称压力

控制阀的公称压力等级应符合 GB/T 1048 的规定，可分为 PN10、PN16 和 PN25 三档。

5.1.2 介质温度范围

控制阀的介质温度范围应由供方确定，应在产品的技术文件中明示。

5.1.3 工作压差范围

5.1.3.1 固定流量型控制阀的工作压差范围应由供方确定，应在产品的技术文件中明示。

5.1.3.2 可调流量型控制阀的工作压差范围应在产品的技术文件中明示，且不应小于表1的规定。

表1 可调流量型控制阀的最小工作压差范围

序号	规格	最小工作压差范围/MPa
1	DN15～DN25	0.02～0.20
2	DN32～DN100	0.03～0.30
3	DN125～DN350	0.04～0.40

5.1.4 控制流量值

各个规格固定流量型控制阀的控制流量值应由供方确定，应在产品的技术文件中明示。

5.1.5 控制流量范围

可调流量型控制阀的控制流量范围应在产品的技术文件中明示，且不应小于表2的规定。

表2 可调流量型控制阀的最小控制流量范围

序号	规格	最小控制流量范围/(m^3/h)
1	DN15	0.08～0.80
2	DN20	0.1～1.0
3	DN25	0.2～2.0
4	DN32	0.5～4.0
5	DN40	1～6
6	DN50	2～10
7	DN65	3～15
8	DN80	5～25
9	DN100	10～35
10	DN125	15～50
11	DN150	20～80
12	DN200	40～160
13	DN250	75～300
14	DN300	100～450
15	DN350	200～650

5.2 材料

5.2.1 控制阀阀体宜采用铜合金、灰铸铁、球墨铸铁或铸钢材料加工制造。控制阀的公称压力为PN25时，阀体应采用牌号不低于HT250的灰铸铁、球墨铸铁或铸钢材料加工制造。

5.2.2 阀芯和阀杆宜采用铜合金、黄铜棒或不锈钢棒材料加工制造。

5.2.3 当阀体、阀芯和阀杆采用铜合金材料时，其性能应符合 GB/T 12225 的规定；当采用灰铸铁材料时，其性能应符合 GB/T 12226 的规定；当采用球墨铸铁材料时，其性能应符合 GB/T 12227 的规定；当采用铸钢材料时，其性能应符合 GB/T 12229 的规定；当采用黄铜棒材料时，其性能应符合 GB/T 13808 的规定；当采用不锈钢棒材料时，其性能应符合 GB/T 1220 的规定。当采用其他材料时，其机械性能不应低于上述材料的机械性能指标。

5.2.4 密封元件宜采用三元乙丙橡胶(EPDM)、丁腈橡胶(NBR)、氟橡胶(FPM)。当介质温度低于3 ℃ 时，控制阀密封元件应采用氟橡胶(FPM)。

5.2.5 感压元件应采用三元乙丙橡胶(EPDM)、金属波纹管，或其他适用材料。当采用金属波纹管时，应符合 JB/T 10507 的规定。

5.2.6 弹簧应采用不锈钢或铜合金材料，成品检验应符合 GB/T 1239.2—2009 的规定，其精度等级不应低于Ⅱ级。

5.2.7 塑料元件应采用 ABS 工程塑料或其他适用的工程塑料。

5.3 结构

5.3.1 控制阀的结构应保证安装、使用和维护方便，运行安全可靠。

5.3.2 法兰尺寸和密封面应符合 GB/T 17241.6 的规定。

5.3.3 螺纹尺寸应符合 GB/T 1414 的规定。

6 要求

6.1 外观

6.1.1 控制阀的阀体表面应平整光洁，无明显的砂眼、凹坑、鼓包、磕碰伤和锈蚀。油漆或喷塑涂层应厚度均匀，色泽一致，无起皮、龟裂、皱褶和气泡。

6.1.2 除不锈钢制和铜制件外，其他不适宜涂漆和喷塑的金属元件应进行电镀或氧化处理。

6.1.3 流量刻度盘的数字和刻度线应准确、清晰、不易褪色和脱落。

6.1.4 阀体上的公称通径、公称压力和流动方向等标志，以及其他文字和图形应准确、清晰、端正和牢固。

6.1.5 可调流量型控制阀的流量调节装置应反应灵敏、操作简便，不应有阻滞和卡死现象。

6.2 机械性能

6.2.1 阀体强度和密封性能

控制阀的阀体和密封部位在 1.5 倍的工作压力下，不得发生结构损伤和渗漏。

6.2.2 感压元件强度

控制阀的感压元件在工作压差范围从最小值到最大值往复变换 3 000 次后，不得发生塑性变形。

6.2.3 耐久性

控制阀在工作压差范围从最小值到最大值往复变换 3 000 次后，仍能满足流量控制精确性要求。

6.3 控制性能

6.3.1 流量控制精确性

控制阀在每个测试工况点的实测流量值与所有工况点的实测流量值的平均值的相对误差不应大

于7%。

6.3.2 流量指示准确性

控制阀流量刻度盘指示的控制流量值与所有测试工况点的实测控制流量值的平均值的相对误差不应大于5%。

7 试验方法

7.1 外观检查

外观检查采用目测和手工方式检查，检查结果应符合6.1的规定。

7.2 机械性能试验

7.2.1 阀体强度和密封性能试验

阀体强度和密封性能应按GB/T 13927的规定进行试验，试验结果应符合6.2.1的规定。

7.2.2 感压元件强度试验

将控制阀的控制流量设置在最小，阀门两端的压差从工作压差范围的最小值到最大值往复变换3 000次，试验时间控制在72 h之内，试验结果应符合6.2.2的规定。

7.2.3 耐久性试验

将控制阀的控制流量设置在最小，阀门两端的压差从工作压差范围的最小值到最大值往复变换3 000次，试验时间控制在72 h之内，试验结果应符合6.2.3的规定。

7.3 控制性能试验

7.3.1 试验装置和试验步骤

控制阀控制性能试验装置和试验步骤应符合附录A的规定。

7.3.2 流量控制精确性试验

7.3.2.1 固定流量型控制阀，在控制流量值下测试控制阀的控制流量相对误差。

7.3.2.2 可调流量型控制阀，将控制阀的流量刻度线分别调整到控制流量范围的最大值、最大最小值的平均值和最小值，并分别在这3个控制流量值下测试控制阀的控制流量相对误差。

7.3.2.3 在控制阀工作压差范围内从小到大均匀地取不少于5个的压差工况点，再从大到小取相同的压差工况点，在每个工况点上读取控制阀的控制流量值。

7.3.2.4 控制阀的控制流量相对误差按式(1)计算：

$$T_{QK(i)}=\frac{|Q_{s(i)}-Q_p|}{Q_p}\times 100\% \qquad \cdots\cdots(1)$$

式中：

$T_{QK(i)}$——各个工况点的控制流量相对误差；

$Q_{s(i)}$——各个工况点的实测控制流量值，单位为立方米每小时(m^3/h)；

Q_p——所有工况点的实测控制流量值的算术平均值，单位为立方米每小时(m^3/h)。

7.3.2.5 按式(1)计算的控制阀在各个工况点的控制流量相对误差值应符合6.3.1的规定。

7.3.3 流量指示准确性试验

7.3.3.1 控制阀按照7.3.2的规定进行试验后，将所取得的试验数据代入式(2)，计算控制阀的流量指示相对误差：

$$T_{QZ}=\frac{|Q_z-Q_p|}{Q_p}\times 100\% \quad \cdots\cdots(2)$$

式中：

T_{QZ}——控制阀的流量指示相对误差；

Q_z——控制阀的标称控制流量值或流量刻度盘指示的控制流量值，单位为立方米每小时(m^3/h)；

Q_p——所有工况点的实测控制流量值的算术平均值，单位为立方米每小时(m^3/h)。

7.3.3.2 按式(2)计算的控制阀的流量指示相对误差应符合6.3.2的规定。

8 检验规则

8.1 出厂检验

出厂检验项目应按表3的规定逐台进行检验。

表3 检验项目和条款

序号	检验项目	出厂检验	抽样检验	型式检验	要求	试验方法
1	外观	√	—	√	6.1	7.1
2	阀体强度和密封性能	√	—	√	6.2.1	7.2.1
3	感压元件强度	—	√	√	6.2.2	7.2.2
4	耐久性	—	√	√	6.2.3	7.2.3
5	流量控制精确性	—	√	√	6.3.1	7.3.2
6	流量指示准确性	√	—	√	6.3.2	7.3.3

8.2 抽样检验

8.2.1 出厂产品批量超过200台时，应进行抽样检验。检验样品应在出厂检验合格的产品中随机抽取，每次抽样不少于批量台数的1%，并且不同规格的产品不少于1台。

8.2.2 检验过程中，发现任何一项抽样检验指标不合格时，应在同批产品中加倍抽样，复检不合格项目，如果仍然不合格，则判定该批产品为不合格。

8.2.3 抽样检验项目应按表3的规定执行。

8.3 型式检验

8.3.1 有下列情况之一时，应进行型式检验：

a) 试制的新产品定型或老产品转厂时；

b) 产品结构和制造工艺，材料等更改对性能有影响时；

c) 产品停产超过一年后，恢复生产时；

d) 出厂检验结果与上次型式检验有较大差异时；

e) 正常生产时，超过两年未进行型式检验时；

f) 国家质量监督机构提出进行型式检验的要求时。

8.3.2 型式检验项目按表3的规定执行。

9 标志、说明书和合格证

9.1 标志

9.1.1 控制阀应在明显部位设置清晰和牢固的铭牌，铭牌应采用不锈钢、铜合金、铝合金或工程塑料等材料制造，铭牌上的内容应包括：

a) 生产企业的名称和商标；

b) 产品的名称和型号。

9.1.2 控制阀阀体上的明显部位应有永久性阀门标志，标志应符合 GB/T 12220 的规定。

9.2 说明书

9.2.1 控制阀包装箱内应附带产品说明书。

9.2.2 产品说明书的内容应包括：

a) 生产企业的名称和商标；

b) 产品的名称和型号；

c) 产品的适用范围；

d) 产品的基本结构和零部件材质；

e) 产品的技术参数；

f) 产品的选型计算方法；

g) 安装、使用、维护和保养说明；

h) 常见故障及排除方法。

9.3 合格证

9.3.1 控制阀包装箱内应附带产品合格证。

9.3.2 产品合格证的内容应包括：

a) 生产企业的名称和商标；

b) 产品的名称和型号；

c) 产品生产所执行的标准号；

d) 检验日期和检验合格标记。

10 包装、运输和贮存

10.1 包装

10.1.1 控制阀的包装箱应足够牢固，保证产品在正常的搬运和运输过程中不发生破损。

10.1.2 包装箱的外表面上应标明：

a) 产品的名称、规格和数量；

b) 产品的防护标志。

10.1.3 产品装入包装箱后，应使用包装带捆扎紧密。

10.2 运输

控制阀在运输过程中，应防止剧烈震动、碰撞和摔跌，防止雨淋、水浸和化学物品的侵蚀，不应抛掷。

10.3 贮存

控制阀及其配件应贮存在干燥通风无腐蚀性介质的库房内，并有入库登记。

附 录 A
(规范性附录)
控制阀控制性能试验方法

A.1 试验装置

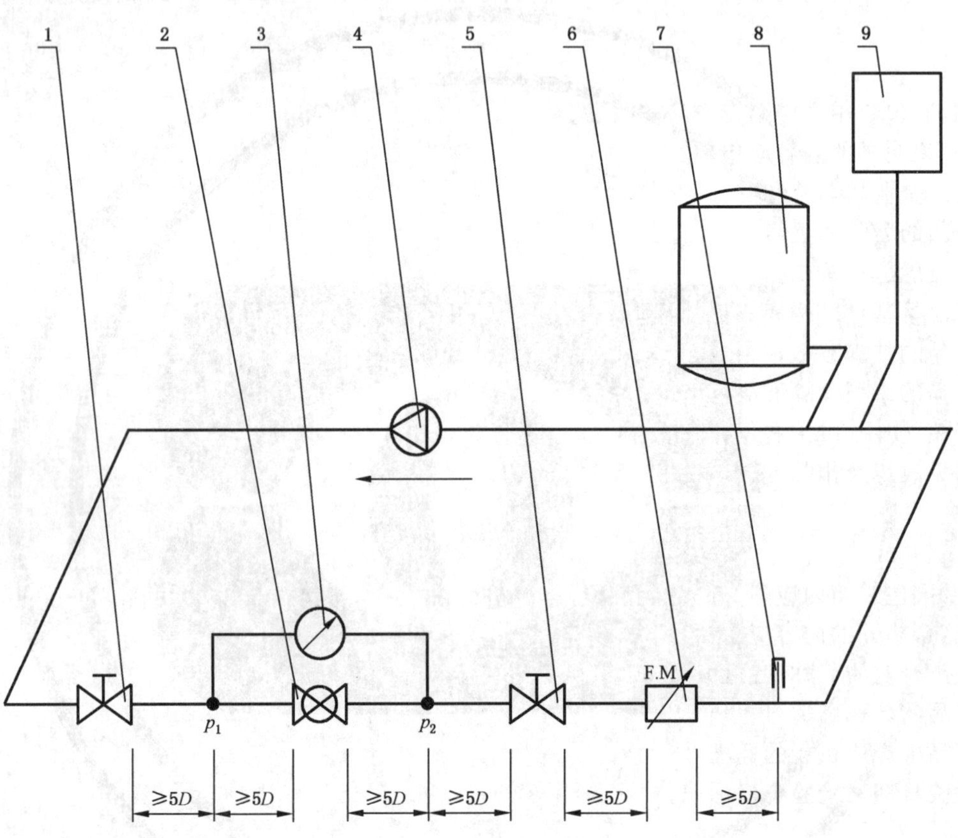

说明:

1——调节阀 A;

2——被试控制阀;

3——压差计;

4——循环泵;

5——调节阀 B;

6——流量计;

7——温度计;

8——稳压缸;

9——水箱;

D——进、出口连接管公称通径;

p_1、p_2——工作压力。

图 A.1 控制阀控制性能试验装置示意图

A.2 试验步骤

A.2.1 固定流量型控制阀，调整图 A.1 中的调节阀 A 和调节阀 B，使 p_1-p_2 从工作压差范围的最小值开始，到工作压差范围的最大值为止，从小到大均匀地取不少于 5 个的测试工况点，再从大到小取相同的测试工况点，并在每个工况点上读取控制阀的控制流量值。

A.2.2 可调流量型控制阀，将控制阀的流量刻度线分别调整到控制流量范围的最大值、最大最小值的平均值和最小值。并分别在这 3 个控制流量值下，调整图 A.1 中的调节阀 A 和调节阀 B，使 p_1-p_2 从工作压差范围的最小值开始，到工作压差范围的最大值为止，从小到大均匀地取不少于 5 个的测试工况点，再从大到小取相同的测试工况点，并在每个工况点上读取控制阀的控制流量值。

A.3 试验数据整理

将测试数据分别代入式(1)和式(2)，计算控制阀的控制流量相对误差和流量指示相对误差。

A.4 试验仪器

A.4.1 试验用的各类测量仪器应在计量检定有效期内。

A.4.2 测量仪器的准确度应符合表 A.1 的规定。

表 A.1 测量仪器的准确度

序号	测量参数	测量仪器	仪器准确度
1	压差	压差计	1.5 级以上
		压差变送器	2%
2	流量	流量计	1%
3	水温度	温度计	±0.3 ℃

A.5 试验条件

A.5.1 试验介质应为 5 ℃～40 ℃的水。

A.5.2 试验装置的供、回水压差应大于 0.36 MPa。

A.5.3 试验装置的介质循环流量应大于被测控制阀控制流量范围上限值的 1.2 倍。

ICS 91.140
P 45

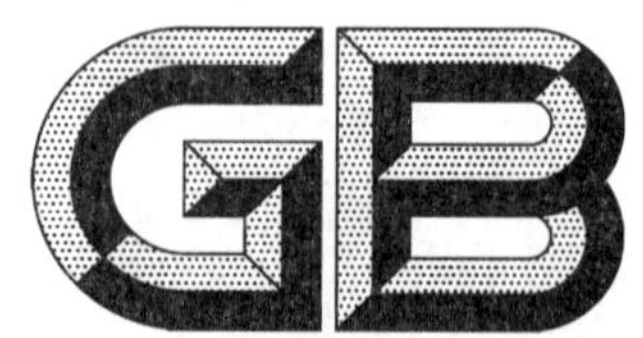

中华人民共和国国家标准

GB/T 30597—2014

燃气燃烧器和燃烧器具用安全和控制装置通用要求

General requirements of safety and control devices for gas burners and gas-burning appliances

(ISO 23550:2011,Safety and control devices for gas burners and gas-burning appliances—General requirements,MOD)

2014-06-09 发布　　2014-12-01 实施

中华人民共和国国家质量监督检验检疫总局
中国国家标准化管理委员会　发布

前　言

本标准按照GB/T 1.1—2009给出的规则起草。

本标准使用重新起草法修改采用ISO 23550:2011《燃气燃烧器和燃烧器具用安全和控制装置　一般要求》。

本标准与ISO 23550:2011相比在结构上有较多调整，附录A中列出了本标准与ISO 23550:2011的章条编号对照一览表。

本标准与ISO 23550:2011相比存在技术性差异。这些差异涉及的条款已通过在其外侧页面空白位置的垂直单线(|)进行了标示。附录B中给出了相应技术性差异及其原因的一览表。

本标准为与GB 16914—2012《燃气燃烧器具安全技术条件》保持一致，在附录C中给出了本标准支持GB 16914—2012基本要求的条款对应表。

本标准还做了下列编辑性修改：

——删除了ISO 23550:2011的前言和引言；

——删除了ISO 23550:2011的参考文献。

本标准由中华人民共和国住房和城乡建设部提出。

本标准由住房和城乡建设部燃气标准化技术委员会归口。

本标准起草单位：中国市政工程华北设计研究总院、太原煤炭气化(集团)有限责任公司、广州迪森家用锅炉制造有限公司、广东美的厨卫电器制造有限公司、宁波方太厨具有限公司、青岛经济技术开发区海尔热水器有限公司、广州市精鼎电器科技有限公司、西特(上海)贸易有限公司、浙江新涛电子机械股份有限公司、湛江中信电磁阀有限公司、诸暨凯姆热能设备有限公司、广东万家乐燃气具有限公司、广东万和新电气股份有限公司、艾欧史密斯(中国)热水器有限公司、博西华电器(江苏)有限公司、浙江侨亨实业有限公司、广东长青(集团)股份有限公司、能率(中国)投资有限公司、华帝股份有限公司、霍尼韦尔(中国)有限公司、绍兴市威可多电器有限公司、国家燃气用具质量监督检验中心。

本标准主要起草人：王启、苏毅、渠艳红、楼英、梁国荣、徐德明、张伟、庞智勇、张劢、何明辉、叶杨海、蔡顺德、仇明贵、陈必华、毕大岩、刘松辉、张熙、游锦堂、张坤东、易洪斌、莫云清、朱良军、刘文博。

引　言

在燃气用具和燃气设备中，安全控制装置作为核心部件，对实现整机的功能、保证安全等方面起着至关重要的作用。随着燃气燃烧器具的大量普及应用，本标准的制定对确保安全控制装置产品质量、提高整机安全性、保障人身安全有着极为重要的意义。

本标准为各个燃具零配件标准的通用要求，修改采用ISO 23550标准体系的首标，与专用控制装置标准配合使用。

本标准的制定，为今后开展采用同一系列的ISO产品标准工作奠定基础，也有利于推进我国燃气具行业重要零配件产品标准的系列化工作，实现标准技术进一步与国际接轨。

燃气燃烧器和燃烧器具用安全和控制装置通用要求

1 范围

本标准规定了使用GB/T 13611规定的城镇燃气的燃气燃烧器和燃烧器具用安全和控制装置及其组件(以下简称“控制装置”)的术语和定义、分类和分组、结构和材料、要求、试验方法、标识、安装和操作说明书、包装、运输和贮存。

本标准适用于以下控制装置:

——自动和半自动阀;

——燃烧控制装置;

——熄火保护装置;

——燃气和空气比例调节装置;

——压力调节装置;

——旋塞阀总成;

——温度控制装置;

——多功能控制装置;

——压力传感装置;

——阀门检验系统。

2 规范性引用文件

下列文件对于本文件的应用是必不可少的。凡是注日期的引用文件,仅注日期的版本适用于本文件。凡是不注日期的引用文件,其最新版本(包括所有的修改单)适用于本文件。

GB/T 191 包装储运图示标志(GB/T 191—2008,ISO 780:1997,MOD)

GB/T 1690—2010 硫化橡胶或热塑性橡胶耐液体试验方法(ISO 1817:2005,MOD)

GB/T 2423.10 电工电子产品环境试验 第2部分:试验方法 试验Fc:振动(正弦)(GB/T 2423.10—2008,IEC 60068-2-6:1995, IDT)

GB/T 3091 低压流体输送用焊接钢管(GB/T 3091—2008,ISO 559:1991,NEQ)

GB 4208 外壳防护等级(IP代码)(GB 4208—2008,IEC 60529:2001,IDT)

GB/T 5013.1 额定电压450/750 V及以下橡皮绝缘电缆 第1部分:一般要求(GB/T 5013.1—2008,IEC 60245-1:2003,IDT)

GB/T 5023.1 额定电压450/750 V及以下聚氯乙烯绝缘电缆 第1部分:一般要求(GB/T 5023.1—2008 , IEC 60227-1:2007,IDT)

GB/T 7306(所有部分) 55°密封管螺纹(eqv ISO 7-1:1994)

GB/T 7307 55°非密封管螺纹(GB/T 7307—2001,eqv ISO 228-1:1994)

GB/T 9114 带颈螺纹钢制管法兰

GB/T 9144 普通螺纹 优先系列(GB/T 9144—2003,ISO 262:1998,MOD)

GB/T 12716 60°密封管螺纹

GB/T 13611 城镇燃气分类和基本特性

GB 14536.1—2008 家用和类似用途电自动控制器 第 1 部分:通用要求[IEC 60730-1:2003(Ed3.1),IDT]

GB 14536.6—2008 家用和类似用途电自动控制器 燃烧器电自动控制系统的特殊要求(IEC 60730-2-5:2004,IDT)

GB 15092.1 器具开关 第 1 部分:通用要求[GB 15092.1—2010,IEC 61058-1:2008,IDT]

GB/T 15530(所有部分) 铜合金法兰

GB/T 16411—2008 家用燃气用具通用试验方法

GB/T 17241(所有部分) 铸铁管法兰

GB/T 17626.2 电磁兼容 试验和测量技术 静电放电抗扰度试验(GB/T 17626.2—2006,IEC 61000-4-2:2001,IDT)

GB/T 17626.3 电磁兼容 试验和测量技术 射频电磁场辐射抗扰度试验(GB/T 17626.3—2006,IEC 61000-4-3:2002,IDT)

GB/T 17626.4 电磁兼容 试验和测量技术 电快速瞬变脉冲群抗扰度试验(GB/T 17626.4—2008,IEC 61000-4-4:2004,IDT)

GB/T 17626.5 电磁兼容 试验和测量技术 浪涌(冲击)抗扰度试验(GB/T 17626.5—2008,IEC 61000-4-5:2005,IDT)

GB/T 17626.6 电磁兼容 试验和测量技术 射频场感应的传导骚扰抗扰度(GB/T 17626.6—2008,IEC 61000-4-6:2006,IDT)

GB/T 17626.8 电磁兼容 试验和测量技术 工频磁场抗扰度试验(GB/T 17626.8—2006,IEC 61000-4-8:2001,IDT)

GB/T 17626.11 电磁兼容 试验和测量技术 电压暂降、短时中断和电压变化的抗扰度试验(GB/T 17626.11—2008,IEC 61000-4-11:2004 ,IDT)

GB 18802.1—2011 低压电涌保护器(SPD) 第 1 部分:低压配电系统的电涌保护器 性能要求和试验方法(IEC 61643-1:2005,MOD)

3 术语和定义

下列术语和定义适用于本文件。

3.1

控制功能 control function

控制燃气燃烧器或燃烧器具安全操作和运行的功能。

3.2

控制装置 control devices

在燃气燃烧器或燃烧器具系统中完成控制功能的装置。

3.3

呼吸孔 breather hole

可变容积(腔体)内与外界相通的孔。

3.4

闭合元件 closure member

控制装置关断燃气流量的可动部件。

3.5

外部气密性　external leak-tightness

有燃气流经过的隔室相对于大气压的气密性。

3.6

内部气密性　internal leak-tightness

控制装置的闭合元件处于关闭位置,其有燃气流经过的隔室相对于另一隔室或控制装置出口的气密性。

3.7

最大工作压力　maximum working pressure

由制造商声明的,控制装置可以工作的最高进口压力值。

3.8

最小工作压力　minimum working pressure

由制造商声明的,控制装置可以工作的最低进口压力值。

3.9

流量　flow rate

单位时间内流经控制装置的气体体积。

3.10

额定流量　rated flow rate

在制造商声明的压差下的空气流量(校正到基准状态下:15 ℃,101.325 kPa)。

3.11

最高环境温度　maximum ambient temperature

由制造商声明的,控制装置可以工作的最高的环境空气温度。

3.12

最低环境温度　minimum ambient temperature

由制造商声明的,控制装置可以工作的最低的环境空气温度。

3.13

安装位置　mounting position

制造商声明的控制装置安装位置。

注:安装位置举例如下:

——直立位:在与制造商声明的进口连接保持水平的轴上的惟一位置上;

——水平位:在与制造商声明的进口连接保持水平的轴上任意位置;

——垂直位:在与制造商声明的进口连接保持垂直的轴上任意位置;

——限定水平位:在与制造商声明的进口连接保持水平的轴上,从直立位到离直立位 90°间(1.57 弧度)的任意位置;

——多点位:在与制造商声明的进口连接保持水平、垂直或其中间的轴上的任意位置。

3.14

公称尺寸　nominal size

DN:用于管路系统元件尺寸的字母和数字组合的尺寸标识,它由字母 DN 和后跟无因次的整数数字组成。这个数字与端部连接件的孔径或外径(用 mm 表示)等特征尺寸直接相关。

注 1:除在相关标准中另有规定,字母 DN 后面的数字不代表测量值,也不能用于计算目的。

注 2:采用 DN 标识系统的那些标准,应给出 DN 和管道元件的尺寸的关系,例如 DN/OD 或 DN/ID。

[GB/T 1047—2005,定义]

3.15

定义状态　defined state

具有以下安全特性的状态：

a) 控制装置被动地进入一种状态，在该状态下燃气处于切断状态，当引起进入该安全状态的原因不再存在时，再次启动只能按特定的要求进行；

b) 控制装置在规定的时间内主动执行保护动作，执行安全关闭或进入锁定状态；

c) 控制装置运行符合所有与安全相关的功能规定。

3.16

故障反应时间　fault reaction time

在故障容许时间内，控制装置从发生故障到处于定义状态的时间。

3.17

重置　reset

允许系统从锁定状态重启的动作。

3.18

失效　failure

功能单元执行一个要求功能的能力的终止。

[GB/T 20438.4—2006，定义 3.6.4]

3.19

故障　fault

使功能单元执行要求的功能的能力降低或失去其能力的异常状况。

[GB/T 20438.4—2006，定义 3.6.1]

3.20

伤害　harm

由于对财产或环境的破坏而导致的直接或间接地对人体健康的损害或对人身的损伤。

[GB/T 20438.4—2006，定义 3.1.1]

3.21

危险　hazard

伤害的潜在根源。

注：该术语包括短时间内发生的对人员的威胁（如着火或爆炸），以及对人体健康长时间有影响的那些威胁（如有毒物质的释放）。

[GB/T 20438.4—2006，定义 3.1.2]

3.22

功能安全　functional safety

指取决于安全控制装置正确运行的应用程序的相关安全性。

3.23

程序　program

控制装置运行次序（可能包括接通电源、启动、监控和断电、安全关闭和锁定等）。

4　分类和分组

4.1　分类

4.1.1　按应用分类

根据适用情况，控制装置可按应用（如气密力、性能特点、耐久性等）进行分类，具体见专用控制装置标准。

4.1.2 按控制功能分类

控制装置按其控制功能的安全性分为 3 类：A 类、B 类和 C 类：

A 类——控制功能与安全性无关；

B 类——控制功能用来防止器具处于不安全状态，控制功能失效将不会直接导致燃气器具处于危险情况；

C 类——控制功能用来防止器具特定的危险（如爆炸），控制功能失效会直接导致燃气器具处于危险情况。

4.2 分组

4.2.1 按控制装置按其所能承受的弯矩分为 1 组和 2 组：

——1 组控制装置，安装在燃具内或者安装在不受设备管道安装造成的弯曲应力影响处（例如：使用刚性支架支撑）的控制装置；

——2 组控制装置，安装在燃具内部或者外部任何场合的控制装置，通常不带安装支架。

4.2.2 符合第 2 组规定的控制装置也应符合第 1 组控制装置的规定。

5 结构和材料

5.1 一般要求

当按照说明书安装和使用时，控制装置的设计、制造和组装应保证所有功能可正常使用，且控制装置的所有承压部件应能承受机械和热应力而没有任何影响安全的变形。

5.2 结构

5.2.1 外观

控制装置的外观应无锐边和尖角，且所有部件的内部和外部均应是清洁的。

5.2.2 孔

5.2.2.1 用于控制装置部件组装或安装螺钉、销钉等的孔，不应穿透燃气通路，且孔和燃气通路之间的壁厚不应小于 1 mm。

5.2.2.2 燃气通路上的工艺孔，应用金属密封方式永久密封，连接用化合物可作补充使用。

5.2.3 呼吸孔

5.2.3.1 呼吸孔的设计应保证，当与之相连的工作膜片损坏时，呼吸孔应符合下列规定之一：

a) 符合 6.2.1 的规定；

b) 呼吸孔应与通气管相连接，且安装和操作说明书应说明呼吸孔可安全地排气。

5.2.3.2 呼吸孔应防止被堵塞或应设置在不易堵塞的位置，且其位置应保证膜片不会被插入的尖锐器械损伤。

5.2.4 紧固螺钉

控制装置上的紧固螺钉应符合以下规定：

a) 维修和调节时可被拆下的紧固螺钉应采用符合 GB/T 9144 规定的公制螺纹，控制装置正常操作或调节需要不同的螺纹除外；

b) 能形成螺纹并产生金属屑的自攻螺钉不应用于连接燃气通路部件或在维修时可被拆卸的部件；

c) 能形成螺纹但不产生金属屑的自攻螺钉，当可被符合 GB/T 9144 规定的公制机械螺钉所代替时，才可使用。

5.2.5 可动部件

控制装置可动部件(如膜片、传动轴)的运行不应能被其他部件损伤，且可动部件不应外露。

5.2.6 保护盖

保护盖应能用通用工具拆下和重装，并应有漆封标记，且不应影响制造商声明的整个调节范围内的调节功能。

5.2.7 维修和/或调节时的拆卸和重装

5.2.7.1 需要拆装的部件应能使用通用工具拆下和重装，且该类部件的结构或标记应保证在按照制造商声明的方法组装时不易装错。

5.2.7.2 可被拆卸的各种闭合元件(包括用作测量和测试的元件)，应保证其结构可由机械方式达到气密性(如用金属与金属连接、O 形圈等)，不应使用密封液、密封膏或密封带之类的密封材料。

5.2.7.3 不允许被拆卸的闭合元件，应采用可显示出干扰痕迹的方法标记(如漆封)，或用专用工具固定。

5.2.8 辅助通道

当有辅助通道，应进行保护，其一旦造成堵塞，不应影响控制装置的正常操作。

5.3 材料

5.3.1 一般要求

5.3.1.1 材料的质量、尺寸和组装各部件的方法应保证其结构和性能安全。

5.3.1.2 按制造商的说明安装和使用时，在其使用期限内，性能应无明显改变，且所有元件应能承受在此期间可承受的机械、化学和热等各种应力。

5.3.2 外壳

直接或间接将燃气与大气隔离的外壳的各部件应符合以下规定之一：

a) 由金属材料制成；

b) 由非金属材料制成，应符合 6.2.2 的规定。

5.3.3 弹簧

5.3.3.1 闭合弹簧

为控制装置的闭合元件提供气密力的弹簧应由耐腐蚀的材料制成，并应设计为耐疲劳。

5.3.3.2 提供关闭力和气密力的弹簧

提供关闭力和气密力的弹簧应设计为耐振动和耐疲劳，并应符合以下规定：

a) 金属丝直径小于或等于 2.5 mm 的弹簧应由耐腐蚀材料制成；

b) 金属丝直径大于 2.5 mm 的弹簧可由耐腐蚀材料制成，也可采用具有防腐蚀保护的其他材料制成。

5.3.4 耐腐蚀和表面保护

与燃气或大气接触的部件和弹簧，应由耐腐蚀材料制成或被适当的保护，且对弹簧和其他活动部件的防腐蚀保护不应因任何移动而受损坏。

5.3.5 连接材料

5.3.5.1 在制造商声明的操作条件下，永久性连接用材料应确保有效。

5.3.5.2 熔点 450 ℃以下的连接材料不应用于燃气通路部件的焊接或其他工艺，除非用作附加密封。

5.3.6 浸渍

制造过程中有浸渍时，应进行适当处理。

5.3.7 活动部件的密封

5.3.7.1 燃气通路中的活动部件和闭合元件的密封应采用固体的、机械性能稳定的、不会永久变形的材料，不应使用密封脂。

5.3.7.2 手动可调式压盖不应用来密封活动部件。

5.3.7.3 由制造商设定的并设有防止进一步调节的可调式压盖可作为不可调式压盖考虑。

5.3.7.4 波纹管不应作为唯一的对大气密封的元件使用。

5.4 燃气连接

5.4.1 连接方法

控制装置的燃气连接应设计为使用通用工具就可完成的方式。

5.4.2 连接尺寸

连接尺寸应符合表 1 的规定。

表 1 连接尺寸

螺纹或法兰公称尺寸 DN/mm	螺纹或法兰英制尺寸/in	压缩连接管外径范围/mm
6	1/8	2～5
8	1/4	6～8
10	3/8	10～12
15	1/2	14～16
20	3/4	18～22
25	1	25～28
32	1 1/4	30～32
40	1 1/2	35～40
50	2	42～50
65	2 1/2	—

表 1（续）

螺纹或法兰公称尺寸 DN/mm	螺纹或法兰英制尺寸/in	压缩连接管外径范围/mm
80	3	—
100	4	—
125	5	—
150	6	—
200	8	—
250	10	—

5.4.3 螺纹

5.4.3.1 进出口螺纹应符合 GB/T 7306(所有部分)、GB/T 7307 或 GB/T 12716 的规定，并按表 1 进行选择。

5.4.3.2 把超过有效连接长度 2 个螺距的管子拧入主体螺纹段时，进出口螺纹连接设计应保证不对控制装置的运行带来不利影响，且螺纹止档也应符合规定。

5.4.4 管接头

使用管接头进行连接，当接头螺纹不符合 GB/T 7306(所有部分)、GB/T 7307 或 GB/T 12716 的规定，应提供与之匹配的管接头配件或接头螺纹的全部尺寸细节。

5.4.5 法兰

控制装置使用法兰连接时应符合以下规定：

a) 公称尺寸大于 DN50 的控制装置使用法兰连接时，应采用符合 GB/T 9114 规定的 PN6 或 PN16 的法兰连接；
b) 公称尺寸不大于 DN50 的控制装置使用法兰连接时，应采用与标准法兰连接的适配接头，或提供配件的全部尺寸细节；
c) 公称尺寸大于 DN80 的控制装置应使用法兰连接。

5.4.6 压缩连接

采用压缩连接时，连接前管子不应变形，如使用橄榄形垫，则应与管子相匹配，当能保证正确安装，也可采用不对称的橄榄形垫。

5.4.7 测压口

测压口外径为 $9.0_{-0.5}^{\ 0}$ mm，有效长度不应小于 10 mm，测压口内径不应超过 1 mm，且测压口不应影响控制装置气密性。

5.4.8 过滤网

5.4.8.1 安装有进口过滤网时，过滤网孔最大尺寸不应超过 1.5 mm，并应防止直径为 1 mm 的销规通过。

5.4.8.2 未安装进口过滤网时，安装说明应包括使用和安装符合 5.4.8.1 规定的过滤网的相关资料，以防异物进入。

5.5 使用电子元器件的控制装置

使用电子元器件的控制装置还应符合附录 D 中 D.1 的规定。

6 要求

6.1 一般要求

在下列条件下，控制装置应能正常工作：

a) 全部工作压力范围内；

b) 0 ℃～60 ℃的环境温度或制造商声明的更宽的环境温度范围；

c) 电动式的控制装置，电压或电流范围从额定值的 85％到 110％，或从最小额定值的 85％到最大额定值的 110％范围内。

6.2 部件要求

6.2.1 呼吸孔泄漏要求

当与呼吸孔相连的工作膜片被损坏时，按 7.2.1 规定的试验方法进行试验，试验结果应符合以下规定：

a) 在最大进口压力下，呼吸孔的空气流量不应超过 70 L/h；

b) 当最大工作压力不大于 3 kPa，且呼吸孔直径不大于 0.7 mm 时，即认为符合 a)项规定；

c) 当使用泄漏限制器符合 a)项规定时，该限制器应能承受 3 倍最大工作压力，且当使用安全膜片作为泄漏限制器时，在发生故障时，安全膜片不应代替该工作膜片。

6.2.2 非金属部件拆下后控制装置的泄漏要求

当非金属部件(O 形圈、垫片、密封件和膜片的密封部件除外)拆下或破裂时，在最大工作压力下按 7.2.2 规定的试验方法进行试验，空气泄漏量不应超过 30 L/h。

6.3 性能要求

6.3.1 气密性

6.3.1.1 按 7.3.1 规定的试验方法进行试验，控制装置的空气泄漏量不应超过表 2 的规定值。

表 2 最大泄漏量

进口公称尺寸 DN/mm	最大泄漏量/(L/h)	
	内部气密性	外部气密性
DN＜10	0.02	0.02
10≤DN≤25	0.04	0.04
25＜DN≤80	0.06	0.06
80＜DN≤150	0.10	0.06
150＜DN≤250	0.15	0.06

6.3.1.2 在拆下和重新组装闭合元件 5 次后再次进行外部气密性试验，控制装置的空气泄漏量不应超过表 2 的规定值。

6.3.2 扭转和弯曲

6.3.2.1 一般要求

控制装置的结构应有足够的强度，应能承受其在安装和维修期间可能经受的机械应力；按 7.3.2 规定的方法试验后，应无永久变形，且空气泄漏量不应超过表 2 的规定值。

6.3.2.2 扭转

按 7.3.2.2 规定的试验方法进行试验，控制装置应能承受表 3 规定的扭矩。

表 3 扭矩和弯矩

公称尺寸 DN[a] /mm	扭矩[b]/N·m	弯矩/(N·m)		
	1 组和 2 组	1 组		2 组
	10 s 测试	10 s 测试	900 s 测试	10 s 测试
6	15 (7)	15	7	25
8	20 (10)	20	10	35
10	35 (15)	35	20	70
15	50 (15)	70	40	105
20	85	90	50	225
25	125	160	80	340
32	160	260	130	475
40	200	350	175	610
50	250	520	260	1 100
65	325	630	315	1 600
80	400	780	390	2 400
100	—	950	475	5 000
125	—	1 000	500	6 000
≥150	—	1 100	550	7 600

[a] 相应连接尺寸见表 1。

[b] 括弧中的扭矩值专门针对烹饪燃气具上，带法兰或鞍形夹紧进口连接的控制装置。

6.3.2.3 弯曲

6.3.2.3.1 按 7.3.2.3.1 规定的试验方法进行试验，控制装置应能承受表 3 规定的弯矩。

6.3.2.3.2 1 组控制装置应按 7.3.2.3.2 的规定做 900 s 弯曲补充试验，并应能承受表 3 规定的弯矩。

6.3.3 额定流量

按 7.3.3 规定的试验方法进行试验时，最大流量至少应是额定流量的 0.95 倍。

6.3.4 耐用性

6.3.4.1 一般要求

与燃气接触的弹性材料(如阀垫、O 形圈、膜片和密封圈等)用肉眼观察时应是均匀的,无气孔、夹杂物、细渣、气泡和其他表面缺陷。

6.3.4.2 耐燃气性

6.3.4.2.1 弹性材料

按 7.3.4.1.1 规定的试验方法进行弹性材料的耐燃气性试验,试验前后,其质量变化率应符合表 4 的规定值。

表 4 弹性材料耐燃气质量变化要求表

用途	国际橡胶硬度(IRHD)等级	干燥后质量变化率
密封件	H1、H2、H3	−8%～+5%
膜片	H1	−15%～+5%
	H2	−10%～+5%
	H3	−8%～+5%
注:IRHD 由制造商予以声明,其分级为: ——H1,IRHD<45; ——H2,45≤IRHD≤60; ——H3,60<IRHD≤90。		

6.3.4.2.2 浆状、油脂类密封材料

按 7.3.4.1.2 规定的试验方法进行浆状、油脂类密封材料的耐燃气性试验,试验前后,其质量率变化不应超过±10%。

6.3.4.3 耐油性

按 7.3.4.2 规定的试验方法进行弹性材料的耐油性试验,试验前后,其质量变化率不应超过±10%。

6.3.4.4 标识耐用性

6.3.4.4.1 粘贴的商标和所有标识应能承受 7.3.4.3 规定的标识耐用性试验,试验结束后不应脱落和变色,应始终保持清晰易读。

6.3.4.4.2 按钮上的标识应能够经受因手动操作引起的连续触摸和摩擦,并保持完好。

6.3.4.5 耐划痕性

7.3.4.5 规定的耐潮湿试验前和试验后,用漆等保护的表面应能承受 7.3.4.4 规定的耐划痕试验,并不应被钢球划穿表面上的保护涂层而裸露金属。

6.3.4.6 耐潮湿性

6.3.4.6.1 所有部件(包括表面有保护涂层的部件)应能承受 7.3.4.5 规定的耐潮湿试验,而没有肉眼可

见的过度腐蚀、脱落和起泡痕迹。

6.3.4.6.2　某些部件存在轻微腐蚀迹象时，应确保控制装置有足够的安全系数。

6.3.4.6.3　当某些部件的腐蚀可能会对控制装置的连续安全运行产生影响时，则这类部件不应有任何腐蚀痕迹。

6.3.5　功能要求

见其专用控制装置标准，并应符合该专用控制装置标准的规定。

6.3.6　耐久性

见其专用控制装置标准，并应符合该专用控制装置标准的规定。

6.3.7　使用电子元器件的控制装置

使用电子元器件的控制装置还应符合附录 D 中 D.2 和 D.3 的规定。

6.3.8　电气安全

控制装置的电气安全应符合附录 E 的规定。

6.3.9　电磁兼容安全性(EMC)

使用电子元器件的控制装置的电磁兼容安全性(EMC)应符合附录 F 的规定。

7　试验方法

7.1　试验条件

除非另有规定，所有试验应在以下条件下进行：

a)　试验用空气温度为(20±5)℃，环境温度为(20±5)℃；

b)　所有测量值应被校正到基准状态，15 ℃、101.325 kPa 的干空气；

c)　通过更换元件可以实现燃气气源转换的控制装置，应用转换的各元件做补充测试；

d)　试验应在制造商声明的安装位置进行，有多个安装位置时，应在最不利的安装位置进行。

7.2　部件试验

7.2.1　呼吸孔泄漏试验

破坏与呼吸孔相连的工作膜片可动部分，打开控制装置的所有闭合元件，加压到最大工作压力，测量泄漏量。

7.2.2　非金属部件拆下后控制装置泄漏试验

拆下控制装置中燃气与大气隔离的所有非金属部件(不包括 O 形圈、密封件、密封垫和膜片的密封部件)，堵塞所有通气孔，加压控制装置进口和出口到最大工作压力并测试泄漏量。

7.3　性能试验

7.3.1　气密性试验

7.3.1.1　一般要求

7.3.1.1.1　所用装置的误差极限应是±1 mL(容积法)和±10 Pa(压降法)，泄漏量测试的精度应在

±5 mL/h以内。

7.3.1.1.2 内部泄漏用0.6 kPa初始测试压力进行测试，然后分别对内部和外部泄漏用1.5倍最大工作压力或15 kPa(取其较大值)重复试验。

7.3.1.1.3 应使用可得到再现结果的方法，如下所示：

a) 附录G(容积法)——适用测试压力不大于15 kPa的控制装置；

b) 附录H(压降法)——适用测试压力大于15 kPa的控制装置，压差换算见附录H中的式(H.1)。

7.3.1.2 外部气密性

给控制装置进口和出口同时供给7.3.1.1.2规定的试验压力，打开所有闭合元件，测量泄漏量，然后再根据制造商的说明拆下和重装闭合元件5次，然后再一次进行该试验。

7.3.1.3 内部气密性

逐个检测闭合元件，使被测的闭合元件处于关闭位置，打开其他闭合元件，在控制装置进口供给7.3.1.1.2规定的试验压力，测量泄漏量。

7.3.2 扭转和弯曲试验

7.3.2.1 一般要求

控制装置的扭转和弯曲试验应符合以下规定：

a) 测试用管应符合GB/T 3091的规定，管长度的确定：
   ——控制装置公称尺寸不大于DN50时，管长度至少为40倍DN；
   ——控制装置公称尺寸大于DN50时，管长度至少为300 mm，连接时，应使用不会硬化的密封胶。

b) 对采用符合GB/T 9114、GB/T 17241(所有部分)、GB/T 15530(所有部分)的法兰，从表5所给数据中确定合适的法兰螺栓拧紧扭矩。

c) 在进行扭转和弯曲试验之前，分别按7.3.1规定的试验方法测试控制装置的外部和内部气密性试验。

d) 如进口和出口连接不在同一轴线上，应调换进口和出口位置分别测试。

e) 如进口和出口的公称尺寸不同，应夹紧控制装置，分别对进口和出口采用合适的扭矩和弯矩进行测试。

f) 采用压缩连接的控制装置，应使用带螺纹的转接头来做弯曲试验。

g) 扭转试验结果应符合6.3.2.2的规定，弯曲试验结果应符合6.3.2.3的规定。

h) 当控制装置只能使用法兰连接时，可不做扭转试验。

i) 对于采用法兰连接或鞍形夹紧进口连接的烹饪燃气用具上的控制装置，可不做弯曲试验。

表5 法兰螺栓拧紧扭矩

公称尺寸 DN/mm	6	8	10	15	20	25	32	40	50	65	80	100	125	≥150
扭矩/ N·m	20	20	30	30	30	30	50	50	50	50	50	80	160	160

7.3.2.2　扭转试验

7.3.2.2.1　10 s 扭转试验——用螺纹连接的 1 组和 2 组控制装置

按如下步骤进行试验：

a)　用不超过表 3 所给的扭矩值，把管 1 和管 2 分别拧入控制装置的进口和出口，在距其至少 2*D* 的距离上固定管 1(见图 1)，并保证所有的连接是气密的；

b)　支撑起管 2，保证控制装置不承受弯曲力矩；

c)　逐渐的对管 2 匀速施加扭矩至表 3 规定的值，保持时间为 10 s，并保证最后 10% 的扭矩在 1 min内施加完毕；

d)　移除扭矩，目测控制装置有无任何变形，并按 7.3.1 规定的试验方法分别做外部和内部气密性试验。

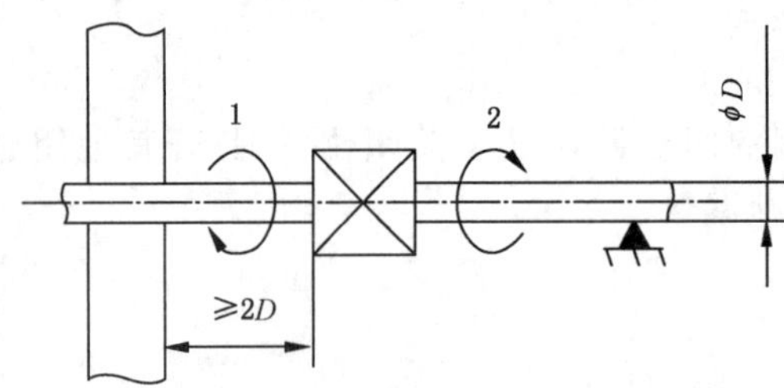

说明：

1——管 1；

2——管 2；

D——外径。

图 1　扭矩试验示意图

7.3.2.2.2　10 s 扭转试验——用压缩连接的 1 组和 2 组控制装置

7.3.2.2.2.1　橄榄形压缩连接

按如下步骤进行试验：

a)　使用两根带有匹配尺寸的新黄铜制的橄榄形密封垫密封的钢管，分别连接控制装置两端接口；

b)　夹紧控制装置主体，并依次对每个钢管接口施加表 3 所给的扭矩值，保持时间分别为 10 s；

c)　目测 2 次试验控制装置有无任何变形，一直受力的橄榄形密封垫和控制装置与其配合表面的任何变形可被忽略；

d)　移除扭矩后，按 7.3.1 规定的试验方法分别进行外部和内部气密性试验。

7.3.2.2.2.2　扩口式压缩连接

使用两根一头带扩口的短钢管，分别连接控制装置两端接口，按 7.3.2.2.2.1 规定的试验方法进行试验，一直受力的锥形面和控制装置与其配合表面的任何变形可被忽略。

7.3.2.2.2.3　法兰连接或鞍形夹紧进口连接(烹饪燃气具用控制装置)

按如下步骤进行试验：

a)　按制造商推荐的方法将控制装置与进气管相连，并施加表 5 规定的扭矩，固定紧固螺钉；

b)　将带橄榄形密封垫或扩口压缩管接头连接到控制装置出口，施加表 3 第 2 列括号中规定的扭矩值；

c) 按 7.3.2.2.2.1 或 7.3.2.2.2.2(按适用情况)规定的试验方法进行试验。

7.3.2.3 弯曲试验

7.3.2.3.1 10 s 弯曲试验——1 组和 2 组控制装置

按如下步骤进行试验：

a) 使用进行扭转试验的同一件控制装置，将其按图 2 所示进行组合组装。

b) 按如下位置施加表 3 规定的弯矩(将测试用管的重量考虑在内)，保持时间为 10 s。

——公称尺寸不大于 DN 50 的控制装置，在距离样品中心 40 倍 DN 处；

——公称尺寸大于 DN 50 的控制装置，在距离控制装置接头至少 300 mm 处。

c) 卸除弯矩后，目测控制装置有无任何变形。

d) 然后按 7.3.1 规定的试验方法分别进行外部和内部气密性试验。

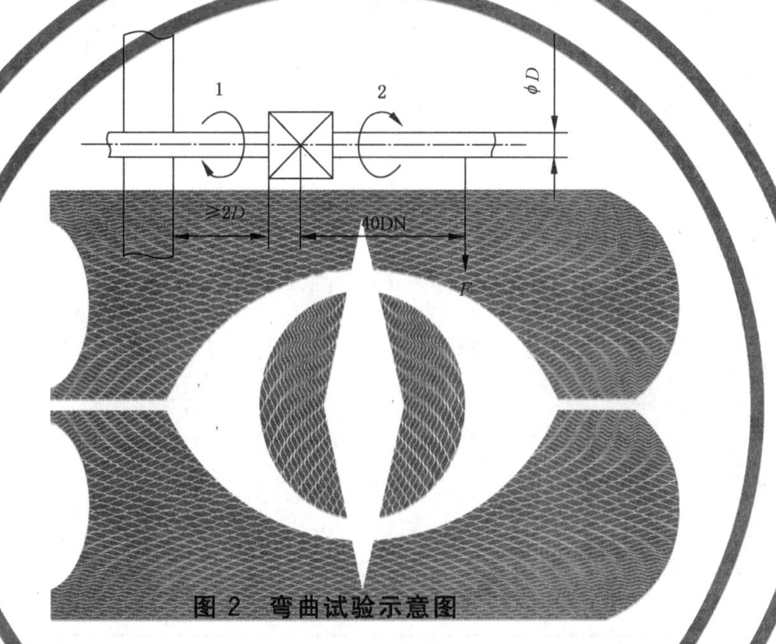

说明：

1——管 1；

2——管 2；

D——外径；

DN——公称尺寸；

F——施加的力。

图 2 弯曲试验示意图

7.3.2.3.2 900 s 弯曲试验——只适用于 1 组控制装置

按如下步骤进行试验：

a) 使用进行扭转试验的同一将控制装置，将其按图 2 所示组装；

b) 按 7.3.2.3.1 b)所示位置施加表 3 规定的弯矩(将测试用管的重量考虑在内)，保持时间为 900 s；

c) 在施加弯曲力矩的同时，按 7.3.1 规定的试验方法分别进行外部和内部气密性试验。

7.3.3 额定流量试验

7.3.3.1 一般要求

按图 3 所示连接试验装置，试验仪器最大误差不应超过 2%。

单位为毫米

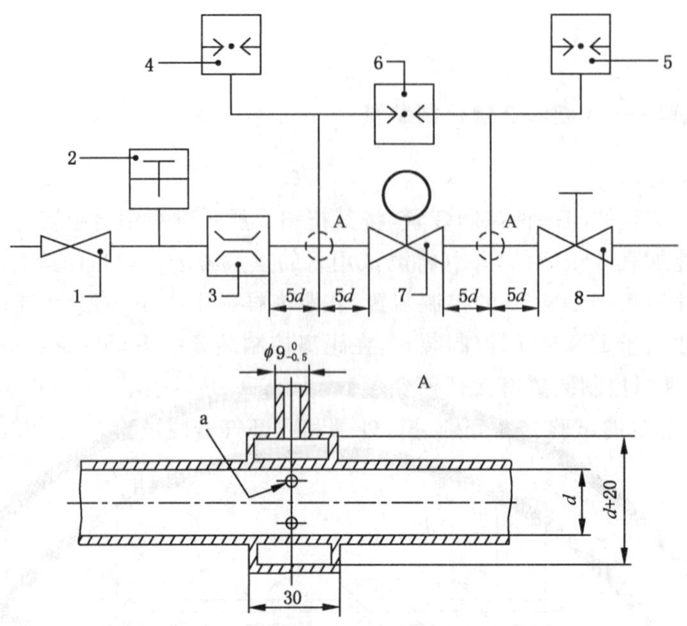

说明：

1——调压器；

2——温度计；

3——流量计；

4——进口压力表；

5——出口压力表；

6——差压表；

7——测试件；

8——手动阀；

a——直径 1.5 mm 的 4 个孔；

d——内径。

公称尺寸 DN/mm	6	8	10	15	20	25	32	40	50	65	≥80
内径 *d*/mm	6	9	13	16	22	28	35	41	52	67	对应公称尺寸

图 3　流量试验连接图

7.3.3.2　试验步骤

按如下步骤进行试验：

a)　按制造商的说明操作和调节控制装置，保持进口压力不变；

b)　调节阀门 8，将压差调到制造商声明的进出口压差，并保持该压差不变；

c)　然后在各专用控制装置标准规定的不同情况下测量空气流量。

7.3.3.3　空气流量换算

用式(1)将 7.3.3.2 测量的空气流量换算到基准状态：

$$q_n = q\sqrt{\frac{p_a + p}{101.325} \times \frac{288.15}{273.15 + t}} \qquad \cdots\cdots(1)$$

式中：

q_n —— 校正到基准状态下的空气流量，单位为立方米每小时(m^3/h)；

q ——测量的空气流量，单位为立方米每小时(m^3/h)；

p_a ——大气压力，单位为千帕(kPa)；

p ——进口测试压力，单位为千帕(kPa)；

t ——空气温度，单位为摄氏度(℃)。

7.3.4 耐用性试验

7.3.4.1 耐燃气性试验

7.3.4.1.1 弹性材料

按如下步骤进行试验：

a) 使用 50 mm×20 mm×2 mm 的弹性材料，在(23±2)℃下保持 3 h 以上；

b) 将其浸泡在 98%的正戊烷中(适用于人工煤气的，要使用 GB/T 1690—2010 附录 A 规定的 B 溶液)，持续(72±2)h；

c) 拿出擦拭干净；

d) 放置于大气压下(40±2)℃干燥箱内干燥(168±2)h；

e) 拿出放置于干燥器皿中 3 h 后称重；

f) 测定质量的相对变化值，并用式(2)进行计算：

$$\Delta m_1 = \frac{m_1 - m}{m} \times 100\% \qquad \cdots\cdots(2)$$

式中：

Δm_1——质量的相对变化值，以百分数表示(%)；

m ——测试件在空气中的初始质量，单位为毫克(mg)；

m_1 ——干燥后测试件在空气中的质量，单位为毫克(mg)。

7.3.4.1.2 浆状、油脂类密封材料

按 GB/T 16411—2008 中 16.3.2 的规定进行试验。

7.3.4.2 耐油性试验

按如下步骤进行试验：

a) 使用 50 mm×20 mm×2 mm 的弹性材料，在控制装置声明的最高环境温度下保持 3 h 以上；

b) 将其浸泡在 GB/T 1690—2010 附录 B 规定的 2 号油中，持续(168±2)h；

c) 拿出放置于干燥器皿中 3 h 后称重；

d) 测定质量的相对变化值，并用式(3)进行计算：

$$\Delta m_2 = \frac{m_2 - m}{m} \times 100\% \qquad \cdots\cdots(3)$$

式中：

Δm_2——质量的相对变化值，以百分数表示(%)；

m ——测试件在空气中的初始质量，单位为毫克(mg)；

m_2 ——浸渍后测试件在空气中的质量，单位为毫克(mg)。

7.3.4.3 标识耐用性试验

按 GB 14536.1—2008 中附录 A 的规定进行试验。

7.3.4.4 耐划痕试验

按如下步骤进行试验：

a) 使用图 4 所示手动划痕装置或 GB/T 9279 规定的自动划痕仪；

b) 将一个直径为 1 mm 的固定钢球，带有 10 N 的接触力，以 30 mm/s～40 mm/s 的速度，在控制装置的涂层表面划痕；

c) 目测检查，试验结果应符合 6.3.4.5 的规定；

d) 7.3.4.5 耐潮湿测试后重复耐划痕测试，然后进行 c)步骤。

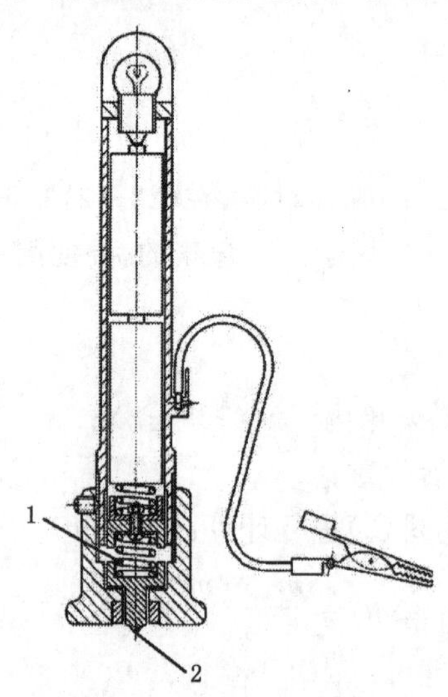

说明：

1——弹簧负载(10 N)；

2——划痕点 (钢球，直径 1 mm)。

图 4 耐划痕测试手动装置示意图

7.3.4.5 耐潮湿试验

按如下步骤进行试验：

a) 把控制装置放入温度为(40±2)℃、相对湿度大于 95%的恒温箱内，保持 48 h；

b) 从箱内取出，目测涂层表面，试验结果应符合 6.3.4.6 的规定；

c) 将控制装置在(20±5)℃室温下放置 24 h 后，再按 7.3.4.4 进行耐划痕试验。

8 标识、安装和操作说明书

8.1 标识

具体标识要求见专用控制装置标准，如没有特殊说明，应用清楚耐磨的字符牢固地标识至少以下内容：

a) 制造商和/或商标；

b) 型号；

c) 生产日期或序列号。

8.2 安装和操作说明书

8.2.1 每批控制装置交运货中应有一套使用规范汉字说明的说明书。

8.2.2 说明书应包括使用、安装、操作和维修的相关资料，其专门要求见各控制装置的专用控制装置标准。

8.3 警告提示

每批交付使用的控制装置应贴有“使用之前请仔细阅读说明书”的警告提示。

9 包装、运输和贮存

9.1 包装

9.1.1 一般要求

9.1.1.1 控制装置应包装牢固、安全、可靠、便于装卸；在正常的装卸、运输条件下和储存期间，应确保产品的安全和使用性能不应因包装原因发生损坏。

9.1.1.2 包装作业应在产品检验合格后，按照产品的包装技术文件要求进行。

9.1.2 包装材料

产品所用的包装材料，应符合以下规定：

a) 包装材料宜采用无害、易降解、可再生、满足环境保护要求的材料；

b) 包装设计在满足保护产品基本要求的同时，应考虑采用可循环利用的结构。

9.1.3 包装箱

9.1.3.1 包装箱外表面应按 GB/T 191 的规定标示以下内容：

a) 制造商和/或商标；

b) 产品名称/型号；

c) 生产日期或序列号；

d) 生产地址及联系方式；

e) 包装储运“向上、怕湿、轻拿轻放、严禁翻滚、禁用手钩、堆码层数极限”等必要的图示标志。

9.1.3.2 包装箱应附有产品合格证明以及装箱清单等。

9.2 运输

运输过程中应防止剧烈振动、挤压、雨淋及化学物品浸蚀，且搬运过程中应严禁滚动、抛掷和手钩作业。

9.3 贮存

控制装置应存放在干燥、通风、周围无腐蚀性气体的仓库内，并分类存放，堆码不应超过规定极限，防止挤压和倒垛损坏。

附 录 A
(资料性附录)
本标准与 ISO 23550:2011 相比的结构变化情况

本标准与 ISO 23550:2011 相比，在结构上有较多调整，具体章条编号对照情况见表 A.1。

表 A.1 本标准与 ISO 23550:2011 章条编号对照情况

本标准章条编号	对应的 ISO 23550:2011 章条编号
第 1 章	第 1 章
第 2 章	第 2 章
3.1～3.14	第 3 章
3.15～3.23	—
第 4 章	第 4 章
5.1～5.4	第 6 章(6.2.3.1、6.3.2.1 除外)
5.5	—
6.1～6.3.6	6.2.3.1、6.3.2.1、第 7 章中各性能要求条款
6.3.7	—
6.3.8、附录 E	8.11
6.3.9、附录 F	8.1～8.10、附录 D
第 7 章	第 5 章、6.2.3.2、6.3.2.2、第 7 章中各试验方法条款
7.1	第 5 章
7.2	6.2.3.2、6.3.2.2
7.3	第 7 章中各试验方法条款
第 8 章	第 9 章
附录 A	—
附录 B	—
附录 C	—
附录 D	—
附录 G	附录 A
附录 H	附录 B、附录 C
—	附录 E～附录 G

附 录 B
（资料性附录）
本标准与 ISO 23550:2011 的技术性差异及其原因

表 B.1 给出了本标准与 ISO 23550:2011 的技术性差异及其原因。

表 B.1 本标准与 ISO 23550:2011 的技术性差异及其原因

本标准的章条编号	技术性差异	原因
1	• 删除 ISO 23550:2004 第 1 章中规定适用燃油的内容； • 明确使用符合 GB/T 13611 规定的燃气； • 增加了包装、运输和贮存	• 以适合我国国情； • 与我国燃气相关标准相一致； • GB/T 1.1—2009 要求
2	• 引用采用国际标准的我国标准，而非直接引用国际标准； • 增加引用我国相关标准	• GB/T 20000.2—2001,6.2 条规定 • 强调本标准与我国相关标准的一致性
3	参考 EN 13611 增加某些术语和定义	根据 5.5、6.3.7、附录 D 相关技术条款的需要
5.5、6.3.7、附录 D	参考 EN 13611，增加了使用电子元器件的控制装置的特殊要求	适合行业产品发展趋势，符合我国国情
6.3.4、7.3.4	• 弹性材料耐燃气性参考 EN 549 按密封件和膜片并考虑硬度等级分别进行规定； • 增加"浆状、油脂类密封材料耐燃气性"要求，按照 GB/T 16411 的 16.3.2 进行试验； • 弹性材料耐油性试验方法参考 EN 549 规定的更为详细	• ISO 23550 的规定不甚明确，引用的ISO 1817 的条款不准确，而 EN 549 的规定相比更合理和更具有可操作性，并通过了相关试验验证； • 与我国相关标准相一致； • 适合行业产品发展情况，符合我国国情
附录 C	增加了本标准支持 GB 16914—2012 基本要求的条款对应表	强调与我国强制性技术法规类标准的对应情况

附 录 C
(资料性附录)
本标准支持 GB 16914—2012 基本要求的条款对应表

表 C.1 给出了本标准支持 GB 16914—2012 基本要求的条款对应表。

表 C.1 本标准支持 GB 16914—2012 基本要求的条款对应表

GB 16914—2012 条款	基本要求内容	本标准对应条款
3.1.1	操作安全性	第 5 章、第 6 章
3.1.2.1	安装技术说明书	8.2
3.1.2.2	用户使用和维护说明书	8.2
3.1.2.3	安全警示(燃具和包装上)	8.3
3.1.3	器具配件	8.2.2
3.2.1	材料特性	5.3.1
3.2.2	材料保证	5.3.1
3.3.1.1	可靠性、安全性和耐久性	第 5 章、第 6 章
3.3.1.2	排烟冷凝	不适用
3.3.1.3	爆炸的危险性	不适用
3.3.1.4	水和空气渗入	不适用
3.3.1.5	辅助能源正常波动	不适用
3.3.1.6	辅助能源异常波动	不适用
3.3.1.7	电气安全	6.3.8、6.3.9
3.3.1.8	承压部件	5.1、5.3.1.2
3.3.1.9	控制和调节装置故障	D.1.5、D.2.3、D.2.4、D.3.3、D.3.4
3.3.1.10	安全装置功能	同上
3.3.1.11	不允许操作部件的保护	5.2.7.3
3.3.1.12	用户可调节装置的设计	不适用
3.3.1.13	进气口连接	不适用
3.3.2.1	燃气泄漏危险	5.2.3、5.3.2、6.2
3.3.2.2	燃具内燃气积聚的危险	不适用
3.3.2.3	防止房间内的燃气积聚	不适用
3.3.3	点火	不适用
3.3.4.1	火焰的稳定性和烟气排放	不适用
3.3.4.2	燃烧产物意外排放	不适用
3.3.4.3	防倒烟功能	不适用
3.3.4.4	无烟道家用采暖器 CO 排放	不适用

表 C.1（续）

GB 16914—2012 条款	基本要求内容	本标准对应条款
3.3.5	能源的合理利用	不适用
3.3.6.1	安装位置及附近表面温升	不适用
3.3.6.2	操作部件表面温升	不适用
3.3.6.3	燃具其他部位表面温升	不适用
3.3.7	食品和生活用水	不适用

附 录 D
（规范性附录）
使用电子元器件的控制装置的特殊要求

D.1 结构和材料

D.1.1 一般要求

D.1.1.1 控制装置电子控制部分(以下简称“电子控制部分”)的结构、材料和设计以及元器件的质量应保证在其使用期限内系统的安全性。

D.1.1.2 在正常的机械、化学、热以及环境条件下的正常使用过程中，当发生操作失误时，应保证其安全性。

D.1.1.3 电子控制部分的结构设计应确保当电子元器件在制造商声明的最不利情况下其运行的安全性。

D.1.2 防护等级

D.1.2.1 当电子控制部分内置于燃具时，由燃具提供防护。

D.1.2.2 当电子控制部分未内置于燃具且用于户内时，外壳提供的防护等级不应低于 GB 4208 规定的 IP40。

D.1.2.3 当电子控制部分用于室外裸露的大气环境中时，外壳提供的防护等级不应低于 GB 4208 规定的 IP54。

D.1.3 电子元器件

D.1.3.1 电子元器件的设计应保证在其可能出现的最不利条件下正常运行，且其功能应与制造商的声明相一致。

D.1.3.2 传感元件在其使用期限内应可靠，并应符合专用控制装置标准和制造商的声明。

D.1.4 重置装置

如设有重置装置，重置装置应符合专用控制装置标准的规定，且如被乱动或误操作时，控制装置不应有不安全的情况发生。

D.1.5 内部故障保护的电路结构

D.1.5.1 A 类电子控制部分的电路结构

A 类电子控制部分无内部故障保护的电路结构要求。

D.1.5.2 B 类电子控制部分的电路结构

B 类电子控制部分的电路结构至少应符合下列结构之一：

a) 带有功能检测的单通道结构；

b) 带有周期自检的单通道结构；

c) 无比较的双通道结构。

D.1.5.3 C类电子控制部分的电路结构

C类电子控制部分的电路结构至少应符合下列结构之一：

a) 带有周期自检和监测的单通道结构；

b) 带有比较的双通道结构(同一的)；

c) 带有比较的双通道结构(不同的)。

双通道结构之间的比较可以通过下列方式实现：

——通过使用比较器；

——通过相互比较。

D.2 要求

D.2.1 功能要求

电子控制部分分别在(20±5)℃、0℃(或制造商声明的最低温度)、60℃(或制造商声明的最高温度)下，按D.3.1的规定进行相关安全功能试验，试验结果应符合专用控制装置标准的规定。

D.2.2 耐久性

D.2.2.1 一般要求

D.2.2.1.1 电子控制部分的所有部件应能承受D.3.2的试验，如果控制功能系统为器具的组成部分，可结合器具一同进行连续运行性能试验，但不应在同一样品上进行D.3.2.1和D.3.2.2试验。

D.2.2.1.2 如控制装置未有明确的操作周期，则连续运行性能试验应按规定的最短时间进行。

D.2.2.2 耐应力要求

D.2.2.2.1 耐热应力

D.2.2.2.1.1 在正常使用条件下，电子控制部分的电子元器件应能适应在最高温度和最低温度之间的循环变化。

注：温度变化可能是因为环境温度变化、安装表面温度变化、电源电压变化、或从一种运行状态转到另一种非运行状态、或从一种非运行状态转到另一种运行状态的变化产生。

D.2.2.2.1.2 在D.3.2.1.1规定的条件下运行14 d，然后在额定电压下重复进行D.3.1.1.1 a)的试验。

D.2.2.2.1.3 试验结果应符合专用控制装置标准的规定。

D.2.2.2.2 耐振动

D.2.2.2.2.1 如果制造商声明产品有耐振性能，则应按D.3.2.1.2的规定进行耐振动试验。

D.2.2.2.2.2 试验完成后，目视检验试验样品应无机械损坏，并应符合D.1和专用控制装置标准的规定。

D.2.2.2.2.3 然后在额定电压下重复进行D.3.1.1.1 a)的试验，试验结果应符合专用控制装置标准的规定。

D.2.2.3 连续运行性能(由制造商负责测试)

D.2.2.3.1 在制造商声明的负载下，电子控制部分按D.3.2.2规定的试验方法进行连续运行性能试验，试验结果应无故障发生。

D.2.2.3.2 对于运行周期不确定的部件,选择最短运行周期进行连续运行性能试验。

D.2.2.3.3 试验完成后,试验样品应符合专用控制装置标准规定,若无专用控制装置标准,则应符合 GB 14536.1—2008 中 13.2.2～13.2.4 的规定。

D.2.3 内部故障保护要求

D.2.3.1 一般要求

D.2.3.1.1 内部故障的影响通过模拟和/或检查电路设计来进行评定。

D.2.3.1.2 故障应包括在控制程序顺序中的任何一个阶段中可能发生的故障。

D.2.3.1.3 按 D.2.4 的规定进行检查。

D.2.3.2 内部故障保护

具有内部故障保护功能的电子控制部分应按以下安全等级要求进行内部故障保护试验:

a) B 类电子控制部分

在单个独立故障条件下应具有自我保护功能,按 D.3.3.1 的试验方法进行试验,不考虑第二故障。

b) C 类电子控制部分

在第一和第二故障条件下应具有自我保护功能,按 D.3.3.2 的试验方法进行试验,不考虑第三故障。

D.2.4 电路和结构设计检查

D.2.4.1 一般要求

电子控制部分的电子控制版按 D.3.4 的规定进行试验,试验结果应符合以下规定:

a) 控制装置运行至稳定状态或者运行 1 h(两者取较短时间),电子控制板不应放射火苗、热金属或热塑性,不应点燃薄绵纸,不应因释放易燃性气体而引起爆炸,产生的火苗不应在切断火花发生器后继续燃烧超过 10 s;

b) 当控制装置与其他器具组合试验时,应考虑到器具所带所有附件不应受到影响;

c) 若控制装置保持运作,其应符合 E.2 和 E.6 的规定;

d) 若控制装置停止运作,其应符合 E.2 的规定;

e) 按 E.7 的规定,试验完成后,电子控制部分的各部件不应出现将导致错误的任何破坏。

D.2.4.2 检查要求

D.2.4.2.1 B 类电子控制部分

D.2.4.2.1.1 B 类电子控制部分的功能应设计为在出现第一故障情况下能处于定义状态。

D.2.4.2.1.2 与安全有关的软件应符合 GB 14536.1 中 B 类软件规定。

D.2.4.2.1.3 依据 D.2.4.3、D.2.4.4 和 D.3.3.1 的规定进行检查。

D.2.4.2.2 C 类电子控制部分

D.2.4.2.2.1 C 类电子控制部分的功能应设计为在出现第一和第二故障情况下能处于定义状态。

D.2.4.2.2.2 与安全有关的软件应符合 GB 14536.1 中 C 类软件的规定。

D.2.4.2.2.3 依据 D.2.4.3、D.2.4.4 和 D.3.3.2 的规定进行检查。

D.2.4.3 检查方法

D.2.4.3.1 以元件故障模拟试验对电子控制部分进行全面检查,以确定其在特定故障状态下的性能安全。

D.2.4.3.2 应按 D.1.5 规定的 B 类和 C 类电子控制部分进行电路结构内部故障检查。

D.2.4.4 检查文档

制造商提供的检查文档至少应包括以下内容，这些文档协助检测机构以故障模式和效果分析进行试验和检查：

a) 描述系统基本原理、控制流程、数据流程和安全时间的详细说明；
b) 系统硬件相关的安全原理和安全功能等级，以及检查安全功能的设计资料，包括硬件的结构设计、系统设计、操作规程等；
c) 与安全相关的数据和与安全相关的软件信息，包括软件的结构设计、系统设计等；
d) 文件各部分之间应有一个清楚的相互关系，例如各过程的相互连接，硬件和软件文件中所有标记之间的关系；
e) 制造商的测试计划和相关的测试文档；
f) 硬件故障分析说明，包括所有重要元件特有的故障模式和这些故障对其他元件和系统运行有影响的检查文档。

D.3 试验

D.3.1 功能试验

D.3.1.1 常温下

D.3.1.1.1 根据制造商的说明，在 7.1 和以下规定的电压条件下，分别按专用控制装置标准的规定完成功能试验：

a) 在制造商声明的额定电压下，如果电压是一个范围，分别在最低电压与最高电压下进行试验；
b) 在声明电压的 85% 或最低电压(取最低值)；
c) 在声明电压的 110% 或最高电压(取最高值)。

D.3.1.1.2 试验结果应符合专用控制装置标准的规定。

D.3.1.2 低温下

在 0 ℃或制造商声明的最低环境温度(取较低值)的条件下，重复进行 D.3.1.1 试验，试验结果应符合专用控制装置标准的规定。

D.3.1.3 高温下

在 60℃或制造商声明的最高环境温度(取较高值)的条件下，重复进行 D.3.1.1 试验，试验结果应符合专用控制装置标准的规定。

D.3.2 耐久性试验

D.3.2.1 耐应力试验

D.3.2.1.1 耐热应力试验

D.3.2.1.1.1 对输出端施加制造商声明的负载和额定功率，并按以下规定进行热应力试验：

a) 在下列条件下连续运行 14 d：
——在电气条件下：按制造商声明的额定值加上负载，然后将电压增加至制造商声明电压的

110%或最高电压(取最高值),在每 24 h 的试验周期内,将电压降低至制造商声明电压的90%或最低电压(取最低值),并在此电压下持续 30 min。电压变化不应与温度变化同步。在每 24 h 的试验周期中至少应包括 1 个 30 s 的电源电压中断时间。

——在温度条件下:环境温度在制造商声明的最高环境温度或 60 ℃(取较高值)和最低环境温度或 0 ℃(取较低值)范围内变化,电子元器件的工作温度在这两个极限温度之间循环。环境温度的变化速率应为 1 ℃/min,在极限温度点维持约 1 h。试验过程中应避免发生冷凝。

——在循环速率下:控制装置按正常操作模式(待机、启动、运行)进行循环,且操作一遍为一次循环,循环速率不超过 6 次/min,总共运行 45 000 次。

b) 在制造商声明的最高环境温度或 60 ℃(取较高值),以及制造商声明电压的 110%或最高电压(取最高值)条件下,按正常操作模式(待机、启动、运行)进行循环,且操作一遍为一次循环,循环操作 2 500 次,并至少应持续 24 h。

c) 在制造商声明的最低环境温度或 0℃(取较低值),以及制造商声明电压的 85%或最低电压(取最低值)条件下,按正常操作模式(待机、启动、运行)进行循环,且操作一遍为一次循环,循环操作 2 500 次,并至少应持续 24 h。

d) 如果与安全相关的功能是通过传感元件或开关来实现安全动作,则应在环境温度和额定电压条件下,通过模拟传感器或开关来启动此类安全动作,每个与安全相关的功能应单独进行 5 000次动作试验或按我国现行专用控制装置标准中规定的次数进行试验。

D.3.2.1.1.2 在进行 D.3.2.1.1.1 中 a)、b)、c)和 d)试验时,按正常操作模式(待机、启动、运行)进行循环,控制装置保持在运行状态的时间和重复循环前控制回路的中断时间应由制造商和测试机构协商决定。

注:通过制造商和测试机构的协商,尽量选择使用所有安全相关时间中最短的时间进行测试,以避免不必要的延长热应力测试时间。

D.3.2.1.1.3 耐热应力试验完成后,在额定电压下重复进行 D.3.1 试验,控制装置应能正常工作,并应满足专用控制装置标准的规定。

D.3.2.1.2 耐振动试验

若制造商对耐振动性有特别规定,则应按如下规定进行正弦振动试验:

a) 试验目的为检验控制装置承受长期不同级别振动效应的能力,具体级别由制造商声明。
b) 将控制装置安装在振动设备上。
c) 按 GB/T 2423.10 的规定进行试验。
d) 测试级别条件应至少达到以下规定:

——加速度幅值:1.0 g_n 或更高,若制造商声明了更高值(取较高值);
——频率范围:10 Hz~150 Hz;
——扫描频率:1 倍频程/min;
——扫频循环数:10;
——轴数量:3,相互垂直。

e) 振动结束后进行目测,不应出现任何机械损伤,且控制装置应满足专用控制装置标准中规定的结构要求。
f) 然后在额定电压条件下重复 D.3.1 试验。

D.3.2.2 连续运行性能试验(由制造商负责测试)

D.3.2.2.1 对输出端施加制造商声明的负载和额定功率,控制装置按正常操作模式(待机、启动、运行)

至少应进行250 000次循环，并按以下规定进行连续运行性能试验：

a) 在声明的额定电压和环境温度下运行225 000次；

b) 在声明的最高环境温度或60 ℃(取较高值)和声明的额定电压的110%(最高值)下运行12 500次；

c) 在声明的最低环境温度或0 ℃(取较低值)和声明的额定电压的85%(最低值)下运行12 500次。

D.3.2.2.2 连续运行性能试验完成后，在额定电压条件下重复进行D.3.1的试验，控制装置应能正常工作，试验结果应符合D.2.1的规定。

D.3.3 内部故障保护试验

D.3.3.1 B类电子控制部分的内部故障保护

D.3.3.1.1 第一故障试验

按GB 14536.1—2008中表H.27.1的规定导入故障进行试验。任何一个元件发生的第一故障，或由第一故障引发的任何其他故障，应进入以下的4种状态之一：

a) 控制装置不能运行，所有与安全相关的输出端断电或切换到定义状态；

b) 控制装置在故障反应时间内执行安全关闭或进入锁定状态。如果从该锁定状态重启，控制装置仍存在相同的故障情况下重新回到锁定状态；

c) 控制装置继续运行，但重启时能检测到故障，并进入a)或b)的状态；

d) 控制装置正常运行，各功能安全应符合专用控制装置标准的规定。

注1：第一故障直接引起其他故障的发生，这些故障被认为是第一故障。

注2：故障可以发生在操作和程序运行的任意阶段。

注3：在最不利的条件下进行检验。

注4：安全相关的输出端，指的是能够执行安全关闭或锁定的控制输出端，比如燃气阀驱动电路。

D.3.3.1.2 锁定或安全关闭期间的故障试验

在无内部故障条件下，使控制装置处于安全关闭或锁定状态，按GB 14536.1—2008中表H.27.1的规定导入内部故障进行试验。任何一个元件发生的第一故障，或由第一故障引发的任何其他故障，应进入以下的4种状态之一：

a) 控制装置保持在安全关闭或锁定状态，所有与安全相关的输出端保持断电状态；

b) 控制装置不能运行，所有与安全相关的输出端断电；

c) 控制装置重新启动运行，再进入a)或b)的状态，在此期间与安全相关的输出端的通电时间应不超过故障反应时间；

d) 如取消原来的引起安全关闭或锁定状态的原因，控制装置重新启动运行，各功能安全应符合专用控制装置标准的规定。

D.3.3.2 C类电子控制部分的内部故障保护

D.3.3.2.1 第一故障试验

按GB 14536.1—2008中表H.27.1的规定导入故障进行试验。任何一个元件发生的第一故障，或由第一故障引发的任何其他故障，应符合D.3.3.1.1的规定。

D.3.3.2.2 第二故障试验

如果第一故障试验时控制装置为D.3.3.1.1条中d)的状态，按GB 14536.1—2008中表H.27.1的规定再导入第二故障进行试验，通常第二故障是与第一故障有关的任何其他独立故障。试验时，在第一故障已导入，且控制装置已经启动运行的情况下导入第二故障，第二故障试验时控制装置应进入D.3.3.1.1中 a)、b)、c)或 d)的 4 种状态之一。

D.3.3.2.3　锁定或安全关闭期间的故障试验

D.3.3.2.3.1　锁定或安全关闭期间引入的第一故障

在无内部故障条件下，使控制装置处于安全关闭或锁定状态，按 GB 14536.1—2008 中表 H.27.1 的规定导入内部故障进行试验。任何一个元件发生的第一故障，或由第一故障引发的任何其他故障，应符合 D.3.3.1.2 的规定。

D.3.3.2.3.2　锁定或安全关闭期间引入的第二故障

如果第一故障试验时控制装置为 D.3.3.1.2 中 d)的状态，使控制装置再次进入安全关闭或锁定状态后，按 GB 14536.1—2008 中表 H.27.1 的规定导入第二故障，第二故障试验时控制装置仍应进入 D.3.3.1.1中 a)、b)、c)或 d)的 4 种状态之一。

D.3.4　电路和结构设计检查试验

电子控制部分应按以下步骤进行电路和结构设计检查试验：

a)　在室温 (20 ± 5)℃下，于密闭透明的装置内，将控制装置放置在最不利位置；

b)　在额定电压的 85％～110％范围内的最不利电压下，施加制造商声明的最不利负载；

c)　除非有重要原因需在制造商声明的范围内的其他温度进行试验；

d)　如果电子控制板有支撑面，应在其支承面下垫薄绵纸；

注：薄绵纸，一般为绢纸，有些用高级包装纸代替。

e)　在易于释放易燃性气体的部件上附加长度约为 3 mm 的火花和不小于 0.5 J 的能量；试验结果应符合 D.2.4.1 的规定。

附 录 E
（规范性附录）
电气安全

E.1 防护等级

控制装置应按照 GB 4208 的规定标明外壳防护等级。

E.2 防触电保护

E.2.1 控制装置的结构应有足够的保护，避免意外接触带电部件，且在易拆除的部件被拆除后，控制装置应保证能够防止人与正常使用中可能处于不利位置的危险的带电部件发生意外接触，并应保证不发生意外触电的危险。

E.2.2 对于Ⅱ类控制装置和Ⅱ类设备用的控制装置，上述规定也适用于仅用基本绝缘与危险的带电部件隔离的金属部件的意外接触。

E.2.3 不应依靠清漆、瓷漆、纸、棉花、金属部件的氧化膜、垫圈和密封胶（自固性密封胶除外）的绝缘性，来防止与危险带电部件的意外接触。

E.2.4 对于那些正常使用时接在燃气管道或者供水管道上的Ⅱ类控制装置，或Ⅱ类设备用的控制装置，任何金属部件与燃气管有导体性连接或与供水系统有任何电气接触时，都应采用双重绝缘或加强绝缘与危险的带电部件分离。

E.2.5 通过观察和 GB 14536.1—2008 中 8.1.9 试验来检查是否符合上述规定。

E.3 结构要求

E.3.1 材料

E.3.1.1 浸渍过的绝缘材料

木材、棉布、丝绸、普通纸和类似的纤维或吸水材料，如果未经浸渍过，不能用作绝缘材料，且通过观察检查是否合格。

注：如果材料的纤维间的空隙基本上充满了适当的绝缘物质，则被认为是浸渍过的绝缘材料。

E.3.1.2 载流部件

如果用黄铜作载流部件而不是端子的螺纹部件时，该部件是铸造件或由棒料制成的，则其含铜量至少应为 50%；如果由滚轧板制成，则含铜量至少应为 58%，通过观察和材料分析检查是否合格。

E.3.1.3 不易拆软线

Ⅰ类控制装置上的不易拆电源软线应有一根为绿/黄双色绝缘导线，该导线用于连接控制装置的接地端子或端头，且不应连接非接地端子或端头，通过观察检查是否符合规定。

E.3.2 防触电保护

E.3.2.1 双重绝缘

E.3.2.1.1 当采用双重绝缘时，应设计成基本绝缘和附加绝缘并分别试验，用其他方式提供的这两种绝缘性能能够证明满足要求时除外。

E.3.2.1.2 如果基本绝缘和附加绝缘不能单独试验或者用其他的方法也不能获得两种绝缘的性能，则该绝缘被认为是加强绝缘，通过观察和试验检查是否符合规定。

注：特殊制备的试样，或者绝缘部件试样，可认为是能够满意地提供两种绝缘性能的方式。

E.3.2.2 双重绝缘或加强绝缘

E.3.2.2.1 Ⅱ类控制装置和Ⅱ类设备用的控制装置，应设计成附加绝缘或加强绝缘的爬电距离和电气间隙不能由于磨损而减少到 GB 14536.1—2008 中第 20 章规定的值以下，其结构还应保证，如果任何导线、螺钉、螺母、垫圈、弹簧、平推接套或类似部件变松或脱离其位置时，也不会造成附加绝缘或加强绝缘爬电距离或电气间隙低于 GB 14536.1—2008 中第 20 章规定值的 50％以下。

E.3.2.2.2 通过观察、测量和/或人工试验检查是否合格，同时检查是否有以下情况并据此判定：

a) 不发生两个独立的紧固件同时变松；

b) 用螺钉或螺母并带有锁定垫圈紧固的部件，如果这些螺钉或螺母在用户保养或维修时不需要取下，则这些部件被认为是不易变松的；

c) 在 GB 14536.1—2008 中第 17 章和第 18 章规定的试验过程中未发生变松或脱离位置的弹簧和弹性部件被认为是满足要求的；

d) 用锡焊连接的导线，如果导线没有用锡焊之外的另一种措施使其保持在端头上，则看作是未足够固定；

e) 连接到端子上的导线，除非在端子附近另有附加固定部件，否则认为是不足够牢固；对于绞合线，作为附加紧固件应夹紧导线，并夹紧其绝缘部件；

f) 短实心导线，当任一端子螺钉或螺母松动时仍保持在位，则被认为是不易脱离端子的。

E.3.2.3 整装导线

E.3.2.3.1 整装导线的刚性、固定或绝缘应保证在正常使用中其爬电距离和电气间隙不会减小到 GB 14536.1—2008 中第 20 章规定的值以下，若有绝缘，在安装和使用过程中绝缘不应损坏。

E.3.2.3.2 通过观察、测量和人工试验来检查是否符合规定。

注：如果导线的绝缘至少在电气上不能相当于符合有关国家标准的电缆和软线绝缘，或不符合 GB 14536.1—2008 中第 13 章规定条件下的导线与绝缘周围包着的金属箔之间的电气强度试验，则认为这种导线是裸线。

E.3.2.4 软线护套

在控制装置的内部，软缆或软线的护套（护罩）在不经受过分的机械应力或热应力，且其绝缘性能不低于 GB/T 5013.1 或 GB/T 5023.1 中的规定时才可用作附加绝缘，通过观察检查是否合格，必要时按 GB/T 5013.1 或 GB/T 5023.1 的护套试验检查。

E.3.3 导线入口

E.3.3.1 外部软线入口的设计和形状应保证或提供入口护套使得软线在引入时没有损坏其外皮的危险，且通过观察检查是否合格。

E.3.3.2 如没有入口护套，则入口应为绝缘材料。

E.3.3.3 如有入口护套，则护套应为绝缘材料，并应符合以下规定：

a) 其形状不会损坏软线；

b) 应可靠固定；

c) 唯借助工具方能将其拆下；

d) 如使用X型接法，则不应与软线形成一体。

E.3.3.4 一般情况下，入口护套不应为橡胶材料，但对于Ⅰ类控制装置的M型、Y型和Z型接法，如果入口护套是与橡胶的软线外皮结合为一体的，则入口护套允许为橡胶材料。

E.3.3.5 通过观察和人工试验，检查是否符合上述规定。

E.4 接地保护措施

E.4.1 Ⅰ类控制装置，在绝缘失效时有可能带电的易触及金属部件，除了起动元件，应有接地措施，且接地端子、接地端头和接地触头不应与任何中性端子进行电气连接，通过观察来检查是否符合规定。

E.4.2 接地端子、接地端头或接地触头与需要同其连接的部件之间的连接应是低电阻的，通过GB 14536.1—2008中9.3.1的规定来检查是否合格，并应符合GB 14536.1—2008中9.3.2～9.3.6的规定。

E.4.3 接地端子的所有部件，应能耐受因与铜接地导线或任何其他金属的接触而引起的腐蚀。

E.5 端子和端头

E.5.1 外接铜导线的端子和端头应符合GB 14536.1—2008中10.1的规定。

E.5.2 连接内部导线的端子和端头应符合GB 14536.1—2008中10.2.1～10.2.3的规定。

E.6 电气强度和绝缘电阻

E.6.1 绝缘电阻

控制装置应有足够的绝缘电阻，并应通过GB 14536.1—2008中13.1.2～13.1.4规定的试验检查是否合格。

E.6.2 电气强度

控制装置应有足够的电气强度，并应通过GB 14536.1—2008中13.2.2～13.2.4规定的试验检查是否合格。

E.7 爬电距离、电气间隙和固体绝缘

E.7.1 一般要求

控制装置的结构应能保证其爬电距离、电气间隙和穿通固体绝缘的距离足以承受预期的电气应力，通过E.7.2～E.7.4来检查是否合格。

E.7.2 电气间隙

控制装置应符合GB 14536.1—2008中20.1的规定。

E.7.3 爬电距离

控制装置应符合GB 14536.1—2008中20.2的规定。

E.7.4 固体绝缘

固体绝缘应能够可靠地承受在设备的预期使用寿命中可能会出现的电气和机械应力以及热冲击和环境条件影响，且控制装置应符合 GB 14536.1—2008 中 20.3 的规定。

E.8 发热

E.8.1 控制装置在正常使用中不应出现过高的温度。通过 GB 14536.1—2008 中 14.2～14.7 来检查是否符合规定。

E.8.2 试验期间，温度不应超过 GB 14536.1—2008 中表 14.1 的规定，且控制装置不应出现影响符合 E.2、E.6 和 E.8 规定的任何变化。

E.9 开关

开关应符合 GB 15092.1 的规定。

附 录 F
（规范性附录）
电磁兼容安全性(EMC)

F.1 评定准则

F.1.1 评定准则Ⅰ

按 F.2～F.10 的规定进行严酷等级测试时，控制装置应符合专用控制装置标准中功能要求的相关规定。

F.1.2 评定准则Ⅱ

按 F.2～F.10 的规定进行严酷等级测试时，控制装置应符合专用控制装置标准规定的定义状态。

F.2 电源电压低于额定电压的 85%

F.2.1 使用 GB/T 17626.11 规定的试验仪器和试验条件，供给控制装置额定电压，并按表 F.1 规定的供电电压波动时间进行试验，试验过程中应符合以下规定：

a) 控制装置运行约 1 min 后，降低电源电压至控制装置停止工作，记录此时的电压值。

b) 确保在任何电压下存在与电源电压无关的传感器和安全开关信号，为了防止与安全相关的输出端断电，这些信号可以采用模拟信号。

表 F.1 短时供电电压波动的时间

电压测试等级	电压下降的时间/s	电压下降后的维持时间/s	电压上升的时间/s
记录电压－10%	60±12	10±2	60±12
0 V	60±12	10±2	60±12

F.2.2 试验结果应符合以下规定：

a) 电源电压从额定电压降低到记录电压的过程中，控制装置应符合 F.1.1 的规定。

b) 电源电压低于记录的电压时，以及电源电压从 0 V 逐渐上升直到控制装置启动前，控制装置应符合 F.1.2 的规定。

F.3 电压暂降、短时中断和电压变化的抗扰度

F.3.1 使用 GB/T 17626.11 规定的试验仪器，并按表 F.2 规定的幅度和持续时间供给控制装置电压，可按需要选择，取持续时间以及更长持续时间，并在专用控制装置标准规定的试验条件下进行试验，按表 F.2 的规定中断或降落电源电压至少 3 次，每次中断或降落的时间间隔至少为 10 s。

表 F.2 电压暂降和短时中断

持续时间(周期)	额定电压或额定电压范围平均值		
	暂降 30%	暂降 60%	暂降 100%(中断)
0.5	—	√	—
1	√	√	—
2.5	√	—	—
25	√	—	—
50	√	—	—

F.3.2 试验结果应符合以下规定:

a) 对中断时间不大于一个周期,控制装置应符合 F.1.1 的规定。

b) 对中断或降落时间大于一个周期,控制装置应符合 F.1.2 的规定。

F.4 工频频率变化抗扰度

具体试验应符合以下规定:

a) 采用符合 GB/T 17626.8 规定的试验条件和试验仪器;

b) 在采用与电源频率同步或进行比较时钟的控制装置上进行试验;

c) 供给控制装置额定电压,电源频率变化为额定电源频率的+2%~-2%,控制装置应按照可能发生的操作顺序操作 3 次;

d) 测试期间控制装置应符合 F.1.1 的规定;

e) 控制程序中与安全有关的时间变化(如果适用)不应超过电源频率变化的百分数;

f) 在额定电源频率变化+5%~-5%的情况下重复测试,试验结果应符合 F.1.2 的规定。

F.5 浪涌(冲击)抗扰度

F.5.1 按 GB/T 17626.5 规定的试验仪器和试验顺序与表 F.3 规定的严酷等级,供给控制装置额定电压,并在专用控制装置标准规定的试验条件下进行试验,按 GB/T 17626.5 的规定在正、负两极和每个角发出 5 个脉冲。

表 F.3 浪涌测试级别(开路测试电压)

—	直流或交流电源端口/kV		没有连接到直流电源端口和过程测量与控制线[a](传感器和驱动器)互联端口/kV	
安装情形	安装等级 3	安装等级 3	电源线及互联电缆良好隔离,短期运行[b]	电源线及互联电缆平行运行[c]
耦合模式				
严酷等级	线对线	线对地	线对地	线对地
2	0.5	1.0	0.5	1.0
3	1.0	2.0	1.0	2.0

表 F.3（续）

—	直流或交流电源端口/kV		没有连接到直流电源端口和过程测量与控制线[a]（传感器和驱动器）互联端口/kV	
安装情形	安装等级 3	安装等级 3	电源线及互联电缆良好隔离，短期运行[b]	电源线及互联电缆平行运行[c]
耦合模式				
严酷等级	线对线	线对地	线对地	线对地
4	—	4.0	—	—

[a] 若制造商声明电缆长度不应超过 10 m，则将不再针对直流电源端口及互联电缆进行测试；
[b] 安装等级 2 应符合 GB/T 17626.5 的规定；
[c] 安装等级 3 应符合 GB/T 17626.5 的规定。

F.5.2 试验结果应符合以下规定：

a) 按严酷等级 2 试验时，控制装置应符合 F.1.1 的规定。

b) 按严酷等级 3 和等级 4 试验时，控制装置应符合 F.1.2 的规定。

F.5.3 如采用浪涌保护器，则浪涌保护器应符合 GB 18802.1 的规定，并应能承受安装等级 3 产生的脉冲。

F.5.4 对于配有火花间隙浪涌保护器的控制装置，在进行严酷等级 3 和等级 4 的测试时，应在开路电压 95%条件下作补充测试。

F.6 电快速瞬变脉冲群抗扰度

F.6.1 按 GB/T 17626.4 规定的试验条件、试验仪器和试验顺序和表 F.4 规定的严酷等级，供给控制装置额定电压，并在专用控制装置标准规定的试验条件下进行试验。

表 F.4 电气快速瞬变/脉冲群测试等级

严酷等级	供电电源端口，保护接地		在输入/输出信号、数据和控制端口[a]	
	电压峰值/kV	重复频率/kHz	电压峰值/kV	重复频率/kHz
2	1.0	5	0.5	5
3	2.0	5	1.0	5
4	4.0	5	—	—

[a] 如制造商声明连接电缆长度不超过 3 m，则可不进行连接电缆的测试。

F.6.2 试验结果应符合以下规定：

a) 按严酷等级 2 试验时，控制装置应符合 F.1.1 的规定。

b) 按严酷等级 3 试验时，控制装置应符合 F.1.2 的规定。

F.7 射频场感应的传导骚扰抗扰度

F.7.1 按 GB/T 17626.6 规定的试验条件、试验仪器和试验顺序和表 F.5 规定的严酷等级，供给控制装置额定电压，并在专用控制装置标准规定的试验条件下进行试验，以规定的扫描频率对控制装置进行

1次全频率范围的扫描。

F.7.2 全频率范围扫频期间,每个频率停止时间不应小于控制装置被运用和能响应所需的时间,且敏感的频率或主要影响的频率可以单独进行分析。

表 F.5 在电源线和输入/输出线上传导抗扰度测试电压

严酷等级	电压等级[a](emf)U_0	
	频率范围(150 kHz～80 MHz)	ISM 和 CB 频段[b]
2	3	6
3	10	20

[a] 如制造商声明连接电缆长度不超过1 m,则可不进行连接电缆测试;
[b] ISM:工业、科研和医疗无线电设备(13.56±0.007)MHz,(40.68±0.02)MHz;
CB:民用频段,(27.125±1.5)MHz。

F.7.3 试验结果应符合以下规定:

a) 按严酷等级2试验时,控制装置应符合F.1.1的规定。

b) 按严酷等级3试验时,控制装置应符合F.1.2的规定。

F.8 射频电磁场辐射抗扰度

F.8.1 按GB/T 17626.3规定的试验条件、试验仪器和试验顺序和表F.6规定的严酷等级,供给控制装置额定电压,并在专用控制装置标准规定的试验条件下进行试验,以规定的扫描频率对控制装置进行1次全频率范围的扫描。

F.8.2 全频率范围扫频期间,每个频率停止时间不应小于控制装置被运用和能响应所需的时间,且敏感的频率或主要影响的频率可以单独进行分析。

表 F.6 辐射场抗扰度测试电压

严酷等级	场强/(V/m)	
	频率范围(80 MHz～1 000 MHz,1.7 GHz～2.0 GHz)	ISM 和 GSM 频段[a]
2	3	6
3	10	20

[a] ISM:工业、科研和医疗无线电设备,(433.92±0.87)MHz;
GSM:移动通信,(900±5.0)MHz。

F.8.3 试验结果应符合以下要求:

a) 按严酷等级2试验时,控制装置应符合F.1.1的规定。

b) 按严酷等级3试验时,控制装置应符合F.1.2的规定。

F.9 静电放电抗扰度

F.9.1 按GB/T 17626.2规定的试验条件、试验仪器和试验顺序与表F.7规定的严酷等级,供给控制装置额定电压,并在专用控制装置标准规定的试验条件下进行试验。

F.9.2 本试验适用于本身具有外壳保护的控制装置,如果控制装置本身没有外壳保护,应在制造商声明的接触点进行测试，静电放电测试点按 GB/T 17626.2 的规定进行选择。

表 F.7 静电放电试验电压

严酷等级	接触放电/kV	空气放电/kV
2	4	4
3	6	8
4	8	15

F.9.3 试验结果应符合以下规定：

a) 按严酷等级 2 试验时，控制装置应符合 F.1.1 的规定。

b) 按严酷等级 3 和等级 4 试验时，控制装置应符合 F.1.2 的规定。

F.10 工频磁场抗扰度

F.10.1 如控制装置可能受到工频磁场的干扰，应进行该试验。

F.10.2 按 GB/T 17626.8 规定的试验条件、试验仪器和试验顺序与表 F.8 规定的严酷等级，供给控制装置额定电压，并在专用控制装置标准规定的试验条件下进行试验。

表 F.8 连续磁场的试验等级

严酷等级	连续场强/(A/m)
2	3
3	10

F.10.3 试验结果应符合以下规定：

a) 按严酷等级 2 试验时，控制装置应符合 F.1.1 的规定。

b) 按严酷等级 3 试验时，控制装置应符合 F.1.2 的规定。

附　录　G
（资料性附录）
气密性试验——容积法

G.1　装置

所用装置和装置调整应符合以下规定：

a）所用装置见图 G.1 所示；

b）装置和手动旋塞阀 1～5 用玻璃制成，每个装有一根弹簧；

c）所用液体为水；

d）调整恒定的水准瓶的水平面和管 G 顶端之间的距离 l，使水柱高度与测试压力一致，调整时应将管中的气泡驱赶干净；

e）装置应安装在恒温室内。

G.2　试验步骤

当选用本试验方法，应按以下步骤进行：

a）打开旋塞阀 1 和 N，关闭旋塞阀 2～5 以及出口旋塞阀 L；

b）C 水槽充满水，然后打开旋塞阀 2 使水充满水准瓶 D，当恒定的水准瓶 D 溢流流入溢流瓶 E 时，关闭旋塞阀 2；

c）打开旋塞阀 5，调节 H 中水平面到零位再关闭旋塞阀 5；

d）打开旋塞阀 1 和 4，由调节器 F 将旋塞阀 4 进口处的压缩空气压力从大气压力调节到测试压力；

e）关闭旋塞阀 4 并把测试件 B 连接到装置；

f）如果必要，打开旋塞阀 3 和 4，通过操作旋塞阀 L 和 2，用 G 管顶部水平面重新调节 1 处压力；

g）当测量管 H 和测试件已经确定了 1 处的压力时，关闭旋塞阀 1；

h）为使试验装置中空气和测试件达到热平衡，测试前应有 15 min 平衡时间；

i）通过从管 G 溢流水流进测量管 H 来显示泄漏量，并通过在 5 min 时间内 H 中水平面的上升高度折算小时泄漏量；

j）关闭旋塞阀 3 和 4，拆卸测试件；

k）打开旋塞阀 1 和 4，降低调节器出口压力到零。

单位为毫米

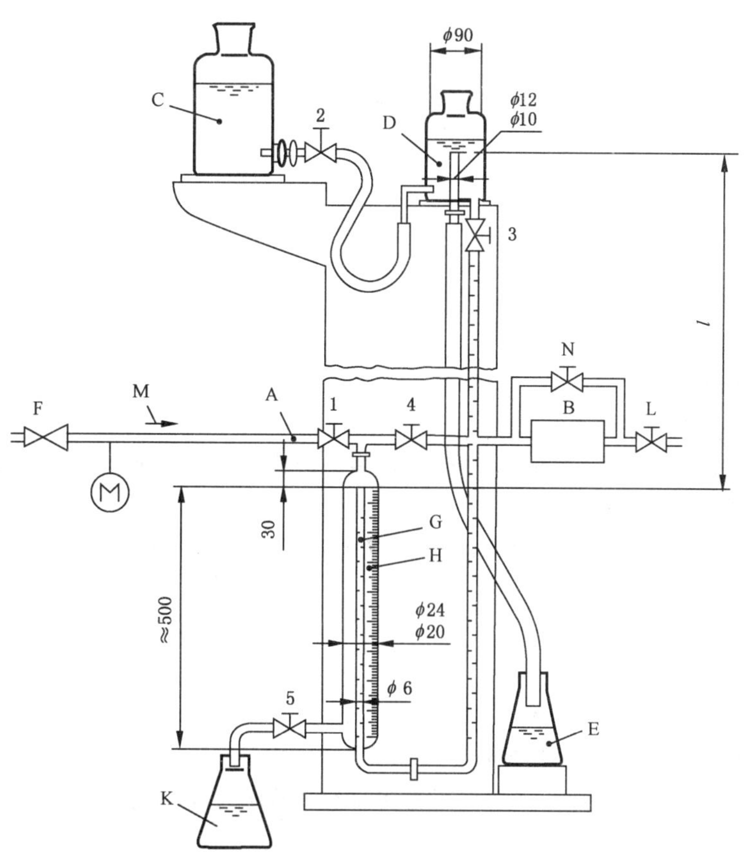

说明：

A ——进口；
B ——测试件；
C ——水槽；
D ——水准瓶；
E ——溢流瓶；
F ——调节器；
G ——管；
H ——测量量管；
K ——排液瓶；
L ——出口旋塞阀；
M ——压缩空气流量；
1～5,N ——手动旋塞阀。

图 G.1 气密性试验装置——容积法

附　录　H
（资料性附录）
气密性试验——压降法

H.1　装置

所用装置和装置链接应符合以下规定：

a)　所用装置见图 H.1；

b)　装置由热绝缘压力容器 B 组成；

c)　所用液体为水，水上空气容积为 1 dm^3，连接一根内径为 5 mm 的测量压力降的玻璃管 A，上端开口，底端插入 B 的水中；

d)　施加试验压力的管 C 插入压力容器 A 的空气空间内，通过一根长 1 m、内径为 5 mm 的软管 D 与测试件连接。

H.2　试验步骤

当选用本试验方法，应按以下步骤进行：

a)　用调压器通过三通旋塞阀 3 将空气压力调节到试验压力(测量玻璃管 A 中水柱增高值即相当于试验压力)；

b)　打开三通旋塞阀 3，使测试件通过 D 与 B 连接相通；

c)　为使试验装置中空气和测试件达到热平衡，测试前应有 15 min 平衡时间；

d)　从测量玻璃管 A 上读取压降；

e)　以 5 min 为周期测量压力差，泄漏量以 1 h 为基础；

f)　将 e)测得的压降用式(H.1)换算成泄漏量：

$$q_L = 11.85 \times 10^{-2} V_g (p'_{abs} - p''_{abs}) \qquad \cdots\cdots\cdots\cdots\cdots\cdots (H.1)$$

式中：

q_L ——泄漏量，单位为毫升每小时(mL/h)；

V_g ——测试件和测试装置总体积，单位为毫升(mL)；

p'_{abs} ——试验开始时的绝对压力，单位为千帕(kPa)；

p''_{abs} ——试验结束时的绝对压力，单位为千帕(kPa)。

单位为毫米

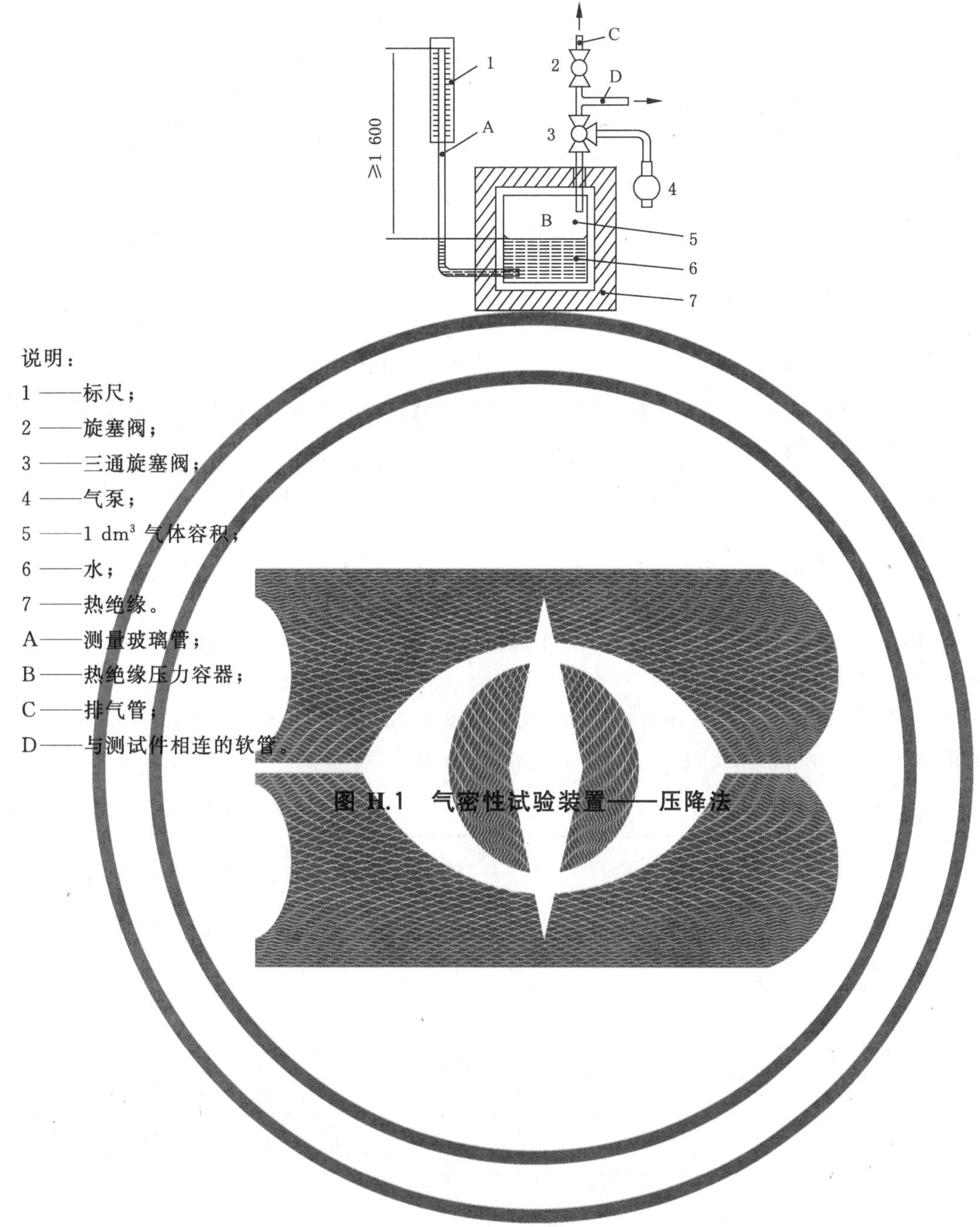

说明：

1 ——标尺；

2 ——旋塞阀；

3 ——三通旋塞阀；

4 ——气泵；

5 ——1 dm^3 气体容积；

6 ——水；

7 ——热绝缘。

A——测量玻璃管；

B——热绝缘压力容器；

C——排气管；

D——与测试件相连的软管。

图 H.1 气密性试验装置——压降法

参 考 文 献

[1] GB/T 1047—2005 管道元件 DN(公称尺寸)的定义和选用

[2] GB/T 9279 色漆和清漆 划痕试验(GB/T 9279—2007,ISO 1518:1992,IDT)

[3] GB/T 20438.1—2006 电气/电子/可编程电子安全相关系统的功能安全 第1部分:一般要求

[4] GB/T 20438.3—2006 电气/电子/可编程电子安全相关系统的功能安全 第3部分:软件要求

[5] GB/T 20438.4—2006 电气/电子/可编程电子安全相关系统的功能安全 第4部分:定义和缩略语

[6] GB/T 20438.5—2006 电气/电子/可编程电子安全相关系统的功能安全 第5部分:确定安全完整性等级的方法示例

[7] BS EN 298:2003 Automatic gas burner control systems for gas burners and gas burning appliances with or without fans

[8] BS EN 549:1995 Rubber materials for seals and diaphragms for gas appliances and gas equipment

[9] BS EN 13611:2007 Safety and control devices for gas burners and gas burning appl-iances—General requirements

[10] BS EN 14459:2007 Control function in electronic systems for gas burners and gas burning appliances—methods for classification and assessment

ICS 91.140
P 45

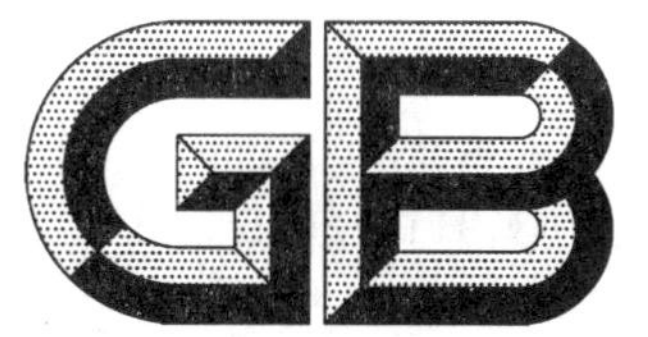

中华人民共和国国家标准

GB/T 31911—2015

燃气燃烧器具排放物测定方法

Methods for determination of emissions from appliances burning gaseous fuels

2015-09-11 发布　　2016-08-01 实施

中华人民共和国国家质量监督检验检疫总局
中国国家标准化管理委员会　发布

前　言

本标准按照 GB/T 20001.4—2001 给出的规则起草。

本标准由中华人民共和国住房和城乡建设部提出。

本标准由住房和城乡建设部燃气标准化技术委员会归口。

本标准起草单位：中国市政工程华北设计研究总院有限公司、广东万家乐燃气具有限公司、迅达科技集团股份有限公司、广东万和新电气股份有限公司、青岛经济技术开发区海尔热水器有限公司、博西华电器(江苏)有限公司、北京菲斯曼供热技术有限公司、艾欧史密斯(中国)热水器有限公司、广东美的厨卫电器制造有限公司、成都前锋电子有限责任公司、宁波方太厨具有限公司、浙江美大实业股份有限公司、上海英盛分析仪器有限公司、杭州老板电器股份有限公司、浙江科恩电器有限公司、樱花卫厨(中国)股份有限公司、创尔特热能科技(中山)有限公司、浙江帅丰电器有限公司、国家燃气用具质量监督检验中心。

本标准主要起草人：刘斌、张金环、余少言、伍斌强、钟家淞、郑涛、刘松辉、李贵军、毕大岩、徐国平、陈敦勇、徐德明、夏鼎、吴伟力、吴伟良、俞鲁锋、黄国金、夏国平、邵于佶、刘文博、于雪连。

燃气燃烧器具排放物测定方法

1 范围

本标准规定了燃气燃烧器具排放物中 NO_x、CO、CO_2 和 O_2 测定的术语和定义，测量系统、分析仪、辅助设备和附件，系统检验，取样，测试操作，计算方法。

本标准适用于燃气燃烧器具的型式检验及其他检验中排放物的测定。

2 规范性引用文件

下列文件对于本文件的应用是必不可少的。凡是注日期的引用文件，仅注日期的版本适用于本文件。凡是不注日期的引用文件，其最新版本(包括所有的修改单)适用于本文件。

GB 16410　家用燃气灶具

GB 25034　燃气采暖热水炉

CJ/T 28　中餐燃气炒菜灶

JJF 1059.1　测量不确定度评定与表示

JJF 1001　通用计量术语及定义

3 术语和定义

JJF 1001 中界定的术语和定义适用于本文件。

4 测量系统、分析仪、辅助设备和附件

4.1 测量系统

4.1.1 干法取样

测量系统见图 1。

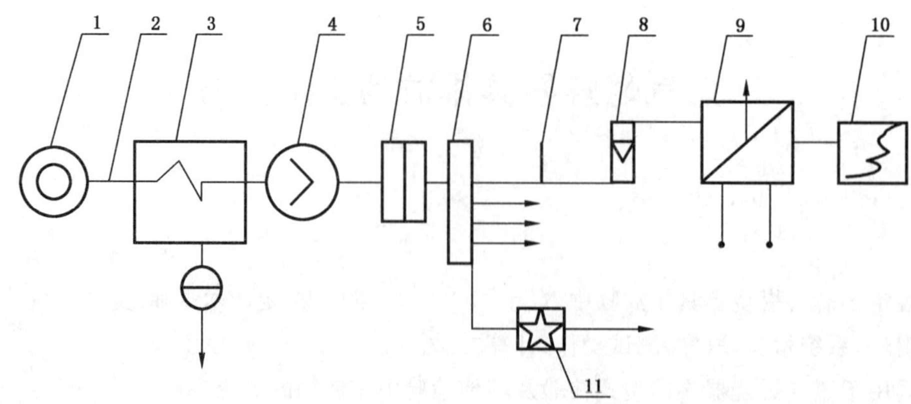

说明：
1——取样器；
2——取样管路(带保温或伴热)；
3——带冷凝水分离的冷凝器；
4——取样泵；
5——过滤器；
6——分配器；
7——分析仪校准点；
8——流量计；
9——烟气组分分析仪；
10——记录仪；
11——多余气体分流。

图1　干法取样测量系统图

4.1.2　湿法取样

测量系统见图2。

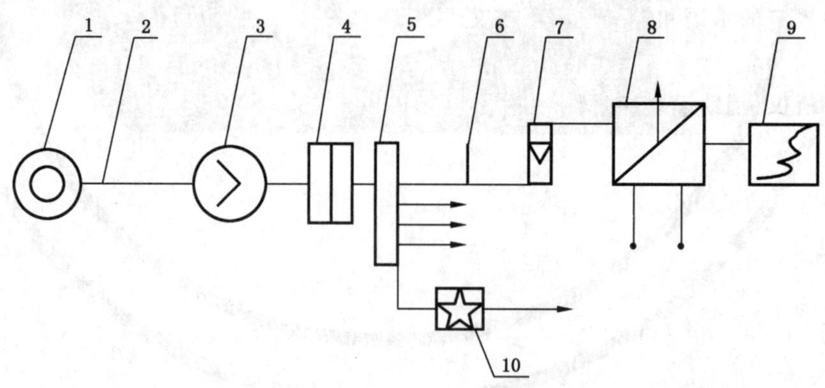

说明：
1——取样器；
2——取样管路(带保温或伴热)；
3——取样泵；
4——过滤器；
5——分配器；
6——分析仪校准点；
7——流量计；
8——烟气组分分析仪；
9——记录仪；
10——多余气体分流。

图2　湿法取样测量系统图

4.2 分析仪

4.2.1 种类

本标准适用下列测量原理的分析仪：

a) 利用化学发光法原理测量 NO_x 浓度的分析仪；

b) 当 NO_x 浓度大于 $100\times10^{-6}\ m^3/m^3$ 时，利用红外或紫外吸收原理测量 NO_x 浓度的分析仪；

c) 利用红外或紫外吸收原理测量 CO 和 CO_2 浓度的分析仪；

d) 利用顺磁原理测量 O_2 浓度的分析仪。

4.2.2 示值误差

分析仪的示值误差不应超过±5%。

4.2.3 重复性

分析仪的重复性不应大于 2%。

4.2.4 响应时间

从加入标准气开始至显示 90%标明浓度的响应时间不应大于 20 s。

4.2.5 稳定性

1 h 内示值变化不应大于 5%。

4.2.6 干扰

分析仪测量应考虑 CO_2、O_2 和 H_2O 的干扰。可利用制造商提供的修正数据或者相同浓度的标准气校正干扰。

4.3 辅助设备

4.3.1 取样器

4.3.1.1 一般要求

取样器应采用不与被测样品发生化学反应且无吸附或弱吸附的材料制作，并应保证试样均质性。

4.3.1.2 带排烟管的非平衡式排烟燃具

DN100 及以上的烟管宜采用图 3 所示的取样器；DN100 以下的烟管可采用图 4 所示的取样器。应在距烟道出口 200 mm 处采集燃烧排放物试样，如图 5 所示。

单位为毫米

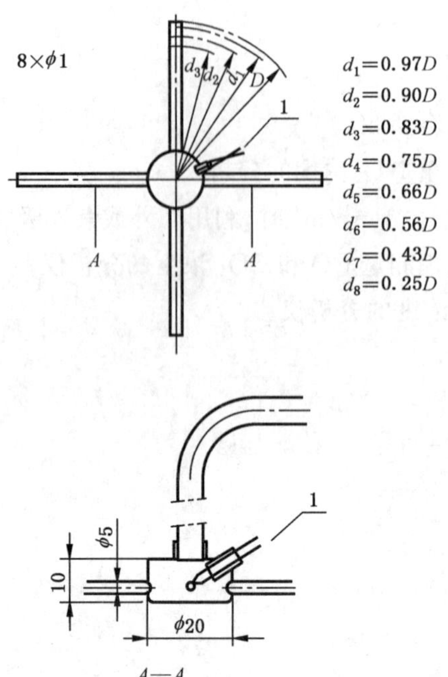

说明：

1——热电偶。

图3　DN100及以上烟管用取样器

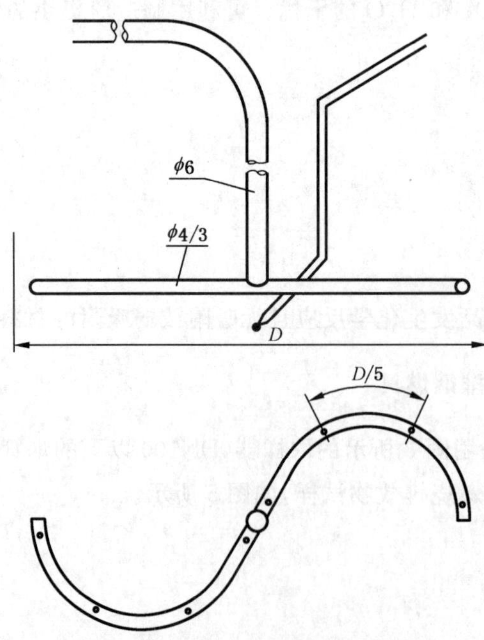

图4　DN100以下烟管用取样器

单位为毫米

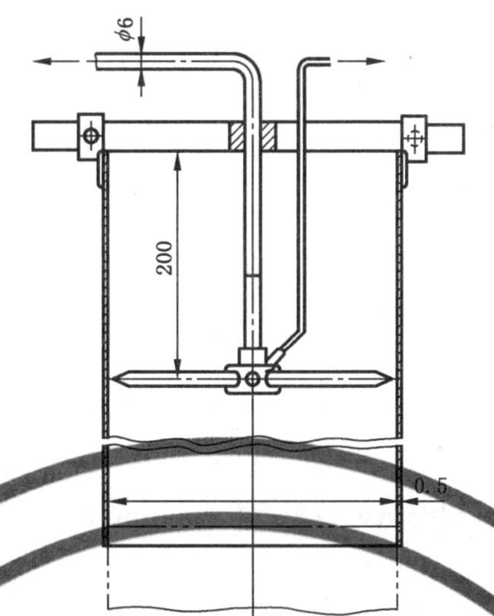

图 5　带排烟管燃具取样器的安装位置

4.3.1.3　带排烟管的平衡式排烟燃具

带排烟管的平衡式燃具取样器及其取样位置应符合 GB 25034 中的规定。

4.3.1.4　家用燃气灶具

家用燃气灶具取样器及其取样位置应符合 GB 16410 中的规定。

4.3.1.5　商用燃气灶具

商用燃气灶具取样器及其取样位置应符合 CJ/T 28 中的规定。

4.3.2　冷凝器或渗透干燥器

与试样接触的冷凝器材料应选用玻璃、聚四氟乙烯或不锈钢等材质，其容量应与取样气体流量和水蒸气的浓度相匹配。冷凝器或渗透干燥器出口烟气的露点温度应在环境温度以下，冷却温度适宜在 2 ℃～5 ℃ 之间，并应能快速回收冷凝液，以减少与试样接触。不应使用干燥剂。

当使用渗透干燥方法时，干燥器管的二分之一应加热至气体露点以上至少 15 K，并应符合制造商吹扫空气的要求。

4.3.3　过滤器

过滤器应安装在冷凝器与分配器之间，与试样接触的材料应采用不锈钢或玻璃等材质。过滤器尺寸应根据取样气体流量和制造商提供的每单位面积流量数据确定。过滤器滤径不应大于 1 μm，并应避免过滤器上的沾污物与气体反应。

4.3.4　分配器

分配器材料应使用不锈钢或聚四氟乙烯等材质，体积应尽量小且流量上限应保证供给每台分析器所需的试样流量。每种分析仪应能与其单独连接，并应有排放系统通至室外。

4.3.5 流量计

流量计材料应采用耐腐蚀材料，测量范围应根据各分析仪所需试样流量选择。

4.3.6 取样泵

取样泵与气体接触的材料应使用不与试样反应的聚四氟乙烯、不锈钢等材质制成。泵流量应至少为系统中各分析仪所需流量总和的 1.1 倍。

4.4 附件

与试样接触的辅助设备器件，如调节器、阀门、管路、接头等，应采用不锈钢、聚四氟乙烯、玻璃等不吸附且不与其发生化学反应的材料。当试样温度高于 250 ℃且需测定 NO_x 组分时，与其接触的部位不应使用不锈钢材料。管路的直径应根据试样流量确定，宜为 4 mm～8 mm，但不应小于 4 mm。

5 系统检验

5.1 气密性检验

常压条件下在图 1 中的点 1 输入常压标准气体后，再在校准点 7 通入标准气体，两点测量值的差值不应超过示值的±5%。分析仪前端的取样管路气密性检验应每月至少检验 1 次。

5.2 线性检验

线性检验应控制分析仪量程的 0%、20%、50%、80%四个测量点；对于非线性校准曲线，应至少控制分析仪量程的 10 个测量点，其每一点的偏差不应超过±5%。线性检验应每年或在设备维修后进行。

6 取样

6.1 条件

燃具应使用国家现行相关标准要求的试验气，并在其相适应供气压力的热流量下运行，在达到热平衡状态下进行试验。

6.2 方法

取样可采用下列方法：

——干式（消除水蒸气）取样法；

——湿式取样法。

6.3 干法取样和配置

冷凝器或干燥器的上游管线应进行温度控制，应至少保持在水露点温度和试样气体酸露点温度以上 15 K。

6.4 湿式取样和配置

湿式取样要求除符合干法取样要求外还应符合下列规定：

a) 取样管路上不应有冷却器及干燥器；

b) 分析仪上游取样管路温度至少保持在水露点和试样气体酸露点以上 15 K；

c）分析仪采用专门设计；

d）对试样中的水蒸气应进行修正。

7 测试操作

7.1 仪器预热

测量前，应按照制造商提供的说明书的要求设置仪器并达到稳定状态。

7.2 调整

需要时应对试验系统进行调整，通过管线直接将标准气体引入分析仪（图1，校准点7；图2，校准点6）中。调节流量、温度和压力并应与测量时一致，且应处于制造商规定的正常范围内。

按下列步骤调节分析仪：

a）将零点气通入分析仪并调零；

b）然后通入约为满量程80%的已知浓度的标准气体并调节读数；

c）再次通入零点气并检查读数是否为零，如果不为零重复上述操作。

7.3 测试

当分析仪读数稳定后，按照相应产品标准的要求读取测试数据。

8 计算方法

8.1 干法试样

8.1.1 使用干式取样法时，按式（1）和式（2）或式（3）计算：

$$V_{md} = V_{mpd} \cdot \frac{100}{100 - y} \quad \cdots\cdots(1)$$

$$X = V_{md} \frac{\varphi[(CO_2)_n]}{\varphi[(CO_2)_{md}]} \quad \cdots\cdots(2)$$

或

$$X = V_{md} \frac{21}{21 - \varphi[(O_2)_{md}]} \quad \cdots\cdots(3)$$

式中：

V_{md} ——干烟气中被测组分的浓度，以百万分之一 10^{-6} m^3/m^3 或%计；

V_{mpd} ——部分干烟气（含部分水蒸气）中被测组分的浓度，以百万分之一 10^{-6} m^3/m^3 或%；

y ——部分干烟气中的水蒸气含量，以百分数%；

X ——过剩空气系数 $\alpha=1$ 时干烟气中CO或 NO_x 浓度，以百万分之一 10^{-6} m^3/m^3；

$(CO_2)_n$ ——理论干烟气 CO_2 最大含量，以百分数%；

$(CO_2)_{md}$ ——干烟气中 CO_2 实测值，以百分数%；

$(O_2)_{md}$ ——干烟气中 O_2 实测值，以百分数%。

8.1.2 理论干烟气中 CO_2 的含量参见附录A。

8.1.3 当烟气中的 O_2 含量大于14%时，测试无效。

8.2 湿式试样

8.2.1 燃具无冷凝

燃具无冷凝时，按式(4)或式(5)进行计算修正：

$$X = X_{m} \cdot \left\{ \frac{\varphi[(CO_2)_{n}]}{\varphi[(CO_2)_{md}]} + \frac{V_{fw}}{V_{fd}} - 1 \right\} \qquad \cdots\cdots (4)$$

或

$$X = X_{m} \cdot \left\{ \frac{21}{21 - \varphi[(O_2)_{md}]} + \frac{V_{fw}}{V_{fd}} - 1 \right\} \qquad \cdots\cdots (5)$$

式中：

X_m ——CO 或 NO_x 试验实测值，以百万分之一 10^{-6} m^3/m^3 计；

V_{fw} ——理论湿烟气量，以百万分之一 m^3/m^3；

V_{fd} ——理论干烟气量，以百万分之一 m^3/m^3。

8.2.2 燃具有冷凝

燃具有冷凝时，按式(6)、式(7)或式(8)进行计算修正：

a) 冷凝水量的修正

在理论空气量燃烧时产生的实际湿烟气量，按式(6)计算：

$$V_{fwc} = V_{fw} - \frac{1}{0.830} \cdot \frac{M_c}{3\,600} \cdot \frac{H_i}{1\,000Q} \cdot \frac{273}{288} = V_{fw} - \frac{M_c \cdot H_i}{3.152 \cdot 10^6 \cdot Q} \qquad \cdots\cdots (6)$$

式中：

V_{fwc}——理论空气量燃烧的情况下所产生的实际湿烟气量，以百万分之一(m^3/m^3)计；

M_c ——燃具产生的冷凝水质量流量，单位为千克每小时(kg/h)；

H_i ——燃气低位热值，单位为兆焦耳每立方米(MJ/m^3)；

Q ——燃具输入功率，单位为千瓦(kW)。

b) 按照基准条件修正时，按式(7)或式(8)计算：

$$X = X_{m} \cdot \left\{ \frac{\varphi[(CO_2)_{n}]}{\varphi[(CO_2)_{md}]} + \frac{V_{fwc}}{V_{fd}} - 1 \right\} \qquad \cdots\cdots (7)$$

或

$$X = X_{m} \cdot \left\{ \frac{21}{21 - \varphi[(O_2)_{md}]} + \frac{V_{fwc}}{V_{fd}} - 1 \right\} \qquad \cdots\cdots (8)$$

8.3 试验测量不确定度

当对试验测试结果的不确定度进行评定时应符合 JJF 1059.1 的规定，评定示例参见附录 B。

8.4 单位换算

浓度单位换算及结果修正参见附录 C。

附 录 A
（资料性附录）
试验气及其特性

试验用燃气的类别、组分、热值和理论干烟气中 CO_2 体积分数可按表 A.1 的规定取值。

表 A.1 城镇燃气的类别及特性指标（15 ℃，101.325 kPa，干）

类别		试验气	体积分数/%	相对密度 d	热值/(MJ/m³) H_i	热值/(MJ/m³) H_s	理论干烟气中 CO_2 体积分数/%
人工煤气	3R	0	$\varphi(CH_4)=8.7,\varphi(H_2)=50.9,\varphi(N_2)=40.4$	0.474	8.16	9.44	4.14
		1	$\varphi(CH_4)=12.7,\varphi(H_2)=46.1,\varphi(N_2)=41.2$	0.501	9.03	10.37	5.38
		2	$\varphi(CH_4)=6.6,\varphi(H_2)=55.1,\varphi(N_2)=38.3$	0.445	7.87	9.16	3.33
		3	$\varphi(CH_4)=16.1,\varphi(H_2)=31.7,\varphi(N_2)=52.2$	0.616	8.72	9.92	6.47
	4R	0	$\varphi(CH_4)=8.4,\varphi(H_2)=62.9,\varphi(N_2)=28.7$	0.368	9.29	10.78	3.84
		1	$\varphi(CH_4)=13.3,\varphi(H_2)=57.5,\varphi(N_2)=29.2$	0.396	10.40	11.98	5.31
		2	$\varphi(CH_4)=5.9,\varphi(H_2)=67.3,\varphi(N_2)=26.8$	0.339	8.88	10.37	2.90
		3	$\varphi(CH_4)=18.1,\varphi(H_2)=41.3,\varphi(N_2)=40.6$	0.522	10.38	11.83	6.64
	5R	0	$\varphi(CH_4)=19,\varphi(H_2)=54,\varphi(N_2)=27$	0.404	11.98	13.71	6.54
		1	$\varphi(CH_4)=25,\varphi(H_2)=48,\varphi(N_2)=27$	0.433	13.41	15.25	7.57
		2	$\varphi(CH_4)=18,\varphi(H_2)=55,\varphi(N_2)=27$	0.399	11.74	13.45	6.34
		3	$\varphi(CH_4)=29,\varphi(H_2)=32,\varphi(N_2)=39$	0.560	13.13	14.83	8.38
	6R	0	$\varphi(CH_4)=22,\varphi(H_2)=58,\varphi(N_2)=20$	0.356	13.41	15.33	6.95
		1	$\varphi(CH_4)=29,\varphi(H_2)=52,\varphi(N_2)=19$	0.381	15.18	17.25	7.97
		2	$\varphi(CH_4)=22,\varphi(H_2)=59,\varphi(N_2)=19$	0.347	13.51	15.45	6.93
		3	$\varphi(CH_4)=34,\varphi(H_2)=35,\varphi(N_2)=31$	0.513	15.14	17.08	8.80
	7R	0	$\varphi(CH_4)=27,\varphi(H_2)=60,\varphi(N_2)=13$	0.317	15.31	17.46	7.59
		1	$\varphi(CH_4)=34,\varphi(H_2)=54,\varphi(N_2)=12$	0.342	17.08	19.38	8.34
		2	$\varphi(CH_4)=25,\varphi(H_2)=63,\varphi(N_2)=12$	0.299	14.94	17.07	7.28
		3	$\varphi(CH_4)=40,\varphi(H_2)=37,\varphi(N_2)=23$	0.470	17.39	19.59	9.23
天然气	3T	0	$\varphi(CH_4)=32.5,\varphi(air)=67.5$	0.855	11.06	12.28	11.74
		1	$\varphi(CH_4)=34.9,\varphi(air)=65.1$	0.845	11.87	13.19	11.74
		2	$\varphi(CH_4)=16.0,\varphi(H_2)=34.2,\varphi(N_2)=49.8$	0.594	8.94	10.18	6.27
		3	$\varphi(CH_4)=30.1,\varphi(air)=69.9$	0.866	10.24	11.37	11.74
	4T	0	$\varphi(CH_4)=41,\varphi(air)=59$	0.818	13.95	15.49	11.74
		1	$\varphi(CH_4)=44,\varphi(air)=56$	0.804	14.97	16.62	11.74
		2	$\varphi(CH_4)=22,\varphi(H_2)=36,\varphi(N_2)=42$	0.553	11.16	12.67	7.40
		3	$\varphi(CH_4)=38,\varphi(air)=62$	0.831	12.93	14.36	11.74

表 A.1（续）

类别		试验气	体积分数/%	相对密度 d	热值/(MJ/m³)		理论干烟气中 CO_2 体积分数/%
					H_i	H_s	
天燃气	6T	0	$\varphi(CH_4)=53.4, \varphi(N_2)=46.6$	0.747	18.16	20.18	10.65
		1	$\varphi(CH_4)=56.7, \varphi(N_2)=43.3$	0.733	19.29	21.42	10.77
		2	$\varphi(CH_4)=41.3, \varphi(H_2)=20.9, \varphi(N_2)=37.8$	0.609	16.18	18.13	9.36
		3	$\varphi(CH_4)=50.2, \varphi(N_2)=49.8$	0.760	17.08	18.97	10.51
	10T	0,2	$\varphi(CH_4)=86, \varphi(N_2)=14$	0.613	29.25	32.49	11.52
		1	$\varphi(CH_4)=80, \varphi(C_3H_8)=7, \varphi(N_2)=13$	0.678	33.37	36.92	11.92
		3	$\varphi(CH_4)=82, \varphi(N_2)=18$	0.629	27.89	30.98	11.44
	12T	0	$\varphi(CH_4)=100$	0.555	34.02	37.78	11.74
		1	$\varphi(CH_4)=87, \varphi(G_3H_8)=13$	0.684	41.03	45.30	11.53
		2	$\varphi(CH_4)=77, \varphi(H_2)=23$	0.443	28.54	31.87	11.01
		3	$\varphi(CH_4)=92.5, \varphi(N_2)=7.5$	0.586	31.46	34.95	11.63
液化石油气	19Y	0,1,3	$\varphi(C_3H_8)=100$	1.550	88.00	95.65	13.76
		2,3	$\varphi(C_3H_6)=100$	1.476	82.78	88.52	15.06
	22Y	0,1	$\varphi(C_4H_{10})=100$	2.079	116.48	126.21	14.06
		2	$\varphi(C_3H_6)=100$	1.476	82.78	88.52	15.06
		3	$\varphi(C_3H_8)=100$	1.550	88.00	95.65	13.76
	20Y	0	$\varphi(C_3H_8)=75, \varphi(C_4H_{10})=25$	1.682	95.12	103.29	13.85
		1	$\varphi(C_4H_{10})=100$	2.079	116.48	126.21	14.06
		2	$\varphi(C_3H_6)=100$	1.476	82.78	88.52	15.06
		3	$\varphi(C_3H_8)=100$	1.550	88.00	95.65	13.76

注 1：空气的体积分数 $\varphi(O_2)=21\%, \varphi(N_2)=79\%$。

注 2：试验气：0——基准气，1——黄焰和不完全燃烧界限气，2——回火界限气，3——脱火界限气。

附　录　B
（资料性附录）
燃气燃烧排放物中 NO_x 测定结果不确定度的评定实例

B.1　概述

B.1.1　试验方法

按本标准第 5 章、第 6 章、第 7 章和第 8 章的要求开展试验，采用干式取样法试验气为天然气 12T 的黄焰和不完全燃烧界限气。

B.1.2　评定依据

JJF 1059.1　测量不确定度评定与表示

CNAS-GL 05:2011　测量不确定度要求的实施指南

B.1.3　检测使用的仪器设备

试验用设备性能如下：

气体分析仪：

NO_x 检测的最大允许误差：±1%，分辨力：1%；CO_2 检测的最大允许误差：±1%，分辨力：0.5%。

标准气体：扩展不确定度 $u=1\%(k=2)$。

B.2　测量模型

根据式(1)和式(3)可得式(B.1)。

$$X=V_{md}\frac{\varphi[(CO_2)_n]}{\varphi[(CO_2)_{md}]} \qquad \text{(B.1)}$$

式中：

X ——过剩空气系数 $\alpha=1$ 时干烟气中 CO 或 NO_x 浓度，以百万分之一(10^{-6} m^3/m^3)计；

V_{md} ——干烟气中 CO 或 NO_x 浓度，以百万分之一(10^{-6} m^3/m^3)计；

$(CO_2)_n$ ——理论干烟气 CO_2 最大含量，以百分数（%）计；

$(CO_2)_{md}$ ——干烟气中 CO_2 试验实测值，以百分数（%）计。

B.3　测量不确定度的来源和预评定重复性

B.3.1　测量不确定度的来源

综合各种因素的影响，将各输入量 $(CO_2)_{md}$、和 V_{md} 的重复性归入到输出量 X 的重复性中考虑，从而不必分别求取各输入量重复性引起的标准不确定度。

燃气燃烧排放物中 NO_x 测定结果不确定度的主要来源及其评定方法见表 B.1。

表 B.1　不确定度的主要来源及其评定方法

序号	不确定度的来源	采用评定方法
1	NO_x 检测仪导致的标准不确定度 u_1	
1.1	NO_x 检测仪允差导致的相对标准不确定度 u_{11r}	B类
1.2	NO_x 检测仪分辨力导致的相对标准不确定度 u_{12r}	B类
1.3	标准气体导致的相对标准不确定度 u_{13r}	B类
2	CO_2 检测仪导致的标准不确定度 u_2	
2.1	CO_2 检测仪允差导致的相对标准不确定度 u_{21r}	B类
2.2	CO_2 检测仪分辨力导致的相对标准不确定度 u_{22r}	B类
2.3	标准气体导致的相对标准不确定度 u_{23r}	B类
3	测量重复性导致的不确定度 u_{Ar}	A类
4	样品代表性不够导致的不确定度	此处可忽略

合成标准不确定度的计算公式见式(B.2)：

$$u_c(X)=\sqrt{u_A^2+u_B^2} \quad \cdots\cdots\cdots\cdots (B.2)$$

B.3.2　预评定重复性

事先对燃气燃烧器具排放物中 NO_x 进行 10 次重复独立测量，测量结果见表 B.2，理论干烟气中 CO_2 的含量为 11.53%。

表 B.2　进行 10 次独立重复测量的测量值

样号	烟气中 CO_2 实测值 $(CO_2)_{md}$/%	烟气中 NO_x 实测值 $V_{md}/(10^{-6}\ m^3/m^3)$	烟气中 NO_x 实际值 $x_i/(10^{-6}\ m^3/m^3)$
1	4.2	48	131.7
2	4.2	46	126.2
3	4.2	45	123.4
4	4.2	49	134.4
5	4.3	47	125.9
6	4.1	42	118.0
7	4.1	45	126.4
8	4.3	47	125.9
9	4.3	48	128.6
10	4.1	45	126.4
算术平均值 $\overline{X}$			126.7
实验标准差 $s(x)$			4.29

采用贝塞尔公式计算其实验标准差 $s(x)$，计算公式见式(B.3)。

$$s(x)=\sqrt{\frac{\sum_{i=1}^{10}(x_i-\overline{X})^2}{10-1}} \quad \cdots\cdots(B.3)$$

B.4 标准不确定度评定

B.4.1 A 类标准不确定度的评定

由测量重复性导致的标准不确定度为 A 类标准不确定度 u_A。

实验数据：

试验中进行了 2 次测试，具体数据见表 B.3。

表 B.3 实验数据

样号	烟气中 CO_2 实测值 $(CO_2)_{md}$/%	烟气中 NO_x 实测值 V_{md}/(10^{-6} m^3/m^3)	烟气中 NO_x 实际值 x_i/(10^{-6} m^3/m^3)
1	4.1	47	132.1
2	4.1	45	126.4
算术平均值 $\overline{X}$			129.3

重复性引起的不确定度：测试结果取两次测试的算术平均值 u_A，按式(B.4)计算。

$$u_A=\frac{s(x)}{\sqrt{m}} \quad \cdots\cdots(B.4)$$

式中：

m——为获得测试结果时的实际测试次数。$m=2$。

由式(B.4)计算得出的算术平均值 u_A，如下：

$$u_A=\frac{4.29}{\sqrt{2}}=3.03$$

由式(B.4)计算得出相对标准不确定度 u_{Ar}，如下：

$$u_{Ar}=\frac{3.03}{129.3}=2.34\%$$

自由度 $v=10-1=9$。

B.4.2 B 类标准不确定度的评定

B.4.2.1 NO_x 检测仪导致的 V_{md} 测量的标准不确定度 u_1

B.4.2.1.1 仪器误差导致的相对标准不确定度 u_{11r}

NO_x 检测仪最大允许误差为±1%，服从均匀分布，包含因子 $k_{11}=\sqrt{3}$，区间半宽度 $a_{11}=1\%$，由此导致的标准不确定度 u_{11r} 见式(B.5)：

$$u_{11r}=\frac{a_{11}}{k_{11}} \quad \cdots\cdots(B.5)$$

由式(B.5)计算得出的标准不确定度 u_{11r}，如下：

$$u_{11r}=\frac{1\%}{\sqrt{3}}=0.58\%$$

B.4.2.1.2 分辨力导致的相对标准不确定度 u_{12r}

NO_x 检测仪分辨力为 1%，服从均匀分布，包含因子 $k_{12}=\sqrt{3}$，区间半宽度 $a_{12}=0.5\%$，由此导致的标准不确定度 u_{12r}，见式(B.6)：

$$u_{12r}=\frac{a_{12}}{k_{12}} \qquad \cdots\cdots(B.6)$$

由式(B.6)计算得出的标准不确定度 u_{12r}，如下：

$$u_{12r}=\frac{0.5\%}{\sqrt{3}}=0.29\%$$

B.4.2.1.3 标准气体引入的不确定度

检测仪器通过 4 点来建立标准曲线，根据证书给出每点的标准气体值的扩展不确定度，得到的区间半宽度均 $a_{13}=1\%$，包含因子 $k_{13}=2$，由此导致的每点的标准不确定度 u_{13i}、u_{13r}，见式(B.7)、式(B.8)：

$$u_{13i}=a_{13}/k_{13} \qquad \cdots\cdots(B.7)$$

由式(B.7)计算得出的标准不确定度 u_{13i}，如下：

$$u_{13i}=\frac{1\%}{2}=0.5\%$$

$$u_{13r}=\sqrt{\sum_{i=1}^{n}u_{13i}^{2}} \qquad \cdots\cdots(B.8)$$

由式(B.8)计算得出的标准不确定度 u_{13r}，如下：

$$u_{13r}=1\%(n=4)$$

B.4.2.1.4 各分量的合成

由于 u_{11r}、u_{12r} 和 u_{13r} 不相关，采用方和根方法合成得到合成相对标准不确定度 u_{1r}，见式(B.9)。

$$u_{1r}=\sqrt{u_{11r}^{2}+u_{12r}^{2}+u_{13r}^{2}} \qquad \cdots\cdots(B.9)$$

由式(B.9)计算得出合成相对标准不确定度 u_{1r}，如下：

$$u_{ir}=\sqrt{(0.58\%)^{2}+(0.29\%)^{2}+(1\%)^{2}}=1.19\%$$

B.4.2.2 CO_2 检测仪导致测量$(CO_2)_{md}$的标准不确定度 u_2

B.4.2.2.1 仪器误差导致的相对标准不确定度 u_{21r}

CO_2 检测仪最大允许误差为±1%，服从均匀分布，包含因子 $k_{21}=\sqrt{3}$，区间半宽度 $a_{21}=1\%$，由此导致的标准不确定度 u_{21r} 见式(B.10)：

$$u_{21r}=\frac{a_{21}}{k_{21}} \qquad \cdots\cdots(B.10)$$

由式(B.10)计算得出的标准不确定度 u_{21r}，如下：

$$u_{21r}=\frac{1\%}{\sqrt{3}}=0.58\%$$

B.4.2.2.2 分辨力导致的相对标准不确定度

CO_2 检测仪分辨力为 0.5%，服从均匀分布，包含因子 $k_{22}=\sqrt{3}$，区间半宽度 $a_{22}=0.25\%$，由此导致的标准不确定度 u_{22r} 见式(B.11)：

$$u_{22r}=\frac{a_{22}}{k_{22}} \tag{B.11}$$

由式(B.11)计算得出的标准不确定度 u_{22r}，如下：

$$u_{22r}=\frac{0.25\%}{\sqrt{3}}=0.14\%$$

B.4.2.2.3 标准气体引入的不确定度

检测仪器通过 4 点来建立标准曲线，根据证书给出每点的标准气体值的扩展不确定，得到的区间半宽度均 $a_{23}=1\%$，包含因子 $k_{23}=2$，由此导致的每点的标准不确定度 u_{23i}、u_{23r}见式(B.12)、式(B.13)：

$$u_{23i}=a_{23}/k_{23} \tag{B.12}$$

由式(B.12)计算得出的标准不确定度 u_{23i}，如下：

$$u_{23i}=\frac{1\%}{2}=0.5\%$$

$$u_{13r}=\sqrt{\sum_{i=1}^{n}u_{13i}^2} \tag{B.13}$$

由式(B.13)计算得出的标准不确定度 u_{13r}，如下：

$$u_{13r}=1\%$$

B.4.2.2.4 各分量的合成

由于 u_{21r}、u_{22r}和 u_{23r}不相关，采用方和根方法合成得到合成相对标准不确定度 u_{2r}见式(B.14)。

$$u_{2r}=\sqrt{u_{21r}^2+u_{22r}^2+u_{23r}^2} \tag{B.14}$$

由式(B.14)计算得出的合成相对标准不确定度 u_{2r}，如下：

$$u_{2r}=\sqrt{(0.58\%)^2+(0.14\%)^2+(1\%)^2}=1.17\%$$

B.4.2.3 B 类标准不确定度 u_B

B 类标准不确定度 u_{Br}可用式(B.15)求得：

$$u_{Br}=\sqrt{u_{1r}^2+u_{2r}^2} \tag{B.15}$$

由式(B.15)计算得出的 B 类标准不确定度 u_{Br}，如下：

$$u_{Br}=1.67\%$$

B.4.3 合成标准不确定度的计算

由下式计算相对合成标准不确定度 u_{Cr}，见式(B.16)。

$$u_{Cr}=\sqrt{u_{Ar}^2+u_{Br}^2} \tag{B.16}$$

由式(B.16)计算得出的相对合成标准不确定度 u_{Cr}，如下：

$$u_{Cr}=\sqrt{(2.34\%)^2+(1.17\%)^2}=2.62\%$$

B.4.4 相对扩展不确定度评定

取包含因子 $k=2$，NO_x 浓度检测结果的相对扩展不确定度为：

$$u=ku_{Cr}=2\times2.62\%=5.24\%。$$

所以 $u=6\%(k=2)$。

B.4.5 不确定度汇总

表 B.4 汇总了 NO_x 测量不确定度分量的评定。

表 B.4 NO_x 测量不确定度汇总表

序号	相对标准不确定度					
	不确定度来源	类型	分布	包含因子	符号	数值
1	重复性导致的不确定度	A	正态		u_{Ar}	2.34%
2	NO_x 检测检测仪导致的标准不确定度					
2.1	NO_x 检测检测仪允差导致的标准不确定度	B	均匀	$\sqrt{3}$	u_{11r}	0.58%
2.2	NO_x 检测检测仪分辨力导致的标准不确定度	B	均匀	$\sqrt{3}$	u_{12r}	0.29%
2.3	标准气体引入的标准不确定度	B	正态	2	u_{13r}	1%
3	CO_2 检测检测仪导致的标准不确定度					
3.1	CO_2 检测检测仪允差导致的标准不确定度	B	均匀	$\sqrt{3}$	u_{21r}	0.58%
3.2	CO_2 检测检测仪分辨力导致的标准不确定度	B	均匀	$\sqrt{3}$	u_{22r}	0.14%
3.3	标准气体引入的标准不确定度	B	正态	2	u_{23r}	1%
4	合成标准不确定度				u_{Cr}	2.62%
	相对扩展不确定度 $u=6\%$					

B.5 报告检测结果和扩展不确定度

燃气燃烧器具排放物中 NO_x 的测量结果为：$X_1=129.3\times10^{-6}\ m^3/m^3$；

其扩展不确定度为：$u=6\%$，包含因子 $k=2$。

附 录 C
（资料性附录）
浓度单位换算及结果修正

C.1 浓度单位换算

C.1.1 将浓度 10^{-6} m^3/m^3 换算为 mg/MJ

将浓度单位 10^{-6} m^3/m^3 换算为 mg/MJ 可按式(C.1)计算：

$$X_{(mg/MJ)} = 0.948 \times X_{(ppm)} \times d \times \frac{V_{fd}}{H_i} \quad \cdots\cdots (C.1)$$

式中：

$X_{(mg/MJ)}$——以 mg/MJ 为单位的浓度值；

$X_{(ppm)}$ ——以 10^{-6} m^3/m^3 为单位的浓度值；

d ——被分析组分的密度，CO 为 1.251 kg/m^3，NO_x 为 2.054 kg/m^3（以 NO_2 计）。

C.1.2 将浓度 10^{-6} m^3/m^3 换算为 mg/(kW·h)

将浓度单位为 10^{-6} m^3/m^3 换算为 mg/(kW·h)可按式(C.2)计算：

$$X_{[mg/(kW\cdot h)]} = 3.413 \times X_{(ppm)} \times d \times \frac{V_{fd}}{H_i} \quad \cdots\cdots (C.2)$$

式中：

$X_{[mg/(kW\cdot h)]}$——以 mg/(kW·h)为单位的浓度值。

C.2 空气温度、湿度对 NO_x 测量的影响

燃烧空气的温度、湿度对 NO_x 浓度均有影响，将 NO_x 的测量值修正到空气温度 20 ℃，湿度 10 g/kg 状况下，以此避免由于空气状况的差异所造成的 NO_x 浓度值的差异，修正公式见(C.3)：

$$NO_{xre} = NO_{xm} + \frac{0.02 \times NO_{xm} - 0.34}{1 - 0.02 \times (h_m - 10)} \times (h_m - 10) + 0.85 \times (20 - T_m) \quad \cdots\cdots (C.3)$$

式中：

NO_{xre}——空气温度 20 ℃，湿度 10 g/kg 时的 NO_x 浓度值，单位为毫克每千瓦时[mg/(kW·h)]；

NO_{xm}——实测值 NO_x 浓度值，适用范围 50 mg/(kW·h)～300 mg/(kW·h)，单位为毫克每千瓦时[mg/(kW·h)]；

T_m ——实测时的空气温度，适用范围 15 ℃～25 ℃，单位为摄氏度(℃)；

h_m ——实测时的空气湿度，适用范围 5 g/kg～15 g/kg，单位为克每千克(g/kg)。

ICS 65.060.35
B 91

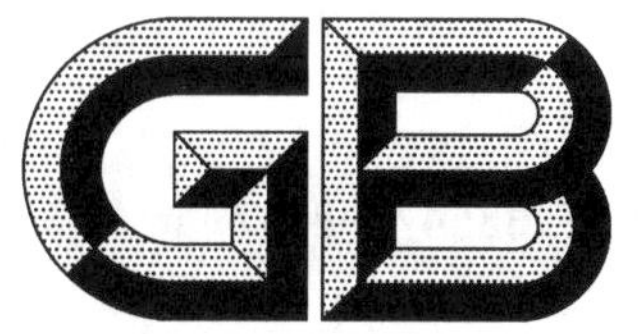

中华人民共和国国家标准

GB/T 33547—2017

管道屏蔽电泵　性能评价规范

Circulating canned motor-pumps—Specification for performance evaluation

2017-03-09 发布　　2017-10-01 实施

中华人民共和国国家质量监督检验检疫总局
中国国家标准化管理委员会　发布

前　言

本标准按照 GB/T 1.1—2009 给出的规则起草。

本标准由中国机械工业联合会提出。

本标准由全国农业机械标准化技术委员会(SAC/TC 201)归口。

本标准主要起草单位:中国农业机械化科学研究院、江苏大学流体机械工程技术研究中心、合肥新沪屏蔽泵有限公司、浙江浪奇泵业有限公司、新界泵业集团股份有限公司、利欧集团浙江泵业有限公司、杭州斯莱特泵业有限公司、台州长虹泵业有限公司、浙江省温岭市产品质量监督检验所、国家水泵及系统工程技术研究中心。

本标准主要起草人:张咸胜、王洋、王国良、蔡公平、许敏田、赵丽伟、毛剑云、张江平、李军辉、金实斌、曹璞钰、李贵东。

管道屏蔽电泵　性能评价规范

1　范围

本标准规定了管道屏蔽电泵的性能等级评价指标、其他要求、试验方法、检验规则和性能等级标识。

本标准适用于输送介质为清水或物理及化学性质类似清水的液体的单相或三相的管道屏蔽电泵(以下简称电泵)。

2　规范性引用文件

下列文件对于本文件的应用是必不可少的。凡是注日期的引用文件,仅注日期的版本适用于本文件。凡是不注日期的引用文件,其最新版本(包括所有的修改单)适用于本文件。

GB/T 2828.1　计数抽样检验程序　第1部分:按接收质量限(AQL)检索的逐批检验抽样计划

GB/T 2829　周期检验计数抽样程序及表(适用于对过程稳定性的检验)

GB/T 12785　潜水电泵　试验方法

JB/T 10483　管道屏蔽电泵

3　性能等级评价指标

本标准通过考核电泵的规定流量、规定扬程和电泵效率判定电泵的性能等级。电泵的性能等级分成1、2、3三个等级,1级表示电泵性能最高。各性能等级的评价指标值应符合表1的规定。

表1

性能等级	规定流量	规定扬程	电泵效率
1级	$Q_G(1+5\%)$	$H_G(1+3\%)$	$\eta_{GP}+3.0$
2级	$Q_G(1\pm5\%)$	$H_G(1\pm3\%)$	$\eta_{GP}+1.0$
3级	$Q_G(1\pm8\%)$	$H_G(1\pm5\%)$	$\eta_{GP}-\Delta\eta$

表中 η_{GP} 为JB/T 10483中规定的电泵效率值且不计容差,电泵效率容差 $\Delta\eta$ 应符合JB/T 10483的规定。Q_G、H_G 分别为JB/T 10483中电泵规定点的流量、扬程值且不计容差。

4　其他要求

电泵的型式、其他基本参数和技术要求应符合JB/T 10483的规定。

5　试验方法

5.1　测定电泵性能等级1级的试验应在符合GB/T 12785规定的测量不确定度为1级的试验台上进行;测定电泵性能等级2级、3级的试验应在符合GB/T 12785规定的测量不确定度为2级的试验台上进行。

5.2 测定电泵规定点的流量、扬程和电泵效率的试验方法应符合 GB/T 12785 的规定。电泵性能等级评价指标值确定以实际转速为基准,不折算(即实测值)。

5.3 其他要求的试验方法应符合 JB/T 10483 的规定。

6 检验规则

6.1 出厂检验

6.1.1 电泵性能等级的评价指标应作为出厂检验的抽检项目。

6.1.2 检验方案按照 GB/T 2828.1 和 GB/T 2829,由制造厂质量检验部门自行决定。

6.1.3 经检验认定电泵规定点的流量、扬程和电泵效率不符合性能等级 3 级评价指标值要求的电泵产品不得出厂。

6.2 型式检验

6.2.1 出现下列情况之一时,应进行电泵性能等级的型式检验:

a) 新产品或老产品转厂生产的试制定型鉴定;
b) 正式生产后,如结构、材料、工艺有较大改变,可能影响产品性能时;
c) 产品长期停产后,恢复生产时;
d) 批量生产的产品,周期性的检验时(每年至少进行一次);
e) 出厂检验结果与上次型式检验有较大差异时;
f) 国家质量监督机构提出进行型式检验的要求时。

6.2.2 按电泵同一型式和规格组批,采用随机抽样,每批样本数为 3 台,其中两台样机试验,一台样机备用。

6.2.3 首先以每台样机电泵效率的测试结果评价其性能等级,如果电泵效率的测试结果不符合性能等级 3 级的要求,则判定该台样机不合格。

当每台样机电泵效率的测试结果符合相应性能等级的要求,则以电泵效率的测试结果初步判定性能等级,如果对应的流量和扬程测试结果均在表 1 规定相应性能等级范围内,则该性能等级判定为该台样机达到的性能等级;否则依次降低性能等级以对应的流量和扬程是否均在表 1 规定相应性能等级范围内,依次判定该台样机达到的性能等级。

6.2.4 两台样机的测试结果均符合本标准相应性能等级的要求,不对备用样机进行试验,以两台样机均达到的性能等级或两台样机之一达到的较低性能等级判定为该批电泵产品的性能等级;两台样机的测试结果均不符合性能等级 3 级的要求,则判定该批电泵产品不合格。

如果两台样机中有一台的测试结果不符合性能等级 3 级的要求,应对备用样机进行试验,如果备用样机的测试结果符合本标准相应性能等级的要求,则以其中两台样机均达到的性能等级或两台样机之一达到的较低性能等级判定为该批电泵产品的性能等级;如果备用样机的测试结果不符合性能等级 3 级的要求,则判定该批电泵产品不合格。

7 性能等级标识

7.1 制造厂应按本标准的规定和检验结果,判定电泵的性能等级,并进行标识。

7.2 制造厂应至少在产品使用说明书或合格证上注明该电泵产品的性能等级和执行标准编号,同时在产品标牌上注明该电泵产品的性能等级或在产品的明显位置处粘贴性能等级标识。

ICS 91.140.10
P 46

中华人民共和国国家标准

GB/T 34017—2017

复合型供暖散热器

Compound heating radiator

2017-07-12 发布　　2018-06-01 实施

中华人民共和国国家质量监督检验检疫总局
中国国家标准化管理委员会　发布

前　言

本标准按照 GB/T 1.1—2009 给出的规则起草。

本标准由中华人民共和国住房和城乡建设部提出。

本标准由全国暖通空调及净化设备标准化技术委员会(SAC/TC 143)归口。

本标准负责起草单位:中国建筑科学研究院。

本标准参加起草单位:哈尔滨工业大学、中国建筑金属结构协会、国家空调设备质量监督检验中心、青岛理工大学、清华大学、圣春冀暖散热器有限公司、北京派捷暖通环境工程技术有限公司、河南乾丰暖通科技股份有限公司、浙江荣荣实业有限公司、佛罗伦萨(北京)暖通科技股份有限公司、广东太阳花暖通设备有限公司、浙江洋铭工贸有限公司、宁夏银晨散热器有限公司、浙江神彩散热器有限公司、北京日上工贸有限公司、美国国际铜专业协会、北京建筑材料检验研究院有限公司、重庆神彩新型散热器有限公司、辽宁省建筑金属结构协会、宁波高昂暖通科技有限公司、北京百斯安复合材料有限公司。

本标准主要起草人:李忠、冯爱荣、董重成、吴辉敏、路宾、张双喜、闫雅丽、司洪庆、王义堂、管仲海、田森林、黄献锋、罗卫东、胡应豪、王学峰、周士钦、林登奎、黄俊鹏、谷秀志、周金瑞、陈明、倪平、陈亮、李常铃、李爱松。

复合型供暖散热器

1 范围

本标准规定了复合型供暖散热器的术语和定义、分类与标记、材质、要求、试验方法、检验规则、标志、使用说明书和合格证、包装、运输与贮存。

本标准适用于工业与民用建筑供暖系统中两种或两种以上材料复合而成的供暖散热器(以下简称散热器),包括供水温度不高于 95 ℃、水质符合 GB/T 29044—2012 中 4.5 规定的金属流道散热器,以及供水温度不高于 80 ℃的塑料流道散热器。

2 规范性引用文件

下列文件对于本文件的应用是必不可少的。凡是注日期的引用文件,仅注日期的版本适用于本文件。凡是不注日期的引用文件,其最新版本(包括所有的修改单)适用于本文件。

GB/T 191 包装储运图示标志

GB/T 985.1 气焊、焊条电弧焊、气体保护焊和高能束焊的推荐坡口

GB/T 1220—2007 不锈钢棒

GB/T 1732 漆膜耐冲击性测定法

GB/T 2828.1 计数抽样检验程序 第1部分:按接收质量限(AQL)检索的逐批检验抽样计划

GB/T 3091 低压流体输送用焊接钢管

GB/T 3190—2008 变形铝及铝合金化学成分

GB/T 5231—2012 加工铜及铜合金牌号和化学成分

GB/T 5237.1 铝合金建筑型材 第1部分:基材

GB/T 7306.1 55°密封管螺纹 第1部分:圆柱内螺纹与圆锥外螺纹

GB/T 7307 55°非密封管螺纹

GB/T 8163 输送流体用无缝钢管

GB/T 8544 铝及铝合金冷轧带材

GB/T 9286—1998 色漆和清漆漆膜的划格试验

GB/T 9969 工业产品使用说明书 总则

GB/T 11618.1 铜管接头 第1部分:钎焊式管件

GB/T 13237 优质碳素结构钢冷轧钢板和钢带

GB/T 13754 采暖散热器散热量测定方法

GB/T 14976 流体输送用不锈钢无缝钢管

GB/T 15115—2009 压铸铝合金

GB/T 17791—2007 空调与制冷用无缝铜管

GB/T 18742.1—2002 冷热水用聚丙烯管道系统 第1部分:总则

GB/T 18742.2—2002 冷热水用聚丙烯管道系统 第2部分:管材

GB/T 18742.3 冷热水用聚丙烯管道系统 第3部分:管件

GB/T 28799.1—2012 冷热水用耐热聚乙烯(PE-RT)管道系统 第1部分:总则

GB/T 28799.2—2012 冷热水用耐热聚乙烯(PE-RT)管道系统 第2部分:管材

GB/T 28799.3 冷热水用耐热聚乙烯(PE-RT)管道系统 第3部分:管件
GB/T 29044—2012 采暖空调系统水质
HG/T 2006 热固性粉末涂料
HGJ 223 铜及铜合金焊接及钎焊技术规程

3 术语和定义

下列术语和定义适用于本文件。

3.1

复合型供暖散热器 compound heating radiator

由两种或两种以上材料复合而成的供暖散热器。

注:包括铜铝复合柱翼型散热器、钢(不锈钢)铝复合柱翼型散热器、复合式压铸铝合金散热器、塑铝复合柱翼型散热器、铜铝复合翅片管型散热器、钢(不锈钢)铝复合翅片管型散热器等。

3.2

柱翼型散热器 column wing heating radiator

以某一种材料为流道的立柱管与铝翼管复合的散热器。

3.3

翅片管型散热器 finned tube heating radiator

以某一种材料为流道串铝翅片作为散热元件的散热器。

3.4

胀接复合剪应力 shearing strength between expanded tube and extruded aluminum wing tube

衡量柱翼型散热器流道立柱管与铝翼管胀接复合紧密度的物理量。

3.5

塑铝复合柱翼型散热器 plastic aluminum compound heating radiator

由塑料立柱管与铝翼管过盈配合后,再与上下塑料联箱或三通等管件热熔组合成型的散热器。

4 分类与标记

4.1 分类

4.1.1 按结构形式划分

散热器按结构形式分为柱翼型散热器和翅片管型散热器,分别用Z和C表示。柱翼型散热器结构示意图如图1所示,翅片管型散热器结构示意图如图2所示。

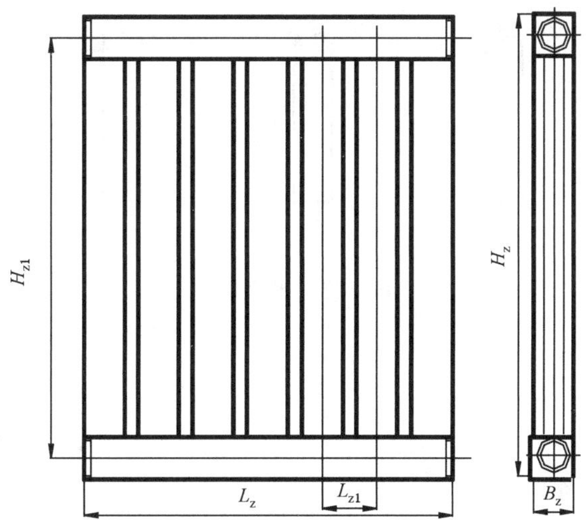

说明：

L_z ——组合长度；

L_{z1} ——柱间距；

B_z ——宽度；

H_z ——高度；

H_{z1} ——同侧进出水口中心距。

图 1　柱翼型散热器结构示意图

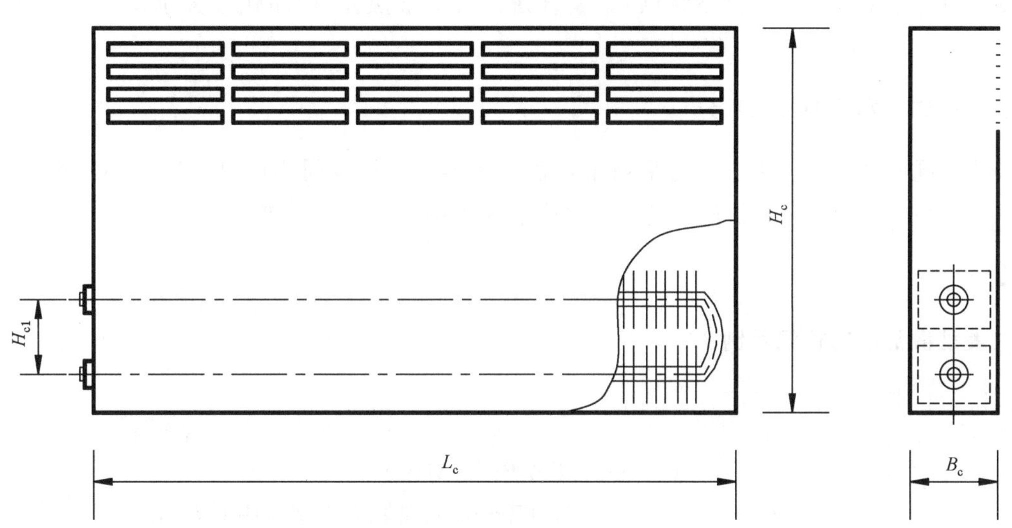

a)　翅片管型散热器

图 2　翅片管型散热器结构示意图

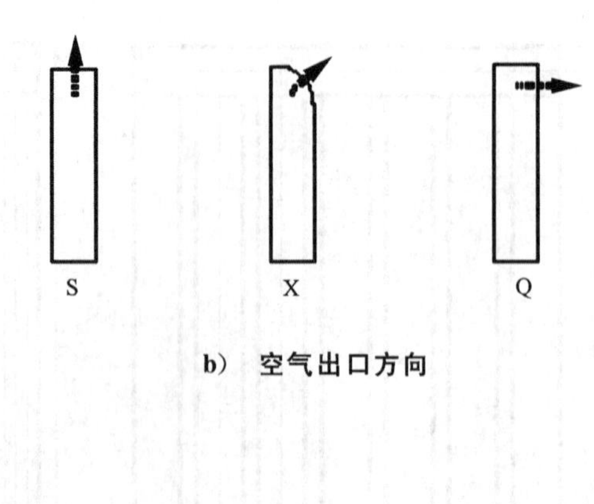

b） 空气出口方向

说明：

L_c ——长度；

B_c ——宽度；

H_c ——高度；

H_{c1} ——同侧进出水口中心距；

S ——空气出口方向向上；

X ——空气出口方向斜上；

Q ——空气出口方向前上。

图 2（续）

4.1.2 按材质划分

柱翼型散热器分为铜铝复合柱翼型散热器、钢(不锈钢)铝复合柱翼型散热器、压铸铝合金复合式散热器、塑铝复合柱翼型散热器，产品代号分别用 TLZ、GLZ (BLZ)、YLC、SLZ 表示。翅片管型散热器分为铜铝复合翅片管型散热器、钢(不锈钢)铝复合翅片管型散热器，产品代号分别用 TLC、GLC(BLC)表示。

4.1.3 按同侧进出水口中心距划分

散热器以同侧进出水口中心距为系列主参数。柱翼型散热器同侧进出水口中心距用符号 H_{z1} 表示，如图 1 所示；翅片管型散热器同侧进出水口中心距用符号 H_{c1} 表示，如图 2 所示。

4.2 标记

4.2.1 柱翼型散热器的标记示例

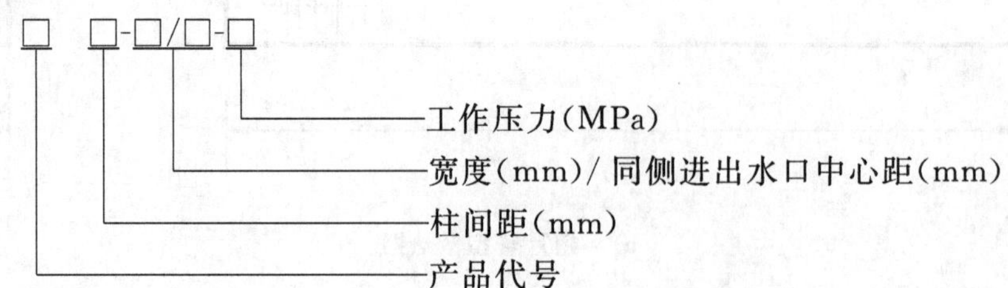

示例：

柱间距为 80 mm，宽度为 60 mm，同侧进出水口中心距为 600 mm，工作压力为 1.0 MPa 的铜铝复合柱翼型散热器，标记为：TLZ80-60/600-1.0。

4.2.2 翅片管型散热器的标记示例

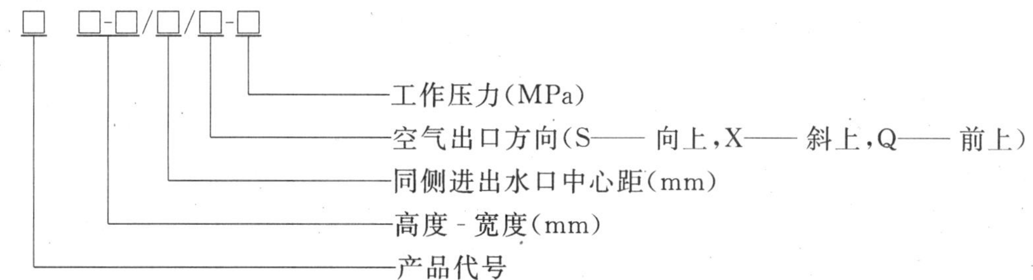

示例:

高度为 600 mm,宽度为 100 mm,同侧进出水口中心距为 200 mm,空气出口方向斜上,工作压力为 1.0 MPa 的钢铝复合翅片管型散热器,标记为:GLC600-100/200/X-1.0。

5 材质

5.1 散热器流道所用铜管应采用挤压轧制拉伸或连铸连轧加工的铜管,材质应符合 GB/T 17791—2007 中 TP2 或 TU2 的规定。

5.2 散热器流道所用钢管应符合 GB/T 3091 或 GB/T 8163 的规定。

5.3 散热器流道所用不锈钢管应符合 GB/T 14976 的规定,不锈钢管材质不应低于 GB/T 1220—2007 中数字代号 S30408 的规定。

5.4 散热器所用塑料管材及管件应符合 GB/T 18742.1—2002 或 GB/T 28799.1—2012 中使用条件级别 5 级的规定。

5.5 柱翼型散热器所用铝翼管材质的力学性能应符合 GB/T 5237.1 的规定,化学成分应符合 GB/T 3190—2008 中牌号为 6063 或 6063A 的规定。

5.6 复合式压铸铝合金散热器所用压铸铝合金材质的化学成分应符合 GB/T 15115—2009 中合金代号为 YL113 的规定。

5.7 散热器装饰罩或外罩材质宜符合 GB/T 13237 或 GB/T 8544 的规定。

5.8 翅片管型散热器的铝翅片材料应符合 GB/T 8544 的规定。

5.9 以铜作为螺纹管口材料的散热器,螺纹口材质宜采用 GB/T 5231—2012 中牌号为 H59 或 H62 的黄铜,并应符合 GB/T 11618.1 规定。

5.10 散热器涂层材料宜采用符合 HG/T 2006 要求的热固性粉末涂料。

6 要求

6.1 工作压力

6.1.1 金属流道散热器工作压力不应小于 0.8 MPa,且应满足供暖系统的工作压力要求。

6.1.2 塑料流道散热器工作压力不应小于 0.4 MPa,且应满足供暖系统的工作压力要求。

6.2 标准散热量

散热器的标准散热量不应小于制造厂明示标准散热量的 95%。

6.3 材料尺寸

6.3.1 柱翼型散热器

6.3.1.1 柱翼型散热器立柱铜管外径不应小于 15 mm,壁厚不应小于 0.6 mm;上下联箱铜管外径不应小于 28 mm,壁厚不应小于 0.8 mm。

6.3.1.2 柱翼型散热器立柱钢管外径不应小于 18 mm,壁厚不应小于 1.8 mm;上下联箱壁厚不应小于 2.0 mm。

6.3.1.3 柱翼型散热器立柱不锈钢管外径不应小于 18 mm,壁厚不应小于 1.5 mm;上下联箱壁厚不应小于 1.8 mm。

6.3.1.4 柱翼型散热器立柱塑料管外径不应小于 20 mm,散热器材料壁厚应符合 GB/T 18742.2—2002 或 GB/T 28799.2—2012 中管系列 S 所对应的不同工作压力下的规定。

6.3.2 翅片管型散热器

6.3.2.1 翅片管型散热器铜管最小管外径不应小于 15 mm,壁厚不应小于 0.5 mm。

6.3.2.2 翅片管型散热器钢管最小管外径不应小于 20 mm,壁厚不应小于 1.8 mm。

6.3.2.3 翅片管型散热器不锈钢管最小管外径不应小于 20 mm,壁厚不应小于 1.5 mm。

6.3.2.4 外罩钢板厚度不应小于 1.0 mm。

6.4 胀接复合剪应力

铜铝复合柱翼型散热器和钢(不锈钢)铝复合柱翼型散热器立柱管与铝翼管胀接复合剪应力不应小于 0.5 MPa。

6.5 焊接质量

6.5.1 散热器联箱与立柱管、丝扣的焊接应符合 GB/T 985.1 或 HGJ 223 的规定。

6.5.2 塑铝复合柱翼型散热器塑料管件连接方式应符合 GB/T 18742.3 或 GB/T 28799.3 的规定。

6.5.3 散热器焊接部位应焊接牢固,表面应光洁,无裂缝气孔。

6.6 螺纹质量

6.6.1 散热器接管应采用螺纹连接,金属流道散热器螺纹规格宜为 Rp1/2、Rp3/4、Rp1;塑料流道散热器螺纹规格宜为 G1/2、G3/4、G1。

6.6.2 金属流道散热器螺纹制作精度应符合 GB/T 7306.1 的规定,塑料流道散热器螺纹制作精度应符合 GB/T 7307 的规定。

6.7 涂层质量

6.7.1 散热器涂层附着力等级不应低于 GB/T 9286—1998 规定的二级要求。

6.7.2 散热器涂层耐冲击性能应符合 GB/T 1732 的规定。

6.7.3 散热器外表面涂层应均匀光滑、不应漏喷或起泡。

6.8 外形尺寸与极限偏差

6.8.1 柱翼型散热器尺寸宜符合表 1 的规定,外形尺寸极限偏差应符合表 2 的规定。

表 1 柱翼型散热器外形尺寸

单位为毫米

项目	符号	参数值								
同侧进出口中心距	H_{z1}	300	400	500	600	700	900	1 200	1 500	1 800
高 度	H_z	$H_{z1}+(35\sim80)$								
宽 度	B_z	$40\leqslant B_z\leqslant120$								
组合长度	L_z	$200\leqslant L_z\leqslant1\ 800$								
柱间距	L_{z1}	$60\leqslant L_{z1}\leqslant100$								

表 2 柱翼型散热器外形尺寸极限偏差

单位为毫米

同侧进出口中心距(H_{z1})		高度(H_z)		柱间距(L_{z1})		宽度(B_z)	
基本尺寸	极限偏差	基本尺寸	极限偏差	基本尺寸	极限偏差	基本尺寸	极限偏差
$300\leqslant H_{z1}\leqslant400$	±1.5	$H_{z1}+(35\sim80)$	±2.0	$60\leqslant L_{z1}\leqslant100$	±1.0	$40\leqslant B_z\leqslant120$	±1.0
$400<H_{z1}\leqslant800$	±2.0	$H_{z1}+(35\sim80)$	±2.5				
$800<H_{z1}\leqslant1800$	±3.0	$H_{z1}+(35\sim80)$	±3.0				

6.8.2 翅片管型散热器外形尺寸宜符合表 3 的规定,外形尺寸极限偏差应符合表 4 的规定。

表 3 翅片管型散热器外形尺寸

单位为毫米

项目	符号	参数值
同侧进出口中心距	H_{c1}	$50\leqslant H_{c1}\leqslant600$
宽度	B_c	$15\leqslant B_c$
高度	H_c	$100\leqslant H_c\leqslant1\ 800$
长度	L_c	$400\leqslant L_c\leqslant1\ 800$

表 4 翅片管型散热器外形尺寸极限偏差

单位为毫米

进出水口中心距(H_{c1})		高度(H_c)		宽度(B_c)	
基本尺寸	极限偏差	基本尺寸	极限偏差	基本尺寸	极限偏差
$H_{c1}<100$	±1.0	$H_c<200$	±2.0	$B_c<100$	±1.0
$100\leqslant H_{c1}<300$	±1.5	$200\leqslant H_c<400$	±3.0	$200\leqslant B_c<400$	±2.0
$H_{c1}\geqslant300$	±2.0	$H_c\geqslant400$	±4.0	$B_c\geqslant400$	±3.0

6.8.3 散热器形位公差应符合表 5 的规定。

表 5　散热器形位公差

单位为毫米

项 目	平面度		垂直度	
	$L_z(L_c)\leqslant 1\ 000$	$L_z(L_c)>1\ 000$	$L_z(L_c)\leqslant 1\ 000$	$L_z(L_c)>1\ 000$
形位公差	≤4	≤6	≤4	≤6

6.9　其他

6.9.1　柱翼型散热器装饰罩应安装牢固，不应松脱或滑动。

6.9.2　翅片管型散热器铝串片冲孔应采用二次翻边工艺制作。经机械胀管后使流道管与铝片紧密结合，铝串片间距应均匀，无明显变形，且无开裂。散热元件表面不应残留油渍。

6.9.3　翅片管型散热器散热元件应置于外罩内，且外罩应易于拆装，便于清洁散热元件。

7　试验方法

7.1　工作压力

7.1.1　散热器的压力试验

可采用液压或气压试验方法在专用试验台上逐组进行。压力计精度不应低于 1.5 级。

7.1.2　金属流道散热器

7.1.2.1　试验压力应为工作压力的 1.5 倍。

7.1.2.2　散热器液压试验时稳压时间应为 2 min。在稳压时间内，以散热器不渗漏为合格。

7.1.2.3　散热器气压试验时稳压时间应为 1 min。在稳压时间内，以散热器在试验水槽中不漏气为合格。

7.1.3　塑料流道散热器

7.1.3.1　试验压力应为工作压力的 1.5 倍。

7.1.3.2　散热器液压试验时，出厂检验稳压时间应为 2 min，型式检验稳压时间应为 1 h。在稳压时间内，以散热器不渗漏为合格。

7.1.3.3　散热器气压试验时，出厂检验稳压时间应为 1 min；型式检验稳压时间应为 1 h。在稳压时间内，以散热器在试验水槽中不漏气为合格。

7.2　标准散热量

散热器的标准散热量试验应符合 GB/T 13754 的规定。

7.3　材料尺寸

散热器管径应采用精度为 0.02 mm 游标卡尺检验；壁厚或板厚采用壁厚千分尺或测厚仪检验。

7.4　胀接复合剪应力

铜铝复合柱翼型散热器和钢(不锈钢)铝复合柱翼型散热器的胀接复合剪应力应按附录 A 的规定进行检验。

7.5 焊接质量

散热器的焊接质量采用目测方法检验。

7.6 螺纹质量

散热器的进出口管螺纹应采用专用螺纹规检验。

7.7 涂层质量

7.7.1 涂层附着力检验应按 GB/T 9286—1998 的规定执行。

7.7.2 涂层耐冲击性能检验应按 GB/T 1732 的规定执行,重锤高度为 500 mm。

7.7.3 涂层表面质量采用目测方法检验。

7.8 外形尺寸与极限偏差

散热器尺寸、外形尺寸、外形尺寸极限偏差应采用精度为 0.1 mm 的通用量具和专用量具检验;形位公差应采用直角尺、塞尺和不低于三级的平台进行检验。

7.9 其他

其他项目采用目测方法检验。

8 检验规则

8.1 检验分类

散热器的检验分出厂检验和型式检验。

8.2 出厂检验

8.2.1 每台散热器经制造厂质量检验部门检验合格后,方可出厂。

8.2.2 出厂检验应按表 6 规定的项目逐组进行检验。

表 6 复合型供暖散热器检验项目

序号	检验项目		出厂检验	型式检验	要求	试验方法
1	工作压力		○	○	6.1	7.1
2	标准散热量			○	6.2	7.2
3	材料尺寸			○	6.3	7.3
4	胀接复合剪应力			○	6.4	7.4
5	焊接质量		○	○	6.5	7.5
6	螺纹质量		○	○	6.6	7.6
7	涂层质量	附着力		○	6.7.1	7.7.1
		耐冲击性能		○	6.7.2	7.7.2
		涂层表面	○	○	6.7.3	7.7.3

表 6（续）

序号	检验项目	出厂检验	型式检验	要求	试验方法
8	外形尺寸与极限偏差	○	○	6.8	7.8
9	其他	○	○	6.9	7.9
注：“○”为应检项目。					

8.3 型式检验

8.3.1 型式检验条件

有下列情况之一者，应进行型式检验：

a) 新产品试制时；

b) 散热器设计、工艺或使用的材料有重大改变时；

c) 停产三个月以上再恢复生产时；

d) 连续生产时每两年进行一次；

e) 出厂检验结果与上次有较大差异时。

8.3.2 型式检验项目

型式检验应按表 6 规定的项目进行检验。

8.3.3 抽样方法

8.3.3.1 型式检验应按 GB/T 2828.1 中一般验收水平Ⅰ的规定，采用正常检验一次抽样方案或二次抽样方案，其检验项目、接收质量限应符合表 7 的规定。

8.3.3.2 散热器标准散热量从所抽样品中任选一组进行检验；检验合格判定该批散热器标准散热量为合格。

8.3.3.3 胀接复合剪应力应按附录 A 的规定进行抽样与判定。

表 7 抽样方法

批量	样本量字码	样本	样本量	累计样本量	接收质量限(AQL)							
					工作压力		同侧进出口中心距螺纹质量		焊接质量材料尺寸		涂层质量其他	
					1.0		4.0		6.5		15	
					Ac	Re	Ac	Re	Ac	Re	Ac	Re
		第一									0	2
2～15	A		(2)		(0	1)	(0	1)	(0	1)	(1	2)
		第二									1	2
		第一	2	2							0	2
16～25	B		(3)		(0	1)	(0	1)	(0	1)	(1	2)
		第二	2	4							1	2

表 7（续）

批量	样本量字码	样本	样本量	累计样本量	接收质量限(AQL)			
					工作压力	同侧进出口中心距螺纹质量	焊接质量材料尺寸	涂层质量其他
					1.0	4.0	6.5	15
					Ac Re	Ac Re	Ac Re	Ac Re
26～90	C	第一	3	3			0 2	0 3
			(5)		(0 1)	(0 1)	(1 2)	(2 3)
		第二	3	6			1 2	3 4
91～150	D	第一	5	5		0 2	0 2	1 3
			(8)		(0 1)	(1 2)	(1 2)	(3 4)
		第二	5	10		1 2	1 2	4 5
151～280	E	第一	8	8		0 2	0 3	2 5
			(13)		(0 1)	(1 2)	(2 3)	(5 6)
		第二	8	16		1 2	3 4	6 7
281～500	F	第一	13	13		0 3	1 3	3 6
			(20)		(0 1)	(2 3)	(3 4)	(7 8)
		第二	13	26		3 4	4 5	9 10
501～1 200	G	第一	20	20	0 2	1 3	2 5	5 9
			(32)		(1 2)	(3 4)	(5 6)	(10 11)
		第二	20	40	1 2	4 5	6 7	12 13
1 201～3 200	H	第一	32	32	0 2	2 5	3 6	7 11
			(50)		(1 2)	(5 6)	(7 8)	(14 15)
		第二	32	64	1 2	6 7	9 10	18 19
3 201～10 000	J	第一	50	50	0 3	3 6	5 9	11 16
			(80)		(2 3)	(7 8)	(10 11)	(21 22)
		第二	50	100	3 4	9 10	12 13	26 27
注：Ac 为接收数，Re 为拒收数；括号内数值为用正常检验一次抽样方案的数值。								

9 标志、使用说明书和合格证

9.1 标志

每组散热器应在其明显位置设有清晰、不易消除的标志，内容至少应包括：制造厂名称或商标、产品型号。

9.2 使用说明书

每批产品应附有产品样本及使用说明书，使用说明书应符合 GB/T 9969 的规定，内容应包括：

a) 散热器所用管材材质、壁厚或铝翼管内径；

b) 散热量标准特征公式；

c) 散热器质量；

d) 散热器水容量；

e) 散热器的水阻力；

f) 安装操作要点；

g) 散热器工作环境、适用水质和使用要求。

9.3 合格证

每组散热器出厂时应附有产品合格证，内容应包括：

a) 制造厂名称；

b) 产品名称及规格；

c) 所执行标准编号；

d) 产品检验时间、检验人员标记和生产日期。

10 包装、运输和贮存

10.1 包装

10.1.1 散热器宜采用可回收的材料进行包装，图示标识应符合 GB/T 191 的规定。

10.1.2 散热器应采取能够保证产品在搬运装卸时不变形、不损伤产品质量的包装措施。

10.1.3 散热器接口螺纹应采取保护措施。

10.2 运输

10.2.1 散热器运输时应采用防雨措施。

10.2.2 在运输和搬运过程中不应磕碰及与其他重物挤压，并不应与对涂层产生影响的化学物质混装。

10.3 贮存

散热器应置于干燥、通风的库房内，不应与腐蚀性介质接触。堆放高度不应超过 2 m，底部应稳妥垫高 100 mm～200 mm。

附　录　A
（规范性附录）
胀接复合剪应力试验方法

A.1　原理

对胀接复合的双流道管分别施加大小相等、方向相反的轴向力，则在复合界面产生剪切力，单位复合面积上的剪切力即为剪应力。剪应力可以反映胀接复合紧密的程度。

A.2　试验装置

胀接复合剪应力试验装置示意图如图A.1所示。

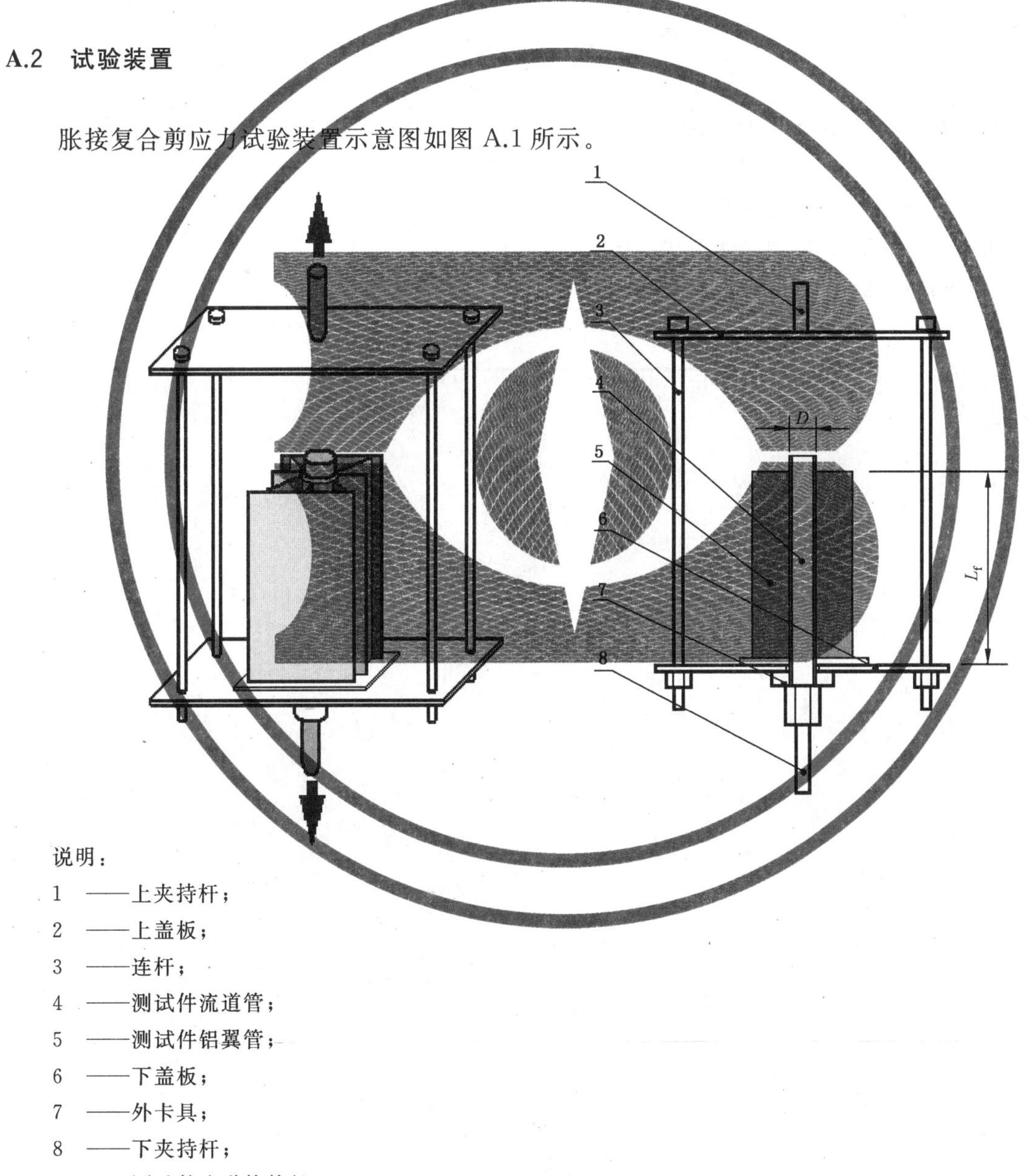

说明：

1 ——上夹持杆；
2 ——上盖板；
3 ——连杆；
4 ——测试件流道管；
5 ——测试件铝翼管；
6 ——下盖板；
7 ——外卡具；
8 ——下夹持杆；
D ——测试件流道管外径；
L_f ——测试件复合长度。

图A.1　胀接复合剪应力试验装置示意图

A.3 试验方法

将复合长度 L_f 为(100±2.0)mm、流道管外径为 D 的标准测试件固定于专用的试验装置上(见图A.1),拉力试验机沿流道方向以 30 mm/min 匀速加力,至流道管拉出长度不小于 50 mm,记录最大拉力值 F_{max}。

A.4 合格判定

A.4.1 应取 3 件标准测试件,并逐一试验。按式(A.1)计算胀接复合最大剪应力:

$$\sigma_{max}=\frac{F_{max}}{\pi \cdot D \cdot L_f} \qquad \text{(A.1)}$$

式中:

σ_{max}——最大剪应力,单位为兆帕(MPa);

F_{max}——最大拉力值,单位为牛(N);

L_f ——测试件复合长度,单位为毫米(mm);

D ——测试件流道管外径,单位为毫米(mm)。

A.4.2 若 3 件标准测试件试验结果均满足 $\sigma_{max} \geqslant 0.5$ MPa,则判为合格。

ICS 91.140.60
P 40

中华人民共和国国家标准

GB/T 35842—2018

城镇供热预制直埋保温阀门技术要求

Technical requirements for pre-insulated directly buried valve of urban heating

2018-02-06 发布　　2019-01-01 实施

中华人民共和国国家质量监督检验检疫总局
中国国家标准化管理委员会　发布

前　言

本标准按照 GB/T 1.1—2009 给出的规则起草。

本标准由中华人民共和国住房和城乡建设部提出。

本标准由全国城镇供热标准化技术委员会(SAC/TC 455)归口。

本标准起草单位:北京豪特耐管道设备有限公司、北京市热力集团有限责任公司、上海市特种设备监督检验技术研究院、北京市热力工程设计有限责任公司、北京市建设工程质量第四检测所、北京威克斯威阀门有限公司、乌鲁木齐市热力总公司、中国中元国际工程公司、北京阀门总厂(集团)有限公司、唐山兴邦管道工程设备有限公司、大连益多管道有限公司、河北昊天能源投资集团有限公司、河北通奥节能设备有限公司。

本标准主要起草人:王孝国、高洪泽、张书臣、白冬军、符明海、贾丽华、刘炬、梁晨、何宏声、李国鹏、郭姝娟、穆金华、胡全喜、郝志忠、邱晓霞、郑中胜、孙永林、叶连基、冯文亮、张红莲、王志强。

城镇供热预制直埋保温阀门技术要求

1 范围

本标准规定了城镇供热预制直埋保温阀门的一般要求、要求、试验方法、检验规则、标识、运输和贮存等。

本标准适用于输送介质连续运行温度大于或等于4 ℃、小于或等于120 ℃,偶然峰值温度小于或等于140 ℃,工作压力小于或等于2.5 MPa的直埋敷设的预制保温阀门的制造与检验。

2 规范性引用文件

下列文件对于本文件的应用是必不可少的。凡是注日期的引用文件,仅注日期的版本适用于本文件。凡是不注日期的引用文件,其最新版本(包括所有的修改单)适用于本文件。

GB/T 12224 钢制阀门 一般要求

GB/T 13927—2008 工业阀门 压力试验

GB/T 29046 城镇供热预制直埋保温管道技术指标检测方法

GB/T 29047 高密度聚乙烯外护管硬质聚氨酯泡沫塑料预制直埋保温管及管件

CJJ/T 81 城镇供热直埋热水管道技术规程

JB/T 12006 钢管焊接球阀

3 术语和定义

下列术语和定义适用于本文件。

3.1

保温阀门 valve assembly

由高密度聚乙烯外护管(以下简称外护管)、硬质聚氨酯泡沫塑料保温层(以下简称保温层)、钢制焊接阀门、阀门直管段组成的元件。

3.2

阀门直管段 valve extension pipes

为便于阀门保温和安装,焊接在阀门两端的钢管。

3.3

阀门焊接端口 welding end on valve

阀门直管段与工作钢管连接处的端口。

3.4

开关扭矩 breakaway thrust/breakaway torque

在最大压差下开启和关闭阀门所需的扭矩。

3.5

弯矩 bending moment

阀门在承受弯曲荷载时产生的力矩。

3.6

无荷载状态　valve unload

阀门无轴向力和弯矩时的状态。

4　一般要求

4.1　保温阀门结构示意图如图1所示。

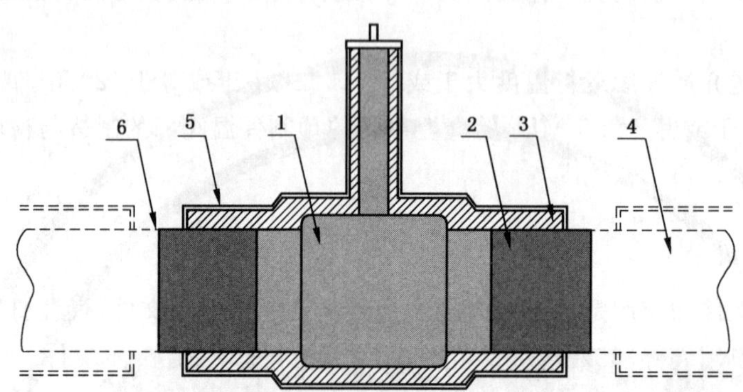

说明：

1——阀门；

2——阀门直管段；

3——保温层；

4——工作钢管；

5——外护管；

6——阀门焊接端口。

图1　保温阀门结构示意图

4.2　阀门应采用钢制全焊接式球阀或蝶阀。球阀应采用双向密封，且应符合JB/T 12006的规定；蝶阀应采用双向金属密封，且应符合GB/T 12224的规定。

4.3　阀门的结构应符合下列规定：

a)　应能承受管道的轴向推力；

b)　应使阀门能在保温层之外进行开/闭操作；

c)　应能承受冷、热、潮气、地下水和盐水等地下条件的影响。

4.4　阀门应为顺时针旋转关闭，逆时针旋转打开。

4.5　除阀杆密封系统外，法兰或螺栓等可分离的连接方式不应用于阀门的承压区域。

4.6　阀杆的结构和长度应能使阀门在操作面上用T型操纵杆进行操作。

4.7　当阀杆采用两层或多层O型圈时，顶端的O型圈应能在不破坏保温层的情况下予以调整或更换。

4.8　保温阀门防腐保护应符合下列规定：

a)　在保温阀门的工作年限内，阀门应进行防腐保护。

b)　阀杆穿出保温层的部分，应采取防止水进入保温层的密封措施。

c)　保温层外的阀杆结构应由抗腐蚀的金属材料制成或进行永久性的防腐保护。阀杆末端防腐保护的长度 M 不应小于100 mm，阀门主要尺寸偏差及防腐保护示意图如图2所示。

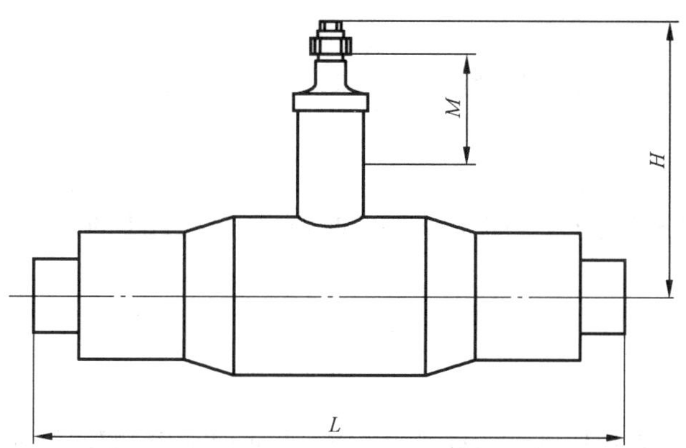

说明：

H ——阀杆顶端距管中心线的高度；

L ——阀门两接口端面之间的长度；

M ——阀杆末端防腐保护的长度。

图 2 阀门主要尺寸偏差及防腐保护示意图

4.9 公称直径大于或等于 DN300 的蝶阀和公称直径大于或等于 DN200 的球阀，应带有移动便携式或固定式齿轮机构。

4.10 驱动器连接部分键槽的尺寸宜为 60 mm、70 mm 和 90 mm。

4.11 阀门上应装有止动装置，并应能在不去除保温层的情况下予以调整或更换。

4.12 与阀门连接的直管段应符合 GB/T 29047 的规定。

4.13 阀门直管段的焊接应符合下列规定：

a) 蝶阀应在完全关闭的状态下进行焊接，关闭前应清洁阀座密封圈和阀板表面；

b) 球阀应在完全开启的状态下进行焊接。

4.14 在阀门保温制作过程中不应拆装阀门的齿轮箱。

4.15 保温阀门的预期寿命与长期耐温性及蠕变性能应符合 GB/T 29047 的规定。

5 要求

5.1 阀门

5.1.1 壳体

壳体的密封应符合 GB/T 13927—2008 的规定。

5.1.2 阀座密封性

5.1.2.1 阀座的密封应符合 GB/T 13927—2008 的规定。

5.1.2.2 阀座的双向最大允许泄漏率均不应大于 GB/T 13927—2008 中 C 级的规定。

5.1.3 无荷载状态下阀门开关扭矩

无荷载状态下开、关阀门所需的最大力不应大于 360 N。

5.1.4 轴向压力

阀门的轴向压力应符合设计要求。当设计无要求时，应符合附录 A 中表 A.1 的规定。

5.1.5 轴向拉力

阀门轴向拉力应符合设计要求。当设计无要求时，应符合表 A.1 的规定。

5.1.6 径向弯矩

阀门径向弯矩应符合设计要求。当设计无要求时，应符合表 A.1 的规定。

5.2 保温阀门

5.2.1 外护管

外护管的外观、密度、拉伸屈服强度与断裂伸长率、纵向回缩率、耐环境应力开裂、外径和壁厚应符合 GB/T 29047 的规定。

5.2.2 保温层

保温层的泡孔尺寸、空洞、气泡、密度、压缩强度、吸水率、闭孔率、导热系数、保温层厚度应符合 GB/T 29047 的规定。

5.2.3 外护管焊接

外护管焊接应符合 GB/T 29047 的规定。

5.2.4 阀杆末端密封性

阀杆穿出保温层的部分应进行密封，不应渗水。

5.2.5 挤压变形及划痕

保温层受挤压变形时，其径向变形量不应超过其设计保温层厚度的 15%。外护管划痕深度不应超过外护管最小壁厚的 10%，且不应超过 1 mm。

5.2.6 管端垂直度

保温阀门管端垂直度应符合 GB/T 29047 的规定。

5.2.7 管端焊接预留段长度

保温阀门两端应留出 150 mm～250 mm 无保温层的焊接预留段，两端预留段长度之差不应大于 40 mm。

5.2.8 轴线偏心距

保温阀门任意位置外护管轴线与工作钢管轴线间的最大轴线偏心距应符合 GB/T 29047 的规定。

5.2.9 保温层厚度

保温层厚度应符合 GB/T 29047 的规定，最小保温层厚度不应小于保温管保温层厚度的 50%，且任意点的保温层厚度不应小于 15 mm。

5.2.10 主要尺寸偏差

5.2.10.1 阀门两接口端面之间的长度 L 示意图见图 2，长度偏差值应符合表 1 的规定。

5.2.10.2 阀杆顶端距管中心线的高度 H 示意图如图 2，高度偏差值应符合表 1 的规定。

表 1 阀门尺寸偏差

单位为毫米

公称直径 DN	阀门两接口端面之间的长度偏差值	阀杆顶端距管中心线的高度偏差值
≤300	±5	±20
>300	±10	±50

5.2.11 报警线

保温阀门的报警线应符合 GB/T 29047 的规定。

5.2.12 阀门直管段焊接

阀门直管段的焊接应符合 GB/T 29047 的规定。

6 试验方法

6.1 阀门

6.1.1 试验阀门选取

试验应选取未使用过的阀门。选取的阀门应具有代表性，且应在同一个阀门上依次进行下列试验。

6.1.2 试验介质

试验介质应采用清洁水。

6.1.3 壳体

壳体试验应按 GB/T 13927—2008 的规定执行。

6.1.4 阀座密封性

6.1.4.1 阀座密封性试验应按 GB/T 13927—2008 的规定执行。

6.1.4.2 试验压力不应小于阀门在 20 ℃时允许的最大工作压力的 1.1 倍。

6.1.5 无荷载状态下的阀门开关扭矩

6.1.5.1 在测量扭矩之前，阀门应关闭 24 h。阀门内应注满 23 ℃±2 ℃的水。

6.1.5.2 打开和关闭阀门时，测量并记录阀门所需的扭矩。阀门应能正常开启关闭。

6.1.6 轴向压力

6.1.6.1 将阀门处于开启位置，施加附录 A 表 A.1 中规定的轴向压力。测试条件如下：

a) 阀门内的水压为阀门公称压力；

b) 水温为 140 ℃±2 ℃。

6.1.6.2 测试中施加的最大扭矩值不应高于阀门出厂技术参数规定最大值的 110%。

6.1.6.3 测试持续时间为 48 h，当打开和关闭阀门时，测量并记录轴向压力、水温和开关扭矩，每天应测量 2 次。2 次测量的最小时间间隔为 6 h。按 6.1.4 和 6.1.5 的规定分别测量阀座的密封性和开关扭矩。

6.1.6.4 以上测试结束后，阀门应在无荷载状态下，按 6.1.4 和 6.1.5 的规定分别测试阀座的密封性和开关扭矩。

6.1.7 轴向拉力

6.1.7.1 试验水温应为 23 ℃±2 ℃。

6.1.7.2 试验时阀门应处于开启位置,向阀门内注入水,水的压力为阀门公称压力,然后施加表 A.1 中规定的轴向拉力。

6.1.7.3 试验持续时间为 48 h。当打开和关闭阀门时,测量并记录轴向拉力、水温和开关扭矩,每天应测量 2 次。2 次测量的最小时间间隔为 6 h。在不卸载阀门轴向拉力的状态下,按 6.1.4 的规定测试阀座的密封性。

6.1.8 径向弯矩

6.1.8.1 试验应在环境温度 23 ℃±2 ℃的条件下进行。如使用一个新的阀门单独进行径向弯矩试验,应将阀门从环境温度加热至 140 ℃(阀体温度),循环加热 2 次。

6.1.8.2 所有规格的阀门应按附录 B 进行四点弯曲试验测试,测试应在两个平面上进行,一个平面在阀杆的轴线平行,另一个平面垂直于阀杆的轴线。当 DN 小于或等于 200 时也可按附录 B 中 B.2.2 的规定进行测试。加荷载后,打开和关闭阀门所施加的扭矩不应大于阀门出厂技术参数规定最大值的 110%。

6.1.8.3 径向弯矩测试完成后,按 6.1.4 的规定测试阀座的密封性。

6.2 保温阀门

6.2.1 外护管

6.2.1.1 外护管的外观、密度、拉伸屈服强度与断裂伸长率、纵向回缩率、耐环境应力开裂、外径和壁厚应按 GB/T 29046 的规定进行测试。

6.2.1.2 发泡后,阀门外护管的焊接密封性应按 GB/T 29046 的规定进行测试。

6.2.2 保温层

保温层的泡孔尺寸、空洞、气泡、密度、压缩强度、吸水率、闭孔率、导热系数、保温层厚度应按 GB/T 29046 的规定进行测试。

6.2.3 外护管焊接

外护管焊接应按 GB/T 29046 的规定进行测试。

6.2.4 阀杆末端密封性

将阀杆末端密封处完全浸入密闭的水箱,水温 23 ℃±2 ℃,使水着色并增压至 30 kPa,保持恒压 24 h 后,切开密封部分,检查是否有水渗入密封处的内部保温层。

6.2.5 挤压变形及划痕

挤压变形及划痕应按 GB/T 29046 的规定进行测试。

6.2.6 管端垂直度

管端垂直度应按 GB/T 29046 的规定进行测试。

6.2.7 管端焊接预留段长度

管端焊接预留段长度应按 GB/T 29046 的规定进行测试。

6.2.8 轴线偏心距

保温阀门任意位置外护管轴线与工作钢管轴线间的最大轴线偏心距应按 GB/T 29046 的规定进行测试。

6.2.9 保温层厚度

保温层厚度应按 GB/T 29046 的规定进行测试。

6.2.10 主要尺寸偏差

主要尺寸偏差应按 GB/T 29046 的规定进行测试。

6.2.11 报警线

报警线应按 GB/T 29046 的规定进行测试。

6.2.12 阀门直管段焊接

阀门直管段焊接完成后应按 GB/T 29047 的规定进行检测。

7 检验规则

7.1 检验分类

产品检验分为出厂检验和型式检验。

7.2 出厂检验

7.2.1 出厂检验分为全部检验和抽样检验，检验项目应符合表 2 的规定。

表 2 检验项目表

检验项目			出厂检验		型式检验	要求	试验方法
			全部检验	抽样检验			
阀门	壳体		√	—	√	5.1.1	6.1.3
	阀座密封性		√	—	√	5.1.2	6.1.4
	无荷载状态下的阀门开关扭矩		—	—	√	5.1.3	6.1.5
	轴向压力		—	—	√	5.1.4	6.1.6
	轴向拉力		—	—	√	5.1.5	6.1.7
	径向弯矩		—	—	√	5.1.6	6.1.8
保温阀门	外护管	外观	√	—	√	5.2.1	6.2.1
		密度	—	√	√		
		拉伸屈服强度与断裂伸长率	—	√	√		
		纵向回缩率	—	—	√		
		耐环境应力开裂	—	—	√		
		外径和壁厚	—	√	√		

表 2（续）

检验项目			出厂检验		型式检验	要求	试验方法
			全部检验	抽样检验			
保温阀门	保温层	泡孔尺寸	—	√	√	5.2.2	6.2.2
		空洞、气泡	—	√	√		
		密度	—	√	√		
		压缩强度	—	√	√		
		吸水率	—	√	√		
		闭孔率	—	√	√		
		导热系数	—	√	√		
		保温层厚度	√	—	√		
	外护管焊接		—	√	√	5.2.3	6.2.3
	阀杆末端密封性		—	—	√	5.2.4	6.2.4
	挤压变形及划痕		√	—	√	5.2.5	6.2.5
	管端垂直度		√	—	√	5.2.6	6.2.6
	管端焊接预留段长度		√	—	√	5.2.7	6.2.7
	轴线偏心距		√	—	√	5.2.8	6.2.8
	保温层厚度		√	—	√	5.2.9	6.2.9
	主要尺寸偏差		√	—	√	5.2.10	6.2.10
	报警线		√	—	√	5.2.11	6.2.11
	阀门直管段焊接		√	—	√	5.2.12	6.2.12

7.2.2 保温阀门出厂检验应按 GB/T 29047 中保温管件的规定执行。所有检验项目合格时为合格。保温阀门应在出厂检验合格后方可出厂，出厂时应附检验合格报告。

7.2.3 全部检验的项目应对所有产品逐件进行检验。

7.2.4 抽样检验应每月抽检 1 次，检验应均布于全年的生产过程中，抽检项目应按表 2 的规定执行，其中壳体试验和阀座密封性试验由阀门制造商负责并提供出厂检验报告。

7.3 型式检验

7.3.1 在下列情况时应进行型式检验：

a) 新产品或老产品转厂生产的试制定型鉴定时；

b) 正式生产后，当结构、材料、工艺有较大改变，可能影响产品性能时；

c) 停产 1 年后恢复生产时；

d) 正常生产时，每 2 年。

7.3.2 型式检验项目应按表 2 的规定执行，其中阀门制造商负责提供阀门的型式检验报告，保温阀门厂家提供保温阀门的型式检验报告。

7.3.3 型式检验试验样品由型式检验机构在制造单位成品库或者生产线经检验合格等待入库的产品中采用随机抽样方法抽取，每一选定规格仅代表向下 0.5 倍直径、向上 2 倍直径的范围。

7.3.4 型式检验任何一项指标不合格时，应在同批、同规格产品中加倍抽样，复检其不合格项目。如复检项目合格,则该结构型式产品为合格,如复检项目仍不合格,则该结构型式产品为不合格。

8 标识、运输和贮存

8.1 标识

8.1.1 保温阀门可用任何不损伤外护管性能的方法标志,标识应能经受住运输、贮存和使用环境的影响。

8.1.2 保温阀门应在明显位置上标识如下内容:

a) 外护管外径尺寸和壁厚;

b) 阀门的公称直径和公称压力;

c) 阀门直管段外径、壁厚、材质;

d) 保温阀门制造商标志;

e) 生产日期和执行标准;

f) 永久性的开闭位置标志。

8.2 运输

8.2.1 保温阀门在移动及装卸过程中,不应碰撞、抛摔和在地面拖拉滚动。不应损伤阀门的执行机构、手轮、外护管及保温层。

8.2.2 移动阀门时,应使用吊装带,不应从阀门执行机构和手轮处吊装阀门。

8.2.3 运输过程中,保温阀门应固定牢靠。

8.3 贮存

8.3.1 贮存场地地面应有足够的承载力,且应平整、无碎石等坚硬杂物。

8.3.2 保温阀门应贮存于干净且干燥处,管端端口应进行防尘保护。

8.3.3 保温阀门应单件码放,贮存过程中不应损伤阀门的执行机构。

8.3.4 露天存放时应用蓬布遮盖,避免受烈日照射、雨淋和浸泡。

8.3.5 贮存场地应有排水措施,地面不应有积水。

8.3.6 贮存处应远离热源和火源。

8.3.7 当温度低于－20 ℃时,不宜露天存放。

附 录 A
（规范性附录）
轴向力和弯矩表

轴向力和弯矩见表 A.1。

表 A.1 轴向力和弯矩

阀门公称直径 DN/mm	工作钢管外径 D_0/mm	壁厚 δ/mm	轴向力		弯矩[d,e]/N·m
			拉力[f]/kN	压力[a,b,c]/kN	
DN15	21	3	42	28	214
DN20	27	3	56	37	390
DN25	34	3	72	48	664
DN32	42	3	91	60	1 066
DN40	48	3.5	121	80	1 617
DN50	60	3.5	154	102	2 642
DN65	76	4	224	149	4 929
DN80	89	4	264	175	6 920
DN100	108	4	324	215	10 437
DN125	133	4.5	450	298	17 981
DN150	159	4.5	541	359	26 132
DN200	219	6	994	659	66 281
DN250	273	6	1 483	792	100 425
DN300	325	7	2 060	1 101	120 937
DN350	377	7	2 397	1 281	141 449
DN400	426	7	2 715	1 451	161 961
DN450	478	7	3 052	1 631	182 473
DN500	529	8	3 858	2 062	202 985
DN600	630	9	5 173	2 765	223 497
DN700	720	11	7 219	3 858	406 537
DN800	820	12	8 975	4 796	656 410
DN900	920	13	10 914	5 832	1 005 815
DN1000	1 020	14	13 036	6 967	1 477 985
DN1200	1 220	16	17 831	9 529	2 895 609
DN1400	1 420	19	24 638	12 607	5 417 659
DN1600	1 620	21	31 080	15 903	8 902 324

[a] 按供热运行温度 130 ℃、安装温度 10 ℃计算。

[b] DN≥250 mm 时，采用 Q235B 钢材，弹性模量 E=198 000 MPa、线膨胀系数 α=0.000 012 4 m/m·℃；DN≤200 mm 时，采用 20＃钢材，弹性模量 E=181 000 MPa、线膨胀系数 α=0.000 011 4 m/m·℃。

[c] 最不利工况按管道泄压时的工况计算轴向压力。

[d] 当 DN≤250 mm 时，弯矩值取圆形横截面全塑性状态下的弯矩。全塑性弯矩为最大弹性弯矩的 1.3 倍，依据最大弹性弯曲应力计算得出最大弹性弯矩。计算所用应力为屈服应力。

[e] 当 DN≥600 mm 时，弯矩值为管沟及管道的下沉差异(100 mm/15 m)形成的弯矩；当 250 mm<DN<600 mm 时，介于 DN250 和 DN600 之间的弯矩值随着规格的增大采用等值递增的方式取值。

[f] 拉伸应力取 0.67 倍的屈服极限。DN≥250 mm 时，采用 Q235B 钢材，δ≤16 mm 时拉伸应力$[\sigma]_L$=157 MPa，δ>16 mm 时拉伸应力$[\sigma]_L$=151 MPa；DN≤200 mm 时，采用 20＃钢材，拉伸应力$[\sigma]_L$=164 MPa，如管道的材质、壁厚和温度发生变化应重新进行校核。

附　录　B
（规范性附录）
径向弯矩试验方法

B.1　弯矩测试值计算

B.1.1　当阀门公称直径小于或等于 250 mm 时，总弯矩应按式(B.1)计算：

$$M = 1\,300\frac{\pi(D_0^4 - D_i^4)}{32D_0} \times \sigma_b \quad\cdots\cdots(\text{B.1})$$

式中：

M ——总弯矩，单位为牛毫米(N·mm)；

D_0——工作钢管外径，单位为毫米(mm)；

D_i——工作钢管内径，单位为毫米(mm)；

σ_b ——钢材抗拉强度最小值，单位为兆帕(MPa)。

B.1.2　当阀门公称直径大于或等于 600 mm 时，总弯矩应按式(B.2)计算：

$$M = \frac{W_A \times 3E \times I}{L^2} \quad\cdots\cdots(\text{B.2})$$

式中：

M ——总弯矩，单位为牛毫米(N·mm)；

W_A——挠度，单位为毫米(mm)，可按 100 mm 取值；

E ——弹性模量，单位为兆帕(MPa)；

I ——截面惯性弯矩，单位为四次方毫米(mm^4)；

L ——阀门端口到受力点距离，单位为毫米(mm)，取值为 15 000 mm。

B.1.3　当阀门公称直径大于或等于 250 mm 小于或等于 600 mm 时，总弯矩可在公称直径 250 mm 和公称直径 600 mm 的阀门弯矩值之间取值，取值方式随着规格的增大等值递增。

B.2　抗弯曲测试方法

B.2.1　标准测试方法(四点弯曲测试方法)

B.2.1.1　按图 B.1 连接保温阀门。阀门应能承受弯矩 M。弯矩 M 在测试中由 M_D、M_F 和 M_C 共同形成，最终测试结果以满足 M 为合格。测试前，需先计算形成弯矩 M_D 的测试荷载 F 值。

B.2.1.2　测试荷载 F 形成的弯矩 M_D 见图 B.1，并应按式(B.3)计算：

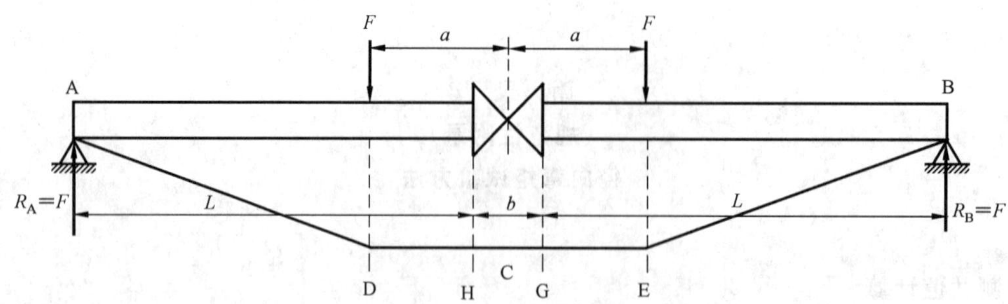

说明：

A/B ——支撑点；

C ——试件的中心点；

D/E ——测试力的施加点；

F ——测试力；

H/G ——阀门端面；

L ——阀门端面到支撑点(A/B)间的距离；

R_A/R_B——支撑点(A/B)产生的反作用力；

a ——阀门中心到施力点(D/E)间的距离；

b ——阀门长度。

图 B.1 测试荷载 F 形成的弯矩 M_D

$$M_D = F \times \left(L + \frac{b}{2} - a\right) \qquad \text{(B.3)}$$

式中：

M_D ——荷载 F 形成的弯矩，单位为牛毫米(N·mm)；

F ——荷载(测试力)，单位为牛(N)；

L ——阀门端面到支撑点(A/B)间的距离，单位为毫米(mm)；

b ——阀门长度，单位为毫米(mm)；

a ——阀门中心到施力点(D/E)的距离，单位为毫米(mm)。

B.2.1.3 均布荷载 q 形成的弯矩 M_F 见图 B.2，并应按式(B.4)计算：

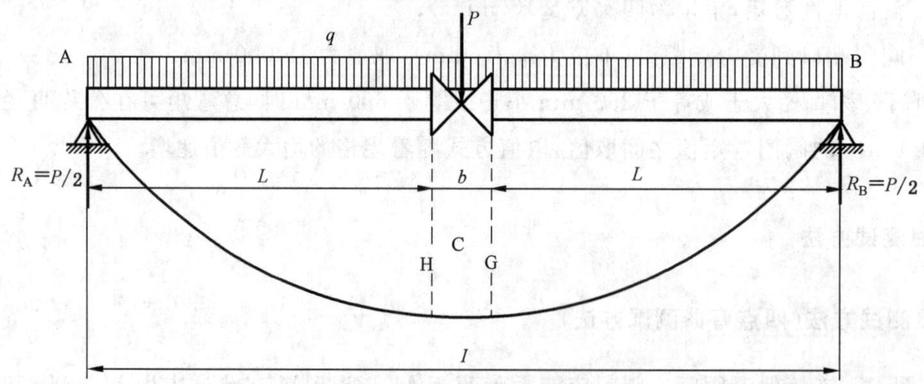

说明：

A/B ——支撑点；

C ——试件的中心点；

H/G ——阀门端面；

I ——支撑点(A/B)间的距离；

L ——阀门端面到支撑点(A/B)间的距离；

P ——管道重量；

R_A/R_B——支撑点(A/B)产生的反作用力；

b ——阀门长度；

q ——均布荷载和水产生的弯矩。

图 B.2 均布荷载 q 形成的弯矩 M_F

$$M_F = \frac{P}{2} \times \frac{L(L+b)}{2L+b} \qquad \cdots\cdots\cdots\cdots (B.4)$$

式中：

M_F ——均布荷载 q 形成的弯矩，单位为牛毫米(N·mm)；

P ——管道重量(管道自重和管道中水的重量)，单位为牛(N)；

L ——阀门端面到支撑点的长度，单位为毫米(mm)；

b ——阀门的长度，单位为毫米(mm)。

B.2.1.4 阀门重量形成的弯矩 M_C 见图 B.3，并应按式(B.5)计算：

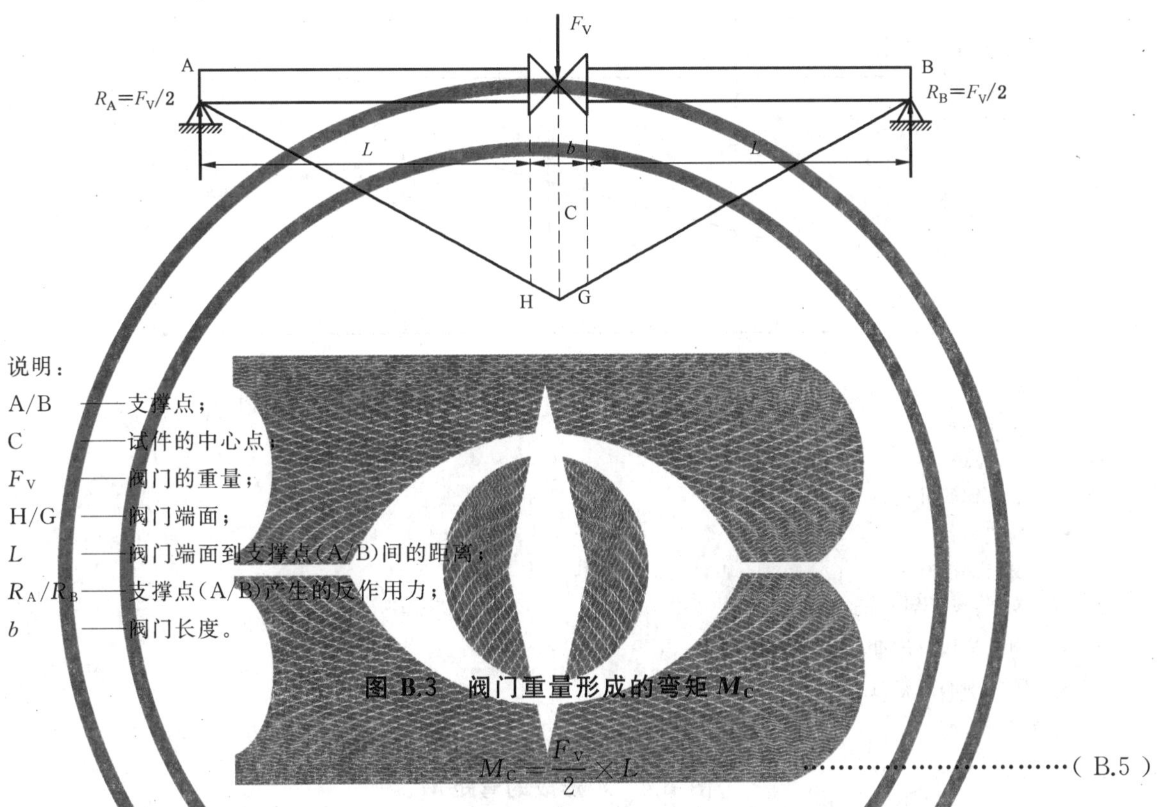

说明：

A/B ——支撑点；

C ——试件的中心点；

F_V ——阀门的重量；

H/G ——阀门端面；

L ——阀门端面到支撑点(A/B)间的距离；

R_A/R_B——支撑点(A/B)产生的反作用力；

b ——阀门长度。

图 B.3 阀门重量形成的弯矩 M_C

$$M_C = \frac{F_V}{2} \times L \qquad \cdots\cdots\cdots\cdots (B.5)$$

式中：

M_C ——阀门重量形成的弯矩，单位为牛毫米(N·mm)；

F_V ——阀门重量，单位为牛(N)；

L ——阀门端面到支撑点(A/B)间的距离，单位为毫米(mm)。

B.2.1.5 确定荷载 F 值应符合下列规定：

a) 荷载 F 值应按式(B.6)计算：

$$F = \left[M - \frac{P \times L}{2}\left(\frac{L+b}{2L+b}\right) - \frac{F_V \times L}{2}\right] \times \left(\frac{2}{2L+b-2a}\right) \qquad \cdots\cdots\cdots\cdots (B.6)$$

式中：

F ——测试力，单位为牛(N)；

M ——总弯矩，单位为牛毫米(N·mm)；

P ——管道自重和管道中水的重量之和，单位为牛(N)；

F_V——阀门重量，单位为牛(N)；

L ——阀门端面到支撑点(A/B)间的距离，单位为毫米(mm)；

b ——阀门的长度，单位为毫米(mm)；

a ——阀门中心到施力点(D/E)距离，单位为毫米(mm)。

b) 按照计算得出的测试荷载 F 值进行试验,阀座应符合严密性要求。

B.2.2 替代测试方法

B.2.2.1 当管道公称直径小于或等于 200 mm 时,也可按图 B.4 进行弯矩测试,图 B.4 中,阀门/法兰的焊接点的弯矩应按式(B.7)计算:

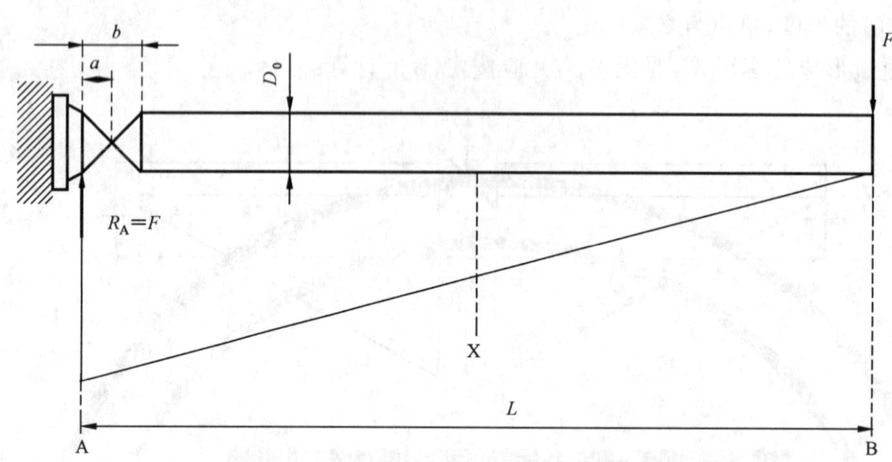

说明:

A ——支撑点;

B ——施力点;

D_0——工作钢管外径;

F ——测试力;

L ——阀门端面到支撑点(A)和施力点(B)间的距离;

R_A——支撑点(A)产生的反作用力;

X ——测试结构整体重心点;

a ——阀门中心到施力点(D/E)的距离;

b ——阀门长度。

图 B.4 F 形成的弯矩 M_A

$$M_A = F \times L \qquad \cdots\cdots(B.7)$$

式中:

M_A ——阀门/法兰的焊接点弯矩,单位为牛毫米(N·mm),不应小于表 A.1 中的弯矩;

F ——测试力,单位为牛(N);

L ——阀门端面到支撑点(A)和施力点(B)间的距离,单位为毫米(mm)。

B.2.2.2 作用力 F 最小的偏移长度(L)应按式(B.8)计算:

$$L = 7D_0 \qquad \cdots\cdots(B.8)$$

式中:

L ——阀门端面到支撑点(A)和施力点(B)间的距离,单位为毫米(mm);

D_0——工作钢管外径,单位为毫米(mm)。

B.2.2.3 阀杆轴到固定点的距离 a 不应超过 2 倍的管道外径,如果同时满足 L 和 a 的要求,在计算最大弯矩时,可忽略管道的重量和阀门的重量。

B.2.2.4 图 B.4 中阀门/法兰的焊接点在测试过程中应无永久变形产生。

B.2.2.5 按照式(B.7)和式(B.8)计算得出测试荷载 F 值,按图 B.5 和图 B.6 分别将阀杆朝上和阀杆水平依次进行弯矩测试 1 和测试 2,弯矩测试完成后,阀座应符合严密性要求。

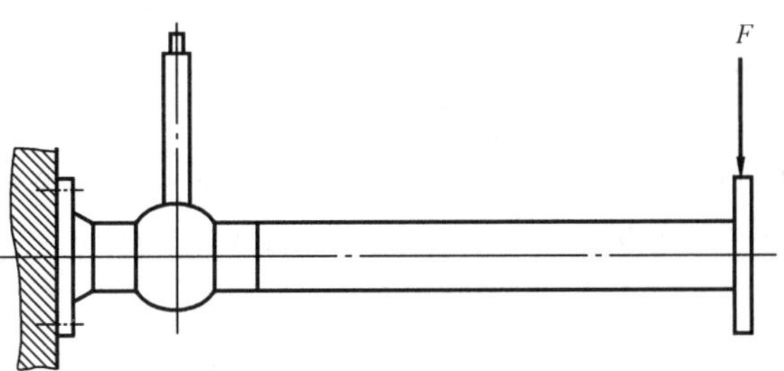

图 B.5 测试 1

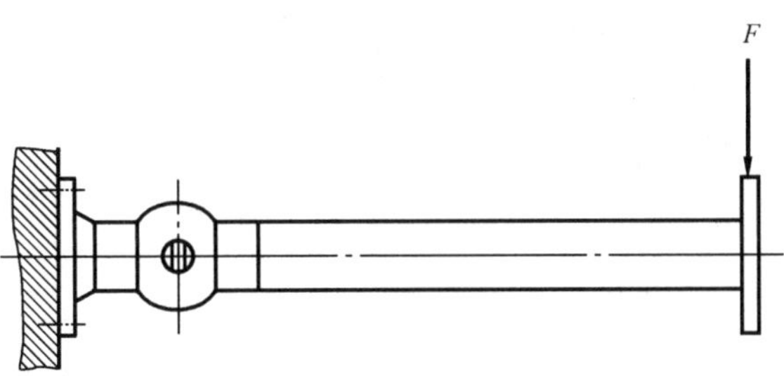

图 B.6 测试 2

参 考 文 献

[1] EN 488 District heating pipes—Pre-insulated bonded pipe systems for directly buried hot water networks—Steel valve assembly for steel service pipes, polyurethane thermal insulation and outer casing of polyethylene

ICS 77.140.75
H 48

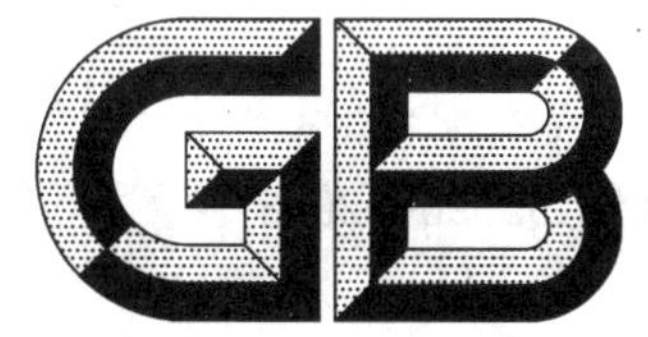

中华人民共和国国家标准

GB/T 35990—2018

压力管道用金属波纹管膨胀节

Metal bellows expansion joints for pressure piping

2018-03-15 发布　　2018-10-01 实施

中华人民共和国国家质量监督检验检疫总局
中国国家标准化管理委员会　发布

前　言

本标准按照GB/T 1.1—2009给出的规则起草。

本标准由中国机械工业联合会提出。

本标准由全国管路附件标准化技术委员会(SAC/TC 237)归口。

本标准起草单位:南京晨光东螺波纹管有限公司、航天晨光股份有限公司、中机生产力促进中心、国家仪器仪表元器件质量监督检验中心、江苏省特种设备安全监督检验研究院、秦皇岛市泰德管业科技有限公司、上海永鑫波纹管有限公司、秦皇岛北方管业有限公司、宁波星箭波纹管有限公司、石家庄巨力科技有限公司、沈阳仪表科学研究院有限公司、洛阳双瑞特种装备有限公司。

本标准主要起草人:陈立苏、胡毅、刘永、王召娟、程勇、吴建伏、冯峰、于振毅、朱庆南、陈广斌、马力维、魏守亮、沈冠群、朱惠红、黄乃宁、陈四平、钟玉平、张爱琴。

压力管道用金属波纹管膨胀节

1 范围

本标准规定了压力管道用金属波纹管膨胀节的术语和定义、资格与职责、分类、典型应用、材料、设计、制造、要求、试验方法和检验规则，以及标志、包装、运输和贮存。

本标准适用于压力管道用整体成型的波纹管金属波纹管膨胀节(以下简称膨胀节)。

2 规范性引用文件

下列文件对于本文件的应用是必不可少的。凡是注日期的引用文件，仅注日期的版本适用于本文件。凡是不注日期的引用文件，其最新版本(包括所有的修改单)适用于本文件。

GB/T 150.3　压力容器　第3部分：设计

GB/T 699　优质碳素结构钢

GB/T 713　锅炉和压力容器用钢板

GB/T 1591　低合金高强度结构钢

GB/T 1958　产品几何量技术规范(GPS)　形状和位置公差　检测规定

GB/T 2829—2002　周期检验计数抽样程序及表(适用于对过程稳定性的检验)

GB/T 3077　合金结构钢

GB/T 3274　碳素结构钢和低合金结构钢热轧钢板和钢带

GB/T 3280　不锈钢冷轧钢板和钢带

GB/T 3621　钛及钛合金板材

GB/T 3880　一般工业用铝及铝合金板材

GB/T 9112　钢制管法兰　类型与参数

GB/T 9113　整体钢制管法兰

GB/T 9114　带颈螺纹钢制管法兰

GB/T 9115　对焊钢制管法兰

GB/T 9116　带颈平焊钢制管法兰

GB/T 9117　带颈承插焊钢制管法兰

GB/T 9118　对焊环带颈松套钢制管法兰

GB/T 9119　板式平焊钢制管法兰

GB/T 9120　对焊环板式松套钢制管法兰

GB/T 9121　平焊环板式松套钢制管法兰

GB/T 9122　翻边环板式松套钢制管法兰

GB/T 9124　钢制管法兰　技术条件

GB/T 12777　金属波纹管膨胀节通用技术条件

GB/T 13402　大直径钢制管法兰

GB/T 20801.2—2006　压力管道规范　工业管道　第2部分：材料

GB/T 20801.4—2006　压力管道规范　工业管道　第4部分：制作与安装

GB/T 20878　不锈钢和耐热钢　牌号及化学成分

GB/T 24511 承压设备用不锈钢钢板及钢带
GB 50236—2011 现场设备、工业管道焊接工程施工规范
GB/T 35979—2018 金属波纹管膨胀节选用、安装、使用维护技术规范
HG/T 20592 钢制管法兰(PN 系列)
HG/T 20615 钢制管法兰(Class 系列)
HG/T 20623 大直径钢制管法兰(Class 系列)
SH/T 3406 石油化工钢制管法兰
JB/T 74 钢制管路法兰 技术条件
JB/T 75 钢制管路法兰 类型与参数
JB/T 79 整体钢制管法兰
JB/T 81 板式平焊钢制管法兰
JB/T 82 对焊钢制管法兰
JB/T 83 平焊环板式松套钢制管法兰
JB/T 84 对焊环板式松套钢制管法兰
JB/T 85 翻边板式松套钢制管法兰
JB/T 4711 压力容器涂敷与运输包装
NB/T 47008 承压设备用碳素钢和合金钢锻件
NB/T 47013.2 承压设备无损检测 第 2 部分:射线检测
NB/T 47013.3 承压设备无损检测 第 3 部分:超声检测
NB/T 47013.4 承压设备无损检测 第 4 部分:磁粉检测
NB/T 47013.5 承压设备无损检测 第 5 部分:渗透检测
NB/T 47014 承压设备焊接工艺评定
NB/T 47018 承压设备用焊接材料订货技术条件
TSG Z 0004 特种设备制造、安装、改造、维修质量保证体系基本要求
TSG Z 6002 特种设备焊接操作人员考核细则
YB/T 5354 耐蚀合金冷轧板

3 术语和定义

GB/T 35979—2018 中界定的以及下列术语和定义适用于本文件。

3.1

波纹管 bellows

由一个或多个波纹和直边段构成的柔性元件。

3.2

波纹 convolution

构成波纹管的基本柔性单元。

3.3

直边段 end tangent

波纹管端部无波纹的一段直筒。

3.4

套箍 collar

仅用于加强直边段的筒或环。

3.5

辅助套箍　assisting collar

为方便焊接而箍住直边段的环。

3.6

加强件　reinforcingmember

适用于加强 U 形和 Ω 形波纹管,包含加强套箍、加强环和均衡环。加强套箍是用于加强直边段及波谷的筒或环。加强环和均衡环是用于加强波纹管波谷或波峰的装置,均衡环还具有限制单波总当量轴向位移范围的功能。

3.7

压力推力　pressure thrust

波纹管因压力引起的静态轴向推力。

3.8

中性位置　neutral position

波纹管处于位移为零的位置。

3.9

整体成型波纹管　integral forming bellows

无环向焊缝的波纹管。

4　资格与职责

4.1　资格

属于《特种设备目录》范围内的膨胀节,制造单位与人员应具有下列资格:

a) 制造单位应按 TSG Z 0004 的规定建立适用的质量保证体系,并取得《特种设备制造许可证》;
b) 焊接人员应按 TSG Z 6002 的规定持有相应项目的特种设备作业人员证;
c) 无损检测人员应按照国家特种设备无损检测人员考核的相关规定取得相应无损检测人员资格。

4.2　职责

4.2.1　用户或系统设计方的职责

用户或系统设计方应以书面形式向膨胀节设计单位提出设计条件,并对其完整性和准确性负责。

4.2.2　膨胀节设计单位(部门)职责

4.2.2.1　设计单位(部门)应对设计文件的完整性和正确性负责。

4.2.2.2　膨胀节的设计文件至少应包括设计计算书和设计图样,必要时还应包括安装使用说明。

4.2.2.3　设计应考虑膨胀节在使用中可能出现的所有失效模式,采取相应的防止失效的措施,必要时向用户出具风险评估报告。

4.2.2.4　设计单位(部门)应在膨胀节设计使用期内保存全部设计文件。

4.2.3　制造单位职责

4.2.3.1　制造单位应严格执行有关法规、安全技术规范及其相应标准,按照设计图纸制造、检验和验收膨胀节。

4.2.3.2　制造单位应按设计图纸进行制造,设计文件的变更必须由原设计单位(部门)进行,制造单位对原设计的修改以及对承压元件(见 5.2.1 中的 A、B)的材料代用,应事先取得原设计单位(部门)的书面批准。

4.2.3.3 每批膨胀节出厂时,制造单位至少应向用户提供以下技术文件和资料:

a) 竣工图;

b) 如果制造中发生了材料代用、无损检测方法改变、加工尺寸变更等,制造单位按照设计单位书面批准文件的要求在竣工图上作出清晰标注,标注处有修改人的签字及修改日期;

c) 本标准规定的出厂资料,包括合格证、产品质量证明文件和安装使用说明书。

5 分类

5.1 膨胀节分类

5.1.1 按照自身能否承受压力推力分类

根据膨胀节自身能否承受压力推力将膨胀节分为非约束型和约束型两种型式,常用结构型式见表 1。

a) 非约束型:自身不能承受压力推力的膨胀节,称为非约束型膨胀节。

b) 约束型:自身能承受压力推力的膨胀节,称为约束型膨胀节。

5.1.2 按照吸收位移类型分类

根据膨胀节吸收位移的类型将膨胀节分为轴向型、角向型、横向型和万向型四种型式,常用结构型式见表 1。

a) 轴向型:主要用于吸收轴向位移。可以设计成非约束型或约束型。

b) 角向型:约束型膨胀节。用于吸收角向位移。当设置铰链时,用于吸收单平面角向位移;当设置万向环时,用于吸收多平面角向位移。

c) 横向型:约束型膨胀节。用于吸收横向位移。当膨胀节中设置两根拉杆时,可用于吸收垂直于两拉杆构成平面的角向位移;设置双铰链或双万向环的膨胀节也可用于吸收角向位移。

d) 万向型:用于吸收多个方向位移。可以设计成非约束型或约束型。

表 1 常用膨胀节结构型式

自身能否承受压力推力类型	吸收位移类型	型式	示意图	位移				
				轴向	横向		角向	
					单个平面	多个平面	单个平面	多个平面
非约束型	轴向型	单式轴向型		●	○	○	○	○
非约束型		外压轴向型		●	○	○	○	○

表 1（续）

自身能否承受压力推力类型	吸收位移类型	型式	示意图	位移				
				轴向	横向		角向	
					单个平面	多个平面	单个平面	多个平面
约束型	轴向型	直管压力平衡型	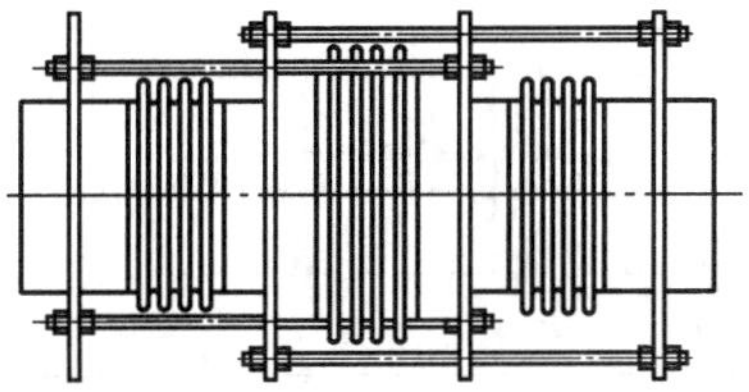	●	×	×	×	×
约束型	轴向型	旁通直管压力平衡型	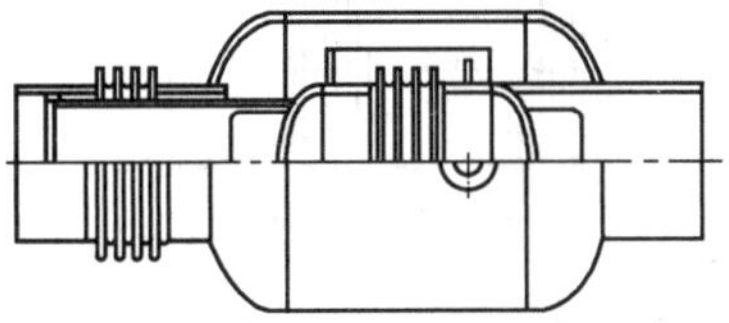	●	×	×	×	×
约束型	轴向型	弯管压力平衡型	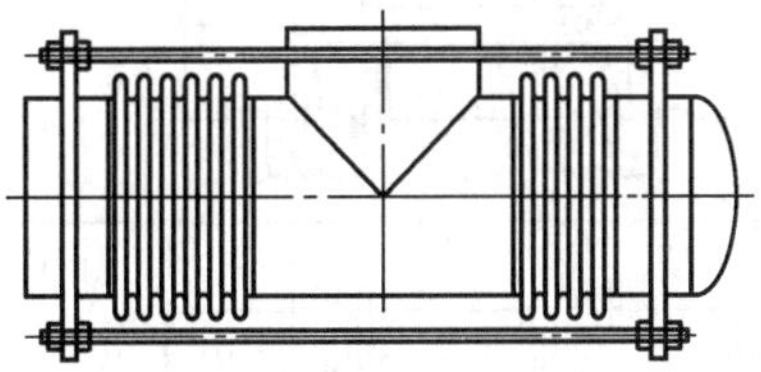	●	○	○	◎只有2根拉杆	×
约束型	角向型	单式铰链型	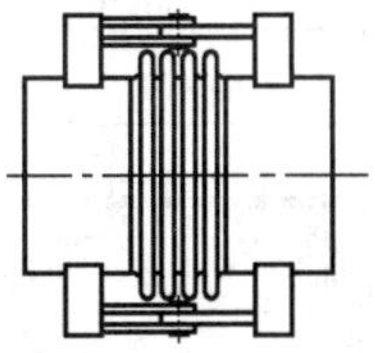	×	×	×	●	×
约束型	角向型	单式万向铰链型	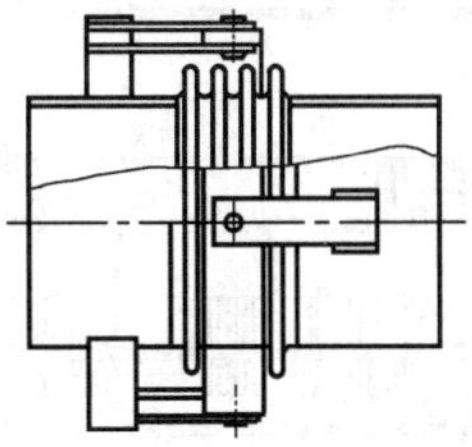	×	×	×	●	●
约束型	横向型	复式拉杆型	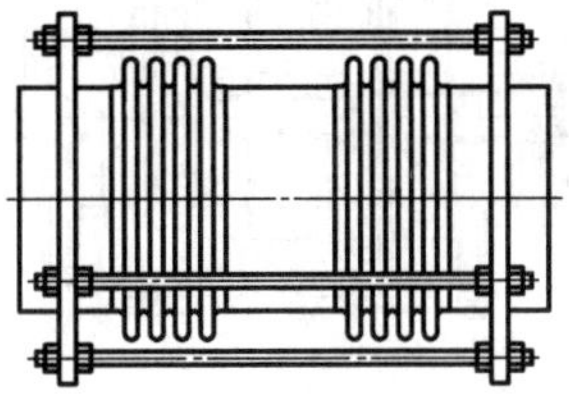	×	●	●	◎只有2根拉杆	×

表 1（续）

自身能否承受压力推力类型	吸收位移类型	型式	示意图	位移				
				轴向	横向		角向	
					单个平面	多个平面	单个平面	多个平面
约束型	横向型	复式万向铰链型	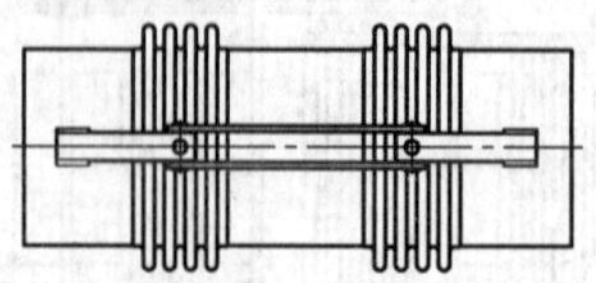	×	●	●	●	×
约束型		复式铰链型	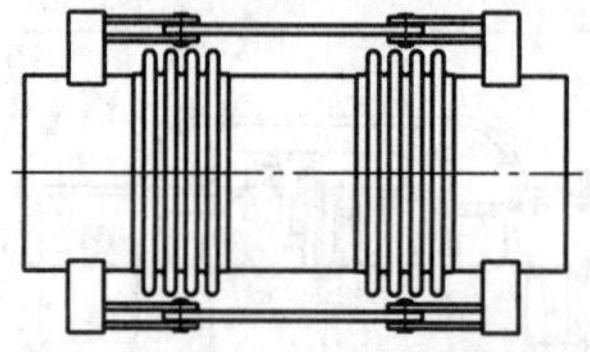	×	●	×	●	×
约束型		复式万向角型	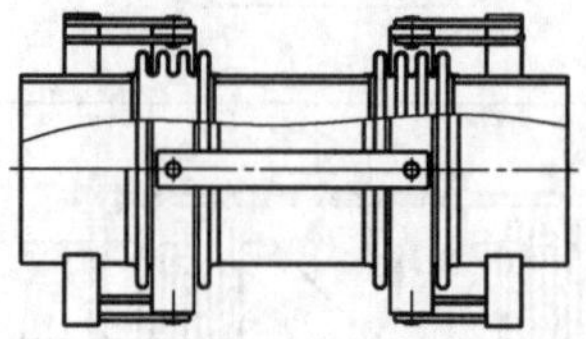	×	●	●	●	●
非约束型	万向型	复式自由型	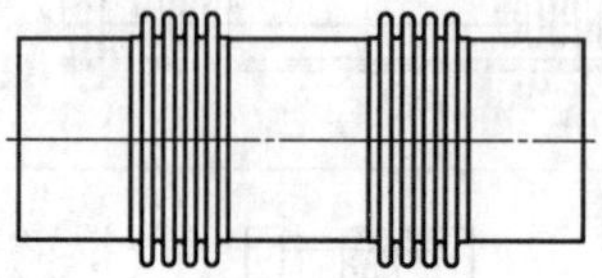	●	●	●	●	●
约束型		弯管压力平衡型	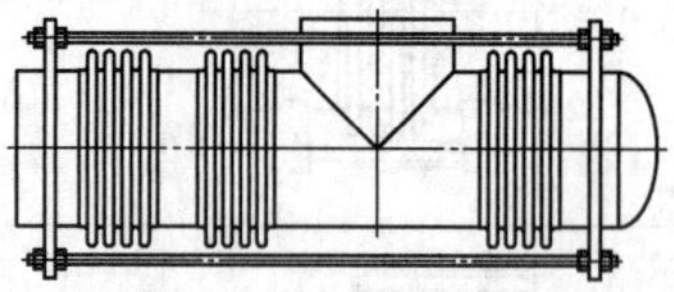	●	●	●	◎只有2根拉杆	×
约束型		直管压力平衡拉杆型	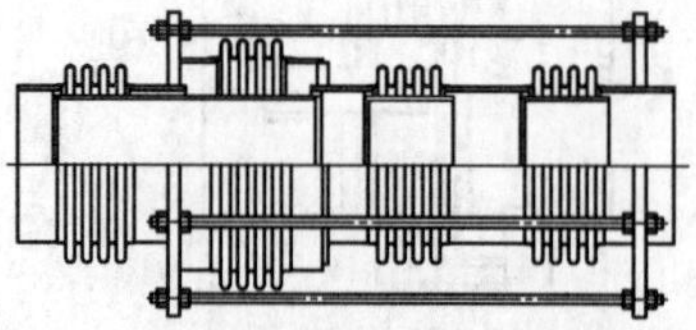	●	●	●	◎只有2根拉杆	×
约束型		直管压力平衡万向铰链型	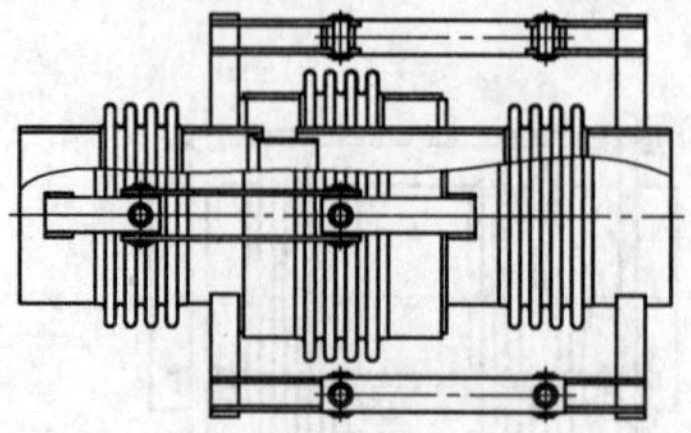	●	●	●	●	●

注：●——适用；◎——有条件适用；○——有限范围适用；×——不适用。

5.2 膨胀节的元件分类

5.2.1 承压元件

5.2.1.1 主要承压元件(A)

组成压力边界的元件(含套箍及加强件),其失效会导致压力突发释放,见图 1。

5.2.1.2 非主要承压元件(B)

承受压力推力的元件,见图 1。

5.2.2 非承压元件

5.2.2.1 与主要承压元件及非主要承压元件连接的部件(C)

直接与 A 或 B 焊接的元件,见图 1。

5.2.2.2 其他元件(D)

除 A、B 或 C 部件以外的其他元件,见图 1。

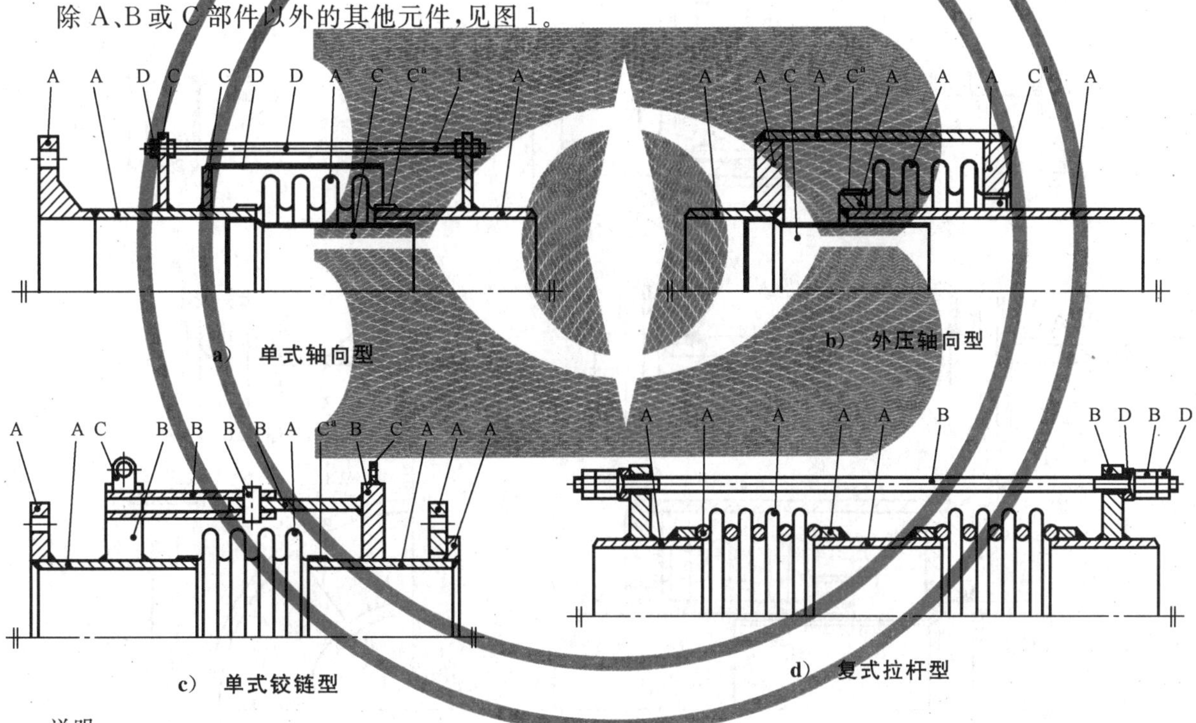

说明:

A ——主要承压元件;

B ——非主要承压元件;

C ——与主要承压元件及非主要承压元件连接的部件;

D ——其他元件;

1 ——预拉伸或运输拉杆;

[a] 如果是套箍或加强套箍,属 A 类元件。

图 1 常用膨胀节元件分类示意图

5.3 焊接接头分类

典型膨胀节焊接接头分为:W1～W7 七类,见图 2 所示:

——W1　承压管类、套箍及加强件纵向对接接头；
——W2　波纹管纵向对接接头；
——W3　承压管类环向对接接头、承压环类拼接对接接头；
——W4　波纹管与连接件的焊接接头(塞焊对接接头、搭接接头、端部熔焊对接接头)；
——W5　除 W3、W4 外的连接承压元件(A 与 A、A 与 B)间的焊接接头；
——W6　连接非主要承压元件(B 与 B)间的焊接接头；
——W7　非承压元件(C 与 D)的焊接接头。

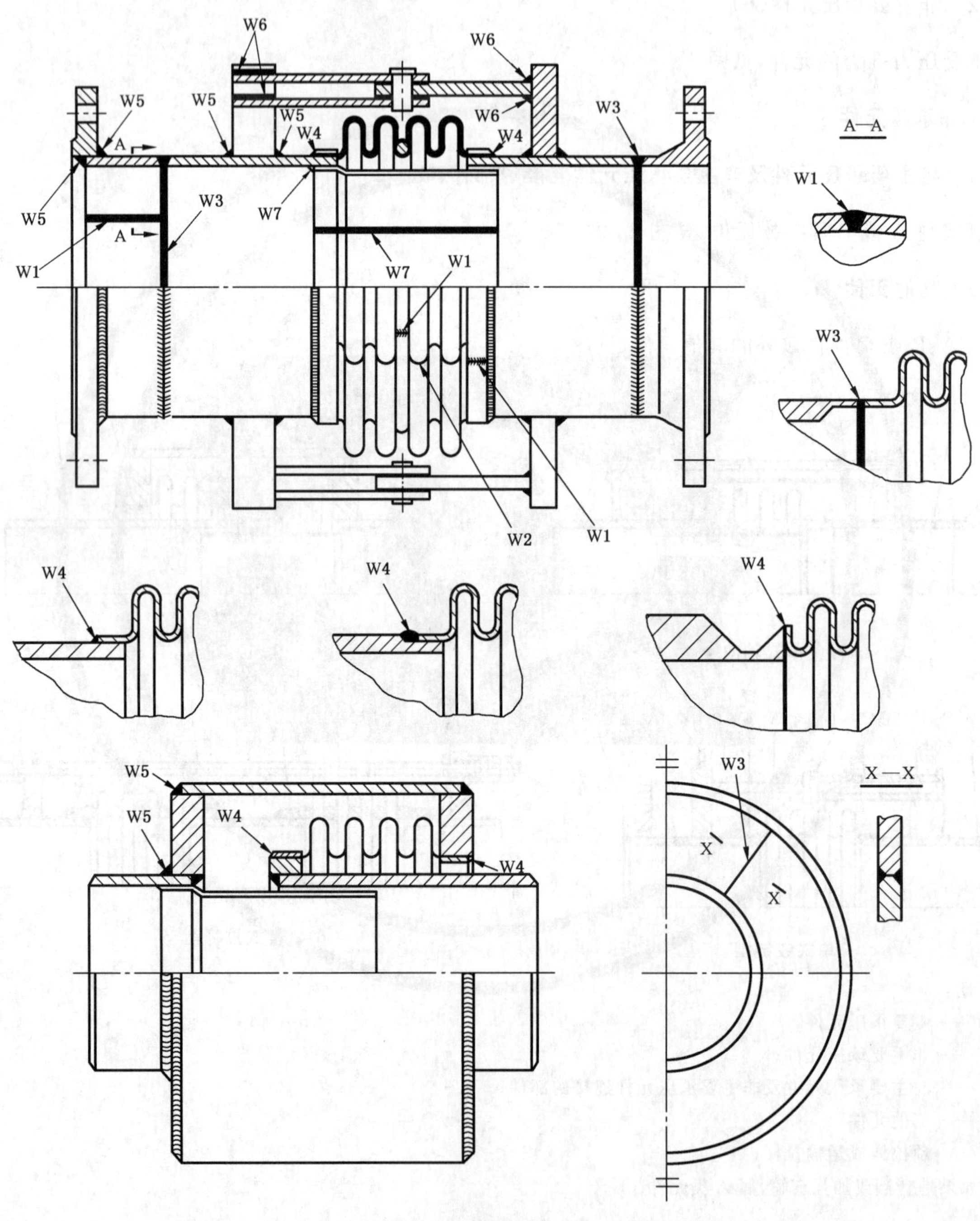

图 2　焊接接头分类

6 典型应用

膨胀节的典型应用见 GB/T 35979—2018 中第 4 章的规定。

7 材料

7.1 通用规定

7.1.1 选材应考虑材料的力学性能、化学性能、物理性能和工艺性能，应与其要实现的功能、工作条件和预期制造技术相适应。

7.1.2 与承压元件相连接的元件，所使用的材料不应影响与其相连接的承压元件的使用，尤其是通过焊接连接的各元件还应考虑材料的焊接性能。

7.1.3 膨胀节承压元件用材料的质量、规格与标志应符合相应材料标准的规定。

a) 膨胀节制造单位从材料制造单位取得膨胀节承压元件用材料时，材料制造单位应保证质量，并符合下列要求：
   1) 按相应标准规定提供材料质量证明书（原件），材料质量证明书的内容应齐全、清晰，并且盖有材料制造单位质量检验章；
   2) 按相应标准规定，在材料的明显部位作出清晰的标志。
b) 膨胀节制造单位从非材料制造单位取得膨胀节承压元件用材料时，应当取得材料制造单位提供的质量证明书原件或者加盖材料供应单位检验公章和经办人章的复印件；膨胀节制造单位应当对所取得的膨胀节用材料及材料质量证明书的真实性和一致性负责。

7.1.4 膨胀节制造单位应按材料质量证明书对材料进行验收。

7.2 波纹管

7.2.1 选用的材料应对系统生命周期内有可能遇到的所有腐蚀媒介有足够的耐腐蚀能力。通常波纹管采用比系统中其他元件使用的更高耐腐蚀性能的材料制造。

7.2.2 所选用的材料应能满足波纹管成型和焊接工艺的要求。

7.2.3 波纹管选用多层结构时允许每层材料不一样，但材料不宜超过两种。

7.2.4 常用的波纹管材料参见附录 A。

7.3 其他承压元件

7.3.1 与介质接触的元件选用的材料，应与安装膨胀节的管道中的管子的材料相同或不得低于管子材料，与管子焊接连接时应有良好的焊接性能，常用的材料见 GB/T 20801.2—2006。

7.3.2 非主要承压元件用材料应考虑其承压力推力等载荷下的安全性和可靠性，常用材料参见附录 A。

8 设计

8.1 设计条件

8.1.1 注意事项

用户或系统设计方应至少按表 2 的内容提供设计条件，并应注意以下事项：

a) 应按 GB/T 35979—2018 中第 4 章的规定，考虑管线支承型式、位置，以及所要吸收位移的方向和大小，确定最适合使用的膨胀节的型式、位移及刚度，以满足管系及设备的受力要求。应避免波纹管受扭，当扭转不可避免时，应提出扭矩的具体要求。

b) 波纹管的材料应与介质、外界环境和工作温度相适应，且考虑可能出现的腐蚀(特别注意应力腐蚀)。所选用的材料也应能够适应水处理或清洗管道所使用的化学药剂。当有绝热层时，绝热层中渗透出的具有腐蚀性的物质也可能引起腐蚀。

c) 如果介质的流速会引起波纹管共振，或对波纹产生冲蚀，应按B.5的规定设置内衬筒。

d) 应按实际情况给出和确定最高工作压力、设计压力和试验压力，不应随意提高。根据过高的压力设计，会过度加大波纹管的厚度，反而会降低波纹管的疲劳寿命，增加膨胀节对管系的作用力。

e) 应按实际情况规定最高工作温度和最低工作温度。在管线施工期间温度可能发生较大变化的地方，安装膨胀节时可能需要进行预变位。

f) 应按实际情况规定位移值，采用过高的安全系数会提高膨胀节的柔性，降低膨胀节在承压状态下的稳定性。膨胀节所要吸收的位移包括管道的伸缩量、与膨胀节相连接的设备、固定支架等装置的位移，以及在安装过程中可能出现的偏差(应避免膨胀节的安装偏差超出设计允许值)。如果位移是循环性的，还应规定预期的疲劳寿命。

g) 对于会积聚或凝固的介质，应采取措施防止其滞留凝结在波纹内损坏膨胀节或管线。

h) 内衬筒一般应顺着介质流动的方向设置。若要避免流动介质在内衬筒后部受阻滞留，应说明需要在内衬筒上开设排泄孔或装设吹扫接管。当可能出现回流时，应规定采用加厚的内衬筒，防止内衬筒屈曲。

i) 如果波纹管受到外来的机械振动(例如，往复式或脉动式机械所形成的振动)，应说明振动的振幅和频率。设计膨胀节应避免波纹管共振，以排除突然发生疲劳破坏的可能性。在现场可能还必须对膨胀节或系统的其他部件进行修改。

表 2 设计条件

<table>
<tr><th>序号</th><th colspan="3">设计条件</th></tr>
<tr><td>1</td><td>膨胀节型式</td><td></td></tr>
<tr><td>2</td><td>公称尺寸 DN、相关直径及安装尺寸</td><td></td></tr>
<tr><td rowspan="3">3</td><td rowspan="3">连接端</td><td>材料</td></tr>
<tr><td>尺寸</td></tr>
<tr><td>标准</td></tr>
<tr><td rowspan="3">4</td><td rowspan="3">压力(内压/外压)/MPa</td><td>设计压力(公称压力)</td></tr>
<tr><td>最高工作压力</td></tr>
<tr><td>试验压力</td></tr>
<tr><td rowspan="4">5</td><td rowspan="4">温度/℃</td><td>最高工作温度</td></tr>
<tr><td>最低工作温度</td></tr>
<tr><td>最高环境温度</td></tr>
<tr><td>最低环境温度</td></tr>
</table>

表 2（续）

<table>
<tr><th>序号</th><th colspan="4">设计条件</th></tr>
<tr><td rowspan="3">6</td><td colspan="3" rowspan="3">介质</td><td>名称</td></tr>
<tr><td>流速</td></tr>
<tr><td>流向</td></tr>
<tr><td rowspan="16">7</td><td rowspan="16">位移量及疲劳寿命</td><td colspan="2" rowspan="4">安装</td><td>轴向(拉伸/压缩)/mm</td></tr>
<tr><td>横向/mm</td></tr>
<tr><td>角向/(°)</td></tr>
<tr><td>循环次数</td></tr>
<tr><td rowspan="12">工作</td><td rowspan="4">工况 1</td><td>轴向(拉伸/压缩)/mm</td></tr>
<tr><td>横向/mm</td></tr>
<tr><td>角向/(°)</td></tr>
<tr><td>循环次数</td></tr>
<tr><td rowspan="4">工况 2</td><td>轴向(拉伸/压缩)/mm</td></tr>
<tr><td>横向/mm</td></tr>
<tr><td>角向/(°)</td></tr>
<tr><td>循环次数</td></tr>
<tr><td rowspan="4">工况 3</td><td>轴向(拉伸/压缩)/mm</td></tr>
<tr><td>横向/mm</td></tr>
<tr><td>角向(°)</td></tr>
<tr><td>循环次数</td></tr>
<tr><td rowspan="2">8</td><td colspan="3" rowspan="2">材料</td><td>波纹管材料(与介质、外界环境和工况适应)</td></tr>
<tr><td>其他材料(如内衬筒)</td></tr>
<tr><td>9</td><td colspan="3">绝热层</td><td>绝热层的方式</td></tr>
<tr><td>10</td><td colspan="3">附加载荷</td><td>膨胀节的内部载荷：
——膨胀节内衬重量；
——膨胀节内流动介质的自重；
——因介质流动产生的动态载荷。
相邻管道或设备产生的外部载荷：
——相邻管道/设备未经支撑的重量(如管道和内衬等)；
——管道预应力；
——热载荷；
——环境载荷(即雪载荷、风载等)；
——相邻设备的振动(即泵、压缩机、机器等)；
——冲击载荷(即地震、爆炸载荷等)；
——因介质流动产生的动态载荷。</td></tr>
</table>

表 2（续）

序号	设计条件	
11	刚度要求	轴向/(N/mm)
		横向/(N/mm)
		角向/(N·mm/°)
12	扭转	扭矩/(N·mm)
13	其他附加信息(如无损检测、外形尺寸、安装方位、压力试验产生的临时载荷等)	

8.1.2 设计压力

8.1.2.1 设计压力应不低于设计条件中规定的最高工作压力，宜为最高工作压力；需按公称压力选取时，设计压力取就近的公称压力。

8.1.2.2 当膨胀节同时承受内压和外压或在真空条件下运行时，设计压力应考虑在正常工作情况下可能出现的最大内外压力差。

8.1.3 设计温度

8.1.3.1 最高设计温度应不低于设计条件中规定的最高工作温度，最高设计温度不高于设计条件中规定的最低工作温度。

8.1.3.2 对于承力构件设计温度的确定，见 B.7.3 的要求。

8.1.3.3 在确定最低设计温度时，应充分考虑在运行过程中，大气环境低温条件对膨胀节金属温度的影响。大气环境低温条件是指历年来月平均最低气温(当月各天的最低气温值之和除以当月天数)的最低值。

8.2 焊接接头系数

焊接接头系数 Φ 见表 3。

表 3 焊接接头系数 Φ

焊缝类别	无损检测方法及检测范围	焊接接头系数 Φ
W1、W3	不做无损检测	0.7
	局部 RT 或 UT	0.85
	100% RT 或 UT	1
W2	100%PT 或 RT	1
W4	100%PT	1
W5、W6	不做无损检测	0.85
	有无损检测	1
W7	—	1

8.3 许用应力

8.3.1 许用应力应符合相应材料标准规定。

8.3.2 波纹管设计温度低于 20 ℃时，材料许用应力取 20 ℃的许用应力。

8.3.3 对于由不同材料组合的多层波纹管，其设计温度下许用应力按式(1)确定：

$$[\sigma]^t = \frac{[\sigma]_1^t\delta_1 + [\sigma]_2^t\delta_2 + \cdots + [\sigma]_i^t\delta_i}{\delta_1 + \delta_2 + \cdots + \delta_i} \quad \cdots\cdots\cdots\cdots\cdots\cdots\cdots\cdots (1)$$

式中：

$[\sigma]_i^t$ ——第 i 层材料在设计温度下的许用应力，单位为兆帕(MPa)；

δ_i ——组合材料中第 i 层的名义厚度，单位为毫米(mm)。

8.4 膨胀节的设计

8.4.1 概述

膨胀节的设计主要包括波纹管、波纹管连接焊缝结构、法兰、接管、内衬筒、外护套和非主要承压元件的设计。其中，波纹管、内衬筒、外护套和非主要承压元件的具体设计方法见附录 B。有振动场合的膨胀节，还应进行相应的振动校核，具体方法参见附录 C。

8.4.2 波纹管

8.4.2.1 概述

波纹管应有满足要求的耐压能力和吸收位移的能力。设计中涉及众多的变量，例如波纹管的形式、材料、直径、壁厚、层数、波高、波距、波数、制造过程等，都会影响波纹管的性能。波纹管的设计至少应考虑以下方面：

a) 计算压力(内、外压)在波纹管内产生的最大压力应力，并限定最大应力值满足允许数值，从而解决压力失效问题；

b) 计算基于失稳的极限设计压力从而解决因压力所造成的柱失稳(仅内压)和平面失稳的失效问题；

c) 计算外压周向稳定性，从而解决因外压造成的周向失稳的失效问题；

d) 计算位移在波纹管内产生的最大应力和疲劳寿命，从而解决疲劳失效问题。

8.4.2.2 波纹管设计

8.4.2.2.1 形式

波纹管形式有：无加强 U 形、加强 U 形及 Ω 形。

8.4.2.2.2 疲劳寿命

疲劳寿命应符合下列要求：

a) 疲劳寿命计算

附录 B 给出的疲劳寿命的计算公式，仅适用于工作温度低于相关材料标准规定的蠕变温度范围。若工作温度在蠕变温度范围内，其疲劳寿命的计算应借助高温测试数据，或经相同或更恶劣的工况下规格、形状类似波纹管的成功运行史证实。

b) 累积疲劳

若波纹管在不同工况下，其累积疲劳利用系数 U 应按式(2)计算：

$$U = \frac{n_1}{N_1} + \frac{n_2}{N_2} + \cdots + \frac{n_k}{N_k} = \sum_1^k \frac{n_i}{N_i} \leqslant 1.0 \quad \cdots\cdots\cdots\cdots\cdots\cdots\cdots\cdots (2)$$

式中：

n_i ——设计寿命内第 i 种工况下总应力范围的疲劳寿命；

N_i——第 i 种工况下应力变化范围 σ_{ti} 单独作用时允许的最大疲劳寿命。

8.4.2.2.3 内压失稳

内压失稳计算应符合下列要求：

a) 附录B给出的柱失稳计算公式是基于膨胀节两端固定的柱失稳极限设计压力(p_{sc})，其他支承条件，应按以下方法计算：

——固定/铰支：$0.5p_{sc}$

——铰支/铰支：$0.25p_{sc}$

——固定/横向导向：$0.25p_{sc}$

——固定/自由：$0.06p_{sc}$

b) 只有在工作条件下的实际波纹管金属温度低于蠕变温度范围，才能使用附录B中的平面失稳校核公式计算。若实际波纹管金属温度在蠕变温度范围内，其失稳的计算应借助高温试验数据，或经相同或更恶劣工况下规格、形状类似波纹管成功运行史证实。

8.4.2.2.4 波纹管刚度、工作力和力矩

图3是简化表示的波纹管位移-力特性，图中的 AB 段斜率为波纹管的理论弹性刚度，AC 段斜率为波纹管的有效刚度。当计算膨胀节在管道系统中的力和力矩时，通常采用弹性刚度或有效刚度。但当膨胀节用于敏感设备，需要更精确的力和力矩值时，应使用工作刚度进行计算。波纹管的工作刚度在有效刚度的基础上考虑了压力、位移因素，侧壁偏转角及多层承压波纹管变形层间摩擦的影响。对于横向和角向膨胀节，还应考虑内压影响产生的铰链的摩擦力，以及初始角位移的影响。波纹管的有效刚度和工作刚度的及工作力和力矩计算公式详见B.4。

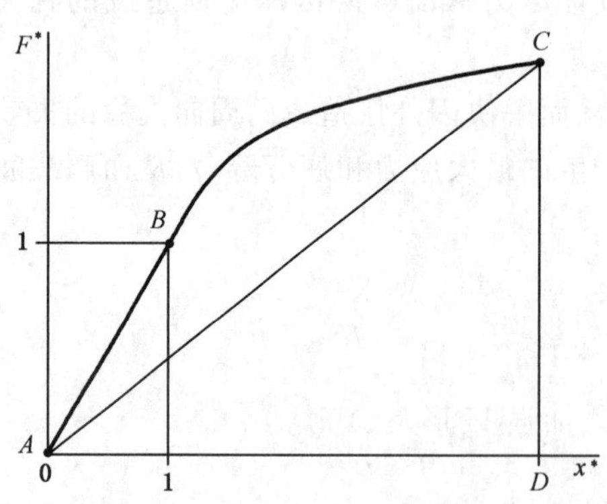

图3 波纹管位移-力特性

8.4.2.2.5 多层波纹管

多层波纹管应符合下列要求：

a) 对于承受内压的多层波纹管，在波纹管的每个外层的直边段上可开泄流孔，且泄流孔应保证除了内部密封层之外的所有层都有一个与外部环境连通的孔；

b) 多层波纹管相对于单层的设计，在承压能力、稳定性、疲劳寿命以及刚度方面有所不同，表4中列出了几种不同的应用中多层相对于单层波纹管的特性。

表 4 多层波纹管性能

波纹管设计准则	当波形参数一致时多层波纹管相对于单层结构的特性			
	$tt=\delta$	$tt/n=\delta$	$tt/n>\delta$	$tt>\delta$ $tt/n<\delta$
薄膜应力	相同	减小	减小	减小
子午向弯曲应力	增大	减小	减小	一般减小
疲劳寿命	一般增加	影响不大	减少	增加
刚度	减小	增大	增大	一般增大
平面稳定性	降低	提高	提高	一般提高
柱稳定性	降低	提高	提高	一般提高

注：tt ——多层波纹管总壁厚；
n ——层数；
δ ——单层波纹管壁厚。

8.4.3 波纹管连接焊缝结构

波纹管连接焊缝结构应根据表 5 中给出的示意图设计。

表 5 波纹管连接焊缝

焊接类型		变化形式(允许 A 到 D 的组合)			
序号	通常设计	颈部加强	套箍	辅助套箍	
		A	B	C(单个)	D(两个)
1	a 外搭接/角焊缝		b, c		
2	a 内搭接/角焊缝				
3	外搭接/坡口焊缝				
4	内搭接/坡口焊缝				

表 5（续）

焊接类型		变化形式(允许 A 到 D 的组合)			
序号	通常设计	颈部加强	套箍	辅助套箍	
		A	B	C(单个)	D(两个)
5	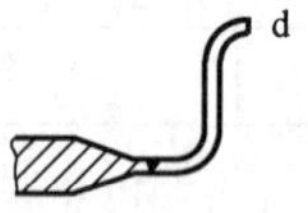 d 对接焊缝	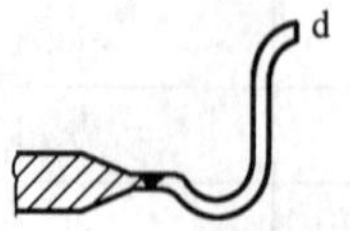 d	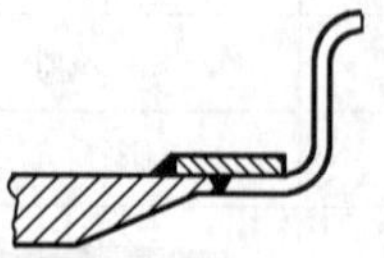	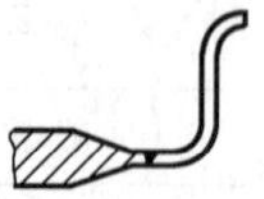	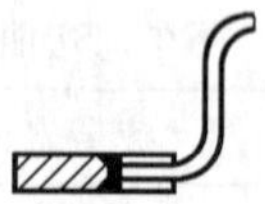
6	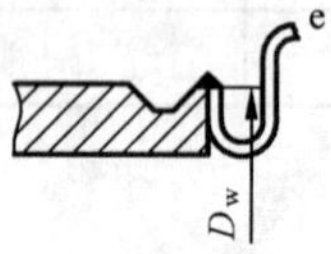 e D_W 径向端焊缝 (内焊或外焊)	—	—	—	—
7	 轴向端焊缝 (内焊或外焊)	—	—	—	—

注 1：在波纹管承压侧反面的连接件、套箍及加强套箍，其与波纹管和直边段接触的一侧应倒圆或倒角。

注 2：有加强套箍的波纹管连接焊缝类型同套箍。

[a] 若是角焊缝，焊缝高度“a”应当符合公式：$a \geqslant 0.7n\delta$。

[b] 如果波纹管直边段长度 $L_t \geqslant 0.5\sqrt{\delta D_b}$，建议增加加强套箍。

[c] 套箍及加强套箍应通过焊接或机械装置沿轴向固定。

[d] 对于对接焊缝，焊接多层波纹管有必要使用专用工具。

[e] 焊缝处直径 D_W 应满足：$D_W \leqslant D_m + 0.2h$，否则在波纹管稳定性计算中应将波纹管的波数增加一个进行。

8.4.4 法兰

法兰的选用应满足膨胀节的设计条件，并应与其相连接的管道或设备上所配带的法兰相匹配，常用法兰标准见表 6。非标法兰及非约束型膨胀节法兰的设计应按设计条件中规定的相应标准进行设计计算。

表 6 常用法兰标准

标准号	标准名称
GB/T 9112	钢制管法兰 类型与参数
GB/T 9113	整体钢制管法兰
GB/T 9114	带颈螺纹钢制管法兰
GB/T 9115	对焊钢制管法兰

表 6（续）

标准号	标准名称
GB/T 9116	带颈平焊钢制管法兰
GB/T 9117	带颈承插焊钢制管法兰
GB/T 9118	对焊环带颈松套钢制管法兰
GB/T 9119	板式平焊钢制管法兰
GB/T 9120	对焊环板式松套钢制管法兰
GB/T 9121	平焊环板式松套钢制管法兰
GB/T 9122	翻边环板式松套钢制管法兰
GB/T 9124	钢制管法兰　技术条件
GB/T 13402	大直径钢制管法兰
HG/T 20592	钢制管法兰(PN 系列)
HG/T 20615	钢制管法兰(Class 系列)
HG/T 20623	大直径钢制管法兰(Class 系列)
JB/T 74～85	钢制管路法兰
SH/T 3406	石油化工钢制管法兰
JB/T 74	钢制管路法兰　技术条件
JB/T 75	钢制管路法兰　类型与参数
JB/T 79	整体钢制管法兰
JB/T 81	板式平焊钢制管法兰
JB/T 82	对焊钢制管法兰
JB/T 83	平焊环板式松套钢制管法兰
JB/T 84	对焊环板式松套钢制管法兰
JB/T 85	翻边板式松套钢制管法兰

8.4.5　接管

连接端的接管尺寸及壁厚应满足膨胀节的设计条件，并应与其相连接的管道或设备的接管相匹配。中间接管的尺寸可以与连接端不同，但其壁厚应按设计条件中规定的相应标准进行设计计算。

8.4.6　内衬筒

内衬筒的设置和计算应符合 B.5 的规定。

8.4.7　外护套

外护套的设置应符合 B.6 的规定。

8.4.8　承力构件

承力构件的设计应符合弹性理论，设计规则见 B.7，具体计算参考 GB/T 12777 中相关内容。

9 制造

9.1 文件

制造前制造单位应至少具备表7所示的文件。

表7 文件

文件类别	文件
设计	图纸
工艺	制造质量计划或流转卡
	波纹管成型工艺文件
	焊接工艺规程/焊接作业指导书
	热处理工艺(适用时)
	酸洗钝化工艺(适用时)
	无损检测工艺
	压力测试工艺

9.2 材料复验、分割与标志移植

9.2.1 材料复验

9.2.1.1 对于下列材料应进行复验：

a) 铬钼合金钢、含镍低温钢、不锈钢、镍及镍合金、钛及钛合金材料应采用光谱分析或其他方法进行主要合金元素定性复查；

b) 不能确定质量证明书真实性或者对性能和化学成分有怀疑的主要承压元件材料；

c) 设计文件要求进行复验的材料。

9.2.1.2 材料复验结果应符合相应材料标准的规定或设计文件的要求。

9.2.2 材料分割

材料分割可采用冷切割或热切割方法。当采用热切割方法分割材料时，应清除表面熔渣和影响制造质量的表面层。

9.2.3 材料标志移植

9.2.3.1 制造承压元件(A、B)的材料应有可追溯的标志。在制造过程中，如原标志被裁掉或材料分成几块时，制造单位应规定标志的表达方式，并在材料分割前完成标志的移植。

9.2.3.2 波纹管用材料、低温用钢、不锈钢及有色金属不得使用硬印标记。当不锈钢和有色金属材料采用色码(含记号笔)标记时，印色不应含有对材料产生损害的物质，如硫、铅、氯等。

9.3 焊接

9.3.1 焊接材料

应符合GB 50236—2011中第4章和NB/T 47018的规定。

9.3.2 焊接环境

9.3.2.1 焊接宜在 0 ℃以上、相对湿度不大于 90%的室内进行；当施焊环境出现下列任一情况，且无有效防护措施时，禁止施焊：

a) 焊条电弧焊时，风速大于 8 m/s；
b) 气体保护焊时，风速大于 2 m/s；
c) 相对湿度大于 90%；
d) 雨、雪环境；
e) 焊件温度低于－20 ℃。

9.3.2.2 焊件温度低于 0 ℃但不低于－20 ℃时，应在施焊处 100 mm 范围内预热到 15 ℃以上。

9.3.3 焊接工艺

9.3.3.1 膨胀节施焊前，承压元件焊缝、与承压元件相焊的焊缝、熔入永久焊缝内的定位焊缝、承压元件母材表面堆焊与补焊，以及上述焊缝的返修(工)焊缝都应按 NB/T 47014 进行焊接工艺评定或者具有经过评定合格的焊接工艺支持。

9.3.3.2 应在承压元件(除波纹管外)焊接接头附近的指定部位做焊工代号硬印标记，或者在焊接记录中记录焊工代号。其中，低温用钢、不锈钢及有色金属不得采用硬印标记。

9.3.3.3 焊接工艺评定技术档案应保存至该工艺评定失效为止，焊接工艺评定试样保存期应不少于 5 年。

9.3.4 焊前准备

9.3.4.1 施焊前波纹管与连接件的间隙应不大于波纹管总壁厚，且不大于表 8 的规定。

表 8 波纹管与连接件的间隙

单位为毫米

公称直径	波纹管与连接件的间隙
DN<200	1.0
200≤DN<500	1.5
500≤DN<1 000	2.0
1 000≤DN<2 000	2.5
DN≥2 000	3.0

9.3.4.2 其他应符合 GB/T 20801.4—2006 中 7.4 的规定。

9.3.5 焊接接头

9.3.5.1 W1、W3 类焊接接头应符合下列要求：

a) 焊缝余高应不大于表 9 的规定。

表 9 焊缝余高

单位为毫米

对接接头中厚度较薄者的名义厚度 T_w	焊缝余高
$T_w \leqslant 6$	1.5
$6 < T_w \leqslant 13$	3.0
$13 < T_w \leqslant 25$	4.0
$T_w > 25$	5.0

b） 卷制接管同一接管上的两 W1 焊缝间距不应小于 200 mm；组对时，相邻接管两 W1 焊缝间距应大于 100 mm；

9.3.5.2 W2 类焊接接头应符合下列要求：

a） 管坯纵向焊接接头应无裂纹、气孔、咬边和对口错边，凹坑、下塌和余高均应不大于母材厚度的 10％，焊缝表面应呈银白色或金黄色，可呈浅蓝色；

b） 波纹管管坯上两相邻纵向焊接接头的间距应大于等于 250 mm，纵向焊接接头的条数以焊接接头的条数最少为原则，按所用材料宽度为基础进行计算；

c） 管坯纵向焊接接头应采用机动或自动氩弧焊、等离子焊、激光焊等方法施焊；

d） 多层波纹管套合时，各层管坯间纵向焊接接头的位置应沿圆周方向均匀错开。

9.3.5.3 W4 类焊接接头的焊缝余高应不大于波纹管总壁厚，且不大于 1.5 mm。

9.3.5.4 W1 与 W1/W2 间纵向焊接接头间的最小距离 100 mm；

9.3.5.5 所有焊接接头表面应无裂纹、未焊透、未熔合、表面气孔、弧坑、未填满、夹渣和飞溅物；所有焊缝表面不应有咬边（W7 允许咬边深度不大于 1.5 mm）。焊缝与母材应圆滑过渡；角焊缝的外形应圆滑过渡。

9.3.6 焊接返修（返工）

波纹管管坯纵向焊缝同一部位缺陷允许补焊一次，成型后的波纹管不允许返修；W4 类连接焊缝同一部位缺陷允许补焊两次，其他焊缝同一部位的返修次数不宜超过两次。返修次数、部位和返修情况应记入产品的质量证明文件；如超过 2 次，返修前应经制造单位技术负责人批准。

9.4 波纹管成形

9.4.1 多层波纹管，各层管坯间不应有水、油、夹渣、多余物等。

9.4.2 波纹管应采用整体成形的方法制造，常用的方法有：液压成形、机械胀形、滚压成型等。

9.4.3 波纹管波峰、波谷曲率半径的极限偏差应为±15％的名义曲率半径。Ω波形曲率半径的极限偏差应为±15％的名义曲率半径，开口距离的极限偏差应为±15％的名义开口距离。

9.5 热处理

9.5.1 波纹管热处理

当设计文件或相应规范有要求时，波纹管成形后应按相关材料标准的要求或按照材料生产厂家所推荐的方法进行相应的热处理。

9.5.2 其他零部件

除波纹管外的其他零部件，应按相应规范的规定执行。

10 要求

10.1 外观

10.1.1 波纹管表面不准许有裂纹、焊接飞溅物及大于板厚下偏差的划痕和凹坑的缺陷。不大于板厚下偏差的划痕和凹坑应修磨使其圆滑过渡。波峰、波谷与波侧壁间应圆滑过渡。允许有液压成型产生的模压痕、分型面。

10.1.2 波纹管处于自由状态下，加强环或均衡环表面应与波纹管材料贴合。

10.1.3 产品表面应光滑平整，无明显凹凸不平现象、无焊接飞溅物。

10.1.4　产品的焊接接头表面应无裂纹、气孔、夹渣、焊接飞溅物和凹坑。

10.1.5　产品的不锈钢表面不宜涂漆。产品的碳钢结构件外表面应涂漆，漆层应色泽均匀无明显流挂、漏底缺陷的存在，但距端管焊接坡口 50 mm 范围内不宜涂漆。销轴表面、球面垫圈与锥面垫圈配合面应涂防锈油脂。

10.2　尺寸及形位公差

10.2.1　波纹管波高、波距的极限偏差应符合表 10 的规定。

表 10　波高、波距极限偏差

单位为毫米

尺寸		≤12	>12～25	>25～38	>38～50	>50～63	>63～76	>76～88	>88～100	>100
波高 h 极限偏差	$\delta \leqslant 0.8$	±5%h								
	$\delta > 0.8$	±7%h					±4.2	±4.5	±4.7	±5.0
波距 q 极限偏差		±1.5	±3.0	±3.4	±3.7	±4.0	±4.2	±4.5	±4.7	±5.0

10.2.2　同一件波纹管中最大、最小的波高之差及波距之差应符合表 11 中的规定。

表 11　波高、波距之差

单位为毫米

尺寸		≤12	>12～25	>25～38	>38～50	>50～60	>60～76	>76～88	>88～100	>100
波高 h 之差	$\delta \leqslant 0.8$	5%h 且不大于 4.5								
	$\delta > 0.8$	7%h					4.2	4.5	4.5	4.5
波距 q 之差		1.5	3.0	3.4	3.7	4.0	4.2	4.5	4.5	4.5

10.2.3　产品出厂长度的极限偏差应符合表 12 的规定。

表 12　出厂长度的极限偏差

单位为毫米

出厂长度	≤1 000	1 000～3 650	>3 650
极限偏差	±3	±6	±9

10.2.4　产品端面对产品轴线的垂直度公差应为 1%的波纹管管坯直径，且不大于 3.0 mm。

10.2.5　产品两端面轴线对产品轴线的同轴度应符合表 13 的规定。

表 13　同轴度

单位为毫米

产品公称直径	≤200	>200
同轴度	Φ1.6	±1%的产品公称直径，且不大于 Φ5.0

10.2.6　连接端的公差(法兰、焊接端、螺纹连接) 按设计条件相关标准执行。

10.3　无损检测

10.3.1　无损检测的实施时机

10.3.1.1　焊接接头的无损检测应在形状尺寸检测，外观、目视检测合格后进行。

10.3.1.2　有延迟裂纹倾向的材料，应当至少在焊接完成 24 h 后进行无损检测，有再热裂纹倾向的材料，应在热处理后增加一次无损检测。

10.3.2　W1、W3 的无损检测要求

10.3.2.1　W1、W3 对接接头应采用射线检测，名义厚度大于 30 mm 的对接接头可采用超声检测，检测的技术要求应符合表 14 的规定。

表 14　W1、W3 的无损检测要求

检测方法	检测技术等级	检测范围	合格级别
射线检测	AB	全部	NB/T 47013.2 中Ⅱ
		局部(20%)	NB/T 47013.2 中Ⅲ
超声检测	B	全部	NB/T 47013.3 中Ⅰ
		局部(20%)	NB/T 47013.3 中Ⅱ

10.3.2.2　无损检测范围应符合如下要求：

a)　凡符合下列条件之一的焊接接头，应进行全部(100%)射线或超声检测：

1)　设计压力大于或等于 4.0 MPa，且设计温度高于或等于 400 ℃或工作介质为可燃的；

2)　设计压力大于或等于 10.0 MPa 的；

3)　工作介质为极度或高度危害的；

4)　焊接接头系数取 1.0 的 W1、W3 对接接头；

5)　钛及钛合金、镍及镍基合金。

b)　属于特种设备目录范围内的膨胀节，应对其焊接接头进行各焊接接头长度的 20%，且不得小于 250 mm 的局部射线或超声检测。

10.3.3　W2 的无损检测要求

10.3.3.1　波纹管管坯

10.3.3.1.1　应对波纹管管坯焊接接头进行 100%的渗透检测或射线检测。

10.3.3.1.2　对于波纹管管坯厚度小于 2 mm 的焊接接头应进行渗透检测，渗透检测时不应存在下列显示：

a)　所有的裂纹等线性显示；

b)　4 个或 4 个以上边距小于 1.5 mm 的成行密集圆形显示；

c)　任一 150 mm 焊接接头长度内 5 个以上直径大于 1/2 管坯壁厚的随机散布圆形显示。

10.3.3.1.3　对于波纹管管坯厚度不小于 2 mm 且小于 5 mm 的焊接接头应进行射线检测，检测技术等级 AB 级，射线检测合格级别应不低于 NB/T 47013.2 中规定的Ⅱ级且不准许存在条形缺陷。

10.3.3.1.4　对于波纹管管坯厚度不小于 5 mm 的焊接接头应进行射线检测，检测技术等级 AB 级，射线检测合格级别应不低于 NB/T 47013.2 中规定的Ⅱ级。

10.3.3.2　波纹管(成形后)

波纹管成形后应按表 15 的要求对其焊接接头进行渗透检测，检测结果应符合 10.3.3.1.2 的规定。

表 15　波纹管成形后 W2 的检测要求

单位为毫米

<table>
<tr><td rowspan="3">DN</td><td colspan="3">单层波纹管</td><td colspan="3">多层波纹管</td></tr>
<tr><td rowspan="2">δ</td><td colspan="2">波纹管成形方法</td><td rowspan="2">δ</td><td colspan="2">波纹管成形方法</td></tr>
<tr><td>液压或相似方法</td><td>机械胀形、滚压</td><td>液压或相似方法</td><td>机械胀形、滚压</td></tr>
<tr><td rowspan="2">≤300</td><td>≤1.5</td><td>—</td><td rowspan="2">可及的内、外表面</td><td>≤1.0</td><td>—</td><td>—</td></tr>
<tr><td>>1.5</td><td>可及的外表面</td><td>>1.0</td><td>—</td><td>—</td></tr>
<tr><td rowspan="2">>300</td><td>≤2.0</td><td>—</td><td rowspan="2">可及的内表面</td><td>≤1.2</td><td>—</td><td>—</td></tr>
<tr><td>>2.0</td><td>可及的外表面</td><td>>1.2</td><td colspan="2">接触工作介质的可及表面</td></tr>
</table>

10.3.4　W4 的无损检测要求

W4 焊接接头应进行 100%渗透检测，检测结果应符合 10.3.3.1.2 的规定。

10.3.5　W5、W6 的无损检测要求

凡符合下列条件之一的焊接接头，应进行 100%渗透检测或磁粉检测(铁磁性材料应优先采用磁粉检测)，检测合格级别不低于 NB/T 47013.5 规定的Ⅰ级或 NB/T 47013.4 规定的Ⅰ级。

a)　设计温度低于－40 ℃；

b)　设计温度为－20 ℃以下的主要承压元件材料中最低等级的材料为碳素钢、低合金钢、奥氏体-铁素体(双相)型不锈钢和铁素体型不锈钢的膨胀节，以及设计温度低于 －196 ℃的主要承压元件材料中最低等级的材料为奥氏体型不锈钢的膨胀节，且焊接接头厚度大于 25 mm 的膨胀节；

c)　设计压力 p 大于或等于 1.6 MPa，且公称直径 DN 大于或等于 500 mm 或 p(MPa)×DN(mm)大于或等于 800；

d)　工作介质为极度或高度危害的；

e)　铁素体型不锈钢、其他 Cr-Mo 合金钢；

f)　标准抗拉强度下限值 R_m 在 540 MPa 及以上的合金钢；

g)　异种钢焊接接头、具有再热裂纹倾向或者延迟裂纹倾向的焊接接头；

h)　钢材厚度大于 20 mm 的奥氏体型不锈钢、奥氏体-铁素体(双相)型不锈钢的焊接接头。

10.4　耐压性能

10.4.1　产品在规定的试验压力下应无渗漏，结构件应无明显变形，波纹管应无失稳和局部坍塌现象。对于无加强 U 形波纹管，试验压力下的波距与加压前的波距相比最大变化率大于 15%，对于加强 U 形波纹管和 Ω 形波纹管，试验压力下的波距与加压前的波距相比最大变化率大于 20%，即认为波纹管已失稳。试验一般采用水压试验，对于不适合作水压试验的应进行气压试验；试验时应采取有效安全措施。

10.4.2　内压水压试验压力应按式(3)和式(4)计算，取其中的较小值。外压水压试验压力应按式(3)计算。

$$p_t = 1.5p\frac{[\sigma]_b}{[\sigma]_b^t} \qquad \cdots\cdots(3)$$

$$p_t = 1.5p_{sc}\frac{E_b}{E_b^t} \qquad \cdots\cdots(4)$$

10.4.3　内压气压试验压力应按式(5)和式(6)计算，取其中的较小值。外压气压试验压力应按式(5)

计算。

$$p_t = 1.15p\frac{[\sigma]_b}{[\sigma]_b^t} \quad\cdots\cdots(5)$$

$$p_t = 1.15p_{sc}\frac{E_b}{E_b^t} \quad\cdots\cdots(6)$$

式中：

p_t ——试验压力的数值，单位为兆帕(MPa)；

p ——设计压力的数值，单位为兆帕(MPa)；

$[\sigma]_b$ ——室温下的波纹管材料的许用应力的数值，单位为兆帕(MPa)；

$[\sigma]_b^t$ ——设计温度下波纹管材料的许用应力的数值，单位为兆帕(MPa)；

p_{sc} ——波纹管两端固支时柱失稳的极限设计内压的数值，单位为兆帕(MPa)；

E_b ——波纹管材料室温下的弹性模量的数值，单位为兆帕(MPa)；

E_b^t ——波纹管材料设计温度下的弹性模量的数值，单位为兆帕(MPa)。

10.5 气密性(泄漏试验)

工作介质为极度或高度危害以及可燃流体的产品应进行气密性试验，试验压力等于设计压力，试验时产品应无泄漏、无异常变形。当产品用气压替代水压试验时，免作气密性试验。

10.6 刚度

产品用波纹管实测轴向刚度对公称刚度(厂家给定，且可按位移分段)的允许偏差为－55%～＋30%。

10.7 稳定性

产品在试验水压 p_s 及波纹管处于设计允许最大位移情况下，应无渗漏，波纹管应无失稳和局部坍塌现象。试验水压 p_s 按式(7)和式(8)计算，取其中的较小值。

$$p_s = 1.15p\frac{[\sigma]_b}{[\sigma]_b^t} \quad\cdots\cdots(7)$$

$$p_s = 1.15p\frac{E_b}{E_b^t} \quad\cdots\cdots(8)$$

式中：

p_s ——试验压力，单位为兆帕(MPa)；

p ——设计压力，单位为兆帕(MPa)；

E_b^t ——按相关标准取值的波纹管材料设计温度下的弹性模量，单位为兆帕(MPa)；

E_b ——按相关标准取值的波纹管材料室温的弹性模量，单位为兆帕(MPa)；

$[\sigma]_b$——按相关标准取值的试验温度下波纹管材料的许用应力，单位为兆帕(MPa)；

$[\sigma]_b^t$——按相关标准取值的设计温度下波纹管材料的许用应力，单位为兆帕(MPa)。

10.8 疲劳寿命

产品在设计位移量下，试验循环次数应不小于设计疲劳寿命的2倍。

10.9 爆破试验

产品在爆破试验水压 p_b 下，应无破损、无渗漏。试验水压 p_b 按式(9)计算。

$$p_b = 3p\frac{[\sigma]_b}{[\sigma]_b^t} \quad\cdots\cdots(9)$$

式中：

p_b ——爆破试验压力，单位为兆帕(MPa)；

p ——设计压力，单位为兆帕(MPa)；

$[\sigma]_b$——按相关标准取值的试验温度下波纹管材料的许用应力，单位为兆帕(MPa)；

$[\sigma]_b^t$——按相关标准取值的设计温度下波纹管材料的许用应力，单位为兆帕(MPa)。

11 试验方法

11.1 外观

用目视的方法进行。结果应符合10.1的规定。

11.2 尺寸及形位公差

尺寸公差用精度符合公差等级要求的量具进行，形位公差按GB/T 1958的规定进行。结果应符合10.2的规定。

11.3 无损检测

射线检测按NB/T 47013.2规定进行，超声检测按NB/T 47013.3规定进行，磁粉检测按NB/T 47013.4规定进行，渗透检测按NB/T 47013.5规定进行。结果应符合10.3的规定。

11.4 耐压性能

11.4.1 试验设备

11.4.1.1 非约束型产品，试验时试验装置应保证膨胀节两端有效密封和有效固定；约束型产品，试验时试验装置应保证膨胀节两端有效密封和除产品长度方向外的5个自由度进行有效约束。

11.4.1.2 水压试验用水的氯化物离子最大含量为25 mg/L，气压试验介质应为干燥洁净的无腐蚀性气体。

11.4.1.3 耐压性能试验应用两个量程相同的压力表，其精确度不低于1.6级。压力表的量程为试验压力的2倍左右，但不应低于1.5倍和高于4倍的试验压力。

11.4.2 试验方法

11.4.2.1 将被测产品两端密封，并使产品处于出厂长度状态。

11.4.2.2 沿圆周方向均分四个位置分别测量各个波的波距。

11.4.2.3 加压到设计压力后，再缓慢升压至规定的试验压力，保压至少10 min，目视检测膨胀节，结果应符合10.4的规定。

11.4.2.4 测量原各个测量点处的波距，按式(10)计算加压前后最大波距变化率，结果应符合10.4的规定。

$$\lambda = \left| \frac{q_{Pij} - q_{0ij}}{q_{0ij}} \right|_{max} \times 100\% \qquad (10)$$

式中：

λ ——加压前后最大波距变化率；

q_{Pij}——加压后第 i 测量位置第 j 个波的波距，单位为毫米(mm)；

q_{0ij}——加压前第 i 测量位置第 j 个波的波距，单位为毫米(mm)。

11.4.2.5 型式检验和一批产品的首件检验时，应测量波纹管的最大波距变化率。

11.5 气密性(泄漏试验)

11.5.1 试验设备

11.5.1.1 试验装置应保证产品两端有效密封和有效固定。

11.5.1.2 试验介质应为干燥洁净的无腐蚀性气体。

11.5.1.3 试验检测用水的氯化物离子最大含量为 25 mg/L。

11.5.1.4 试验应用两个量程相同的压力表，其精确度不低于 1.6 级。压力表的量程为试验压力的 2 倍左右，但不应低于 1.5 倍和高于 4 倍的试验压力。

11.5.2 试验方法

11.5.2.1 将被测产品两端密封固定，使产品处于出厂长度状态。

11.5.2.2 缓慢升压至规定的试验压力，保压至少 10 min，目视检测。

11.5.2.3 产品应浸入氯化物离子最大含量为 25 mg/L 的水中检测；对不宜浸入水中的产品可用皂泡法对焊接接头检漏，结果应符合 10.5 的规定。

11.6 刚度

11.6.1 试验设备

试验设备应符合下列要求：

a) 刚度测量装置；

b) 位移测量分度值优于 0.1 mm；

c) 力指示精确度不低于 1.0%。

11.6.2 试样要求

试验应用与产品相同的波纹管进行(当成品用波纹管由 2 个不同规格组成时，应各取 2 件，共 4 件波纹管)，当产品为单式轴向型时，可直接用产品原样进行。

11.6.3 试验方法

11.6.3.1 将产品用波纹管试样按图样规定的原始设计长度安装在刚度测量装置上，并连接固定好。

11.6.3.2 在设计位移范围内，按公称刚度分段范围，逐渐施加压缩、拉伸位移，记录其相应的力值读数和位移读数，绘制曲线，并按式(11)、式(12)计算刚度，其结果应符合 10.6 的规定。

压缩刚度：

$$K_Y = \left| \frac{F_{Y2} - F_{Y1}}{S_{Y2} - S_{Y1}} \right| \qquad \cdots\cdots\cdots\cdots(11)$$

拉伸刚度：

$$K_L = \left| \frac{F_{L2} - F_{L1}}{S_{L2} - S_{L1}} \right| \qquad \cdots\cdots\cdots\cdots(12)$$

式中：

F_{Y1}——压缩位置每个分段开始时的力值读数，单位为牛(N)；

F_{Y2}——压缩位置每个分段结束时的力值读数，单位为牛(N)；

F_{L1}——拉伸位置每个分段开始时的力值读数,单位为牛(N);
F_{L2}——拉伸位置每个分段结束时的力值读数,单位为牛(N);
S_{Y1}——压缩位置每个分段开始时的位移读数,单位为毫米(mm);
S_{Y2}——压缩位置每个分段结束时的位移读数,单位为毫米(mm);
S_{L1}——拉伸位置每个分段开始时的位移读数,单位为毫米(mm);
S_{L2}——拉伸位置每个分段结束时的位移读数,单位为毫米(mm);
K_Y——压缩刚度(每个分段),单位为牛每毫米(N/mm);
K_L——拉伸刚度(每个分段),单位为牛每毫米(N/mm)。

11.7 稳定性

11.7.1 试验设备

11.7.1.1 试验装置应保证产品两端有效密封和有效固定。
11.7.1.2 耐压性能试验应用两个量程相同的压力表,其精确度不低于1.6级。压力表的量程为试验压力的2倍左右,但不应低于1.5倍和高于4倍的试验压力。

11.7.2 试验方法

11.7.2.1 将被测产品两端密封固定,使产品处于最大位移状态。
11.7.2.2 沿圆周方向均分4个位置分别测量各个波的波距。
11.7.2.3 加压到设计压力后,再缓慢升压至规定的试验压力,保压至少10 min,目视检测膨胀节,结果应符合10.7的规定。
11.7.2.4 测量原各个测量点处的波距,按式(10)计算加压前后最大波距变化率,结果应符合10.7的规定。

11.8 疲劳寿命

11.8.1 试验设备

专用疲劳试验机,位移控制精度为±0.1 mm且应保证试验轴向位移与波纹管轴线同轴;位移的速率应小于25 mm/s且应保证位移平稳、均匀。

11.8.2 试样要求

11.8.2.1 试验用产品其波纹管波数不少于3个(除用户特殊要求外)。
11.8.2.2 试验应用与产品相同的波纹管进行(当成品用波纹管由2个不同规格组成时,应各取2件,共4件波纹管),当产品为单式轴向型时,可直接用产品原样进行。

11.8.3 试验方法

11.8.3.1 试验时将产品两端分别联接到专用疲劳试验机上,试验压力为设计压力,试验过程中压力波动值应不大于设计压力的±10%,试验介质为水、空气。
11.8.3.2 试验时波纹管每波的平均位移量为设计单波当量轴向位移量(见附录B)。
11.8.3.3 记录位移循环次数,结果应符合10.8的规定。

11.9 爆破试验

11.9.1 试验设备

11.9.1.1 试验装置应保证产品两端有效密封和有效固定。

11.9.1.2 试验应用两个量程相同的压力表,其精确度不低于1.6级。压力表的量程为试验压力的2倍左右,但不应低于1.5倍和高于4倍的试验压力。

11.9.2 试验方法

11.9.2.1 将被测产品两端密封固定,使产品处于出厂原始直线状态。

11.9.2.2 缓慢升压至设计压力后,再以不大于0.4 MPa/min的速度缓慢升压至规定的试验压力,保压至少10 min,目视检测,结果应符合10.9的规定。

12 检验规则

12.1 检验分类

产品的检验分为出厂检验和型式检验。

12.2 出厂检验

12.2.1 检验原则

每件产品应经制造厂检验部门检验合格并出具合格证后方可出厂。

12.2.2 检验项目和顺序

出厂检验项目和检验顺序见表16。

表16 检验项目和顺序

序号	项目名称	要求的章条号	试验方法的章条号	缺陷类别	出厂检验	型式检验			
						项目	试样编号		
							1# 2#	3#	管坯
1	外观	10.1	11.1	C	●	●	●	●	—
2	尺寸及形位公差	10.2	11.2	C	●	●	●	●	—
3	无损检测	10.3	11.3	C	●	●	●	●	●
4	耐压性能	10.4	11.4	A	●	●	●	●	—
5	气密性(泄漏试验)	10.5	11.5	A	●	●	●	●	—
6	刚度	10.6	11.6	C	—	●	●	●	—
7	稳定性	10.7	11.7	A	—	●	●	●	—
8	疲劳寿命	10.8	11.8	A	—	●	●	—	—
9	爆破试验	10.9	11.9	A	—	●	—	●	—

注1:●表示检验项目;—表示不检项目。

注2:型式检验时,在产品制造方允许的情况下,可用经疲劳寿命试验而未破坏的产品做爆破试验。

注3:缺陷类别A、C定义见GB/T 2829—2002中第3章的规定。

12.2.3 出厂资料

12.2.3.1 产品出厂时，制造厂应提供产品合格证、产品质量证明文件和安装使用说明书。

12.2.3.2 产品质量证明文件至少包括以下内容：

a) 主要承压元件(波纹管和承压筒节、法兰、封头)和焊材的质量证明文件；
b) 无损检测报告；
c) 热处理自动记录曲线及报告；
d) 耐压性能、气密性(泄漏试验)报告；
e) 产品外观、尺寸及形位公差检验报告。

12.3 型式检验

12.3.1 检验规定

有下列情况之一时，应进行型式检验：

a) 新产品鉴定或投产前；
b) 如工艺、结构、材料有较大改变，可能影响产品性能时；
c) 正常生产，每四年时；
d) 长期停产，恢复生产时；
e) 合同中有规定时；
f) 国家质量监督机构提出进行型式检验的要求时。

12.3.2 试样数量

12.3.2.1 型式检验的试样至少为 2 件(用经疲劳寿命试验而未破坏的产品做爆破试验时)或 3 件成品，一支管坯。

12.3.2.2 成品应从出厂检验合格的产品中随机抽取。

12.3.2.3 管坯应与成品波纹管所用管坯相同，取其中一层即可；对于多层不同壁厚、材料组合的波纹管，每个壁厚、材料取一支管坯。

12.3.3 检验项目和顺序

检验项目和检验顺序见表 16。

12.3.4 判定

12.3.4.1 每个检验项目中，若有一件不合格，则判该项目不合格。

12.3.4.2 产品检验中，若有两个或两个以下 C 类项目不合格，判该次型式检验合格；否则判该次型式检验不合格。

13 标志、包装、运输和贮存

13.1 标志

13.1.1 产品标志

每件产品上都应有永久固定、耐腐蚀的标志，标志上至少应注明下列内容：

——产品名称、型号；
——公称直径、设计压力、位移；

——出厂编号；
——制造单位许可证编号(适用时)；
——产品执行标准；
——制造厂名称；
——出厂日期。

13.1.2 包装标志

产品的包装箱上至少应有下列内容：
——产品名称、型号；
——合同号；
——收货单位。

13.1.3 介质流向标志

对于安装有流向要求的产品，应在产品外表面醒目标出永久性的介质流向箭头。

13.1.4 运件标志

产品的装运件应涂黄色油漆。

13.2 包装、运输

产品的运输安全装置、预拉或装运件在安装前不应拆除，包装运输应符合 JB/T 4711 的规定。

13.3 贮存

产品应贮存在清洁、干燥和无腐蚀性气氛的环境中。注意防止由于堆放、碰撞和跌落等原因造成波纹管机械损伤。装有导流筒的膨胀节竖直放置时，导流筒开口端应朝下。

14 安装

按 GB/T 35979—2018 执行。

附 录 A
（资料性附录）
常用材料

A.1 波纹管材料

表 A.1 给出了常用波纹管材料及近似对照。

表 A.1 常用波纹管材料及近似对照

序号	中国		美国		欧洲		推荐使用温度 ℃
	材料代号	标准号	材料代号	标准号	材料代号	标准号	
1	06Cr19Ni10	GB/T 3280/GB 24511	S30400	ASME SA-240	1.4301	EN10028-7	−196～525
2	022Cr19Ni10	GB/T 3280/GB 24511	S30403	ASME SA-240	1.4306	EN10028-7	−253～425
3	06Cr25Ni20	GB/T 3280/GB 24511	S31008	ASME SA-240	1.4845	EN10028-7	−196～525
4	06Cr17Ni12Mo2	GB/T 3280/GB 24511	S31600	ASME SA-240	1.4401	EN10028-7	−253～525
5	022Cr17Ni12Mo2	GB/T 3280/GB 24511	S31603	ASME SA-240	1.4404	EN10028-7	−253～425
6	06Cr17Ni12Mo2Ti	GB/T 3280/GB 24511	S31635	ASME SA-240	1.4571	EN10028-7	−253～500
7	06Cr18Ni11Ti	GB/T 3280/GB 24511	S32100	ASME SA-240	1.4541	EN10028-7	−253～525
8	022Cr23Ni5Mo3N	GB/T 3280/GB 24511	S32205	ASME SA-240	1.4462	EN10028-7	−20～300
9	015Cr21Ni26Mo5Cu2	GB/T 3280/GB 24511	N08904	ASME SA-240	1.4539	EN10028-7	−20～350
10	—	—	S31254	ASME SA-240	1.4547	EN10028-7	−196～400
11	NS1101	YB/T 5354	N08800	ASME SB-409	1.4876	EN10095	−196～800
12	NS1102	YB/T 5354	N08810	ASME SB-409	1.4876	EN10028-7	−196～900
13	NS1402	YB/T 5354	N08825	ASME SB-424	—	—	−270～540
14	NS3102	YB/T 5354	N06600	ASME SB-168	2.4816	EN10095	−196～625
15	NS3304	YB/T 5354	N10276	ASME SB-575	—	—	−196～400
16	NS3305	YB/T 5354	N06455	ASME SB-575	—	—	−196～400
17	NS3306	YB/T 5354	N06625	ASME SB-443	2.4856	EN10095	−196～675
18	5052	GB/T 3880	5052	ASME SB-209	—	—	−269～200
19	TA2	GB/T 3621	GR2	ASME SB-265	—	—	−60～300
20	TA7	GB/T 3621	GR6	ASME SB-265	—	—	−60～300
21	TA10	GB/T 3621	GR12	ASME SB-265	—	—	−60～300

A.2 非主要承压元件材料

表 A.2 给出了非主要承压元件材料及其推荐使用温度。

表 A.2 常用非主要承压元件材料

序号	材料代号	标准号	推荐使用温度/℃
1	06Cr19Ni10	GB 24511	−196～525
2	Q235B	GB/T 3274	20～300
3	Q345B	GB/T 1591	20～350
4	Q345R	GB 713	−20～350
5	Q245R	GB 713	−20～400
6	35	GB/T 699	0～350
7	40Cr	GB/T 3077	0～400
8	35CrMoA	GB/T 3077	−20～425
9	35CrMo	NB/T 47008	−20～425
10	16Mn	NB/T 47008	−20～400

附 录 B
（规范性附录）
膨胀节的设计

B.1 符号

A_c ——U形波纹管单个波金属横截面积的数值，单位为平方毫米(mm^2)；

$$A_c = n\delta_m \left[2\pi r_m + 2\sqrt{\left(\frac{q}{2} - 2r_m\right)^2 + (h - 2r_m)^2}\right] \quad \cdots\cdots (B.1)$$

A_y ——圆形波纹管有效面积的数值，单位为平方毫米(mm^2)；

$$A_y = \frac{\pi D_m^2}{4} \quad \cdots\cdots (B.2)$$

A_f ——一个用于加强件的连接件(含紧固件和连接板)金属横截面积的数值，单位为平方毫米(mm^2)；

A_r ——一个加强件金属横截面积的数值，单位为平方毫米(mm^2)；

A_{tc} ——一个直边段上(加强)套箍金属横截总面积的数值，单位为平方毫米(mm^2)；

A_{tp} ——长度为 L_p 的管道金属横截面积的数值，单位为平方毫米(mm^2)；

A_{tr} ——长度为 L_r 的加强环金属横截面积的数值，单位为平方毫米(mm^2)；

B_1 ——Ω形波纹管 σ_5 的计算修正系数，见表 B.1；

B_2 ——Ω形波纹管 σ_6 的计算修正系数，见表 B.1；

B_3 ——Ω形波纹管 f_{it} 的计算修正系数，见表 B.1；

C_c ——端部加强件弯曲应力的计算系数；

$$C_c = -0.243\,1 + 0.016\,8 n_g + 0.302\,4 n_g^2 \quad \cdots\cdots (B.3)$$

C_d ——U形波纹管 σ_6 的计算修正系数，见表 B.2；

C_f ——U形波纹管 σ_5、f_{iu}、f_{ir} 的计算修正系数，见表 B.3；

C_m ——低于蠕变温度的材料强度系数；

$$C_m = 1.5\text{，用于退火态波纹管} \quad \cdots\cdots (B.4)$$

$$C_m = 1.5Y_{sm}\text{，用于成形态波纹管}(1.5 \leqslant C_m \leqslant 3.0) \quad \cdots\cdots (B.5)$$

C_p ——U形波纹管 σ_4 的计算修正系数，见表 B.4；

C_r ——加强U形波纹管波高系数；

$$C_r = 0.36\ln\left(\frac{h}{e}\right) \left(2.5 \leqslant \frac{h}{e} \leqslant 16\right) \quad \cdots\cdots (B.6)$$

C_W ——纵向焊接接头有效系数，下标 b、c、f、p 和 r 分别表示波纹管、套箍、连接件、管子和加强件材料；

C_θ ——由初始角位移引起的柱失稳压力降低系数；

$$C_\theta = \min(R_\theta, 1.0)\text{，对于单式波纹管} \quad \cdots\cdots (B.7)$$

$$C_\theta = 1\text{，对于复式波纹管} \quad \cdots\cdots (B.8)$$

D_b ——波纹管直边段和波纹内径的数值，单位为毫米(mm)；

D_c ——波纹管直边段(加强)套箍平均直径的数值，单位为毫米(mm)；

$$D_c = D_b + 2n\delta + \delta_c \quad \cdots\cdots (B.9)$$

D_i ——管道内径的数值，单位为毫米(mm)；

D_m ——波纹管平均直径的数值,单位为毫米(mm);

$$D_m = D_b + h + n\delta \quad \cdots\cdots(B.10)$$

D_o ——圆环截面外径的数值,单位为毫米(mm);

D_r ——加强件平均直径的数值,单位为毫米(mm);

d_H ——主要受力铰链直径的数值,单位为毫米(mm);

E ——室温下的弹性模量的数值。下标 b、c、f、p、s 和 r 分别表示波纹管、套箍、连接件、接管、导流筒和加强件的材料,单位为兆帕(MPa);

E^t ——设计温度下的弹性模量的数值。下标 b、c、f、p、s 和 r 分别表示波纹管、套箍、连接件、接管、导流筒和加强件的材料,单位为兆帕(MPa);

e ——计算单波总当量轴向位移的数值,单位为毫米(mm);

$[e]$ ——由$[N_c]$得到的设计单波额定轴向位移的数值,单位为毫米(mm);

e_c ——单波当量轴向压缩位移的数值,单位为毫米(mm);

e_e ——单波当量轴向拉伸位移的数值,单位为毫米(mm);

$[e_c]$ ——由$[e]$得到的单波额定当量轴向压缩位移的数值,单位为毫米(mm);

$[e_e]$ ——由$[e]$得到的单波额定当量轴向拉伸位移的数值,单位为毫米(mm);

e_{cmax} ——允许最大单波当量轴向压缩位移的数值,单位为毫米(mm);

e_{emax} ——允许最大单波当量轴向拉伸位移的数值,单位为毫米(mm);

e_x ——轴向位移"x"引起的单波轴向压缩或拉伸位移的数值,单位为毫米(mm);

e_{xsc} ——长波纹管或一系列无导向而相连的波纹管基于失稳的最大轴向压缩位移的数值,单位为毫米(mm);

e_y ——横向位移"y"引起的单波当量轴向位移的数值,单位为毫米(mm);

e_θ ——角位移"θ"引起的单波当量轴向位移的数值,单位为毫米(mm);

e_{yp} ——具有初始角位移的单式波纹管,由内压引起的最大单波轴向位移,单位为毫米(mm);

$$e_{yp} = \frac{\pi p D_m K_{\theta 1} \sin(\theta/2)\ (L_b \pm x)}{4 f_i} \quad \cdots\cdots(B.11)$$

式中,拉伸时取"+"压缩时"-";

F_g ——波纹管波纹环面的轴向推力的数值,单位为牛顿(N);

$$F_g = 0.25\pi(D_m^2 - D_b^2)p + e_c N K_{ex}\text{,低于蠕变温度时} \quad \cdots\cdots(B.12)$$

$$F_g = 0.25\pi(D_m^2 - D_b^2)p\text{,在蠕变温度时} \quad \cdots\cdots(B.13)$$

F_p ——压力推力的数值,单位为牛顿(N);

F_{wx} ——膨胀节端部由轴向位移引起的工作力的数值,单位为牛顿(N);

F_{wy} ——膨胀节端部由横向位移引起的工作力的数值,单位为牛顿(N);

f_c ——σ_t 的增大系数,一般不小于 1.35,当有试验证实时也可取介于 1 和 2 之间的其他数值;

f_i ——波纹管单波轴向理论弹性刚度的数值,下标 u、r、t 分别表示无加强 U 形、加强 U 形和 Ω 形波纹管,单位为牛顿每毫米(N/mm);

f_{irsc} ——用于计算操作工况下加强 U 形波纹管的柱稳定性用单波轴向弹性刚度的数值,单位为牛顿每毫米(N/mm);

f_θ ——角位移的压力影响系数;

$$f_\theta = \frac{e_\theta + e_{yp}}{e_\theta}\text{,对于单式波纹管} \quad \cdots\cdots(B.14)$$

$$f_\theta = 1\text{,对于复式波纹管} \quad \cdots\cdots(B.15)$$

G ——设计温度下波纹管材料的剪切弹性模量的数值,单位为兆帕(MPa);

$$G = \frac{E_b^t}{2(1+v)} \quad \cdots\cdots(B.16)$$

H ——压力引起的作用于一个波纹和一个加强件上的环向合力的数值,单位为牛顿(N);

$$H = pD_{m}q \quad \cdots\cdots(B.17)$$

h ——波高的数值,单位为毫米(mm);

K_2 ——平面失稳系数;

$$K_2 = \frac{\sigma_2}{p} \quad \cdots\cdots(B.18)$$

K_4 ——平面失稳系数;

$$K_4 = \frac{h^2 C_p}{2n\delta_m^2} \quad \cdots\cdots(B.19)$$

K_B ——单个波纹管整体轴向刚度的数值,单位为牛顿每毫米(N/mm)

$$K_B = \frac{f_i}{N} \quad \cdots\cdots(B.20)$$

K_f ——成形方法系数,对于滚压成形或机械胀形 K_f 为 1,对于液压成形 K_f 为 0.6;

K_r ——周向应力系数,取下列算式中较大值且不小于 1.0;

$$K_r = \frac{2(q+e_x)+f_0e_0+e_y}{2q} \text{(在设计压力 } p \text{ 时,} e_x \text{ 和 } e_y \text{ 处于拉伸状态)} \quad \cdots\cdots(B.21)$$

$$K_r = \frac{2(q-e_x)+f_0e_0+e_y}{2q} \text{(在设计压力 } p \text{ 时,} e_x \text{ 和 } e_y \text{ 处于压缩状态)} \quad \cdots\cdots(B.22)$$

K_s ——截面形状系数,见表 B.5;

K_t ——膨胀节整体扭转刚度的数值,单位为牛顿毫米每度[N·mm/(°)];

K_u ——e_y 的计算系数;

$$K_u = \frac{3L_u^2 - 3L_bL_u}{3L_u^2 - 6L_bL_u + 4L_b^2} \quad \cdots\cdots(B.23)$$

K_x ——膨胀节整体轴向刚度的数值,下标 e,w 分别表示有效刚度和工作刚度,单位为牛顿每毫米(N/mm);

K_y ——膨胀节整体横向刚度的数值,下标 e,w 分别表示有效刚度和工作刚度,单位为牛顿每毫米(N/mm);

K_θ ——膨胀节整体弯曲刚度的数值,下标 e,w 分别表示有效刚度和工作刚度,单位为牛顿毫米每度[N·mm/(°)];

$K_{\theta 1}$ ——横向位移波距影响系数;

$$K_{\theta 1} = 1 + 0.009\,4y\left(\frac{L_b}{D_m}\right)^{1.33} \text{,对于单式波纹管} \quad \cdots\cdots(B.24)$$

$$K_{\theta 1} = 1 \text{,对于复式波纹管} \quad \cdots\cdots(B.25)$$

k ——σ_1、σ_1'的计算系数;

$$k = \frac{L_t}{1.5\sqrt{D_b\delta}} \quad \text{且 } k \leqslant 1 \quad \cdots\cdots(B.26)$$

L_b ——波纹管的波纹长度的数值,单位为毫米(mm);

$$L_b = Nq \quad \cdots\cdots(B.27)$$

L_c ——波纹管直边段(加强)套箍长度的数值,单位为毫米(mm);

L_d ——U 形波纹管单波展开长度的数值,单位为毫米(mm);

$$L_d = 2\pi r_m + 2\sqrt{\left(\frac{q}{2} - 2r_m\right)^2 + (h-2r_m)^2} \quad \cdots\cdots(B.28)$$

L_f ——一个连接件的有效长度的数值,单位为毫米(mm);

L_o ——Ω 形波纹管波纹开口距离的数值,单位为毫米(mm);

L_p ——管道有效长度的数值，单位为毫米(mm)；

$$L_p = \frac{1}{3}\sqrt{D_p\delta_p} \qquad \cdots\cdots(B.29)$$

L_{pm} ——δ_{pe}厚度下所需的最小管道长度的数值，单位为毫米(mm)；

$$L_{pm} = 1.5\sqrt{D_p\delta_p} \qquad \cdots\cdots(B.30)$$

注：供参考。

L_r ——加强环有效长度的数值，单位为毫米(mm)；

$$L_r = \frac{1}{3}\sqrt{D_r\delta_r} \qquad \cdots\cdots(B.31)$$

注：供参考。

L_{rt} ——加强环总长度的数值，单位为毫米(mm)；

L_t ——波纹管直边段长度的数值，单位为毫米(mm)；

L_{tm} ——波纹管直边段长度伸出(加强)套箍最大长度的数值，单位为毫米(mm)；

$$L_{tm} = 1.5\sqrt{\frac{n\delta^2\ [\sigma]_b^t}{p}} \qquad \cdots\cdots(B.32)$$

注：供参考。

L_u ——复式膨胀节中两波纹管波纹最外端间距离的数值，单位为毫米(mm)；

L_W ——外焊波纹管连接环焊缝到第一个波中心的长度的数值，单位为毫米(mm)；

L^* ——复式膨胀节中两波纹管中心距离的数值，单位为毫米(mm)；

$$L^* = L_u - L_b \qquad \cdots\cdots(B.33)$$

M_{wy} ——膨胀节端部由横向位移引起的工作力矩的数值，单位为牛顿毫米(N·mm)；

$M_{w\theta}$ ——膨胀节端部由角位移引起的工作力矩的数值，单位为牛顿毫米(N·mm)；

N ——一个波纹管波数的数值；

N_c ——波纹管设计疲劳寿命的数值，周次；

$[N_c]$——设计条件规定的疲劳寿命的数值，周次；

n ——厚度为"δ"波纹管材料层数的数值；

n_g ——每个套箍所均布的挡板数量；

p ——设计压力的数值，单位为兆帕(MPa)；

p_{sc} ——波纹管两端固支时柱失稳的极限设计内压的数值，单位为兆帕(MPa)；

p_{si} ——波纹管平面失稳的极限设计压力的数值，单位为兆帕(MPa)；

q ——波距的数值，单位为毫米(mm)；

R_1 ——波纹管承受的压力作用力与整体加强件所承受的压力作用力之比；

$$R_1 = \frac{A_c E_b^t}{A_r E_r^t} \qquad \cdots\cdots(B.34)$$

R_2 ——波纹管承受的压力作用力与用连接件连接的加强件所承受的压力作用力之比；

$$R_2 = \frac{A_c E_b^t}{D_m}\left(\frac{L_f}{A_f E_f^t} + \frac{D_m}{A_r E_r^t}\right) \qquad \cdots\cdots(B.35)$$

R_θ ——单式波纹管极限设计内压比值；

$$R_\theta = \frac{1.18N^2\ (q \pm e_x)^2}{\pi^2 D_m K_{\theta 1}\sin(\theta/2)\ (L_b \pm x)}\text{(有初始角位移)} \qquad \cdots\cdots(B.36)$$

式中，$+e_x$ 和 $+x$ 为轴向拉伸；$-e_x$ 和 $-x$ 为轴向压缩

$$R_\theta = 1.0\text{(无初始角位移)} \qquad \cdots\cdots(B.37)$$

r ——Ω形波纹管波纹平均半径的数值，单位为毫米(mm)；

r_{ic} ——U 形波纹管波峰内壁曲率半径的数值,单位为毫米(mm);

r_{ir} ——U 形波纹管波谷外壁曲率半径的数值,单位为毫米(mm);

r_m ——U 形波纹管波峰(波谷)平均曲率半径的数值,单位为毫米(mm);

$$r_m = \frac{r_{ic} + r_{ir} + n\delta}{2} \qquad \cdots\cdots (B.38)$$

r_t ——Ω 形波纹管开口圆弧平均直径的数值,单位为毫米(mm);

T ——扭矩的数值,单位为牛顿毫米(N·mm);

t_f ——介质温度的数值,单位为摄氏度(℃);

W ——高温焊接接头强度降低系数,下标 b、c、r 和 f 分别表示波纹管、套箍、加强件和连接件材料;

W_z ——复式膨胀节中间接管重量的数值,单位为牛顿(N);

x ——波纹管轴向压缩位移或轴向拉伸位移的数值,单位为毫米(mm);

x_z ——因中间接管重量无支撑引起的轴向位移的数值,单位为毫米(mm);

y ——波纹管横向位移的数值,单位为毫米(mm);

Y_{sm} ——屈服强度系数,对于奥氏体不锈钢 Y_{sm} 按式(B.39)计算,对于镍合金 Y_{sm} 按式(B.40)计算,对于其他材料 Y_{sm} 按式(B.41);

$$Y_{sm} = 1 + 9.94 \times 10^{-2}(K_f\varepsilon_f) - 7.59 \times 10^{-4}(K_f\varepsilon_f)^2 - 2.4 \times 10^{-6}(K_f\varepsilon_f)^3 + 2.21 \times 10^{-8}(K_f\varepsilon_f)^4 \qquad \cdots\cdots (B.39)$$

$$Y_{sm} = 1 + 6.8 \times 10^{-2}(K_f\varepsilon_f) - 9.11 \times 10^{-4}(K_f\varepsilon_f)^2 + 9.73 \times 10^{-6}(K_f\varepsilon_f)^3 - 6.43 \times 10^{-8}(K_f\varepsilon_f)^4 \qquad \cdots\cdots (B.40)$$

$Y_{sm} = 1$(若有试验数据支持,可采用高于 1 的值) ……(B.41)

Z_c ——端部加强件相对于中性轴的抗弯截面模量的数值,单位为三次方毫米(mm^3);

α ——平面失稳应力相互作用系数;

$$\alpha = 1 + 2\eta^2 + \sqrt{1 - 2\eta^2 + 4\eta^4} \qquad \cdots\cdots (B.42)$$

η ——平面失稳应力比;

$$\eta = \frac{K_4}{3K_2} \qquad \cdots\cdots (B.43)$$

δ ——波纹管一层材料的名义厚度的数值,单位为毫米(mm);

δ_c ——直边段(加强)套箍材料的名义厚度的数值,单位为毫米(mm);

δ_m ——波纹管成形后一层材料的名义厚度的数值,单位为毫米(mm);

$$\delta_m = \delta\sqrt{\frac{D_b}{D_m}} \qquad \cdots\cdots (B.44)$$

δ_p ——与波纹管相连的接管的名义厚度的数值,单位为毫米(mm);

δ_r ——加强环厚度的数值,单位为毫米(mm);

ε_f ——波纹管成型应变的数值,%;

$$\varepsilon_f = 100\sqrt{\left[\ln\left(1 + \frac{2h}{D_b}\right)\right]^2 + \left[\ln\left(1 + \frac{nt_p}{2r_m}\right)\right]^2} \qquad \cdots\cdots (B.45)$$

θ ——波纹管角位移的数值,单位为度(°);

θ_u ——复式膨胀节相对水平面的角度的数值,单位为度(°);

$$\theta_u = \frac{3(L_u - L_b)y}{3L_u^2 - 6L_uL_b + 4L_b^2} \qquad \cdots\cdots (B.46)$$

注:供参考。

θ_t ——扭转角的数值,单位为度(°);

μ ——摩擦系数,波纹管层间摩擦系数,对于不锈钢 $\mu=0.3$;

ν ——材料的泊松比,对于不锈钢 $\nu=0.3$;

σ_1 ——压力引起的波纹管直边段周向薄膜应力的数值,单位为兆帕(MPa);

σ_1' ——压力引起的(加强)套箍周向薄膜应力的数值,单位为兆帕(MPa);

σ_1'' ——压力引起的(加强)套箍周向弯曲应力的数值,单位为兆帕(MPa);

σ_1''' ——对于内焊波纹管,压力引起的接管周向薄膜应力的数值,单位为兆帕(MPa);

σ_2 ——压力引起的波纹管周向薄膜应力的数值,单位为兆帕(MPa);

σ_2' ——压力引起的波纹管加强件周向薄膜应力的数值,单位为兆帕(MPa);

σ_2'' ——压力引起的加强件的连接件薄膜应力的数值,单位为兆帕(MPa);

σ_3 ——压力引起的波纹管子午向薄膜应力的数值,单位为兆帕(MPa);

σ_4 ——压力引起的波纹管子午向弯曲应力的数值,单位为兆帕(MPa);

σ_5 ——位移引起的波纹管子午向薄膜应力的数值,单位为兆帕(MPa);

σ_6 ——位移引起的波纹管子午向弯曲应力的数值,单位为兆帕(MPa);

$R_{0.2y}$ ——成形态或热处理态的波纹管材料在设计温度下的的屈服强度的数值,单位为兆帕(MPa);

$$R_{0.2y}=\frac{0.67C_{\mathrm{m}}R_{0.2\mathrm{m}}R_{\mathrm{p0.2}}^{\mathrm{t}}}{R_{\mathrm{p0.2}}} \quad \cdots\cdots\cdots\cdots (\text{B.47})$$

$R_{\mathrm{p0.2}}$ ——室温下的波纹管材料的屈服强度的数值,单位为兆帕(MPa);

$R_{\mathrm{p0.2}}^{\mathrm{t}}$ ——设计温度下的波纹管材料的屈服强度的数值,单位为兆帕(MPa);

$R_{0.2\mathrm{m}}$ ——波纹管材料质量证明书中屈服强度的数值,单位为兆帕(MPa);

$[\sigma]^{\mathrm{t}}$ ——设计温度下材料的许用应力的数值,下标 b、c、f、p、r 分别表示波纹管、(加强)套箍、连接件、接管和加强件材料,单位为兆帕(MPa);

σ_{t} ——子午向总应力范围的数值,单位为兆帕(MPa);

τ_{t} ——扭转剪应力的数值,单位为兆帕(MPa);

表 B.1 Ω 形波纹管 σ_5、σ_6、f_{it} 的计算修正系数

$\frac{6.61r^2}{D_{\mathrm{m}}\delta_{\mathrm{m}}}$	B_1	B_2	B_3
0	1.0	1.0	1.0
1	1.1	1.0	1.1
2	1.4	1.0	1.3
3	2.0	1.0	1.5
4	2.8	1.0	1.9
5	3.6	1.0	2.3
6	4.6	1.1	2.8
7	5.7	1.2	3.3
8	6.8	1.4	3.8
9	8.0	1.5	4.4
10	9.2	1.6	4.9
11	10.6	1.7	5.4

表 B.1（续）

$\frac{6.61r^2}{D_m\delta_m}$	B_1	B_2	B_3
12	12.0	1.8	5.9
13	13.2	2.0	6.4
14	14.7	2.1	6.9
15	16.0	2.2	7.4
16	17.4	2.3	7.9
17	18.9	2.4	8.5
18	20.3	2.6	9.0
19	21.9	2.7	9.5
20	23.3	2.8	10.0
中间值采用差值法计算。			

表 B.2 U 形波纹管 σ_6 的计算修正系数 C_d

$\frac{2r_m}{h}$	$\frac{1.82r_m}{\sqrt{D_m\delta_m}}$												
	0.2	0.4	0.6	0.8	1.0	1.2	1.4	1.6	2.0	2.5	3.0	3.5	4.0
0.0	1.000	1.000	1.000	1.000	1.000	1.000	1.000	1.000	1.000	1.000	1.000	1.000	1.000
0.05	1.061	1.066	1.105	1.079	1.057	1.037	1.016	1.006	0.992	0.980	0.970	0.965	0.955
0.10	1.128	1.137	1.195	1.171	1.128	1.080	1.039	1.015	0.984	0.960	0.945	0.930	0.910
0.15	1.198	1.209	1.277	1.271	1.208	1.130	1.067	1.025	0.974	0.935	0.910	0.890	0.870
0.20	1.269	1.282	1.352	1.374	1.294	1.185	1.099	1.037	0.966	0.915	0.885	0.860	0.830
0.25	1.340	1.354	1.424	1.476	1.384	1.246	1.135	1.052	0.958	0.895	0.855	0.825	0.790
0.30	1.411	1.426	1.492	1.575	1.476	1.311	1.175	1.070	0.952	0.875	0.825	0.790	0.755
0.35	1.480	1.496	1.559	1.667	1.571	1.381	1.220	1.091	0.947	0.840	0.800	0.760	0.720
0.40	1.547	1.565	1.626	1.753	1.667	1.457	1.269	1.116	0.945	0.833	0.775	0.730	0.685
0.45	1.614	1.633	1.691	1.832	1.766	1.539	1.324	1.145	0.946	0.825	0.750	0.700	0.655
0.50	1.679	1.700	1.757	1.905	1.866	1.628	1.385	1.181	0.950	0.815	0.730	0.670	0.625
0.55	1.743	1.766	1.822	1.973	1.969	1.725	1.452	1.223	0.958	0.800	0.710	0.645	0.595
0.60	1.807	1.832	1.886	2.037	2.075	1.830	1.529	1.273	0.970	0.790	0.688	0.620	0.567
0.65	1.872	1.897	1.950	2.099	2.082	1.943	1.614	1.333	0.988	0.785	0.670	0.597	0.538
0.70	1.937	1.963	2.014	2.160	2.291	2.066	1.710	1.402	1.011	0.780	0.657	0.575	0.510
0.75	2.003	2.029	2.077	2.221	2.399	2.197	1.819	1.484	1.042	0.780	0.642	0.555	0.489
0.80	2.070	2.096	2.141	2.283	2.505	2.336	1.941	1.578	1.081	0.785	0.635	0.538	0.470
0.85	2.138	2.164	2.206	2.345	2.603	2.483	2.080	1.688	1.130	0.795	0.628	0.522	0.452
0.90	2.206	2.234	2.273	2.407	2.690	2.634	2.236	1.813	1.191	0.815	0.625	0.510	0.438
0.95	2.274	2.305	2.344	2.467	2.758	2.789	2.412	1.957	1.267	0.845	0.630	0.502	0.428
1.0	2.341	2.378	2.422	2.521	2.800	2.943	2.611	2.121	1.359	0.890	0.640	0.500	0.420
中间值采用差值法计算。													

表 B.3 U 形波纹管 $\boldsymbol{\sigma}_5$、f_{iu}、f_{ir} 的计算修正系数 C_f

$\frac{2r_m}{h}$	$\frac{1.82r_m}{\sqrt{D_m\delta_m}}$												
	0.2	0.4	0.6	0.8	1.0	1.2	1.4	1.6	2.0	2.5	3.0	3.5	4.0
0.0	1.000	1.000	1.000	1.000	1.000	1.000	1.000	1.000	1.000	1.000	1.000	1.000	1.000
0.05	1.116	1.094	1.092	1.066	1.026	1.002	0.983	0.972	0.948	0.930	0.920	0.900	0.900
0.10	1.211	1.174	1.163	1.122	1.052	1.000	0.962	0.937	0.892	0.867	0.850	0.830	0.820
0.15	1.297	1.248	1.225	1.171	1.077	0.995	0.938	0.899	0.836	0.800	0.780	0.750	0.735
0.20	1.376	1.319	1.281	1.217	1.100	0.989	0.915	0.860	0.782	0.730	0.705	0.680	0.655
0.25	1.451	1.386	1.336	1.260	1.124	0.983	0.892	0.821	0.730	0.665	0.640	0.610	0.590
0.30	1.524	1.452	1.392	1.300	1.147	0.979	0.870	0.784	0.681	0.610	0.580	0.550	0.525
0.35	1.597	1.517	1.449	1.340	1.171	0.975	0.851	0.750	0.636	0.560	0.525	0.495	0.470
0.40	1.669	1.582	1.508	1.380	1.195	0.975	0.834	0.719	0.595	0.510	0.470	0.445	0.420
0.45	1.740	1.646	1.568	1.422	1.220	0.976	0.820	0.691	0.557	0.470	0.425	0.395	0.370
0.50	1.812	1.710	1.630	1.465	1.246	0.980	0.809	0.667	0.523	0.430	0.380	0.350	0.325
0.55	1.882	1.775	1.692	1.511	1.271	0.987	0.799	0.646	0.492	0.392	0.342	0.303	0.285
0.60	1.952	1.841	1.753	1.560	1.298	0.996	0.792	0.627	0.464	0.360	0.300	0.270	0.252
0.65	2.020	1.908	1.813	1.611	1.325	1.008	0.787	0.611	0.439	0.330	0.271	0.233	0.213
0.70	2.087	1.975	1.871	1.665	1.353	1.022	0.783	0.598	0.416	0.300	0.242	0.200	0.182
0.75	2.153	2.045	1.929	1.721	1.382	1.038	0.780	0.586	0.394	0.275	0.212	0.174	0.152
0.80	2.217	2.116	1.987	1.779	1.415	1.056	0.779	0.576	0.373	0.253	0.188	0.150	0.130
0.85	2.282	2.189	2.048	1.838	1.451	1.076	0.780	0.569	0.354	0.230	0.167	0.130	0.109
0.90	2.349	2.265	2.119	1.896	1.492	1.099	0.781	0.563	0.336	0.206	0.146	0.112	0.090
0.95	2.421	2.345	2.201	1.951	1.541	1.125	0.785	0.560	0.319	0.188	0.130	0.092	0.074
1.0	2.501	2.430	2.305	2.002	1.600	1.154	0.792	0.561	0.303	0.170	0.115	0.081	0.061
中间值采用差值法计算。													

表 B.4 U 形波纹管 $\boldsymbol{\sigma}_4$ 的计算修正系数 C_p

$\frac{2r_m}{h}$	$\frac{1.82r_m}{\sqrt{D_m\delta_m}}$												
	0.2	0.4	0.6	0.8	1.0	1.2	1.4	1.6	2.0	2.5	3.0	3.5	4.0
0.0	1.000	1.000	0.980	0.950	0.950	0.950	0.950	0.950	0.950	0.950	0.950	0.950	0.950
0.05	0.976	0.962	0.910	0.842	0.841	0.841	0.840	0.841	0.841	0.840	0.840	0.840	0.840
0.10	0.946	0.926	0.870	0.770	0.744	0.744	0.744	0.731	0.731	0.732	0.732	0.732	0.732
0.15	0.912	0.890	0.840	0.722	0.657	0.657	0.651	0.632	0.632	0.630	0.630	0.630	0.630
0.20	0.876	0.856	0.816	0.700	0.592	0.579	0.564	0.549	0.549	0.550	0.550	0.550	0.550

表 B.4（续）

$\frac{2r_m}{h}$	$\frac{1.82r_m}{\sqrt{D_m\delta_m}}$												
	0.2	0.4	0.6	0.8	1.0	1.2	1.4	1.6	2.0	2.5	3.0	3.5	4.0
0.25	0.840	0.823	0.784	0.680	0.559	0.518	0.495	0.481	0.481	0.480	0.480	0.480	0.480
0.30	0.803	0.790	0.753	0.662	0.536	0.501	0.462	0.432	0.421	0.421	0.421	0.421	0.421
0.35	0.767	0.755	0.722	0.640	0.541	0.502	0.460	0.426	0.388	0.367	0.367	0.367	0.367
0.40	0.733	0.720	0.696	0.627	0.548	0.503	0.458	0.420	0.369	0.332	0.328	0.322	0.312
0.45	0.702	0.691	0.670	0.610	0.551	0.503	0.455	0.414	0.354	0.315	0.299	0.287	0.275
0.50	0.674	0.665	0.646	0.593	0.551	0.503	0.453	0.408	0.342	0.300	0.275	0.262	0.248
0.55	0.649	0.642	0.624	0.585	0.550	0.502	0.450	0.403	0.332	0.285	0.258	0.241	0.225
0.60	0.627	0.622	0.605	0.579	0.547	0.500	0.447	0.398	0.323	0.272	0.242	0.222	0.205
0.65	0.610	0.606	0.590	0.574	0.544	0.497	0.444	0.394	0.316	0.260	0.228	0.208	0.190
0.70	0.596	0.593	0.585	0.569	0.540	0.494	0.442	0.391	0.309	0.251	0.215	0.194	0.176
0.75	0.585	0.583	0.577	0.563	0.536	0.491	0.439	0.388	0.304	0.242	0.203	0.182	0.163
0.80	0.577	0.576	0.569	0.557	0.531	0.488	0.437	0.385	0.299	0.235	0.195	0.171	0.152
0.85	0.571	0.571	0.566	0.553	0.526	0.485	0.435	0.384	0.296	0.230	0.188	0.161	0.142
0.90	0.566	0.566	0.558	0.546	0.521	0.482	0.433	0.382	0.294	0.224	0.180	0.152	0.134
0.95	0.560	0.560	0.550	0.540	0.515	0.479	0.432	0.381	0.293	0.219	0.175	0.146	0.126
1.0	0.550	0.550	0.543	0.533	0.510	0.476	0.431	0.380	0.292	0.215	0.171	0.140	0.119
中间值采用差值法计算。													

表 B.5 截面形状系数

截面形状	图　　例	截面形状系数 K_s
实心矩形		$K_s=1.5$
实心圆形		$K_s=1.7$
空心圆形	D_o　D_i	$K_s=\frac{1.7(D_o^4-D_i^3D_o)}{D_o^4-D_i^4}$
空心矩形、工字钢、槽钢	t_f　t_f　t_f　$\frac{t_w}{2}$　t_w　t_w　H　W　W　W	$K_s=\frac{1.5H[d^2t_w+4Wt_f(d+t_f)]}{WH^3-d^3(W-t_w)}$ $d=H-2t_f$

表 B.5（续）

截面形状	图 例	截面形状系数 K_s
工字钢、T形钢	t_f 中性轴 t_w t_w H $2t_f$ W W	$K_s=\dfrac{1.5W[2W^2t_f+t_w{}^2d]}{2W^3t_f-t_w{}^3d}$ $d=H-2t_f$
槽钢、T形钢		$K_s=1.5$ 或计算值

B.2 波纹管的设计

B.2.1 适用范围

B.2.1.1 波纹管应符合下列要求：

a) 一个波纹管包含一个或多个相同的波纹，每个波纹是轴对称的；

b) 波纹管应符合：$L_b/D_b \leqslant 3$；

c) 总壁厚应符合：$n\delta \leqslant 10$ mm；

B.2.1.2 波纹尺寸应符合下列要求：

a) U形波纹

1) 波峰内半径 r_{ic} 和波谷内半径 r_{ir}（r_{ic} 和 r_{ir} 定义见图 B.1）应按式(B.48)～式(B.50)设计：

$$r_{ic} \geqslant 3\delta \qquad \cdots\cdots(B.48)$$

$$r_{ir} \geqslant 3\delta \qquad \cdots\cdots(B.49)$$

$$|r_{ic}-r_{ir}| \leqslant 0.2r_m \qquad \cdots\cdots(B.50)$$

2) 侧壁相对于中性位置的偏斜角 β_0（见图 B.1）应按式(B.51)和式(B.52)设计：

$$-15^\circ \leqslant \beta_0 \leqslant 15^\circ \qquad \cdots\cdots(B.51)$$

式中，

$$\beta_0=\left(\frac{180}{\pi}\right)\arcsin\left\{\sqrt{\frac{q}{2r_m}-2+\left(\frac{h}{2r_m}-1\right)^2}-\left(\frac{h}{2r_m}-1\right)\right\} \qquad \cdots\cdots(B.52)$$

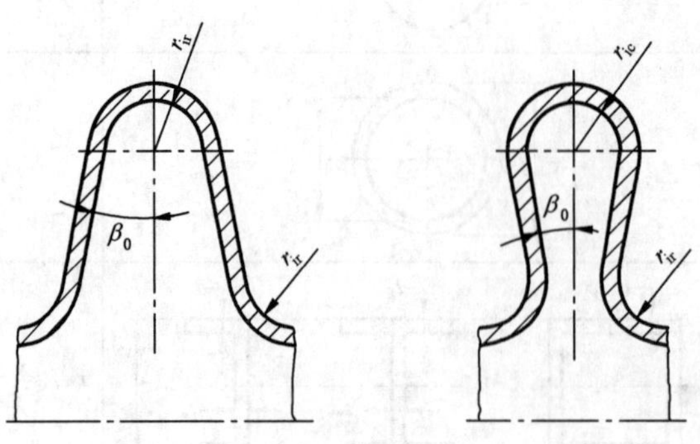

图 B.1 中性位置的U形波纹

b) Ω 形波纹

1) 中性位置时应按式(B.53)设计(见图 B.2)：

$$0.8 \leqslant \frac{d_1}{2h_1} \leqslant 1.2 \qquad \text{(B.53)}$$

2) 最大拉伸量时开口距离应按式(B.54)设计：

$$L_{o,e\max} < 0.75r \qquad \text{(B.54)}$$

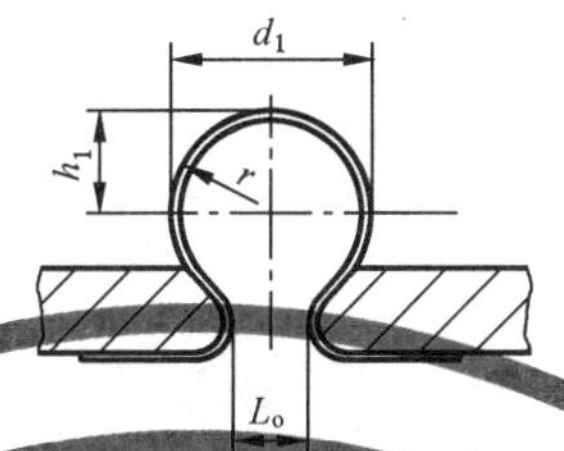

图 B.2 中性位置的 Ω 形波纹

B.2.2 无加强 U 形波纹管

B.2.2.1 无加强 U 形波纹管结构见图 B.3。

图 B.3 无加强 U 形波纹管

B.2.2.2 压力应力计算及其校核按式(B.55)～式(B.61)。

$$\sigma_1 = \frac{p\,(D_b + n\delta)^2 L_t E_b^t k}{2\left[n\delta L_t (D_b + n\delta) E_b^t + k A_{tc} D_c E_c^t\right]} \leqslant C_{wb} W_b \,[\sigma]_b^t \qquad \text{(B.55)}$$

$$\sigma'_1 = \frac{p D_c^{\,2} L_t E_c^t k}{2\left[n\delta L_t (D_b + n\delta) E_b^t + k A_{tc} D_c E_c^t\right]} \leqslant C_{wc} W_c \,[\sigma]_c^t \qquad \text{(B.56)}$$

$$\sigma_2 = \frac{H K_r}{2A_c} \leqslant C_{wb} W_b \,[\sigma]_b^t \qquad \text{(B.57)}$$

$$\sigma_3 = \frac{ph}{2n\delta_m} \qquad \text{(B.58)}$$

$$\sigma_4 = \frac{ph^2 C_p}{2n\delta_m^2} \qquad \text{(B.59)}$$

$$\sigma_3 + \sigma_4 \leqslant C_m [\sigma]_b^t \text{(蠕变温度以下)} \qquad \text{(B.60)}$$

$$\sigma_3 + \frac{\sigma_4}{1.25} \leqslant [\sigma]_b^t \text{(蠕变温度范围内)} \qquad \text{(B.61)}$$

B.2.2.3 疲劳寿命按式(B.62)～式(B.67)计算。

$$N_c=\left(\frac{2.7\times10^6}{145f_c\sigma_t-78\ 300}\right)^{3.4}\geqslant[N_c]\text{(适用于 NS3306)} \quad\cdots\cdots\cdots\cdots\cdots\cdots\text{(B.62)}$$

$$N_c=\left(\frac{2.33\times10^6}{145f_c\sigma_t-67\ 500}\right)^{3.4}\geqslant[N_c]\text{(适用于 NS1402、NS3304 和 NS3305)} \quad\cdots\cdots\text{(B.63)}$$

$$N_c=\left(\frac{1.86\times10^6}{145f_c\sigma_t-54\ 000}\right)^{3.4}\geqslant[N_c]\text{(适用于奥氏体型不锈钢以及除}$$

NS3306、NS1402、NS3304、NS3305 以外的其他耐蚀或耐热合金） …………(B.64)

$$\sigma_t=0.7(\sigma_3+\sigma_4)+\sigma_5+\sigma_6 \quad\cdots\cdots\cdots\cdots\cdots\cdots\cdots\cdots\text{(B.65)}$$

$$\sigma_5=\frac{E_b\delta_m^2e}{2h^3C_f} \quad\cdots\cdots\cdots\cdots\cdots\cdots\cdots\cdots\text{(B.66)}$$

$$\sigma_6=\frac{5E_b\delta_me}{3h^2C_d} \quad\cdots\cdots\cdots\cdots\cdots\cdots\cdots\cdots\text{(B.67)}$$

式(B.62)～式(B.64) 用于预测成型态或退火态波纹管的疲劳寿命，仅适用于预期疲劳寿命 N_c 在 10^2～10^6 之间，且波纹管金属壁温低于材料蠕变温度范围的波纹管。

B.2.2.4 稳定性按式(B.68)和式(B.69)计算：

a) 波纹管两端为固支时，柱失稳的极限设计内压按式(B.68)计算：

$$p_{sc}=\frac{0.34\pi C_\theta f_{iu}}{N^2q} \quad\cdots\cdots\cdots\cdots\cdots\cdots\cdots\cdots\text{(B.68)}$$

对于复式膨胀节，计算 p_{sc} 时，N 为两个波纹管波数总和；

b) 波纹管两端为固支时，平面失稳的极限设计压力按式(B.69)计算：

$$p_{si}=\frac{1.3A_cR_{0.2y}}{K_rD_mq\sqrt{\alpha}} \quad\cdots\cdots\cdots\cdots\cdots\cdots\cdots\cdots\text{(B.69)}$$

B.2.2.5 单波轴向弹性刚度按式(B.70)计算：

$$f_{iu}=\frac{1.7D_mE_b^t\delta_m^3n}{h^3C_f} \quad\cdots\cdots\cdots\cdots\cdots\cdots\cdots\cdots\text{(B.70)}$$

B.2.3 加强 U 形波纹管

B.2.3.1 加强 U 形波纹管结构见图 B.4。

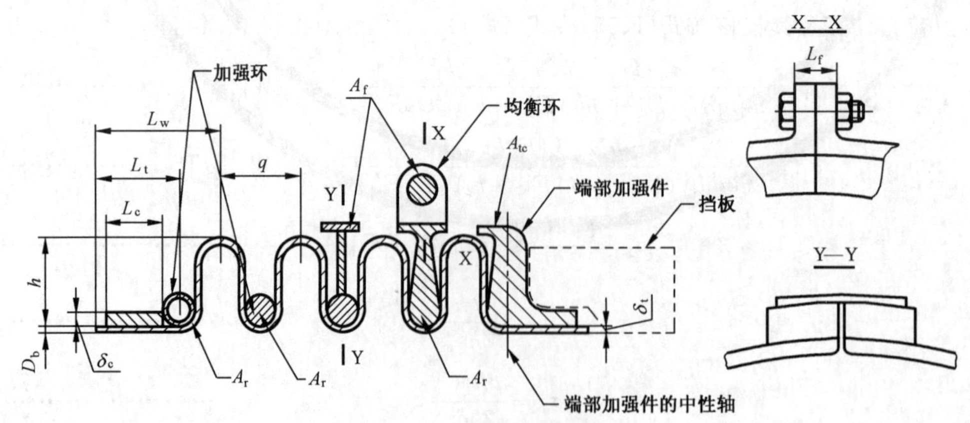

图 B.4 加强 U 形波纹管

B.2.3.2 应力计算及其校核按式(B.71)～式(B.81)。

$$\sigma_1 = \frac{p\ (D_b + n\delta)^2 L_w E_b^t}{2[(n\delta L_t + A_c/2)\ (D_b + n\delta) E_b^t + A_{tc} D_c E_c^t + A_r D_r E_r^t]} \leqslant C_{wb} W_b\ [\sigma]_b^t \quad \cdots\cdots (B.71)$$

$$\sigma'_1 = \frac{p D_c^2 L_w E_c^t}{2[(n\delta L_t + A_c/2)\ (D_b + n\delta) E_b^t + A_{tc} D_c E_c^t + A_r D_r E_r^t]} \leqslant C_{wc} W_c\ [\sigma]_c^t \quad \cdots\cdots (B.72)$$

$$\sigma''_1 = \frac{F_g D_c}{4\pi C_c Z_c} \quad \cdots\cdots (B.73)$$

$$\sigma_2 = \frac{K_r HR}{2A_c(R+1)} \leqslant C_{wb} W_b\ [\sigma]_b^t \quad \cdots\cdots (B.74)$$

$$\sigma'_2 = \frac{K_r H}{2A_r(R_1+1)} \leqslant C_{wr} W_r\ [\sigma]_r^t \quad \cdots\cdots (B.75)$$

$$\sigma''_2 = \frac{K_r H}{2A_f(R_2+1)} \leqslant [\sigma]_f^t \quad \cdots\cdots (B.76)$$

$$\sigma_3 = \frac{0.76p(h - r_m)}{2n\delta_m} \quad \cdots\cdots (B.77)$$

$$\sigma_4 = \frac{0.76p\ (h - r_m)^2 C_p}{2n\delta_m^2} \quad \cdots\cdots (B.78)$$

$$\sigma'_1 + \sigma''_1 \leqslant K_s C_{wc} W_c\ [\sigma]_c^t \quad \cdots\cdots (B.79)$$

$$\sigma_3 + \sigma_4 \leqslant C_m [\sigma]_b^t \text{(蠕变温度以下)} \quad \cdots\cdots (B.80)$$

$$\sigma_3 + \frac{\sigma_4}{1.25} \leqslant [\sigma]_b^t \text{(蠕变温度范围内)} \quad \cdots\cdots (B.81)$$

B.2.3.3 疲劳寿命按式(B.82)～式(B.87)计算。

$$N_c = \left(\frac{2.7 \times 10^6}{145 f_c \sigma_t - 78\ 300}\right)^{3.4} \geqslant [N_c]\text{(适用于 NS3306)} \quad \cdots\cdots (B.82)$$

$$N_c = \left(\frac{2.33 \times 10^6}{145 f_c \sigma_t - 67\ 500}\right)^{3.4} \geqslant [N_c]\text{(适用于 NS1402、NS3304 和 NS3305)} \quad \cdots\cdots (B.83)$$

$$N_c = \left(\frac{1.86 \times 10^6}{145 f_c \sigma_t - 5\ 4000}\right)^{3.4} \geqslant [N_c]\text{(适用于奥氏体型不锈钢以及除 NS3306、NS1402、NS3304、NS3305 以外的其他耐蚀或耐热合金)} \quad \cdots\cdots (B.84)$$

$$\sigma_t = 0.9[0.7(\sigma_3 + \sigma_4) + \sigma_5 + \sigma_6] \quad \cdots\cdots (B.85)$$

$$\sigma_5 = \frac{E_b \delta_m^2 e}{2\ (h - r_m)^3 C_f} \quad \cdots\cdots (B.86)$$

$$\sigma_6 = \frac{5 E_b \delta_m e}{3\ (h - C_r r_m)^2 C_d} \quad \cdots\cdots (B.87)$$

式(B.82)～式(B.84) 用于预测成型态或退火态波纹管的疲劳寿命,仅适用于预期疲劳寿命 N_c 在 $10^2 \sim 10^6$,且波纹管金属壁温低于材料蠕变温度范围的波纹管。

B.2.3.4 波纹管两端为固支时,柱失稳的极限设计内压按式(B.88)计算。

$$p_{sc} = \frac{0.3\pi C_\theta f_{ir}}{N^2 q} \quad \cdots\cdots (B.88)$$

对于复式膨胀节,计算 p_{sc}时,N 为两个波纹管波数总和。

B.2.3.5 单波轴向弹性刚度按式(B.89)和式(B.90)计算。

$$f_{irsc} = \frac{1.7 D_m E_b^t \delta_m^3 n}{(h - C_r r_m)^3 C_f}\text{,用于操作工况下柱稳定性} \quad \cdots\cdots (B.89)$$

$$f_{ir} = \frac{1.7 D_m E_b^t \delta_m^3 n}{(h - r_m)^3 C_f}\text{,用于作用力计算和试验条件下中性位置时} \quad \cdots\cdots (B.90)$$

B.2.4 Ω 形波纹管

B.2.4.1 Ω 形波纹管结构见图 B.5。

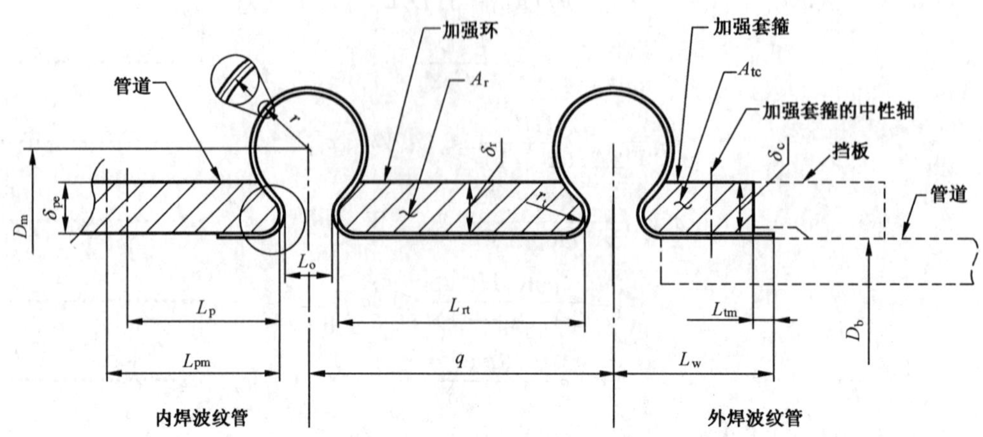

图 B.5 Ω 形波纹管

B.2.4.2 压力应力的计算及其校核按式(B.91)～式(B.99)。

$$\sigma_1=\frac{pD_b{}^2L_wE_b^t}{2A_{tc}D_cE_c^t}\leqslant C_{wb}W_b\ [\sigma]_b^t \quad\cdots\cdots(B.91)$$

$$\sigma'_1=\frac{pD_cL_w}{2A_{tc}}\leqslant C_{wc}W_c\ [\sigma]_c^t \quad\cdots\cdots(B.92)$$

$$\sigma''_1=\frac{F_gD_c}{4\pi C_cZ_c} \quad\cdots\cdots(B.93)$$

$$\sigma'''_1=\frac{pD_p(L_p+L_o/2+n\delta)}{2A_{tp}}\leqslant C_{wp}W_p\ [\sigma]_p^t \quad\cdots\cdots(B.94)$$

$$\sigma'_1+\sigma''_1\leqslant K_sC_{wc}W_c\ [\sigma]_c^t \quad\cdots\cdots(B.95)$$

$$\sigma_2=\frac{pr}{2n\delta_m}\leqslant C_{wb}W_b\ [\sigma]_b^t \quad\cdots\cdots(B.96)$$

$$\sigma'_2=\frac{pD_r(L_{rt}+L_o+2n\delta)}{2A_r}\leqslant C_{wr}\ [\sigma]_r^t,\text{当 } L_{rt}\leqslant\frac{2}{3}\sqrt{D_r\delta_r} \quad\cdots\cdots(B.97)$$

$$\sigma'_2=\frac{pD_r(L_{rt}+L_o/2+n\delta)}{2A_{tr}}\leqslant C_{wr}\ [\sigma]_r^t,\text{当 } L_{rt}>\frac{2}{3}\sqrt{D_r\delta_r} \quad\cdots\cdots(B.98)$$

$$\sigma_3=\frac{pr(D_m-r)}{n\delta_m(D_m-2r)}\leqslant[\sigma]_b^t \quad\cdots\cdots(B.99)$$

B.2.4.3 疲劳寿命按式(B.100)～式(B.105)计算。

$$N_c=\left(\frac{2.7\times10^6}{145f_c\sigma_t-78\ 300}\right)^{3.4}\geqslant[N_c]\text{(适用于 NS3306)} \quad\cdots\cdots(B.100)$$

$$N_c=\left(\frac{2.33\times10^6}{145f_c\sigma_t-67\ 500}\right)^{3.4}\geqslant[N_c]\text{(适用于 NS1402、NS3304 和 NS3305)} \quad\cdots\cdots(B.101)$$

$$N_c=\left(\frac{1.86\times10^6}{145f_c\sigma_t-54\ 000}\right)^{3.4}\geqslant[N_c]\text{(适用于奥氏体型不锈钢}$$

以及除 NS3306、NS1402、NS3304、NS3305 以外的其他耐蚀或耐热合金）……(B.102)

$$\sigma_t=3\sigma_3+\sigma_5+\sigma_6 \quad\cdots\cdots(B.103)$$

$$\sigma_5=\frac{E_b\delta_m^2 eB_1}{34.3r^3} \qquad \text{(B.104)}$$

$$\sigma_6=\frac{E_b\delta_m eB_2}{5.72r^2} \qquad \text{(B.105)}$$

式(B.100)～式(B.102) 用于预测成型态或退火态波纹管的疲劳寿命，仅适用于预期疲劳寿命 N_c 在 10^2～10^6之间，且波纹管金属壁温低于材料蠕变温度范围的波纹管。

B.2.4.4 波纹管两端为固支时，柱失稳的极限设计内压按式(B.106)计算。

$$p_{sc}=\frac{0.3\pi C_\theta f_{it}}{N^2 r} \qquad \text{(B.106)}$$

对于复式膨胀节，计算 p_{sc}时，N 为两个波纹管波数总和。

B.2.4.5 单波轴向弹性刚度按式(B.107)计算。

$$f_{it}=\frac{D_m n\delta_m{}^3 E_b^t B_3}{10.92r^3} \qquad \text{(B.107)}$$

B.2.5 外压

B.2.5.1 多层波纹管有效层数的确定

承受外压的多层无加强和加强 U 形波纹管，公式中层数和波高的数值仅取决于有效承受外压的层。在双层的情况下，有效层数及有效层的外压设计压力的确定按式(B.108)和式(B.109)计算：

$$P_e=P_o-P_i[\text{当 } P_m\leqslant (P_o+P_i)/2 \text{ 时，两层都有效}] \qquad \text{(B.108)}$$

$$P_e=P_m-P_i[\text{当 } P_m> (P_o+P_i)/2 \text{ 时，仅内层有效}] \qquad \text{(B.109)}$$

式中：

p_e ——外压设计压力的数值，单位为兆帕(MPa)；

p_i ——波纹管内部绝对压力的数值，单位为兆帕(MPa)；

p_m ——多层波纹管层与层之间绝对压力的数值，单位为兆帕(MPa)；

p_o ——波纹管外部绝对压力的数值，单位为兆帕(MPa)。

B.2.5.2 与内压的承压能力差异

U 形波纹管承压能力按式(B.58)、式(B.60)、式(B.61)和式(B.62)进行设计，外部套箍和外部加强件均不包含在外压能力的计算范围内。本附录不涉及 Ω 形波纹管承受外压的设计。

B.2.5.3 周向稳定性校核

当膨胀节用于真空条件或承受外压时，除应进行应力和疲劳寿命核算外，还应对 U 形波纹管及其相连的接管(见图 B.6)进行外压周向稳定性校核。

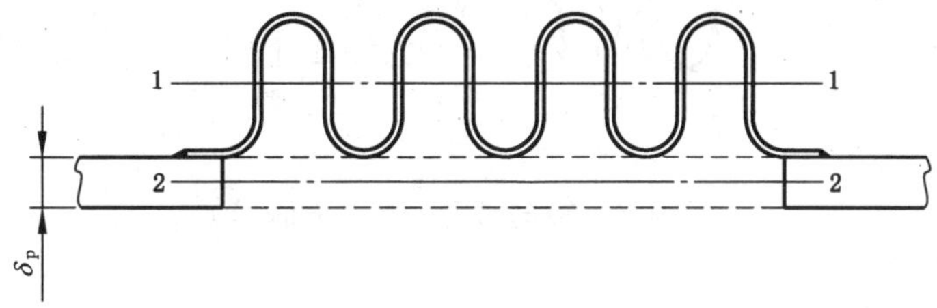

图 B.6 截面形心轴

波纹管中性位置时的截面对 1—1 轴的惯性矩按式(B.110)计算,在位移情况下,应考虑位移的影响:

$$I_1 = Nn\delta_m\left[\frac{(2h-q)^3}{48}+0.4q\ (h-0.2q)^2\right] \quad \cdots\cdots(B.110)$$

被波纹管取代的管子部分截面对 2—2 轴的惯性矩按式(B.111)计算:

$$I_2=\frac{L_b\delta_p^3}{12(1-\nu^2)} \quad \cdots\cdots(B.111)$$

当$\frac{E_b^t}{E_p^t}I_1<I_2$时,将波纹管视为长度为$L_b$、外径为$D_m$、厚度为$\sqrt[3]{\frac{12I_1}{L_b}}$的当量圆筒进行外压周向稳定性校核。

当$\frac{E_b^t}{E_p^t}I_1\geqslant I_2$时,将波纹管视为管子的一部分,作为连续管子进行外压周向稳定性校核。外压接管周向稳定性核算方法按 GB/T 150.3 的规定。

B.2.6 波纹管扭矩

无加强 U 形和加强 U 形波纹管绕轴线扭转时产生的扭转剪应力和扭转角分别按式(B.112)和式(B.113)计算。

$$\tau_t=\frac{2T}{\pi n\delta D_b^2}\leqslant 0.25\ [\sigma]_b^t\text{(或其他经实验证明的值)} \quad \cdots\cdots(B.112)$$

$$\theta_t=\frac{720TL_dN}{\pi^2 n\delta G D_b{}^3} \quad \cdots\cdots(B.113)$$

B.3 膨胀节的位移

B.3.1 膨胀节的位移定义

膨胀节的位移定义如下:

a) 轴向位移定义见图 B.7,图中所示的初始位置"1"和工作位置"2"用于计算单波当量轴向拉伸位移 e_e 和单波当量轴向压缩位移 e_c,e_x、e_y 和 e_0 的计算是基于波纹管从中性位置到相应位置的位移。

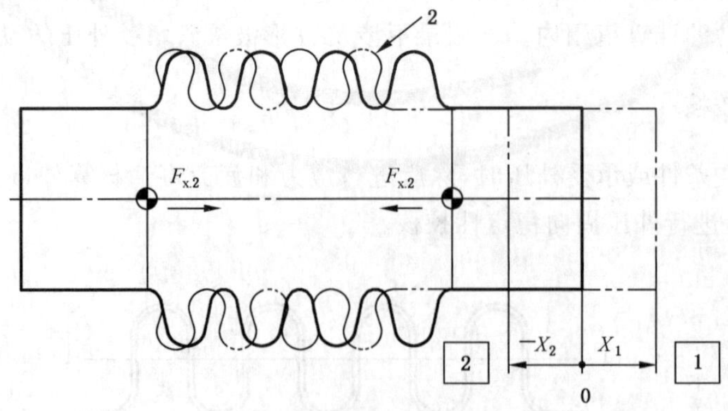

图 B.7 轴向位移(单式膨胀节)

b) 角向位移定义见图 B.8;

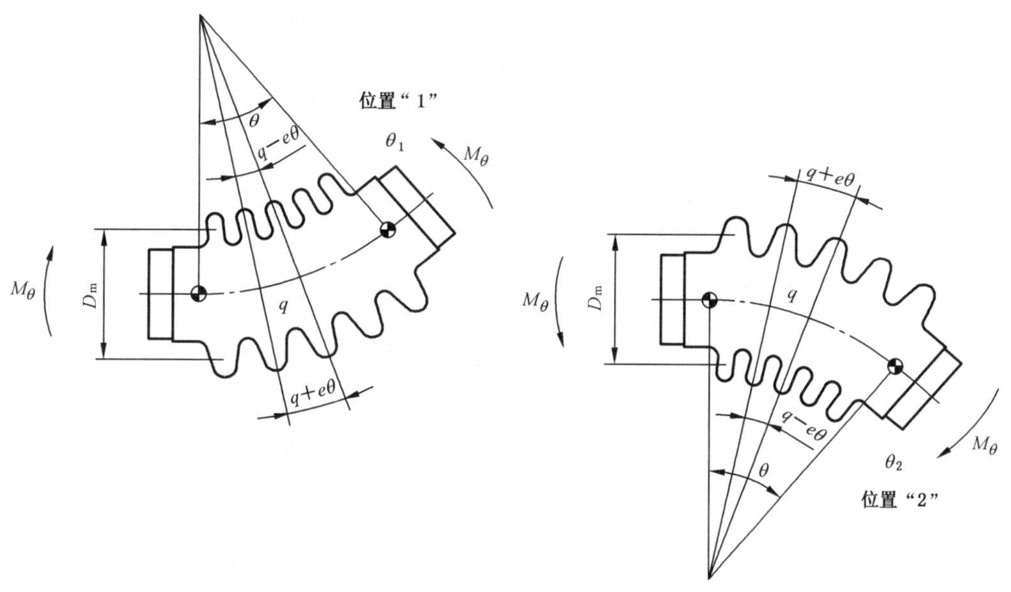

图 B.8　角向位移(单式膨胀节)

c)　横向位移定义见图 B.9 和图 B.10。

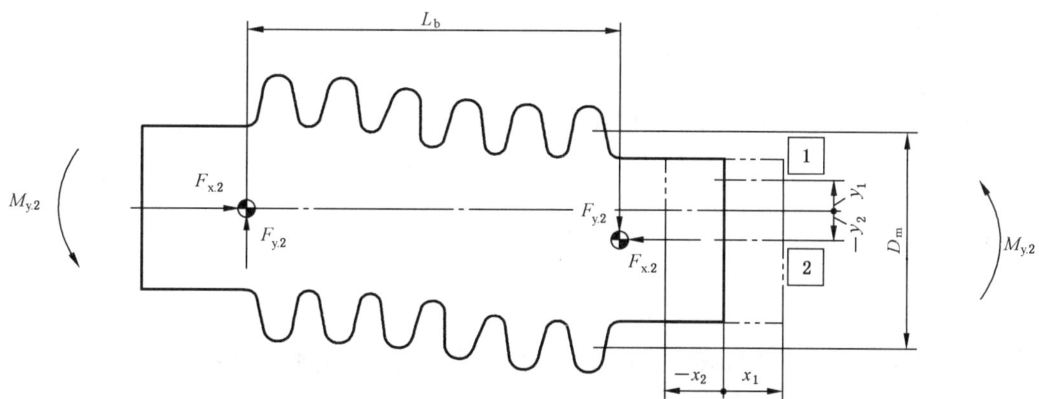

图 B.9　横向位移(单式膨胀节)

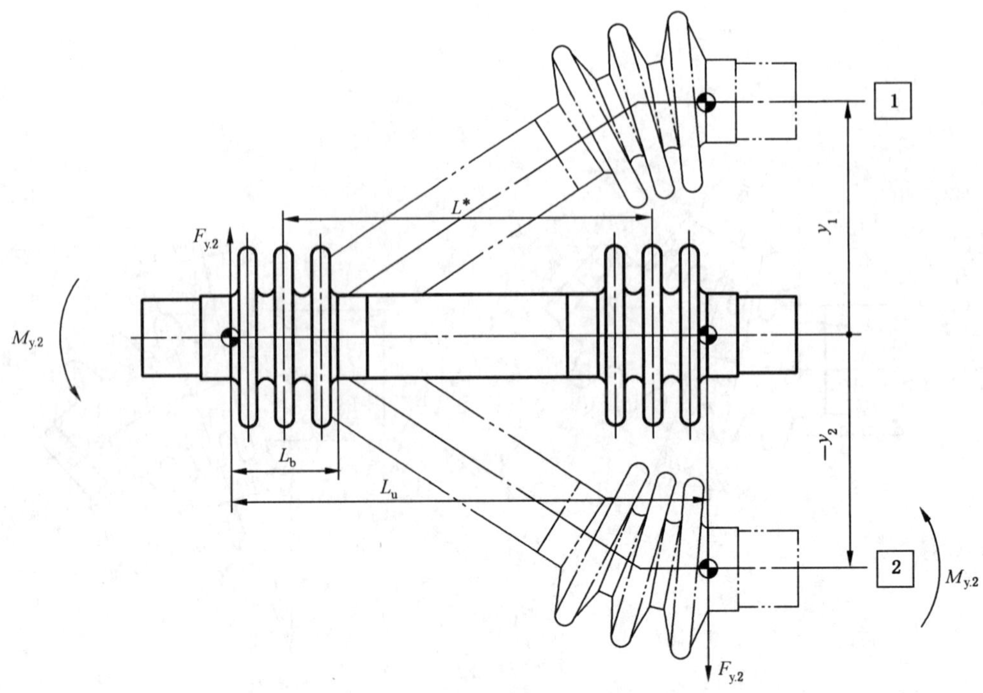

图 B.10 横向位移(复式膨胀节)

B.3.2 单波当量轴向位移

B.3.2.1 单式膨胀节

单式膨胀节的位移按下列公式计算：

a) 轴向位移"x"引起单波轴向位移按式(B.114)计算：

$$e_x = \frac{x}{N} \tag{B.114}$$

b) 横向位移"y"引起单波当量轴向位移按式(B.115)计算：

$$e_y = \frac{3D_m y}{N(L_b \pm x)} \tag{B.115}$$

当轴向位移"x"为拉伸时取"+"号,当轴向位移"x"为压缩时取"−"号；

c) 位移"θ"引起单波当量轴向位移按式(B.116)计算：

$$e_\theta = \frac{\pi\theta D_m}{360N} \tag{B.116}$$

B.3.2.2 两个波纹管中间带接管的复式膨胀节

两个波纹管中间带接管的复式膨胀节的位移按下列公式计算：

a) 轴向位移"x"引起单波轴向位移按式(B.117)计算：

$$e_x = \frac{x}{2N} \tag{B.117}$$

式中,x 应包含两个波纹管之间接管的热膨胀；

b) 横向位移"y"引起单波当量轴向位移按式(B.118)计算：

$$e_y = \frac{K_u D_m y}{2N(L_u - L_b \pm x/2)} \tag{B.118}$$

当轴向位移"x"为拉伸时取"+"号,当轴向位移"x"为压缩时取"−"号。

B.3.3 组合位移

B.3.3.1 单波当量轴向位移按式(B.119)和式(B.120)计算。

$$e_c = \max\begin{Bmatrix} e_y + e_\theta + |e_x| \\ e_\theta f_\theta + |e_x| \end{Bmatrix} \quad \cdots\cdots\cdots\cdots (B.119)$$

$$e_e = \max\begin{Bmatrix} e_y + e_\theta - |e_x| \\ e_\theta f_\theta - |e_x| \end{Bmatrix} \quad \cdots\cdots\cdots\cdots (B.120)$$

式中，设定"x"为压缩位移，当"x"为拉伸位移时，应改变上式中$|e_x|$前的正负号；假定"y"和"θ"发生在同一平面内，当"y"和"θ"不在同一平面内时，须求其矢量和，然后与"e_x"计算，以确定 e_c 和 e_e 的最大值。

B.3.3.2 单波当量轴向位移按式(B.121)～式(B.126)校核。

a) 由几何形状确定的允许最大单波压缩位移和拉伸位移按式(B.121)和式(B.122)计算：

$$e_{cmax} = q - 2r_m - n\delta \quad \cdots\cdots\cdots\cdots (B.121)$$

$$e_{emax} = 6r_m - q \quad \cdots\cdots\cdots\cdots (B.122)$$

对于带均衡环的膨胀节，e_{cmax}还应小于均衡环之间的距离；

b) 波纹管单波当量轴向压缩位移和拉伸位移按式(B.123)和式(B.124)校核：

$$e_c \leqslant [e_c] \leqslant e_{cmax} \quad \cdots\cdots\cdots\cdots (B.123)$$

$$e_e \leqslant [e_e] \leqslant e_{emax} \quad \cdots\cdots\cdots\cdots (B.124)$$

c) 因中间接管重量无支持引起的非周期性位移按式(B.125)和式(B.126)计算：

$$x_z = \frac{W_z \sin\theta_u N}{2f_i} \quad \cdots\cdots\cdots\cdots (B.125)$$

$$y_z = \frac{W_z \cos\theta_u N\ (L_b \pm x)^2}{3f_i D_m^2} \quad \cdots\cdots\cdots\cdots (B.126)$$

应将该位移与设计中的其他位移综合后确定总单波当量轴向位移 e_c 和 e_e，且不超过 e_{cmax} 和 e_{emax}。此外，在设计压力下总应力幅值 $\sigma_t \leqslant 1.5C_m\ [\sigma]_b^t$；

d) 长波纹管或一系列无导向而相连的波纹管基于失稳的最大轴向压缩位移按式(B.127)：

$$e_{xsc} = \frac{1.25D_m^2}{N^2 q} \quad \cdots\cdots\cdots\cdots (B.127)$$

式中，对于一系列无导向而相连的波纹管，N 为无导向而相连波纹管的总波数。

B.3.4 单波当量轴向位移范围

单波当量轴向位移的变化范围 e 是膨胀节从它在管系中的初始位置"1"，移动到工作位置"2"而产生的。若膨胀节在安装时未进行预变位，e 为中性位置"0"到运行位置"2"而得出的 e_c 和 e_e 中的较大值；若采用了预变位，则由中性位置"0"到预变位位置(相当于图 B.7～图 B.10 中各自的轴向、角向、横向初始位置"1")所产生的 e_c 和 e_e 表示为 e_{c1} 和 e_{e1}，与由中性位置"0"到工作位置"2"所产生的 e_c 和 e_e 表示为 e_{c2} 和 e_{e2}，单波当量轴向位移的变化范围 $e = \max[(e_{c1}+e_{e2}),(e_{c2}+e_{e1})]$，用于计算波纹管由位移引起的应力的变化范围。

B.4 膨胀节的刚度、力和力矩

B.4.1 符号

除 B.1 的符号，增加下列符号：

a ——室温下有效刚度计算因子，下标 t 表示设计温度下，见表 B.6；

b ——室温下有效刚度计算因子，下标 t 表示设计温度下，见表 B.6；

$e_{\overline{x}}$ ——轴向位移范围的平均值“$\overline{x}$”引起的单波轴向压缩或拉伸位移的数值，按式(B.114)和式(B.117)计算，单位为毫米(mm)；

$e_{\overline{y}}$ ——横向位移范围的平均值“$\overline{y}$”引起的单波当量轴向位移的数值，按式(B.115)和式(B.118)计算，单位为毫米(mm)；

$e_{\overline{\theta}}$ ——角向位移范围的平均值“$\overline{\theta}$”引起的单波当量轴向位移的数值，按式(B.116)计算，单位为度(°)；

l_{R} ——拉杆长度(受力球面中心点之间的距离)的数值，单位为毫米(mm)；

l_{Rc} ——拉杆长度(是带有锥面或类似转动件的转动球面接触点之间的长度)的数值，单位为毫米(mm)；

K_{F} ——影响工作力和力矩的承力部件摩擦系数，下标 y，θ 分别表示横向和角向，单位为平方毫米(mm^2)或立方毫米(mm^3)；

K_{Py} ——影响横向工作力和力矩的压力系数，上标 f，m 分别表示用于计算力和力矩，单位为毫米(mm)或平方毫米(mm^2)；

$K_{\mathrm{P}\theta}$ ——影响横向工作力矩的压力系数，单位为三次方毫米每度[$\mathrm{mm}^3/(°)$]；

K_{β} ——侧壁偏转角的影响系数，下标 x，y，θ 分别表示轴向位移、横向位移、角向位移，单位为牛顿每二次方毫米($\mathrm{N/mm}^2$)或牛顿毫米每度[$\mathrm{Nmm}/(°)$]；

K_{μ} ——层间的摩擦影响系数，下标 x，y，θ 分别表示轴向位移、横向位移、角向位移，单位为牛顿每平方毫米($\mathrm{N/mm}^2$)或牛顿每立方毫米($\mathrm{N/mm}^3$)；

m_{t} ——刚度计算指数，见表 B.6；

$\overline{\mu}_{\mathrm{p}}$ ——等效摩擦系数；

μ_{H} ——铰链摩擦系数，取决于铰链转动的形式，$0.005 \leqslant \mu_{\mathrm{H}} \leqslant 0.5$，滚柱转动时值最小，钢对钢无润滑时值最大；

$\overline{x}$ ——轴向位移范围平均值的数值，按式(B.128)计算，单位为毫米(mm)；

$$\overline{x} = 0.5\left| x_1 \pm x_2 \right| \qquad \cdots\cdots (\text{B.128})$$

式中，x_1 和 x_2 分别表示波纹管在初始位置“1”和工作位置“2”的轴向拉伸或者压缩位移，当 x_1 和 x_2 相对“0”位方向一致时取“－”号，相反时取“＋”号；

x^* ——无量纲化轴向位移的数值，按式(B.129)～式(B.131)计算；

$$x^* = \frac{5\delta_{\mathrm{m}} e_{\overline{x}} E_{\mathrm{b}}}{3(1-m)h^2 C_{\mathrm{d}} R_{\mathrm{p0.2}}^{\mathrm{t}}}\text{，对于无加强 U 形波纹管} \qquad \cdots\cdots (\text{B.129})$$

$$x^* = \frac{5\delta_{\mathrm{m}} e_{\overline{x}} E_{\mathrm{b}}}{3(1-m)(h - C_{\mathrm{r}} r_{\mathrm{m}})^2 C_{\mathrm{d}} R_{\mathrm{p0.2}}^{\mathrm{t}}}\text{，对于加强 U 形波纹管} \qquad \cdots\cdots (\text{B.130})$$

$$x^* = \frac{5\delta_{\mathrm{m}} e_{\overline{x}} E_{\mathrm{b}} B_2}{5.72(1-m) r^2 R_{\mathrm{p0.2}}^{\mathrm{t}}}\text{，对于 Ω 形波纹管} \qquad \cdots\cdots (\text{B.131})$$

$\overline{y}$ ——横向位移范围平均值的数值，按式(B.132)计算，单位为毫米(mm)；

$$\overline{y} = 0.5\left| y_1 \pm y_2 \right| \qquad \cdots\cdots (\text{B.132})$$

式中，y_1 和 y_2 分别表示波纹管在初始位置“1”和工作位置“2”的横向位移，当 y_1 和 y_2 相对“0”位方向一致时取“－”号，相反时取“＋”号；

y^* ——无量纲化横向位移的数值，按式(B.133)～式(B.135)计算；

$$y^* = \frac{5\delta_{\mathrm{m}} e_{\overline{y}} E_{\mathrm{b}}}{3(1-m)h^2 C_{\mathrm{d}} R_{\mathrm{p0.2}}^{\mathrm{t}}}\text{，对于无加强 U 形波纹管} \qquad \cdots\cdots (\text{B.133})$$

$$y^* = \frac{5\delta_{\mathrm{m}} e_{\overline{y}} E_{\mathrm{b}}}{3(1-m)(h - C_{\mathrm{r}} r_{\mathrm{m}})^2 C_{\mathrm{d}} R_{\mathrm{p0.2}}^{\mathrm{t}}}\text{，对于加强 U 形波纹管} \qquad \cdots\cdots (\text{B.134})$$

$$y^* = \frac{5\delta_m e_{\bar{y}} E_b B_2}{5.72(1-m) r^2 R_{p0.2}^t}，对于\ \Omega\ 形波纹管 \quad \cdots\cdots(B.135)$$

$\bar{\theta}$ ——角向位移范围平均值的数值，按式(B.136)计算，单位为度(°)；

$$\bar{\theta} = 0.5 |\theta_1 \pm \theta_2| \quad \cdots\cdots(B.136)$$

式中，θ_1 和 θ_2 分别表示波纹管在初始位置"1"和工作位置"2"的角向位移，当 θ_1 和 θ_2 相对"0"位方向一致时取"－"号，相反时取"＋"号；

θ^* ——无量纲化角位移的数值，按式(B.137)～式(B.139)计算；

$$\theta^* = \frac{5\delta_m e_{\bar{\theta}} E_b}{3(1-m) h^2 C_d R_{p0.2}^t}，对于无加强\ U\ 形波纹管 \quad \cdots\cdots(B.137)$$

$$\theta^* = \frac{5\delta_m e_{\bar{\theta}} E_b}{3(1-m)(h - C_r r_m)^2 C_d R_{p0.2}^t}，对于加强\ U\ 形波纹管 \quad \cdots\cdots(B.138)$$

$$\theta^* = \frac{5\delta_m e_{\bar{\theta}} E_b B_2}{5.72(1-m) r^2 R_{p0.2}^t}，对于\ \Omega\ 形波纹管 \quad \cdots\cdots(B.139)$$

表 B.6 有效刚度计算因子

材料	m 室温下	m_t 设计温度下
06Cr19Ni10	0.09	$m_t = m \cdot \left(\frac{R_{p0.2}}{R_{p0.2}^t}\right)$
022Cr19Ni10	0.1	
06Cr17Ni12Mo2	0.09	
022Cr17Ni12Mo2	0.09	
015Cr21Ni26Mo5Cu2	0.09	
06Cr18Ni11Ti	0.1	
06Cr17Ni12Mo2Ti	0.09	
16Cr20Ni14Si2	0.12	
NS3304	0.07	
NS3305	0.09	
NS3306	0.09	
06Cr18Ni11Nb	0.14	$m_t = m$
NS1101	0.1	
NS1102	0.12	
NS3102	0.12	
NS1402	0.09	
MONEL 400	0.12	
室温下	$a = 1.67 - 0.5m$ $b = 0.68 - 0.3m$	
设计温度下	$a_t = 1.67 - 0.5m_t$ $b_t = 0.68 - 0.3m_t$	

B.4.2 刚度、工作力和力矩

B.4.2.1 轴向位移

轴向位移时刚度、工作力和力矩按下列公式计算：

a) 只考虑材料弹塑性特性的轴向有效刚度按式(B.140)计算：

$$K_{ex}=K_{B}\begin{cases}1, & x^{*}\leqslant 1+m_{t}\\ \left[a_{t}(x^{*})^{m_{t}-1}-b_{t}(x^{*})^{-3}\right], & x^{*}>1+m_{t}\end{cases} \qquad \text{(B.140)}$$

b) 影响工作刚度的额外因素：

1) 侧壁偏转角的影响系数按式(B.141)计算：

$$K_{\beta x}=\frac{\pi n\delta_{m}E_{b}^{t}}{24D_{m}N^{2}} \qquad \text{(B.141)}$$

2) 层间的摩擦影响系数按式(B.142)计算：

$$K_{\mu x}=\overline{\mu}_{p}\pi D_{m}\delta_{m}(n-1) \qquad \text{(B.142)}$$

式中，等效摩擦系数按式(B.143)计算：

$$\overline{\mu}_{p}=\mu\left[1-(n\delta)^{-x^{*}}\right] \qquad \text{(B.143)}$$

c) 轴向工作刚度按式(B.144)计算：

$$K_{wx}=K_{ex}+xK_{\beta x}+\frac{pK_{\mu x}}{x} \qquad \text{(B.144)}$$

d) 轴向工作力按式(B.145)计算：

$$F_{wx}=xK_{wx} \qquad \text{(B.145)}$$

B.4.2.2 横向位移

B.4.2.2.1 单式膨胀节

单式膨胀节横向位移时刚度、工作力和力矩按下列公式计算：

a) 横向有效刚度按式(B.146)计算：

$$K_{ey}=\frac{1.5D_{m}^{2}K_{B}(1-\nu^{2})}{(L_{b}\pm x)^{2}}\begin{cases}1, & y^{*}\leqslant 1+m_{t}\\ \left[a_{t}(y^{*})^{m_{t}-1}-b_{t}(y^{*})^{-3}\right], & y^{*}>1+m_{t}\end{cases} \qquad \text{(B.146)}$$

当轴向位移“x”为拉伸时取“+”号，当轴向位移“x”为压缩时取“−”号；

b) 影响横向工作力和力矩的额外因素：

1) 侧壁偏转角的影响系数按式(B.147)计算：

$$K_{\beta y}=\frac{D_{m}{}^{2}n\delta_{m}E_{b}^{t}}{2L_{b}^{3}N^{2}} \qquad \text{(B.147)}$$

2) 层间的摩擦影响系数按式(B.148)计算：

$$K_{\mu y}=\frac{2\,\overline{\mu}_{p}D_{m}^{2}\delta_{m}(n-1)}{L_{b}} \qquad \text{(B.148)}$$

式中，等效摩擦系数按式(B.149)计算：

$$\overline{\mu}_{p}=\mu\left[1-(n\delta)^{-y^{*}}\right] \qquad \text{(B.149)}$$

3) 承力部件的摩擦系数 K_{Fy} 按式(B.150)计算：

$$K_{Fy}=\frac{\mu_{H}A_{y}d_{H}}{l_{R}} \qquad \text{(B.150)}$$

4) 压力系数 K_{Py}^{f} 按式(B.151)计算：

$$K_{Py}^{f}=-A_{y}\left(\frac{1.2}{L_{b}}-\frac{1}{l_{Rc}}\right) \qquad \text{(B.151)}$$

若不存在约束件的话，$1/l_{Rc}$取 0；

5) 压力系数 K_{Py}^{m} 按式(B.152)计算：

$$K_{Py}^{m}=-0.1A_y \qquad \cdots\cdots(B.152)$$

c) 横向工作刚度按式(B.153)计算：

$$K_{wy}=K_{ey}+yK_{\beta y} \qquad \cdots\cdots(B.153)$$

d) 横向工作力和力矩按式(B.154)和式(B.155)计算：

$$F_{wy}=yK_{wy}+p(K_{\mu y}+K_{Fy})+ypK_{Py}^{f} \qquad \cdots\cdots(B.154)$$

$$M_{wy}=0.5L_b[yK_{wy}+p(K_{\mu y}+K_{Fy})]+ypK_{Py}^{m} \qquad \cdots\cdots(B.155)$$

B.4.2.2.2 带中间接管的复式膨胀节

带中间接管的复式膨胀节横向位移时刚度、工作力和力矩按下列公式计算：

a) 横向有效刚度按式(B.156)计算：

$$K_{ey}=\frac{3D_m^2K_B(1-\nu^2)}{4(L_b\pm x)^2[1+3(L^*/L_b)^2]}\begin{cases}1, & y^*\leqslant 1+m_t\\ [a_t(y^*)^{m_t-1}-b_t(y^*)^{-3}], & y^*>1+m_t\end{cases} \qquad \cdots\cdots(B.156)$$

当轴向位移“x”为拉伸时取“+”号，当轴向位移“x”为压缩时取“−”号；

b) 影响横向工作力和力矩的额外因素：

1) 侧壁偏转角的影响系数按式(B.157)计算：

$$K_{\beta y}=\frac{n\delta_m D_m^2(1+L^*/L_b)E_b^t}{8N^2L_b^3[1+3(L^*/L_b)^2]^2} \qquad \cdots\cdots(B.157)$$

2) 层间的摩擦影响系数按式(B.158)计算：

$$K_{\mu y}=\frac{2\overline{\mu}_p D_m^2\delta_m(n-1)}{L_u} \qquad \cdots\cdots(B.158)$$

式中，等效摩擦系数$\overline{\mu}_p$ 根据式(B.149)计算；

3) 承力部件摩擦系数 K_{Fy} 按式(B.159)计算：

$$K_{Fy}=\frac{\mu_H A_y d_H}{l_R} \qquad \cdots\cdots(B.159)$$

4) 压力系数 K_{Py}^{f} 按式(B.160)计算：

$$K_{Py}^{f}=-A_y\left\{\frac{1.2}{L_b}\left[\frac{2.5(L^*/L_b)-0.5}{1+3(L^*/L_b)^2}\right]-\frac{1}{l_{Rc}}\right\} \qquad \cdots\cdots(B.160)$$

若不存在约束件的话，$1/l_{Rc}$取 0；

5) 压力系数 K_{Py}^{m} 按式(B.161)计算：

$$K_{Py}^{m}=-\frac{A_y(1+L^*/L_b)}{[1+3(L^*/L_b)^2]^2}\left[1.1-\frac{1.5}{L^*/L_b}+\frac{0.6}{(L^*/L_b)^2}\right] \qquad \cdots\cdots(B.161)$$

c) 横向工作刚度按式(B.162)计算：

$$K_{wy}=K_{ey}+yK_{\beta y} \qquad \cdots\cdots(B.162)$$

d) 横向工作力和力矩按式(B.163)和式(B.164)计算：

$$F_{wy}=yK_{wy}+p(K_{\mu y}+K_{Fy})+ypK_{Py}^{f} \qquad \cdots\cdots(B.163)$$

$$M_{wy}=0.5L_u[yK_{wy}+p(K_{\mu y}+K_{Fy})]+ypK_{Py}^{m} \qquad \cdots\cdots(B.164)$$

B.4.2.3 角向位移

膨胀节角向位移时刚度、工作力和力矩按下列公式计算：

a) 角向有效刚度按式(B.16)计算：

$$K_{e0}=\frac{\pi D_m^2 K_B(1-\nu^2)}{1.44\times 10^3}\begin{cases}1, & \theta^*\leqslant 1+m_t\\ \left[a_t(\theta^*)^{m_t-1}-b_t(\theta^*)^{-3}\right], & \theta^*>1+m_t\end{cases}\quad\cdots\cdots(\text{B.165})$$

b) 影响角向工作力矩的额外因素：

1) 侧壁偏转角的影响系数按式(B.166)计算：

$$K_{\beta 0}=\frac{\pi^2 n\delta_m D_m{}^2 E_b^t}{4.7\times 10^6 N^2}\quad\cdots\cdots(\text{B.166})$$

2) 层间的摩擦影响系数按式(B.167)计算：

$$K_{\mu 0}=\overline{\mu}_p D_m^2\delta_m(n-1)\quad\cdots\cdots(\text{B.167})$$

式中，等效摩擦系数按式(B.168)计算：

$$\overline{\mu}_p=\mu\left[1-(n\delta)^{-\theta^*}\right]\quad\cdots\cdots(\text{B.168})$$

3) 计算力矩的承力部件的轴摩擦系数按式(B.169)计算：

$$K_{F0}=\frac{\pi\mu_H D_m^2 d_H}{8}\quad\cdots\cdots(\text{B.169})$$

4) 压力系数按式(B.170)计算：

$$K_{P0}=\frac{\pi^2 D_m^2 L_b}{4\ 320}\quad\cdots\cdots(\text{B.170})$$

c) 角向工作刚度按式(B.171)计算：

$$K_{w0}=K_{e0}+\theta K_{\beta 0}\quad\cdots\cdots(\text{B.171})$$

d) 角向工作力矩按式(B.172)计算：

$$M_{w0}=\theta K_{e0}+p(K_{F0}+K_{\mu 0})+p\theta K_{P0}\quad\cdots\cdots(\text{B.172})$$

B.4.2.4 膨胀节整体扭转刚度

整体扭转刚度按式(B.173)计算：

$$K_t=\frac{\pi^2 n\delta G D_b{}^3}{720 L_d N}\quad\cdots\cdots(\text{B.173})$$

B.4.3 压力推力

压力推力按式(B.174)计算：

$$F_p=pA_y\quad\cdots\cdots(\text{B.174})$$

B.5 内衬筒的设计

B.5.1 设置准则

当有下列情况之一时应设置内衬筒：

a) 要求保持摩擦损失最小及流动平稳时；

b) 介质流速较高，可能引起波纹管共振；

c) 存在磨蚀可能时，应设置厚型内衬筒；

d) 介质温度高，需降低波纹管金属温度时；

e) 存在反向流动时，应设置厚型内衬筒或对插式内衬筒。

B.5.2 符号

除 B.1 定义的符号外，增加下列符号：

C_L ——长度系数,按式(B.175)计算;

$$C_L=\begin{cases}1 & L_S\leqslant 450\ \text{mm}\\ \sqrt{L_S/450} & L_S>450\ \text{mm}\end{cases} \qquad \cdots\cdots(B.175)$$

C_S ——流动加速度系数,见表 B.7;

C_t ——温度系数,按式(B.176)计算;

$$C_t=\begin{cases}1 & t\leqslant 150\ ℃\\ E_S^{150}/E_S^t & t>150\ ℃\end{cases} \qquad \cdots\cdots(B.176)$$

C_v ——流速系数,按式(B.177)计算;

$$C_v=\begin{cases}1 & v_e\leqslant 30\ \text{m/s}\\ \sqrt{v_e/30} & v_e>30\ \text{m/s}\end{cases} \qquad \cdots\cdots(B.177)$$

E_s^{150} ——内衬筒在 150 ℃下的弹性模量,单位为兆帕(MPa);

E_S^t ——内衬筒在设计温度下的弹性模量,单位为兆帕(MPa);

K_i ——介质流动影响系数,对于液体 $K_i=1$;对于气体 $K_i=2$;

L_S ——内衬筒长度的数值,单位为毫米(mm);

m_{eff} ——波纹管质量,包括加强件和波纹间液体的质量,单位为千克(kg);

v_f ——介质流速的数值,单位为米每秒(m/s);

v_{alw} ——允许流速的数值,单位为米每秒(m/s);

v_e ——通过波纹管或内衬筒的当量流速的数值,按式(B.178)计算,单位为米每秒(m/s);

$$v_e=v_fC_s \qquad \cdots\cdots(B.178)$$

δ_S ——内衬筒设计厚度的数值,单位为毫米(mm);

δ_{min} ——内衬筒推荐最小厚度的数值,单位为毫米(mm),见表 B.8。

表 B.7 流动加速度系数 C_S

C_S	上游直管长度[a]	上　游　元　件
1.0	≥10D_i	任意
1.5	<10D_i	1 个或 2 个弯头
2.0	<10D_i	3 个或更多弯头
2.5	<10D_i	1 个阀门、三通或旋风装置
4.0	<10D_i	2 个或更多阀门、三通或旋风装置
[a] 元件和波纹管之间。		

表 B.8 最小内衬筒厚度

单位为毫米

膨胀节公称直径 DN	最小内衬筒壁厚 δ_{min}
50～80	0.61
100～250	0.91
300～600	1.22
650～1 200	1.52
1 400～1 800	1.91
>1 800	2.29

B.5.3 流速限制

B.5.3.1 当量流速 v_e 不超过表 B.9 时可不设置内衬筒。

表 B.9 允许流速

介质	气体					液体				
波纹管层数 n	1	2	3	4	5	1	2	3	4	5
公称直径/mm	允许流速 v_{alw}/(m/s)[a]									
50	2.44	3.35	4.27	4.88	5.49	1.22	1.83	2.13	2.44	2.74
100	4.88	7.01	8.53	9.75	10.97	2.13	3.05	3.66	4.27	4.88
≥150	7.32	10.36	12.80	14.63	16.46	3.05	4.27	5.18	6.10	6.71
[a] 对于中间通径的流速值通过插值得出。										

B.5.3.2 当量流速 v_e 大于表 B.9 时，但不超过表 B.10 时可不设置内衬筒。

表 B.10 允许流速

单位为米每秒

介质	气体	液体
允许流速 v_{alw}	19.8	7.6
	$v_{alw}=0.026qK_i\sqrt{\dfrac{nK_B}{m_{eff}}}$	

B.5.4 推荐设计

B.5.4.1 内衬筒的设计不得限制膨胀节的位移。

B.5.4.2 膨胀节用于蒸汽或液体场合且流向垂直向上，内衬筒上应设置排水孔或其他排水方式。

B.5.4.3 内衬筒的材料通常情况下与波纹管材料相同，其他适用应用场合的材料也可以使用。

B.5.4.4 内衬筒厚度 δ_s 按式(B.179)计算：

$$\delta_s \geq C_L C_v C_t \delta_{min} \qquad \cdots\cdots(B.179)$$

B.6 外护套

B.6.1 设置准则

当有下列情况之一时应设置外护套：

a) 当外部自由流引起的漩涡脱落频率与波纹管自振频率接近，共振作用会导致波纹管破坏时；

b) 由外部横向流动产生的牵引力而引起的单个波纹管非周期性位移超过设计准则时；

c) 膨胀节在运输、安装过程中，波纹管可能受到破坏时。

B.6.2 符号

除 B.1 和 B.5.2 定义的符号外，增加下列符号：

m ——波纹管质量的数值，包括波纹间液体的质量，单位为千克(kg)；

v_o ——波纹管外部流动介质流速，单位为米每秒(m/s)；

v_{omax}——波纹管外部最大自由流速，下标 x 和 y 分别表示轴向和横向，单位为米每秒(m/s)；

y_V ——由外部横向流动引起的单个波纹管非周期性位移，单位为毫米(mm)；

ρ ——波纹管外部流动介质的密度，单位为千克每立方米(kg/m³)。

B.6.3 外部流速限制

外部自由流速不得大于表 B.11 中的计算值。

表 B.11 外部自由流速

单位为米每秒

流速限制	轴向	横向
波纹管外部最大自由流速 v_{omax}	$v_{oxmax}=0.066h\sqrt{\frac{K_B}{m}}$	$v_{oymax}=\frac{0.029D_m^{\ 2}}{L_b^{\ 2}}\sqrt{\frac{K_B}{m}}$

B.6.4 牵引力限制

由外部横向流动引起的单个波纹管非周期性位移按式(B.180)计算。

$$y_V=\frac{\rho V_o^{\ 2}N(L_b\pm x)^3}{10^7 f_i D_m} \qquad \cdots\cdots(B.180)$$

应将该位移与设计中的其他位移综合后确定总单波位移 e_c 和 e_e，且不超过 e_{cmax} 和 e_{cmax}。此外，在设计压力下基于该横向位移的总应力幅值 $\sigma_t \leqslant 1.5C_m[\sigma]_b^t$。

B.6.5 推荐设计

外护套厚度计算可参照内衬筒厚度计算。

B.7 承力构件的设计

B.7.1 符号

除 B.1 定义的符号外，增加下列符号：

d_p ——销轴直径的数值，单位为毫米(mm)；

F_{alw} ——耳板钻孔横截面的允许拉伸力的数值，单位为牛顿(N)；

H_B ——铰链板带孔横截面宽度的数值，单位为毫米(mm)；

k_1 ——载荷系数；

k_2 ——铰链板钻孔横截面修正系数；

L ——销轴中心线到耳板端部距离的数值，单位为毫米(mm)；

P_m ——一次总体薄膜应力的数值，单位为兆帕(MPa)；

P_L ——一次局部薄膜应力的数值，单位为兆帕(MPa)；

P_b ——一次弯曲应力的数值，单位为兆帕(MPa)；

Q ——二次应力的数值，单位为兆帕(MPa)；

S_L ——耳板钻孔横截面厚度的数值，单位为毫米(mm)；

t ——构件的设计温度的数值，单位为摄氏度(℃)；

σ ——正应力的数值，单位为兆帕(MPa)；

τ ——剪应力的数值，单位为兆帕(MPa)。

B.7.2 应力极限

对于一般设计条件下的最大设计应力应符合表 B.12 中的应力极限。对于偶然载荷最大许用应力可以增加载荷系数 $k_1=1.2$。

表 B.12 承力构件设计许用应力

序号	名称	图 例	应力类型	应力极限
1	拉杆	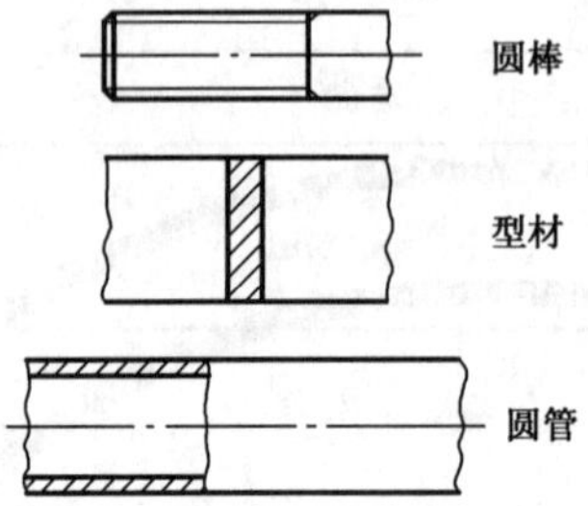 圆棒 型材 圆管	拉应力	$[\sigma]^{t}$
			压应力	$[\sigma]^{t}$
2	销轴	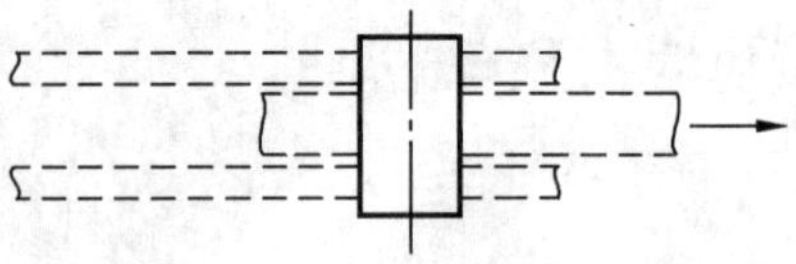	考虑弯曲时 最大薄膜应力	$1.25\ [\sigma]^{t}$
			平均剪应力	$0.6\ [\sigma]^{t}$
			挤压应力	$1.3\ [\sigma]^{t}$
3	铰链板	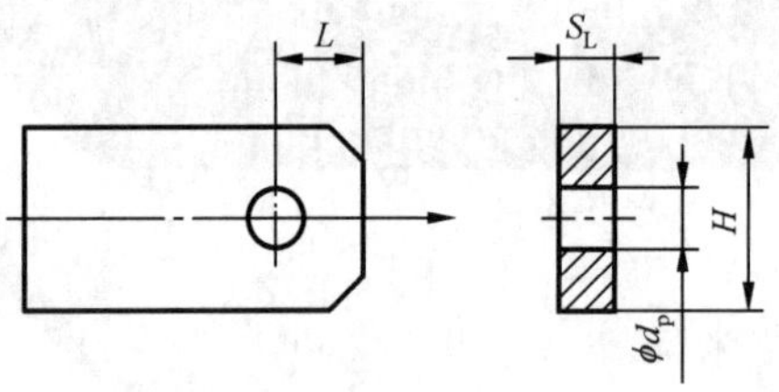 L S_L H ϕd_p 钻孔横截面	拉应力	$[\sigma]^{t}$
			挤压应力(孔)	$1.3\ [\sigma]^{t}$
4	万向环	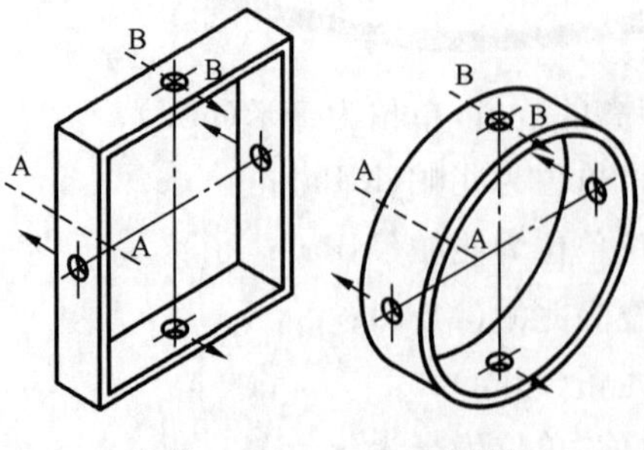 A B 方形 圆形 A-A 横截面 B-B 钻孔横截面	平均剪应力	$0.6\ [\sigma]^{t}$
			等效应力+弯曲应力 $1.73\tau+\sigma_b$	$1.5\ [\sigma]^{t}$
			挤压应力(孔)	$1.3\ [\sigma]^{t}$

表 B.12（续）

序号	名称	图例	应力类型		应力极限
5	环板	说明： A——板； B——接管	板	平均剪应力	$0.6\ [\sigma]^t$
				等效应力+弯曲应力 $1.73\tau+\sigma_b$	$1.5\ [\sigma]^t$
			接管	一次薄膜应力 P_m	$[\sigma]^t$
				一次薄膜应力+一次弯曲应力 P_L+P_b	$1.5\ [\sigma]^t$
				一次局部薄膜应力+一次弯曲应力+二次应力 P_L+P_b+Q	$3\ [\sigma]^t$
6	立板	说明： A——立板 B——接管	立板	平均剪应力	$0.6\ [\sigma]^t$
				等效应力+弯曲应力	$1.5\ [\sigma]^t$
			接管	一次薄膜应力 P_m	$[\sigma]^t$
				一次薄膜应力+一次弯曲应力 P_L+P_b	$1.5\ [\sigma]^t$
				一次局部薄膜应力+一次弯曲应力+二次应力 P_L+P_b+Q	$3\ [\sigma]^t$
				要特别注意接管的变形(椭圆)，尤其是与波纹连接的端部	

表 B.12（续）

序号	名称	图　　例	应力类型	应力极限
7	焊接接头	所有焊缝[b]	拉应力	Φ $[\sigma]^{t}$
			弯曲应力	1.5Φ $[\sigma]^{ta}$
			平均剪应力	0.6Φ $[\sigma]^{t}$
			弯曲应力＋剪应力 $\sqrt{\sigma^2+3\tau^2}+\sigma_b$	1.5Φ $[\sigma]^{t}$

[a] 对于矩形截面有效；

[b] 焊接接头系数 Φ 见 8.2。

B.7.3 设计温度

不同承力构件的设计温度 t 根据介质温度 t_f 确定，并且应不小于以下规定：

a) 绝热

——与接管直接连接的承力构件，如环板、立板（表 B.12 中序号 5 和 6），$t=t_f$；

——不直接连接到接管上的承力构件，如浮动部件拉杆、耳板、万向环（表 B.12 中序号 1～4），$t=0.9t_f$。

b) 不绝热

——未绝热且不直接连接到接管的部件（不绝热或绝热）：$t=0.33t_f$，但不低于 80 ℃；

——直接连接到接管的部件和不绝热或仅仅部分绝热的部件表现为 t_f 到 $0.5t_f$ 温度递减分布，具体取决于设计和应用。

B.7.4 变形

除了以上的应力限制，对于万向环、环板、耳板和接管还应考虑变形的限制。

B.7.5 主要元件设计因素

B.7.5.1 拉杆

表 B.12 序号 1 中的拉杆约束拉伸和/或压缩载荷（如膨胀节在真空操作状态），设计如下：

——拉伸，应考虑螺纹的影响；

——压缩，应考虑压杆稳定性；

——既拉伸又压缩时，应分别考虑。

B.7.5.2 销轴

在表 B.12 序号 2 中销轴承受载荷，设计应考虑承受弯曲、剪切和挤压。

B.7.5.3 铰链板

在表 B.12 序号 3 中的铰链板承受拉伸载荷，设计应考虑承受孔的挤压，以及拉伸和剪切作用力。铰链板的形状决定了耳板带孔横截面上的应力，还影响许用力。许用力 F_{alw} 的计算应符合表 B.13 的规定。

表 B.13 许用力的计算

单位为牛顿

名称		铰链板尺寸	
极限	H/d_p	1.8～2	2～4
	$L/0.5H$	≥0.9	—
	L/d_p	—	≥ 0.9
	k_2	≤1.0	≤1.4
许用力		$F_{alw}=k_2(H-d_p)s_L[\sigma]^t$	$F_{alw}=k_2 d_p s_L[\sigma]^t$
修正系数 k_2		$k_2=0.7[L/(0.5H)]$	$k_2=0.7(L/d_p)$
注：若超过了给出的极限，应验证计算的有效性。			

B.7.5.4 万向环

表 B.12 序号 4 所示的万向环，既可以是圆形也可以是方形，主要承担中心线方向的纵向载荷，设计时应考虑承受弯曲、剪切、弯曲加剪切以及在孔中的挤压。

B.7.5.5 环板

表 B.12 序号 5 所示的连接到接管的环板，既可以是封闭环板也可以是不封闭的板。板与接管连接方式既可以是直接焊接于接管上也可以是间接连接在浮动系统上（仅适用于封闭的环板），接管主要承受纵向载荷。环板设计应考虑承载弯曲、剪切以及弯曲加剪切。接管设计应校核一次膜应力、一次局部膜应力、一次弯曲应力和二次应力。应考虑相邻管道的刚度影响。波纹管不应认为是刚性加强件。

B.7.5.6 立板

表 B.12 序号 6 所示的立板，是纵向连接在接管上的立板，主要承受纵向载荷。立板设计校核弯曲应力和剪切应力。接管设计则需要校核一次薄膜应力、一次弯曲应力，以及“一次局部薄膜应力”加“一次弯曲应力”加“二次应力”的组合。应考虑相邻管道的刚度影响。波纹管不应认为是刚性加强件。

B.7.5.7 焊接接头

表 B.12 中序号 7 所有焊接接头应能够承受拉伸、弯曲、剪切作用，并考虑焊接接头系数 Φ（见 8.2 表 3）。

附 录 C
（资料性附录）
振 动 校 核

C.1 概述

金属波纹管可用于高频低幅振动的场合，为了避免膨胀节与系统发生共振，膨胀节自振频率应低于2/3的系统频率或至少大于2倍的系统频率。单式和复式波纹管总成及内衬筒的自振频率计算公式见C.2。

C.2 膨胀节的自振频率

C.2.1 符号

除B.1和B.5.2中定义的符号外，增加下列符号：

D_s ——内衬筒名义直径的数值，单位为毫米(mm)；

f_n ——膨胀节的自振频率，单位为赫兹(Hz)；

V ——U形波纹管所有波纹间体积的数值，按式(C.1)计算，单位为立方毫米(mm^3)；

$$V=\frac{\pi}{4}(D_m^2-D_b^2)L_b-\frac{\pi}{2}Nn\delta_m D_m(2h+0.571q) \quad \cdots\cdots(C.1)$$

C.2.2 自振频率的计算

C.2.2.1 单式膨胀节轴向振动自振频率 f_n 按式(C.2)计算。

$$f_n=C_n\sqrt{\frac{K_B}{m_1}} \quad \cdots\cdots(C.2)$$

式中：

C_n ——用于计算振动频率的常数，对于前五阶振型，C_n 的取值见表C.1；

m_1 ——包括加强件的波纹管质量的数值，介质为液体时 m_1 还应包括仅波纹间的液体质量的数值，单位为千克(kg)。

表 C.1 C_n 值

波数	C_1	C_2	C_3	C_4	C_5
1	14.23	—	—	—	—
2	15.41	28.50	37.19	—	—
3	15.63	30.27	42.66	52.32	58.28
4	15.71	30.75	44.76	56.99	66.97
5	15.75	31.07	45.72	59.24	71.16
6	15.78	31.23	46.20	60.37	73.57
7	15.78	31.39	46.53	61.18	75.02

表 C.1（续）

波数	C_1	C_2	C_3	C_4	C_5
8	15.79	31.39	46.69	61.66	75.99
9	15.79	31.39	46.85	61.98	76.63
10	15.79	31.55	47.01	62.30	77.12
≥11	15.81	31.55	47.01	62.46	77.44

C.2.2.2　单式膨胀节横向振动自振频率 f_n 按式(C.3)计算。

$$f_n=\frac{C_n D_m}{L_b}\sqrt{\frac{K_B}{m_2}} \qquad \cdots\cdots\cdots\cdots(C.3)$$

式中：

C_n ——用于计算振动频率的常数，对于前五阶振型，C_n 的取值见表 C.2；

m_2 ——包括加强件的波纹管质量的数值，介质为液体时 m_2 还应包括一个直径为 D_m、长度为 L_b 的液柱质量的数值，单位为千克(kg)。

表 C.2　C_n 值

C_1	C_2	C_3	C_4	C_5
39.93	109.80	214.12	355.79	531.27

C.2.2.3　复式膨胀节轴向振动自振频率 f_n 按式(C.4)计算。

$$f_n=7.13\sqrt{\frac{K_B}{m_3}} \qquad \cdots\cdots\cdots\cdots(C.4)$$

式中：

m_3——包括加强件的一个波纹管质量＋中间接管质量＋所有连接到中间接管附件的质量(包括内衬、外护套、耳轴、支腿、管嘴、耐火衬里及绝热层)的数值，介质为液体时 m_3 还应包括一个波纹管的仅波纹间的液体质量的数值，单位为千克(kg)。

C.2.2.4　复式膨胀节中间管两端同相横向振动自振频率 f_n 按式(C.5)计算。

$$f_n=\frac{8.73 D_m}{L_b}\sqrt{\frac{K_B}{m_4}} \qquad \cdots\cdots\cdots\cdots(C.5)$$

式中：

m_4——包括加强件的一个波纹管质量＋中间接管质量＋所有连接到中间接管附件的质量(包括内衬、外护套、耳轴、支腿、管嘴、耐火衬里及绝热层)的数值，介质为液体时 m_4 还应包括一个直径为 D_m、长度为 L_b 的液柱质量＋一个直径为 D_i、长度为 (L_u-2L_b) 的液柱质量的数值，单位为千克(kg)。

C.2.2.5　复式膨胀节中间管两端异相横向振动自振频率 f_n 按式(C.6)计算。

$$f_n=\frac{15.1 D_m}{L_b}\sqrt{\frac{K_B}{m_5}} \qquad \cdots\cdots\cdots\cdots(C.6)$$

式中：

m_5——包括加强件的一个波纹管质量＋中间接管质量＋所有连接到中间接管附件的质量(包括内衬、外护套、耳轴、支腿、管嘴、耐火衬里及绝热层)的数值，介质为液体时 m_5 还应包括一个

直径为 D_m、长度为 L_b 的液柱质量＋一个直径为 D_i、长度为 (L_u-2L_b) 的液柱质量的数值，单位为千克(kg)。

C.2.2.6 一端被刚性固定的单个内衬筒在设计温度下的自振频率 f_n 按式(C.7)计算。

$$f_n=\frac{3\ 329.93}{L_s}\sqrt{\frac{\delta_s E_s^t}{D_s}} \qquad \cdots\cdots(C.7)$$

参 考 文 献

[1] ASME SA-240,Specification for Chromium and Chromium-Nickel Stainless Steel Plate, Sheet,and Strip for Pressure Vessels and for General Applications(压力容器用耐热铬和铬-镍不锈钢板、薄材和带材用规范)

[2] ASME SB-168, Specification for Nickel-Chromium-Iron Alloys (UNS N06600, N06601, N06603, N06690, N06693, N06025, and N06045) and Nickel-ChromiumCobalt-Molybdenum Alloy (UNS N06617) Plate, Sheet, and Strip (镍-铬-铁合金(UNS N06600、N06601、N06603、N06690、N06693、N06025 和 N06045)和镍-铬-钴-钼合金(UNS N06617)板、薄板和带材用规范)

[3] ASME SB-209,Specification for Aluminum and Aluminum-Alloy Sheet and Plate(铝和铝合金薄板和板材用规范)

[4] ASME SB-265,Specification for Titanium and Titanium Alloy Strip,Sheet,and Plate(钛和钛合金带材、薄板及中厚板规格)

[5] ASME SB-409,Specification for Nickel-Iron-Chromium Alloy Plate,Sheet,and Strip(镍-铁-铬合金板材、薄板和带材用规范)

[6] ASME SB-424,Specification for Ni-Fe-Cr-Mo-Cu Alloy(UNS N08825,UNSN 08221,and UNS N06845) Plate, Sheet, and Strip(镍-铁-铬-钼-铜合金(UNS N08825, UNS N08221 和 UNS N06845)板材、薄板和带材用规范)

[7] ASME SB-443,Specification for Nickel-Chromium-Molybdenum-Columbium Alloy(UNS N06625) and Nickel-Chromium-Molybdenum-Silicon Alloy(UNS N06219) Plate,Sheet,and Strip(镍-铬-钼-钶合金(UNS N06625)和镍-铬-钼-硅合金(UNS N06219)板材、薄板和带材用规范)

[8] ASME SB-575,Specification for Low-Carbon Nickel-Chromium-Molybdenum, Low-Carbon NickelChromium-Molybdenum-Copper, Low-Carbon Nickel-Chromium-Molybdenum-Tantalum, and Low-Carbon Nickel-Chromium-Molybdenum-Tungsten Alloy Plate,Sheet and Strip(低碳镍-钼-铬、低碳镍-铬-钼、低碳镍-铬-钼-铜、低碳镍-铬-钼-钽和低碳镍-铬-钼-钨合金板材、薄板和带材用规范)

[9] EN 10028-7,Flat products made of steels for pressure purposes-Part 7:Stainless steels(压力容器用扁平钢轧材 第7部分:不锈钢)

[10] EN 10095,Heat resisting steels and nickel alloys(耐热钢和镍合金)

ICS 91.140
P 45

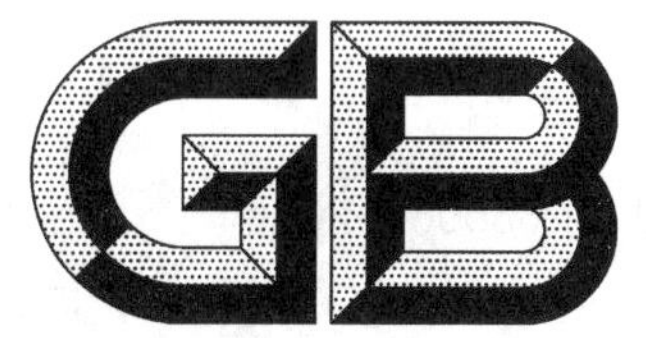

中华人民共和国国家标准

GB/T 36503—2018

燃气燃烧器具质量检验与等级评定

Quality inspection and grade evaluation for gas-burning appliances

2018-07-13 发布　　　　2019-06-01 实施

国家市场监督管理总局
中国国家标准化管理委员会　发布

前　言

本标准按照 GB/T 1.1—2009 给出的规则起草。

本标准由中华人民共和国住房和城乡建设部提出并归口。

本标准起草单位：中国市政工程华北设计研究总院有限公司、国家燃气用具质量监督检验中心、艾欧史密斯(中国)热水器有限公司、广东万家乐燃气具有限公司、广东万和新电气股份有限公司、宁波方太厨具有限公司、青岛经济技术开发区海尔热水器有限公司、芜湖美的厨卫电器制造有限公司、广州迪森家居环境技术有限公司、北京菲斯曼供热技术有限公司、合肥百年五星饮食设备有限责任公司、裕富宝厨具设备(深圳)有限公司、北京市公用事业科学研究所、浙江帅丰电器有限公司、博西华电器(江苏)有限公司、北京东邦御厨科技股份有限公司、广州市精鼎电器科技有限公司、成都前锋电子有限责任公司、英联斯特(广州)餐饮设备有限公司、上海梦地工业自动控制系统股份有限公司、浙江徐氏厨房设备有限公司、浙江博立灶具科技有限公司、上海林内有限公司、湖北谁与争锋节能灶具股份有限公司、浙江新涛智控科技股份有限公司、能率(中国)投资有限公司、浙江板川电器有限公司、佛山市贝尔塔电器有限公司、山东金佰特商用厨具有限公司、无锡市金达成套厨房设备有限公司、永康市华港厨具配件有限公司、威能(中国)供热制冷环境技术有限公司、山东华杰厨业有限公司、上海科能特餐饮设备有限公司、浙江蓝炬星电器有限公司、嵊州市豪普电器有限公司。

本标准主要起草人：王启、刘斌、毕大岩、余少言、钟家淞、郑军妹、郑涛、徐国平、李祖芹、邵柏桂、唐林东、唐波、颜谨、邵于佶、于磊、岳大刚、庞博、朱宁东、张志林、金建民、徐委康、鞠木春、阮国强、程钧、何明辉、陈华、宋明亮、朱敏、徐清东、邓文伟、施世佐、马海峰、王月华、张文龙、邢聪、蒋华钧、陈津蕊、刘仁昌。

燃气燃烧器具质量检验与等级评定

1 范围

本标准规定了使用城镇燃气的燃气燃烧器具(以下简称燃具)及其相关部件的第一方检验、第二方检验、第三方检验和等级评定。

本标准适用于燃具及其相关部件的单个产品及产品批的质量分级及检验。

本标准所指城镇燃气为符合 GB/T 13611 的燃气,燃具为符合 GB 16914 的燃具。

2 规范性引用文件

下列文件对于本文件的应用是必不可少的。凡是注日期的引用文件,仅注日期的版本适用于本文件。凡是不注日期的引用文件,其最新版本(包括所有的修改单)适用于本文件。

GB/T 2828.1 计数抽样检验程序 第 1 部分:按接收质量限(AQL)检索的逐批检验抽样计划

GB/T 2828.3 计数抽样检验程序 第 3 部分:跳批抽样程序

GB/T 2829 周期检验计数抽样程序及表(适用于对过程稳定性的检验)

GB 6932 家用燃气快速热水器

GB/T 10111 随机数的产生及其在产品质量抽样检验中的应用程序

GB/T 13264 不合格品百分数的小批计数抽样检验程序及抽样表

GB/T 13611 城镇燃气分类和基本特性

GB 16410 家用燃气灶具

GB 16914 燃气燃烧器具安全技术条件

GB 17905 家用燃气燃烧器具安全管理规则

GB 20665 家用燃气快速热水器和燃气采暖热水炉能效限定值及能效等级

GB 25034 燃气采暖热水炉

GB 30531 商用燃气灶具能效限定值及能效等级

GB 30720 家用燃气灶具能效限定值及能效等级

CJ/T 28 中餐燃气炒菜灶

CJ/T 132 家用燃气燃烧器具用自吸阀

CJ/T 187 燃气蒸箱

CJ/T 336 冷凝式家用燃气快速热水器

CJ/T 346 家用燃具自动截止阀

CJ/T 392 炊用燃气大锅灶

CJ/T 393 家用燃气器具旋塞阀总成

CJ/T 421 家用燃气燃烧器具电子控制器

CJ/T 451 商用燃气燃烧器具通用技术条件

CJ/T 469 燃气热水器及采暖炉用热交换器

3 术语和定义

下列术语和定义适用于本文件。

3.1

型式检验 type-test

根据产品技术标准或设计文件或试验大纲要求，对产品的各项质量指标进行的全面试验和检验。

3.2

过程检验 in process quality control

零件或产品在加工过程中的试验和检验。其目的是防止产生批量的不合格品，防止不合格品流入下道工序。

3.3

周期检验 periodic inspection

为判断在规定的周期(时间)内，生产过程的稳定性是否符合规定要求，从逐批检验合格的某批或若干批中抽取样本进行的试验和检验。

3.4

首件检验 first article inspection

在生产开始时(上班或换班)或工序因素调整后(调整工艺、工装、设备等)对制造的第一件或前几件进行的试验和检验。

3.5

巡回检验 tour inspection

也称流动检验，检验员在生产现场按一定的时间间隔对有关工序的产品质量和加工工艺进行的监督检验。

3.6

完工检验 end inspection

对某工序完工的一批产品进行的检验。

3.7

质量一致性检验 quality consistency inspection

也称最终检验、出厂检验或交收检验，由企业质检部门在生产线批量逐批检验合格的基础上所进行的入库前的把关检验，以确认产品生产过程中是否能保证产品质量的持续稳定，防止不合格品流入到用户手中。

4 第一方检验

4.1 过程检验

4.1.1 燃具或部件的过程检验应在生产车间实施。

4.1.2 燃具或部件的过程检验应包括首件检验、巡回检验和完工检验等。

4.1.3 燃具或部件装配工序必检项目应包含产品标准中A类不合格中的安全性能、操作性能及产品标志和产品说明书，见表1。

表 1　燃具或部件产品的装配工序全检项目

<table>
<tr><th>序号</th><th colspan="2">检验项目</th></tr>
<tr><td>1</td><td colspan="2">燃气系统气密性</td></tr>
<tr><td>2</td><td colspan="2">水路系统耐压性</td></tr>
<tr><td>3</td><td colspan="2">点火性能</td></tr>
<tr><td>4</td><td colspan="2">燃烧稳定性能</td></tr>
<tr><td>5</td><td rowspan="3">电气性能</td><td>接地电阻</td></tr>
<tr><td>6</td><td>泄漏电流</td></tr>
<tr><td>7</td><td>常态电气强度</td></tr>
<tr><td>8</td><td colspan="2">标志、说明书(安全条款)</td></tr>
</table>

4.1.4　过程检验不合格的产品应及时返工或做相应的处理。

4.2　质量一致性检验

4.2.1　抽样检验

4.2.1.1　燃具及部件质量一致性检验应包括但不仅限于最终检验、入库/出厂检验和交收检验等,抽样方案可依据本标准制定,也可根据供需双方实际情况协商确定,抽样检验示例参见附录 A。

4.2.1.2　供方和采购方应根据产品的质量要求、交付和验收的规定,经协商选用合理的验收抽样方案。具体协商内容如下:

a)　明确单位产品是否符合规定的判据及什么是合格品和不合格品。

b)　明确要求每个单位产品都合格还是批合格,当要求每个单位产品都合格时,不应采用抽样验收。

c)　选用抽样方案应以供方与采购方都可以接收的风险因素为基础。同时考虑平均样本量等其他因素。供方应了解批质量符合要求时被拒收的概率;采购方应了解批质量劣于某规定质量时被接收的概率。

d)　明确抽样方案及批接收与否的判据。

4.2.1.3　燃具产品逐批抽检应符合 GB/T 2828.1 的规定。抽样方案由供需双方确定,所选取的抽样方案的接收概率宜控制在 94%～96%。

4.2.1.4　具有相似质量水平的小批宜汇集成大批进行组批。

4.2.1.5　所需的样本应是随机抽取,可按 GB/T 10111 执行。

4.2.1.6　燃具或部件抽样检验项目见表 2。

表 2　燃具或部件抽样检验项目

序号	产品名称	检验项目
1	燃气灶具	气密性,燃烧工况,温升,安全性能,点火性能,热效率,电气性能,热负荷
2	燃气热水器(或采暖炉)	燃气系统气密性,水路系统耐压性,点火性能,燃烧工况,温升,安全装置性能,电气性能,热水性能,运行安全,热负荷
3	旋塞阀总成	气密性,材料

表 2（续）

序号	产品名称	检验项目
4	燃具火盖，灶头支架	尺寸，表面处理
5	灶具面板	耐热冲击、重力冲击、标志
6	烤箱内壁，烤盘，玻璃门	尺寸，表面处理
7	热水器燃烧器喷嘴	尺寸，表面处理，材质
8	热水器换热器	尺寸，耐压试验，材质
9	热水器外壳，管路	尺寸，表面处理
10	热水器旋塞阀，总成	气密性，点火性能
11	熄火保护	气密性，闭阀时间
12	机械定时器	尺寸，引线强度
13	膨胀式温控器	配合尺寸
14	陶瓷点火器	尺寸，初期输出电压
15	电子脉冲点火器	放电频率，初期输出电压
16	具有再点火功能的电子脉冲点火器	放电频率，初期输出电压，再点火时间
17	直流电源电子控制器	各种安全时间
18	遥控器（直流电源）	显示功能，调节功能
19	自动热水器控制器（交流电源）	安全时间，绝缘性能，耐电压强度
20	遥控器（交流电源）	显示功能，调节功能，遥控距离
21	水流开关，微动开关	尺寸，开关触点接触电阻
22	水气联动阀	尺寸，水密性，动作灵活性
23	燃气压差阀（膜片式）	尺寸，气密性，额定电流，绝缘电阻，引线强度
24	直流低压直动阀	尺寸，线圈电阻，气密性，关闭功能
25	交流或直流电磁阀	尺寸，气密性，关闭功能，耐电压强度
26	燃气比例阀	尺寸，关闭功能
27	热安全保护装置，倒烟保护装置	尺寸，动作温度，引线强度
28	风机总成	尺寸，耐电压强度，引线强度，风量，匝间绝缘电阻
29	交流变压器	耐电压强度，引线强度
30	膨胀水箱	尺寸，密封性
31	热交换器	尺寸，水流通量，密封性
32	水泵	尺寸，密封性，流量
33	风压开关	尺寸，开关触点接触电阻

4.2.1.7 批量为 10～250 的单批或孤立批燃具或部件的抽样应符合 GB/T 13264 的规定，或进行全检。

4.2.1.8 对于连续批，应采用 GB/T 2828.1 的转移规则。除非负责部门有指示，开始检验时应采用正常检验；产品逐批抽检方案的转移规则应符合表 3 的规定。在方案 AQL 值和样品批量不变的条件下，加严方案抽样量应符合 GB/T 2828.1 的规定。

表 3　抽样方案转移规则

转移方向	转移条件
正常检验→加严检验	连续不超过 5 批中有 2 批是不可接收的
加严检验→正常检验	连续 5 批被接收
正常检验→放宽检验	下列条件全部满足： a)　当前的转移得分至少是 30 分； b)　生产稳定； c)　负责部门认为放宽检验可取
放宽检验→正常检验	下列条件之一发生： a)　有一批放宽检查不被接收； b)　生产不稳定或延迟； c)　认为恢复正常检验正当的其他情况
加严检验→暂停检验	加严控制时，累计 5 批不被接收
暂停检验→加严检验	供应方改进了质量

4.2.1.9　当产品质量稳定时，按 GB/T 2828.3 执行跳批抽样程序。

4.2.1.10　检验的样品数量应等于方案给出的样本量。样本中发现的不合格品数小于或等于接收数时，应判该批接收，样本中发现的不合格品数大于或等于拒收数时，应判该批拒收。

4.2.1.11　对于拒收批，经过 100% 检验，剔除所有不合格品，并经过修理或调换合格品后，应再次提交批。

4.2.1.12　对于接收批，检验发现的不合格品，不应混入产品批。经负责部门批准可采取下列办法处理：

a)　经过返工修理并累积一个时期后，可作为混合批重新提交，但应对所有质量特征重新进行检验，检验的严格性由负责部门根据情况确定，但不得采用放宽检验；

b)　经过返修处理后，可返回原批重新提交；

c)　由生产方按照批准的不合格品处理办法重新处理；

d)　按使用方与生产方协商的办法处理；

e)　由生产方作废品处理。

4.2.2　周期检验

4.2.2.1　燃具及部件短周期抽样检验应符合 GB/T 2829 的规定。抽样方案应由生产方确定，但所选取的抽样方案的接收概率应控制在 94%～96%。

4.2.2.2　燃具及部件产品短周期检验项目宜包括工序检验中未检的产品标准中的 A 类不合格项和B 类不合格项。

4.2.2.3　产品短周期检验的时间应为 1 d～365 d。具体时间企业应根据批质量的稳定性和生产实际需要自行决定。

4.2.2.4　产品短周期检验后的处理应符合下列要求：

a)　短周期检验合格时，该周期的所有逐批检验合格的产品批，可整批交付定货或暂时入库。

b)　短周期检验不合格时，应采取下列步骤：

1)　应立即查明短周期检验不合格的原因，并报告上级负责部门；

2) 检查结果如发现是试验设备原因时，应允许纠正试验设备后重新进行周检；

3) 不是检验设备问题，但其造成短周期检验不合格的原因能马上纠正时，应允许用纠正后的产品重新短周期检查；

4) 短周期检验不合格的产品能通过筛选或处理予以纠正时，应允许纠正后的产品再进行周期检查；

5) 不是上述情况时，周期检验所代表的产品应立即停止逐批检查，已逐批检查合格的产品停止交货；已交货时，宜全部退回，或双方协议解决，同时停产整顿、限期纠正。

5 第二方检验

5.1 进货抽样检验

5.1.1 燃具或部件进货检验的检验方案可由供需双方协商确定，双方未确定检验方案时，可按 5.1.2～5.1.8 执行。

5.1.2 当产品是连续批时，应符合 GB/T 2828.1 的规定；当产品是孤立批时，应符合 GB/T 13264 的规定。

5.1.3 燃具或部件进货逐批检验项目应按表 2 确定。

5.1.4 燃具或部件进货逐批检验抽样方案可由使用方和生产方协商确定，但选取的抽样方案接收概率宜控制在 94%～96%。

5.1.5 燃具或部件进货逐批检验方案转移规则应符合表 3 的规定。

5.1.6 检验后判为合格应整批接收，同时应允许需方在协商的基础上向供货方提出附加条件；判为不合格的批宜全部退回供货方或由供货方与需方协商解决。

5.1.7 对于经逐批检验合格暂时尚未立即交付需方，若在库房存放超过一定时间(具体时间应在产品技术标准或订货合同中规定)时，应重新进行逐批检验，再次接收后方能交付需方；重新进行逐批检验的拒收批，应进行处理后再次提交检验批。

5.1.8 不合格品或不合格批的后处理应符合下列要求：

a) 不合格品的再提交需方有权拒收不合格品，拒收的不合格品可修理或校正，经过需方同意后，可按规定再次提交检验；

b) 不合格批的再提交，供货方在对不合格批进行百分之百检验基础上，将发现的不合格品剔除或修理好后，应允许再次提交检验。对于再提交检验的批，是使用正常检验还是加严检验，是检测所有类型的不合格还是仅仅检验造成批不合格的个别类型的不合格，均由需方决定。

5.2 进货周期检验

5.2.1 燃具或部件进货周期检验应符合 GB/T 2829 的规定，具体检验方案可由使用方和生产方协商确定，选取的抽样方案接收概率宜控制在 94%～96%。

5.2.2 燃具或部件进货周期检验的周期由企业根据部件批量和性质自行决定。

5.2.3 燃具或部件进货周期检验后的处理应符合 4.2.2.4 的规定。

6 第三方检验

6.1 型式检验

6.1.1 燃具型式检验的项目应为国家现行有关产品标准中全部要求。

6.1.2 企业应向相关检验机构提交型式检验的申请。

6.1.3 送检企业应按要求提供技术资料、样机和相关配件。

6.1.4 型式检验的同一型式可包括多个规格，只要这些不同规格产品符合技术法规（或产品标准）要求的相关强制性能的风险是相同的。家用燃具主检机型检验数量为2台（其中一台进行强制性能试验，另一台根据具体要求决定检验项目），差异性检验机型的检验数量为1台；商用燃具主检机型数量为1台。

6.1.5 型式检验应对样品按相关标准或要求进行试验，试验合格后应对样品的相关技术资料登记，登记的内容包括产品和配件的相关信息、材料、样机图片等，对产品型式检验的样品不符合要求时，应允许重新提供样品进行一次复检。

6.1.6 型式检验的样品应退还给企业。

6.1.7 企业后续开发的产品，如与原主检机型符合技术法规（或产品标准）要求的相关强制性能的风险是相同时，可申请型式扩充，型式扩充机型按差异性检验机型进行检验。

6.2 产品质量监督检验

燃具或部件的质量监督检验应按照相应部门的规定执行。

6.3 仲裁检验

安全事故仲裁应符合GB 17905的规定。

7 等级评定

7.1 评定原则

7.1.1 燃具或部件的质量分为A、B、C三个级别，A级质量等级为最高，其次为B级。

7.1.2 单台燃具或部件评定应按下列要求进行：

a) 当所有质量特征项目（单个部件作为一项）中至少有80%项目达到A级，其他指标均达到B级时，该台产品应评为A级产品；

b) 当所有质量特征项目（单个部件作为一项）中至少有80%项目达到B级及以上，其他指标均达到C级时，该台产品应评为B级产品；

c) 当所有质量特征项目（单个部件作为一项）均达到C级及以上时，该台产品应评为C级。

注：7.1.2和7.1.3中计算项目数出现小数时，采取四舍五入法。

7.1.3 产品批的评定，当采用抽检方式时应符合4.2.1的规定，并应符合下列要求：

a) 抽样检验的实施方应预先制订抽样方案；

b) 当批的质量以不合格品百分数表示时，样品的评定应符合7.1.2的规定；

7.1.4 整机或部件产品的质量等级评定的项目应包括7.2中与其相关的项目。

7.1.5 第三方合格评定机构应按6.1.2执行。

7.1.6 当生产商声明的测试要求更严格时，应以本标准规定的环境要求进行测试。

7.1.7 进行质量等级评定的产品应符合其对应的国家现行标准的规定。

7.1.8 企业自我声明产品质量等级时，应保留质量控制及检验的相关记录；由第三方认证时应建立完善的监管体系。

7.2 评定指标

7.2.1 家用燃气灶具

家用燃气灶具的质量等级特征指标应符合表4的规定。

表 4　家用燃气灶具质量等级特征指标

<table>
<tr><th rowspan="2">序号</th><th rowspan="2" colspan="2">质量特征</th><th colspan="3">质量特征值</th><th rowspan="2">试验方法</th></tr>
<tr><th>A</th><th>B</th><th>C</th></tr>
<tr><td>1</td><td colspan="2">一氧化碳浓度(α=1)/%</td><td>0.03</td><td>0.04</td><td>0.05</td><td rowspan="3">GB 16410</td></tr>
<tr><td>2</td><td rowspan="2">噪声/dB(A)</td><td>燃烧</td><td>55</td><td>60</td><td>65</td></tr>
<tr><td>3</td><td>熄火</td><td>75</td><td>80</td><td>85</td></tr>
<tr><td>4</td><td colspan="2">能效/%</td><td colspan="4">执行 GB 30720,分别与 1 级、2 级、3 级对应</td></tr>
<tr><td>5</td><td rowspan="2">表面温升/K</td><td>金属材料和带涂层的金属材料</td><td>31</td><td>33</td><td>35</td><td rowspan="5">GB 16410</td></tr>
<tr><td>6</td><td>非金属材料</td><td>41</td><td>43</td><td>45</td></tr>
<tr><td>7</td><td rowspan="2">熄火保护装置/s</td><td>开阀时间</td><td>3</td><td>7</td><td>15</td></tr>
<tr><td>8</td><td>闭阀时间</td><td>30</td><td>45</td><td>60</td></tr>
<tr><td>9</td><td colspan="2">热负荷偏差/%</td><td>±5</td><td>±8</td><td>±10</td></tr>
</table>

7.2.2　燃气热水器

燃气热水器的质量等级特征指标应符合表 5 的规定。

表 5　燃气热水器质量等级特征指标

<table>
<tr><th rowspan="2">序号</th><th rowspan="2" colspan="4">质量特征</th><th colspan="3">质量特征值</th><th rowspan="2">试验方法</th></tr>
<tr><th>A</th><th>B</th><th>C</th></tr>
<tr><td>1</td><td rowspan="5">一氧化碳浓度(α=1)/%</td><td rowspan="3">无风状态</td><td rowspan="2">非冷凝</td><td>自然排气式
强制排气式</td><td>0.04</td><td>0.05</td><td>0.06</td><td rowspan="2">GB 6932</td></tr>
<tr><td>2</td><td>自然给排气式
强制给排气式</td><td>0.05</td><td>0.08</td><td>0.10</td></tr>
<tr><td>3</td><td colspan="2">冷凝</td><td>0.04</td><td>0.08</td><td>0.10</td><td>CJ/T 336</td></tr>
<tr><td>4</td><td rowspan="2">有风状态</td><td colspan="2">非冷凝(不包括 D、Q 型)</td><td>0.06</td><td>0.10</td><td>0.14</td><td>GB 6932</td></tr>
<tr><td>5</td><td colspan="2">冷凝</td><td>0.06</td><td>0.12</td><td>0.20</td><td>CJ/T 336</td></tr>
<tr><td>6</td><td rowspan="2">噪声/dB(A)</td><td colspan="3">燃烧</td><td>59</td><td>62</td><td>65</td><td rowspan="2">GB 6932</td></tr>
<tr><td>7</td><td colspan="3">熄火</td><td>79</td><td>82</td><td>85</td></tr>
<tr><td>8</td><td rowspan="4">能效/%</td><td rowspan="2" colspan="2">非冷凝</td><td>η_1</td><td>91</td><td>89</td><td>86</td><td rowspan="2">GB 20665</td></tr>
<tr><td>9</td><td>η_2</td><td>87</td><td>85</td><td>82</td></tr>
<tr><td>10</td><td rowspan="2" colspan="2">冷凝</td><td>额定热效率</td><td>103</td><td>100</td><td>96</td><td rowspan="2">CJ/T 336</td></tr>
<tr><td>11</td><td>部分热效率</td><td>101</td><td>98</td><td>94</td></tr>
</table>

表 5（续）

序号	质量特征		质量特征值			试验方法
			A	B	C	
12	耐用性能/次	水气联动阀	70 000	60 000	50 000	GB 6932
13		防止不完全燃烧安全装置	2 000	1 500	1 000	
14		防干烧安全装置	2 000	1 500	1 000	
15		风机	40 000	30 000	20 000	
16		风压开关	70 000	60 000	50 000	
17	加热时间/s		25	30	35	
18	最小热负荷不大于额定负荷/%		25	30	35	
19	水温超调幅度(适用于具有自动恒温功能)/℃		±3	±4	±5	
20	热水产率/%		95	92	90	
21	耐振性能/min		50	40	30	

7.2.3 燃气采暖热水炉

燃气采暖热水炉的质量等级特征指标应符合表 6 的规定。

表 6 燃气采暖热水炉质量等级特征指标

序号	质量特征				质量特征值			试验方法
					A	B	C	
1	一氧化碳浓度($\alpha=1$)(极限热输入)/%				0.05	0.08	0.10	GB 25034
2	噪声/dB(A)	燃烧			55	60	65	
3		熄火			75	80	85	
4	能效/%	普通炉	采暖	η_1	92	90	89	GB 20665
5				η_2	89	87	85	
6			热水	η_1	91	90	89	
7				η_2	89	87	85	
8		冷凝炉	采暖	η_1	105	101	99	
9				η_2	101	97	95	
10			热水	η_1	102	98	96	
11				η_2	97	94	92	

表 6（续）

序号	质量特征			质量特征值			试验方法
				A	B	C	
12	耐用性能/次	感应或控制部件	每次受控停机都动作的部件	350 000	300 000	250 000	GB 25034
13			常开型阀	7 000	6 000	5 000	
14		火焰监控装置	热电式	7 000	6 000	5 000	
15			自动燃烧控制系统	350 000	300 000	250 000	
16		控制温控器		350 000	300 000	250 000	
17		过热保护和安全限温器	热循环(不启动)	6 500	5 500	4 500	
18			关机和复位	700	600	500	
19	采暖热输入调节准确度		偏差≥500 W/%	5	8	10	
20			偏差<500 W/W	300	400	500	

7.2.4 商用燃气具

商用燃气灶具的质量等级特征指标应符合表 7 的规定。

表 7 商用燃气灶具质量等级特征指标

序号	质量特征				质量特征值			试验方法
					A	B	C	
1	一氧化碳浓度($\alpha=1$)/%				0.015	0.05	0.10	CJ/T 451
2	噪声/dB(A)	炒菜灶	运行		执行 CJ/T 28,分别与一级、二级、三级对应			
3			熄火		55	65	85	CJ/T 28
4		大锅灶	运行		执行 CJ/T 392,分别与一级、二级、三级对应			
5			熄火		50	70	85	CJ/T 392
6		蒸箱	运行		CJ/T 187,分别与一级、二级、三级对应			
7			熄火		50	65	85	CJ/T 187
8		其他商用灶	运行	鼓风式	60	70	80	CJ/T 451
9				非鼓风式	50	65	80	
10			熄火		75	80	85	
11	能效/%				执行 GB 30531,分别与 1 级、2 级、3 级对应			
12	耐用性能/次		燃气阀门		24 000	18 000	12 000	CJ/T 28 CJ/T 187 CJ/T 392
13			点火装置		18 000	15 000	12 000	
14			熄火保护装置		15 000	10 000	7 000	
15	热负荷准确度/%				±5	±8	±10	CJ/T 451
16	使用期/年				8	6	4	生产商声明

7.2.5 部件

7.2.5.1 家用燃具旋塞阀总成的质量等级特征指标应符合表 8 的规定。

表 8 旋塞阀总成质量等级特征指标

序号	质量特征			质量特征值			试验方法
				A	B	C	
1	外部泄漏量/(mL/h)	DN<10 mm		40	50	60	CJ/T 393
2		10 mm≤DN≤25 mm		80	100	120	
3	内部泄漏量/(mL/h)	DN<10 mm		10	15	20	
4		10 mm≤DN≤25 mm		20	30	40	
5	恒温器内部气密性/(mL/h)	DN<15 mm		40	50	60	
6		15 mm≤DN≤25 mm		60	70	80	
7	衬垫耐燃气性	质量变化率应小于/%		6	8	10	
8	点火/次			15	12	10	
9	耐久性/次	压电点火装置		20 000	16 000	12 000	
10		旋塞阀	户外燃具	7 000	5 000	5 000	
11			小型采暖炉	20 000	15 000	10 000	
12			家用燃气灶	60 000	50 000	40 000	
13		恒温器	燃气灶和快速热水器	50 000	40 000	30 000	
14			其他型	7 000	6 000	5 000	
15		恒温器热循环		15 000	13 000	10 000	

7.2.5.2 家用燃具电子控制器的质量等级特征指标应符合表 9 的规定。

表 9 电子控制器质量等级特征指标

序号	质量特征		质量特征值			试验方法
			A	B	C	
1	热应力试验/次	高低温循环	55 000	50 000	45 000	CJ/T 421
		高温环境	3 500	3 000	2 500	
		低温环境	3 500	3 000	2 500	
		传感器或开关	6 000	5 500	5 000	
2	连续运行性能/次		350 000	300 000	250 000	

7.2.5.3 家用燃具自吸阀的质量等级特征指标应符合表 10 的规定。

表 10 自吸阀质量等级特征指标

序号	质量特征		质量特征值			试验方法
			A	B	C	
1	外部泄漏量/(mL/h)	DN<10 mm	10	15	20	CJ/T 132
2		10 mm≤DN≤25 mm	20	30	40	
3		25 mm<DN≤32 mm	40	50	60	
4	内部泄漏量/(mL/h)	DN<10 mm	10	15	20	
5		10 mm≤DN≤25 mm	20	30	40	
6		25 mm<DN≤32 mm	40	50	60	
7	耐久性/次	(60±5)℃	200 000	150 000	100 000	
8		(20±5)℃	400 000	300 000	200 000	

7.2.5.4 家用燃具自动截止阀的质量等级特征指标应符合表 11 的规定。

表 11 自动截止阀质量等级特征指标

序号	质量特征				质量特征值			试验方法
					A	B	C	
1	耐久性/次	操作循环次数	(60±5)℃	DN≤25 mm,开启时间≤1 s,最大工作压力≤10 kPa	200 000	150 000	100 000	CJ/T 346
2				DN≤25 mm,开启时间>1 s	70 000	60 000	50 000	
3				25 mm<DN≤50 mm	35 000	20 000	25 000	
4			(20±5)℃	DN≤25 mm,开启时间≤1 s,最大工作压力≤10 kPa	600 000	500 000	400 000	
5				DN≤25 mm,开启时间>1 s	250 000	200 000	150 000	
6				25 mm<DN≤50 mm	95 000	85 000	75 000	
7		灶具用	(60±5)℃		1 000 000	900 000	800 000	
8			(20±5)℃		300 000	250 000	200 000	

7.2.5.5 燃气热水器及采暖炉用热交换器的质量等级特征指标应符合表 12 的规定。

表 12 热交换器质量等级特征指标

序号	质量特征		质量特征值			试验方法
			A	B	C	
1	耐水冲击		200 000	150 000	100 000	CJ/T 469
2	耐冷热冲击	热水器	40	30	20	
3		采暖炉	120 000	100 000	80 000	
4	耐交变压力		200 000	150 000	100 000	

7.3 质量等级标志

7.3.1 产品质量等级标志应符合附录B的规定,且整机产品应牢固张贴于产品本身明显部位。

7.3.2 整机产品质量等级应在说明书及包装箱上注明,并应明示作出该质量等级评定的机构名称。

7.3.3 部件产品的质量等级应在合同中约定,且应在产品包装箱上注明。

7.3.4 整机表面不应标注部件的等级。

附　录　A
（资料性附录）
家用燃气器具旋塞阀总成产品批抽样检验示例及分析

A.1　产品质量标准

家用燃气器具旋塞阀总成产品批的合格标准和试验方法应符合本标准和 CJ/T 393—2012 的规定。

A.2　抽样方案

A.2.1　抽样方案准备

产品批数量为 3 000 件，根据产品批的数量、检验项目、相关 AQL 值及检验水平通过 GB/T 2828.1 检索相应的抽样方案，具体方案见表 A.1。

表 A.1　抽样方案

序号	方案类型	检验项目	不合格分类	检验水平	AQL			样本字码
					内控	合同	检验	
1	计件一次	燃气连接	A	一般Ⅱ	1.0	1.8	1.5	L
2	计件一次	额定流量	A	一般Ⅱ	1.0	1.8	1.5	L
3	计件一次	压电点火装置性能	B	一般Ⅱ	3.5	4.5	4.0	L
4	计件一次	器械恒温器的性能	B	一般Ⅱ	3.5	4.5	4.0	L

A.2.2　抽样方案

由样本字码 L 和 AQL=1.5(4.0)可从 GB/T 2828.1—2012 的表 2-A、表 2-B 和表 2-C 检索出旋塞阀总成正常、加严、放宽检验方案，转移规则和程序应符合 GB/T 2828.1 的规定。

A 类不合格分类项目：

正常检验方案：样本量 $n=200$，接收数 Ac=7，拒收数 Re=8；

加严检验方案：样本量 $n=200$，接收数 Ac=5，拒收数 Re=6；

放宽检验方案：样本量 $n=80$，接收数 Ac=5，拒收数 Re=6。

B 类不合格分类项目：

正常检验方案：样本量 $n=200$，接收数 Ac=14，拒收数 Re=15；

加严检验方案：样本量 $n=200$，接收数 Ac=12，拒收数 Re=13；

放宽检验方案：样本量 $n=80$，接收数 Ac=8，拒收数 Re=9。

A.3　抽样计划的分析与评价

A.3.1　分析与评价

运用样本字码和 AQL，可从 GB/T 2828.1—2012 的表 5-A、表 5-B、表 5-C 检索出正常、加严、放宽

检验的生产方风险 α(对一次抽样方案以未接收批的百分数表示);从 GB/T 2828.1—2012 的表 6-A、表 6-B、表 6-C 检索出正常、加严、放宽检验的生产方风险质量(对一次抽样方案以不合格百分数表示,适用于不合格品百分数检验);从 GB/T 2828.1—2012 的表 8-A、表 8-B 检索出正常、加严平均检出质量上限,具体见表 A.2 和表 A.3。

表 A.2 A 类不合格项抽样检验方案评价表

检验种类	生产方风险	生产方风险质量	使用方风险	使用方风险质量	抽样方案鉴别力	平均检出质量上限
正常检验	1.13	1.5	10	5.82	2.90	2.24
加严检验	8.24	1.5	10	4.59	3.50	1.59
放宽检验	0.720	1.5	10	9.74	—	—

表 A.3 B 类不合格项抽样检验方案评价表

检验种类	生产方风险	生产方风险质量	使用方风险	使用方风险质量	抽样方案鉴别力	平均检出质量上限
正常检验	1.52	4.0	10	9.91	2.12	4.73
加严检验	5.99	4.0	10	8.76	2.25	4.00
放宽检验	0.468	4.0	10	15.7	—	—

A.3.2 结论

A.3.2.1 所有检测项目样本中含有的不合格品数均小于接收数时,接收该批。

A.3.2.2 产品批的质量分级应符合 7.1.3 的规定。

A.3.2.3 可根据产品批的实际被接收的百分比判断产品的实际质量水平。

A.3.2.4 生产方可根据分析和预测的结果对成本核算、质量控制、售后服务及风险预案等进行控制。

A.3.2.5 使用方可根据分析和预测的结果对本单位产品的质量和使用风险进行预测。

附 录 B
（规范性附录）
质量等级标志

B.1 产品质量等级标志

燃气燃烧器具的产品质量等级标识应符合图B.1、图B.2和图B.3的规定。

图B.1 产品质量等级为A级的标志

图B.2 产品质量等级为B级的标志

图 B.3 产品质量等级为 C 级的标志

B.2 标志要求

B.2.1 颜色

绿色图案颜色应为 RGB(0,255,0),黄色图案颜色应为 RGB(255,255,0),红色图案颜色应为 RGB(255,0,0);标志中黑色字体颜色应为 RGB(0,0,0),蓝色字体颜色应为 RGB(0,0,255)。

B.2.2 尺寸

标志图案的尺寸应符合图 B.4 的规定,可等比例缩放使用。

单位为毫米

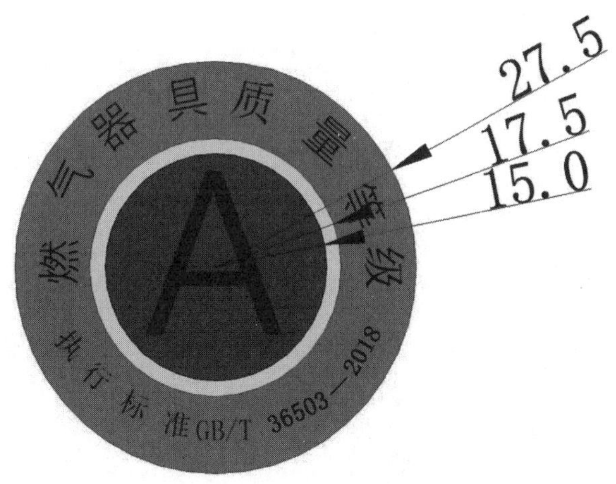

图 B.4 标志图案尺寸

B.2.3 文字

B.2.3.1 图案中"燃气器具质量等级"字体高度应为 5.5 mm,字体应为宋体,均匀分布绿色区域上半部,字体朝向圆心。

B.2.3.2 图案中"执行标准 GB/T 36503—2018"字体高度应为 4.0 mm,字体应为宋体,均匀分布绿色区域下半部,字体朝向圆心。

B.2.3.3 图案中心字母字体高度应为 22.0 mm,位于红色图案的中央。

ICS 91.140.610
P 46

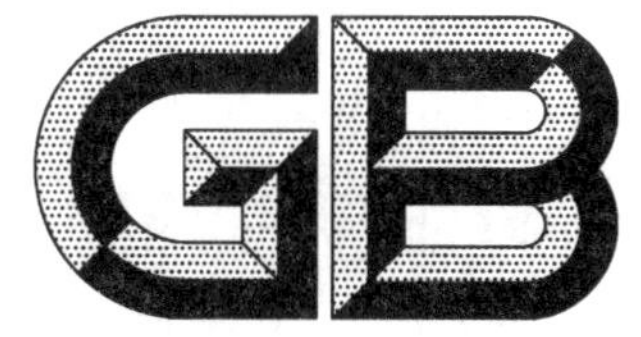

中华人民共和国国家标准

GB/T 37261—2018

城镇供热管道用球型补偿器

Ball joint compensator for district heating system

2018-12-28 发布　　2019-11-01 实施

国家市场监督管理总局
中国国家标准化管理委员会　发布

前　言

本标准按照GB/T 1.1—2009给出的规则起草。

本标准由中华人民共和国住房和城乡建设部提出。

本标准由全国城镇供热标准化技术委员会(SAC/TC 455)归口。

本标准起草单位:大连益多管道有限公司、北京市建设工程质量第四检测所、华南理工大学建筑设计研究院、国家仪器仪表元器件质量监督检验中心、西安城市热力规划设计院、中国市政工程东北设计研究总院有限公司、青岛能源设计研究院有限公司、济南市热力设计研究院、北京市航天兴华波纹管制造有限公司。

本标准主要起草人:韩德福、孙永林、贾博、王友刚、郭林轩、白冬军、王钊、于振毅、吴谨、李治东、王瑞清、张立波、谷向东。

城镇供热管道用球型补偿器

1 范围

本标准规定了城镇供热管道用球型补偿器的术语和定义、分类和标记、一般要求、检验要求、检验方法、检验规则、干燥与涂装、标识、包装、运输和贮存。

本标准适用于设计压力不大于2.5 MPa,热水介质设计温度不大于200 ℃、蒸汽介质设计温度不大于350 ℃,管道公称直径不大于1 600 mm,用于吸收任一平面上角向位移的球型补偿器的生产制造和检验等。

2 规范性引用文件

下列文件对于本文件的应用是必不可少的。凡是注日期的引用文件,仅注日期的版本适用于本文件。凡是不注日期的引用文件,其最新版本(包括所有的修改单)适用于本文件。

GB/T 150.2 压力容器 第2部分:材料

GB/T 150.3 压力容器 第3部分:设计

GB/T 196 普通螺纹 基本尺寸

GB/T 699 优质碳素结构钢

GB/T 711 优质碳素结构钢热轧钢板和钢带

GB/T 713 锅炉和压力容器用钢板

GB/T 985.1 气焊、焊条电弧焊、气体保护焊和高能束焊的推荐坡口

GB/T 985.2 埋弧焊的推荐坡口

GB/T 1348 球墨铸铁件

GB/T 1804—2000 一般公差 未注公差的线性和角度尺寸的公差

GB/T 3077 合金结构钢

GB/T 3274 碳素结构钢和低合金结构钢热轧钢板和钢带

GB/T 3420 灰口铸铁管件

GB/T 8163 输送流体用无缝钢管

GB/T 8923.1—2011 涂覆涂料前钢材表面处理 表面清洁度的目视评定 第1部分:未涂覆过的钢材表面和全面清除原有涂层后的钢材表面的锈蚀等级和处理等级

GB/T 9119 板式平焊钢制管法兰

GB/T 9124 钢制管法兰技术条件

GB/T 9125 管法兰连接用紧固件

GB/T 11379 金属覆盖层 工程用铬电镀层

GB/T 30583 承压设备焊后热处理规程

JB/T 4711 压力容器涂敷与运输包装

JB/T 6617 柔性石墨填料环技术条件

JB/T 7370 柔性石墨编织填料

JB/T 7758.2 柔性石墨板技术条件

NB/T 47013.2—2015 承压设备无损检测 第2部分:射线检测

NB/T 47013.5—2015 承压设备无损检测 第5部分:渗透检测

NB/T 47014 承压设备焊接工艺评定

3 术语和定义

下列术语和定义适用于本文件。

3.1

球型补偿器 ball joint compensator

以球体相对壳体的折曲运动和转动来吸收管道位移的装置。

3.2

球体 ball

可在最大折曲角范围内自由折曲、转动,且一端与管道连接的球形元件。

3.3

壳体 housing

容纳球体、球瓦、密封环及密封填料,且一端与管道连接的元件。

3.4

球瓦 ball bushing

用来承受热网内压推力,并能与球体和壳体形成密封函的元件。

3.5

注料嘴 injection nozzle

用来给密封函填注密封填料的装置。注料嘴分普通式和旋阀式。普通式注料嘴是只在热网停止运行时给密封函填加密封填料;旋阀式注料嘴可在热网运行/停止运行时给密封函填加密封填料。

3.6

折曲角 angular flex

以球体的球心为中心,球体相对于壳体的转动角度。

3.7

密封填料 sealing packing

对介质起密封作用的材料。

3.8

密封环 sealing ring

阻挡密封填料向外泄漏,同时也对管道输送介质起密封作用的环状元件。

3.9

烧蚀率 ablation rate

密封材料在工作介质温度的作用下,部分物质发生物理和化学变化而损失的质量分数。

4 分类和标记

4.1 分类

4.1.1 按注料嘴型式可分为普通式和旋阀式。

4.1.2 按端口连接型式可分为焊接连接和法兰连接。

4.2 标记

4.2.1 标记的构成及含义

补偿器标记的构成及含义:

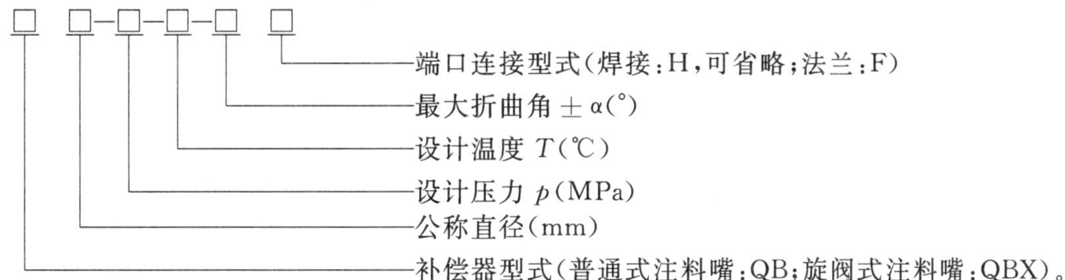

4.2.2 标记示例

端口连接型式为法兰连接,最大折曲角为±13°、设计温度为150 ℃、设计压力为1.6 MPa、公称直径为600 mm、注料嘴型式为普通式的球型补偿器标记为:QB 600-1.6-150-13F。

5 一般要求

5.1 结构

补偿器结构示意图见图1。

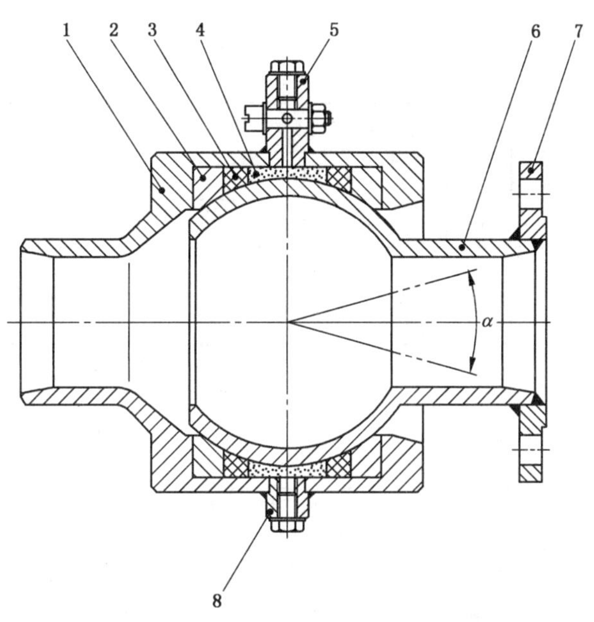

说明:

1——壳体;

2——球瓦;

3——密封环;

4——密封填料;

5——旋阀式注料嘴;

6——球体;

7——法兰;

8——普通式注料嘴;

α——最大折曲角。

图1 补偿器结构示意图

5.2 连接端口

5.2.1 连接端口为焊接连接时，连接端口的焊接坡口尺寸及型式应符合 GB/T 985.1、GB/T 985.2 的规定。坡口表面不应有裂纹、分层、夹杂等缺陷。

5.2.2 连接端口为法兰连接时，法兰应符合 GB/T 9119、GB/T 9124 的规定，当用户有特殊要求时可按用户要求执行。

5.2.3 连接端口采用其他特殊连接时，可按用户的要求执行。

5.3 部件

5.3.1 球体和壳体

5.3.1.1 球体和壳体可采用不同的工艺制作，但同一台补偿器应采用相同的材料。

5.3.1.2 壳体、球体材料的许用应力应按 GB/T 150.2 的规定执行，强度校核应按 GB/T 150.3 规定的方法执行。

5.3.1.3 壳体和球体应能承受设计压力和压紧填料的作用力。壳体和球体的圆周环向应力不应大于设计温度下材料许用应力。

5.3.1.4 球体和壳体材料应符合表 1 的规定。

表 1 球体和壳体材料

工作温度/℃	常用材料	执行标准
≤300	Q235B/C	GB/T 3274
	20	GB/T 711、GB/T 8163
	Q345	GB/T 8163、GB/T 3274
	Q245R	GB/T 713
≤350	Q345R	GB/T 713
	15CrMo	GB/T 3077
	15CrMoR	GB/T 713

5.3.2 球瓦

5.3.2.1 球瓦应采用铸造或锻造制造。

5.3.2.2 球瓦应能承受设计压力下，2 倍以上介质所产生的内压轴向力。

5.3.2.3 球瓦不应有冷隔、裂纹、气孔、疏松等缺陷。

5.3.2.4 球瓦与球体接触的内表面粗糙度不应大于 *Ra*3.2。

5.3.2.5 球瓦材料可按表 2 的规定选取。

表 2 球瓦材料

工作温度/℃	材料	执行标准
≤200	灰口铸铁	GB/T 3420
≤350	球墨铸铁	GB/T 1348

5.3.3 密封环

5.3.3.1 密封环应采用柔性石墨编织填料或柔性石墨填料环制作。当密封环采用柔性石墨编织填料时，应符合 JB/T 7370 的规定；当采用柔性石墨填料环时，应符合 JB/T 6617 的规定。

5.3.3.2 密封环的设计温度应大于补偿器设计温度 50 ℃以上。

5.3.3.3 密封环在 350 ℃下的烧蚀率应小于 5%，在 450 ℃下的烧蚀率应小于 15%。

5.3.3.4 密封环压缩率不应小于 25%，回弹率不应小于 12%。

5.3.3.5 密封环应对球体、壳体和球瓦无腐蚀。

5.3.3.6 密封环应对使用介质无污染，且不应使用再生材料。

5.3.4 密封填料

5.3.4.1 密封填料可为密封材料和高温润滑剂配制的鳞片状或泥状物。密封材料与球体接触表面的摩擦系数不应大于 0.15，且应具有一定的自润滑性。当密封填料采用柔性石墨时，柔性石墨的润滑与密封性应符合 JB/T 7758.2 的规定。

5.3.4.2 密封填料在设计压力和设计温度下运行时应无泄漏。

5.3.4.3 密封填料在 350 ℃下的烧蚀率应小于 5%，在 450 ℃下的烧蚀率不应大于 15%。

5.3.4.4 密封填料压缩率不应小于 25%，回弹率不应小于 35%。

5.3.4.5 密封填料与球体接触表面的摩擦系数不应大于 0.15。

5.3.4.6 密封填料应具有良好的可注入性。

5.3.4.7 密封填料应具有较好的化学稳定性和相容性，对球体、壳体和球瓦等元件应无腐蚀。

5.3.4.8 密封填料不应污染使用介质。

5.3.4.9 密封填料当采用其他密封材料时，不应低于柔性石墨的密封性能。

5.3.5 注料嘴

5.3.5.1 注料嘴的阀体和阀芯，应符合 GB/T 699 中碳素钢的规定。

5.3.5.2 注料嘴的螺纹应符合 GB/T 196 的规定。

5.3.6 法兰连接紧固件

5.3.6.1 连接端口采用法兰连接时，螺栓和螺母等紧固件应符合 GB/T 9125 的规定。

5.3.6.2 法兰表面及紧固件应进行防锈处理。

5.4 焊接和热处理

5.4.1 焊接工艺评定应按 NB/T 47014 的规定进行。

5.4.2 在机加工前，应对球体和壳体等元件按 GB/T 30583 的规定进行热处理。

5.5 装配

5.5.1 与球体接触的球瓦表面上应涂减阻材料，球瓦与球体接触表面的摩擦系数不应大于 0.15。

5.5.2 球体、球瓦装入壳体后，在未装入填料前，应转动球体 2 次～3 次，球体应转动灵活，不应有卡死现象或异常声音，并应按设计或用户要求调整球体折曲角，然后进行封装和注料。

5.5.3 当采用柔性石墨编织填料或带切口的填料环做密封环安装时，接口应与壳体轴线呈 45°的斜面，各圈的填料接口宜呈 45°相互错开，逐圈装入压紧，各圈填料内表面和球体的接触面不应有空隙。

5.5.4 填料应从对称位置依次循环注入，直到密封腔内压力均衡，并应达到所需密封压力。

5.6 使用寿命

补偿器在正常使用和维护下，工作介质为热水时，使用寿命不应小于 30 年，工作介质为蒸汽时，使用寿命不应小于 20 年。

6 检验要求

6.1 外观

6.1.1 补偿器的外表面应无锈斑、氧化皮及其他异物等。

6.1.2 补偿器的外表面涂层应均匀、平整、光滑，不应有流淌、气泡、龟裂和剥落等缺陷。

6.2 球体镀铬

6.2.1 球体工作表面应镀铬，并应符合 GB/T 11379 的规定。

6.2.2 球体工作表面的镀铬层应均匀，不应有损伤、脱皮、斑点及变色，不应有对强度、寿命和工作可靠性有影响的压痕、划伤等缺陷。

6.2.3 球体工作表面的镀铬层厚度不应小于 0.03 mm，镀铬层表面粗糙度不应大于 *Ra*1.6，镀铬层表面硬度不应小于 60 HRC。

6.3 焊接质量

6.3.1 焊缝外观应符合下列规定：

a) 焊缝的错边量不应大于壁厚的 15%，且不应大于 3 mm。
b) 焊缝的咬边深度不应大于 0.5 mm，咬边连续长度不应大于 100 mm，咬边总长度不应大于焊缝总长度的 10%。
c) 角焊缝焊脚高度取焊件中较薄件的厚度，对焊焊缝表面应与母材圆滑过渡，焊缝余高应为焊件中较薄件厚度的 0%～15%，且不应大于 4 mm。
d) 焊缝和热影响区表面不应有裂纹、气孔、分层、弧坑和夹渣等缺陷。

6.3.2 焊缝无损检测应符合下列规定：

a) 球体和壳体的纵向和环向对接焊缝等受压元件应采用全熔透焊接，焊接后应进行 100% 射线检测，质量不应低于 NB/T 47013.2—2015 规定的Ⅱ级。
b) 球体上的组焊插接环向焊缝、壳体上的组焊插接环向焊缝应进行 100% 渗透检测，质量应符合 NB/T 47013.5—2015 规定的Ⅰ级。
c) 当焊缝产生不允许的缺陷时应进行返修，并应重新进行无损检测。同一部位焊缝返修次数不应大于 2 次。

6.4 尺寸偏差

6.4.1 管道连接端口相对补偿器轴线的垂直度偏差不应大于补偿器公称直径的 1%，且不大于 4 mm。

6.4.2 连接端口的圆度偏差不应大于补偿器公称直径的 0.8%，且不应大于 3 mm。

6.4.3 补偿器与管道连接端口的外径偏差不应大于补偿器公称直径的 ±0.5%，且不应大于 ±2 mm。

6.4.4 补偿器与管道连接端口的法兰尺寸偏差应符合 GB/T 9124 的规定。

6.4.5 其他尺寸偏差的线性公差应符合 GB/T 1804—2000 中 m 级的规定。

6.5 强度和密封性

6.5.1 补偿器在设计压力下，不应有开裂等缺陷。

6.5.2 补偿器在设计压力下,应无泄漏。

6.6 转动性能和转动力矩

6.6.1 转动时不应有卡死现象或异常声音。

6.6.2 补偿器的最大转动力矩应符合设计要求。

6.7 折曲角

补偿器的最大折曲角不应大于±15°,偏差为-0.5°。

6.8 设计转动循环次数

6.8.1 补偿器的设计转动循环次数不应小于1 000次。

6.8.2 间歇运行及停送频繁的供热系统应根据实际运行情况与用户协商确定设计转动循环次数。

7 检验方法

7.1 外观

外观检验可采用目测方法进行检验。

7.2 球体镀铬

7.2.1 球体镀铬层的表面可采用目测方法进行检验,并应符合6.2.2的规定。

7.2.2 球体镀铬层的检验方法应按GB/T 11379的规定执行,并应采用经检验合格的仪器进行检验。

7.2.3 球体镀铬层检验使用的仪器及其准确度应按表3的规定执行。

表3 球体镀铬层检验使用的仪器及其准确度

检验项目	检验仪器	测量单位	准确度
镀铬层厚度	超声测厚仪	μm	±(1+3%*H*) μm(*H*:0 μm~99 μm)
表面粗糙度	粗糙度仪	μm	±10%
表面硬度	超声波硬度仪(计)	HR	±2 HRC
"*H*"为校准片的实际厚度值。			

7.3 焊接质量

7.3.1 焊接外观采用目测和量具进行检验,量具应使用焊缝规和焊缝检验尺,量具准确度应符合表4的规定。

7.3.2 无损检测应符合下列规定:

a) 射线检测方法应按NB/T 47013.2的规定执行。

b) 渗透检测方法应按NB/T 47013.5的规定执行。

7.4 尺寸偏差

7.4.1 尺寸偏差应采用经检验合格的量具进行检验。

7.4.2 尺寸偏差检验使用的量具及其准确度应按表4的规定执行。

表 4 尺寸偏差检验使用的量具及其准确度

检验项目	量具	测量单位	准确度
尺寸测量	钢直尺、钢卷尺	mm	±1.0 mm
	游标卡尺	mm	±0.02 mm
	千分尺	mm	0.01 mm
	螺纹量规	mm	U=0.003 mm k=2
	塞尺	mm	±0.05 mm
	焊缝检验尺	mm	±0.05 mm
垂直度、角度偏差	角度尺	(°)	±2°

7.5 强度和密封性

7.5.1 强度和密封性检验介质应采用洁净水,水的氯离子的含量不应大于 25 mg/L。

7.5.2 检验应采用 2 个经过校正,且量程相同的压力表,压力表的准确度不应低于 1.5 级,量程应为检验压力的 1.5 倍～2 倍。

7.5.3 检验时的环境温度不应低于 5 ℃。

7.5.4 强度检验压力应为 1.5 倍设计压力,且不应小于 0.6 MPa。密封性检验压力应为 1.1 倍设计压力。

7.5.5 强度和密封性检验应在图 A.1 检验台上进行。检验设备应能满足补偿器强度检验压力和密封方面的要求。

7.5.6 强度检验时,应先将压力缓慢升至强度检验压力,稳压 10 min,检查补偿器,不应有目视可见的变形、开裂等缺陷。然后将检验压力降至密封性检验压力,稳压 30 min,检查压力表,不应有压力降;检查补偿器,任何部位不应有渗漏,球体镀铬层完整。

7.6 转动性能和转动力矩

转动性能和转动力矩的检验方法按附录 A 的规定执行。

7.7 折曲角

7.7.1 检验可在图 A.1 检验设备上进行。

7.7.2 使球体与壳体的轴心线重合后,将球体相对于壳体分别向相反的方向转动到极限位置,用角度尺进行检测,角度尺的准确度应符合表 4 的规定。

7.8 设计转动循环次数

7.8.1 设计转动循环次数检验应在图 A.1 检验设备上进行。

7.8.2 检验温度为常温,检验过程中应保持设计压力。

7.8.3 球体按最大折曲角相对壳体做一次完整的往复运动为一个循环。

7.8.4 检验转动循环次数应为设计转动循环次数的 1.25 倍。

7.8.5 检验时将壳体固定,在最大折曲角度范围内做往复折曲循环运动。折曲循环的速度不应大于 4 次/min。达到检验循环次数后,继续保压 30 min 以上。

7.8.6 保压完成后,将试验压力降为常压,目测球体、阀体,应无开裂、渗漏等缺陷。

8 检验规则

8.1 检验类别

补偿器的检验分为出厂检验和型式检验。检验项目应按表5的规定执行。

表5 检验项目

序号	检验项目	出厂检验	型式检验	检验要求	检验方法
1	外观	√	√	6.1	7.1
2	球体镀铬	√	√	6.2	7.2
3	焊接质量	√	√	6.3	7.3
4	尺寸偏差	√	√	6.4	7.4
5	强度和密封性	√	√	6.5	7.5
6	转动性能和转动力矩	√	√	6.6	7.6
7	折曲角	—	√	6.7	7.7
8	设计转动循环次数	—	√	6.8	7.8
注："√"为检验项目,"—"为非检验项目。					

8.2 出厂检验

8.2.1 出厂检验应按表5的内容,逐个进行检验,合格后方可出厂。

8.2.2 出厂时应附检验合格证。

8.3 型式检验

8.3.1 当出现下列情况之一时,应进行型式检验:

a) 新产品定型、老产品转产生产时。

b) 正式生产后,产品的结构、材料或工艺有重大改变可能影响产品性能时。

c) 产品停产超过1年后,重新恢复生产时。

d) 出厂检验结果与上次型式检验有较大差异时。

e) 连续生产每4年时。

8.3.2 检验样品数量和抽样方法应符合下列规定:

a) 抽样可以在生产线的终端经检验合格的产品中随机抽取,也可以在产品库中随机抽取,或者从已供给用户但未使用并保持出厂状态的产品中随机抽取。

b) 每一个规格供抽样的最少基数和抽样数按表6的规定。到用户抽样时,供抽样的最少基数不受限制,抽样数仍按表6的规定。

c) 对整个系列产品进行质量考核时,根据该系列范围大小情况从中抽取2个~3个典型规格进行检验。

表 6 抽样数量

公称直径	抽样基数/台	抽样数量/台
≤DN300	6	2
DN350～DN500	3	1
≥DN600	2	1

8.3.3 合格判定应符合下列规定：

a) 当所有样品全部检验项目符合要求时，判定补偿器型式检验合格。

b) 按表 5 第 1 项检验，当不符合要求时，则判定该批次补偿器型式检验不合格。

c) 按表 5 第 2 项～8 项检验，当有不符合要求时，应加倍取样复验，若复验符合要求，则判定补偿器型式检验合格；当复验仍有不合格项目时，则判定补偿器型式检验不合格。

9 干燥与涂装

9.1 检验完成后应将试件中的水排尽，并应对表面进行干燥处理。

9.2 补偿器检验合格后，球体镀铬外露表面及焊接坡口处应涂防锈油脂，其他外露表面应喷涂防锈漆，防锈漆的耐温应符合设计的要求，可采用底漆＋面漆，防锈漆的总厚度不应小于 50 μm。

9.3 喷漆表面锈蚀等级不应低于 GB/T 8923.1—2011 中的 C 级。喷涂漆前表面应进行预处理，去除铁锈、轧钢鳞片、油脂、灰尘、漆、水分或其他沾染物，表面除锈等级应符合 GB/T 8923.1—2011 中的 Sa2 1/2或 St3 的规定。

10 标识、包装、运输和贮存

10.1 标识

10.1.1 在每个补偿器壳体上应设固定的、耐腐蚀的标识铭牌。标识应标注下列内容：

a) 制造单位名称和出厂编号；

b) 产品名称及型号；

c) 公称直径(mm)；

d) 设计压力(MPa)；

e) 设计温度(℃)；

f) 最大折曲角(± °)；

g) 外形尺寸(mm)；

h) 质量(kg)；

i) 制造日期。

10.1.2 推荐介质由球体侧向壳体侧流动。若订货协议对介质流向有要求，按要求喷涂介质流向箭头。

10.2 包装

10.2.1 补偿器的包装应符合 JB/T 4711 的规定。

10.2.2 补偿器的内腔应进行防护，防止外物进入。

10.2.3 补偿器应提供下列文件：

a) 产品合格证；

b） 密封填料、球体和壳体的材料质量证明文件；
c） 强度检验、无损检测结果报告；
d） 安装及使用维护保养说明书；
e） 组装简图及主要部件明细表。

10.3 运输与贮存

10.3.1 补偿器运输和贮存时应垂直放置。

10.3.2 补偿器运输和贮存时应对连接端口进行临时封堵。

10.3.3 补偿器运输和贮存时应防止损伤。

10.3.4 补偿器吊装时应使用适宜的吊装带。

10.3.5 补偿器应存放在清洁、干燥和无腐蚀气体的场所，不应受潮和雨淋。

附 录 A
（规范性附录）
转动力矩的检验方法

A.1 检验条件

A.1.1 转动力矩检验应在强度检验合格后进行。

A.1.2 转动力矩检验前应对测量仪表进行检定，检验应采用 2 个经过校正且量程相同的压力表，压力表的准确度不应低于 1.5 级，量程应为检验压力的 1.5 倍～2 倍。

A.1.3 转动力矩检验应采用洁净水，水的氯离子的含量不应大于 25 mg/L。水温不应低于 5 ℃。

A.1.4 转动力矩检验应在检验台上进行，检验示意图见图 A.1。

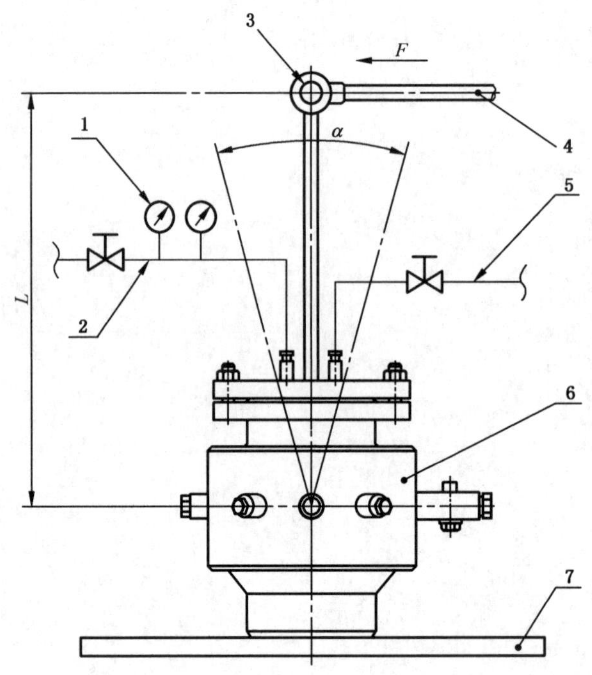

说明：
1 ——压力表；
2 ——注水管路；
3 ——压力传感器；
4 ——加力装置；
5 ——排气管路；
6 ——补偿器；
7 ——检验台；
F——推力；
L——力臂长度；
α ——折曲角。

图 A.1 转动力矩检验示意图

A.2 测量方法

A.2.1 按图 A.1 所示方式连接好检验设备。

A.2.2 水压加至补偿器的设计压力。

A.2.3 在整个检验过程中，补偿器的密封结构不应出现渗漏，试件中的水压应保持压力稳定，压力偏差不应大于±1%。

A.2.4 加力装置从图中的右侧限位($\alpha/2$)向左侧运动，达到左侧限位($\alpha/2$)后再向右侧运动，回到右侧限位($\alpha/2$)后又向左侧运动，如此反复数次。球体转动时应无卡死现象或异常声音，运动稳定时记录加力装置上压力传感器的最小推力 F。

A.3 转动性能

球体转动时应无卡死现象或异常声音。

A.4 转动力矩

转动力矩按式(A.1)确定：

$$M = F \times L \qquad \text{(A.1)}$$

式中：

M ——转动力矩，单位为千牛米(kN·m)；

F ——推力，单位为千牛(kN)；

L ——力臂长度，单位为米(m)。

ICS 91.140.10
P 46

中华人民共和国国家标准

GB/T 37827—2019

城镇供热用焊接球阀

Welded ball valve for urban heating

2019-08-30 发布 2020-07-01 实施

国家市场监督管理总局
中国国家标准化管理委员会 发布

前　言

本标准按照GB/T 1.1—2009给出的规则起草。

本标准由中华人民共和国住房和城乡建设部提出。

本标准由全国城镇供热标准化技术委员会(SAC/TC 455)归口。

本标准起草单位:中国市政工程华北设计研究总院有限公司、河北通奥节能设备有限公司、北京市建设工程质量第四检测所、江苏威尔迪威阀业有限公司、文安县洁兰特暖通设备有限公司、河北同力自控阀门制造有限公司、替科斯科技集团有限责任公司、天津卡尔斯阀门股份有限公司、雷蒙德(北京)科技股份有限公司、天津国际机械有限公司、河北光德流体控制有限公司、江苏沃圣阀业有限公司、浙江卡麦隆阀门有限公司、太原市热力设计有限公司、河北华热工程设计有限公司、合肥热电集团有限公司、牡丹江热力设计有限责任公司、西安市热力总公司、太原市热力集团有限责任公司、牡丹江热电有限公司。

本标准主要起草人:王淮、廖荣平、燕勇鹏、蒋建志、赵志楠、王志强、白冬军、徐长林、郭洪涛、马景岗、谢超、淳于小光、张贺芳、王兵、陈乾才、韩芝龙、邹兴格、梁鹂、张骐、高永军、高斌、王军、张建伟、于黎明。

城镇供热用焊接球阀

1 范围

本标准规定了城镇供热用焊接球阀的术语和定义、标记和参数、结构、一般要求、要求、试验方法、检验规则、标志、防护、包装和贮运。

本标准适用于公称尺寸小于或等于 DN1600、公称压力小于或等于 PN25、使用温度为 0 ℃～180 ℃，使用介质为水的焊接球阀(以下简称“球阀”)。

2 规范性引用文件

下列文件对于本文件的应用是必不可少的。凡是注日期的引用文件，仅注日期的版本适用于本文件。凡是不注日期的引用文件，其最新版本(包括所有的修改单)适用于本文件。

GB/T 150.1 压力容器 第1部分:通用要求

GB/T 150.3 压力容器 第3部分:设计

GB/T 150.4 压力容器 第4部分:制造、检验和验收

GB/T 223(所有部分) 钢铁及合金化学分析方法

GB/T 228.1 金属材料 拉伸试验 第1部分:室温试验方法

GB/T 229 金属材料 夏比摆锤冲击试验方法

GB/T 231.1 金属材料 布氏硬度试验 第1部分:试验方法

GB/T 713 锅炉和压力容器用钢板

GB/T 985.1 气焊、焊条电弧焊、气体保护焊和高能束焊的推荐坡口

GB/T 985.2 埋弧焊的推荐坡口

GB/T 1047 管道元件 DN(公称尺寸)的定义和选用

GB/T 1048 管道元件 PN(公称压力)的定义和选用

GB/T 1220 不锈钢棒

GB/T 3077 合金结构钢

GB/T 3091 低压流体输送用焊接钢管

GB/T 3274 碳素结构钢和低合金结构钢热轧钢板和钢带

GB/T 4237 不锈钢热轧钢板和钢带

GB/T 7306.2 55°密封管螺纹 第2部分:圆锥内螺纹与圆锥外螺纹

GB/T 8163 输送流体用无缝钢管

GB/T 9113 整体钢制管法兰

GB/T 9119 板式平焊钢制管法兰

GB/T 9124 钢制管法兰 技术条件

GB/T 9711 石油天然气工业 管线输送系统用钢管

GB/T 12223 部分回转阀门驱动装置的连接

GB/T 12224 钢制阀门 一般要求

GB/T 12228　通用阀门　碳素钢锻件技术条件

GB/T 13927—2008　工业阀门　压力试验

GB/T 14976　流体输送用不锈钢无缝钢管

GB/T 30308　氟橡胶　通用规范和评价方法

GB 50235—2010　工业金属管道工程施工规范

JB/T 106　阀门的标志和涂漆

NB/T 47008　承压设备用碳素钢和合金钢锻件

NB/T 47010　承压设备用不锈钢和耐热钢锻件

NB/T 47013.2—2015　承压设备无损检测　第2部分：射线检测

NB/T 47013.3—2015　承压设备无损检测　第3部分：超声检测

NB/T 47013.5—2015　承压设备无损检测　第5部分：渗透检测

NB/T 47014　承压设备焊接工艺评定

QB/T 3625　聚四氟乙烯板材

QB/T 4041　聚四氟乙烯棒材

3　术语和定义

下列术语和定义适用于本文件。

3.1

全焊接球阀　fully welded body ball valve

阀体采用一道或多道焊缝焊接成型的球阀。

3.2

全径球阀　full-port ball valve

阀门内所有流道内径尺寸与管道内径尺寸相同的球阀。

3.3

缩径球阀　reduced-port ball valve

阀门内流道孔通径按规定要求缩小的球阀。

3.4

浮动式球阀　floating ball valve

球体不带有固定轴的球阀。

3.5

固定式球阀　trunnion mounted ball valve

球体带有固定轴的球阀。

3.6

椭圆形固定式球阀　oval trunnion mounted ball valve

边阀体由钢管和椭圆形封头使用环向焊接组成的固定式球阀。

3.7

筒形固定式球阀　cylindrical trunnion mounted ball valve

边阀体为整体锻件的固定式球阀。

3.8

球形固定式球阀 spherical trunnion mounted ball valve

阀体结构为两个半圆(弧形)组成,阀体为锻造的固定式球阀。

3.9

开关扭矩 breakaway thrust/breakaway torque

在最大压差下开启和关闭阀门所需的转动力矩。

3.10

弯矩 bending moment

阀门在承受弯曲荷载时产生的力矩。

4 标记和参数

4.1 标记

4.1.1 标记的构成及含义

球阀标记的构成及含义应符合下列规定:

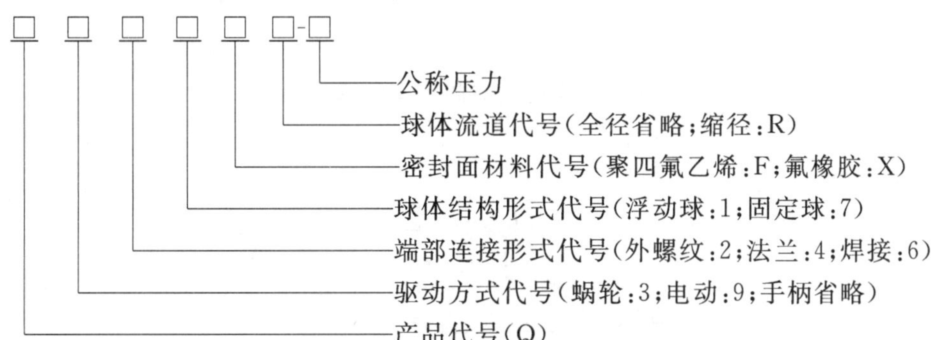

4.1.2 标记示例

公称压力为2.5 MPa、球体流道为缩径、密封面材料为聚四氟乙烯、球体结构形式为固定球、端部连接形式为焊接、驱动方式为蜗轮驱动的球阀标记为:Q367FR-25。

4.2 参数

4.2.1 球阀的公称尺寸应符合GB/T 1047的规定。

4.2.2 球阀的公称压力应符合GB/T 1048的规定。

5 结构

5.1 浮动式、椭圆形固定式、筒形固定式、球形固定式球阀的典型结构示意分别见图1~图4。

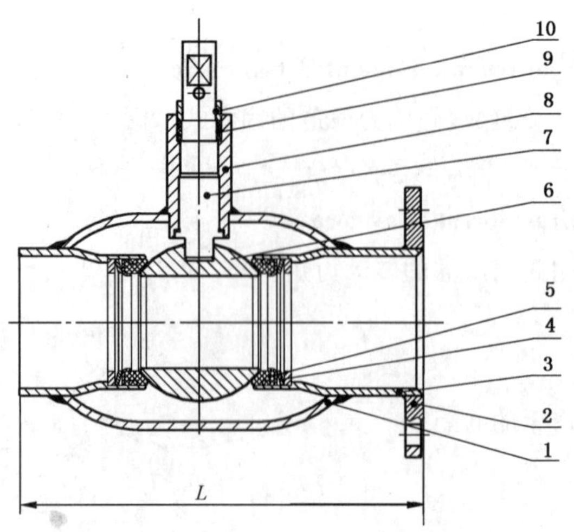

说明：

1 ——阀体；

2 ——阀管；

3 ——弹簧；

4 ——阀座；

5 ——球体；

6 ——阀杆；

7 ——阀盖；

8 ——阀杆密封件；

9 ——压盖；

10——法兰；

L ——球阀结构长度。

图 1 浮动式球阀典型结构示意

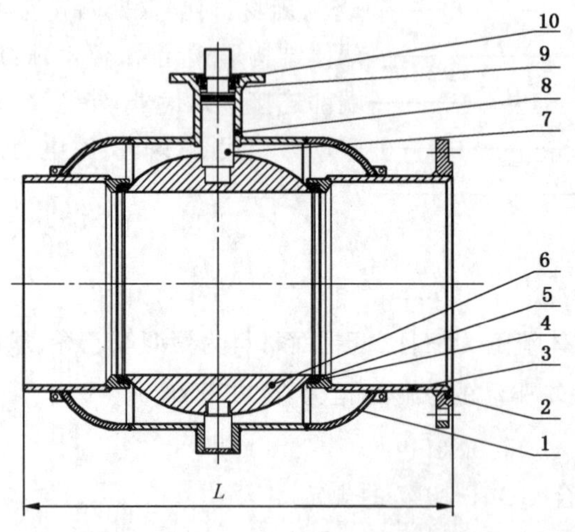

说明：

1 ——阀体；

2 ——阀管；

3 ——弹簧；

4 ——阀座；

5 ——球体；

6 ——阀杆；

7 ——阀盖；

8 ——阀杆密封件；

9 ——压盖；

10——法兰；

L ——球阀结构长度。

图 2 椭圆形固定式球阀典型结构示意

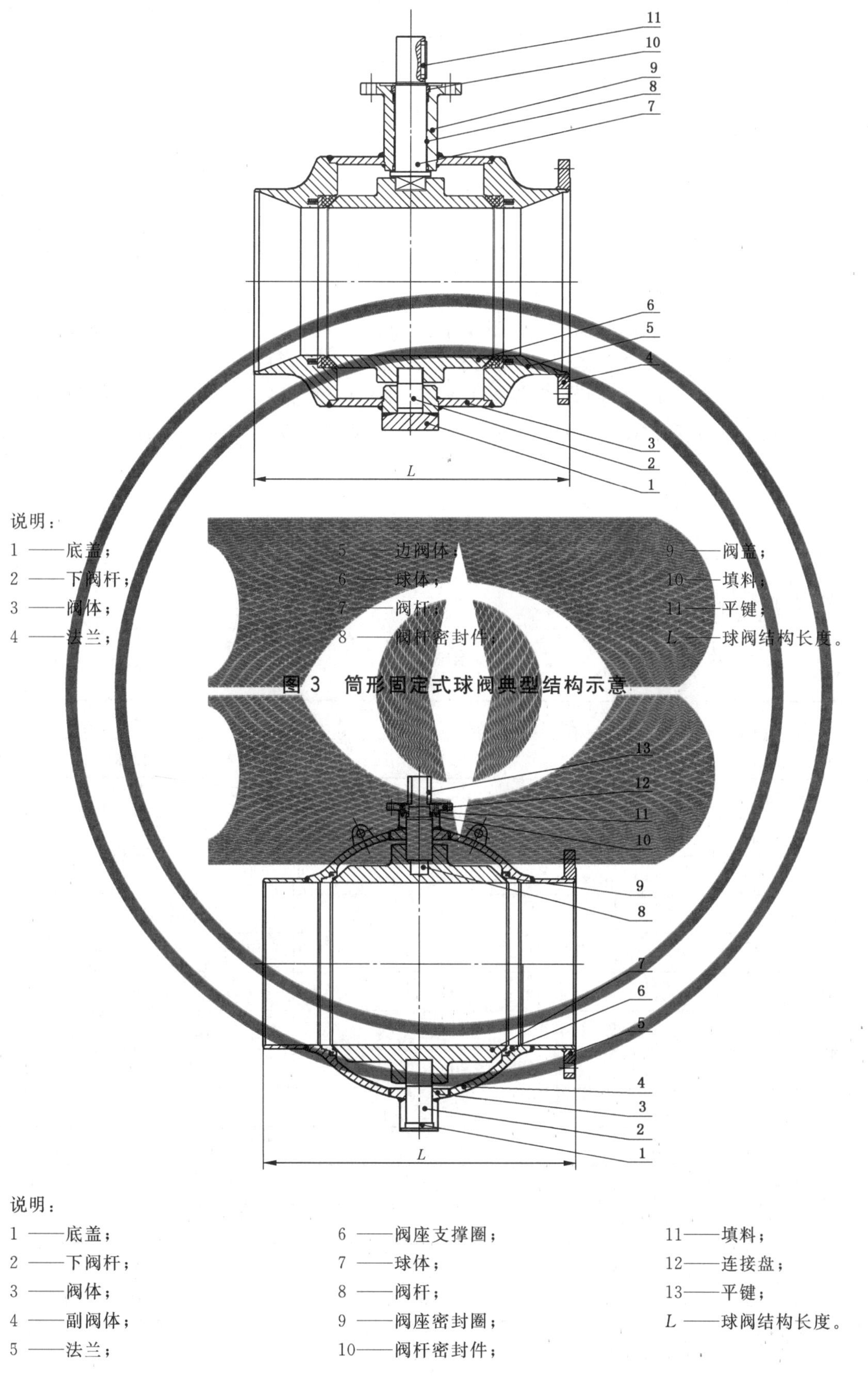

说明：

1 ——底盖；
2 ——下阀杆；
3 ——阀体；
4 ——法兰；
5 ——边阀体；
6 ——球体；
7 ——阀杆；
8 ——阀杆密封件；
9 ——阀盖；
10——填料；
11——平键；
L ——球阀结构长度。

图 3 筒形固定式球阀典型结构示意

说明：

1 ——底盖；
2 ——下阀杆；
3 ——阀体；
4 ——副阀体；
5 ——法兰；
6 ——阀座支撑圈；
7 ——球体；
8 ——阀杆；
9 ——阀座密封圈；
10——阀杆密封件；
11——填料；
12——连接盘；
13——平键；
L ——球阀结构长度。

图 4 球形固定式球阀典型结构示意

5.2 公称尺寸大于或等于 DN200 的球阀宜采用固定式球阀结构，公称尺寸小于或等于 DN150 的球阀应采用浮动式球阀结构。

5.3 公称尺寸大于或等于 DN200 的球阀宜设置吊耳。

6 一般要求

6.1 连接端

6.1.1 当连接端采用焊接连接时，阀体两端焊接的坡口尺寸应符合 GB/T 985.1 或 GB/T 985.2 的规定。

6.1.2 当连接端采用法兰连接时，公称压力小于或等于 PN16 的端部法兰可采用板式平焊钢制管法兰，法兰尺寸应符合 GB/T 9119 的规定；公称压力大于 PN16 的端部法兰应采用对焊法兰，法兰尺寸应符合 GB/T 9113 的规定。连接法兰的尺寸公差应符合 GB/T 9124 的要求。

6.1.3 公称尺寸小于或等于 DN50 的球阀可采用螺纹连接，螺纹连接的尺寸应符合 GB/T 7306.2 的规定。

6.1.4 阀体两端需配置袖管时，应符合附录 A 的规定。

6.2 结构长度

球阀结构长度应符合表 1 的规定。

表 1 结构长度

单位为毫米

球阀公称尺寸	结构长度	
	缩径球阀	全径球阀
DN15	—	230
DN20	230	260
DN25	260	260
DN32	260	300
DN40	300	300
DN50	300	300
DN65	300	300
DN80	300	325
DN100	325	350
DN125	350	390
DN150	390	520
DN200	520	635
DN250	635	689
DN300	689	762
DN350	762	838
DN400	838	915
DN450	915	991

表 1（续） 单位为毫米

球阀公称尺寸	结构长度	
	缩径球阀	全径球阀
DN500	991	1 143
DN600	1 143	1 380
DN700	1 380	1 524
DN800	1 524	1 727
DN900	1 727	1 900
DN 1 000	1 900	2 000
DN 1 200	2 100	2 430
DN 1 400	2 430	2 680
DN 1 600	2 680	2 950

6.3 球阀通道直径

6.3.1 缩径球阀和全径球阀的阀体通道应为圆形。

6.3.2 球阀最小通道直径应符合表 2 的规定。

表 2 球阀最小通道直径 单位为毫米

球阀公称尺寸	最小通道直径	
	缩径球阀	全径球阀
DN15	9.5	13
DN20	13	19
DN25	19	25
DN32	25	32
DN40	32	38
DN50	38	49
DN65	49	62
DN80	62	74
DN100	74	100
DN125	100	125
DN150	125	150
DN200	150	201
DN250	201	252
DN300	252	303
DN350	303	334
DN400	334	385

表 2（续）

单位为毫米

球阀公称尺寸	最小通道直径	
	缩径球阀	全径球阀
DN450	385	436
DN500	436	487
DN600	487	589
DN700	589	684
DN800	684	779
DN900	779	874
DN 1 000	874	976
DN 1 200	976	1 166
DN 1 400	1 166	1 360
DN 1 600	1 458	1 556

6.4 尺寸偏差

6.4.1 阀体圆度允许偏差应符合表 3 的规定。

表 3 阀体圆度允许偏差

单位为毫米

球阀公称尺寸	≤DN200	DN250～DN600	≥DN600
阀体圆度允许偏差	≤1	≤2	≤3

6.4.2 阀体结构长度允许偏差应符合表 4 的规定。

表 4 阀体结构长度允许偏差

单位为毫米

球阀公称尺寸	≤DN250	DN300～DN500	DN600～DN900	≥DN1 000
阀体结构长度允许偏差	±3.0	±4.0	±5.0	±6.0

6.5 阀体

6.5.1 阀体应采用整体锻造制作或模压加工成型的钢管或板材卷制。阀体材料应符合 GB/T 713 或 GB/T 12228 的规定。

6.5.2 当阀体采用无缝钢管时，应符合 GB/T 8163、GB/T 14976 的规定。

6.5.3 阀体焊接系数的选取应符合 GB/T 150.1 的规定，焊接结构设计应符合 GB/T 150.3 的规定，焊接工艺应符合 GB/T 150.4 的规定，加工应符合 GB 50235—2010 中 5.4 的规定。

6.6 球体

6.6.1 球体可采用空心球或实心球，球体在 1.5 倍公称压力下，不应产生永久变形。

6.6.2 阀杆与球体的连接面应能承受不小于 2 倍的球阀最大开关扭矩。

6.6.3 球体通道应为圆形。球阀全开时,球体通道与阀体通道应在同一轴线上。

6.7 阀座

6.7.1 球阀应为双向密封。

6.7.2 阀座应具有补偿功能,可采用碟簧、螺旋弹簧或其他补偿结构。

6.8 阀杆

6.8.1 阀杆应具有防吹脱结构,阀体与阀杆的配合在介质压力作用下,拆开填料压盖、阀杆密封件内的挡圈时,阀杆不应脱出阀体。

6.8.2 阀杆应有外保护措施,外部物质不应进入阀杆密封处。

6.8.3 阀杆及阀杆与球体的连接处应有足够的强度,在使用各类执行机构直接操作时,不应产生永久变形或损伤。阀杆应能承受不小于2倍的球阀最大开关扭矩。

6.8.4 阀杆应采用耐腐蚀材料或防锈措施,使用中不应出现锈蚀现象。

6.9 阀杆密封

6.9.1 阀杆密封件可采用O形橡胶圈密封或填料密封。

6.9.2 当采用填料密封结构时,在不拆卸球阀任何零件的情况下,应能调节填料密封力。

6.10 驱动装置

6.10.1 大于或等于DN200的球阀应采用传动箱驱动,小于或等于DN150的球阀可采用手柄驱动。

6.10.2 驱动装置与球阀的连接尺寸应符合GB/T 12223的规定。

6.10.3 除齿轮或其他动力操作机构外,球阀应配置尺寸合适的扳手操作,球阀在开启状态下扳手的方向应与球体通道平行。

6.10.4 球阀应有全开和全关的限位结构。

6.10.5 扳手或传动箱应安装牢固,并应在需要时可方便拆卸和更换。拆卸和更换扳手或手轮时,不应影响球阀的密封。

6.10.6 当有要求时,应提供锁定装置,并应设计为全开或全关的位置。

6.11 焊接及去应力处理

6.11.1 阀体上所有焊缝的焊接工艺评定应符合NB/T 47014或高于此标准的要求。

6.11.2 阀体上焊接接头厚度小于或等于32 mm的焊缝、焊前预热到100℃以上且焊接接头厚度小于或等于38 mm的焊缝可不进行焊后热处理,其余焊缝应按GB/T 150.4的要求进行焊后消除应力热处理。当焊接接头厚度大于32 mm的焊缝,焊后不进行热处理或无法以热处理方式消除焊接应力,则制造商应提供焊缝焊后免热处理的评估报告,以证明其使用安全。

7 要求

7.1 外观

7.1.1 阀体表面应无裂纹、磕碰伤、划痕等缺陷。

7.1.2 焊缝表面应无裂纹、气孔、弧坑和焊接飞溅物。

7.1.3 当采用喷丸处理，表面的凹坑大小、深浅应均匀一致。

7.1.4 球阀涂漆处，涂层应平整，无流痕、挂漆、漏漆、脱落、起泡等缺陷。

7.1.5 阀体上的标志应完整、清晰，并应符合表10的要求。

7.1.6 球阀应有表示球体开启位置的指示牌或在阀杆顶部刻槽指示。

7.1.7 用扳手或手轮直接操作的球阀，面向手轮应以顺时针方向为关闭，扳手或手轮上应有表示开关方向的标志。

7.2 材料

7.2.1 球阀主要零件的材料应按表5的规定执行，并应符合GB/T 12224的规定。供货方应提供材料的化学成分、力学性能、热处理报告等质量文件。

表5 主要零件材料

零件名称	材料名称	材料牌号	执行标准
阀体	碳素钢管	20	GB/T 8163
	碳素钢板	Q345R	GB/T 713、GB/T 3274
	碳钢锻件	A105	NB/T 47008
	不锈钢管件	06Cr19Ni10	GB/T 14976
	不锈钢板材	06Cr19Ni10	GB/T 4237
球体	不锈钢锻件	06Cr19Ni10	NB/T 47010
	不锈钢钢板	06Cr19Ni10	GB/T 4237
阀杆	不锈钢棒材	20Cr13	GB/T 1220
	不锈钢锻件	06Cr19Ni10	NB/T 47010
	合金结构钢	42CrMo	GB/T 3077
阀座密封圈	聚四氟乙烯	R-PTFE	QB/T 3625、QB/T 4041
	氟橡胶(O形圈)	—	GB/T 30308

7.2.2 当使用其他材料时，其力学性能不应低于本标准的要求。

7.3 焊接质量

7.3.1 阀体采用板材卷制的对接纵向焊缝应进行100%射线或超声检测，焊缝质量不应低于NB/T 47013.2—2015规定的Ⅱ级或NB/T 47013.3—2015规定的Ⅰ级。

7.3.2 阀体上的对接环向焊缝应进行100%超声无损检测，焊缝质量不应低于NB/T 47013.3—2015规定的Ⅱ级。

7.3.3 阀体与袖管、阀体与阀座之间环向焊缝的环向焊缝处应进行100%渗透无损检测，焊缝质量不应低于NB/T 47013.5—2015规定的Ⅰ级。

7.4 阀体壁厚

阀体的最小壁厚应符合GB/T 12224的规定。

7.5 轴向力及弯矩

阀体在承受轴向压缩力、轴向拉伸力和弯矩时,变形量不应影响球阀的操作和密封性能。轴向力和弯矩取值按附录 B 的表 B.1 的规定执行。

7.6 壳体和球体强度

球阀在 1.5 倍的公称压力下,不应有结构损伤,球阀壳体、球体及任何固定的阀体连接处不应渗漏。

7.7 密封性

球阀密封性能应符合 GB/T 13927—2008 的规定,密封等级应满足表 6 的要求。

表 6 球阀密封等级

球阀公称尺寸	≤DN250	DN300～DN500	≥DN600
球阀密封等级	A 级	≥B 级	≥C 级

7.8 操作力

在最大工作压差下,球阀的操作力不应大于 360 N。

8 试验方法

8.1 外观

外观采用目测的方法。

8.2 材料

金属材料应按 GB/T 223(所有部分)的规定或采用光谱法进行化学成分分析。拉伸试验应按 GB/T 228.1 规定的方法执行,冲击试验应按 GB/T 229 规定的方法执行,硬度试验应按 GB/T 231.1 规定的方法执行。

8.3 焊接质量

射线检测应按 NB/T 47013.2 的规定执行;超声检测应按 NB/T 47013.3 的方法执行;渗透检测应按 NB/T 47013.5 的方法执行。

8.4 阀体壁厚

采用测厚仪和专用卡尺等量具进行测量。测量点沿阀体圆周方向等分布置,测量点数量应符合表 7 的规定。

表 7 阀体测量点数量

公称尺寸	≤DN150	DN200～DN500	DN600～DN1 000	DN900～DN1 200	≥DN1 400
阀体测量点数/个	3	5	8	10	12

8.5 轴向力及弯矩

8.5.1 轴向压缩力

轴向压缩力试验按下列方法执行：

a) 试验环境温度为常温，且不低于 10 ℃，试验介质采用常温的清洁水。

b) 将球阀固定在试验台架上，封闭球阀进出口，并将球阀处于全开状态。对球阀加水，并将阀体内的空气排尽，然后加压至球阀的公称压力。达到公称压力后，稳压 10 min，观察压力表，应无明显压降，然后缓慢向球阀施加附录 B 中表 B.1 规定的轴向压缩力，当达到规定的轴向压缩力时，停止施压。

c) 停止施压后，持续稳定测试 48 h，期间每天测量球阀开关扭矩值和观察密封性 2 次，时间间隔应大于 6 h。每次测量和观察前，应检查、记录试验水压和施加的轴向力。

d) 球阀开关扭矩值的检测，采用扭矩测力扳手缓慢完全关闭和完全开启球阀各 1 次，记录球阀的关闭和开启的最大扭矩值。最大开关扭矩值，均不应大于球阀出厂技术参数规定最大值的 1.1 倍。按球阀开关扭矩最大值计算操作力，不应大于 360 N。

e) 按 8.7 的要求检查球阀的密封性，并应符合 7.7 的规定。

f) 上述检测结束后，卸载对球阀施加的轴向压缩力，然后按 d) 和 e) 的要求检测球阀的开关扭矩和密封性。

8.5.2 轴向拉伸力

试验施加的轴向拉伸力按附录 B 的表 B.1 取值，其他试验方法按 8.5.1 a)～e) 的要求执行。

8.5.3 弯矩

弯矩的试验方法按附录 C 的规定。

8.6 壳体和球体强度

球阀的壳体强度的试验方法应按 GB/T 13927—2008 的规定。

8.7 密封性

密封性试验方法应按 GB/T 13927—2008 的规定。

8.8 操作力

8.8.1 试验环境温度为常温，且不低于 10 ℃，试验介质采用常温的清洁水。

8.8.2 将球阀固定在试验台架上，封闭球阀进出口，球阀处于完全关闭。使球阀一端通向大气，另一端施加水，并将加水端阀体内的空气排尽，然后缓慢加压至球阀的额定公称压力。当达到球阀的额定公称压力后，停止加压，检查球阀另一端，应无水排出。采用扭矩测力扳手缓慢开启球阀，直至球阀开启，记录球阀的开启扭矩。

8.8.3 按记录的球阀开启扭矩，计算操作力。

9 检验规则

9.1 检验类别

球阀的检验分为出厂检验和型式检验。检验项目应按表 8 的规定执行。

表 8 检验项目

检验项目		出厂检验	型式检验	要求	试验方法
外观		√	√	7.1	8.1
材料		—	√	7.2	8.2
焊接质量		√	√	7.3	8.3
阀体壁厚		√	√	7.4	8.4
轴向力及弯矩	轴向压缩力	—	√	7.5	8.5.1
	轴向拉伸力	—	√	7.5	8.5.2
	弯矩	—	√	7.5	8.5.3
壳体和球体强度		√	√	7.6	8.6
密封性		√	√	7.7	8.7
操作力		√	√	7.8	8.8
注："√"表示应检项目；"—"表示不检项目。					

9.2 出厂检验

每台球阀在出厂前应按表 8 的规定进行检验，合格后方可出厂，出厂时应附合格证和检验报告。

9.3 型式检验

9.3.1 凡有下列情况之一时，应进行型式检验：

a) 新产品的试制、定型鉴定或老产品转厂生产时；

b) 正式生产后，如结构、材料、工艺有较大改变可能影响产品性能时；

c) 产品停产 1 年后，恢复生产时；

d) 正式生产，每 4 年时；

e) 出厂检验结果与上次型式试验有较大差异时。

9.3.2 型式检验抽样方法应符合下列规定：

a) 抽样可以在生产线终端经检验合格的产品中随机抽取，也可以在产品库中随机抽取，或者从已供给用户但未使用并保持出厂状态的产品中随机抽取；

b) 每一个规格供抽样的最少基数和抽样数按表 9 的规定。到用户抽样时，供抽样的最少基数不受限制，抽样数仍按表 7 的规定；

c) 9.3.1 中规定的 a)、b)、c)、d)四种情况的型式检验对整个系列产品进行考核时，在该系列范围内每一选定规格仅代表向下 0.5 倍直径，向上 2 倍直径的范围。

表 9 型式检验抽样数量

公称尺寸	最少基数/台	抽样数量/台
≤DN200	6	2
DN250～DN500	3	1
≥DN600	2	1

9.3.3 合格判定应符合下列规定：

a) 型式检验项目按表7的规定，所有样品全部检验项目符合要求时，判定产品合格。

b) 当有不合格项时，应加倍抽样复验。当复验符合要求时，则判定产品合格；当复验仍有不合格项时，则判定产品不合格。

10 标志

10.1 球阀的标志内容应符合表10的规定。

10.2 每台球阀都要有一个牢固附着的不锈钢或铜铭牌，铭牌上标记应清晰。

表10 球阀标志

标志内容	标记位置
制造商名称或商标	阀体和铭牌
公称压力或压力等级	阀体和铭牌
公称尺寸	阀体和铭牌
产品型号	铭牌
阀体材料	铭牌
产品执行标准编号	铭牌
产品编号	铭牌
制造年月	铭牌
净重(kg)	铭牌

11 防护、包装和贮运

11.1 出厂检验完成后，应将球阀内腔的水和污物清除干净。

11.2 球阀的外表面应当按JB/T 106的要求涂漆。

11.3 球阀的流道表面，应涂以容易去除的防锈油。

11.4 球阀的连接两端应采用封盖进行防护。

11.5 在运输期间，球阀应处于全开状态。

11.6 球阀应装在包装箱内，保证运输过程完好。

11.7 球阀出厂时应有产品合格证、产品说明书及装箱单。

11.8 球阀应保存在干燥、通风的室内，不应露天存放。

附 录 A
（规范性附录）
袖 管

A.1 袖管定义：袖管是在焊接连接端球阀与管道之间增加的一段接管，便于球阀与管道之间的壁厚和材质过渡、保温以及现场施工。

A.2 袖管两端的焊接坡口应符合 GB/T 985.1 或 GB/T 985.2 的规定。

A.3 袖管材质应与阀体材质、安装管道材质相匹配。当袖管采用无缝钢管时，应符合 GB/T 8163 或 GB/T 14976 的规定；采用焊接钢管时，应符合 GB/T 3091 或 GB/T 9711 的规定。

A.4 袖管尺寸应按表 A.1 执行。

表 A.1 袖管尺寸

单位为毫米

公称尺寸	袖管尺寸		
	长度	外径	壁厚
DN100	300	108	4.0
DN125	300	133	4.5
DN150	300	159	4.5
DN200	300	219	6.0
DN250	300	273	6.0
DN300	300	325	7.0
DN350	400	377	7.0
DN400	400	426	7.0
DN450	400	478	7.0
DN500	400	529	8.0
DN600	400	630	9.0
DN700	500	720	11.0
DN800	500	820	12.0
DN900	500	920	13.0
DN1 000	500	1 020	14.0
DN1 200	500	1 220	16.0
DN1 400	500	1 420	19.0
DN1 600	500	1 620	21.0

附 录 B
（规范性附录）
轴向力和弯矩取值

B.1 轴向压缩力计算

B.1.1 轴向压缩力应根据最不利工况（在管道工作循环最高温度下，锚固段泄压时），按式（B.1）和式（B.2）计算：

$$N_c=\alpha E(t_1-t_0)A\times10^6 \qquad \cdots\cdots(B.1)$$

$$A=\frac{\pi}{4}(D_o^2-D_i^2)\times10^{-6} \qquad \cdots\cdots(B.2)$$

式中：

N_c ——轴向压缩力，单位为牛（N）；

α ——钢材的线膨胀系数，单位为米每米摄氏度[m/(m・℃)]；

E ——弹性模量，单位为兆帕（MPa）；

t_1 ——工作最高循环温度，单位为摄氏度（℃）；

t_0 ——计算安装温度，单位为摄氏度（℃）；

A ——钢管的横截面积，单位为平方米（m^2）；

D_o ——钢管外径，单位为毫米（mm）；

D_i ——钢管内径，单位为毫米（mm）。

B.1.2 轴向拉伸力按式（B.3）计算：

$$N_l=0.67\times\sigma_s\times A\times10^6 \qquad \cdots\cdots(B.3)$$

式中：

N_l ——轴向拉伸力，单位为牛（N）；

σ_s ——钢材屈服极限最小值，单位为兆帕（MPa）。

B.1.3 弯矩按下列公式计算：

a) 当球阀公称尺寸小于或等于 DN250 时，弯矩值应按式（B.4）计算：

$$M=\frac{1.3\pi(D_o^4-D_i^4)\sigma_s}{32D_o}\times10^{-3} \qquad \cdots\cdots(B.4)$$

式中：

M ——弯矩，单位为牛米（N・m）；

D_o ——工作钢管外径，单位为毫米（mm）；

D_i ——工作钢管内径，单位为毫米（mm）；

σ_s ——钢材屈服极限最小值，单位为兆帕（MPa）。

b) 当球阀公称尺寸大于或等于 DN600 时，弯矩值应按式（B.5）计算：

$$M=\frac{\gamma_s\times3E\times I}{L^2} \qquad \cdots\cdots(B.5)$$

式中：

γ_s ——挠度，单位为米（m），可按 0.1 m 取值；

E ——弹性模量，单位为兆帕（MPa）；

I ——截面惯性弯矩，单位为四次方毫米（mm^4）；

L ——球阀端面到受力点的距离,单位为毫米(mm),取 15 000 mm。

c) 当球阀公称尺寸在大于 DN250 和小于 DN600 之间时,弯矩值可在公称尺寸 DN250 和 DN600 的球阀弯矩值之间插入取值,取值方式随着规格的增大等值递增。

B.2 轴向力及弯矩值

轴向力及弯矩值也可按表 B.1 取值。

表 B.1 轴向力及弯矩值

球阀公称尺寸	钢管外径/mm	钢管壁厚/mm	轴向力/kN		弯矩[f,g]/(N·m)
			压缩力[a,b,c]	拉伸力[d,e]	
DN15	21	3.0	42	28	214
DN20	27	3.0	56	37	390
DN25	34	3.0	72	48	664
DN32	42	3.0	91	60	1 066
DN40	48	3.5	121	80	1 617
DN50	60	3.5	154	102	2 642
DN65	76	4.0	224	149	4 929
DN80	89	4.0	264	175	6 920
DN100	108	4.0	324	215	10 437
DN125	133	4.5	450	298	17 981
DN150	159	4.5	541	359	26 132
DN200	219	6.0	994	659	66 281
DN250	273	6.0	1 483	792	100 425
DN300	325	7.0	2 060	1 101	120 937
DN350	377	7.0	2 397	1 281	141 449
DN400	426	7.0	2 715	1 451	161 961
DN450	478	7.0	3 052	1 631	182 473
DN500	529	8.0	3 858	2 062	202 985
DN600	630	9.0	5 173	2 765	223 497
DN700	720	11.0	7 219	3 858	406 537
DN800	820	12.0	8 975	4 796	656 410
DN900	920	13.0	10 914	5 832	1 005 815
DN 1 000	1 020	14.0	13 036	6 967	1 477 985
DN 1 200	1 220	16.0	17 831	9 529	2 895 609

表 B.1（续）

球阀公称尺寸	钢管外径/mm	钢管壁厚/mm	轴向力/kN		弯矩[f,g]/(N·m)
			压缩力[a,b,c]	拉伸力[d,e]	
DN 1 400	1 420	19.0	24 638	12 607	5 417 659
DN 1 600	1 620	21.0	31 080	15 903	8 902 324

[a] 按供热运行温度 130 ℃、安装温度 10 ℃计算。

[b] 公称尺寸大于或等于 DN250 时，采用 Q235B 钢，弹性模量 E＝198 000 MPa、线膨胀系数 α＝0.000 012 4 m/(m·℃)；公称尺寸小于或等于 DN200 时，采用 20 钢，弹性模量 E＝181 000 MPa、线膨胀系数 α＝0.000 011 4 m/(m·℃)。

[c] 最不利工况按管道泄压时的工况计算轴向压缩力。

[d] 拉伸应力取0.67倍的屈服极限。公称尺寸大于或等于 DN250 时，采用 Q235B 钢，当 δ 小于或等于 16 mm 时，拉伸应力$[\sigma]_L$＝157 MPa，当 δ 大于 16 mm 时，拉伸应力$[\sigma]_L$＝151 MPa；公称尺寸小于或等于 DN200 时，采用 20 钢，拉伸应力$[\sigma]_L$＝164 MPa。

[e] 当工作管道的材质、壁厚和温度发生变化时，应重新进行校核计算。

[f] 当公称尺寸小于或等于 DN250 时，弯矩值取圆形横截面全塑性状态下的弯矩。全塑性弯矩为最大弹性弯矩的1.3倍，依据最大弹性弯曲应力计算得出最大弹性弯矩。计算所用应力为屈服应力。

[g] 当公称尺寸大于或等于 DN600 时，弯矩值为管沟及管道的下沉差异(100 mm/15 m)形成的弯矩；当公称尺寸大于 DN250 和小于 DN600 之间时，介于 DN250 和 DN600 之间的弯矩值随着规格的增大采用等值递增的方式取值。

附　录　C
（规范性附录）
弯矩试验方法

C.1　试验条件

试验环境温度为常温，且不应低于 10 ℃，试验介质采用常温的清洁水。

C.2　试验荷载确定

C.2.1　球阀所受弯矩应包括由荷载 F 形成的弯矩 M_D、管道及测试介质形成的弯矩 M_F、球阀重量形成的弯矩 M_C。

a)　测试荷载 F 形成的弯矩 M_D 见图 C.1，M_D 应按式(C.1)计算：

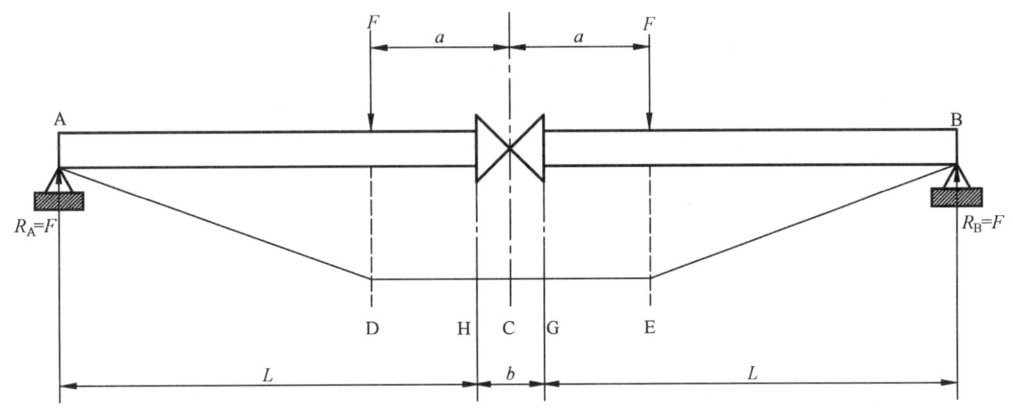

说明：

A、B　——支撑点；

C　——试件的中心点；

D、E　——测试力的施加点；

F　——测试力；

H、G　——球阀端面；

L　——球阀端面到支撑点(A、B)间的距离；

R_A、R_B——支撑点(A、B)产生的反作用力；

a　——球阀中心到施力点(D、E)间的距离；

b　——球阀长度。

图 C.1　测试荷载 F 形成的弯矩 M_D

$$M_D = F \times \left(L + \frac{b}{2} - a\right) \qquad \text{(C.1)}$$

式中：

M_D ——荷载 F 形成的弯矩，单位为牛米(N·m)；

F ——荷载(测试力)，单位为牛(N)；

L ——球阀端面到支撑点 A/B 间的距离，单位为米(m)；

b ——球阀长度，单位为米(m)；

a ——球阀中心到施力点 D/E 的距离，单位为米(m)。

b) 管道及测试介质形成的弯矩 M_F 见图 C.2。M_F 应按式(C.2)计算：

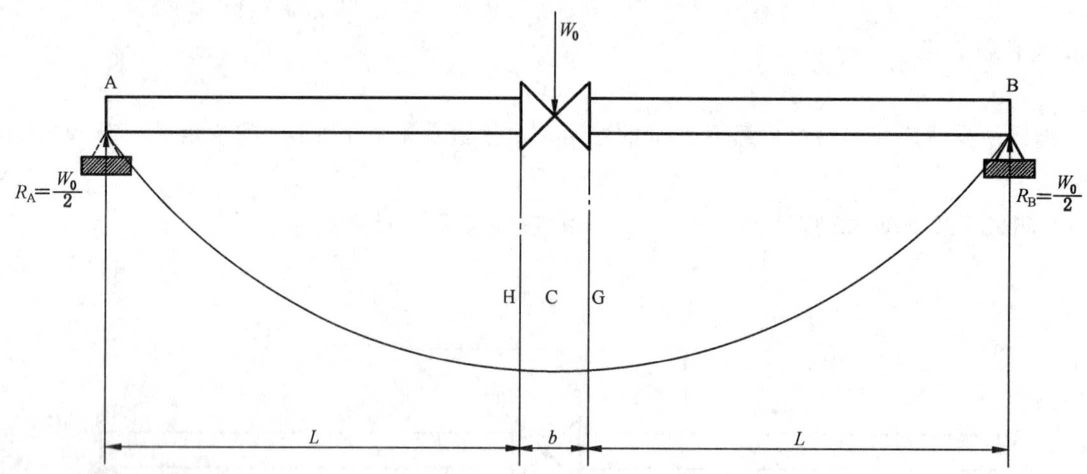

说明：

A、B ——支撑点；

C ——试件的中心点；

H、G ——球阀端面；

L ——球阀端面到支撑点(A、B)间的距离；

W_0 ——管道自重和管道中介质的重量之和；

R_A、R_B ——支撑点(A、B)产生的反作用力；

b ——球阀长度。

图 C.2 管道及测试介质形成的弯矩 M_F

$$M_F = \frac{W_0}{2} \times \frac{L(L+b)}{2L+b} \qquad \text{(C.2)}$$

式中：

M_F ——均布荷载 q 形成的弯矩，单位为牛米(N·m)；

W_0 ——管道自重和管道中介质的重量之和，单位为牛(N)。

c) 球阀重量形成的弯矩 M_C 见图 C.3，M_C 应按式(C.3)计算：

$$M_C = \frac{W_V}{2} \times L \qquad \text{(C.3)}$$

式中：

M_C ——球阀重量形成的弯矩，单位为牛米(N·m)；

W_V ——球阀重量，单位为牛(N)。

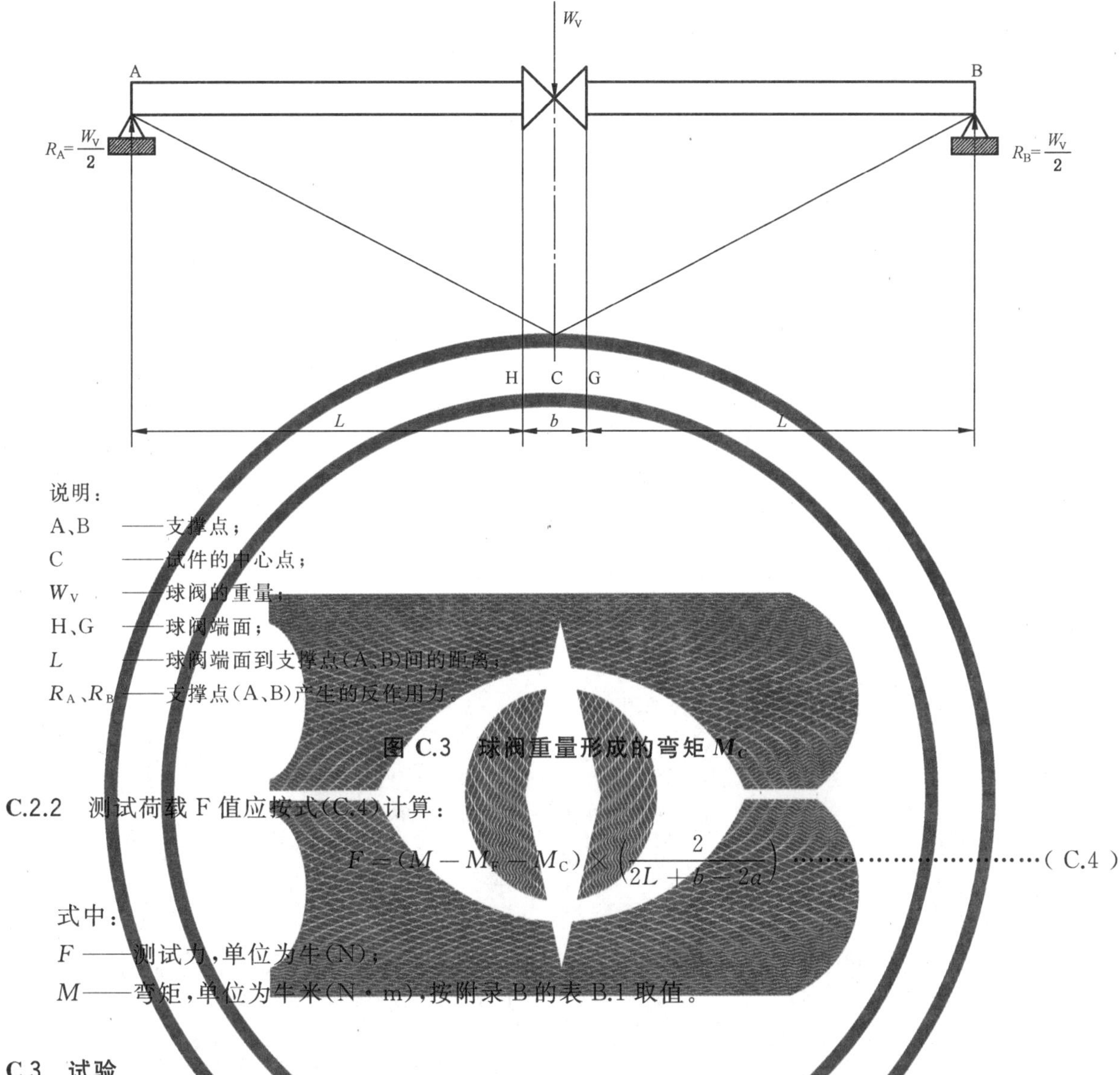

说明：

A、B ——支撑点；

C ——试件的中心点；

W_V ——球阀的重量；

H、G ——球阀端面；

L ——球阀端面到支撑点(A、B)间的距离；

R_A、R_B——支撑点(A、B)产生的反作用力。

图 C.3 球阀重量形成的弯矩 M_C

C.2.2 测试荷载 F 值应按式(C.4)计算：

$$F=(M-M_F-M_C)\times\left(\frac{2}{2L+b-2a}\right) \qquad \text{(C.4)}$$

式中：

F ——测试力，单位为牛(N)；

M——弯矩，单位为牛米(N·m)，按附录 B 的表 B.1 取值。

C.3 试验

C.3.1 试验应按图 C.1 进行四点弯曲测试，并应对平行于阀杆的轴线和垂直于阀杆的轴线分别进行测试。

C.3.2 将球阀固定在试验台架上，并将球阀处于全开状态。对球阀及试验管段加水，并将阀体内及试验管段的空气排尽，然后加压至球阀的公称压力。达到公称压力后，稳压 10 min，观察压力表，应无明显压降，然后缓慢施加测试荷载 F，当测试荷载 F 达到计算值时，停止施压。

C.3.3 停止施压后，持续稳定测试 48 h，期间每天测量球阀开关扭矩值和观察密封性 2 次，时间间隔应大于 6 h。每次测量和观察前，应检查、记录试验水压和测试荷载 F。

C.3.4 按 8.7 的要求检查球阀的密封性，并应符合 7.7 的规定。

C.3.5 球阀开关扭矩值的检测，采用扭矩测力扳手缓慢完全关闭和完全开启球阀各 1 次，记录球阀的关闭和开启的最大扭矩值。对球阀施加的最大开关扭矩值均不应大于球阀出厂技术参数规定最大值的 1.1 倍。按球阀开关扭矩最大值计算操作力，不应大于 360 N。

ICS 91.140.10
P 46

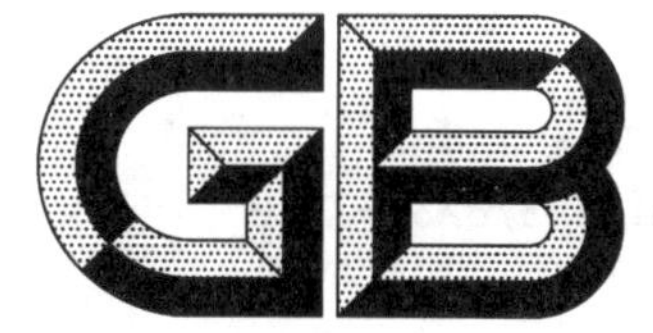

中华人民共和国国家标准

GB/T 37828—2019

城镇供热用双向金属硬密封蝶阀

Bidirectional metal to metal sealed butterfly valve for urban heating

2019-08-30 发布　　2020-07-01 实施

国家市场监督管理总局
中国国家标准化管理委员会　发布

前　言

本标准按照GB/T 1.1—2009给出的规则起草。

本标准由中华人民共和国住房和城乡建设部提出。

本标准由全国城镇供热标准化技术委员会(SAC/TC 455)归口。

本标准起草单位:河北通奥节能设备有限公司、中国市政工程华北设计研究总院有限公司、北京市建设工程质量第四检测所、上海电气阀门有限公司、文安县洁兰特暖通设备有限公司、耐森阀业有限公司、天津卡尔斯阀门股份有限公司、替科斯科技集团有限责任公司、河北同力自控阀门制造有限公司、河北光德流体控制有限公司、河南泉舜流体控制科技有限公司、西安市热力总公司、太原市热力设计有限公司、河北华热工程设计有限公司、合肥热电集团有限公司、牡丹江热力设计有限责任公司、昊天节能装备有限责任公司。

本标准主要起草人:王志强、王淮、燕勇鹏、白冬军、蔡守连、郭洪涛、缪震华、淳于小光、谢超、马景岗、陈乾才、孟建伟、王军、梁鹂、张骐、高永军、高斌、郑中胜。

城镇供热用双向金属硬密封蝶阀

1 范围

本标准规定了城镇供热用双向金属硬密封蝶阀(以下简称"蝶阀")的术语和定义、标记和参数、结构、一般要求、要求、试验方法、检验规则、标志、防护、包装和贮运。

本标准适用于公称压力小于或等于 PN25、公称尺寸小于或等于 DN1600、热水温度小于或等于 200 ℃、蒸汽温度小于或等于 350 ℃的供热用蝶阀。

2 规范性引用文件

下列文件对于本文件的应用是必不可少的。凡是注日期的引用文件,仅注日期的版本适用于本文件。凡是不注日期的引用文件,其最新版本(包括所有的修改单)适用于本文件。

GB/T 150.4 压力容器 第4部分:制造、检验和验收

GB/T 223(所有部分) 钢铁及合金化学分析方法

GB/T 228.1 金属材料 拉伸试验 第1部分:室温试验方法

GB/T 229 金属材料 夏比摆锤冲击试验方法

GB/T 231.1 金属材料 布氏硬度试验 第1部分:试验方法

GB/T 985.1 气焊、焊条电弧焊、气体保护焊和高能束焊的推荐坡口

GB/T 985.2 埋弧焊的推荐坡口

GB/T 1047 管道元件 DN(公称尺寸)的定义和选用

GB/T 1048 管道元件 PN(公称压力)的定义和选用

GB/T 1220 不锈钢棒

GB/T 3091 低压流体输送用焊接钢管

GB/T 8163 输送流体用无缝钢管

GB/T 9113 整体钢制管法兰

GB/T 9119 板式平焊钢制管法兰

GB/T 9124 钢制管法兰 技术条件

GB/T 9711 石油天然气工业 管线输送系统用钢管

GB/T 12223 部分回转阀门驱动装置的连接

GB/T 12224 钢制阀门 一般要求

GB/T 12228 通用阀门 碳素钢锻件技术条件

GB/T 12229 通用阀门 碳素钢铸件技术条件

GB/T 12230 通用阀门 不锈钢铸件技术条件

GB/T 13927—2008 工业阀门 压力试验

GB/T 14976 流体输送用不锈钢无缝钢管

GB/T 30308 氟橡胶 通用规范和评价方法

GB/T 30832 蝶阀 流量系数和流阻系数试验方法

JB/T 106 阀门的标志和涂漆

NB/T 47008 承压设备用碳素钢和合金钢锻件

NB/T 47010　承压设备用不锈钢和耐热钢锻件

NB/T 47013.2—2015　承压设备无损检测　第2部分：射线检测

NB/T 47013.3—2015　承压设备无损检测　第3部分：超声检测

NB/T 47013.5—2015　承压设备无损检测　第5部分：渗透检测

NB/T 47014　承压设备焊接工艺评定

3　术语和定义

下列术语和定义适用于本文件。

3.1

双向密封　bidirectional seal

在两个方向即阀门上标示的主密封方向和与主密封方向相反的方向都能密封。

3.2

金属硬密封　metal to metal seal

密封座与蝶板密封面的密封配对材料为金属对金属的结构。

3.3

开关扭矩　breakaway thrust/breakaway torque

在最大压差下开启和关闭阀门所需的扭矩。

3.4

弯矩　bending moment

阀门在承受弯曲荷载时产生的力矩。

4　标记和参数

4.1　标记

4.1.1　标记的构成及含义

蝶阀标记的构成及含义应符合下列规定：

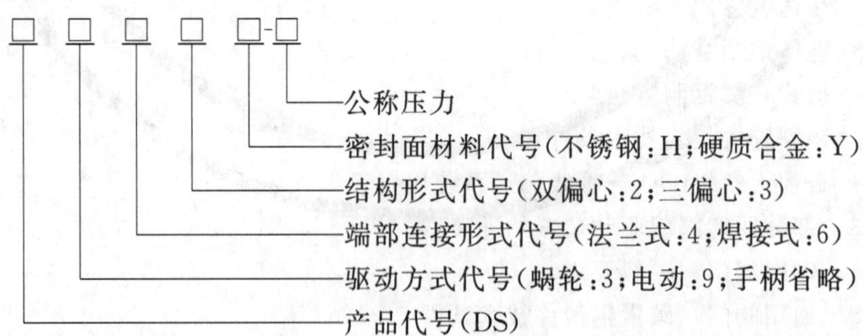

4.1.2　标记示例

公称压力为2.5 MPa、密封面材料采用不锈钢、结构形式为三偏心、端部连接形式为焊接、驱动方式为蜗轮驱动的蝶阀标记为：DS363H-25。

4.2　参数

4.2.1　蝶阀的公称尺寸应符合GB/T 1047的规定。

4.2.2　蝶阀的公称压力应符合GB/T 1048的规定。

5 结构

5.1 蝶阀基本结构和主要零部件示意见图 1。

5.2 蝶阀宜设置吊耳。

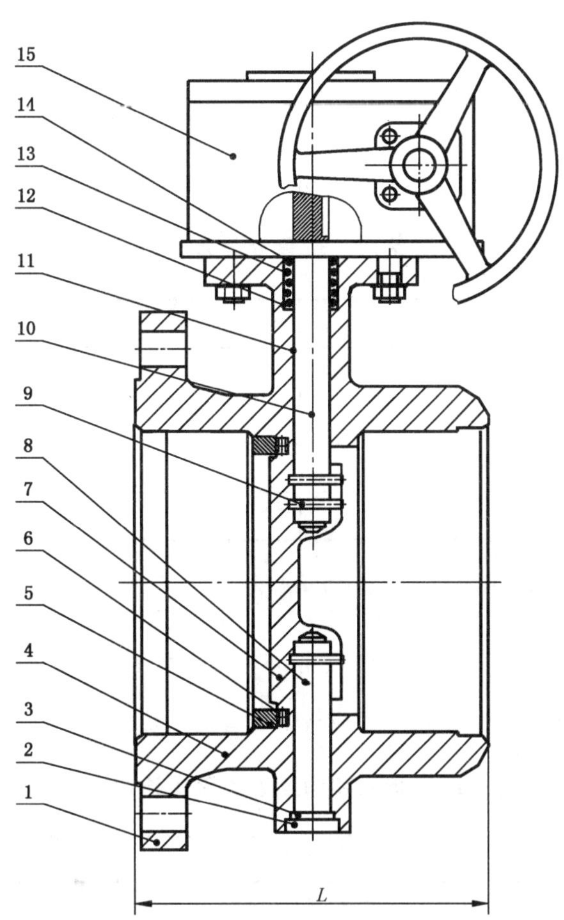

说明：

1 ——法兰；
2 ——底盖；
3 ——阀杆支承件；
4 ——阀体；
5 ——压簧；
6 ——密封圈；
7 ——蝶板；
8 ——固定轴；
9 ——销；
10——阀杆；
11——轴套；
12——填料箱；
13——阀杆密封件；
14——挡圈；
15——传动箱；
L ——蝶阀结构长度。

图 1 蝶阀基本结构和主要零部件示意

6 一般要求

6.1 连接端

6.1.1 当连接端采用焊接连接时，阀体两端的焊接尺寸应符合 GB/T 985.1 或 GB/T 985.2 的规定。

6.1.2 当连接端采用法兰连接时，公称压力小于或等于 PN16 端部法兰可采用板式平焊钢制管法兰，法兰尺寸应符合 GB/T 9119 的规定；公称压力大于 PN16 端部法兰应采用对焊法兰，法兰尺寸应符合 GB/T 9113 的规定。

6.1.3 连接法兰的尺寸公差应符合 GB/T 9124 的规定。

6.1.4 双法兰阀体两端法兰螺栓孔的轴线相对于阀体(法兰)轴线的位置度公差应小于表 1 的规定。

表 1 位置度公差

单位为毫米

法兰螺栓孔直径	位置度公差
11.0～17.5	1.0
22～30	1.5
33～48	2.5
52～62	3.0

6.1.5 当阀体两端需配置袖管时，应符合附录 A 的规定。

6.2 结构长度和阀座通道

蝶阀的结构长度和阀座最小流量通道直径应符合表 2 的规定。

表 2 结构长度和阀座最小流量通道直径

单位为毫米

蝶阀公称尺寸	结构长度	阀座最小流量通道直径
DN200	230	138
DN250	250	185
DN300	270	230
DN350	290	275
DN400	310	321
DN450	330	371
DN500	350	422
DN600	390	472
DN700	430	575
DN800	470	670
DN900	510	770
DN1000	550	870
DN1200	630	970
DN1400	710	1 160
DN1600	790	1 360

6.3 尺寸偏差

6.3.1 阀体圆度允许偏差应符合表 3 的要求。

表 3 阀体圆度允许偏差

单位为毫米

蝶阀公称尺寸	≤DN200	DN250～DN600	≥DN700
阀体圆度允许偏差	≤1	≤2	≤3

6.3.2 阀体结构长度允许偏差应符合表 4 的要求。

表 4 阀体结构长度允许偏差

单位为毫米

蝶阀公称尺寸	≤DN250	DN300～DN500	DN600～DN900	≥DN1000
阀体结构长度允许偏差	±3.0	±4.0	±5.0	±6.0

6.4 流量系数和流阻系数

制造商应提供蝶阀在全开时的流量或流阻系数。蝶阀流阻系数的测量，应按 GB/T 30832 的规定执行。

6.5 阀体

阀体可采用整体锻造或铸造，也可焊接成型。当采用焊接成型时，焊接工艺、焊缝的无损检测及焊后热处理应符合 GB/T 150.4 的规定。

6.6 蝶板

6.6.1 蝶板可以整体锻造或铸造，也可焊接成型。当采用焊接成型时，焊接工艺、焊缝的无损检测及焊后热处理应符合 GB/T 150.4 的规定。

6.6.2 蝶板不应有增大阻力的直角过渡和突变。

6.6.3 蝶板与阀杆在介质从任意方向流经蝶阀时，应能承受 1.5 倍的最大压差(或公称压力)，且不应产生变形和损坏。

6.7 阀座及蝶板密封面

6.7.1 阀座、蝶板密封面可在阀体或蝶板上直接加工，也可在阀座、蝶板上堆焊其他金属密封材料，或采用整体式金属密封圈、金属弹性密封圈等成型。

6.7.2 阀座、蝶板密封圈与阀体或蝶板的连接可采用焊接、胀接、嵌装连接或螺栓连接。

6.7.3 当阀座或蝶板密封面采用堆焊时，加工后的堆焊层厚度不应小于 2 mm，并在堆焊后应消除产生变形和渗漏的应力。

6.7.4 阀座表面硬度不应小于 45 HRC，密封圈表面硬度不应小于 40 HRC。

6.8 阀杆及阀杆轴承

6.8.1 阀杆可为一个整体轴。当采用两个分离的短轴时，其嵌入轴孔的长度不应小于阀杆轴径的 1.5倍。

6.8.2 阀杆应能承受蝶板在 1.5 倍最大允许压差下的荷载。

6.8.3 阀杆与蝶板的连接强度应能承受阀杆所传递的最大扭矩，其连接部位应设置防松动结构，在使用过程中不应松动。

6.8.4 当阀杆与蝶板连接出现故障或损坏时，阀杆不应由于内压作用而从蝶阀中脱出。

6.8.5 在阀体两端轴座内应设置滑动轴承，轴承应能承受阀杆所传递的最大负荷，且蝶板和阀杆应转动灵活。

6.8.6 阀杆与蝶板及阀杆支承件之间应有防止蝶板轴向窜动的装置。

6.9 阀杆密封

6.9.1 穿过阀体与驱动装置连接的阀杆，应设置防止介质自阀杆处泄漏的密封装置。阀杆密封件可采用 V 形填料、O 形密封圈或其他成形的填料。

6.9.2 阀杆密封应在不拆卸阀杆的情况下，可更换密封填料。

6.10 驱动装置

6.10.1 蝶阀应采用传动箱操作。

6.10.2 在最大允许工作压差的工况下，蝶阀的驱动装置应正常操作。

6.10.3 驱动装置与阀体连接尺寸应符合 GB/T 12223 的规定。

6.10.4 蝶阀应面向手轮顺时针方向转动时为关闭。

6.11 焊接及去应力处理

6.11.1 阀体上所有焊缝的焊接工艺评定应符合 NB/T 47014 或高于此标准中规定的要求。

6.11.2 阀体上焊接接头厚度小于或等于 32 mm 的焊缝、焊接前预热到 100 ℃以上且焊接接头厚度小于或等于 38 mm 的焊缝可不进行焊后热处理，其余焊缝应按 GB/T 150.4 的要求进行焊后消除应力热处理。当焊接接头厚度大于 32 mm 的焊缝，焊后不进行热处理或无法以热处理方式消除焊接应力，则制造商应提供焊缝焊接后免热处理能达到使用安全的评估报告。

7 要求

7.1 外观

7.1.1 阀体表面应无裂纹、磕碰伤、划痕等缺陷。

7.1.2 焊缝表面应无裂纹、气孔、弧坑和焊接飞溅物。

7.1.3 当采用喷丸处理，表面的凹坑大小、深浅应均匀一致。

7.1.4 蝶阀涂漆处，涂层应平整，不应有流痕、挂漆、漏漆、脱落、起泡等缺陷。

7.1.5 阀体上的标志应完整、清晰。阀体上应标有指示介质流向的箭头，铭牌的内容应符合表 10 的规定。

7.1.6 手轮的轮缘或轮芯上应设置明显的指示蝶板关闭方向的箭头和“关”字样，“关”字样应放在箭头的前端；也可标记开、关的箭头和“开”“关”字样。

7.1.7 在蝶阀驱动装置上应设置表示蝶板位置的开度指示和蝶板在全开、全关位置的限位机构。

7.2 材料

7.2.1 蝶阀主要零件的材料应根据工作温度、工作压力及介质等因素选用，并应符合 GB/T 12224 的规定。主要零件材料应按表 5 选用。供货方应提供材料的化学成分、力学性能、热处理报告等质量文件。

表 5　主要零件材料

零件名称	材料名称	材料牌号	执行标准
阀体	碳钢锻件	20、A105	NB/T 47008、GB/T 12228
	碳钢铸件	WCB	GB/T 12229
	碳素钢管	20	GB/T 8163
蝶板	不锈钢	CF8M	GB/T 12230
	碳钢	WCB	GB/T 12229
阀杆	合金钢	05Cr17Ni4Cu4Nb	GB/T 1220
		20Cr13	
压簧	碳钢	20	NB/T 47008
		A105	GB/T 12228
密封圈	合金钢	05Cr17Ni4Cu4Nb	GB/T 1220
填料箱	不锈钢	06Cr19Ni10	NB/T 47010
	合金钢	05Cr17Ni4Cu4Nb	GB/T 1220
固定轴、销	合金钢	05Cr17Ni4Cu4Nb	GB/T 1220
		20Cr13	
轴套	不锈钢	06Cr17Ni12Mo2/06Cr19Ni10+PTFE	GB/T 12230
O 形圈	氟橡胶	FKM Viton	GB/T 30308
底盖	碳钢	20	NB/T 47008

7.2.2　当使用其他材料时，其力学性能不应低于本标准的要求。

7.3　焊接质量

7.3.1　阀体采用板材卷制的对接纵向焊缝应进行 100%射线或超声检测。射线检测焊缝质量不应低于 NB/T 47013.2—2015 规定的Ⅱ级，超声检测焊缝质量应符合 NB/T 47013.3—2015 规定的Ⅰ级。

7.3.2　阀体与袖管、阀体与阀杆大头、小头(两端)之间环向焊缝应进行 100%渗透检测，焊缝质量应符合 NB/T 47013.5-2015 规定的Ⅰ级。

7.4　阀体壁厚

阀体最小壁厚应符合 GB/T 12224 的规定。

7.5　轴向力及弯矩

介质为热水的蝶阀，阀体在承受轴向压缩力、轴向拉伸力和弯矩时，变形量不应影响蝶阀的操作性能和密封性。轴向力和弯矩取值按附录 B 中表 B.1 的规定执行。

7.6　壳体强度

蝶阀在 1.5 倍的公称压力下，不应有结构损伤，蝶阀壳体和任何固定的阀体连接处不应渗漏。

7.7　密封性

蝶阀密封性能应符合 GB/T 13927—2008 的规定，密封等级应满足表 6 的要求。

表 6　蝶阀密封等级

蝶阀公称尺寸	≤DN800	>DN800
蝶阀正向密封等级	≥C 级	≥D 级
蝶阀反向密封等级	≥D 级	≥F 级

7.8　操作力

在最大工作压差下，蝶阀的操作力不应大于 360 N。

8　试验方法

8.1　外观

外观采用目测的方法。

8.2　材料

金属材料应按 GB/T 223(所有部分)的规定或采用光谱法进行化学成分分析。拉伸试验应按 GB/T 228.1 规定的方法执行，冲击试验应按 GB/T 229 规定的方法执行，硬度试验应按 GB/T 231.1 规定的方法执行。

8.3　焊接质量

射线检测应按 NB/T 47013.2 的规定执行；超声检测应按 NB/T 47013.3 的方法执行；渗透检测应按 NB/T 47013.5 的方法执行。

8.4　阀体壁厚

采用测厚仪和专用卡尺等量具进行测量。沿阀体圆周方向等分布置测量点，测量点数量应符合表 7 的规定。

表 7　测量点数量

蝶阀公称尺寸	DN200～DN500	DN600～DN1000	DN900～DN1200	≥DN1400
阀体测量点数/个	5	8	10	12

8.5　轴向力及弯矩

8.5.1　轴向压缩力

轴向压缩力试验按下列方法执行：

a)　试验环境温度为常温，且不应低于 10 ℃，试验介质采用常温的清洁水。

b)　将蝶阀固定在试验台架上，封闭蝶阀进出口，并将蝶阀处于全开状态。对蝶阀加水，并将阀体内的空气排尽，然后加压至蝶阀的公称压力。达到公称压力后，稳压 10 min，观察压力表，应无明显压降，然后缓慢向蝶阀施加附录 B 中表 B.1 规定的轴向压缩力，当达到规定的轴向压缩力时，停止施压。

c) 停止施压后，持续稳定测试 48 h，期间每天测量蝶阀开关扭矩值和观察密封性 2 次，时间间隔应大于 6 h。每次测量和观察前，应检查、记录试验水压和施加的轴向力。
d) 蝶阀开关扭矩值的检测，采用扭矩测力扳手缓慢完全关闭和完全开启蝶阀各 1 次，记录蝶阀的关闭和开启的最大扭矩值。最大开关扭矩值，均不应大于蝶阀出厂技术参数规定最大值的 1.1 倍。按蝶阀开关扭矩最大值计算操作力，不应大于 360 N。
e) 按 8.7 的规定检查蝶阀的密封性，并应符合 7.7 的要求。
f) 上述检测结束后，卸载对蝶阀施加的轴向压缩力，然后按 d)和 e)的要求检测蝶阀的开关扭矩和密封性。

8.5.2 轴向拉伸力

试验施加的轴向拉伸力按附录 B 中表 B.1 的规定，试验方法按 8.5.1a)～e)的规定执行。

8.5.3 弯矩

弯矩的试验方法按附录 C 的规定。

8.6 壳体强度

壳体强度的试验方法应按 GB/T 13927—2008 的规定。

8.7 密封性

密封性试验方法应按 GB/T 13927—2008 的规定。

8.8 操作力

8.8.1 试验环境温度为常温，且不应低于 10 ℃，试验介质采用常温的清洁水。

8.8.2 将蝶阀固定在试验台架上，封闭蝶阀进出口，蝶阀处于完全关闭。使蝶阀一端通向大气，另一端施加水，并将加水端阀体内的空气排尽，然后缓慢加压至蝶阀的额定公称压力。当达到蝶阀的额定公称压力后，停止加压，检查蝶阀另一端，应无水排出。采用扭矩测力扳手缓慢开启蝶阀，直至蝶阀开启，记录蝶阀的开启扭矩。

8.8.3 采用 8.8.2 同样的步骤，试验蝶阀另一端的开启扭矩。

8.8.4 按记录的蝶阀开启扭矩，计算操作力。

9 检验规则

9.1 检验类别

蝶阀的检验分为出厂检验和型式检验，检验项目应按表 8 的规定执行。

表 8 检验项目

检验项目	出厂检验	型式检验	要求	试验方法
外观	√	√	7.1	8.1
材料	—	√	7.2	8.2
焊接质量	√	√	7.3	8.3
阀体壁厚	√	√	7.4	8.4

表 8（续）

检验项目		出厂检验	型式检验	要求	试验方法
轴向力及弯矩	轴向压缩力	—	√	7.5	8.5.1
	轴向拉伸力	—	√	7.5	8.5.2
	弯矩	—	√	7.5	8.5.3
壳体强度		√	√	7.6	8.6
密封性能		√	√	7.7	8.7
操作力		√	√	7.8	8.8
注："√"表示应检项目；"—"表示不检项目。					

9.2 出厂检验

每台蝶阀在出厂前应按表 8 的规定进行检验，合格后方可出厂，出厂时应附合格证和检验报告。

9.3 型式检验

9.3.1 凡有下列情况之一时，应进行型式检验：

a) 新产品的试制、定型鉴定或老产品转厂生产时；
b) 正式生产后，当结构、材料、工艺有较大改变可能影响产品性能；
c) 产品停产 1 年后，恢复生产时；
d) 正式生产，每 4 年时；
e) 出厂检验结果与上次型式检验有较大差异时。

9.3.2 型式检验抽样方法应符合下列规定：

a) 抽样可以在生产线终端经检验合格的产品中随机抽取，也可以在产品库中随机抽取，或从已供给用户但未使用并保持出厂状态的产品中随机抽取；
b) 每一个规格供抽样的最少基数和抽样数按表 9 的规定。到用户抽样时，供抽样的最少基数不受限制，抽样数仍按表 9 的规定；

表 9 抽样的最少基数和抽样数

蝶阀公称尺寸	最少基数/台	抽样数量/台
DN200	6	2
DN250～DN500	3	1
≥DN600	2	1

c) 9.3.1 中规定的 a)、b)、c)、d)四种情况的型式检验对整个系列产品进行考核时，在该系列范围内每一选定规格仅代表向下 0.5 倍直径，向上 2 倍直径的范围。

9.3.3 合格判定应符合下列规定：

a) 型式检验项目按表 8 的规定，所有样品全部检验项目符合要求时，判定产品合格；
b) 当有不合格项时，应加倍抽样复验。当复验合格时，则判定产品合格；当复验仍有不合格项时，则判定产品不合格。

10 标志

10.1 蝶阀的标志内容应符合表10的规定。

表10 蝶阀的标志内容

标志内容	标记位置
制造商名称或商标	阀体和铭牌
公称压力或压力等级	阀体和铭牌
公称尺寸	阀体和铭牌
产品型号	铭牌
阀体材料	铭牌
产品执行标准编号	铭牌
产品编号	铭牌
介质流向箭头	阀体
制造年月	铭牌
净重(kg)	铭牌

10.2 每台蝶阀应有一个牢固附着的不锈钢或铜铭牌,铭牌上标记应清晰。

11 防护、包装和贮运

11.1 出厂检验完成后,应将蝶阀内腔的水和污物清除干净。

11.2 蝶阀的外表面应按JB/T 106的要求涂漆。

11.3 蝶阀的流道表面,应涂以容易去除的防锈油。

11.4 蝶阀的连接两端应采用封盖进行防护。

11.5 蝶阀出厂时应有产品合格证、产品说明书及装箱单。

11.6 蝶阀应有包装箱,在运输过程中不应损坏。

11.7 在运输和贮存期间,蝶阀应处于微开启状态。

11.8 蝶阀应贮存在干燥、通风的室内,不应露天堆放。

附 录 A
（规范性附录）
袖 管

A.1 袖管定义：袖管是在焊接连接端蝶阀与管道之间增加的一段接管，便于蝶阀与管道之间的壁厚和材质过渡、保温以及现场施工。

A.2 袖管两端的焊接坡口应符合 GB/T 985.1 或 GB/T 985.2 的规定。

A.3 袖管材质应与阀体材质、安装管道材质相匹配。当袖管采用无缝钢管时，应符合 GB/T 8163 或 GB/T 14976 的规定；采用焊接钢管时，应符合 GB/T 3091 或 GB/T 9711 的规定。

A.4 袖管尺寸应按表 A.1 执行。

表 A.1 袖管尺寸

单位为毫米

蝶阀公称尺寸	袖管尺寸		
	长度	外径	壁厚
DN200	300	219	6.0
DN250	300	273	6.0
DN300	300	325	7.0
DN350	400	377	7.0
DN400	400	426	7.0
DN450	400	478	7.0
DN500	400	529	8.0
DN600	400	630	9.0
DN700	500	720	11.0
DN800	500	820	12.0
DN900	500	920	13.0
DN1000	500	1 020	14.0
DN1200	500	1 220	16.0
DN1400	500	1 420	19.0
DN1600	500	1 620	21.0

附 录 B
（规范性附录）
轴向力和弯矩取值

B.1 轴向力和弯矩计算

B.1.1 轴向压缩力应根据最不利工况（在管道工作循环最高温度下，锚固段泄压时），按式(B.1)和式(B.2)计算：

$$N_c = \alpha \times E(t_1 - t_0)A \times 10^6 \quad \cdots\cdots\cdots\cdots(B.1)$$

$$A = \frac{\pi(D_o^2 - D_i^2) \times 10^{-6}}{4} \quad \cdots\cdots\cdots\cdots(B.2)$$

式中：

N_c——轴向压缩力，单位为牛(N)；

α ——钢材的线膨胀系数，单位为米每米摄氏度[m/(m·℃)]；

E ——弹性模量，单位为兆帕(MPa)；

t_1 ——工作最高循环温度，单位为摄氏度(℃)；

t_0 ——计算安装温度，单位为摄氏度(℃)；

A ——钢管的横截面积，单位为平方米(m^2)；

D_o——钢管外径，单位为毫米(mm)；

D_i——钢管内径，单位为毫米(mm)。

B.1.2 轴向拉伸力按式(B.3)计算：

$$N_1 = 0.67\sigma_s \times A \times 10^6 \quad \cdots\cdots\cdots\cdots(B.3)$$

式中：

N_1 ——轴向拉伸力，单位为牛(N)；

σ_s ——钢材屈服极限最小值，单位为兆帕(MPa)。

B.1.3 弯矩按下列公式计算：

a) 当蝶阀公称尺寸小于或等于 DN250 时，弯矩值应按式(B.4)计算：

$$M = \frac{1.3\pi(D_o^4 - D_i^4)\sigma_s \times 10^{-3}}{32D_o} \quad \cdots\cdots\cdots\cdots(B.4)$$

式中：

M ——弯矩，单位为牛米(N·m)；

D_o ——工作钢管外径，单位为毫米(mm)；

D_i ——工作钢管内径，单位为毫米(mm)；

σ_s ——钢材屈服极限最小值，单位为兆帕(MPa)。

b) 当蝶阀公称尺寸大于或等于 DN600 时，弯矩值应按式(B.5)计算：

$$M = \frac{\gamma_s \times 3E \times I}{L^2} \quad \cdots\cdots\cdots\cdots(B.5)$$

式中：

γ_s ——挠度，单位为米(m)，可按 0.1 m 取值；

E ——弹性模量，单位为兆帕(MPa)；

L ——蝶阀端面到受力点的距离，单位为毫米(mm)，取 15 000 mm；

I ——截面惯性弯矩,单位为四次方毫米(mm^4)。

c) 当蝶阀公称尺寸在大于 DN250 和小于 DN600 之间时,弯矩值可在蝶阀公称尺寸 DN250 和 DN600 的蝶阀弯矩值之间插入取值,取值方式随着规格的增大等值递增。

B.2 轴向力及弯矩值

轴向力及弯矩值也可按表 B.1 取值。

表 B.1 轴向力及弯矩值

蝶阀公称尺寸	钢管外径/mm	钢管壁厚/mm	轴向力/kN		弯矩[f,g]/(N·m)
			压缩力[a,b,c]	拉伸力[d,e]	
DN200	219	6.0	994	659	66 281
DN250	273	6.0	1 483	792	100 425
DN300	325	7.0	2 060	1 101	120 937
DN350	377	7.0	2 397	1 281	141 449
DN400	426	7.0	2 715	1 451	161 961
DN450	478	7.0	3 052	1 631	182 473
DN500	529	8.0	3 858	2 062	202 985
DN600	630	9.0	5 173	2 765	223 497
DN700	720	11.0	7 219	3 858	406 537
DN800	820	12.0	8 975	4 796	656 410
DN900	920	13.0	10 914	5 832	1 005 815
DN1000	1 020	14.0	13 036	6 967	1 477 985
DN1200	1 220	16.0	17 831	9 529	2 895 609
DN1400	1 420	19.0	24 638	12 607	5 417 659
DN1600	1 620	21.0	31 080	15 903	8 902 324

[a] 按供热运行温度 130 ℃、安装温度 10 ℃计算。

[b] 蝶阀公称尺寸大于或等于 DN250 时,采用 Q235B 钢,弹性模量 E=198 000 MPa、线膨胀系数 α=0.000 012 4 m/(m·℃);蝶阀公称尺寸小于或等于 DN200 时,采用 20 钢,弹性模量 E=181 000 MPa、线膨胀系数 α=0.000 011 4 m/(m·℃)。

[c] 最不利工况按管道泄压时的工况计算轴向压缩力。

[d] 拉伸应力取 0.67 倍的屈服极限。蝶阀公称尺寸大于或等于 DN250 时,采用 Q235B 钢,当 δ 小于或等于 16 mm 时,拉伸应力$[\sigma]_L$=157 MPa,当 δ 大于 16 mm 时,拉伸应力$[\sigma]_L$=151 MPa;蝶阀公称尺寸小于或等于 DN200 时,采用 20 钢,拉伸应力$[\sigma]_L$=164 MPa。

[e] 当工作管道的材质、壁厚和温度发生变化时,应重新进行校核计算。

[f] 当蝶阀公称尺寸小于或等于 DN250 时,弯矩值取圆形横截面全塑性状态下的弯矩。全塑性弯矩为最大弹性弯矩的 1.3 倍,依据最大弹性弯曲应力计算得出最大弹性弯矩。计算所用应力为屈服应力。

[g] 当蝶阀公称尺寸大于或等于 DN600 时,弯矩值为管沟及管道的下沉差异(100 mm/15 m)形成的弯矩;当蝶阀公称尺寸大于 DN250 和小于 DN600 之间时,介于 DN250 和 DN600 的弯矩值之间弯矩值随着规格的增大采用等值递增的方式取值。

附　录　C
（规范性附录）
弯矩试验方法

C.1　试验条件

试验环境温度为常温，且不应低于 10 ℃，试验介质采用常温的清洁水。

C.2　试验荷载确定

C.2.1　蝶阀所受弯矩应包括由荷载 F 形成的弯矩 M_D、管道及测试介质形成的弯矩 M_F、蝶阀重量形成的弯矩 M_C。

a)　测试荷载 F 形成的弯矩 M_D 见图 C.1，M_D 应按式(C.1)计算：

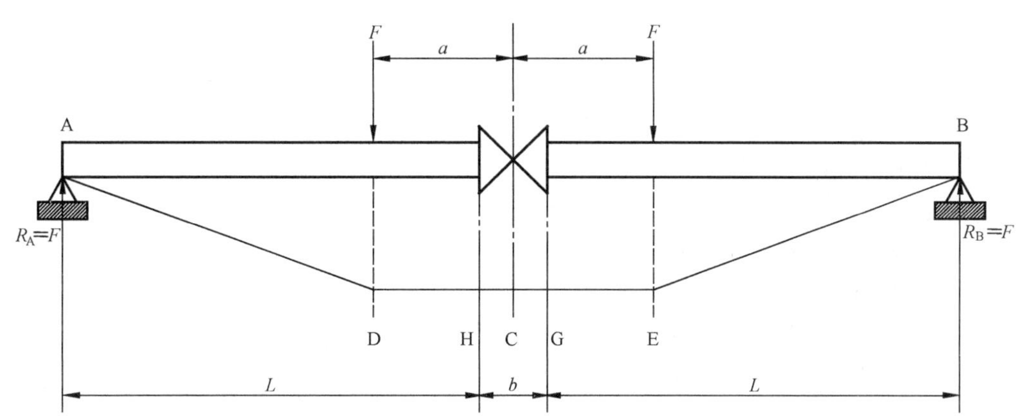

说明：

A/B　——支撑点；
C　——蝶阀的中心点；
D/E　——测试力的施加点；
F　——测荷载；
H/G　——蝶阀端面；
L　——蝶阀端面到支撑点(A/B)间的距离；
R_A/R_B　——支撑点(A/B)产生的反作用力；
a　——蝶阀中心到施力点(D/E)间的距离；
b　——蝶阀长度。

图 C.1　测试荷载 F 形成的弯矩 M_D

$$M_D = F \times \left(L + \frac{b}{2} - a\right) \quad \cdots\cdots(C.1)$$

式中：

M_D ——测试荷载 F 形成的弯矩，单位为牛米(N・m)；
F ——荷载(测试力)，单位为牛(N)；

L ——蝶阀端面到支撑点(A/B)间的距离,单位为米(m);

b ——蝶阀长度,单位为米(m);

a ——蝶阀中心到施力点(D/E)的距离,单位为米(m)。

b) 管道及测试介质形成的弯矩 M_F 见图 C.2。M_F 应按式(C.2)计算:

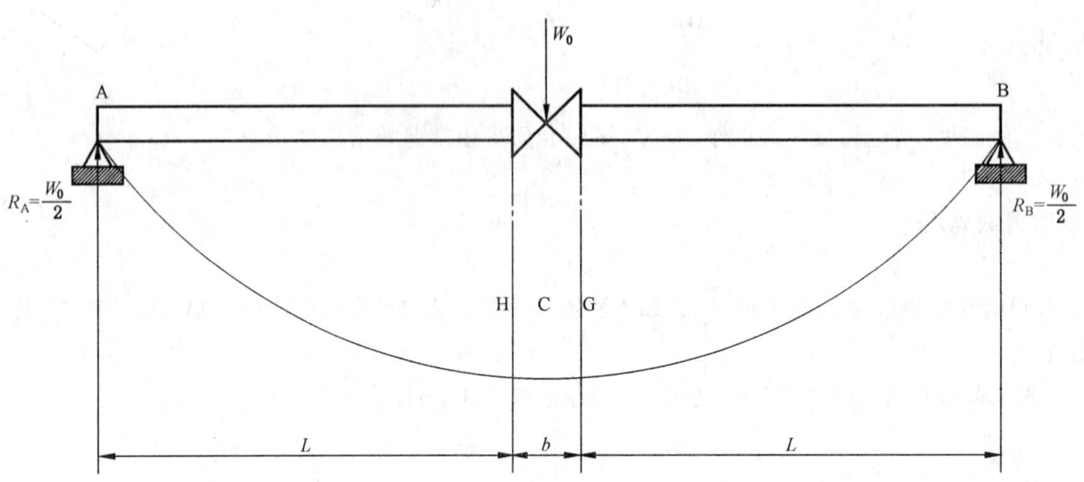

说明:

A/B ——支撑点;

C ——蝶阀的中心点;

H/G ——蝶阀端面;

L ——蝶阀端面到支撑点(A/B)间的距离;

W_0 ——管道自重和管道中介质的重量之和;

R_A/R_B ——支撑点(A/B)产生的反作用力;

b ——蝶阀长度。

图 C.2 管道及测试介质形成的弯矩 M_F

$$M_F=\frac{W_0}{2}\times\frac{L(L+b)}{2L+b} \quad\cdots\cdots\cdots\cdots(\text{C.2})$$

式中:

M_F ——均布荷载 q 形成的弯矩,单位为牛米(N·m);

W_0 ——管道自重和管道中介质的重量之和,单位为牛(N)。

c) 蝶阀重量形成的弯矩 M_C 见图 C.3,M_C 应按式(C.3)计算:

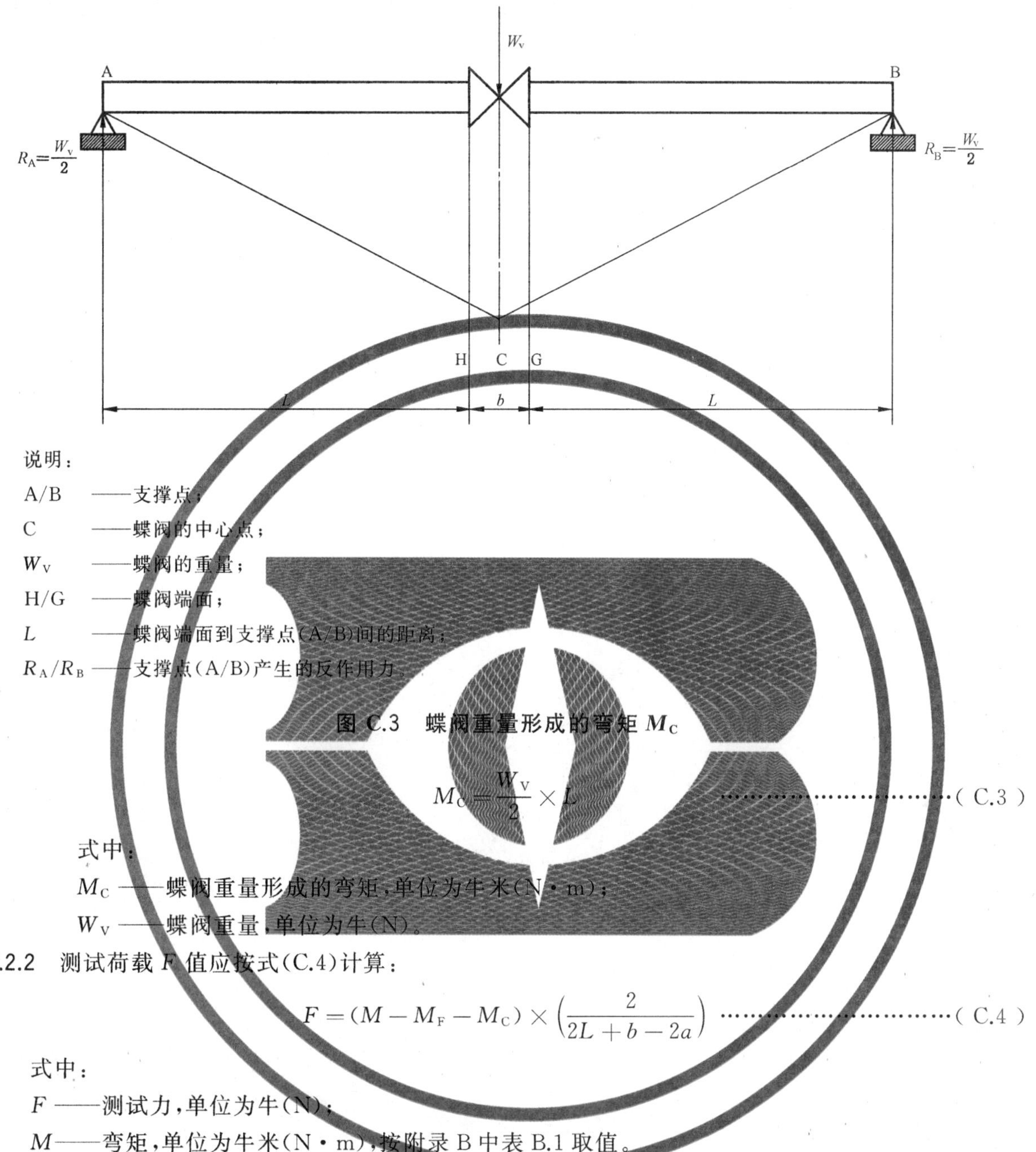

说明：

A/B ——支撑点；

C ——蝶阀的中心点；

W_V ——蝶阀的重量；

H/G ——蝶阀端面；

L ——蝶阀端面到支撑点(A/B)间的距离；

R_A/R_B ——支撑点(A/B)产生的反作用力。

图 C.3 蝶阀重量形成的弯矩 M_C

$$M_C=\frac{W_V}{2}\times L \qquad \text{(C.3)}$$

式中：

M_C ——蝶阀重量形成的弯矩，单位为牛米(N·m)；

W_V ——蝶阀重量，单位为牛(N)。

C.2.2 测试荷载 F 值应按式(C.4)计算：

$$F=(M-M_F-M_C)\times\left(\frac{2}{2L+b-2a}\right) \qquad \text{(C.4)}$$

式中：

F ——测试力，单位为牛(N)；

M——弯矩，单位为牛米(N·m)，按附录 B 中表 B.1 取值。

C.3 试验

C.3.1 试验应按图 C.1 进行四点弯曲测试，并应对平行于阀杆的轴线和垂直于阀杆的轴线分别进行测试。

C.3.2 将蝶阀固定在试验台架上，并将蝶阀处于全开状态。对蝶阀及试验管段加水，并将阀体内及试验管段的空气排尽，然后加压至蝶阀的公称压力。达到公称压力后，稳压 10 min，观察压力表，应无明显压降，然后缓慢施加测试荷载 F，当测试荷载 F 达到计算值时，停止施压。

C.3.3 停止施压后，持续稳定测试 48 h，期间每天测量蝶阀开关扭矩值和观察密封性 2 次，时间间隔应大于 6 h。每次测量和观察前，应检查、记录试验水压和测试荷载 F。

C.3.4 按 8.7 的要求检查蝶阀的密封性，并应符合 7.7 的规定。

C.3.5 蝶阀开关扭矩值的检测，采用扭矩测力扳手缓慢完全关闭和完全开启蝶阀各 1 次，记录蝶阀的关闭和开启的最大扭矩值。对蝶阀施加的最大开关扭矩值均不应大于蝶阀出厂技术参数规定最大值的 1.1 倍。按蝶阀开关扭矩最大值计算操作力，不应大于 360 N。

ICS 91.140
P 45

中华人民共和国城镇建设行业标准

CJ/T 199—2018
代替 CJ/T 199—2004

燃烧器具用给排气管

Supply-exhaust pipe for combustion appliance

2018-06-12 发布　　　　2018-12-01 实施

中华人民共和国住房和城乡建设部　　发 布

前　言

本标准按照GB/T 1.1—2009给出的规则起草。

本标准代替CJ/T 199—2004《燃烧器具用不锈钢给排气管》。与CJ/T 199—2004相比主要技术变化如下：

——增加了术语和定义(见第3章)；

——增加了铝制给排气管和非金属给排气管相应要求(见第5、6章)；

——增加了给排气管尺寸允许偏差(见5.2.2)；

——增加了管间连接性(见6.4)；

——增加了耐盐雾腐蚀性(见6.11)；

——增加了弹性密封件与环形槽的配合性(见6.12)；

——增加了排气管弹性密封件材料性能(见6.13)；

——修改了抗拉强度(见6.3,2004版的4.4)；

——修改了气密性要求(见6.5,2004版的4.4)；

——修改了分类和型号(见第4章,2004版的第3章)；

——检验规则内容移入正文(见第8章,2004版的附录A)；

——删除了给排气管相互连接插入部位的配合间隙(2004版的4.2.3)。

本标准由住房和城乡建设部标准定额研究所提出。

本标准由住房和城乡建设部燃气标准化技术委员会归口。

本标准起草单位：浙江东旺不锈钢实业有限公司、中国市政工程华北设计研究总院有限公司、宁波市亿森海烟道制造有限公司、佛山市金志实业有限公司、艾欧史密斯(中国)热水器有限公司、格罗帕里暖通设备(常州)有限公司、盛德腾烟气排放科技(江苏)有限公司、北京华通晟达暖通设备有限公司、青岛经济技术开发区海尔热水器有限公司、广东万和热能科技有限公司、盐城宇钻科技有限公司、常州市中美金属制品有限公司、昂思菲特贸易(上海)有限公司、佛山市南海金其隆五金制品有限公司、广州迪森家居环境技术有限公司、上海梦地工业自动控制系统股份有限公司、雅克菲(上海)热能设备有限公司、江阴市万华金属实业有限公司、中山市恒乐电器有限公司、宁波市安邦管业有限公司、国家燃气用具质量监督检验中心。

本标准主要起草人：马齐渊、何贵龙、俞友达、岑汉颀、毕大岩、缪佳艺、宁晨翔、张小明、曹立国、周奋、石兆平、吕一中、戚梦飞、林广灿、黄朝辉、金建民、吴海罂、荆华、向熹、余跃辉、张建海。

本标准所代替标准的历次版本发布情况为：

CJ/T 199—2004。

燃烧器具用给排气管

1 范围

本标准规定了燃烧器具用给排气管(以下简称给排气管)的术语和定义,分类和型号,材料、结构和外观,性能要求,试验方法,检验规则,标志和使用说明书,包装、运输和贮存。

本标准适用于以城镇燃气、燃料煤油和家用燃油为燃料的密闭式燃烧器具用给排气管。

2 规范性引用文件

下列文件对于本文件的应用是必不可少的。凡是注日期的引用文件,仅注日期的版本适用于本文件。凡是不注日期的引用文件,其最新版本(包括所有的修改单)适用于本文件。

GB/T 191 包装储运图示标志

GB/T 528 硫化橡胶或热塑性橡胶 拉伸应力应变性能的测定

GB/T 531.1 硫化橡胶或热塑性橡胶 压入硬度试验方法 第1部分:邵氏硬度计法(邵尔硬度)

GB/T 1033.1 塑料 非泡沫塑料密度的测定 第1部分:浸渍法、液体比重瓶法和滴定法

GB/T 1040.1 塑料 拉伸性能的测定 第1部分:总则

GB/T 1043.1 塑料 简支梁冲击性能的测定 第1部分:非仪器化冲击试验

GB/T 1685—2008 硫化橡胶或热塑性橡胶 在常温和高温下压缩应力松弛的测定

GB/T 1690 硫化橡胶或热塑性橡胶 耐液体试验方法

GB/T 3280 不锈钢冷轧钢板和钢带

GB/T 3512 硫化橡胶或热塑性橡胶 热空气加速老化和耐热试验

GB/T 6031 硫化橡胶或热塑性橡胶硬度的测定(10 IRHD～100 IRHD)

GB/T 7759.1—2015 硫化橡胶或热塑性橡胶 压缩永久变形的测定 第1部分:在常温及高温条件下

GB/T 7759.2 硫化橡胶或热塑性橡胶 压缩永久变形的测定 第2部分:在低温条件下

GB/T 9286—1998 色漆和清漆 漆膜的划格试验

GB/T 9341 塑料 弯曲性能的测定

GB/T 10125—2012 人造气氛腐蚀试验 盐雾试验

GB/T 16422.3—2014 塑料 实验室光源暴露试验方法 第3部分:荧光紫外灯

CJ/T 222—2006 家用燃气燃烧器具合格评定程序及检验规则

3 术语和定义

下列术语和定义适用于本文件。

3.1

燃气器具用给排气管 supply-exhaust pipe for combustion appliance

连接在燃烧器具上,将燃烧用空气从室外输送至燃烧器具内,并将燃烧产物排放到室外的管及组成件,简称给排气管。

3.2

给排气管终端　terminal

给排气管室外的进出气口。

3.3

密闭式燃烧器具　sealed combustion appliance

燃烧系统(空气供应、燃烧室、热交换器和燃烧产物的排放)与安装房间隔绝,燃烧用空气通过给气管由室外供给,燃烧产物通过排气管排放到室外的燃烧器具。

4　分类和型号

4.1　分类

4.1.1　按适用的燃料种类分类,见表1。

表1　适用的燃料种类

类别	燃料种类	代号
燃气型	城镇燃气	Q
燃油型	燃料煤油和家用燃油	Y

4.1.2　按适用的燃烧器具种类分类,见表2。

表2　适用的燃烧器具种类

类别	燃烧器具种类	代号
非冷凝式	非冷凝式燃烧器具	F
冷凝式	冷凝式燃烧器具	L

4.1.3　按给排气管形式分类,见表3。

表3　给排气管形式

类别	给排气管形式	代号
同轴式	给气管与排气管为同轴结构,外管是给气管,内管是排气管	T
分离式	给气管与排气管部分或全部独立设置	F

4.1.4　按排气管材料分类,见表4。

表4　排气管材料

类别	排气管材料	代号
不锈钢	不锈钢	G
铝	铝及铝合金	L
非金属	非金属	F

4.1.5 给排气管组成件名称见表5。

表5 给排气管组成件名称

名称	功 能	代号
标准给排气管组成件	含有与燃烧器具连接的弯头和终端的给排气管	G
延长弯头	改变方向及延长用弯曲式给排气管	W
延长节	延长给排气管的直管段	Y
变径接头	两端直径不同的给排气管	J
风帽	防雨水及异物进入给排气管的部分	F
三通	连接主管道和分支管道的给排气管	S
其他	其他形式的给排气管	Q

4.1.6 按排气管额定工作温度分级见表6。

表6 排气管额定工作温度

温度分级/代号	额定工作温度 t/℃	测试温度/℃
T80	$t \leqslant 80$	100
T100	$80 < t \leqslant 100$	120
T120	$100 < t \leqslant 120$	150
T140	$120 < t \leqslant 140$	170
T160	$140 < t \leqslant 160$	190
T200	$160 < t \leqslant 200$	250
T250	$200 < t \leqslant 250$	300
T300	$250 < t \leqslant 300$	350

4.1.7 按排气管弹性密封件和冷凝型给排气管耐腐蚀性能分级，见表7。

表7 排气管弹性密封件和冷凝型给排气管耐腐蚀性能

耐腐蚀分级	燃气	燃油	代号
一级	燃气含硫量≤ 50 mg/m^3	燃料煤油含硫量≤ 50 mg/m^3	Ⅰ
二级	燃气含硫量> 50 mg/m^3	燃料煤油含硫量>50 mg/m^3 家用燃油含硫量质量百分比≤0.2%	Ⅱ

4.2 型号

4.2.1 型号编制

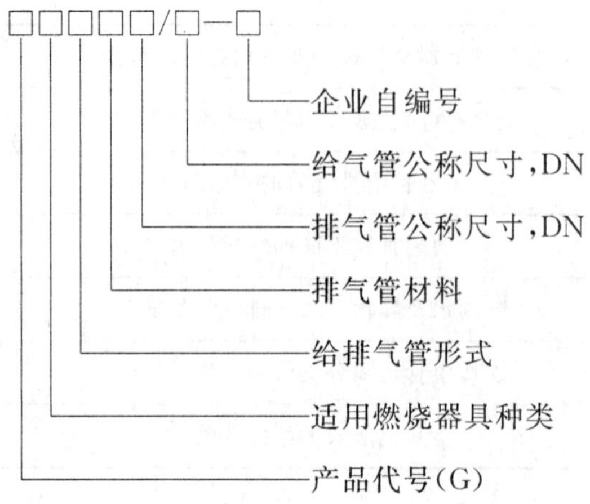

4.2.2 型号示例

企业自编号为××××,公称尺寸为DN60/DN100,排气管材料为不锈钢的非冷凝式器具用同轴式给排气管表示为GFTG60/100—××××。

5 材料、结构和外观

5.1 材料

5.1.1 材料应适用于它的预期用途,应能满足工作条件下的载荷、腐蚀和热的要求。

5.1.2 不锈钢给排气管应采用GB/T 3280规定的厚度不小于0.3 mm,防腐性能不低于O6Cr19Ni10不锈钢材料制作;铝排气管应采用厚度不小于1 mm的铝及铝合金材料制作,铝给气管应采用厚度不小于0.8 mm的铝及铝合金材料制作;给排气管壁厚不应小于制造商标称的最小壁厚。

5.1.3 润滑油脂或其他非腐蚀润滑剂的耐温性能不应低于表6规定的相应温度等级。

5.2 结构

5.2.1 给气管进气口的截面积不应小于排气管排气口的截面积。

5.2.2 给排气管尺寸与声称公称尺寸的偏差应符合表8的规定。

表8 给排气管尺寸允许偏差

单位为毫米

材料	允许偏差							
	排气管公称尺寸,DN				给气管公称尺寸,DN			
	DN≤50	50<DN≤80	80<DN≤120	DN>120	DN≤80	80<DN≤120	120<DN≤180	DN>180
不锈钢	±0.30	±0.40	±0.45	±0.50	±0.40	±0.45	±0.5	±0.60
铝	±0.40	±0.45	±0.50	±0.55	±0.45	±0.50	±0.55	±0.60
非金属材料	±0.45	±0.60	±0.9	±1.2	±0.60	±0.90	±1.3	±1.5

5.2.3 承插连接的给排气管重叠部分长度应大于 30 mm。

5.2.4 给排气管终端的开孔不应落入直径为 16 mm 的不锈钢球。

5.2.5 伸缩管的滑动部分应有防脱落装置。

5.2.6 给排气管的构造应防止积水。

5.2.7 同轴式给排气管端面处，排气管不应短于给气管。

5.2.8 同轴式给排气管的弯头、变径接头和延长节的两端应同时同轴。

5.3 外观

5.3.1 给排气管表面应平整匀称，光洁，不得有飞边、毛刺等，不允许有明显的碰撞损伤等缺陷。

5.3.2 焊接应牢固、光滑，无裂纹、气孔等缺陷。

5.3.3 弯头、连接部位应无明显的皱折和异常变形。

5.3.4 带涂层的给气管宜采用静电喷塑工艺；涂层表面应均匀、平整光滑，不应有气泡、堆积、流淌和漏涂。

6 性能要求

6.1 耐荷重性

标准给排气管各部位应无永久变形或其他异常现象。

6.2 耐喷淋性

燃烧器具非集水部位不应有可见积水。

6.3 抗拉强度

给排气管应连接牢固。

6.4 管间连接性

两管间的夹角应不小于 176°。

6.5 气密性

给排气管泄漏量不应大于表 9 的规定。

表 9 给排气管最大允许泄漏量

单位为立方米每小时

给排气管形式		泄漏量
同轴式给排气管	排气管	0.5
	给气管	3.0
分离式排气管		0.4
分离式给气管		2.0

6.6 非金属排气管材料耐高温性

非金属排气管材料(除弹性密封件外)各项指标变化率的绝对值应符合表10的规定。

表10 非金属排气管材料耐高温性

物理性能	指标变化率	
	硬质管	热固性塑料
冲击强度	≤50%	
密度	≤2%	
拉伸弹性模量	≤50%	—
屈服应力	≤50%	—
弯曲强度	—	≤50%
弯曲模量	—	≤50%
注:高温试验后允许在环境温度中放置24 h后,再进行测量。		

6.7 非金属给排气管材料耐低温性

室外安装的非金属给排气管材料(除弹性密封件外)各项指标变化率的绝对值应符合表11的规定。

表11 非金属给排气管材料耐低温性

物理性能	指标变化率	
	硬质管	热固性塑料
冲击强度	≤50%	
密度	≤2%	
拉伸弹性模量	≤50%	—
屈服应力	≤50%	—
弯曲强度	—	≤50%
弯曲模量	—	≤50%
注:低温试验后允许在环境温度中放置24 h后,再进行测量。		

6.8 冷凝式排气管耐冷凝液浸泡性

非金属材料排气管(除弹性密封件外)各项指标变化率的绝对值应符合表12的规定;金属材料不应有腐蚀现象。

表 12　冷凝式排气管耐冷凝液浸泡性

物理性能	指标变化率	
	硬质管	热固性塑料
冲击强度	≤50%	
密度	≤2%	
拉伸弹性模量	≤50%	—
屈服应力	≤50%	—
弯曲强度	—	≤50%
弯曲模量	—	≤50%
注：冷凝液浸泡试验后允许在环境温度中放置 24h 后，再进行测量。		

6.9　耐候性

室外安装的非金属给排气管各项指标变化率应符合表 13 的规定；室外安装的金属给排气管的涂层应无龟裂和裂纹。

表 13　耐候性

物理性能	指标变化率	
	硬质管	热固性塑料
冲击强度	−50%～+100%	
拉伸弹性模量	−50%～+50%	—
屈服应力	−50%～+50%	—
弯曲强度	—	−50%～+50%
弯曲模量	—	−50%～+50%

6.10　耐划格性

喷涂表面耐划格性应至少达到 GB/T 9286—1998 中规定的 1 级要求。

6.11　耐盐雾腐蚀性

6.11.1　不锈钢产品 144 h 后不应出现红斑。

6.11.2　铝合金产品 144 h 后，腐蚀坑的深度不应大于壁厚的 10%。

6.11.3　带涂层的产品 144 h 后非喷涂表面不应出现锈蚀现象；240 h 后喷涂表面不应出现脱落、起泡等现象。

6.12　弹性密封件与环形槽的配合性

弹性密封件不应损坏，不应出槽。

6.13 排气管弹性密封件材料性能

排气管弹性密封件材料性能应符合附录A的要求。

7 试验方法

7.1 试验条件

除非另有规定，所有测试应在下列条件下进行：

——环境温度为(20±15)℃；

——所有测量值应被校正到基准状态：15 ℃、101.3 kPa。

7.2 耐荷重性试验

将标准给排气管按图1所示方法安装在测试台上，连续吊挂20 kg重物1 h后，检查是否符合6.1的要求。

单位为毫米

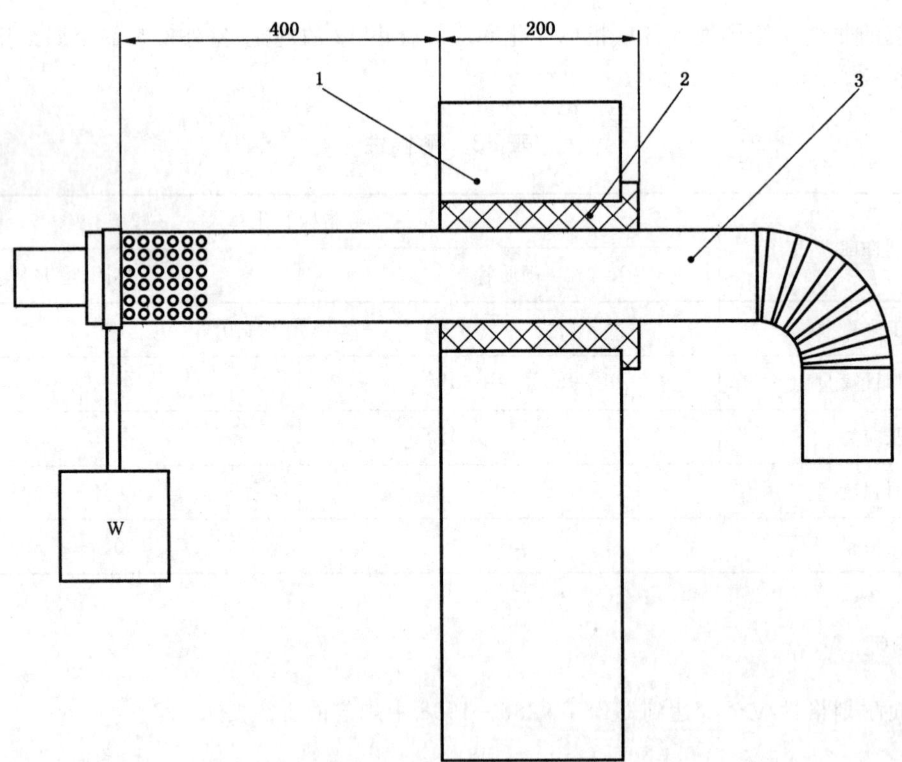

说明：

1——试验墙；

2——橡胶套管；

3——测试件；

W——重物。

图1 耐荷重性试验

7.3　耐喷淋性试验

按图 2 所示方法安装给排气管，按制造商说明书规定调整给排气管倾斜角度。测定降水量时，所有接收水口的接水量平均值为 (3±0.5) mm/min，各接水口的接水量偏差不大于±30%。按图 2 所示的方向向给排气管终端连续喷淋 10 min，检查是否符合 6.2 的要求。

单位为毫米

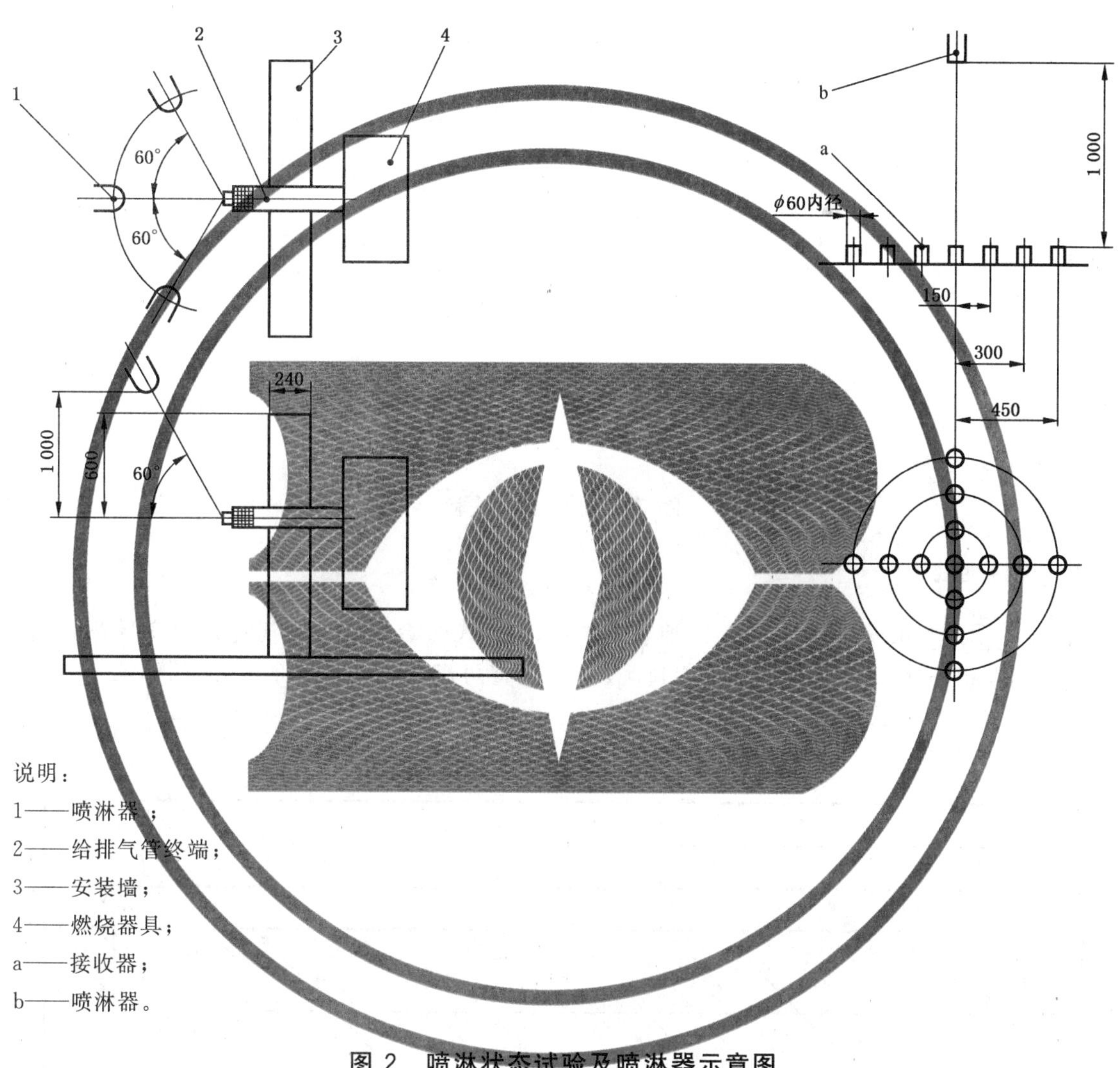

说明：

1——喷淋器；

2——给排气管终端；

3——安装墙；

4——燃烧器具；

a——接收器；

b——喷淋器。

图 2　喷淋状态试验及喷淋器示意图

7.4　抗拉强度试验

按图 3 所示的方法安装给排气管，并固定牢固。在轴向方向施加 49 N 的拉力，检查是否符合 6.3 的要求。

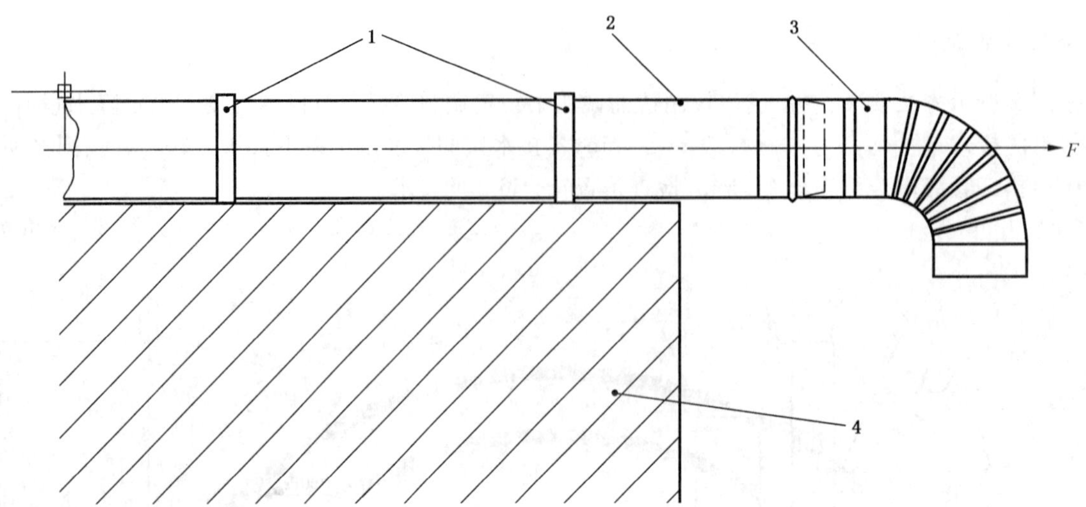

说明：
1——固定卡；
2——测试件；
3——弯头；
4——基座；
F——力。

图 3 抗拉强度试验

7.5 管间连接性试验

按图 4 所示的方法安装给排气管，同轴式给气管、分离式的给气管和排气管分别按照表 14 中相应的公称尺寸，在中心部位施加相应的力，保持 1 min。检查两管间夹角是否符合 6.4 的要求。

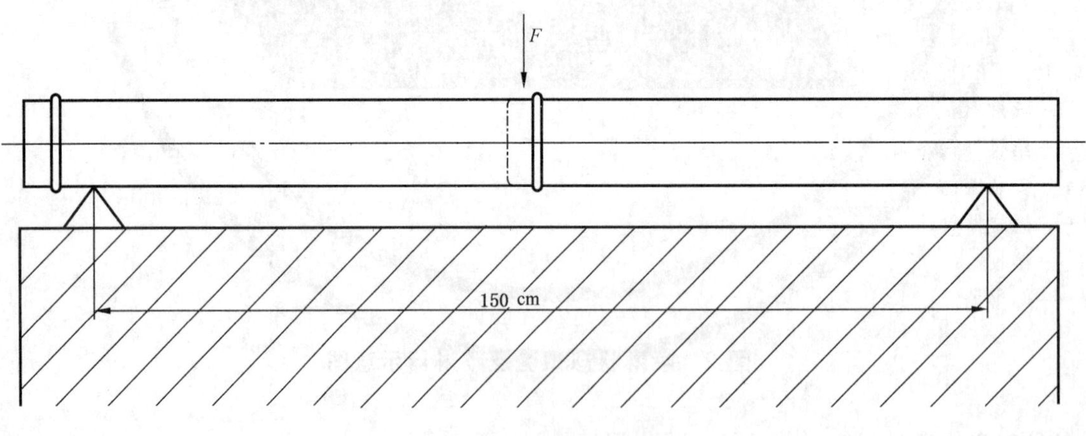

说明：
F——力。

图 4 管间连接性试验

表 14 管间连接性对照表

公称尺寸 DN/mm	DN≤110	110<DN≤129	129<DN≤139	139<DN≤159	159<DN≤179	179<DN≤199	DN>199
力/N	98	196	294	490	686	882	1 078

7.6 气密性试验

7.6.1 同轴式给排气管的泄漏量

将连接有延长节的给排气管系统安装在图5所示的气密性试验装置上。系统由1段标准给排气管、2个延长弯头和3段1 m延长节组成。终端连接送风装置,另一端堵塞。测排气侧的漏气量时,堵住终端的给气孔;测给气侧的漏气量时,堵住终端的排气孔。试验压力100 Pa,测试时间不少于5 min,按式(1)将泄漏量换算到基准状态,检查泄漏量是否符合6.5的要求。

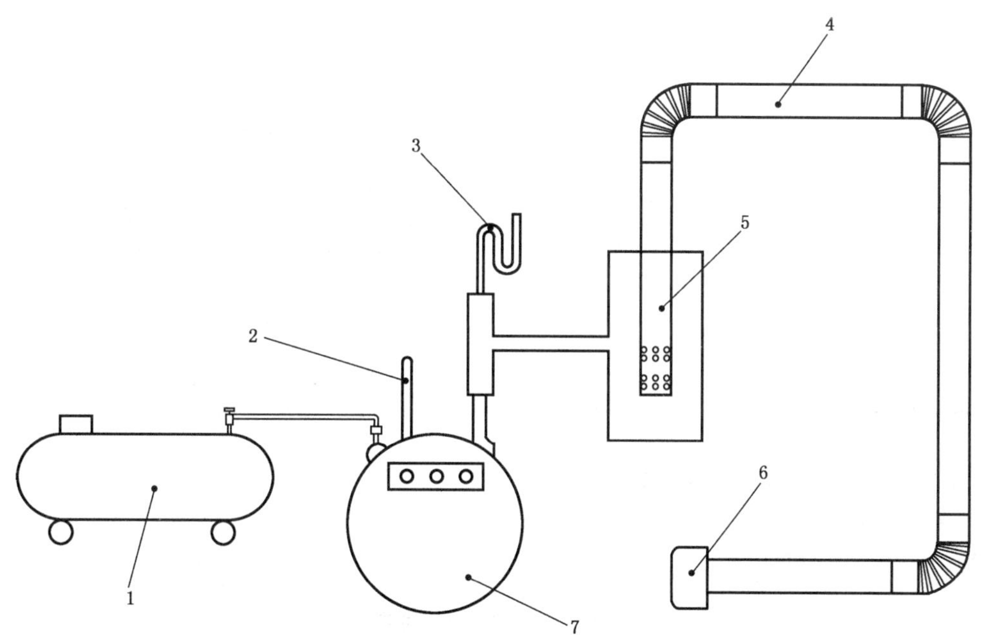

说明:

1——送气装置;
2——温度计;
3——压力计;
4——延长节;
5——给排气管终端;
6——密封件;
7——流量计。

图5 给排气管气密性试验

$$q_n = q\sqrt{\frac{p_a + p}{101.325} \times \frac{288.15}{273.15 + t}} \quad \cdots\cdots(1)$$

式中:

q_n ——校正到基准状态下的泄漏量,单位为立方米每小时(m^3/h);

q ——测量的泄漏量,单位为立方米每小时(m^3/h);

p_a ——大气压力,单位为千帕(kPa);

p ——测试压力,单位为千帕(kPa);

t ——空气温度,单位为摄氏度(℃)。

7.6.2 分离式给排气管的泄漏量试验

将连接有延长节的给排气管系统安装在图5所示的气密性试验装置上。给气管系统由1段标准给气管、2个给气管延长弯头和3段1 m给气管延长节组成。排气管系统由1段标准排气管、2个排气管延长弯头和3段1 m排气管延长节组成。终端连接送风装置，另一端堵塞。试验压力为100 Pa，测试时间不少于5 min，按式(1)将泄漏量换算到基准状态，分别检查给气侧和排气侧泄漏量是否符合6.5的要求。

7.7 按压球体试验

按图6所示将直径为16 mm的不锈钢球放置在终端的开孔处，施加5 N的力在球体表面，检查是否符合5.2.4的要求。

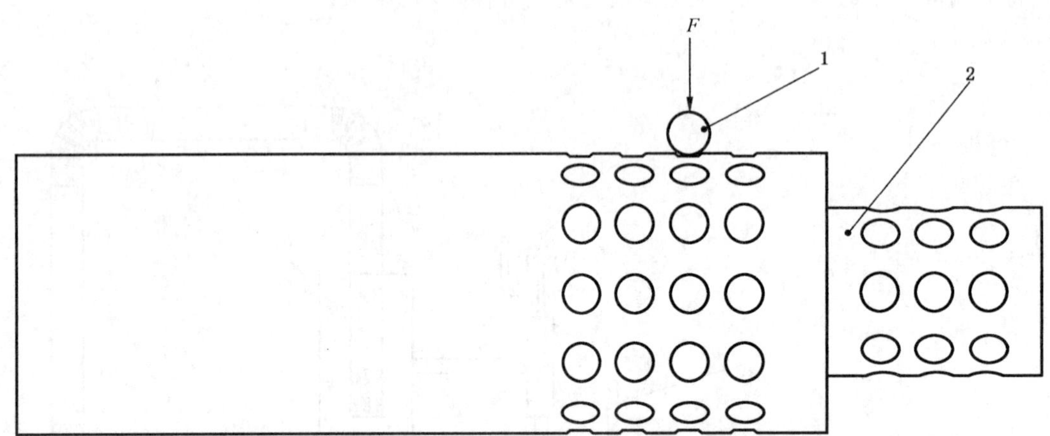

说明：

1——公称尺寸DN为16 mm不锈钢球；

2——给排气管终端；

F——力。

图6 按压球体试验

7.8 非金属排气管材料耐高温性试验

7.8.1 非金属材料性能测试应符合下列要求：

——弯曲强度和弯曲模量按GB/T 9341的规定进行；

——拉伸弹性模量和屈服应力按GB/T 1040.1的规定进行；

——冲击强度按GB/T 1043.1的规定进行；

——密度按GB/T 1033.1的规定进行。

7.8.2 测试前将测试件放置于相对湿度为50%，环境温度为25℃空气中24 h。然后将测试件放置在高温箱内，高温箱10 min内的排气量至少是一个高温箱的容量，温度变化应小于表15的规定值。

表15 测试箱的温度均匀性

单位为摄氏度

温度	温度变化值	
	测试箱温度均匀性	整个测试周期内温度变化
≤200	1.5	1
>200	2	1

7.8.3 与测试件接触的金属件要覆盖碳氟薄膜，或者其材料不能对所测试的材料有氧化稳定性影响。测试温度和测试时间应按表16选取，测试时间应不少于1 680 h，对于T200级以上级别的测试温度不应小于额定工作温度。按7.8.1检验相关性能，检查是否符合6.6的要求。

表 16 测试时间表

测试温度/℃	测试时间/h					
	T80	T100	T120	T140	T160	T200
80	3 680					
85	2 184					
88	1 680					
100		2 890				
105		1 815				
106		1 680				
120			2 420			
124			1 680			
140				2 117		
143				1 680		
160					1 915	
162					1 680	
200						1 680

7.9 非金属给排气管材料耐低温性试验

安装区域环境温度不低于零下 20 ℃,将测试件放入温度为−20 ℃±2 ℃的低温箱中;安装区域环境温度低于零下 20 ℃,将测试件放入温度为−40 ℃±2 ℃的低温箱中。72 h 后从低温箱中将其取出,按 7.8.1 检验相关性能,检查是否符合 6.7 的要求。

7.10 冷凝式排气管耐冷凝液浸泡性试验

测试液成分应按表 17 选取,T80 级的测试液温度为 80 ℃,T80 级以上级别的测试液温度为90 ℃。被测试件在测试液中浸泡 1 680 h 后,按 7.8.1 检验相关性能,检查是否符合 6.8 的要求。

表 17 冷凝液成分表

单位为毫克每升

化学成分	一级耐腐蚀	二级耐腐蚀
盐酸	30	30
硝酸	200	200
硫酸	50	400

7.11 耐候性试验

在测试件最大应力一侧按 GB/T 16422.3—2014 中方法 A 进行测试,暴露循环方式按 1 号循环方式,循环次数为 112 次。按 7.8.1 检验相关性能,检查是否符合 6.9 的要求。

7.12 耐划格性试验

按 GB/T 9286—1998 的规定进行,检查是否符合 6.10 的要求。

7.13 耐盐雾腐蚀性试验

按 GB/T 10125—2012 中性盐雾腐蚀试验的规定进行，检查是否符合 6.11 的要求。

7.14 弹性密封件与环形槽的配合性试验

按说明书规定的方法安装给排气管，装拆 10 次后，检查是否符合 6.12 的要求。

8 检验规则

8.1 一般要求

按 CJ/T 222—2006 中第 4～6 章的规定执行。

8.2 不合格分类

产品检验项目及不合格分类见表 18。

表 18 不合格分类

检验项目	要求	不合格分类
材料	5.1	A
结构	5.2	B
外观	5.3	B
耐荷重性	6.1	B
耐喷淋性	6.2	B
抗拉强度	6.3	B
管间连接性	6.4	B
气密性	6.5	A
非金属排气管材料耐高温性	6.6	A
非金属给排气管材料耐低温性	6.7	B
冷凝式排气管耐冷凝液浸泡性	6.8	B
耐候性	6.9	B
耐划格性	6.10	B
耐盐雾腐蚀性	6.11	B
弹性密封件与环形槽的配合性	6.12	B
排气管弹性密封件材料性能	6.13	B
标志	9.1	A
使用说明	9.2	B
包装	10.1	B

9 标志和使用说明书

9.1 标志

给排气管表面应至少包含下列内容,并应清晰可见、永久性标识:

a) 制造商识别标志;

b) 制造日期(年月),或代码。

9.2 使用说明书

说明书应包括使用、操作和维修的所有相关内容,并应包括下列内容:

a) 适用燃料种类和燃烧器具类型;

b) 给排气管壁厚;

c) 产品的温度分级;

d) 耐腐蚀性能分级;

e) 安装方法;

f) 误使用风险警示。

10 包装、运输和贮存

10.1 包装

10.1.1 产品的包装应做到牢固、安全、可靠、便于装卸,在正常的装卸、运输条件下和在储存期应确保产品的安全和使用性能不会因包装原因发生损坏。

10.1.2 产品所用的包装材料,应符合下列要求:

a) 包装材料宜采用无害、易降解、可再生、符合环境保护要求的材料;

b) 包装设计在满足保护产品的基本要求同时,应考虑采用可循环利用的结构;

c) 在符合对产品安全、可靠、便于装卸的条件下,应避免过度包装。

10.1.3 包装箱外表面应按本标准和GB/T 191的规定标示下列信息:

a) 制造商和/或商标;

b) 产品名称/型号;

c) 制造日期(年月),或代码;

d) 联系方式。

10.2 运输

10.2.1 运输过程中应防止剧烈震动、挤压、雨淋及化学品的侵蚀。

10.2.2 搬运时不应滚动、抛掷和手钩等作业。

10.3 贮存

10.3.1 产品应在干燥通风、周围无腐蚀性气体的仓库内存放。

10.3.2 分类存放,堆码不应超过规定高度极限,防止挤压和倒垛损坏。

附　录　A
（规范性附录）
排气管弹性密封件材料性能

A.1　弹性密封件分类

A.1.1　分级

按弹性密封件耐腐蚀等级分级见表 7。

A.1.2　分类

按是否接触烟气和/或冷凝物分类见表 A.1。

表 A.1　是否接触烟气和/或冷凝物

分类	描述	代号
Ⅰ类	不直接暴露于烟气和/或冷凝物	K1
Ⅱ类	直接暴露于烟气和/或冷凝物	K2

A.2　性能要求

A.2.1　一般要求

弹性密封件的材料应能满足工作条件下的载荷、腐蚀和热的要求。

A.2.2　压缩应力松弛

压缩应力松弛应小于 15%。

A.2.3　压缩永久变形

压缩永久变形应不大于 25%。

A.2.4　拉伸强度

拉伸强度应不小于 5MPa。

A.2.5　拉断伸长率

拉断伸长率应不小于 150%。

A.2.6　室外使用的弹性密封件耐低温性

压缩永久变形应不大于 50%。

A.2.7 耐冷凝液浸泡性

表 A.2 中性能的测量结果与原始值的偏差不应大于 A 列数值，如大于 A 列数值时，不应大于 B 列数值，且第 672 h 到第 1 344 h 的性能变化值应小于原始值与第 672 h 测量结果的性能变化值。

表 A.2 耐冷凝液浸泡性

物理性能	单位	性能要求	
		A	B
硬度	IRHD	±7	±10
拉伸强度	%	±30	±50
体积变化	%	−5～+25	−5～+25
定伸应力	%	±35	±45
拉断伸长率	%	±30	±50

A.2.8 耐冷凝液循环浸泡性

在 100% 伸长率下目测，密封件不应出现开裂等损坏情况。

A.2.9 耐老化性

表 A.3 中性能测量结果与原始值的偏差不应大于 A 列数值，如大于 A 列数值时，不应大于 B 列数值，且第 84 h 到第 168 h 的性能变化值应小于原始值与第 84 h 测量结果的性能变化值。

表 A.3 耐老化性

物理性能	单位	性能要求	
		A	B
硬度	IRHD	±7	±10
拉伸强度	%	±30	±50
定伸应力	%	±35	±45
拉断伸长率	%	±30	±50

A.3 试验方法

A.3.1 弹性密封件材料性能测试

按下列标准进行弹性密封件材料性能测试：

——硬度试验按 GB/T 531.1 和 GB/T 6031 的规定进行，取 6 个测试件中测试数据的最小值；

——拉伸强度试验按 GB/T 528 的规定进行，取 6 个测试件中测试数据的最小值；

——拉断伸长率试验按 GB/T 528 的规定进行，取 6 个测试件中测试数据的最小值；

——体积变化试验按 GB/T 1690 的规定进行，取 6 个测试件中测试数据的最小值；

——定伸应力试验按 GB/T 528 的规定进行，取 6 个测试件中测试数据的最小值；

——压缩永久变形试验按 GB/T 7759.1 和 GB/T 7759.2 的规定进行，取 3 个测试件中测试数据的最大值；

——压缩应力松弛试验按 GB/T 1685 的规定进行，取 3 个测试件中测试数据的最大值。

A.3.2 压缩应力松弛试验

将压缩率为 25%±2%的测试件放在表 5 规定的工作温度下的高温箱内 168h。压缩应力松弛测试按 GB/T 1685—2008 方法 A 进行，检查是否符合 A.2.2 的要求。

A.3.3 压缩永久变形试验

将测试件放在表 5 规定的测试温度下的高温箱内 24h，压缩永久变形测试按 GB/T 7759.1—2015 的规定进行，结束试验按照在高温下的方法 A 进行，检查是否符合 A.2.3 的要求。

A.3.4 拉伸强度试验

试验应按照 GB/T 528 的规定进行 ，检查是否符合 A.2.4 的要求。

A.3.5 拉断伸长率试验

试验应按照 GB/T 528 的规定进行，检查是否符合 A.2.5 的要求。

A.3.6 室外使用的弹性密封件耐低温性试验

安装区域环境温度高于零下 20 ℃，将测试件放入温度为－20 ℃±2 ℃的低温箱中；安装区域环境温度低于零下 20 ℃，将测试件放入温度为－40 ℃±2 ℃的低温箱中。72 h 后从低温箱中将其取出，压缩永久变形测试按 GB/T 7759.2 的规定进行，检查是否符合 A.2.6 的要求。

A.3.7 耐冷凝液浸泡性试验

一级耐腐蚀性冷凝液成分见表 A.4，二级耐腐蚀性冷凝液成分见表 A.5。K1 级应在 60 ℃测试液中浸泡 1 344 h，K2 级应在 90 ℃的测试液中浸泡 1 344 h。检查是否符合 A.2.7 的要求。

表 A.4 一级耐腐蚀性冷凝液成分表

单位为毫克每升

化学成分	适用于 K1 类	适用于 K2 类
盐酸	30	30
硝酸	50	200
硫酸	50	5

表 A.5 二级耐腐蚀性冷凝液成分表

单位为毫克每升

化学成分	适用于 K1 类	适用于 K2 类
盐酸	30	30
硝酸	200	200
硫酸	50	400

A.3.8 耐冷凝液循环浸泡性试验

将3段包含弹性密封件的排气管浸没在60 ℃冷凝液中6 h后,取出排气管,将湿润的排气管放置在60 ℃高温箱0.5 h后,再放置在表5规定的工作温度下的高温箱内17.5 h,最高工作温度不应大于110 ℃。24 h为1个周期,重复12次。检查是否符合A.2.8的要求。

A.3.9 耐老化性试验

测试按GB/T 3512执行,测试件应在表5列出的测试温度下放置168 h。检查是否符合A.2.9的要求。

ICS 91.140
P 47

中华人民共和国城镇建设行业标准

CJ/T 346—2010

家用燃具自动截止阀

Automatic shut-off valves for gas-burning appliances

(ISO 23551-1:2006,Safety and control devices for gas burners and gas-burning appliances—Particular requirements—Part 1:Automatic valves,MOD)

2010-08-03 发布 2011-01-01 实施

中华人民共和国住房和城乡建设部 发布

前言

本标准修改采用 ISO 23551-1:2006《燃气燃烧器和燃气用具安全和控制装置——特殊要求——第1部分:自动阀》(英文版)。

本标准根据 ISO 23551-1:2006 重新起草。为方便比较,在资料性附录 A 中给出了本标准与该国际标准条款的对照一览表。

由于我国法律要求和工业的特殊需要,本标准在采用该国际标准时进行了修改。这些技术性差异用垂直单线标识在它们所涉及的条款的页边空白处。在附录 B 中给出了技术性差异及其原因的一览表以供参考。

为便于使用,本标准还做了下列编辑性修改:

a) “本国际标准”一词改为“本标准”;

b) 用小数点“.”代替作为小数点的逗号“,”;

c) 删除国际标准的前言和引言。

本标准附录 C 和附录 D 为规范性附录,附录 A、附录 B、附录 E 和附录 F 为资料性附录。

本标准由住房和城乡建设部标准定额研究所提出。

本标准由住房和城乡建设部城镇燃气标准技术归口单位归口。

本标准起草单位:艾默生环境优化技术(苏州)研发有限公司、西特(上海)贸易有限公司、青岛经济技术开发区海尔热水器有限公司、浙江新涛电子机械股份有限公司、博西华电器(江苏)有限公司、浙江侨亨实业有限公司、中国市政工程华北设计研究总院。

本标准主要起草人:凌娟、张劢、郑涛、何明辉、刘松辉、张熙、渠艳红。

家用燃具自动截止阀

1 范围

本标准规定了家用燃具自动截止阀(以下简称阀门)的术语和定义、分类、结构和材料、要求、试验方法、标识、安装和操作说明书、检验规则、包装、运输和贮存。

本标准适用于标明最大工作压力在 10 kPa 以下,公称直径不大于 DN50,并且使用 GB/T 13611 规定的城镇燃气的器具上的阀门。

本标准适用于以电磁、电动或以机械方式直接或间接操作的阀门。

本标准适用于流体驱动控制阀(流体如:气体,液体)。

本标准适用于装有关闭位置指示开关的阀门。

2 规范性引用文件

下列文件中的条款通过本标准的引用而成为本标准的条款。凡是注日期的引用文件,其随后所有的修改单(不包括勘误的内容)或修订版均不适用于本标准,然而,鼓励根据本标准达成协议的各方研究是否可使用这些文件的最新版本。凡是不注日期的引用文件,其最新版本适用于本标准。

GB/T 191—2008 包装储运图示标志(ISO 780:1997,MOD)

GB/T 9144 普通螺纹 优先系列(GB/T 9114—2003,ISO 262:1998,MOD)

GB/T 1019—2008 家用和类似用途电器包装通则

GB 4208 外壳防护等级(IP)代码(GB 4208—2008,IEC 60529:2001,IDT)

GB/T 4857.3—2008 包装、运输包装件基本试验 第3部分:静载荷堆码试验方法(ISO 2234:2000,IDT)

GB/T 4857.5—1992 包装、运输包装件 跌落试验方法(eqv ISO 2248:1985)

GB/T 5013.1—2008 额定电压 450/750 V 及以下橡皮绝缘电缆 第1部分:一般要求(IEC 60245-1:2003,IDT)

GB/T 5023.1—2008 额定电压 450/750 V 及以下聚氯乙烯绝缘电缆 第1部分:一般要求(IEC 60227-1:2007,IDT)

GB/T 7306.1 55°密封管螺纹 第1部分:圆柱内螺纹与圆锥外螺纹(GB/T 7306.1—2000,eqv ISO 7-1:1994)

GB/T 7306.2 55°密封管螺纹 第2部分:圆锥内螺纹与圆锥外螺纹(GB/T 7306.2—2000,eqv ISO 7-1:1994)

GB/T 7307 55°非密封管螺纹(GB/T 7307—2001,eqv ISO 228-1:1994)

GB/T 9114 突面带颈螺纹钢制管法兰

GB/T 12716 60°密封管螺纹

GB/T 13611 城镇燃气分类和基本特性

GB 14536.1—2008 家用和类似用途电自动控制器 第1部分:通用要求(IEC 60730-1:2003(Ed3.1),IDT)

GB 15092.1—2003 器具开关 第1部分:一般要求(IEC 61058-1:2000,IDT)

GB/T 15530.1 铜合金整体铸造法兰

GB/T 15530.2 铜合金对焊法兰

GB/T 15530.3 铜合金板式平焊法兰

GB/T 15530.4 铜合金带颈平焊法兰

GB/T 15530.5 铜合金平焊环松套钢法兰

GB/T 15530.6 铜管折边和铜合金对焊环松套钢法兰

GB/T 15530.7 铜合金法兰盖

GB/T 15530.8 铜合金及复合法兰 技术条件

GB/T 16411—2008 家用燃气用具通用试验方法

GB 16914—2003 燃气燃烧器具安全技术条件

GB/T 17241.1 铸铁管法兰 类型

GB/T 17241.2 铸铁管法兰盖

GB/T 17241.3 带颈螺纹铸铁管法兰

GB/T 17241.4 带颈平焊和带颈承插焊铸铁管法兰

GB/T 17241.5 管端翻边带颈松套铸铁管法兰

GB/T 17241.6 整体铸铁管法兰

GB/T 17241.7 铸铁管法兰 技术条件

GB/T 17626.2 电磁兼容 试验和测量技术 静电放电抗扰度试验(GB/T 17626.2—2006,IEC 61000-4-2:2001,IDT)

GB/T 17626.3 电磁兼容 试验和测量技术 射频电磁场辐射抗扰度试验(GB/T 17626.3—2006,IEC 61000-4-3:2002,IDT)

GB/T 17626.4 电磁兼容 试验和测量技术 电快速脉冲群抗扰度试验(GB/T 17626.4—2008,IEC 61000-4-4:2004,IDT)

GB/T 17626.5 电磁兼容 试验和测量技术 浪涌(冲击)抗扰度试验(GB/T 17626.5—2008,IEC 61000-4-5:2005,IDT)

GB/T 17626.6 电磁兼容 试验和测量技术 射频场感应的传导骚扰抗扰度(GB/T 17626.6—2008,IEC 61000-4-6:2006,IDT)

GB/T 17626.11 电磁兼容 试验和测量技术 电压暂降、短时中断和电压变化的抗扰度试验(GB/T 17626.11—2008,IEC 61000-4-11:2004,IDT)

CJ/T 222—2006 家用燃气燃烧器具合格评定程序及检验规则

3 术语和定义

下列术语和定义适用于本标准。

3.1

自动截止阀 automatic shut-off valve

供能时打开和去能时自动关闭且具有安全关闭功能的阀门。

3.2

分段控制阀 valve with step control

分段控制流量的阀门。

3.3

连续控制阀 valve with modulating control

根据外部信号在两个流量设定值之间可连续控制流量的阀门。

3.4

闭合元件 closure member

阀门中关断燃气流量的可动部件。

3.5

呼吸孔　breather Hole

在一个可变容积内保持大气压力的小孔。

3.6

关闭位置指示开关　closed position indicator switch

装在阀门上，显示闭合件是否位于关闭位置的部件。

3.7

驱动能　actuating energy

驱动机构将闭合元件移至开启位置所需的能量。驱动能可有外源（电动、气动或液动）并可在阀门内转换。

3.8

闭合力　closing force

去能时关闭阀门的力，与燃气压力产生的力无关。

3.9

气密力　sealing force

当闭合元件位于关闭位置时施于阀门座的力，与燃气压力产生的力无关。

3.10

摩擦力　frictional force

闭合弹簧去除时，驱动机构和闭合件由开启位置移至关闭位置所需力的最大值，与燃气压力产生的力无关。

3.11

驱动压力　actuating pressure

提供给阀门驱动机构的液压或气压。

3.12

开启时间　opening time

从给阀门供能，到达到最大流量或其他规定流量时的间隔时间。

3.13

闭合时间　closing time

从停止给阀门供能，到闭合件达到关闭位置时的间隔时间。

3.14

延迟时间　delay time

从给阀门供能到燃气开始流动之间的间隔时间。

4　分类

4.1　阀门分级

按气密力对阀门进行如下分级：

——A、B、C 级阀门

燃气进口压力不减小气密力的阀门。根据 6.3.5.6 气密力要求，它们分为 A、B 或 C 级。

——D 级阀门

没有气密力要求的阀门。

——E 级阀门

燃气进口压力减小气密力并符合 6.3.5.6 要求的阀门。

——J 级阀门

燃气进口压力不减小气密力并符合 6.3.5.6 要求的盘座式阀门。

4.2 阀门安装分组

按照要求承受的弯曲应力(见表3),阀门分为1组和2组。

——1组阀门:用在不受设备管道安装造成的弯曲应力影响的燃器具上的阀门(例如:使用刚性支架支撑)。

——2组阀门:阀门用在燃器具内部或者外部的任何场合,通常不带安装支架。

5 结构和材料

5.1 一般要求

根据制造商的说明来安装和使用时,阀门的设计、制造和组装应保证所有功能可正常使用。阀门的所有部件应能承受机械和热应力而且没有任何影响安全的变形。

5.2 结构

5.2.1 外观

阀门不得有锐边和尖角,以免引起故障、损伤和不正确的操作。所有部件的内部和外部均应是清洁的。

5.2.2 孔

a) 用于阀门部件组装或安装螺钉、销钉等的孔,不应穿透燃气通路。这些孔和燃气通路之间的壁厚应大于等于1 mm;

b) 燃气通路中的工艺孔,应用金属密封方式永久密封。

5.2.3 呼吸孔

呼吸孔的设计应保证,当膜片损坏时,呼吸孔应满足下列要求之一:

a) 满足6.2.1呼吸孔泄漏要求;

b) 呼吸孔应与合适的通气管相连接,并且安装和操作说明书应说明呼吸孔可安全地排气。

呼吸孔应防止被堵塞或应放置在不易堵塞的位置。呼吸孔的位置应保证膜片不会被插入的尖锐器械损伤。

5.2.4 紧固螺钉

a) 除非阀门正常操作和调节需要不同的螺纹,维修和调节时可以拆下的紧固螺钉应采用符合GB/T 9144的公制螺纹;

b) 能形成螺纹并产生金属屑的自攻螺钉不应用来连接燃气通路部件或在维修时可以拆卸的部件;

c) 能形成螺纹但不产生金属屑的自攻螺钉,只要可以被符合GB/T 9144的公制机械螺钉所代替,就可以使用。

5.2.5 连接

a) 对不可拆卸密封,在规定的操作条件下应保持密封;

b) 燃气通路部件的焊接或其他工艺不应采用熔点在450 ℃以下的连接材料,附加密封除外。

5.2.6 可动部件

可动部件(例如膜片、传动轴)的运行不应受其他部件影响。可动部件不应外露。

5.2.7 保护盖

保护盖应能用通用工具拆下和重装,并应有漆封标记。保护盖不应妨碍阀门在制造商声明的整个流量范围内进行调节。

5.2.8 维修和调节时拆卸和重装

a) 需要拆装的各种部件,应能用通用工具拆装。这些部件的结构或标记,应保证在按照制造商声明的方法组装时不易装错;

b) 可被拆卸的各种闭合部件,包括用作测量和测试的部件,其结构应保证可由机械方式达到气密性要求(例如用金属与金属连接、O形圈),密封液、密封膏或密封带之类的连接方式仅可作为辅助连接方式；

c) 不允许拆卸的各种闭合部件，应用能够显示出干扰痕迹的方式密封（例如用漆），或者用专用工具固定。

5.2.9 辅助通路

辅助通路的堵塞不应影响阀门的正常关闭。应采用适当的方法保护辅助通路。

5.2.10 闭合位置指示开关

开关的安装位置，不应影响阀门的正常运行。开关调节器应防止被他人无意调节。开关的转换和驱动机构的移动不应影响阀门的正常运行。

5.2.11 流量

连续控制阀的流量应能在制造商声明的整个范围内可调。当一种流量的调节影响其他流量的设定时，应在安装说明书中予以说明。任何流量的设定都应使用工具，流量调节装置应封闭，以防被他人无意调节。

5.2.12 阀门机构的保护

阀门应使用坚固的外壳加以保护，以防止阀门的正常运行受到干扰。

5.3 材料

5.3.1 一般要求

材料的质量、尺寸和各零部件的组装方法，应保证阀门的结构和性能是安全的。按照制造商的说明安装和使用时，在合理的寿命期内，性能应没有明显的改变。同时，所有元件应能承受阀门在使用期间可能经受的机械、化学和热等各种应力。

5.3.2 阀门部件

阀体应由金属材料制成。阀门中直接或间接地将燃气与大气隔离的其他各种部件应符合下列要求之一：

a) 由金属材料制成；

b) 由非金属材料制成，并符合 6.2.2 的要求。

注：当阀门内的隔膜将燃气与大气隔开时，认为是间接隔离。

5.3.3 弹簧

5.3.3.1 闭合弹簧

为阀门闭合元件提供气密力的弹簧应由耐腐蚀材料制成，并应设计成耐疲劳的。

5.3.3.2 提供闭合力和气密力的弹簧

提供闭合力和气密力的弹簧应设计为耐振荡负荷和耐疲劳的。

a) 金属丝直径小于等于 2.5 mm 的弹簧应由耐腐蚀材料制成；

b) 金属丝直径大于 2.5 mm 的弹簧可由耐腐蚀材料制成，也可采取防腐蚀保护。

5.3.4 耐腐蚀和表面保护

所有与燃气或大气接触的部件，都应由耐腐蚀材料制成或有适当的保护。对弹簧和其他活动部件的防腐蚀保护不应因为部件的移动而受损坏。

5.3.5 浸渍

制造过程中如有浸渍，应使用适当的方法进行处理。

5.3.6 对活动部件的密封

a) 对燃气通路中的活动部件和闭合元件的密封只能由刚性的、机械性能稳定的、不会永久变形的材料来实现。不应使用密封膏；

b) 手动可调式压盖填料密封不应用来密封活动部件；

c) 波纹管不应作为唯一的对大气密封的元件使用。

注：由制造商设定的并有防止进一步调节保护的可调式压盖可当作不可调式压盖考虑。

5.3.7 闭合元件

DN25 以上的阀门闭合元件应有能承受气密力的机械支撑(例如金属支撑)或由金属制造。

该项要求还适用于传递闭合力的部件。

5.4 燃气连接

5.4.1 连接方法

阀门应设计成使用通用工具就可以完成所有的燃气连接,例如使用适宜的扳手。

5.4.2 连接尺寸

对应的连接尺寸见表 1 所示。

表 1 连接尺寸

螺纹或法兰公称尺寸 DN	螺纹或法兰/英寸	压缩连接管外径/mm
6	1/8	2～5
8	1/4	6～8
10	3/8	10～12
15	1/2	14～16
20	3/4	18～22
25	1	25～28
32	1 1/4	30～32
40	1 1/2	35～40
50	2	42～50

5.4.3 螺纹

进出口螺纹应符合 GB/T 7306.1、GB/T 7306.2、GB/T 12716 或者 GB/T 7307,并从表 1 所给系列尺寸中选择。进出口的螺纹连接设计,应保证把超过有效连接长度 2 个螺距的管子,拧入阀体螺纹段时,不会妨碍阀门运行。螺纹止档也应满足要求。

5.4.4 管接头

使用管接头进行连接时,如果接头螺纹不符合 GB/T 7306.1、GB/T 7306.2 或 GB/T 7307,应提供管接头配件或者接头螺纹的全部尺寸细节。

5.4.5 法兰

阀门上的法兰,当不能与符合 GB/T 9114 的法兰连接时,应提供与标准法兰连接的转接头,或提供配件的全部尺寸细节。

5.4.6 压缩连接

进行压缩连接前,管子不应变形。

5.4.7 测压口

测压口外径为 $9.0^{+0}_{-0.5}$ mm,有效长度不应小于 10 mm,测压孔内径不应超过 1 mm。测压口不应影响阀门气密性。

5.4.8 滤网

a) 如果安装有进口滤网时,过滤网孔最大尺寸不应超过 1.5 mm,并应防止 1 mm 直径的销规通过;

b) 没有安装进口滤网时,安装说明应包括使用和安装符合上述要求的滤网的相关资料,以防止异物侵入。

c) J级阀门应安装进口滤网。最大过滤网孔尺寸不应超过0.28 mm,并应防止0.2 mm直径的销规通过。安装在DN25或以上阀门的滤网,在不从管道上拆下阀门的情况下,应容易清洗或更换。

5.4.9 气动或液动驱动机构

气动或液动阀门应保证驱动机构中控制通路的堵塞不影响阀门的关闭功能。

6 要求

6.1 一般要求

6.1.1 在下列条件下,阀门应能正常运行:

a) 全部工作压力范围内;

b) 环境温度0 ℃到60 ℃或制造商声明的更宽范围;

c) 制造商说明的所有安装位置。

d) 对电动阀门:电压或电流从额定值的85%到110%;对气动、液动阀门:驱动压力从额定值的85%到110%,或制造商声明的更宽压力范围。

6.1.2 去能时或无驱动能时,阀门应自动关闭。

6.2 部件要求

6.2.1 呼吸孔泄漏要求

在最大进口压力下,呼吸孔的空气流量不应超过70 L/h。

——当最大工作压力小于3 kPa,且呼吸孔直径小于0.7 mm时,可认为符合此项要求。

——使用泄漏限制器来达到此项要求时,该限制器应能承受3倍最大工作压力。当使用安全膜片作为泄漏限制器时,在发生故障时,它不能代替工作膜片。

6.2.2 非金属部件拆下后阀门的泄漏要求

应保证在最大工作压力下,当非金属部件拆下或破裂时(除了O形圈、垫片、密封片和膜片的密封部件外),空气泄漏不超过30 L/h。

6.3 性能要求

6.3.1 气密性

在7.3.1条测试条件下,阀门的空气泄漏量不应超过表2中的规定值。

在拆下和重新组装闭合部件后,阀门的空气泄漏量也不应超过表2中的规定值(见5.2.8)。

表2 最大泄漏量

公称进口尺寸DN	最大泄漏量/(mL/h)	
	内部气密性	外部气密性
DN<10	20	20
10≤DN≤25	40	40
25<DN≤50	60	60

6.3.2 扭矩和弯曲

6.3.2.1 一般要求

阀门结构应有足够的强度,能承受阀门在正常使用和维修期间可能经受的的机械应力。阀门测试后,应没有永久变形,并且空气泄漏量不应超过表2中的规定值。

6.3.2.2 扭矩

按7.3.2.2或7.3.2.3的规定测试,阀门应能承受表3中的扭矩。

表 3 扭矩和弯曲力矩

公称进口尺寸 DN[a]	扭矩[b]/(N·m)	弯曲力矩/(N·m)		
	1组和2组	1组		2组
	10 s 测试	10 s 测试	900 s 测试	10 s 测试
6	15 (7)	15	7	25
8	20 (10)	20	10	35
10	35 (15)	35	20	70
15	50 (15)	70	40	105
20	85	90	50	225
25	125	160	80	340
32	160	260	130	475
40	200	350	175	610
50	250	520	260	1 100

a 相应连接尺寸见表1。

b 括弧中的扭矩值专门针对烹饪燃气具上，带法兰或鞍形夹紧进口连接的阀门。

6.3.2.3 弯曲力矩

按 7.3.2.4 的规定测试，阀门应能承受表3中的弯曲力矩。1组阀门应按 7.3.2.5 的规定作补充测试。

6.3.3 额定流量

6.3.3.1 按 7.3.3 测量时，最大流量至少应是额定流量的 0.95 倍。

6.3.3.2 在制造商为连续控制阀标明开、闭特性的情况下，按 7.3.3 测量时，流量值应在制造商标明值的±10%以内。

6.3.3.3 对于分段控制阀，制造商应按全开流量的百分数标明各级的最大流量。当按 7.3.3 的规定试验时，各级的最大流量不应超过 1.1 倍标明值。

6.3.3.4 当按 7.3.3 的规定试验时，流量根据外部信号发生改变时，不应出现朝任何一个方向的超过设定点流量(或供应商指定的流量)20%的过冲现象。

6.3.4 耐用性

6.3.4.1 弹性材料耐燃气性

6.3.4.1.1 与燃气接触的弹性材料(例如阀门的密封垫、O 形圈和膜片等)，用肉眼观察时应是均匀的，不得有气孔、夹杂物、细渣、气泡或其他表面缺陷。

6.3.4.1.2 按 7.3.4.1 的规定测试弹性材料的耐燃气性，测试前后，样件质量变化应在±10%以内。

6.3.4.2 标志耐用性

a) 粘贴的商标和所有标志应进行抗磨、耐潮湿和耐高温测试，并且不应掉色和变色，始终保持清晰易读；

b) 按钮上的标志应该能够经受手动操作引起的连续触摸和摩擦，并保持完好。

6.3.4.3 耐划痕性

在耐潮湿测试前和后，阀门应能承受 7.3.4.3 的测试，不应被钢球划穿裸露金属面上的保护涂层。

6.3.4.4 耐潮湿性

a) 所有部件(包括表面有保护涂层的部件)应能承受 7.3.4.4 的测试而没有肉眼可见的过度腐蚀、脱落和起泡痕迹；

b) 阀门某些部件存在轻微腐蚀迹象时，应确保阀门安全；

c) 当某些部件的腐蚀会影响阀门的连续安全工作时，这些部件不应有任何腐蚀的痕迹。

6.3.5 功能要求

6.3.5.1 阀门关闭功能

在7.3.5.1的测试条件下，阀门应符合下列要求：

a) 当电压或电流减至阀门额定值的15%前，阀门应自动关闭；

b) 当电压或电流减至控制阀门的额定值的15%前，带有气、液驱动机构的阀门应自动关闭；

c) 当断开阀门上加载的15%到110%额定值之间的电压或电流时，阀门应自动关闭。

6.3.5.2 闭合力

气密力与闭合力无关的阀门(例如球阀、闸阀等)应符合下列要求：

a) 当摩擦力在5 N以下(包括5 N)时，闭合力应大于等于摩擦力的5倍；

b) 当摩擦力大于5 N时，闭合力应大于等于摩擦力的2.5倍，且大于25 N。

6.3.5.3 延迟时间和开启时间

延迟时间和开启时间应符合下列要求：

a) 制造商声明时间大于1 s时，在该时间的±20%之内；

b) 制造商声明时间小于等于1 s时，小于1 s。

6.3.5.4 关闭时间

a) A、B、C和E级阀门的关闭时间不应超过1 s；

b) D级阀门的关闭时间不应超过制造商声明值；

c) J级阀门的关闭时间不应超过5 s或制造商声明的任何较低值。

6.3.5.5 控制功能的关闭时间

任何控制功能的关闭时间，应在制造商声明值的±10%以内。

6.3.5.6 气密力

a) 在7.3.5.5规定的测试条件下，A、B、C级阀门在闭合元件孔口处的最小气密力，应符合表4的要求；

表4 气密力要求

阀门	试验压力/kPa	最大泄漏量/(mL/h)
A级	15	20 (DN<10) 40 (10≤DN≤25) 60 (25<DN≤50)
B级	5	
C级	1	

b) E级阀门在闭合元件孔口处的最小气密力，应等于1.5倍最大工作压力或至少超过最大工作压力15 kPa，取两者较大值。内部泄漏量不应超过表2所给数值；

c) J级阀门每1 m密封长度的最小气密力应为1 N。这由阀门关闭时的弹簧力和密封件圆周或长度相除计算而得。弹簧压缩比应由制造商声明；

d) 当7.3.5.5的试验方法不适用阀门某些设计时，应通过计算或试验加计算的方法来计算气密力。使用1.25倍表4所给对应阀门级别的试验压力，计算最小气密力。

6.3.5.7 关闭位置指示开关

当阀门装有关闭位置指示开关时，在下列情况下开关应指示关闭位置：

a) 在相同压差下，流量等于或小于10%的等效全开流量；

b) 闭合件在其关闭位置的1 mm之内。

6.3.5.8 节电电路

带有节电电路的阀门，其设计应保证节电电路的故障不影响阀门的正常关闭。按6.3.5.7条测试是否符合要求。如果节电电路满足GB 14536.1中两个内部故障分析的要求，则6.3.5.7中减少额定电压至15%的试验不适用。

6.3.6 耐久性

在7.3.6条的耐久性试验后，阀门应符合6.3.5.1、6.3.5.3、6.3.5.4、6.3.5.5、6.3.5.6和6.3.5.7的要求。

对于6.3.3中制造商声明的调节范围内的任何设定，当按7.3.3在相同条件下测量时，7.3.6条耐久性试验结束后，阀门的流量应保持在耐久性试验前流量的±10%范围内。

6.3.7 电气安全要求

电气安全要求应符合附录C的规定。

6.3.8 电磁兼容性(EMC)要求(针对使用电子器件的阀门)

电磁兼容性要求应符合附录D的规定。

7 试验方法

7.1 试验条件

a) 除非另有规定，测试用空气温度为(20±5)℃，环境温度为(20±5)℃；

b) 所有测量值应被折算到基准状态，15 ℃、101.325 kPa、干空气；

c) 通过更换元件可以转换到另一种燃气的阀门，要用转换的各元件做补充测试；

d) 测试应在制造商规定的安装位置进行，有若干个安装位置时，测试应在最不利的位置进行。已经被其他标准涵盖的这些测试(例如GB 14536系列)，可不用重复测试。

7.2 部件试验

7.2.1 呼吸孔泄漏的试验

破坏工作膜片可动部分，打开阀门的所有闭合元件，加压阀门到最大工作压力，测量泄漏量。试验结果应符合6.2.1的要求。

7.2.2 非金属部件拆下后阀门的泄漏试验

把阀门中将燃气与大气隔离的所有非金属部件拆下，(不包括O形圈、密封片、密封垫和膜片等密封部件)。堵塞所有出气孔，加压阀门进口和出口到最大工作压力并测试泄漏量。试验结果应符合6.2.2的要求。

7.3 性能试验

7.3.1 气密性试验

7.3.1.1 一般要求

a) 所用装置的误差极限应是±1 cm^3(容积法)，泄漏量测试的精度应在±5 mL/h以内。应使用可得到再现结果的方法，如附录E(容积法)：适用测试压力不大于15 kPa；

b) 内部泄漏用0.6 kPa初始测试压力进行测试，然后内部和外部泄漏都用1.5倍最大工作压力或15 kPa(取其较大值)重复测试。试验结果应符合6.3.1的要求。

7.3.1.2 外部气密性

给阀门进口和出口同时供给7.3.1.1中所给的测试压力，打开所有闭合元件，测量泄漏量。根据制造商的说明拆下和重装闭合部件5次，重复测试。

7.3.1.3 内部气密性

当某个闭合元件在关闭位置，打开其他闭合元件，在阀门进口供给7.3.1.1中所给的测试压力，测量泄漏量。逐个检测每个闭合元件。

7.3.2 扭力和弯曲试验

7.3.2.1 一般要求

a) 测试用管应符合GB 3091的要求，管长度至少为40倍DN；连接时，应使用不会硬化的密封胶；

b) 对采用符合 GB/T 9114、GB/T 17241.1～17241.7、GB/T 15530.1～15330.8 标准的法兰，从表 5 所给数据中确定合适的法兰螺栓拧紧扭矩；

c) 在进行扭矩和弯曲力矩测试之前，分别按 7.3.2 和 7.3.3 测试阀门外部和内部气密性；

d) 如果进口和出口连接不在同一轴线上，应调换进口和出口位置分别测试；

e) 如果进口和出口的公称尺寸不同，应夹紧阀体，依次对进口和出口采用合适的扭矩和弯曲力矩分别测试；

f) 采用压缩连接的阀门，应使用带螺纹的转接头来做弯曲力矩测试；

g) 扭矩试验结果应符合 6.3.2.2 的要求，弯曲力矩试验结果应符合 6.3.2.3 的要求。

注 1：如果阀门只能使用法兰连接，可不做扭矩测试。

注 2：对于采用法兰连接或鞍形夹紧进口连接的，烹饪燃气用具上的阀门，可不做弯曲力矩测试。

表 5 法兰螺栓拧紧扭矩

公称尺寸 DN	6	8	10	15	20	25	32	40	50
扭矩 N·m	20	20	30	30	30	30	50	50	50

7.3.2.2 10 s 扭矩测试——用螺纹连接的 1 组和 2 组阀门

用不超过表 3 所给的扭矩值，把管 1 和管 2 分别拧入阀门进口和出口，在距阀门至少 2D 的距离上固定管 1(见图 1)。应保证所有的连接是气密的。

支撑起管 2，应保证阀门不承受弯曲力矩。

逐渐的对管 2 施加合适的扭矩共 10 s，其值不超过表 3 所给的扭矩值。最后 10%的扭矩在 1 min 内施加完毕。

在施加弯曲力矩的同时，然后分别按 7.3.1.2 和 7.3.1.3 测试阀门外部和内部气密性。

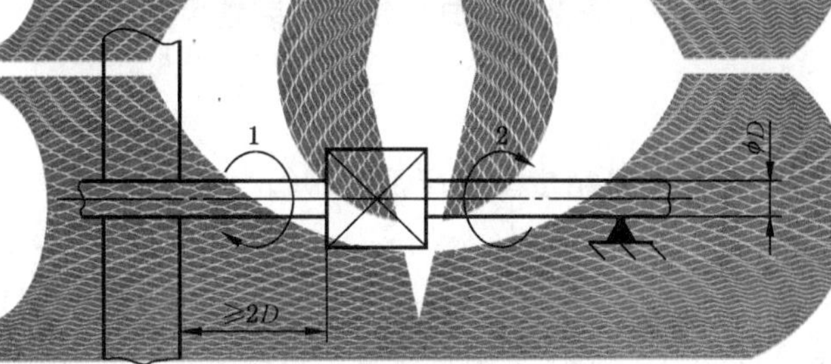

1——管 1；

2——管 2；

D=外径。

图 1 扭矩测试装置

7.3.2.3 10 s 扭矩测试——用压缩连接的 1 组和 2 组阀门

7.3.2.3.1 橄榄形压缩连接

使用两根带有匹配尺寸的新的黄铜制的橄榄形密封垫的钢管，分别连接阀门进口和出口。

夹紧阀体，并依次对每个钢管施加表 3 所给的扭矩值，时间分别为 10 s。

目检阀门有无任何变形，一直受力的橄榄形密封垫和阀门与其配合表面的任何变形可被忽略。然后，分别按 7.3.1.2 和 7.3.1.3 测试阀门外部和内部气密性。

7.3.2.3.2 扩口式压缩连接

使用两根一头带扩口的短钢管，分别连接阀门进口和出口。按 7.3.2.3.1 所给的方法测试，一直受力的锥形面和阀门与其配合表面的任何变形可被忽略。

7.3.2.3.3 法兰连接或鞍形夹紧进口连接(烹饪燃气具用阀门)

把阀门进口连接到制造商推荐的一根进气管，拧紧固螺钉到推荐的扭矩。将带橄榄形密封垫或扩口的钢管连接到阀门出口，并施加表 3 第 2 列括号中所给的扭矩值，按 7.3.2.3.1 或 7.3.2.3.2(按适用情况)所给的步骤进行测试。

7.3.2.4 10 s弯曲力矩测试——1组和2组阀门

使用通过扭矩测试的阀门样品,组装如图2所示。

采用表3中对1组或2组阀门所给的弯曲力矩所需的力 F,测试用管的重量应考虑在内。该力作用于距离阀门中心40倍DN处,时间共10 s。

卸除弯曲力矩并目检阀门有无任何变形。然后分别按7.3.1.2和7.3.1.3测试阀门外部和内部气密性。

7.3.2.5 900 s弯曲力矩测试——只适用于1组阀门

使用通过扭矩测试的阀门样品,组装如图2所示。

采用表3中对1组阀门所给的弯曲力矩所需的力,测试用管的重量应考虑在内。该力应作用在距离阀门中心40倍DN处,时间达900 s。

在施加弯曲力矩的同时,分别按7.3.1.2和7.3.1.3测试阀门外部和内部气密性。

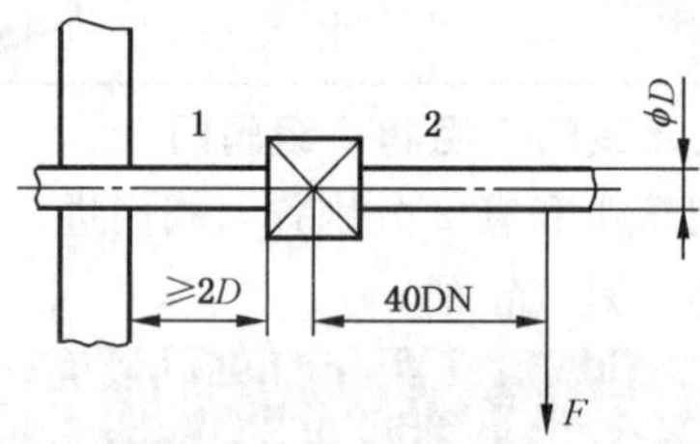

1——管1;

2——管2;

D=外径。

图2 弯曲力矩测试装置

7.3.3 额定流量试验

7.3.3.1 装置

使用图3所示装置进行测试。测量精度至少应是±2%。

7.3.3.2 实验步骤

按制造商的说明操作和调节阀门。保持进口压力不变,调节阀8,得到制造商指定的进出口压差。然后保持阀8的开度,按6.3.3,在不同情况下测量流量。试验结果应符合6.3.3的要求。

7.3.3.3 换算空气流量

使用公式(1)把空气流量换算到基准状态:

$$q_n = q\left[\frac{p_a + p}{101.325} \times \frac{288.15}{273.15 + T}\right]^{\frac{1}{2}} \quad \cdots\cdots (1)$$

式中:

q_n——校正到基准状态下的空气流量,单位为立方米每小时(m^3/h);

q——测量的空气流量,单位为立方米每小时(m^3/h);

p_a——大气压力,单位为千帕(kPa);

p——进口测试压力,单位为千帕(kPa);

T——空气温度,单位为度(℃)。

7.3.4 耐用性试验

7.3.4.1 弹性材料耐燃气性试验

按GB/T 16411—2008中16.3.1的规定进行测试,试验结果应符合6.3.4.1.2的要求。

7.3.4.2 标志耐用性试验

按GB 14536.1—2008中附录A的规定进行测试。试验结果应符合6.3.4.2的要求。

单位为毫米

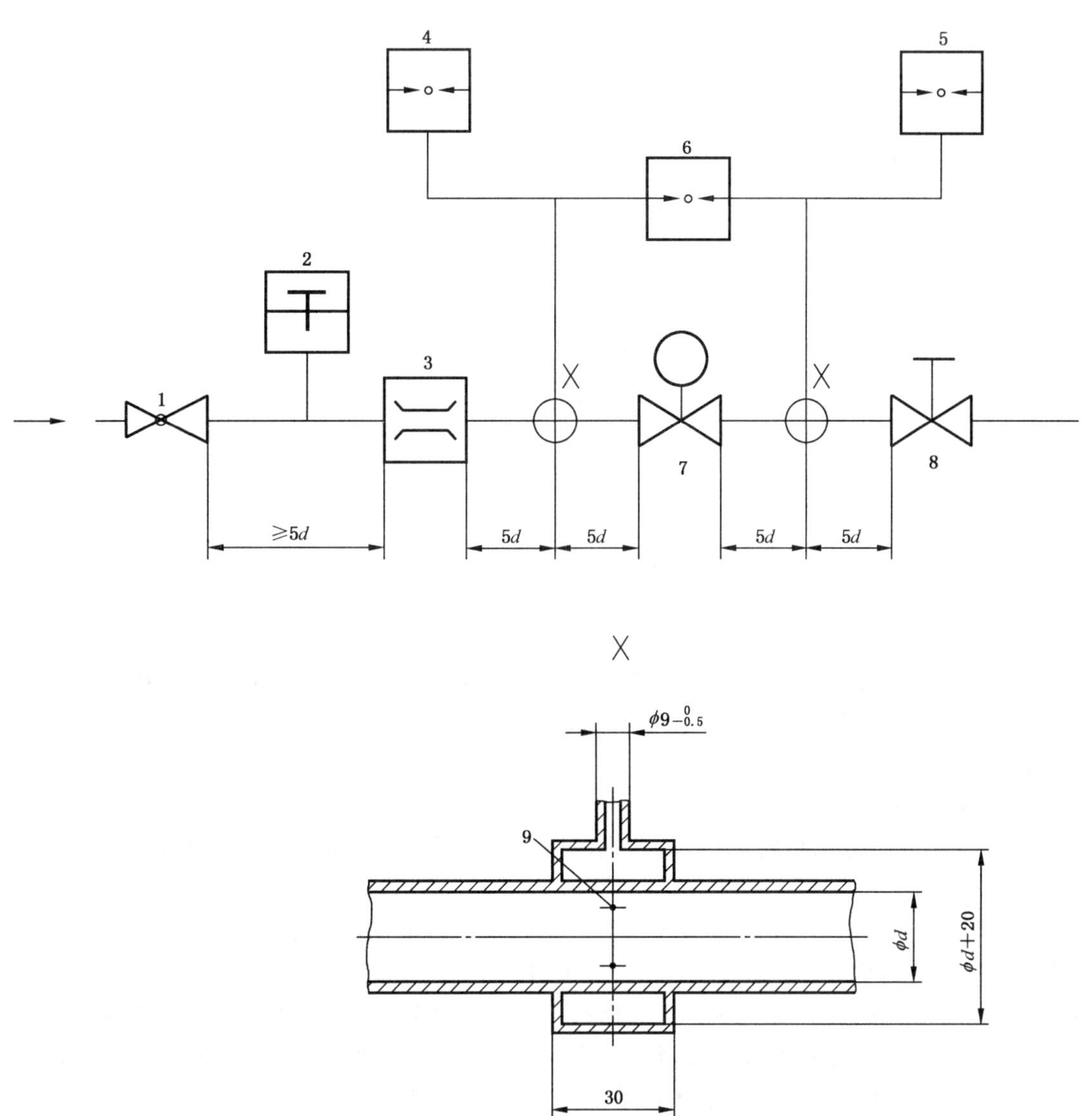

1——调压器；
2——温度计；
3——流量计；
4——进口压力表；
5——出口压力表；
6——差压力表；
7——测试件；
8——手动阀；
9——直径 1.5 mm 的 4 个孔；
d——内径。

公称尺寸 DN	6	8	10	15	20	25	32	40	50
内径 *d*/mm	6	9	13	16	22	28	35	41	52

图 3　流量测定装置

7.3.4.3　耐划痕试验

一个直径为 1 mm 的固定钢球，带有 10 N 的接触力，以(30～40)mm/s 的速度，在阀门的表面划过，试验结果应符合 6.3.4.3 的要求。(可参考图 4)

在 7.3.4.4 耐潮湿测试后重复划痕测试。

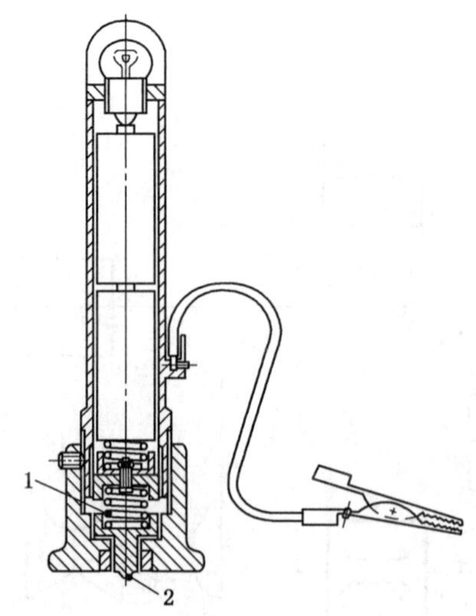

1——弹簧负载=10 N；

2——划痕点(钢球，直径 1 mm)。

图 4 划痕测试装置

7.3.4.4 耐潮湿试验

把阀门放入温度为(40±2)℃相对湿度大于 95%的恒温箱内，时间达 48 h，然后把阀门从箱内拿出来，肉眼检验涂层表面是否有腐蚀、剥落或气泡。然后把阀门在(20±5)℃室温下放置 24 h 后，再进行其他测试项目。试验结果应符合 6.3.4.4 的要求。

7.3.5 功能试验

7.3.5.1 关闭功能试验

a) 以额定电压或电流和最大驱动压力向阀门供能。缓慢将电压或电流减至额定值的 15%，检查阀门是否关闭；

b) 以额定电压或电流和最大驱动压力向阀门供能。将电压或电流增至额定值的 110%(如果有的话，保持驱动压力不变)，然后停止向阀门供能，检查其是否关闭；

c) 以额定电压或电流和最大驱动压力向阀门供能。将电压或电流减至额定值的 15%到 85%之间的数值(如果有的话，保持驱动压力不变)，然后停止向阀门供能，检查其是否关闭。以额定值的 15%到 85%之间的三种不同的电压或电流进行这项试验。

试验结果应符合 6.3.5.1 的要求。

7.3.5.2 闭合力试验

在无润滑剂条件下进行此项测量。从阀门拆下产生闭合力的弹簧，测量将闭合件由开启位置移到闭合位置所需力的最大值。试验结果应符合 6.3.5.2 的要求。

7.3.5.3 开启时间试验

在下列条件下进行此项测量，试验前让没有能量的阀门达到热平衡：

a) 60 ℃(如果制造商声明的最高温度高于此温度，则按制造商声明的最高温度试验)，最大工作压力，110%的额定电压或电流以及适用的最大驱动压力；

b) 0 ℃(如果制造商声明的最低温度低于此温度，则按制造商声明的最低温度试验)，0.6 kPa 工作压力，85%的最小额定电压或电流以及适用的最小驱动压力。

开启时间：测量开始给阀门供能到阀门获得 80%额定流量之间的时间间隔。

延迟时间：测量开始给阀门供能和闭合件开始松动之间的时间间隔。

试验结果应符合 6.3.5.3 的要求。

7.3.5.4 关闭时间试验

在下列条件，测量停止给阀门供能到闭合件达到关闭位置之间的时间间隔：

a) 最大工作压力,制造商声明的压差,110%的额定电压或电流以及适用的最大驱动压力;

b) 0.6 kPa 工作压力,制造商声明的压差,110%的额定电压或电流以及适用的最大驱动压力。

试验结果应符合 6.3.5.4 的要求。

7.3.5.5 **气密力试验**

7.3.5.5.1 **A、B、C 和 E 级阀门**

7.3.5.5.1.1 **一般要求**

通过流量计将空气源与阀门进口或出口相连,使空气压力的方向与闭合件的关闭方向相反。给阀门供能和去能二次。试验结果应符合 6.3.5.6 的要求。

7.3.5.5.1.2 **A、B、C 级阀门**

以不超过 0.1 kPa/s 的增压速度,给阀门增压至表 4 中对应的试验压力,测泄漏量。

7.3.5.5.1.3 **E 级阀门**

以不超过 0.1 kPa/s 的增压速度,给阀门增压至 1.5 倍最大工作压力或超过最大工作压力 15 kPa,取两者较大值,测泄漏量。

7.3.5.5.2 **J 级阀门**

拆下产生气密力的弹簧,以对应阀门关闭位置所产生的弹簧压缩量测弹簧力。

7.3.5.6 **关闭位置指示开关试验**

调节单段阀门,使其闭合元件能够移动并停止在任何开度的位置。缓慢移动闭合元件直到开关刚好指示阀门关闭,检测阀门流量或距离开度是否符合 6.3.5.7 要求。

7.3.5.7 **带节电电路的阀门试验**

对使用节电电路的阀门,在最大环境温度下,节电电路断开,阀门没有流量的情况下,以 1.1 倍额定电压或电流向阀门供能至少 24 h。然后,缓慢减小阀门电压或电流至 15% 额定值,检查阀门是否关闭。实验结果应符合 6.3.5.8 的要求。带电子器件的节电电路,应按照 GB 14536.1 进行内部故障试验。

7.3.6 **耐久性试验**

7.3.6.1 **一般要求**

a) 在耐久性试验前、60 ℃试验后、20 ℃试验后,都应进行 7.3.1 规定的内、外气密性试验;

b) 按制造商的说明,将阀门放置在温控箱内,在最大环境温度,阀门没有流量的情况下,用 1.1 倍额定电压或电流给阀门供能至少 24 h。再缓慢减小电压或电流至 15% 额定值时,检查阀门是否关闭。连接阀门进口到空气源,保持在最大工作压力下,使流量不超过额定流量的 10%。以不小于制造商标声明的循环周期,按表 6 或表 7 所给的循环次数操作阀门。保证每次循环,阀门都完全打开和完全关闭;

c) 如果声明的阀门最小环境温度低于 0 ℃,则在 −15 ℃下进行 25 000 次循环,同时 20 ℃试验时,减少 25 000 次循环;

d) 如果阀门有气动或液动驱动机构,在最大驱动压力下进行耐久性试验;

e) 定期检查耐久性试验过程中阀门的工作情况,例如记录出口压力或流量;

f) 最后,按照 7.3.5.1 重新做关闭功能试验。试验结果应符合 6.3.6 的要求。

7.3.6.2 **连续控制阀**

除 7.3.6.1 外,需增加 2 个测试点,阀门开启至制造商声明的最低设定点和关闭至调节范围的中点。

7.3.6.3 **分段控制阀**

除 7.3.6.1 外,还需增加几个测试点,阀门开启至和关闭至每段调节范围的中点。

7.3.6.4 **带关闭位置指示开关的阀门**

除 7.3.6.1 外,阀门测试时,阀门开关应带有制造商声明的最大电容负载或电感负载。试验期间,检查开关是否在给阀门去能时指示其关闭;在给阀门供能时,指示其开启。耐久性试验后,开关应符合

6.3.5.7 的要求。

表 6 操作循环次数

标准尺寸 DN	循环次数	
	最高环境温度或至少(60±5)℃	(20±5)℃
DN≤25 开启时间≤1 s 最大工作压力≤10 kPa	100 000	400 000
DN≤25 开启时间>1 s	50 000	150 000
25<DN≤50	25 000	75 000

表 7 灶具自动截止阀的循环次数

标准尺寸 DN	循环次数	
	最高环境温度或至少(60±5)℃	(20±5)℃
DN≤25 开启时间≤1 s 最大工作压力≤10 kPa	800 000	200 000

8 标识、安装和操作说明书

8.1 标识

如果没有特别说明，阀门应用清楚耐磨的字符标明至少下列资料：

a) 制造商和/或商标；

b) 型号；

c) 生产日期或系列号；

d) 阀门等级(如果适用)；

e) 最大工作压力 kPa；

f) 1 组(如适用)；

g) 燃气流动方向；

h) 接地标记(如果适用的话)；

i) 外部液动或气动执行机构的压力 kPa(如果适用的话)。

另外，电子驱动机构应增加下列标记：

a) 端子标志；

b) 供电性质和频率；

c) 额定电压，单位：V；或额定电流，单位：A，及其相应电压 V；

d) 额定负载，单位：VA，如果大于 25 W，单位：W；

e) 保护等级；

f) Ⅱ级结构符号标记。

作为阀门主要部件的附加电动装置，也应提供以上相同内容。

8.2 安装和操作说明书

每批交运货物中应提供一套说明书。

说明书应包括使用、安装、操作和维修时的相关资料。特别要求有下列信息：

a) 阀门等级(A、B、C、D、E 和 J)；

b) 1 组或 2 组；

c) 在特定压差下的额定流量；
d) 电气数据；
e) 环境温度范围；
f) 开启时间；
g) 关闭时间(和最大延迟时间,如果适用)；
h) 安装位置；

安装位置举例如下：

直立位:在与制造商规定的进口连接保持水平的轴上的唯一位置；

水平位:在与制造商规定的进口连接保持水平的轴上任意位置；

垂直位:在与制造商规定的进口连接保持垂直的轴上任意位置；

限定水平位:在与制造商规定的进口连接保持水平的轴上,从直立位到离直立位90°间(1.57弧度)的任意位置；

多点位:在与制造商规定的进口连接保持水平、垂直或其中间的轴上的任意位置。

i) 工作压力范围；
j) 燃气连接；
k) 详细的过滤器信息；
l) 指明是否可用作灶具自动切断阀；
m) 确认的可替换维修部件和这些部件的相关安装说明。

8.3 警告提示

每批交付使用的阀门应提供警告提示,提示内容是“使用之前请仔细阅读说明书,本阀门应该根据现行标准要求安装”。

9 检验规则

9.1 一般要求

按 CJ/T 222—2006 中第4、5、6章的规定执行。

9.2 不合格分类

产品检验项目及不合格分类见表8。

表8 产品检验项目及不合格分类表

序号	产品检验项目	不合格分类	说　明
1	气密性	A	一项不合格为A类不合格品
2	扭矩和弯曲力矩	B	一项不合格为B类不合格品
3	额定流量	B	同上
4	与燃气接触的弹性材料	B	同上
5	耐燃气性	B	同上
6	标志耐用性	B	同上
7	耐划痕性	B	同上
8	耐潮湿性	B	同上
9	关闭功能	A	一项不合格为A类不合格品
10	闭合力	B	一项不合格为B类不合格品
11	延迟时间和开启时间	B	同上

表 8（续）

序号	产品检验项目	不合格分类	说　明
12	关闭时间	B	同上
13	气密力	B	同上
14	关闭位置指示开关	B	同上
15	流量特性	B	同上
16	节电电路	B	同上
17	耐久性	B	同上
18	电磁兼容	B	一项不合格为 B 类不合格品
19	电气安全	A	一项不合格为 A 类不合格品
20	标识、安装和操作说明书中阀门分类、电压、安全等级	A	同上
21	标识、安装和操作说明书其他内容	B	一项不合格为 B 类不合格品

10　包装、运输和贮存

10.1　一般要求

阀门产品包装应做到牢固、安全、可靠、便于装卸，在正常的装卸、运输条件下和在储存期间，应确保产品的安全和使用性能不会因包装原因发生损坏。

包装作业应在产品检验合格后，按照产品的包装技术文件要求进行。

10.2　包装

10.2.1　包装材料

产品所用的包装材料，应符合国家对包装材料的一般性要求：

a)　包装材料宜采用无害、易降解、可再生、符合环境保护要求的材料；

b)　包装设计在满足保护产品的基本要求同时，应考虑采用可循环利用的结构；

c)　在符合对产品安全、可靠、便于装卸的条件下，应避免过度包装。

10.2.2　包装箱

包装箱外表面应按本标准和 GB/T 191—2008 的规定标示下列信息：

a)　制造商和/或商标；

b)　产品名称/型号；

c)　日期编码或序列号；

d)　联系方式。

10.2.3　堆码试验

按 GB/T 1019—2008 中 5.7 执行，采用 GB/T 4857.3—2008 的规定进行堆码试验。

10.2.4　跌落试验

按 GB/T 1019—2008 中 5.9 执行，采用 GB/T 4857.5—1992 的规定进行跌落试验。

10.3　运输

10.3.1　运输过程中应防止剧烈震动、挤压、雨淋及化学物品的侵蚀。

10.3.2　搬运时应严禁滚动，抛掷和手钩作业。

10.4　贮存

——产品必须在干燥通风、周围无腐蚀性气体的仓库内存放；

——分类存放，堆码不得超过规定极限，防止挤压和倒垛损坏。

附 录 A
(资料性附录)
本标准章条编号与 ISO 23551-1:2006 章条编号对照

表 A.1 给出了本标准章条编号与 ISO 23551-1:2006 章条编号对照一览表。

表 A.1 本标准章条编号与 ISO 23551-1:2006 章条编号对照表

序号	本标准章条编号		ISO 23551-1:2006 章条编号
1	1 范围		1 范围
2	2 规范性引用文件		2 引用标准
3	3 术语和定义		3 术语
4	4 分类		4 分类
5	5 结构和材料要求	5.1 一般要求	6 结构
		5.2 结构	
		5.3 材料	
		5.4 燃气连接	
6	6 要求	6.1 一般要求	7 性能要求
		6.2 部件要求	6 结构
		6.3 性能要求	7 性能要求,8 电磁兼容性和电气要求
7	7 试验方法	7.1 试验条件	5 试验条件
		7.2 部件试验	6 结构
		7.3 性能试验	7 性能要求
8	8 标识、安装和操作说明书		9 标识、安装和操作说明书
9	9 检验规则		—
10	10 包装、运输和贮存		—
11	附录 A 本标准章条编号与 ISO 23551-1:2006 章条编号对照		—
12	附录 B 本标准与 ISO 23551-1:2006 技术性差异及其原因		—
13	附录 C 电气安全要求		8 电磁兼容性和电气要求
14	附录 D 电磁兼容(EMC)要求		8 电磁兼容性和电气要求
15	附录 E 气密性测试容积法		附录 A 气密性测试容积法
16	附录 F 本标准支持 GB 16914—2003 基本要求的条款对应表		—

附 录 B
（资料性附录）
本标准与 ISO 23551-1:2006 技术性差异及其原因

表 B.1 给出了本标准与 ISO 23551-1:2006 的技术性差异及其原因的一览。

表 B.1 本标准与 ISO 23551-1:2006 国际标准技术性差异及其原因

本标准的章条编号	技术性差异	原 因
1	● 对 ISO 23551-1 此章中阀门最大进口压力由 500 kPa 改为 5 kPa； ● 本标准对公称连接尺寸作了限制：DN≤50； ● 增加了检验规则与包装、运输、贮存要求。	● 在我国，家用燃气进口压力不高于 5 kPa； ● 在我国 DN＞50 的规格一般属工业燃气输送范围； ● GB 1.2—2002 标准要求的我国产品标准结构；
2	● 将 ISO 23551-1 和 ISO 23550 此章规范性引用文件合并在本标准的此章中； ● 引用了采用国际标准的我国标准，而非国际标准； ● 增加引用相关国内标准。	● 以适合我国国情； ● GB/T 20000.2—2001 和 GB/T 1.2—2002 的要求编写； ● 本标准增加检验规则和包装、运输、贮存要求两章的需要。
3	将 ISO 23550、ISO 23551 的术语和定义合并，编写顺序改变，并删除部分通用定义。	● 为方便使用与撰写，且按 GB/T 1.2—2002 要求编写； ● 方便理解。
5.3.7	删除最大工作压力大于 10 kPa 的内容	本标准不适用工作压力大于 5 kPa 的情况
5.4.2、6.3、7.3	● 删除公称尺寸＞DN50 的内容。 ● 耐油性和耐燃气性合并，质量变化率统一为±10%。	● 本标准不适用 DN＞50 的规格。 ● 和我国燃气行业相关标准协调一致。
9	新增“检验规则”章节	按 GB/T 1.2—2002 要求编写。
10	新增“包装、运输、贮存要求”章节。	按 GB/T 1.2—2002 要求编写。
	删除“旁通”的相关内容。	不适用民用燃气燃烧器具用阀门。
	删除热膨胀阀的相关内容。	不适用中国国情。

附　录　C
（规范性附录）
电气安全要求

C.1　防护等级

阀门应按照 GB 4208 表明外壳防护等级，包括防固体异物和灰尘侵入等级和防水等级。

C.2　防触电保护

C.2.1　阀门的结构应有足够的保护，避免意外接触带电部件。在易拆除的部件被拆除后，阀门应保证能够防止人与正常使用中可能处于不利位置的危险的带电部件发生意外接触，应保证不发生意外触电的危险。

C.2.2　对于Ⅱ类阀门和Ⅱ类设备用的阀门，上述要求也适用于仅用基本绝缘与危险的带电部件隔离的金属部件的意外接触。

C.2.3　不能依靠清漆、搪瓷、纸、棉花、金属部件的氧化膜、垫圈和密封胶的绝缘性能来防止与危险的带电部件的意外接触。

C.2.4　对于那些正常使用时接到气源或水源设施上的Ⅱ类阀门，或Ⅱ类设备用的阀门，任何电气地接到气管上的金属部件或与水系统有电接触的金属部件，都应用双重绝缘或加强绝缘与危险的带电部件分离。

C.2.5　通过观察和 GB 14536.1—2008 中 8.1.9 的试验来检查是否符合上述要求。

C.3　结构要求

C.3.1　材料

C.3.1.1　浸渍过的绝缘材料

木材、棉布、丝绸、普通纸和类似的纤维或吸水材料，如果未经浸渍过，不能用作绝缘材料。是否合格通过观察检查。

注：如果材料的纤维间的空隙基本上充满了适当的绝缘物质，则被认为是浸渍过的绝缘材料。

C.3.1.2　载流部件

如果用黄铜作载流部件而不是端子的螺纹部件时，这个部件是铸造件或由棒料制成的，则其含铜量至少为 50%；如果是由滚轧板制成的，则含铜显至少为 58%。是否合格通过观察和材料分析检查。

C.3.1.3　不易拆软线

a)　Ⅰ类控制揣上的不易拆电源软线应有一根为绿/黄双色绝缘导线，这根导线用于连接阀门的接地端子或端头。

b)　用绿/黄组合颜色标识的绝缘导线，不能连接非接地端子或端头。

通过观察检查是否符合本项要求。

C.3.2　防触电保护

C.3.2.1　双重绝缘

当采用双重绝缘时，应设计成基本绝缘和附加绝缘能分别试验，用其他方式提供的这两种绝缘性能能够证明满足要求时除外。

如果基本绝缘和附加绝缘不能单独试验或者用其他的方法也不能获得两种绝缘的性能，那么这种绝缘就被认为是加强绝缘。

通过观察和试验检查是否符合要求。

注：特殊制备的试样，或者绝缘部件试样可认为是能够满意地提供两种绝缘性能的方式。

C.3.2.2 双重绝缘或加强绝缘的损害

Ⅱ类阀门和Ⅱ类设备用的阀门，应设计成附加绝缘或加强绝缘的爬电距离和电气间隙，不能由于磨损而减少到 GB 14536.1—2008 第 20 章规定的值以下，它们的结构还应保证，如果任何导线、螺钉、螺母、垫圈、弹簧、平推接套或类似部件变松或脱离其位置时，也不会造成附加绝缘或加强绝缘爬电距离或电气间隙低于 GB 14536.1—2008 第 20 章规定值的 50% 以下。应通过观察、测量和/或人工试验检查是否符合以下要求：

a) 不发生两个独立的紧固件同时变松；

b) 用螺钉或螺母并带有锁定垫圈紧固的部件，如果这些螺钉或螺母在用户保养或维修时不需要取下，则这些部件被认为是不易变松的；

c) 在 GB 14536.1—2008 第 17 章和第 18 章要求的试验过程中未发生变松或脱离位置的弹簧和弹性部件被认为是符合要求；

d) 用锡焊连接的导线，如果导线没有用锡焊之外的另一种措施使其保持在端头上，则看作是未足够固定；

e) 连接到端子上的导线，除非在端子附近另有附加固定部件，否则看作是不足够牢固；对于绞合线，这一附加的紧固件不但必需夹紧导线，还要夹紧其绝缘；

f) 短的实心导线，当任一端子螺钉或螺母被旋转松脱时仍保持在位，则被认为是不易脱离端子。

C.3.2.3 整装导线

a) 整装导线的刚性、固定或绝缘应保证在正常使用中其爬电距离和电气间隙不会减小到 GB 14536.1—2008 第 20 章规定的值以下；

b) 如果是绝缘的话，在安装和使用过程中绝缘不得损坏。

注：如果导线的绝缘至少在电气上不能相当于符合有关国家标准的电缆和软线绝缘，或不符合 GB 14536.1—2008 第 13 章规定条件下的导线与绝缘周围包着的金属箔之间的电气强度试验，这种导线应认为是裸线。

C.3.2.4 软线护套

在阀门的内部，软缆或软线的护套(护罩)在不经受过分的机械应力或热应力，而且其绝缘性能不低于 GB/T 5013.1 或 GB/T 5023.1 中的规定才可用作附加绝缘。

是否合格通过观察，必要时按 GB/T 5013 或 GB/T 5023 的护套试验检查。

C.3.3 导线入口

C.3.3.1 外部软线的入口的设计和形状应保证或提供入口护套使得软线的引入时没有损坏其外皮的危险。是否合格通过观察检查。

C.3.3.2 当没有入口护套时，入口应为绝缘构料。

C.3.3.3 当有入口护套时，护套应为绝缘材料，且应符合下列要求：

a) 其形状不会损坏软线；

b) 应可靠地固定；

c) 不借助工具就不能将其拆下；

d) 当使用 X 型接法时，不应与软线形成一体。

C.3.3.4 一般情况下，入口护套不应为橡胶材料。对于 0 类，0Ⅰ类和Ⅰ类阀门的 X、Y 和 Z 型接法，当入口护套是与橡胶的软线外皮结合为一体时，入口护套可为橡胶材料。

C.3.3.5 通过观察和人工试验检查是否符合上述要求。

C.4 接地保护措施

C.4.1 0Ⅰ类和Ⅰ类阀门，在绝缘失效时有可能带电的易触及金属部件，除了起动元件，应有接地措施。接地端子、接地端头和接地触头不应与任何中性端子进行电气连接。通过观察来检查是否符合要求。

C.4.2 Ⅱ类和Ⅲ类控制器不应有接地措施。通过观察来检查是否合格。

C.4.3 接地端子、接地端头或接地触头与需要同其连接的部件之间的连接应是低电阻的。通过GB 14536.1:2008中9.3.1的要求来检查是否合格。并应符合GB 14536.1—2008中9.3.2~9.3.6的要求。

C.4.4 接地端子的所有部件,应能耐受因与铜接地导线或任何其他金属的接触而引起的腐蚀。

C.5 端子和端头

C.5.1 外接铜导线的端子和端头应符合GB 14536.1—2008中10.1的要求。

C.5.2 连接内部导线的端子和端头应符合GB 14536.1—2008中10.2的要求。

C.6 电气强度和绝缘电阻

C.6.1 绝缘电阻

阀门应有足够的绝缘电阻。是否合格通过GB 14536.1—2008中13.1.2~13.1.4规定的试验检查。

C.6.2 电气强度

所有阀门应有足够的电气强度。是否合格通过GB 14536.1—2008中13.2.2~13.2.4规定的试验检查。Ⅲ类阀门不作本条试验。

C.7 爬电距离、电气间隙和固体绝缘

阀门的结构应能保证其爬电距离、电气间隙和穿通固体绝缘的距离足以承受预期的电气应力。

通过观察、测量和本条款的实验来检查是否合格。

C.7.1 电气间隙

阀门应符合GB 14536.1—2008中20.1的要求。

C.7.2 爬电距离

阀门应符合GB 14536.1—2008中20.2的要求。

C.7.3 固体绝缘

固体绝缘应能够可靠地承受在设备的预期使用寿命中,可能会出现的电气和机械应力,以及热冲击和环境条件影响。阀门应符合GB 14536.1—2008中20.3的要求。

C.8 发热

阀门在正常使用中不应出现过高的温度。通过GB 14536.1—2008中14.2~14.7来检查是否符合要求。试验期间,温度不应超过GB 14536.1—2008中表14.1规定的值,且阀门不应出现影响本部分特别是影响符合C.2、C.6和C.8要求的任何变化。

C.9 开关

开关应符合GB 15092.1的要求。

附 录 D
（规范性附录）
电磁兼容性(EMC)要求

D.1 评定准则

D.1.1 评定准则Ⅰ

按D.2到D.7给出的严酷等级测试时，阀门应符合本标准中有关功能要求。

D.1.2 评定准则Ⅱ

按D.2到D.7给出的严酷等级测试时，阀门应能正常关闭。

本标准中给出的测试等级是对一般用途和环境而言。为了保证在较苛刻的环境中安全使用燃气，只使用准则Ⅰ评定。

D.2 短时电压中断和降落

根据GB 17626.11测试阀门。

根据表D.1中规定的幅度和时间周期给阀门供电。可按需要选择中间周期还是更长时间周期。在本标准规定的试验条件下，相对电源频率随机的中断或降落电源电压至少3次，在每次中断或降落之间至少间隔10 s。

表D.1 短时电压中断和降落

时间周期/ms	额定电压的百分数	
	50%（降落）	0%（中断）
10	不测试	测试
20	不测试	测试
50	测试	测试
500	测试	测试
2 000	测试	测试

a) 对中断时间小于等于20 ms，阀门应符合D.1.1中规定的评定准则Ⅰ的要求。

b) 对中断或降落时间大于20 ms，阀门应符合D.1.2中规定的评定准则Ⅱ的要求。

D.3 浪涌抗扰度试验

供给阀门额定电压。试验设备、试验配置和试验程序参照GB 17626.5中的规定，严酷等级见表D.2。在本标准规定的试验条件下，按照GB 17626.5中的规定，在每极(－,＋)和每个相角发出5个脉冲。

——按严酷等级2测试时，阀门应符合D.1.1规定的评定准则Ⅰ。

——按严酷等级3测试时，阀门应符合D.1.2规定的评定准则Ⅱ。

注：如果制造商明确规定连接电缆长度不超过10 m，就可以不进行连接电缆的测试。

表D.2 对交流电源系统开路测试电压±10%

严酷等级	主电源/kV		直流输入和直流输出电源端口/kV		过程量测端口和控制线（传感器和驱动器）/kV	
	线到线	线到地	线到线	线到地	线到线	线到地
2	0.5	1.0	—	—	0.5	—
3	1.0	2.0	0.5	0.5	0.5	1.0

D.4 电快速瞬变/脉冲群

供给阀门额定电压。试验设备、试验配置和试验程序及重复次数参照 GB 17626.4 中的规定。严酷等级见表 D.3。在本标准规定的试验条件下测试阀门。

表 D.3 电快速瞬变/脉冲群测试等级

严酷等级	在电源端口上 P/kV	在输入输出信号线、数据线和控制线上/kV	重复频率/kHz
2	1.0	0.5	5
3	2.0	1.0	5

——按严酷等级 2 测试时，阀门应符合 D.1.1 规定的评定准则Ⅰ。

——按严酷等级 3 测试时，阀门应符合 D.1.2 规定的评定准则Ⅱ。

注：如果制造商明确规定连接电缆长度不超过 3 m，可以不对连接电缆进行测试。

D.5 传导骚扰抗扰度

供给阀门额定电压。试验设备、试验配置和试验程序参照 GB 17626.6 中的规定，严酷等级见表 D.4。在本标准规定的试验条件下，阀门的整个频率范围至少被扫频一次。

表 D.4 在主电源线和输入/输出线上传导抗扰度测试电压

严酷等级	电压等级(emf)Uo/V	
	频率范围(150 Hz～80 Hz)	ISM 和 CB 频带[a]
2	3	6
3	10	20
[a] ISM：工业、科学和医学上的射频设备，(13.56±0.007)MHz，(40.86±0.02)MHz CB：民用频带：(27.125±1.5)MHz		

——按严酷等级 2 测试时，阀门应符合 D.1.1 规定的评定准则Ⅰ的要求。

——按严酷等级 3 测试时，阀门应符合 D.1.2 规定的评定准则Ⅱ的要求。

在整个频率范围内扫频期间，在每个频率的停止时间应大于等于阀门运行和产生响应所需的时间。敏感的频率或产生主要影响的频率可以单独进行分析。

注：如果制造商明确规定连接电缆长度不超过 1 m，可以不对连接电缆进行测试。

D.6 射频电磁场辐射抗扰度

供给阀门额定电压。试验设备、试验配置和试验程序参照 GB 17626.3 中的规定，严酷等级见表 D.5。在本标准规定的试验条件下，阀门的整个频率范围至少被扫频 1 次。

——按严酷等级 2 测试时，阀门应符合 D.1.1 规定的评定准则Ⅰ的要求。

——按严酷等级 3 测试时，阀门应符合 D.1.2 规定的评定准则Ⅱ的要求。

在整个频率范围内扫频期间，在每个频率停止时间应大于等于阀门运行和产生响应所需的时间。敏感的频率或产生主要影响的频率可以单独进行分析。

表 D.5 辐射抗扰度测试电压

严酷等级	电压等级(emf)Uo/V	
	频率范围(150 Hz～80 Hz)	ISM 和 CB 频带[a]
2	3	6
3	10	20
注 DECT：欧洲数字无绳电话：(1 890±10) MHz 由(200±2) Hz 等限度/范围比率脉冲调制(2.5 ms 打开和 2.5 ms 关闭)。场强度值尚在考虑之中。		
[a] ISM：工业、科学和医学射频设备，(433.92±0.87)MHz； GSM 专用可动装置组合：(900±5.0)MHz，由(200±2)Hz 等限度/范围比率脉冲调制(2.5 ms 打开和 2.5 ms 关断)。		

D.7 静电放电抗扰度试验

供给阀门额定电压。试验设备、试验配置和试验程序参照 GB 17626.2 中的规定，严酷等级见表 D.6。在本标准规定的试验条件下测试阀门。

表 D.6 直接或间接静电放电试验电压

严 酷 等 级	接触放电/kV	空气放电/kV
2	4	4
3	6	8

——按严酷等级 2 测试时，阀门应符合 D.1.1 规定的评定准则Ⅰ的要求。

——按严酷等级 3 测试时，阀门应符合 D.1.2 规定的评定准则Ⅱ的要求。

附 录 E
（资料性附录）
气密性测试容积法

E.1 装置

所用装置如图 E.1 所示。

装置用玻璃制成。旋塞阀 1 到旋塞阀 5 都用玻璃制成，并且是弹簧式旋塞阀。所用液体是水。

调节恒量瓶的水平面和管 G 顶端之间的距离 1 使水柱高度与测试压力一致。

装置应安装在空调房间内。

E.2 测试程序

如果选用本测试方法，应按以下步骤进行。

关闭旋塞阀 2 到旋塞阀 5(旋塞阀 1 是开而旋塞阀 L 是关)。

用水充满 C，然后打开旋塞阀 2 使水充满 D，当水从恒量瓶 D 溢流到溢流瓶 E 时，关闭旋塞阀 2。

打开旋塞阀 5，调节量管 H 的水柱到零点再关闭旋塞阀 5。

打开旋塞阀 1 和旋塞阀 4，用调压器 F 将旋塞阀 4 进口处的压缩空气压力从大气压力调节到测试压力。

关闭旋塞阀 4 并把待测阀门 B 连接到装置。

如果必要，打开旋塞阀 3 和 4，操作旋塞阀 L 和旋塞阀 2，将管 G 顶部水平面重新调节到旋塞阀 1 处压力。

当量管 H 和待测样品加压到旋塞阀 1 处的压力时，关闭旋塞阀 1。

为使测试装置中空气和待测阀门达到热平衡要等待大约 15 min。

通过从管 G 溢流到量管 H 中的水来指示泄漏量。在给定时间内由管 H 中水平面的升高量来测量泄漏量。

关闭旋塞 3 和 4，以便拆卸测试阀门。

打开旋塞 1 和 4，降低调压器出口压力到零。

单位为毫米

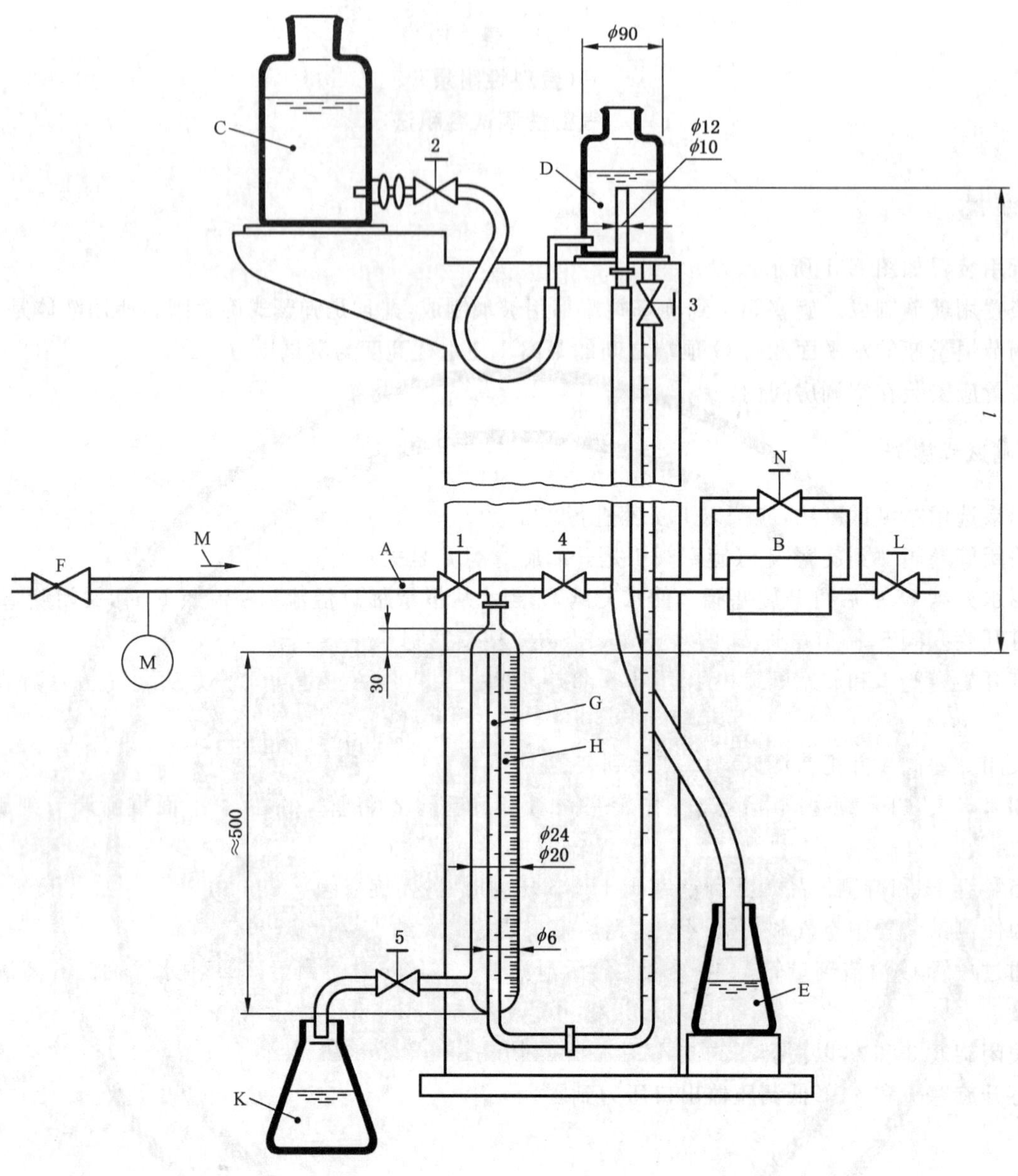

A——进口；
B——测试阀门；
C——水罐；
D——恒量瓶；
E——溢流瓶；
F——调压器；
G——管子；
H——量管；
K——排水瓶；
L——出口旋塞阀；
M——压缩空气流；
N——手动旋塞阀；
1～5——手动旋塞阀。

图 E.1 气密性测试装置(容积法)

附　录　F
（资料性附录）
本标准支持 GB 16914—2003 基本要求的条款对应

表 F.1 给出了本标准支持 GB 16914—2003 基本要求的条款对应。

表 F.1　本标准支持 GB 16914—2003 基本要求的条款对应表

GB 16914—2003 条款	基本要求内容	本标准对应条款
4.1	一般条件	
4.1.1	操作安全性	6.1　6.2.1
4.1.2	说明书和专用警示标志	9.1
4.1.3	安装技术说明书	9.2
4.1.4	用户使用说明书	9.2
4.1.5	专用警示标志(燃具和包装上)	9.3
4.1.6	器具配件	—
4.2	材料	
4.2.1	材料特性	5.3,6.5
4.2.2	材料保证书	—
4.3	设计与结构	
4.3.1	总则	
4.3.1.1	可靠性、安全性和耐久性	5.2,5.4,6.7
4.3.1.2	排烟冷凝	—
4.3.1.3	爆炸的危险性	5.3.2,6.2,6.6.6
4.3.1.4	水渗漏	—
4.3.1.5	辅助能源正常波动	6.1
4.3.1.6	辅助能源异常波动	6.6.1
4.3.1.7	交流电的危害性	8
4.3.1.8	承压部件	6.3
4.3.1.9	控制和调节装置故障	—
4.3.1.10	安全装置功能	6.6.1
4.3.1.11	制造商规定的零件锁定保护	5.2.12,5.2.9,5.3.4
4.3.1.12	手柄和其他控制钮的标识	5.2.7,5.2.8
4.3.2	燃气意外释放	
4.3.2.1	燃气泄漏的危险	6.2
4.3.2.2	燃具内燃气堆积的危险	—
4.3.2.3	防止房间的燃气堆积	—
4.3.3	点火的稳定性、安全性	6.5
4.3.4	燃烧	

表 F.1（续）

GB 16914—2003 条款	基本要求内容	本标准对应条款
4.3.4.1	火焰的稳定性和烟气排放	—
4.3.4.2	燃烧产物意外排放	—
4.3.4.3	倒烟时排烟的安全性	—
4.3.4.4	无烟道燃具确保房间内 CO 不超标	—
4.3.5	能源的合理使用	—
4.3.6	温度	
4.3.6.1	安装部位及附近表面温升的安全性	—
4.3.6.2	操作部件温升的安全性	—
4.3.6.3	燃具外表面温升安全性	—
4.3.7	食品和生活用水安全	—

ICS 91.140
P 46

中华人民共和国城镇建设行业标准

CJ/T 395—2012

冷凝式燃气暖浴两用炉

Gas-fired heating and hot water condensing combi-boilers

2012-02-29 发布　　2012-08-01 实施

中华人民共和国住房和城乡建设部　发 布

前　言

本标准按照 GB/T 1.1—2009 给出的规则起草。

本标准使用重新起草法修改采用 EN 677:1998《燃气集中供热锅炉——额定热输入不超过 70 kW 冷凝式锅炉的特殊要求》。

在附录 A 中列出了本标准章、条与 EN 677:1998 章、条编号的对照一览表。

考虑到我国国情，在采用 EN 677:1998 时本标准作了一些修改。在附录 B 中给出了这些技术性差异及其原因的一览表以供参考。

本标准为与 GB 16914—2003《燃气燃烧器具安全技术条件》保持一致，在附录 D 中给出了本标准支持 GB 16914—2003 基本要求的条款对应表。

本标准由住房和城乡建设部标准定额研究所提出。

本标准由住房和城乡建设部城镇燃气标准技术归口单位归口。

本标准起草单位：广州迪森家用锅炉制造有限公司、中国市政工程华北设计研究总院、国家燃气用具质量监督检验中心、艾欧史密斯(中国)热水器有限公司、青岛经济技术开发区海尔热水器有限公司、北京菲斯曼供热技术有限公司、深圳市海顿热能技术有限公司、喜德瑞热能技术(天津)有限公司、阿里斯顿热能产品(中国)有限公司、广东万和新电气股份有限公司、银川艾尼工业科技开发有限公司、广东万家乐燃气具股份有限公司、冀州市冀能能源设备有限责任公司、成都前锋电子有限责任公司、美的集团有限公司、佛山市迈吉科热能设备有限公司、贝尔卡特管理(上海)有限公司、中山市羽顺热能技术设备有限公司、诸暨凯姆热能设备有限公司、威能(无锡)供热设备有限公司、北京依咪娜贸易有限公司、法罗力热能设备(中国)有限公司、佛山市史麦斯有限公司、佛山市顺德区杰晟热能科技有限公司、佛山市顺德区东原燃气具实业有限公司、德州威诺冷暖设备有限公司、宁波优蒂富尔顿冷暖设备有限公司、成都市双流壁挂热交换器有限责任公司。

本标准主要起草人：楼英、王启、何贵龙、刘永兴、闫小勤、李贵军、邱国利、范宇卿、季兵、孙云凡、冯华杰、胡定钢、王立权、曾建林、刘金钊、张禄勤、邢凡、罗战东、易真贵、邵伟力、潘军、周鹏、李桂初、盛水祥、何就安、于海智、蒋峰、杨启林、渠艳红。

冷凝式燃气暖浴两用炉

1 范围

本标准规定了冷凝式燃气暖浴两用炉(以下简称冷凝炉)的术语和定义、分类和型号、材料、结构和安全要求、性能要求、试验方法、检验规则、标识、警示和说明书、包装、运输和贮存。

本标准适用于额定热输入不大于70 kW、最大采暖工作水压不大于0.3 MPa、工作时水温不大于95 ℃、采用风机辅助大气式燃烧器或全预混式燃烧器的冷凝炉。大于70 kW的冷凝炉可参照本标准执行。

本标准适用于采暖、热水两用型或单采暖型冷凝炉。

本标准适用于符合GB/T 13611规定的天然气、液化石油气和人工煤气冷凝炉。

本标准不适用于以下型式的冷凝炉:

——自然排气烟道式,自然排气平衡式;

——室外式;

——容积式;

——在同一外壳内采暖和热水分别采用两套独立燃烧系统的冷凝炉,包括两者有共同烟道的冷凝炉。

2 规范性引用文件

下列文件对于本文件的应用是必不可少的。凡是注日期的引用文件,仅注日期的版本适用于本文件。凡是不注日期的引用文件,其最新版本(包括所有的修改单)适用于本文件。

GB/T 13611 城镇燃气分类和基本特性

GB 25034—2010 燃气采暖热水炉

GB/T 2828.1—2003 计数抽样检验程序 第1部分:按接收质量(AQL)检索的逐批抽样计划

3 术语和定义

GB 25034—2010中界定的以及下列术语和定义适用于本文件。

3.1

冷凝式燃气暖浴两用炉 condensing gas-fired heating and hot water combi-boilers

燃烧烟气中水蒸汽被部分冷凝,其冷凝过程中释放的潜热被有效利用的采暖、热水两用型或单采暖型的器具。

3.2

基准条件 reference conditions

燃气基准条件为温度15 ℃、绝对压力为101.325 kPa的干燥燃气。

实验室环境基准条件为温度20 ℃、空气湿度70%、绝对压力101.325 kPa。

3.3

烟气冷凝液 condensate

烟气在热交换过程中产生冷凝所形成的液体。

3.4

额定冷凝热输出 nominal condensing output

在本标准规定的基准条件下，冷凝炉在供、回水温度为 50 ℃/30 ℃工况下的设计热输出，以 kW 表示。

3.5

最高允许的工作温度 max-allowable working temperature

在工作状态下，材料能长期承受的温度。

3.6

低水温状态 runing for condensing condition

在本标准规定的基准条件下，冷凝炉在供、回水温度为 50 ℃/30 ℃条件下运行。

4 分类和型号

4.1 分类

4.1.1 按使用燃气种类分类

按使用燃气的种类分为天然气冷凝炉、液化石油气冷凝炉和人工煤气的冷凝炉。使用的燃气分类代号和额定供气压力应符合表 1 的规定。

表 1 使用的燃气种类及额定供气压力

燃气种类	代号	燃气额定供气压力/Pa
人工煤气	3R、4R、5R、6R、7R	1 000
天然气	3T、4T、6T	1 000
	10T、12T	2 000
液化石油气	19Y、20Y、22Y	2 800

4.1.2 按用途分类

按用途分类见表 2。

表 2 按用途分类

类别	用途	代号
两用型	采暖和热水两用	L
单采暖型	单采暖用	N

4.1.3 按给排气安装方式分类

分类代号及示图按 GB 25034—2010 的附录 C 执行，本标准只涉及 1 型冷凝炉。

4.1.4 按采暖系统结构形式分类

按采暖系统结构形式分类见表 3。

表 3　按采暖系统结构形式分类

结构形式	结构说明	代号
密闭式	器具采暖系统未设置永久性通往大气的通道	B
敞开式	器具采暖系统设有永久性通往大气的通道	K

4.1.5　按燃烧方式分类

按燃烧方式分类见表 4。

表 4　燃烧方式分类

燃烧方式	结构说明	代号
全预混燃烧	采用全预混式燃烧系统	Q
大气式燃烧	采用大气式燃烧系统	D

4.2　型号

4.2.1　型号编制

L □ □ □ □ □-□

- □-□：特征和序号(自定义)
- □(第5位)：采暖额定热输入(单位为 kW 的整数值)
- □(第4位)：燃烧方式
- □(第3位)：采暖系统结构形式
- □(第2位)：给排气安装方式
- □(第1位)：用途
- L：冷凝式燃气暖浴两用炉

4.2.2　型号示例

额定热输入为 24 kW 的全预混强制给气式密闭型采暖和热水两用的冷凝式燃气暖浴两用炉表示为:LL1GBQ24。

5　材料、结构和安全

5.1　概述

冷凝炉的结构、材料和安全应符合 GB 25034—2010 第 5 章中除 5.3.1 外的所有规定,并应满足本章以下规定。

5.2　与冷凝液接触的材料

冷凝热交换器和可能与烟气冷凝液接触的所有部件都应用耐腐蚀材料制作或进行耐腐蚀表面处

理。符合制造商规定的安装、使用和维护条件下，应达到制造商声明的使用寿命，并应符合6.7的规定。

5.3 冷凝液的收集和排放

5.3.1 启动时的冷凝液

启动时产生的冷凝液不应影响整机运行安全性，且不应滴到燃烧器的火孔，影响火焰的稳定性。

5.3.2 运行期间的冷凝液

在冷凝炉运行期间产生的冷凝液，应经过冷凝液收集后排放，或经中和处理装置处理后排放。经中和处理装置处理后的冷凝液pH值应在6.5～8.5范围内。

5.3.3 冷凝液收集和排放

冷凝液收集和排放系统的结构应符合以下规定：

a) 冷凝液收集装置和排放管应方便安装和拆卸，易于检查和清洁，不易堵塞；
b) 冷凝液排出系统的内径不小于13 mm；
c) 对于水封结构的冷凝液收集装置，在安装制造商标称的最长烟管条件下，其水封深度不应低于25 mm；
d) 冷凝液收集装置应保证密封性；表面不应有冷凝水渗漏；
e) 冷凝炉运行期间，冷凝液收集装置应能防止烟气泄漏；
f) 与冷凝液接触的部件表面应能防止冷凝液滞留(除排水管、水封槽、中和装置和虹吸管以外的部分)；
g) 宜设置冷凝液堵塞监测装置；
h) 冷凝液排放管应作为冷凝炉的标配附件。

5.4 排烟系统限温装置

冷凝炉排烟系统的温度限制应符合以下规定：

a) 使用塑料烟管、塑料连接管的排烟系统中应设置限温装置；在烟气的温度达到限温装置设定温度前，冷凝炉应安全关闭；
b) 限温装置动作点不应可调节。

6 要求

6.1 概述

冷凝炉性能要求应符合GB 25034—2010第6章中除6.7外的所有规定，并应符合本章以下规定。

6.2 额定冷凝热输出

在7.2的试验条件下，冷凝炉的冷凝热输出不应小于额定冷凝热输出。

6.3 冷凝液排放及收集装置密封性

6.3.1 冷凝液形成及排放

在7.3.1试验条件下，冷凝液应只在规定的位置形成，并应容易排出。在设计不允许形成、收集和排放冷凝液的冷凝炉部件中，不应出现冷凝液。

6.3.2 冷凝液收集装置的密封性

在7.3.2试验条件下，不应有烟气泄漏。

6.4 排烟系统限温装置

6.4.1 排烟温度

对于使用塑料烟管、塑料连接管的排烟系统的冷凝炉，在7.4条件下，排烟温度应小于制造商标称的燃烧系统材料和烟道材料允许的最高工作温度。

6.4.2 排烟温度限定装置

排烟温度限定装置的动作应引起冷凝炉的非易失锁定。

6.5 燃烧

6.5.1 低水温状态

冷凝炉在供、回水温度为50 ℃/30 ℃的冷凝状态下运行时，进行除有风试验外的燃烧试验时，应符合GB 25034—2010中6.6的规定。

6.5.2 冷凝液堵塞状态

当器具的冷凝液排出口堵塞或冷凝液排出泵关闭而导致冷凝液堵塞时，冷凝液不应溢出和泄漏，且在冷凝炉安全关闭或锁定之前，烟气中的$CO_{a=1}$浓度应不大于0.2%。

6.6 热效率

6.6.1 额定负荷下采暖热效率

在7.6.1规定的测试条件下，额定热输入工况下的采暖热效率不应小于94%。

6.6.2 额定负荷下低水温工况热效率

在7.6.2试验条件下：

a) 对于不带额定热输入调节装置的器具，对应于额定热输入时的采暖热效率不应小于$(97+\lg P_n)\%$。

b) 对于带额定热输入调节装置的器具，对应于最大热输入时的热效率不应小于$(97+\lg P_{max})\%$，对应于最大额定热输入和最小额定热输入的算术平均值时的热效率不应小于$(97+\lg P_a)\%$。

注1：P_n是额定热输出，单位为千瓦(kW)。

注2：P_{max}是最大热输出，单位为千瓦(kW)。

注3：P_a是带额定热输入调节装置的器具的最大额定热输出和最小热输出的算术平均值，单位为千瓦(kW)。

6.6.3 部分负荷下的低水温工况采暖热效率

在7.6.3的试验条件下：

a) 对于不带额定热输入调节装置的器具，对应于30%额定热输入时的采暖热效率不应小于$(97+\lg P_n)\%$；

b) 对于带额定热输入调节装置的器具，对应于热输入为最大额定热输入和最小额定热输入的算术平均值的30%时的采暖热效率不应小于$(97+\lg P_a)\%$。

6.6.4 热水热效率

在 7.6.4 的试验条件下额定热输入(对于带额定热输入可调节的器具为最大热输入)时,热水模式热效率不应小于 96%。

6.7 冷凝热交换器耐久性

热交换器和可能与冷凝水接触的其他部件均应耐腐蚀。在 7.7 规定的试验条件下,进行耐久性试验,试验结果应符合以下规定:

a) 耐久试验后,按 7.6.1 重复测试热效率时,热效率应符合本标准的规定;
b) 热交换器和可能与冷凝水接触的其他部件应无明显腐蚀现象或无明显腐蚀现象;
c) 耐久性试验后,按 GB 25034—2010 中 7.9 测试采暖系统水阻增加应不大于原值的 15%;
d) 耐久性试验后,按 GB 25034—2010 中 7.2.3 进行水路系统密封性试验,应无泄漏、无变形。

7 试验方法

7.1 概述

7.1.1 冷凝炉应进行 GB 25034—2010 第 7 章中除 7.7 外的所有试验,并应进行本章以下规定的所有试验。

7.1.2 试验条件除应满足 GB 25034—2010 中 7.1 规定外,还应符合以下规定:

a) 实验室环境基准条件:20 ℃、70%相对湿度、101.325 kPa;
b) 低水温测试,回水温度规定值:30 ℃±1 ℃。

7.1.3 如果实际测试条件与 7.1.2 规定的基准测试条件有差异,则偏差和校准应符合以下规定:

a) 偏差

   最大偏差应在以下规定范围内:

   ——低水温测试,回水温度允许偏差:25 ℃≤T≤35 ℃;测试过程波动应小于或等于 1 ℃。

   ——实验室湿度:0≤X≤20 g/kg。

b) 校准

   当实际测试条件与基准值有偏差,且偏差在 7.1.3a)的允许范围内时,7.2、7.6.2 和 7.6.3 测定的采暖热效率应按附录 C 中所给的校正公式进行校正。

7.2 额定冷凝热输出试验

试验气,使用 0-2 气。调节水流量,获得 30 ℃±1 ℃的回水温度,并使供水和回水之间的温差为 20 K±2 K。按 GB 25034—2010 中 7.7.1 的规定测试热效率,测得的热效率和热输入(对带额定热输入调节装置的器具为最大热输入)的乘积,应不小于额定冷凝热输出。

7.3 冷凝液排放及收集装置密封性试验

7.3.1 冷凝液排放

在 7.2 的测试条件下,使冷凝炉连续工作 1 h 以上达到热平衡状态,检查冷凝炉冷凝液的形成及排放是否符合 6.3.1 的规定。

7.3.2 冷凝液收集装置密封性

在 7.3.1 的测试后,安装制造商标称的最长排烟管,逐渐堵塞排烟口,直至机器关闭,检查是否符合

6.3.2 的规定。

7.4 排烟系统限温装置试验

7.4.1 排烟温度测试

a) 按 GB 25034—2010 中 7.1.3 规定的条件安装冷凝炉,在额定热输入时,供给与冷凝炉类型相对应的基准气;
b) 使冷凝炉温控器不起作用;
c) 使排烟温度限定装置保持工作状态,逐步升高排烟温度,可通过增加燃气流量或通过制造商标称的增加温度的其他方式(例如拆除挡板)来升高温度,直至熄火。检查是否符合 6.4.1 的规定。

7.4.2 排烟限温装置试验

7.4.1 试验后,检查排烟温度限定装置动作,应符合 6.4.2 的规定。

7.5 燃烧试验

7.5.1 低水温状态

在 50 ℃/30 ℃条件下,按 GB 25034—2010 中 7.6 规定的试验方法,检测无风状态下燃烧特性应符合 6.5.1 的规定。

7.5.2 冷凝液堵塞状态

在 7.2 测试条件下,冷凝炉连续运行 30 min 以上,堵塞冷凝液排出口或使排除冷凝液的内置泵停止工作时,检验烟气中 CO 浓度,在冷凝炉发生关闭或锁定之前应符合 6.5.2 的规定。

7.6 热效率试验

7.6.1 额定负荷下采暖热效率

使用 0-2 气。对不带额定热输入调节装置的器具,在额定热输入时测定效率;对带额定热输入调节装置的器具,在最大热输入和在最大和最小热输入的算术平均值条件下测定效率。调节水流量,使回水温度保持在 60 ℃±1 ℃,供水和回水之间温差为 20 K±2 K。按 GB 25034—2010 中 7.7.1 规定的试验方法测定热效率。测试的热效率应符合 6.6.1 的规定。

7.6.2 额定负荷下低水温工况采暖热效率

使用 0-2 气。对不带额定热输入调节装置的器具,在额定热输入时测定效率;对带额定热输入调节装置的器具,在最大热输入和在最大和最小热输入的算术平均值条件下测定效率。调节水流量,使回水温度保持在 30 ℃±1 ℃,供水和回水之间温差为 20 K±2 K。按 GB 25034—2010 中 7.7.1 规定的试验方法测定热效率。测试的热效率应符合 6.6.2 的规定。

7.6.3 部分负荷下低水温工况采暖热效率

a) 使用 0-2 气。对不带额定热输入调节装置的器具,在 30%额定热输入时,测定采暖热效率。对于带额定热输入调节装置的器具,在最大和最小热输入算术平均值的 30%负荷下测定热效率。
b) 在回水温度为 30 ℃±1 ℃的冷凝炉标准测试条件下,测定的低水温工况采暖热效率。使用液化石油气的冷凝炉，低热值热效率应加上 2.4%。使用人工煤气的冷凝炉，低热值热效率应减去 3.2%。

c) 按 GB 25034—2010 中 7.7.2 规定的试验方法测定热效率。测试的热效率应符合 6.6.3 的规定。

7.6.4 热水热效率

按 GB 25034—2010 中 7.7.3 规定的测试方法测定热效率。试验结果给应符合 6.6.4 的规定。

7.7 冷凝换热器耐久性试验

使用 0-2 气，供水压力 0.1 MPa，将冷凝炉设置为采暖模式，在额定负荷下，设置供、回水温度为 50 ℃/30 ℃的低水温工况下，累计连续运行 1 200 h 后。试验结果应符合 6.7 的规定。

8 检验规则

8.1 出厂检验

8.1.1 逐台检验项目

每台器具出厂前除应检验 GB 25034—2010 中 8.1.1 规定的项目外，还应检验以下项目：

a) 在 0-2 气条件下，器具应无爆燃、能正常点火，火焰稳定；

b) 器具在制造商规定的燃气流量调节范围内应无爆燃、能正常点火，火焰燃烧稳定。

8.1.2 抽样检验

8.1.2.1 抽样方案

冷凝炉的抽样方案应按以下规定进行：

a) 逐批抽验按 GB/T 2828.1 进行，抽样方案由制造商确定，但所选取的抽样方案的接收概率应控制在 94%～96%；

b) 产品抽检不合格时，本批产品判为不合格。本批产品应重新逐台检验后组批交。

8.1.2.2 抽样检验项目

除应检验 GB 25034—2010 中 8.1.2.2 和本标准 8.1.1 规定的项目外，还应检验以下项目：

a) 冷凝液排放要求(5.3、6.3)；

b) 排烟系统温度限制装置要求(5.4、6.4)；

c) 冷凝液出口堵塞条件下 CO 含量(6.6.2)；

d) 对于 Q 型炉，空气/燃气比例调节性能(GB 25034—2010 中 6.5.8.4.3)；

e) 对于 Q 型炉，非金属控制管的泄漏(GB 25034—2010 中 6.5.8.4.2)。

8.2 型式检验

8.2.1 一般要求

有下列情况之一时，应进行型式检验，型式检验合格后才允许批量生产和销售。

a) 新产品试制定型鉴定；

b) 产品转厂生产试制定型鉴定；

c) 正式生产后，如结构、材料、工艺有较大改变，可能影响产品性能时；

d) 产品长期停产后，恢复生产时；
e) 出厂检验结果与上次型式检验有较大差异时；
f) 国家质量监督检验机构提出进行型式检验的要求时。

8.2.2 检验项目

本标准第5章、第6章、第9章和第10章的规定。

8.3 不合格分类项

8.3.1 引用的GB 25034—2010规定的强制性条款为A类，其余为B类。

8.3.2 本标准新增项目不合格分类见表5。

表5 产品试验不合格分类

序号	检验项目	不合格分类	条款号
1	排烟系统限温装置	A	5.4、6.4
2	额定冷凝热输出	A	6.2
3	热效率	B	6.6
4	低水温状态	B	6.5.1
5	冷凝液堵塞状态	B	6.5.2
6	冷凝液的排放和结构系统有效性	B	5.3、6.3
7	与冷凝液接触的材料	B	5.2
8	冷凝热交换器耐久性	B	6.7
9	标识、警示、说明	B	9.1、9.2、9.3

8.4 判定原则

单台样机检验时，应按以下判定原则执行：
a) 有一项A类不合格时，即判定该样机为A类不合格品；
b) 有一项或几项B类不合格时，即判定该样机为B类不合格品。并应在检验报告中注明该样机不符合标准的相关内容。

9 标识、警示和说明书

9.1 标识

除应符合GB 25034—2010中9.1的规定外，还应标明额定冷凝热输出(kW)。

9.2 警示

a) 应符合GB 25034—2010中9.2的规定。
b) 对于未设中和处理装置的冷凝炉，应在产品上标有冷凝液只能排入非金属污水管的警示。

9.3 说明书

9.3.1 安装技术说明

除应符合GB 25034—2010中9.3.1规定的安装条款外，安装技术说明书还应包括以下内容：

a) 排除烟气和冷凝液方法的详细规定，应指出烟管和冷凝液排出管的最小斜度和坡向；
b) 应采取措施避免冷凝炉从排烟系统终端连续排出冷凝液；
c) 在冷凝炉符合 6.4 排烟温度规定时，制造商应规定或提供烟道和配件。另外，制造商应规定冷凝炉上不可连接可能要受热影响的管道(如塑料管或内部有塑料涂层的管道)；
d) 声明冷凝液是否已经中和处理及排放方法；
e) 应声明排烟温度限定值。

9.3.2 用户使用和维护说明书

除应符合 GB 25034—2010 中 9.3.2 的相关规定外，还应符合以下规定：

a) 除有关冷凝炉的特殊规范中叙述的条款外，用户使用和维护说明书应包括冷凝炉工作的简要说明。
b) 说明书上应标识不同工况下对应的热输出和热效率。
c) 说明书应规定冷凝液出口不要变更或堵塞，应说明冷凝液中和装置的清洗、维护和更换的有关说明。

10 包装、运输和贮存

应符合 GB 25034—2010 中第 10 章的规定。

附 录 A
（资料性附录）
本标准与 EN 677:1998 相比的结构变化情况

本标准与 EN 677:1998 相比在结构上有较多调整，具体章条编号对照情况见表 A.1。

表 A.1 本标准与 EN 677:1998 的章条编号对照情况

本标准章条编号	对应的 EN 677 章条编号
1	1
2	2
3	3
4	—
5	4
6	5
7	6
8	—
9	7
10	—
附录 A	—
附录 B	—
附录 C	附录 A
附录 D	—
—	附录 B(资料性附录)各国气源参数
—	附录 C(资料性附录)偏差
—	附录 ZA 本欧洲标准中针对欧盟指令的主要要求或其他规定的条款

附 录 B
（资料性附录）
本标准与 EN 677:1998 的技术性差异以及原因

表 B.1 给出了本标准与 EN 677:1998 的技术性差异及其原因。

表 B.1 本标准与 EN 677:1998 的技术性差异及其原因

本标准章条编号	与 EN 677:1998 技术性差异	原 因
6.7.1 额定负荷正常工况采暖热效率 94%	$(91+\lg P_n)\%$	与 GB 20665—2006 一级能效值一致
6.7.2 额定负荷低水温工况热效率 $(97+\lg P_n)\%$	EN 677 没有规定	引导生产企业提高产品在额定负荷下的冷凝热效率
6.7.4 热水模式热效率 96%	EN 677 没有规定	EN 677 不包含热水模式，与 GB 20665—2006 一级能效值一致
6.8 冷热交换器的耐久性	EN 677 没有规定	冷凝热交换器是冷凝炉特有的核心部件，为保证整机具有一定的使用寿命，对该部件的耐久性能做出基本要求
7.7.2 和 7.7.3 中“回水温度(30±1)℃”	EN 677 中规定“回水温度(30±0.5)℃”	我国检测机构及生产厂的实验室现行测试设备还达不到±0.5 ℃的要求

附　录　C
（规范性附录）
对冷凝炉的低水温测试中效率测定的校正

C.1　空气湿度和回水温度应在以下范围内，应按C.2～C.3的规定对冷凝炉的低水温测试中测定的效率进行校正：

$$0 \leqslant X \leqslant 20\ \mathrm{g/kg}\quad \text{（10 g/kg 空气湿度基准值）}$$

$$25\ ℃ \leqslant T \leqslant 35\ ℃\quad \text{（30 ℃回水温度基准值）}$$

C.2　试验条件下，空气湿度与基准值有差别，测定效率应按式(C.1)进行校正：

$$\Delta\eta_1 = 0.08(X_{st} - X_m) \qquad\cdots\cdots\cdots\cdots(\text{C.1})$$

式中：

$\Delta\eta_1$——对空气湿度偏离标准值时测定有用效率的校正，以百分数表示(%)；

X_{st}——标准条件下，空气湿度，单位为克每千克(g/kg)；

X_m——测试条件下，空气湿度，单位为克每千克(g/kg)。

C.3　如果回水温度与低水温测试标准值有差别，测定效率应用式(C.2)进行校正：

$$\Delta\eta_2 = 0.12(T_m - T_{st}) \qquad\cdots\cdots\cdots\cdots(\text{C.2})$$

式中：

$\Delta\eta_2$——对回水温度偏离标准值的测定有用效率的校正，以百分数表示(%)；

T_m——测试条件下的回水温度，单位为摄氏度(℃)；

T_{st}——低水温测试的回水温度的标准值(30 ℃)，单位为摄氏度(℃)。

C.4　总的校正值应用式(C.3)进行校正：

$$\eta_u = \eta_m + \Delta\eta_1 + \Delta\eta_2 \qquad\cdots\cdots\cdots\cdots(\text{C.3})$$

式中：

η_u——标准条件下采暖热效率，以百分数表示(%)；

η_m——测量的采暖热效率，以百分数表示(%)。

附 录 D
（资料性附录）
本标准支持 GB 16914—2003 基本要求的条款对应表

表 D.1 给出了本标准支持 GB 16914—2003 基本要求的条款对应表。

表 D.1 本标准支持 GB 16914—2003 基本要求的条款对应表

GB 16914—2003 条款	基本要求内容	本标准对应条款
4.1	一般条件	
4.1.1	操作安全性	5.1,6.1
4.1.2	说明书和专用警示标志	9.1.1,9.1.2
4.1.3	安装技术说明书	9.3.1,9.3.3
4.1.4	用户使用说明书	9.3.2
4.1.5	专用警示标志(燃具和包装上)	9.2
4.1.6	器具配件	5.1,6.1
4.2	材料	
4.2.1	材料特性	5.2,5.4,6.4
4.2.2	材料保证书	无
4.3	设计与结构	
4.3.1	总则	
4.3.1.1	可靠性、安全性和耐久性	5.1,6.1,6.8
4.3.1.2	排烟冷凝	5.3.1,5.3.2,5.4,6.3,6.4
4.3.1.3	爆炸的危险性	6.1
4.3.1.4	水渗漏	6.1
4.3.1.5	辅助能源正常波动	5.1
4.3.1.6	辅助能源异常波动	5.1
4.3.1.7	交流电的危害性	6.1
4.3.1.8	承压部件	6.1
4.3.1.9	控制和调节装置故障	5.1,6.1
4.3.1.10	安全装置功能	5.1,6.1
4.3.1.11	制造商规定的零件锁定保护	5.1,6.1
4.3.1.12	手柄和其他控制钮的标识	5.1
4.3.2	燃气意外释放	
4.3.2.1	燃气泄漏的危险	6.1
4.3.2.2	燃具内燃气堆积的危险	6.1
4.3.2.3	防止房间的燃气堆积	6.1
4.3.3	点火的稳定性、安全性	6.1

表 D.1（续）

GB 16914—2003 条款	基本要求内容	本标准对应条款
4.3.4	燃烧	
4.3.4.1	火焰的稳定性和烟气排放	6.1
4.3.4.2	燃烧产物意外排放	6.6
4.3.4.3	倒烟时排烟的安全性	6.1,6.6
4.3.4.4	无烟道燃具确保房间内 CO 不超标	—
4.3.5	能源的合理使用	6.7
4.3.6	温度	
4.3.6.1	安装部位及附近表面温升的安全性	6.1
4.3.6.2	操作部件温升的安全性	6.1
4.3.6.3	燃具外表面温升安全性	6.1
4.3.7	食品和生活用水安全	6.1

ICS 91.140
P 45

中华人民共和国城镇建设行业标准

CJ/T 450—2014

燃气燃烧器具气动式燃气与空气比例调节装置

Pneumatic gas/air ratio adjustment devices for gas-burning appliances

(ISO 23551-3:2005,Safety and control devices for gas burners and gas-burning appliances—Particular requirements—Part 3:Gas/air ratio controls,pneumatic type,MOD)

2014-04-09 发布　　2014-08-01 实施

中华人民共和国住房和城乡建设部　发布

前 言

本标准按照 GB/T 1.1—2009 给出的规则起草。

本标准使用重新起草法修改采用 ISO 23551-3:2005《燃气燃烧器和燃气用具用安全和控制装置——特殊要求——第 3 部分:气动型燃气/空气比例控制器》。

本标准与 ISO 23551-3:2005 相比在结构上有较多调整,附录 A 中列出了本标准与 ISO 23551-3:2005 的章条编号对照一览表。

本标准与 ISO 23551-3:2005 相比存在技术性差异。这些差异涉及的条款已通过在其外侧页面空白位置的垂直单线(|)进行了标示,附录 B 中给出了相应技术性差异及其原因的一览表。

本标准为与 GB 16914—2012《燃气燃烧器具安全技术条件》保持一致,在附录 F 中给出了本标准支持 GB 16914—2012 基本要求的条款对应表。

本标准还做了下列编辑性修改:

——删除了 ISO 23551-3:2005 的前言和引言。

本标准由住房和城乡建设部标准定额研究所提出。

本标准由住房和城乡建设部燃气标准化技术委员会归口。

本标准起草单位:广州市精鼎电器科技有限公司、中国市政工程华北设计研究总院、广东万家乐燃气具有限公司、艾欧史密斯(中国)热水器有限公司、广州迪森家用锅炉制造有限公司、西特燃气控制系统制造(苏州)有限公司、霍尼韦尔(中国)有限公司、湛江中信电磁阀有限公司、广东万和新电气股份有限公司、广东美的厨卫电器制造有限公司、浙江侨亨实业有限公司、青岛经济技术开发区海尔热水器有限公司、绍兴艾柯电气有限公司、国家燃气用具质量监督检验中心。

本标准主要起草人:庞智勇、渠艳红、赵柔平、毕大岩、楼英、张劢、莫云清、叶杨海、陈必华、梁国荣、朱运波、刘云、顾伟、张军。

燃气燃烧器具气动式燃气与空气比例调节装置

1 范围

本标准规定了燃气燃烧器和燃气燃烧器具用气动式燃气/空气比例调节装置(以下简称"比例调节装置")的术语和定义、分类和分组、结构和材料、要求、试验方法、检验规则、标识、安装和操作说明书以及包装、运输和贮存。

本标准适用于标明最大工作压力不大于50 kPa,公称尺寸不大于DN250,使用GB/T 13611规定的城镇燃气,由空气压力改变燃气压力且能够单独测试的比例调节装置。

由燃气压力改变空气压力的比例调节装置可参考本标准执行。

本标准不适用于机械联动的比例调节装置和电子控制的比例调节装置。

2 规范性引用文件

下列文件对于本文件的应用是必不可少的。凡是注日期的引用文件,仅注日期的版本适用于本文件。凡是不注日期的引用文件,其最新版本(包括所有的修改单)适用于本文件。

GB/T 191 包装储运图示标志(GB/T 191—2008,ISO 780:1997,MOD)

GB/T 1690—2010 硫化橡胶或热塑性橡胶 耐液体试验方法(ISO 1817:2005,MOD)

GB/T 3091 低压流体输送用焊接钢管(GB/T 3091—2008,ISO 559:1991,NEQ)

GB 4208 外壳防护等级(IP代码)(GB 4208—2008,IEC 60529:2001,IDT)

GB/T 5013.1 额定电压450/750 V及以下橡皮绝缘电缆 第1部分:一般要求(GB/T 5013.1—2008,IEC 60245-1:2003,IDT)

GB/T 5023.1 额定电压450/750 V及以下聚氯乙烯绝缘电缆 第1部分:一般要求(GB/T 5023.1—2008,IEC 60227-1:2007,IDT)

GB/T 7306(所有部分) 55°密封管螺纹(eqv ISO 7-1:1994)

GB/T 7307 55°非密封管螺纹(GB/T 7307—2001,eqv ISO 228-1:1994)

GB/T 9114 带颈螺纹钢制管法兰

GB/T 9144 普通螺纹 优先系列(GB/T 9144—2003,ISO 262:1998,MOD)

GB/T 12716 60°密封管螺纹

GB/T 13611 城镇燃气分类和基本特性

GB 14536.1—2008 家用和类似用途电自动控制器 第1部分:通用要求(IEC 60730-1:2003(Ed3.1),IDT)

GB 15092.1 器具开关 第1部分:通用要求(GB 15092.1—2010,IEC 61058-1:2008,IDT)

GB/T 15530(所有部分) 铜合金法兰

GB/T 16411—2008 家用燃气用具通用试验方法

GB/T 17241(所有部分) 铸铁管法兰

CJ/T 222—2006 家用燃气燃烧器具合格评定程序及检验规则

3 术语和定义

下列术语和定义适用于本文件。

3.1

气动式燃气/空气比例调节装置　pneumatic gas/air ratio adjustment devices

通过对空气压力(或差压)及炉内反压信号的响应,调节燃气压力(或差压)的输出的燃气与空气比例调节装置。

3.2

信号压力　signal pressure

为了提供特定燃气出口压力所施加于比例调节装置的空气压力输入。

3.3

燃气/空气比例　gas/air ratio

施加于比例调节装置的信号压力与出口压力的线性比率。

3.4

炉内反压　furnace back pressure

由燃烧室输出的,施加于燃气/空气比例调节装置的燃烧气体(烟气)压力。

3.5

最大流量　maximum flow rate

制造商声明的最大流量值,用基准状态下(15 ℃,101.325 kPa)单位时间内流通的空气量表示。

3.6

最小流量　minimum flow rate

制造商声明的最小流量值,用基准状态下(15 ℃,101.325 kPa)单位时间内流通的空气量表示。

3.7

信号腔　signal chamber

空气或炉内反压信号输入与比例调节装置相连接的部分。

3.8

信号管　signal tube

从信号源向信号腔传递压力的管路。

3.9

响应时间　response time

当信号压力阶跃变化时出口压力在开启或关闭方向达到稳定状态的时间最大值。

3.10

零位调节　zero adjustment

运行前,对比例调节装置零点偏差的调节。

4　分类和分组

4.1　比例调节装置分类

比例调节装置按其输出(燃气压力或压差)精度分为A级、B级、C级(见6.3.5.1)。

4.2　比例调节装置分组

4.2.1　比例调节装置按其所能承受的弯矩分为1组和2组:

——1组比例调节装置,安装在燃具内或者安装在不受设备管道安装造成的弯曲应力影响处(例如:使用刚性支架支撑)的比例调节装置;

——2组比例调节装置,安装在燃具内部或者外部任何场合的比例调节装置,通常不带安装支架。

4.2.2　符合第2组规定的比例调节装置也应符合第1组比例调节装置的规定。

5 结构和材料

5.1 一般要求

当按照说明书安装和使用时，比例调节装置的设计、制造和组装应保证所有功能可正常使用，且比例调节装置的所有承压部件应能承受机械和热应力而没有任何影响安全的变形。

5.2 结构

5.2.1 外观

比例调节装置的外观应无锐边和尖角，且所有部件的内部和外部均应是清洁的。

5.2.2 孔

5.2.2.1 用于比例调节装置部件组装或安装螺钉、销钉等的孔，不应穿透燃气通路，且孔和燃气通路之间的壁厚不应小于1 mm。

5.2.2.2 燃气通路上的工艺孔，应用金属密封方式永久密封，连接用化合物可作补充使用。

5.2.3 呼吸孔

5.2.3.1 呼吸孔的设计应保证，当与之相连的工作膜片损坏时，呼吸孔应符合下列规定之一：

a) 符合6.2.1的规定；

b) 呼吸孔应与通气管相连接，且安装和操作说明书应说明呼吸孔可安全地排气。

5.2.3.2 呼吸孔应防止被堵塞或应设置在不易堵塞的位置，且其位置应保证膜片不会被插入的尖锐器械损伤。

5.2.4 紧固螺钉

比例调节装置上的紧固螺钉应符合以下规定：

a) 维修和调节时可被拆下的紧固螺钉应采用符合GB/T 9144规定的公制螺纹，比例调节装置正常操作或调节需要不同的螺纹除外；

b) 能形成螺纹并产生金属屑的自攻螺钉不应用于连接燃气通路部件或在维修时可被拆卸的部件；

c) 能形成螺纹但不产生金属屑的自攻螺钉，当可被符合GB/T 9144规定的公制机械螺钉所代替时，才可使用。

5.2.5 可动部件

比例调节装置可动部件(如膜片、传动轴)的运行不应能被其他部件损伤，且可动部件不应外露。

5.2.6 保护盖

保护盖应能用通用工具拆下和重装，并应有漆封标记，且不应影响整个调节范围内的调节功能。

5.2.7 维修和/或调节时的拆卸和重装

5.2.7.1 需要拆装的部件应能使用通用工具拆下和重装，且该类部件的结构或标记应保证在按照说明书组装时不易装错。

5.2.7.2 可被拆卸的各种闭合元件(包括用作测量和测试的元件)，应保证其结构可由机械方式达到气密性(如用金属与金属连接、O形圈等),不应使用密封液、密封膏或密封带之类的密封材料。

5.2.7.3 不允许被拆卸的闭合元件,应采用可显示出干扰痕迹的方法标记(如漆封),或用专用工具固定。

5.2.8 辅助通道

当有辅助通道时,应进行保护,其一旦堵塞,不应影响比例调节装置的正常操作。

5.3 材料

5.3.1 一般要求

5.3.1.1 材料的质量、尺寸和组装各部件的方法应保证其结构和性能安全。

5.3.1.2 比例调节装置,在其使用期限内,性能应无明显改变,且所有元件应能承受在此期间可承受的机械、化学和热等各种应力。

5.3.2 外壳

5.3.2.1 直接或间接将燃气与大气隔离的外壳的各部件应符合以下规定之一:

a) 由金属材料制成;

b) 由非金属材料制成,应符合6.2.2的规定。

5.3.2.2 比例调节装置内的膜片将容纳燃气部分与大气隔离时,认为是间接隔离,其外壳各部件应由金属材料制成。

5.3.3 弹簧

5.3.3.1 闭合弹簧

为比例调节装置的闭合元件提供气密力的弹簧应由耐腐蚀的材料制成,并应设计为耐疲劳。

5.3.3.2 提供关闭力和气密力的弹簧

提供关闭力和气密力的弹簧应设计为耐振动和耐疲劳,并应符合以下规定:

a) 金属丝直径小于或等于2.5 mm的弹簧应由耐腐蚀材料制成;

b) 金属丝直径大于2.5 mm的弹簧可由耐腐蚀材料制成,也可采用具有防腐蚀保护的其他材料制成。

5.3.4 耐腐蚀和表面保护

与燃气或大气接触的部件和弹簧,应由耐腐蚀材料制成或被适当的保护,且对弹簧和其他活动部件的防腐蚀保护不应因任何移动而受损坏。

5.3.5 连接材料

5.3.5.1 在声明的操作条件下,永久性连接用材料应确保有效。

5.3.5.2 熔点450 ℃以下的连接材料不应用于燃气通路部件的焊接或其他工艺,除非用作附加密封。

5.3.6 浸渍

制造过程中有浸渍时,应进行适当处理。

5.3.7 活动部件的密封

5.3.7.1 燃气通路中的活动部件和闭合元件的密封应采用固体的、机械性能稳定的、不会永久变形的材料，不应使用密封脂。

5.3.7.2　手动可调式压盖不应用来密封活动部件。

5.3.7.3　被设定的并设有防止进一步调节的可调式压盖可作为不可调式压盖考虑。

5.3.7.4　波纹管不应作为唯一的对大气密封的元件使用。

5.4　燃气连接

5.4.1　连接方法

5.4.1.1　一般要求

比例调节装置的燃气连接应设计为使用通用工具就可完成的方式。

5.4.1.2　信号管的连接

信号管的连接应符合以下要求：

a)　关于燃气、空气或其他(如炉内反压)信号管连接的详细资料应在说明书中予以详细说明；

b)　燃气连接应采用标准的燃气连接尺寸；

c)　空气连接和其他(除燃气)信号管连接可不受5.4.3、5.4.5的约束。

5.4.2　连接尺寸

连接尺寸应符合表1的规定。

表1　连接尺寸

螺纹或法兰公称尺寸 DN/mm	压缩连接管外径范围/mm	备注 (螺纹或法兰英制尺寸/in)
6	2～5	⅛
8	6～8	¼
10	10～12	⅜
15	14～16	½
20	18～22	¾
25	25～28	1
32	30～32	1¼
40	35～40	1½
50	42～50	2
65	—	2½
80	—	3
100	—	4
125	—	5
150	—	6
200	—	8
250	—	10

5.4.3 螺纹

5.4.3.1 进出口螺纹应符合 GB/T 7306(所有部分)、GB/T 7307 或 GB/T 12716 的规定,并按表 1 进行选择。

5.4.3.2 把超过有效连接长度 2 个螺距的管子拧入主体螺纹段时,进出口螺纹连接设计应保证不对比例调节装置的运行带来不利影响,且螺纹止档也应符合规定。

5.4.4 管接头

使用管接头进行连接,当接头螺纹不符合 GB/T 7306(所有部分)、GB/T 7307 或 GB/T 12716 的规定时,应提供与之匹配的管接头配件或接头螺纹的全部尺寸细节。

5.4.5 法兰

比例调节装置使用法兰连接时应符合以下规定:

a) 公称尺寸大于 DN50 的比例调节装置使用法兰连接时,应采用符合 GB/T 9114 规定的 PN6 或 PN16 的法兰连接;
b) 公称尺寸不大于 DN50 的比例调节装置使用法兰连接时,应采用与标准法兰连接的适配接头,或提供配件的全部尺寸细节;
c) 公称尺寸大于 DN80 的比例调节装置应使用法兰连接。

5.4.6 压缩连接

采用压缩连接时,连接前管子不应变形,比如使用橄榄形垫,则应与管子相匹配,当能保证正确安装时,也可采用不对称的橄榄形垫。

5.4.7 测压口

测压口外径为 $9.0_{-0.5}^{\ 0}$ mm,有效长度不应小于 10 mm,测压口内径不应超过 1 mm,且测压口不应影响比例调节装置气密性。

5.4.8 过滤网

5.4.8.1 安装有进口过滤网时,过滤网孔最大尺寸不应超过 1.5 mm,并应防止直径为 1 mm 的销规通过。

5.4.8.2 未安装进口过滤网时,安装说明应包括使用和安装符合 5.4.8.1 规定的过滤网的相关资料,以防异物进入。

5.4.8.3 安装到 DN25 或以上阀门的过滤网,应能够在不将阀门从管道上拆下的情况下进行清洗和更换。

6 要求

6.1 一般要求

在下列条件下,比例调节装置应能正常工作:

a) 全部工作压力范围内;
b) 0 ℃～60 ℃的环境温度或声明的更宽的环境温度范围。

6.2 部件要求

6.2.1 呼吸孔泄漏要求

当与呼吸孔相连的工作膜片被损坏时,按 7.2.1 规定的试验方法进行试验,试验结果应符合以下规定：

a) 在最大进口压力下，呼吸孔的空气流量不应超过 70 L/h；

b) 当最大工作压力不大于 3 kPa，且呼吸孔直径不大于 0.7 mm 时，即认为符合 a)项规定；

c) 当使用泄漏限制器符合 a)项规定时，该限制器应能承受 3 倍最大工作压力，且当使用安全膜片作为泄漏限制器时，在发生故障时，安全膜片不应代替该工作膜片。

6.2.2 非金属部件拆下后比例调节装置的泄漏要求

当非金属部件(O 形圈、垫片、密封件和膜片的密封部件除外)拆下或破裂时，在最大工作压力下按 7.2.2 规定的试验方法进行试验，空气泄漏量不应超过 30 L/h。

6.3 性能要求

6.3.1 气密性

6.3.1.1 外部气密性

6.3.1.1.1 按 7.3.1.1 和 7.3.1.2 规定的试验方法进行试验，比例调节装置的空气泄漏量不应超过表 2 的规定值。

表 2 最大泄漏量

进口公称尺寸 DN/mm	最大泄漏量/(L/h)
	外部气密性
DN<10	0.02
10≤DN≤25	0.04
25<DN≤80	0.06
80<DN≤150	0.06
150<DN≤250	0.06

6.3.1.1.2 在拆下和重新组装闭合元件 5 次后再次进行外部气密性试验，比例调节装置的空气泄漏量不应超过表 2 的规定值。

6.3.1.1.3 燃气压力改变空气压力的比例调节装置的泄漏量应符合表 2 的规定。

6.3.1.2 信号腔气密性

比例调节装置在以下两种情况下，按 7.3.1.3 的规定进行试验时，其信号腔的空气泄漏量不应超过 1.5 L/h，且不应影响比例调节装置的安全运行：

a) 初始条件下(未进行任何试验前)；

b) 在进行了 6.3.2、6.3.4、6.3.5.3、6.3.5.4 和 6.3.6 所规定的试验后。

6.3.2 扭转和弯曲

6.3.2.1 一般要求

比例调节装置的结构应有足够的强度，应能承受其在安装和维修期间可能经受的机械应力；按 7.3.2 规定的方法试验后，应无永久变形，且空气泄漏量不应超过表 2 的规定值。

6.3.2.2 扭转

按 7.3.2.2 规定的试验方法进行试验，比例调节装置应能承受表 3 规定的扭矩。

表 3　扭矩和弯矩

公称尺寸 DN[a] mm	扭矩[b]/(N·m)	弯矩/(N·m)		
	1 组和 2 组	1 组		2 组
	10 s 测试	10 s 测试	900 s 测试	10 s 测试
6	15　(7)	15	7	25
8	20　(10)	20	10	35
10	35　(15)	35	20	70
15	50　(15)	70	40	105
20	85	90	50	225
25	125	160	80	340
32	160	260	130	475
40	200	350	175	610
50	250	520	260	1 100
65	325	630	315	1 600
80	400	780	390	2 400
100	—	950	475	5 000
125	—	1 000	500	6 000
≥150	—	1 100	550	7 600

[a] 相应连接尺寸见表 1。

[b] 括弧中的扭矩值专门针对烹饪燃气具上，带法兰或鞍形夹紧进口连接的比例调节装置。

6.3.2.3　弯曲

6.3.2.3.1　按 7.3.2.3.1 规定的试验方法进行试验，比例调节装置应能承受表 3 规定的弯矩。

6.3.2.3.2　1 组比例调节装置应按 7.3.2.3.2 的规定做 900 s 弯曲补充试验，并应能承受表 3 规定的弯矩。

6.3.3　额定流量

按 7.3.3 的规定进行试验，应满足声明的最小流量和最大流量。

6.3.4　耐用性

6.3.4.1　一般要求

与燃气接触的弹性材料(如阀垫、O 形圈、膜片和密封圈等)用肉眼观察时应是均匀的，无气孔、夹杂物、细渣、气泡和其他表面缺陷。

6.3.4.2　耐燃气性

6.3.4.2.1　弹性材料

按 7.3.4.1.1 规定的试验方法进行弹性材料的耐燃气性试验，试验前后，其质量变化率应符合表 4 的规定。

表 4 弹性材料耐燃气质量变化要求表

用途	国际橡胶硬度(IRHD)等级	干燥后质量变化率
密封件	H1、H2、H3	−8%～+5%
膜片	H1	−15%～+5%
	H2	−10%～+5%
	H3	−8%～+5%

注：IRHD 等级为声明值，具体分级为：
——H1，IRHD<45；
——H2，45≤IRHD≤60；
——H3，60<IRHD≤90。

6.3.4.2.2 浆状、油脂类密封材料

按 7.3.4.1.2 规定的试验方法进行浆状、油脂类密封材料的耐燃气性试验，试验前后，其质量变化不应超过±10%。

6.3.4.3 耐油性

按 7.3.4.2 规定的试验方法进行弹性材料的耐油性试验，试验前后，其质量变化率不应超过±10%。

6.3.4.4 标识耐用性

6.3.4.4.1 粘贴的商标和所有标识应能承受 7.3.4.3 规定的标识耐用性试验，试验结束后不应脱落和变色，应始终保持清晰易读。

6.3.4.4.2 按钮上的标识应能够经受因手动操作引起的连续触摸和摩擦，并保持完好。

6.3.4.5 耐划痕性

7.3.4.5 规定的耐潮湿试验前和后，用漆等保护的表面应能承受 7.3.4.4 规定的耐划痕试验，并不应被钢球划穿表面上的保护涂层而裸露金属。

6.3.4.6 耐潮湿性

6.3.4.6.1 所有部件(包括表面有保护涂层的部件)应能承受 7.3.4.5 规定的耐潮湿试验，而没有肉眼可见的过度腐蚀、脱落和起泡痕迹。

6.3.4.6.2 某些部件存在轻微腐蚀迹象时，应确保比例调节装置有足够的安全系数。

6.3.4.6.3 当某些部件的腐蚀可能会对比例调节装置的连续安全运行产生影响时，这类部件不应有任何腐蚀的痕迹。

6.3.5 功能要求

6.3.5.1 控制精度

按 7.3.5.1 的规定进行试验时，比例调节装置的控制精度应符合以下规定：

a) 在声明的范围内所有的信号输入下(空气压力或压差)，输出(燃气压力或压差)变化应维持在声明数值的级别范围内(分为三级：A 级，±5%；B 级，±15%；C 级，±25%)，或±100 Pa 以

内(取较大值);

b) 当声明了较严的控制精度时,应在测试过程中进行验证。

6.3.5.2 稳定性

B级和C级比例调节装置,任何连续的输出振动或波动(燃气压力或压差)不应超过比例调节装置规定工作范围内在任意一点的控制输出值的±10%或±100 Pa(取较大值),且不应使输出值超出6.3.5.1允许范围。

6.3.5.3 响应时间

根据7.3.5.2进行测试时,响应时间值不应超出声明的时间值。

6.3.5.4 燃气/空气压力比调节

当燃气/空气压力比是可调节时,按7.3.5.3的规定进行试验时达到的压力比范围与声明的调节范围应一致,且比例调节装置在其燃气/空气极限值运行时也应符合6.3.5.1~6.3.5.3的规定。

6.3.5.5 零位调节

按7.3.5.4的规定进行试验时,零位调节范围与声明的调整范围应一致。

6.3.6 耐久性

按7.3.6的规定进行试验后,气密性和控制精度应分别符合6.3.1和6.3.5.1的规定。

6.3.7 电气安全

当比例调节装置中采用了电气部件时,其电气安全应符合附录C的规定。

7 试验方法

7.1 试验条件

除非另有规定,所有试验应在以下条件下进行:

a) 试验用空气温度为(20±5)℃,环境温度为(20±5)℃;

b) 所有测量值应被校正到基准状态,15 ℃、101.325 kPa的干空气;

c) 通过更换元件可以实现燃气气源转换的比例调节装置,应用转换的各元件做补充测试;

d) 在说明书中说明的安装位置进行安装,有多个安装位置时,应在最不利的安装位置进行安装。

7.2 部件试验

7.2.1 呼吸孔泄漏试验

破坏与呼吸孔相连的工作膜片可动部分,打开比例调节装置的所有闭合元件,加压到最大工作压力,测量泄漏量。

7.2.2 非金属部件拆下后比例调节装置泄漏试验

7.2.2.1 拆下比例调节装置中燃气与大气隔离的所有非金属部件(不包括O形圈、密封件、密封垫和膜片的密封部件),堵塞所有通气孔,加压比例调节装置进口和出口到最大工作压力并测试泄漏量。

7.2.2.2 拆下比例调节装置中燃气与大气隔离的所有非金属部件(不包括O形圈、密封件、密封垫和膜片的密封部件),破裂膜片,堵塞所有通气孔,加压比例调节装置进口和出口到最大工作压力并测试泄漏量。

7.3 性能试验

7.3.1 气密性试验

7.3.1.1 一般要求

7.3.1.1.1 所用装置的误差极限应是±1 mL(容积法)和±10 Pa(压降法),泄漏量测试的精度应在±5 mL/h 以内。

7.3.1.1.2 外部气密性试验用1.5倍最大工作压力或15 kPa(取其较大值)重复试验。

7.3.1.1.3 应使用可得到再现结果的方法,如下所示:

a) 附录D(容积法)——适用试验压力不大于15 kPa的比例调节装置;
b) 附录E(压降法)——适用试验压力大于15 kPa的比例调节装置,压差换算见附录E式(E.1)。

7.3.1.2 外部气密性试验

同时在比例调节装置进口和出口供给7.3.1.1.2规定的试验压力,打开所有闭合元件,测量泄漏量,然后再根据说明书拆下和重装闭合元件5次,并再一次进行该试验。

7.3.1.3 信号腔泄漏试验

将比例调节装置信号腔中所有排气孔或信号管连接口塞住,对信号腔加压到声明的最大信号压力,测量空气泄漏量应符合6.3.1.2的规定。

7.3.2 扭转和弯曲试验

7.3.2.1 一般要求

比例调节装置的扭转和弯曲试验应符合以下规定:

a) 试验用管应符合GB/T 3091的规定,管长度的确定:
   ——比例调节装置公称尺寸不大于DN50时,管长度至少为40倍DN;
   ——比例调节装置公称尺寸大于DN50时,管长度至少为300 mm,连接时,应使用不会硬化的密封胶;
b) 对采用符合GB/T 9114、GB/T 17241(所有部分)、GB/T 15530(所有部分)的法兰,从表5所给数据中确定合适的法兰螺栓拧紧扭矩;
c) 在进行扭转和弯曲试验之前,分别按7.3.1规定的试验方法测比例调节装置的外部和内部气密性试验;
d) 如进口和出口连接不在同一轴线上,应调换进口和出口位置分别测试;
e) 如进口和出口的公称尺寸不同,应夹紧比例调节装置,分别对进口和出口采用合适的扭矩和弯矩进行测试;
f) 采用压缩连接的比例调节装置,应使用带螺纹的转接头来做弯曲试验;
g) 扭转试验结果应符合6.3.2.2的规定,弯曲试验结果应符合6.3.2.3的规定;
h) 当比例调节装置只能使用法兰连接时,可不做扭转试验;
i) 对于采用法兰连接或鞍形夹紧进口连接的烹饪燃气用具上的比例调节装置,可不做弯曲试验。

表5 法兰螺栓拧紧扭矩

公称尺寸 DN/mm	6	8	10	15	20	25	32	40	50	65	80	100	125	≥150
扭矩/(N·m)	20	20	30	30	30	30	50	50	50	50	50	80	160	160

7.3.2.2 扭转试验

7.3.2.2.1 10 s扭转试验——用螺纹连接的1组和2组比例调节装置

按如下步骤进行试验：

a) 用不超过表3所给的扭矩值，把管1和管2分别拧入比例调节装置的进口和出口，在距其至少 $2D$ 的距离上固定管1(见图1)，并保证所有的连接是气密的；

b) 支撑起管2，保证比例调节装置不承受弯曲力矩；

c) 逐渐的对管2匀速施加扭矩至表3规定的值，保持时间为10 s，并保证最后10%的扭矩在1 min内施加完毕；

d) 移除扭矩，目测比例调节装置有无任何变形，并按7.3.1规定的试验方法进行外部气密性与信号腔泄漏试验。

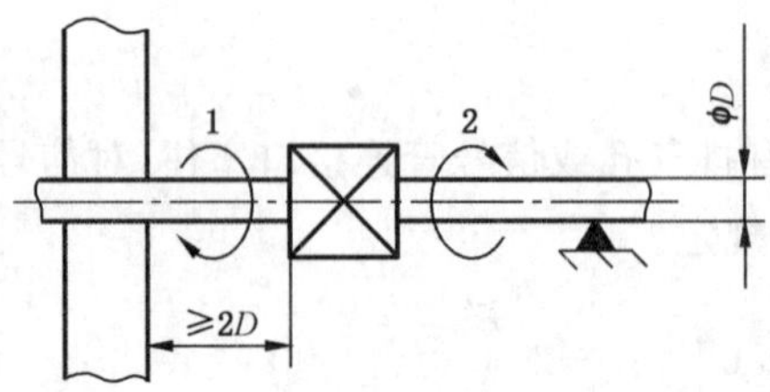

说明：

1 ——管1；

2 ——管2；

D——外径。

图1 扭矩试验示意图

7.3.2.2.2 10 s扭转试验——用压缩连接的1组和2组比例调节装置

7.3.2.2.2.1 橄榄形压缩连接

按如下步骤进行试验：

a) 使用两根带有匹配尺寸的新黄铜制的橄榄形密封垫密封的钢管，分别连接比例调节装置两端接口；

b) 夹紧比例调节装置主体，并依次对每个钢管接口施加表3所给的扭矩值，保持时间分别为10 s；

c) 目测2次试验比例调节装置有无任何变形，一直受力的橄榄形密封垫和比例调节装置与其配合表面的任何变形可被忽略；

d) 移除扭矩后，按7.3.1规定的试验方法进行外部气密性与信号腔泄漏试验。

7.3.2.2.2.2 **扩口式压缩连接**

使用两根一头带扩口的短钢管，分别连接比例调节装置两端接口，按7.3.2.2.2.1规定的试验方法进行试验，一直受力的锥形面和比例调节装置与其配合表面的任何变形可被忽略。

7.3.2.2.2.3 **法兰连接或鞍形夹紧进口连接（烹饪燃气具用比例调节装置）**

按如下步骤进行试验：

a) 将比例调节装置与进气管相连，并施加表5规定的扭矩，固定紧固螺钉；

b) 将带橄榄形密封垫或扩口压缩管接头连接到比例调节装置出口，施加表3第2列括号中规定的扭矩值；

c) 按7.3.2.2.2.1或7.3.2.2.2.2（按适用情况）规定的试验方法进行试验。

7.3.2.3 **弯曲试验**

7.3.2.3.1 **10 s弯曲试验——1组和2组比例调节装置**

按如下步骤进行试验：

a) 使用进行扭转试验的同一件比例调节装置，将其按图2所示进行组合组装；

b) 按如下位置施加表3规定的弯矩（将试验用管的重量考虑在内），保持时间为10 s：

——公称尺寸不大于DN50的比例调节装置，在距离样品中心40倍DN处；

——公称尺寸大于DN50的比例调节装置，在距离比例调节装置接头至少300 mm处。

c) 卸除弯矩后，目测比例调节装置有无任何变形；

d) 然后按7.3.1规定的试验方法进行外部气密性与信号腔泄漏试验。

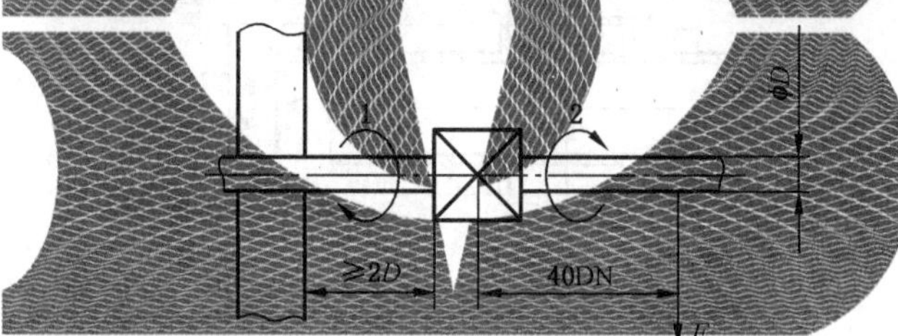

说明：

1 ——管1；

2 ——管2；

D ——外径；

DN——公称尺寸；

F ——施加的力。

图2 弯曲试验示意图

7.3.2.3.2 **900 s弯曲试验——只适用于1组比例调节装置**

按如下步骤进行试验：

a) 使用进行扭转试验的同一将比例调节装置，将其按图2所示组装；

b) 按7.3.2.3.1b)所示位置施加表3规定的弯矩（将试验用管的重量考虑在内），保持时间为900 s；

c) 在施加弯曲力矩的同时，按7.3.1规定的试验方法进行外部气密性与信号腔泄漏试验。

7.3.3 额定流量试验

7.3.3.1 一般要求

按图 3 所示连接试验装置，试验仪器最大误差不应超过 2%。

单位为毫米

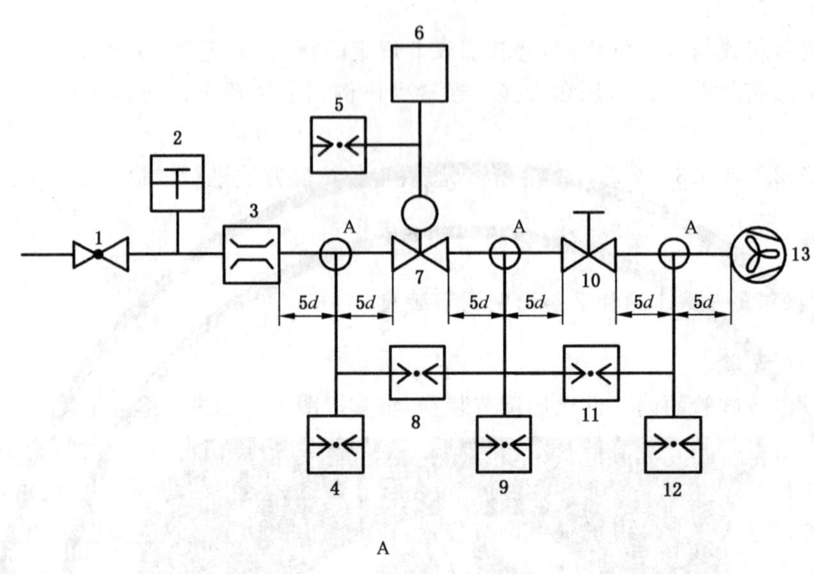

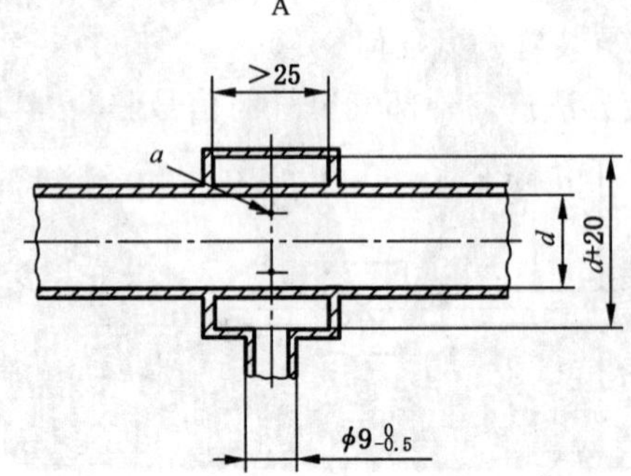

说明：

1	——进气压力调节器；	8、11	——压差测量；
2	——温度计；	9	——出气压力测试 P2；
3	——流量计；	10	——手动阀（喷嘴孔）；
4	——进气压力测试 P1；	12	——负载压力测试 P4；
5	——信号压力测试 P3；	13	——风机；
6	——信号压输入；	*a*	——直径 1.5 mm 的 4 个孔；
7	——比例调节装置；	*d*	——内径。

公称尺寸 DN/mm	6	8	10	15	20	25	32	40	50	65	80	100	125	150	200	250
内径 *d* mm	6	9	13	16	22	28	35	41	52	67	80	106	131	159	209	260

图 3　流量试验装置连接图

7.3.3.2 试验步骤

按如下步骤进行试验：

a) 操作和调节比例调节装置，保持进口压力不变；

b) 分别给信号腔施加声明的最大和最小信号压力；

c) 调节阀门 10，将压差分别调到声明的最大和最小进出口压差，并保持该压差不变；

d) 然后分别测量空气流量。

7.3.3.3 空气流量换算

用式(1)将 7.3.3.2 测量的空气流量换算到基准状态：

$$q_n = q\sqrt{\frac{p_a + p}{101.325} \times \frac{288.15}{273.15 + t}} \quad \cdots\cdots(1)$$

式中：

q_n ——校正到基准状态下的空气流量，单位为立方米每小时(m^3/h)；

q ——测量的空气流量，单位为立方米每小时(m^3/h)；

p_a ——大气压力，单位为千帕(kPa)；

p ——进口测试压力，单位为千帕(kPa)；

t ——空气温度，单位为摄氏度(℃)。

7.3.4 耐用性试验

7.3.4.1 耐燃气性试验

7.3.4.1.1 弹性材料

按如下步骤进行试验：

a) 使用 50 mm×20 mm×2 mm 的弹性材料，在(23±2)℃下保持 3 h 以上；

b) 将其浸泡在 98%的正戊烷中(适用于人工煤气的，要使用 GB/T 1690—2010 附录 A 规定的 B 溶液)，持续(72±2)h；

c) 拿出擦拭干净；

d) 放置于大气压下(40±2)℃干燥箱内干燥(168±2)h；

e) 拿出放置于干燥器皿中，3 h 后称重；

f) 测定质量的相对变化值，并用式(2)进行计算：

$$\Delta m_1 = \frac{m_1 - m}{m} \times 100\% \quad \cdots\cdots(2)$$

式中：

Δm_1 ——质量的相对变化值，%；

m ——测试件在空气中的初始质量，单位为毫克(mg)；

m_1 ——干燥后测试件在空气中的质量，单位为毫克(mg)。

7.3.4.1.2 浆状、油脂类密封材料

按 GB/T 16411—2008 中 16.3.2 的规定进行试验。

7.3.4.2 耐油性试验

按如下步骤进行试验：

a) 使用 50 mm×20 mm×2 mm 的弹性材料，在比例调节装置声明的最高环境温度下保持 3 h 以上；

b) 将其浸泡在 GB/T 1690—2010 附录 B 规定的 2 号油中，持续(168±2)h；

c) 拿出放置于干燥器皿中，3 h 后称重；

d) 测定质量的相对变化值，并用式(3)进行计算：

$$\Delta m_2 = \frac{m_2 - m}{m} \times 100\% \qquad \cdots\cdots\cdots\cdots(3)$$

式中：

Δm_2——质量的相对变化值，%；

m ——测试件在空气中的初始质量，单位为毫克(mg)；

m_2 ——浸渍后测试件在空气中的质量，单位为毫克(mg)。

7.3.4.3 标识耐用性试验

按 GB 14536.1—2008 中附录 A 的规定进行试验。

7.3.4.4 耐划痕试验

按如下步骤进行试验：

a) 使用图 4 所示手动划痕装置或 GB/T 9279 规定的自动划痕仪；

b) 将一个直径为 1 mm 的固定钢球，带有 10 N 的接触力，以 30 mm/s～40 mm/s 的速度，在比例调节装置的涂层表面划痕；

c) 目测检查，试验结果应符合 6.3.4.5 的规定；

d) 7.3.4.5 耐潮湿试验后重复耐划痕试验，然后进行 c)步骤。

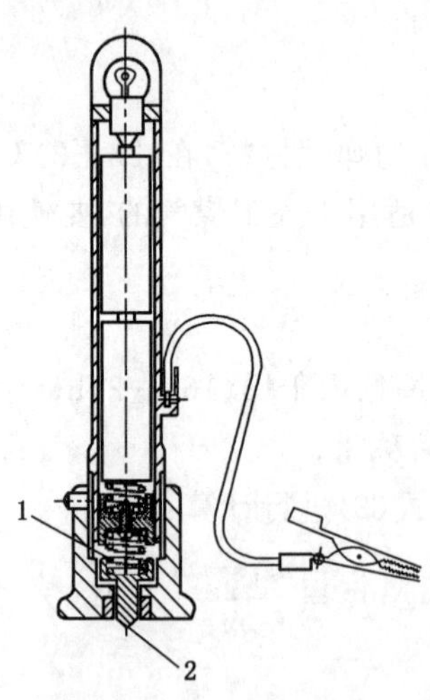

说明：

1——弹簧负载(10 N)；

2——划痕点（钢球，直径 1 mm)。

图 4 耐划痕试验手动装置示意图

7.3.4.5 耐潮湿试验

按如下步骤进行试验：

a) 把比例调节装置放入温度为(40±2)℃、相对湿度大于 95%的恒温箱内，保持 48 h；

b) 从箱内取出，目测涂层表面，试验结果应符合 6.3.4.6 的规定；
c) 将比例调节装置在(20±5)℃室温下放置 24 h 后，再按 7.3.4.4 进行耐划痕试验。

7.3.5 功能试验

7.3.5.1 控制精度和稳定性试验

7.3.5.1.1 试验装置

试验用装置应满足以下规定：

a) 按图 3 所示进行连接，并考虑与声明的试验装置相一致；
b) 使用和比例调节装置的公称尺寸 DN 相同且管长度为 DN 的 5 倍的连接管连接比例调节装置的进口和出口(除非产品安装说明书中规定了其他最小值)；
c) 压力、压差和温度的测量精度至少应达到进口压力或出口压差最小值的±2%。

7.3.5.1.2 试验步骤

按以下步骤进行试验：

a) 将比例调节装置安装在相应试验装置上；
b) 对其进行产品零位调节；
c) 在最小进口压力和最大流量状态下，把信号压力从最大调节到最小，再从最小调节到最大进行测试，分别记录下出口压力的变化；
d) 在最大进口压力下，重复上述 c)项测试；
e) 在最小进口压力和最小流量状态下，把信号压力从最大调节到最小，再从最小调节到最大进行测试，分别记录下出口压力的变化；
f) 在最大进口压力下，重复上述 e)项测试；
g) 每次调节过程中，在全程范围内至少应平均记录 5 个测试点。
h) 试验结果应符合 6.3.5.1、6.3.5.2 的规定。

7.3.5.2 响应时间试验

把比例调节装置设置到最大流量状态、最小进口压力情况下，并按以下规定进行试验：

a) 以 0.9 倍声明的响应时间将信号压力从最小调至最大，测定出口压力从信号压力至最大到出口压力处于稳定状态(即出口压力波动在±10%内)的时间；
b) 将信号压力从最大调至最小，重复上述 a)项测试，测定出口压力从信号压力至最小到出口压力处于稳定状态的时间；
c) 试验结果应符合 6.3.5.3 的规定。

7.3.5.3 燃气/空气压力比调节试验

当比例调节装置的燃气/空气压力比为可调节时，在最大和最小燃气/空气压力比设定值下进行测试，试验结果应符合 6.3.5.4 的规定。

7.3.5.4 零位调节试验

当比例调节装置具有零位调节时，应根据说明书检查零位调节效果是否符合 6.3.5.5 的规定。

7.3.6 耐久性试验

按以下规定进行试验：

a) 将比例调节装置放入温控箱内,将进口与出口连接供气装置,并使用压力转换阀配合比例调节装置,使其可在全范围内运行;

b) 试验由100 000个循环组成,一个循环包括信号压力从最小变化到最大,然后再回到最小,其中50 000个循环在室温下进行,25 000个循环在最高环境温度下进行,25 000个循环最低环境温度下进行。试验应在进口压力和流量最不利的条件下进行,并确保比例调节装置可以在全范围内工作;在进口压力和流量最不利的条件下,确保比例调节装置可以在输出压力全范围内工作,分别按以下情况进行循环试验(信号压力从最小值变化到最大值,再回到最小值,为一个循环):

——室温下,50 000个循环;

——最高环境温度下,25 000个循环;

——最低环境温度下,25 000个循环。

c) 如果比例调节装置可以在全范围内工作,则循环时间可不等于响应时间。

d) 如果比例调节装置安装了需连续运转的电机,则电机应在最高环境温度下连续运转1 000 h。

8 检验规则

8.1 一般要求

按CJ/T 222—2006中第4章~第6章规定执行。

8.2 不合格分类

产品试验项目及不合格分类见表6。

表6 产品试验项目及不合格分类

序号	产品检验项目	不合格分类	说明
1	气密性	A	一项不合格为A类不合格品
2	扭矩和弯曲力矩	B	一项不合格为B类不合格品
3	额定流量	B	
4	与燃气接触的弹性材料	B	
5	耐燃气性	B	
6	耐油性	B	
7	标志耐用性	B	
8	耐划痕性	B	
9	耐潮湿性	B	
10	控制精度	B	
11	稳定性	B	
12	响应时间	B	
13	燃气空气压力比调节	B	
14	零位调节	B	
15	耐久性	B	

表 6（续）

序号	产品检验项目	不合格分类	说明
16	电气安全	A	一项不合格为 A 类不合格品
17	标识、安装和操作说明书中阀门分类、电压、电气安全防护	A	
18	标识、安装和操作说明书其他内容	B	一项不合格为 B 类不合格品

9 标识、安装和操作说明书

9.1 标识

在比例调节装置清晰可见的位置上清晰耐磨的字符牢固地标识以下信息：

a） 制造商和/或商标；

b） 型号；

c） 生产日期编码或序列号；

d） 最大工作压力；

e） 以箭头表示的燃气流动方向（如浇铸或浮凸）；

f） 信号端口识别；

g） 电源详述（如适用）：

——额定电压或额定电压范围；

——额定电流或额定电流范围；

——额定频率；

——电气安全防护等级（IP）。

9.2 安装和操作说明书

9.2.1 每批比例调节装置交运货中应有一套使用规范汉字说明的说明书。

9.2.2 提供的比例调节装置说明书应包括使用、安装、操作和维修的相关资料，至少应包括以下内容：

a） 燃气/空气压力比——标称值或调整范围（当为可调时）；

b） 零位调节范围；

c） 最小信号压力和最大信号压力；

d） 最小出口压力和最大出口压力；

e） 最小进口压力和最大进口压力；

f） 最小流量和最大流量；

g） 响应时间；

h） 环境温度范围；

i） 关于进口压力调节的建议（如有）；

j） 关于信号管尺寸/长度/位置的建议；

k） 关于信号管材料的建议，应有警告说明：“使用中，如果信号管的故障会导致燃气燃烧过旺或出现不安全情况，信号管应由金属材料制成”；

l） 电气要求详述（如有）；

m） 安装说明，依次列出比例调节装置投入使用时需要进行的调节和测量，同时注明准确顺序。

9.3 警告提示

每批交付使用的比例调节装置应贴有“使用之前请仔细阅读说明书”的警告提示。

10 包装、运输和贮存

10.1 包装

10.1.1 一般要求

10.1.1.1 比例调节装置应包装牢固、安全、可靠、便于装卸；在正常的装卸、运输条件下和储存期间，应确保产品的安全和使用性能不应因包装原因发生损坏。

10.1.1.2 包装作业应在产品检验合格后，按照产品的包装技术文件要求进行。

10.1.2 包装材料

产品所用的包装材料，应符合以下规定：

a) 包装材料宜采用无害、易降解、可再生、满足环境保护要求的材料；

b) 包装设计在满足保护产品基本要求的同时，应考虑采用可循环利用的结构。

10.1.3 包装箱

10.1.3.1 包装箱外表面应按 GB/T 191 的规定标示以下内容：

a) 制造商和/或商标；

b) 产品名称/型号；

c) 生产日期编码或序列号；

d) 生产地址及联系方式；

e) 包装储运“向上、怕湿、轻拿轻放、严禁翻滚、禁用手钩、堆码层数极限”等必要的图示标志。

10.1.3.2 包装箱应附有产品合格证明以及装箱清单等。

10.2 运输

运输过程中应防止剧烈振动、挤压、雨淋及化学物品浸蚀，且搬运过程中应严禁滚动、抛掷和手钩作业。

10.3 贮存

比例调节装置应存放在干燥、通风、周围无腐蚀性气体的仓库内，并分类存放，堆码不应超过规定极限，防止挤压和倒垛损坏。

附 录 A
（资料性附录）
本标准与 ISO 23551-3:2005 相比的结构变化情况

本标准与 ISO 23551-3:2005 相比在结构上有较多调整，具体章条编号对照情况见表 A.1。

表 A.1 本标准与 ISO 23551-3:2005 章条编号对照情况

本标准章条编号	对应的 ISO 23551-3:2005 章条编号
1	1
2	2
3	3
4	4
5	6
6	6.2.3.1、6.3.2.1、7
7	5、6.2.3.2、6.3.2.2、7
7.1	5
7.2	6.2.3.2、6.3.2.2
7.3	7
8	—
9	9
10	—
附录 A	—
附录 B	—
附录 C	8
附录 D	7.2.2
附录 E	7.2.2
附录 F	—

附 录 B
（资料性附录）
本标准与 ISO 23551-3:2005 技术性差异以及原因

表 B.1 给出了本标准与 ISO 23551-3:2005 的技术性差异以及原因。

表 B.1 本标准与 ISO 23551-3:2005 的技术性差异及其原因

本标准的章条编号	技术性差异	原 因
1	● 删除 ISO 23551-3:2005 第 1 章中规定适用燃油的内容； ● 明确使用的燃气应符合 GB/T 13611 规定。	● 以适合我国国情； ● 与我国燃气相关标准相一致； ● GB/T 1.1—2009 标准要求的我国产品标准结构。
2	● 引用了采用国际标准的我国标准，而非直接引用国际标准； ● 增加引用我国相关标准。	● GB/T 20000.2—2009 的要求编写； ● 强调本标准与我国相关标准的一致性。
3	修改了"气动式燃气/空气比例调节装置"和"信号管"的定义。	按我国语言表述方式进行描述。
6.3.1.1	增加了燃气压力改变空气压力的比例调节装置的泄漏量要求。	对应范围补充的要求。
6.3.4、7.3.4	● 弹性材料耐燃气性参考 EN 549 按密封件和膜片并考虑硬度等级分别进行规定； ● 增加"浆状、油脂类密封材料耐燃气性"要求，按照 GB/T 16411 的 16.3.2 进行试验； ● 弹性材料耐油性试验方法参考 EN 549 规定的更为详细。	● ISO 23551-3:2005 该条款直接引用的是 ISO 23550，但 ISO 23550 的规定不甚明确，引用的 ISO 1817 的条款不准确，而 EN 549 的规定相比更合理和更具有可操作性，并通过了相关试验验证； ● 与我国相关标准相一致； ● 适合行业产品发展情况，符合我国国情。
7.3.3	参考了 EN 88-1:2011 中额定流量试验的测试装置以及试验步骤进行规定，并修改了流量试验装置连接图。	ISO 23551-3:2005 该条款直接引用的是 ISO 23550:2004 通用要求的标准装置，该标准装置无本专用标准对应空气源，而 EN 88-1:2011 规定的该试验更合理和完善。
7.3.5.1.2	引入 EN 88-1:2011 规定的控制精度和稳定性试验的步骤。	EN 88-1:2011 该条款相比 ISO 23551-3:2005 更详细，步骤更清晰。
8	● 新增"检验规则"章节。	● 按 GB/T 1.1—2009 要求编写。
10	● 新增"包装、运输、贮存要求"章节。	● 按 GB/T 1.1—2009 要求编写。
附录 F	增加了本标准支持 GB 16914—2012 基本要求的条款对应表。	强调与我国强制性技术法规类标准的对应情况。

附　录　C
（规范性附录）
电　气　安　全

C.1　防护等级

比例调节装置应按照 GB 4208 的规定标明外壳防护等级。

C.2　防触电保护

C.2.1　比例调节装置的结构应有足够的保护，避免意外接触带电部件，且在易拆除的部件被拆除后，比例调节装置应保证能够防止人与正常使用中可能处于不利位置的危险的带电部件发生意外接触，并应保证不发生意外触电的危险。

C.2.2　对于Ⅱ类比例调节装置和Ⅱ类设备用的比例调节装置，上述规定也适用于仅用基本绝缘与危险的带电部件隔离的金属部件的意外接触。

C.2.3　不应依靠清漆、瓷漆、纸、棉花、金属部件的氧化膜、垫圈和密封胶（自固性密封胶除外）的绝缘性，来防止与危险带电部件的意外接触。

C.2.4　对于那些正常使用时接在燃气管道或者供水管道上的Ⅱ类比例调节装置，或Ⅱ类设备用的比例调节装置，任何金属部件与燃气管有导体性连接或与供水系统有任何电气接触时，都应采用双重绝缘或加强绝缘与危险的带电部件分离。

C.2.5　通过观察和 GB 14536.1—2008 中 8.1.9 试验来检查是否符合上述规定。

C.3　结构要求

C.3.1　材料

C.3.1.1　浸渍过的绝缘材料

木材、棉布、丝绸、普通纸和类似的纤维或吸水材料，如果未经浸渍过，不能用作绝缘材料，且通过观察检查是否合格。

注：如果材料的纤维间的空隙基本上充满了适当的绝缘物质则被认为是浸渍过的绝缘材料。

C.3.1.2　载流部件

如果用黄铜作载流部件而不是端子的螺纹部件时，该部件是铸造件或由棒料制成的，则其含铜量至少应为 50%；如果由滚轧板制成，则含铜量至少应为 58%，通过观察和材料分析检查是否合格。

C.3.1.3　不易拆软线

Ⅰ类比例调节装置上的不易拆电源软线应有一根为绿/黄双色绝缘导线，该导线用于连接比例调节装置的接地端子或端头，且不应连接非接地端子或端头，通过观察检查是否符合规定。

C.3.2　防触电保护

C.3.2.1　双重绝缘

C.3.2.1.1　当采用双重绝缘时，应设计成基本绝缘和附加绝缘并分别试验，用其他方式提供的这两种绝缘性能能够证明满足要求时除外。

C.3.2.1.2 如果基本绝缘和附加绝缘不能单独试验或者用其他的方法也不能获得两种绝缘的性能,则该绝缘被认为是加强绝缘,通过观察和试验检查是否符合规定。

注:特殊制备的试样,或者绝缘部件试样可认为是能够满意地提供两种绝缘性能的方式。

C.3.2.2 双重绝缘或加强绝缘

C.3.2.2.1 Ⅱ类比例调节装置和Ⅱ类设备用的比例调节装置,应设计成附加绝缘或加强绝缘的爬电距离和电气间隙不能由于磨损而减少到 GB 14536.1—2008 中第 20 章规定的值以下,其结构还应保证,如果任何导线、螺钉、螺母、垫圈、弹簧、平推接套或类似部件变松或脱离其位置时,也不会造成附加绝缘或加强绝缘爬电距离或电气间隙低于 GB 14536.1—2008 中第 20 章规定值的 50%以下。

C.3.2.2.2 通过观察、测量和/或人工试验检查是否合格,同时检查是否有以下情况并据此判定:

a) 不发生两个独立的紧固件同时变松;
b) 用螺钉或螺母并带有锁定垫圈紧固的部件,如果这些螺钉或螺母在用户保养或维修时不需要取下,则这些部件被认为是不易变松的;
c) 在 GB 14536.1—2008 中第 17 章和第 18 章规定的试验过程中未发生变松或脱离位置的弹簧和弹性部件被认为是满足要求;
d) 用锡焊连接的导线,如果导线没有用锡焊之外的另一种措施使其保持在端头上,则看作是未足够固定;
e) 连接到端子上的导线,除非在端子附近另有附加固定部件,否则认为是不足够牢固;对于绞合线,作为附加紧固件应夹紧导线,并夹紧其绝缘;
f) 短实心导线,当任一端子螺钉或螺母松动时仍保持在位,则被认为是不易脱离端子的。

C.3.2.3 整装导线

C.3.2.3.1 整装导线的刚性、固定或绝缘应保证在正常使用中其爬电距离和电气间隙不会减小到 GB 14536.1—2008 中第 20 章规定的值以下,若有绝缘,在安装和使用过程中绝缘不应损坏。

C.3.2.3.2 通过观察、测量和人工试验来检查是否符合规定。

注:如果导线的绝缘至少在电气上不能相当于符合有关国家标准的电缆和软线绝缘,或不符合 GB 14536.1—2008 中第 13 章规定条件下的导线与绝缘周围包着的金属箔之间的电气强度试验,这种导线认为是裸线。

C.3.2.4 软线护套

在比例调节装置的内部,软缆或软线的护套(护罩)在不经受过分的机械应力或热应力,且其绝缘性能不低于 GB/T 5013.1 或 GB/T 5023.1 中的规定时才可用作附加绝缘,通过观察检查是否合格,必要时按 GB/T 5013.1 或 GB/T 5023.1 的护套试验检查。

C.3.3 导线入口

C.3.3.1 外部软线入口的设计和形状应保证或提供入口护套使得软线的引入时没有损坏其外皮的危险,且通过观察检查是否合格。

C.3.3.2 当没有入口护套时,则入口应为绝缘材料。

C.3.3.3 当有入口护套时,则护套应为绝缘材料,并应符合以下规定:

a) 其形状不会损坏软线;
b) 应可靠固定;
c) 唯借助工具方能将其拆下;
d) 当使用 X 型接法时,则不应与软线形成一体。

C.3.3.4 一般情况下，入口护套不应为橡胶材料，但对于Ⅰ类比例调节装置的M、Y和Z型接法，当入口护套是与橡胶的软线外皮结合为一体时，则入口护套允许为橡胶材料。

C.3.3.5 通过观察和人工试验检查是否符合上述规定。

C.4 接地保护措施

C.4.1 Ⅰ类比例调节装置，在绝缘失效时有可能带电的易触及金属部件，除了起动元件，应有接地措施，且接地端子、接地端头和接地触头不应与任何中性端子进行电气连接，通过观察来检查是否符合规定。

C.4.2 接地端子、接地端头或接地触头与需要同其连接的部件之间的连接应是低电阻的，通过GB 14536.1—2008中9.3.1的规定来检查是否合格，并应符合GB 14536.1—2008中9.3.2～9.3.6的规定。

C.4.3 接地端子的所有部件，应能耐受因与铜接地导线或任何其他金属的接触而引起的腐蚀。

C.5 端子和端头

C.5.1 外接铜导线的端子和端头应符合GB 14536.1—2008中10.1的规定。

C.5.2 连接内部导线的端子和端头应符合GB 14536.1—2008中10.2.1～10.2.3的规定。

C.6 电气强度和绝缘电阻

C.6.1 绝缘电阻

比例调节装置应有足够的绝缘电阻，并应通过GB 14536.1—2008中13.1.2～13.1.4规定的试验检查是否合格。

C.6.2 电气强度

比例调节装置应有足够的电气强度，并应通过GB 14536.1—2008中13.2.2～13.2.4规定的试验检查是否合格。

C.7 爬电距离、电气间隙和固体绝缘

C.7.1 一般要求

比例调节装置的结构应能保证其爬电距离、电气间隙和穿通固体绝缘的距离足以承受预期的电气应力，通过C.7.2～C.7.4来检查是否合格。

C.7.2 电气间隙

比例调节装置应符合GB 14536.1—2008中20.1的规定。

C.7.3 爬电距离

比例调节装置应符合GB 14536.1—2008中20.2的规定。

C.7.4 固体绝缘

固体绝缘应能够可靠地承受在设备的预期使用寿命中可能会出现的电气和机械应力以及热冲击和

环境条件影响，且比例调节装置应符合 GB 14536.1—2008 中 20.3 的规定。

C.8 发热

比例调节装置在正常使用中不应出现过高的温度。通过 GB 14536.1—2008 中 14.2～14.7 来检查是否符合规定。试验期间，温度不应超过 GB 14536.1—2008 中表 14.1 的规定，且比例调节装置不应出现影响符合 C.2、C.6 和 C.8 规定的任何变化。

C.9 开关

开关应符合 GB 15092.1 的规定。

附　录　D
（资料性附录）
气密性试验——容积法

D.1　装置

所用装置和装置调整应符合以下规定：

a）　所用装置见图 D.1 所示；

b）　装置和手动旋塞阀 1 到 5 用玻璃制成，每个装有一根弹簧；

c）　所用液体为水；

d）　调整恒定的水准瓶的水平面和管 G 顶端之间的距离 l，使水柱高度与试验压力一致，调整时应将管中的气泡驱赶干净；

e）　装置应安装在恒温室内。

D.2　试验步骤

当选用本试验方法时，应按以下步骤进行：

a）　打开旋塞阀 1 和 N，关闭旋塞阀 2 到 5 以及出口旋塞阀 L。

b）　C 水槽充满水，然后打开旋塞阀 2 使水充满水准瓶 D，当恒定的水准瓶 D 溢流流入溢流瓶 E 时，关闭旋塞阀 2；

c）　打开旋塞阀 5，调节 H 中水平面到零位再关闭旋塞阀 5；

d）　打开旋塞阀 1 和 4，由调节器 F 将旋塞阀 4 进口处的压缩空气压力从大气压力调节到试验压力；

e）　关闭旋塞阀 4 并把测试件 B 连接到装置；

f）　如果必要，打开旋塞阀 3 和 4，通过操作旋塞阀 L 和 2，用 G 管顶部水平面重新调节 1 处压力；

g）　当测量管 H 和测试件已经确定了 1 处的压力时，关闭旋塞阀 1；

h）　为使试验装置中空气和测试件达到热平衡，测试前应有 15 min 平衡时间；

i）　通过从管 G 溢流水流进测量管 H 来显示泄漏量，并通过在 5 min 时间内 H 中水平面的上升高度折算小时泄漏量；

j）　关闭旋塞阀 3 和 4，拆卸测试件；

k）　打开旋塞阀 1 和 4，降低调节器出口压力到零。

单位为毫米

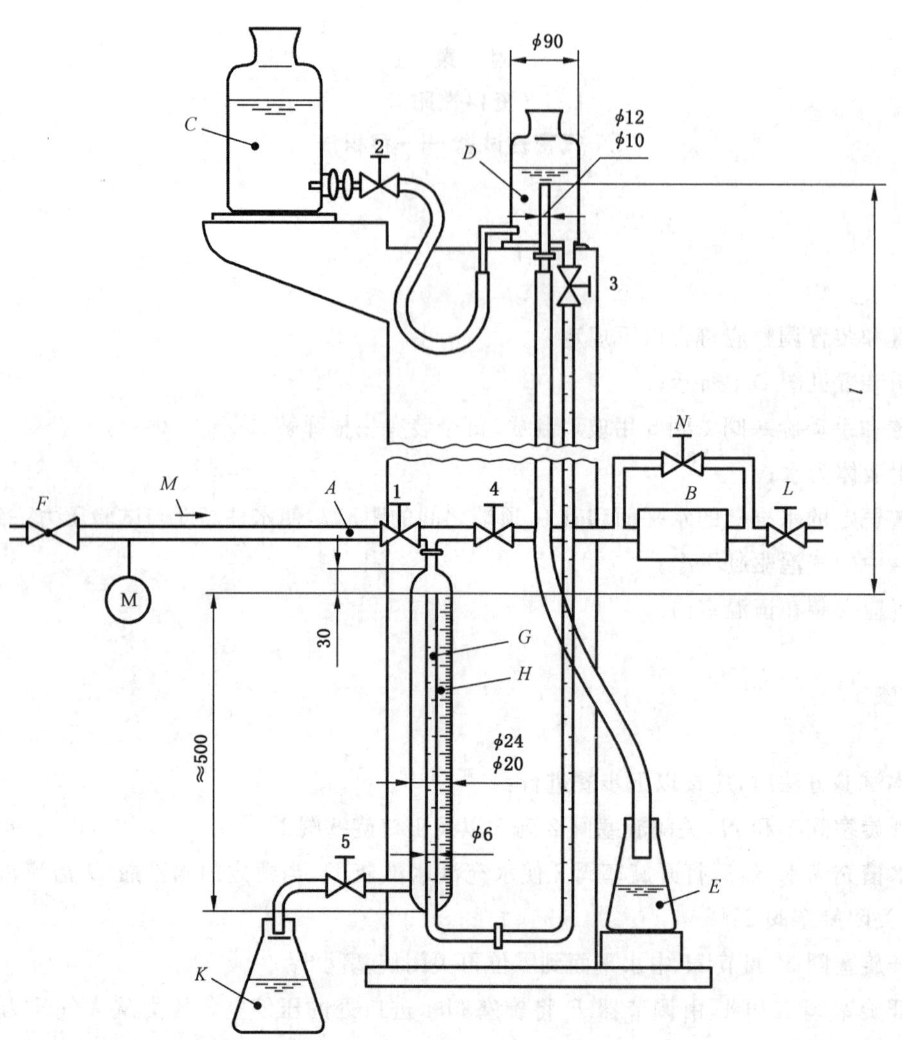

说明：

A ——进口；

B ——测试件；

C ——水槽；

D ——水准瓶；

E ——溢流瓶；

F ——调节器；

G ——管；

H ——测量量管；

K ——排液瓶；

L ——出口旋塞阀；

M ——压缩空气流量；

1～5,N——手动旋塞阀。

图 D.1　气密性试验装置——容积法

附 录 E
（资料性附录）
气密性试验——压降法

E.1 装置

所用装置和装置链接应符合以下规定：

a) 所用装置见图 E.1；

单位为毫米

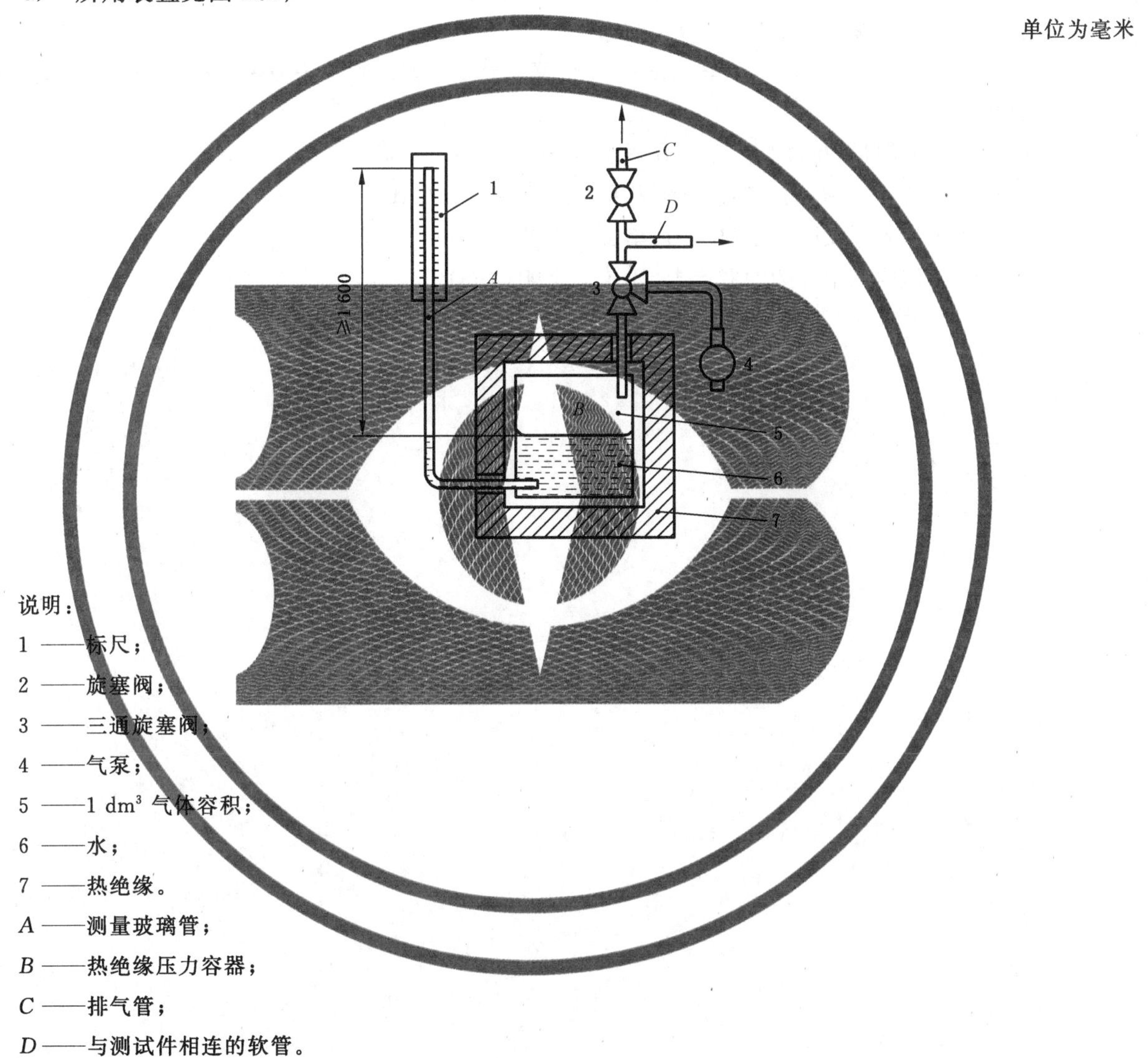

说明：

1 ——标尺；
2 ——旋塞阀；
3 ——三通旋塞阀；
4 ——气泵；
5 ——1 dm^3 气体容积；
6 ——水；
7 ——热绝缘。
A ——测量玻璃管；
B ——热绝缘压力容器；
C ——排气管；
D ——与测试件相连的软管。

图 E.1 气密性试验装置——压降法

b) 装置由热绝缘压力容器 *B* 组成；

c) 所用液体为水，水上空气容积为 1 dm^3，连接一根内径为 5 mm 的测量压力降的玻璃管 *A*，上端开口，底端插入 *B* 的水中；

d) 施加试验压力的管 *C* 插入压力容器 *A* 的空气空间内，通过一根长 1 m、内径为 5 mm 的软管 *D* 与测试件连接。

E.2 试验步骤

当选用本试验方法时,应按以下步骤进行:

a) 用调压器通过三通旋塞阀3将空气压力调节到试验压力(测量玻璃管 A 中水柱增高值即相当于试验压力);

b) 打开三通旋塞阀3,使测试件通过 D 与 B 连接相通;

c) 为使试验装置中空气和测试件达到热平衡,测试前应有15 min平衡时间;

d) 从测量玻璃管 A 上读取压降;

e) 以5 min为周期测量压力差,泄漏量以1 h为基础;

f) 将e)测得的压降用式(E.1)换算成泄漏量:

$$q_L = 11.85 \times 10^{-2} V_g (p'_{abs} - p''_{abs}) \qquad \text{(E.1)}$$

式中:

q_L ——泄漏量,单位为立方毫升每小时(mL^3/h);

V_g ——测试件和试验装置总体积,单位为立方毫升(mL^3);

p'_{abs} ——试验开始时的绝对压力,单位为千帕(kPa);

p''_{abs} ——试验结束时的绝对压力,单位为千帕(kPa)。

附 录 F
（资料性附录）
本标准支持 GB 16914—2012 基本要求的条款对应表

表 F.1 给出了本标准支持 GB 16914—2012 基本要求的条款对应表。

表 F.1 本标准支持 GB 16914—2012 基本要求的条款对应表

GB 16914—2012 条款	基本要求内容	本标准对应条款
3.1.1	操作安全性	第 5 章、第 6 章
3.1.2.1	安装技术说明书	9.2
3.1.2.2	用户使用和维护说明书	9.2
3.1.2.3	安全警示(燃具和包装上)	9.2
3.1.3	器具配件	9.3
3.2.1	材料特性	5.3.1
3.2.2	材料保证	5.3.1
3.3.1.1	可靠性、安全性和耐久性	第 5 章、第 6 章
3.3.1.2	排烟冷凝	不适用
3.3.1.3	爆炸的危险性	不适用
3.3.1.4	水和空气渗入	不适用
3.3.1.5	辅助能源正常波动	不适用
3.3.1.6	辅助能源异常波动	不适用
3.3.1.7	电气安全	6.3.7
3.3.1.8	承压部件	5.1、5.3.1.2
3.3.1.9	控制和调节装置故障	不适用
3.3.1.10	安全装置功能	不适用
3.3.1.11	不允许操作部件的保护	5.2.7.3
3.3.1.12	用户可调节装置的设计	不适用
3.3.1.13	进气口连接	不适用
3.3.2.1	燃气泄漏危险	5.2.3、5.3.2、6.2
3.3.2.2	燃具内燃气积聚的危险	不适用
3.3.2.3	防止房间内的燃气积聚	不适用
3.3.3	点火	不适用
3.3.4.1	火焰的稳定性和烟气排放	不适用
3.3.4.2	燃烧产物意外排放	不适用
3.3.4.3	防倒烟功能	不适用
3.3.4.4	无烟道家用采暖器 CO 排放	不适用
3.3.5	能源的合理利用	不适用

表 F.1（续）

GB 16914—2012 条款	基本要求内容	本标准对应条款
3.3.6.1	安装位置及附近表面温升	不适用
3.3.6.2	操作部件表面温升	不适用
3.3.6.3	燃具其他部位表面温升	不适用
3.3.7	食品和生活用水	不适用

参 考 文 献

[1] GB/T 9279 色漆和清漆 划痕试验(GB/T 9279—2007，ISO 1518:1992,IDT)

[2] CJ/T 346—2010 家用燃具自动截止阀(ISO 23551-1:2006,MOD)

[3] ISO 23550:2011 Safety and control devices for gas burners and gas-burning appliances—General requirements

[4] EN 88-1:2011 Pressure regulators and associated safety devices for gas appliances—Part 1:Pressure regulators for inlet pressures up to and including 50 kPa

ICS 91.140
P 45

中华人民共和国城镇建设行业标准

CJ/T 469—2015

燃气热水器及采暖炉用热交换器

Heat exchanger of gas water heater and gas heating boiler

2015-01-20 发布　　2015-07-01 实施

中华人民共和国住房和城乡建设部　发布

前　　言

本标准按照 GB/T 1.1—2009 给出的规则起草。

本标准为与 GB 16914—2012《燃气燃烧器具安全技术条件》保持一致，在附录 A 中给出了本标准支持 GB 16914—2012 基本要求的条款对应表。

本标准由住房和城乡建设部标准定额研究所提出。

本标准由住房和城乡建设部燃气标准化技术委员会归口。

本标准起草单位：成都前锋热交换器有限责任公司、中国市政工程华北设计研究总院有限公司、国际铜业协会(中国)、博世热力技术(上海)有限公司、广州迪森家用锅炉制造有限公司、宁波方太厨具有限公司、成都市双流壁挂热交换器有限责任公司、成都市武侯区世豪电器机械厂、湛江双流热交换器制造有限公司、成都科晟换热器有限责任公司、四川同一科技发展有限公司、艾欧史密斯(中国)热水器有限公司、樱花卫厨(中国)股份有限公司、广东万和新电气股份有限公司、广东万家乐燃气具有限公司、北京菲斯曼供热技术有限公司、广东诺科冷暖设备有限公司、青岛经济技术开发区海尔热水器有限公司、广东美的厨卫电器制造有限公司、能率(中国)投资有限公司、贝卡尔特管理(上海)有限公司、国家燃气用具质量监督检验中心。

本标准主要起草人：陈海波、渠艳红、赵恒谊、邵波、尹显录、徐德明、杨启林、殷红、钟建辉、徐建国、王永一、毕大岩、黄国金、钟家淞、赵柔平、邵柏桂、陈韶舜、刘云、陈复进、张坤东、邢凡、江涛、刘文博。

燃气热水器及采暖炉用热交换器

1 范围

本标准规定了燃气热水器及采暖炉用热交换器(以下简称“热交换器”)的术语和定义,分类及型号,材料及结构,要求,试验方法,检验规则,标识、包装、运输和贮存。

本标准适用于安装在 GB 6932 和 CJ/T 336 中规定的家用燃气快速热水器中的铜制和不锈钢制的热交换器,也适用于安装在 GB 25034 和 CJ/T 395 中规定的单采暖型和采暖热水两用型燃气采暖炉中的铜制和不锈钢制的热交换器。

本标准不适用于燃气采暖热水两用炉中的板式热交换器。

2 规范性引用文件

下列文件对于本文件的应用是必不可少的。凡是注日期的引用文件,仅注日期的版本适用于本文件。凡是不注日期的引用文件,其最新版本(包括所有的修改单)适用于本文件。

GB/T 191 包装储运图示标志

GB 6932 家用燃气快速热水器

GB/T 7306 (所有部分) 55°密封管螺纹

GB/T 7307 55°非密封管螺纹

GB/T 9286—1998 色漆和清漆 漆膜的划格试验

GB/T 16411—2008 家用燃气用具通用试验方法

GB 25034 燃气采暖热水炉

CJ/T 222—2006 家用燃气燃烧器具合格评定程序及检验规则

CJ/T 336 冷凝式家用燃气快速热水器

CJ/T 395 冷凝式燃气暖浴两用炉

3 术语和定义

下列术语和定义适用于本文件。

3.1

热交换器 heat exchanger

利用燃气燃烧所产生的烟气加热水的装置。

3.2

高温段热交换器 high temperature heat exchanger

与高温烟气接触进行热量交换的热交换器。

3.3

冷凝段热交换器 condensing heat exchanger

在经过高温段热交换器换热后,再次将烟气中的气化潜热析出,且表面通常会有冷凝水产生的用于热量交换的热交换器。

3.4

一体式冷凝热交换器 integrated condensing heat exchanger

结构上高温段与冷凝段为一体的热交换器。

3.5

供水压力　water supply pressure

正常使用时在热交换器进水口处测得的相对静压力。

3.6

水流通量　liquid flux

在 0.1 MPa 供水压力下,单位时间内通过热交换器的水量。

4　分类及型号

4.1　分类

4.1.1　按用途分类

热交换器按照其用途分为热水器热交换器和采暖炉热交换器,分别用字母“S”和“N”表示。

4.1.2　按接触烟气的温度分类

热交换器按其接触烟气温度的高低分为高温段热交换器、冷凝段热交换器、一体式冷凝热交换器,分别用字母“G”、“L”和“T”表示。

4.1.3　按水路通道分类

按热交换器的水路通道分为单通道型和双通道型,分别用字母“D”和“S”表示。

4.2　型号

4.2.1　型号编制

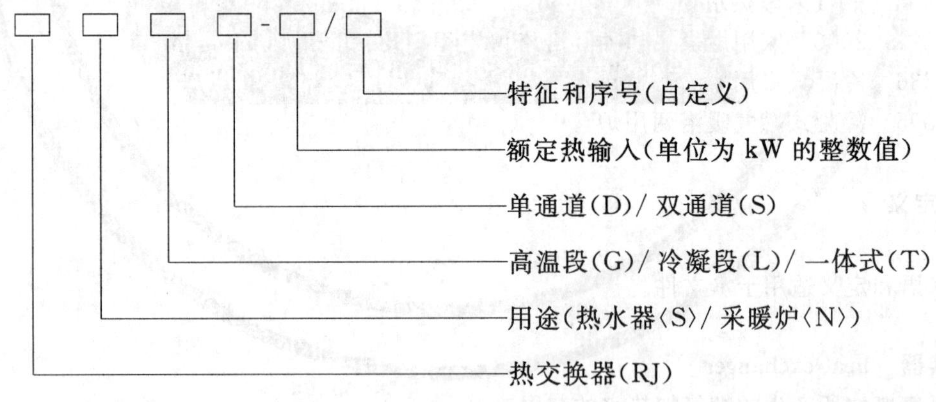

4.2.2　型号示例

冷凝式燃气热水器用额定热输入为 24 kW 的冷凝段热交换器表示为:RJSL-24。

5　结构及材料

5.1　结构

5.1.1　热交换器部件应有足够的强度在正常安装和使用时不应发生破坏或变形。

5.1.2　热交换器在进行化学防腐蚀处理时应避免残留有毒物质,在使用过程中不应因受热而析出有毒物质。

5.1.3 设有过热保护装置的热交换器应保证安装部位与过热保护装置之间有良好的传热性能。

5.1.4 热交换器与水阀或其他部件应有可靠的连接,螺纹连接时应符合 GB/T 7306(所有部分)和 GB/T 7307 规定。

5.1.5 热交换器应设计为可用通用工具方便拆装、维修。

5.2 材料

5.2.1 热交换器应采用耐腐蚀、熔点大于 700 ℃的金属材料。

5.2.2 与水接触的材料,在其使用寿命内,应保证不受腐蚀影响,应能承受机械、化学和热的影响,且不应与水发生反应析出有害人体的物质。

5.2.3 与冷凝液接触的材料应耐腐蚀或采用耐腐蚀的涂层防护。

6 要求

6.1 外观

热交换器的外观应无锐边和尖角,且所有部件的内部和外部均应清洁,做过防腐处理的表面应无起泡、脱落等缺陷,铜制热交换器表面应无明显的氧化发黑现象。

6.2 水路系统密封性和耐压性

按 7.3 的规定进行试验后,水路系统的密封性和耐压性应符合以下规定:

a) 用于生活用水的热交换器,在 1.5 倍最大工作水压,且不小于 1.5 MPa 压力条件下,持续 10 min,目测热交换器及连接部位不应漏水、破裂或明显变形;

b) 用于供暖的热交换器,在 1.5 倍的最大工作水压条件下,持续 10 min,目测热交换器及连接部位不应漏水、破裂或明显变形。

6.3 水流通量

在 0.1 MPa 供水压力下,按 7.4 的规定进行试验后,热交换器的水流通量不应小于制造商声明值的 90%。

6.4 耐水冲击

用于生活用水的热交换器按 7.5 的规定进行耐水冲击试验后,其水路系统密封性应符合 6.2 的规定。

6.5 耐冷热冲击

6.5.1 热水器热交换器按 7.6.1 的规定进行耐冷热冲击试验后,应无明显变形或损坏,镀层应无剥离,水路系统的密封性应符合 6.2 的规定。

6.5.2 采暖炉热交换器按 7.6.2 的规定进行耐冷热冲击试验后,应无明显变形或损坏,镀层应无剥离,水路系统的密封性应符合 6.2 的规定。

6.6 耐交变压力

热交换器及附件、连接件按 7.7 的规定进行试验后,其水路系统的密封性应符合 6.2 的规定。

6.7 涂层附着力

带有涂层的热交换器表面按 7.8 的规定进行试验后,至少应符合 GB/T 9286—1998 表 1 中第 3 分级中的规定。

6.8 耐烟气腐蚀性

6.8.1 热水器热交换器

热水器热交换器应符合以下规定：

a) 热水器热交换器及附件、连接件按 7.9.1.1 的规定进行耐高温烟气试验，试验结束后，热交换器应无穿孔、裂纹等其他有害现象，水路系统的密封性应符合 6.2 的规定。

b) 冷凝段和一体式冷凝热交换器除应符合 7.9.1.1 的规定，还应按 7.9.1.2 的规定进行耐低温烟气试验。

6.8.2 采暖炉热交换器

采暖炉热交换器应符合以下规定：

a) 采暖炉热交换器及附件、连接件按 7.9.2.1 的规定进行耐高温烟气试验后，热交换器应无穿孔、裂纹等其他有害现象，水路系统的密封性应符合 6.2 的规定；

b) 冷凝段和一体式冷凝热交换器除应符合 7.9.2.1 的规定，还应按 7.9.2.2 的规定进行耐低温烟气试验；

c) 采暖炉热交换器用于生活热水的部分，应符合 6.8.1 的规定。

7 试验方法

7.1 试验条件

7.1.1 试验应符合在以下条件：

a) 实验室的环境温度、大气压力等应符合 GB/T 16411—2008 中 4.1 的规定[(20±5)℃，86 kPa～106 kPa]；

b) 实验室应保持良好通风换气，且无影响燃烧的气流；

c) 试验用水温度为(20±5)℃；

d) 试验应在最不利的情况下进行。

7.1.2 试验用主要仪器仪表、设备除应符合 GB/T 16411—2008 表 A.1 的规定外，还应符合表 1 的规定，且应为已被检定或校准，并按修正值修正。

表 1 试验用仪器仪表、设备

检验项目	仪器仪表、设备	规格或范围	最大允许误差/精度级别
水压测定/ MPa	压力表	0～4/0～0.6	1.5 级/1.0 级
质量测定/ kg	电子秤	0～15	0.01
流量测定/%	流量计	—	2
耐压试验/ MPa	耐压试验泵	最高压力不低于 4	—
耐水冲击	耐水冲击试验台	—	—
耐冷热冲击/℃	高低温箱	−40～260	1

7.1.3 按图 1 所示连接试验系统。

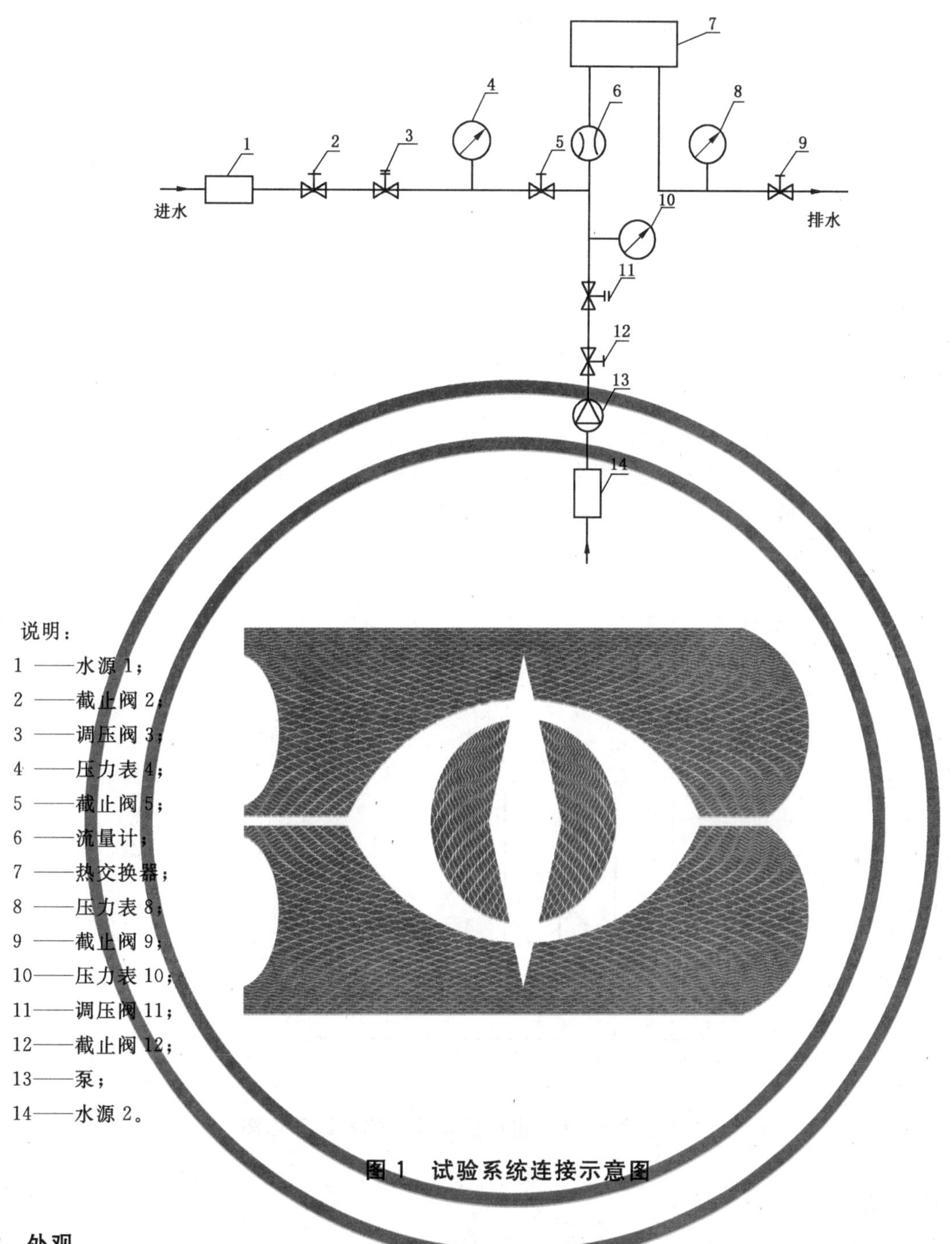

说明：

1 ——水源 1；
2 ——截止阀 2；
3 ——调压阀 3；
4 ——压力表 4；
5 ——截止阀 5；
6 ——流量计；
7 ——热交换器；
8 ——压力表 8；
9 ——截止阀 9；
10——压力表 10；
11——调压阀 11；
12——截止阀 12；
13——泵；
14——水源 2。

图 1　试验系统连接示意图

7.2　外观

通过目测检查热交换器及连接件的外观是否符合 6.1 的规定。

7.3　水路系统的密封性和耐压性

按图 1 连接好试验系统，并按以下步骤进行试验：

a)　关闭截止阀 5、9，打开截止阀 12，开启增压泵，调节调压阀 11，观察压力表 10，使热交换器的水压由 0 匀速增至 0.1 MPa，关闭截止阀 12，稳压 10 min；
b)　目测检查热交换器各连接部位及水管是否出现漏水或明显变形；
c)　用于采暖的热交换器，继续匀速增压至最大工作压力的 1.5 倍；用于生活用水的热交换器，为管路最大工作压力的 1.5 倍且不低于 1.5 MPa，稳压 10 min；

d) 目测检查热交换器以及连接部分是否出现渗漏、破裂或明显变形。

7.4 水流通量

按图1连接好试验系统,并按以下步骤进行试验:

a) 关闭截止阀12,打开截止阀2、5、9,调节调压阀3,观察压力表4,使热交换器入口处的水压由0匀速增至0.1 MPa,稳压1 min;
b) 测量单位时间内通过热交换器的水流量;
c) 测量时间不应小于1 min,重复测量5次;
d) 取5次流量的平均值,不应小于制造商声明值的90%。

7.5 耐水冲击

将用于生活用水的热交换器连接到耐水冲击试验台上,并依次按以下步骤进行试验:

a) 通入7.1.1c)规定的常温水,将水压匀速增至0.3 MPa,保持0.6 s;
b) 将热交换器内水压瞬间升至(2.0±0.2)MPa,保持0.6 s;
c) 使换热器内水压瞬间回落至0.3 MPa,此为一个循环(见图2);
d) 连续运行100 000个循环;
e) 循环结束后,目测检查热交换器是否出现渗漏、破裂或明显变形;
f) 然后按7.3的规定进行水路系统的密封性测试。

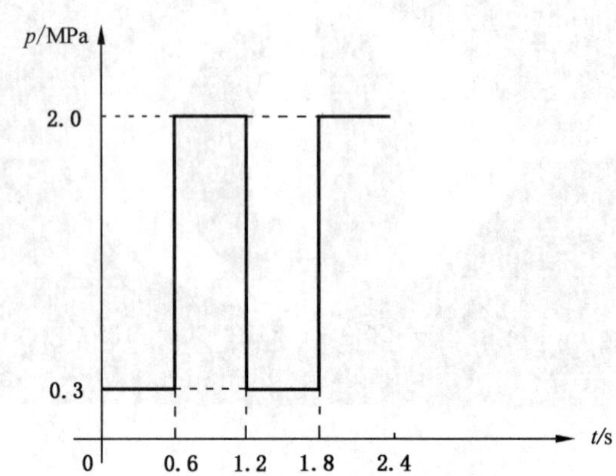

图2 热交换器耐水冲击试验水压变化曲线示意图

7.6 耐冷热冲击

7.6.1 热水器用热交换器依次按以下步骤进行耐冷热冲击试验:

a) 将热交换器置于温度为−25 ℃的低温箱中,保持1 h;
b) 然后将热交换器快速置入温度为260 ℃的恒温箱中,保持1 h;
c) 热交换器低温箱和高温箱之间相互转移的时间不应超过1 min;
d) 此为一个循环,连续进行20个循环;
e) 循环完成后,目测检查热交换器不应出现明显变形或损坏,镀层无剥离;
f) 然后按7.3的规定进行水路系统的密封性测试。

7.6.2 采暖炉用热交换器应在采暖热水炉上按以下规定进行耐冷热冲击试验:

a) 向系统注入0.15 MPa、7.1.1c)规定的常温水;
b) 关闭循环泵,开机燃烧,使机器在额定负荷下工作;

c) 温度探头探测到热交换器出水温度达到 103 ℃～110 ℃时关闭燃气，开启循环水泵及冷却水，将热交换器出水温降至 45 ℃以下；

d) 当温度探头探测到热交换器出水温度达到 45 ℃以下时回到测试第 1 步，此为一个循环；

e) 测试 80 000 个循环；

f) 循环完成后，目测检查热交换器应无明显变形或损坏，镀层应无剥离；

g) 然后按 7.3 的规定进行水路系统的密封性测试。

7.7 耐交变压力

依次按以下步骤进行试验：

a) 将热交换器与交变压力试验台连接；

b) 对于采暖回路：

——测试水温：75 ℃～85 ℃；

——测试压力：$p_{\min}=0^{+0.05}$ MPa，$p_{\max}=0.3^{0}_{-0.05}$ MPa；

——周期时间及压力(见图 3)：t_1：10 s，t_2：2 s，t_3：10 s，t_4：2 s；

——周期数：100 000 个循环。

c) 对于生活水回路：

——测试水温：环境温度；

——测试压力：$p_{\min}=0^{+0.05}$ MPa，$p_{\max}=1.5^{0}_{-0.05}$ MPa；

——周期时间：t_1：2 s，t_2：2 s，t_3：2 s，t_4：2 s；

——周期数：100 000 个循环。

d) 循环试验完成后，再按 7.3 的规定进行水路系统的密封性测试。

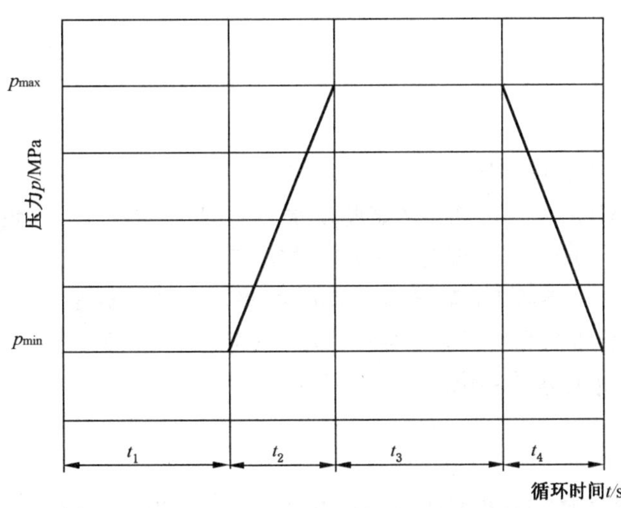

图 3 热交换器交变压力测试周期压力变化图

7.8 涂层附着力

带有涂层的热交换器表面按 GB/T 9286 的规定进行试验后，结果应符合 6.7 的规定。

7.9 耐烟气腐蚀性

7.9.1 热水器热交换器

7.9.1.1 高温

在热水器上按以下规定进行试验：

a) 向热交换器内注入 0.1 MPa、7.1.1c)规定的试验用水；

b) 恒温热水器，温度设置为最高出水温度，将其热输入调至最大，并调节出水流量，使出水温度达到设置最高出水温度值的 90%以上；

c) 非恒温热水器，将其热输入调至最大，调节出水流量至最小；

d) 开 30 min，关 10 min，此为一个循环，测试 1 000 个循环，测试过程中保持水流流动；

e) 循环完成后，目测检查热交换器应无穿孔、裂纹等其他有害现象；

f) 然后按 7.3 的规定进行水路系统的密封性测试。

7.9.1.2 低温

冷凝段和一体式冷凝热交换器在冷凝式热水器上进行完耐高温腐蚀试验后，还应按以下规定进行耐低温腐蚀试验：

a) 向热交换器内通入 0.1 MPa、7.1.1c)规定的试验用水；

b) 恒温热水器，温度设置为最低出水温度，将其热输入调至最小，并调节出水流量调至最大，使出水温度达到最低出水温度值的 110%以内；

c) 非恒温热水器，将其热输入调至最小，调节出水流量至最大；

d) 开 30 min，关 10 min，此为一个循环，测试 1 000 个循环，测试过程中保持水流流动；

e) 循环完成后，目测检查热交换器应无穿孔、裂纹等其他有害现象；

f) 然后按 7.3 的规定进行水路系统的密封性测试。

7.9.2 采暖炉热交换器

7.9.2.1 高温

在采暖热水炉上按以下规定进行试验：

a) 向系统注入 0.15 MPa、7.1.1c)规定的试验用水，将机器设定在 110%额定热负荷下工作，保持采暖的出水温度为 80 ℃，回水温度为 60 ℃，持续工作 2 500 h；

注：根据机器及测试台管路阻力不同可能需要使用外部循环泵以达到规定的温度。

b) 循环完成后，目测检查热交换器应无穿孔、裂纹等其他有害现象；

c) 然后按 7.3 的规定进行水路系统的密封性测试。

7.9.2.2 低温

冷凝段和一体式冷凝热交换器在冷凝式采暖炉上进行完耐高温腐蚀试验后，还应按以下规定进行耐低温腐蚀试验：

a) 向系统注入 0.15 MPa、7.1.1c)规定的试验用水。

b) 开启冷凝式采暖炉，采暖模式下，当采暖的出水温度达到最小采暖设定温度 35 ℃，且为自动调节至额定热输入下工作时，停止燃烧；

c) 开启冷却水系统，当冷却后的回水温度达到 30 ℃以下时，开启燃烧；

d) 此为一个循环，进行 3 200 个循环；

e) 然后,重复 a)、b) 试验,开启冷却水系统,当冷却后的回水温度达到 15 ℃以下时,开启燃烧;
f) 此为一个循环,再进行 3 200 个循环;
g) 最后,重复 a) 试验,开启冷凝式采暖炉,热水模式下,当其自动调节至最小热输入下工作时,停止燃烧,开启冷却水系统,当冷却后的热水出水温度低于 15 ℃时,开启燃烧;
h) 此为一个循环,再进行 16 000 个循环;
i) 所有循环完成后,目测检查热交换器应无穿孔、裂纹等其他有害现象;
j) 最后按 7.3 的规定进行水路系统的密封性测试。

8 检验规则

8.1 一般要求

按 CJ/T 222—2006 中第 4 章～第 6 章规定执行。

8.2 不合格分类

产品检验项目及不合格分类见表 2。

表 2 产品检验项目及不合格分类

序 号	产品检验项目	不合格分类	说明
1	材料	A	样品 1
2	外观	B	样品 1
3	水路系统密封性和耐压性	A	样品 1
4	水流通量	B	样品 1
5	耐水冲击	A	样品 1
6	耐冷热冲击	A	样品 2
7	交变压力	A	样品 1
8	涂层附着力	B	样品 1
9	耐烟气腐蚀性	A	样品 3

9 标识、包装、运输和贮存

9.1 标识

如没有特殊说明,热交换器上应用清楚耐磨的字符牢固地标识至少以下内容:
a) 制造商代号;
b) 生产日期。

9.2 包装

9.2.1 一般要求

9.2.1.1 热交换器应包装牢固、安全、可靠、便于装卸,并应有足够的防振措施;在正常的装卸、运输条件下和储存期间,应确保产品的安全和使用性能不应因包装原因发生损坏。

9.2.1.2　包装作业应在产品检验合格后，按照产品的包装技术文件要求进行。

9.2.1.3　每批热交换器交运货的包装中应具有使用规范汉字说明的说明书。

9.2.2　包装材料

产品所用的包装材料，应符合以下规定：

a）包装材料宜采用无害、易降解、可再生、满足环境保护要求的材料；

b）包装设计在满足保护产品基本要求的同时，应考虑采用可循环利用的结构。

9.2.3　包装箱

9.2.3.1　包装箱外表面应按 GB/T 191 的规定标示以下内容：

a）制造商和/或商标；

b）产品名称/型号；

c）生产日期或序列号；

d）生产地址及联系方式；

e）包装储运"向上、怕湿、轻拿轻放、严禁翻滚、禁用手钩、堆码层数极限"等必要的图示标志。

9.2.3.2　包装箱应附有产品合格证明、产品使用说明书或规格书以及装箱清单等。

9.3　运输

运输过程中应防止剧烈振动、挤压、雨淋及化学物品浸蚀，且搬运过程中不应滚动、抛掷和手钩作业。

9.4　贮存

热交换器应存放在干燥、通风、周围无腐蚀性气体的仓库内，并分类存放，堆码不应超过规定极限，防止挤压和倒垛损坏。

附 录 A
（资料性附录）
本标准支持 GB 16914—2012 基本要求的条款对应表

表 A.1 给出了本标准支持 GB 16914—2012 基本要求的条款对应表。

表 A.1 本标准支持 GB 16914—2012 基本要求的条款对应表

GB 16914—2012 条款	基本要求内容	本标准对应条款
3.1.1	操作安全性	5.1.1;5.1.4;5.1.5
3.1.2.1	安装技术说明书	9.2.1.3
3.1.2.2	用户使用和维护说明书	9.2.1.3
3.1.2.3	安全警示(燃具和包装上)	—
3.1.3	器具配件	—
3.2.1	材料特性	5.2
3.2.2	材料保证	5.2.2
3.3.1.1	可靠性、安全性和耐久性	6.2;6.4;6.5;6.6;6.8;
3.3.1.2	排烟冷凝	7.9.2
3.3.1.3	爆炸的危险性	—
3.3.1.4	水和空气渗入	—
3.3.1.5	辅助能源正常波动	—
3.3.1.6	辅助能源异常波动	—
3.3.1.7	电气安全	—
3.3.1.8	承压部件	6.2;6.4;6.5;6.6;6.8;
3.3.1.9	控制和调节装置故障	—
3.3.1.10	安全装置功能	5.1.3
3.3.1.11	不允许操作部件的保护	—
3.3.1.12	用户可调节装置的设计	—
3.3.1.13	进气口连接	—
3.3.2.1	燃气泄漏危险	—
3.3.2.2	燃具内燃气积聚的危险	—
3.3.2.3	防止房间内的燃气积聚	—
3.3.3	点火	—
3.3.4.1	火焰的稳定性和烟气排放	—
3.3.4.2	燃烧产物意外排放	—
3.3.4.3	防倒烟功能	—
3.3.4.4	无烟道家用采暖器 CO 排放	—

表 A.1(续)

GB 16914—2012 条款	基本要求内容	本标准对应条款
3.3.5	能源的合理利用	—
3.3.6.1	安装位置及附近表面温升	—
3.3.6.2	操作部件表面温升	—
3.3.6.3	燃具其他部位表面温升	—
3.3.7	食品和生活用水	5.2.2

ICS 91.140.60
P 46

中华人民共和国城镇建设行业标准

CJ/T 487—2015
代替 CJ/T 3016.2—1994

城镇供热管道用焊制套筒补偿器

Sleeve expansion joint for district heating system

2015-11-23 发布 2016-04-01 实施

中华人民共和国住房和城乡建设部 发布

前　言

本标准按照 GB/T 1.1—2009 给出的规则起草。

本标准代替 CJ/T 3016.2—1994《城市供热补偿器焊制套筒补偿器》。与 CJ/T 3016.2—1994 相比，主要技术变化如下：

——新增了术语、分类及型号标记方法；

——增加了设计位移循环次数要求及试验方法；

——修改了公称直径范围、补偿量范围、密封材料要求、尺寸偏差等。

本标准由住房和城乡建设部标准定额研究所提出。

本标准由住房和城乡建设部供热标准化技术委员会归口。

本标准起草单位：北京市煤气热力工程设计院有限公司、航天晨光股份有限公司、洛阳双瑞特种装备有限公司、北京市建设工程质量第四检测所、大连益多管道有限公司、北京市热力集团有限责任公司、沈阳市浆体输送设备制造有限公司、昊天节能装备有限责任公司。

本标准主要起草人：贾震、冯继蓓、孙蕾、蔺百锋、张爱琴、白冬军、贾博、郭姝娟、于海、金南、郑中胜、范昕、朱正。

本标准所代替标准的历次版本发布情况为：

——CJ/T 3016.2—1994。

城镇供热管道用焊制套筒补偿器

1 范围

本标准规定了城镇供热管道用焊制套筒补偿器的术语和定义、分类和标记、一般要求、要求、试验方法、检验规则、干燥与涂装、标志、包装、运输和贮存。

本标准适用于设计压力不大于 2.5 MPa，热水介质设计温度不大于 200 ℃，蒸汽介质设计温度不大于 350 ℃，管道公称直径不大于 1 400 mm，仅吸收轴向位移的城镇供热管道用焊制套筒补偿器的生产和检验等。

本标准不适用于生活热水介质。

2 规范性引用文件

下列文件对于本文件的应用是必不可少的。凡是注日期的引用文件，仅注日期的版本适用于本文件。凡是不注日期的引用文件，其最新版本(包括所有的修改单)适用于本文件。

GB 150.2　压力容器　第 2 部分：材料
GB 150.3　压力容器　第 3 部分：设计
GB/T 197　普通螺纹　公差
GB 713　锅炉和压力容器用钢板
GB/T 985.1　气焊、焊条电弧焊、气体保护焊和高能束焊的推荐坡口
GB/T 985.2　埋弧焊的推荐坡口
GB/T 1804—2000　一般公差　未注公差的线性和角度尺寸的公差
GB/T 2828.1　计数抽样检验程序　第 1 部分：按接收质量限(AQL)检索的逐批检验抽样计划
GB/T 3274　碳素结构钢和低合金结构钢热轧厚钢板和钢带
GB/T 4237　不锈钢热轧钢板和钢带
GB/T 8163　输送流体用无缝钢管
GB/T 9286—1998　色漆和清漆　漆膜的划格试验
GB/T 11379　金属覆盖层　工程用铬电镀层
GB/T 12834　硫化橡胶　性能优选等级
GB/T 13912　金属覆盖层　钢铁制件热浸镀锌层技术要求及试验方法
GB/T 13913　金属覆盖层　化学镀镍-磷合金镀层　规范和试验方法
GB/T 14976　流体输送用不锈钢无缝钢管
JB/T 4711　压力容器涂敷与运输包装
JB/T 7370　柔性石墨编织填料
JC/T 1019　石棉密封填料
NB/T 47013.2　承压设备无损检测　第 2 部分：射线检测
NB/T 47013.3　承压设备无损检测　第 3 部分：超声检测
NB/T 47013.5　承压设备无损检测　第 5 部分：渗透检测

3 术语和定义

下列术语和定义适用于本文件。

3.1

套筒补偿器 sleeve expansion joint

芯管和外套管能相对滑动，用于吸收管道轴向位移的装置。以下简称补偿器。

3.2

芯管 slip pipe

补偿器中可伸缩运动的内管。

3.3

外套管 body pipe

补偿器中容纳芯管伸缩运动的部件。

3.4

密封填料 seal packing

用以充填外套管与芯管的间隙，防止供热介质泄漏的材料。

3.5

填料函 seal box

外套管与芯管间填充密封填料的空间。

3.6

填料压盖 packing ring

将密封填料压紧在填料函中的部件。

3.7

防脱结构 anti-drop structure

保证补偿器在拉伸到极限位置时，芯管不被拉出外套管的部件。

3.8

设计位移循环次数 design displacement cycles

补偿器位移达到设计补偿量，且密封不渗漏的伸缩次数。

3.9

压紧部件 clamping device

补偿器上用于压紧填料压盖的部件。

3.10

单向补偿器 single direction sleeve expansion joint

具有一个芯管的补偿器。

3.11

双向补偿器 double direction sleeve expansion joint

具有两个相向安装的芯管，共用一个外套管的补偿器。

3.12

无约束型补偿器 no constraint sleeve expansion joint

不能承受管道内介质所产生的压力推力的补偿器。

3.13

压力平衡型补偿器 pressure balancing sleeve expansion joint

能承受管道内介质所产生的压力推力的补偿器。

3.14

单一密封补偿器　single sealed sleeve expansion joint

只具有一种密封结构型式的补偿器。

3.15

组合密封补偿器　composite sealed sleeve expansion joint

由多种密封结构型式组合形成密封的补偿器。

3.16

成型填料补偿器　molding sealed sleeve expansion joint

由密封填料制成的成型密封圈进行密封的补偿器。

3.17

非成型填料补偿器　plasticity sealed sleeve expansion joint

由压注枪压入可塑性密封填料进行密封的补偿器。

4　分类和标记

4.1　分类

4.1.1　补偿器按位移补偿型式可分为单向补偿器和双向补偿器，位移补偿型式代号见表1。单向补偿器结构示意图见图1，双向补偿器结构示意图见图2。

表1　位移补偿型式及代号

位移补偿型式	代号
单向	D
双向	S

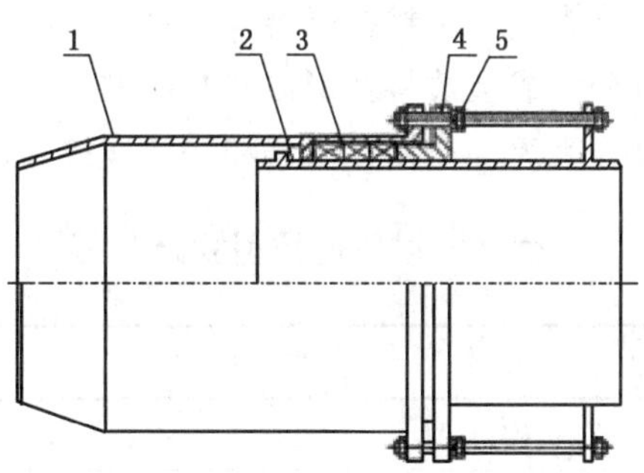

说明：

1——外套管；

2——芯管；

3——密封填料；

4——填料压盖；

5——压紧部件。

图1　单向补偿器结构示意图

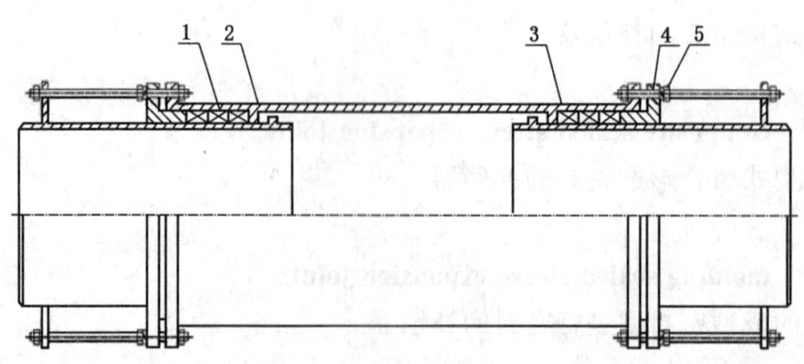

说明：

1——外套管；

2——芯管；

3——密封填料；

4——填料压盖；

5——压紧部件。

图 2 双向补偿器结构示意图

4.1.2 补偿器按约束型式可分为无约束型补偿器和压力平衡型补偿器，约束型式代号见表 2。

表 2 约束型式及代号

约束型式	代号
无约束型	W
压力平衡型	Y

4.1.3 补偿器按密封结构型式可分为单一密封补偿器和组合密封补偿器。

4.1.4 补偿器按密封填料型式可分为成型填料补偿器和非成型填料补偿器。

4.1.5 补偿器按端部连接型式可分为焊接连接补偿器和法兰连接补偿器，端部连接型式代号见表 3。

表 3 端部连接型式及代号

端部连接型式	代号
焊接	H
法兰	F

4.1.6 补偿器按适用介质种类可分为热水补偿器和蒸汽补偿器。

4.2 标记

4.2.1 标记的构成及含义

标记的构成及含义应符合下列规定：

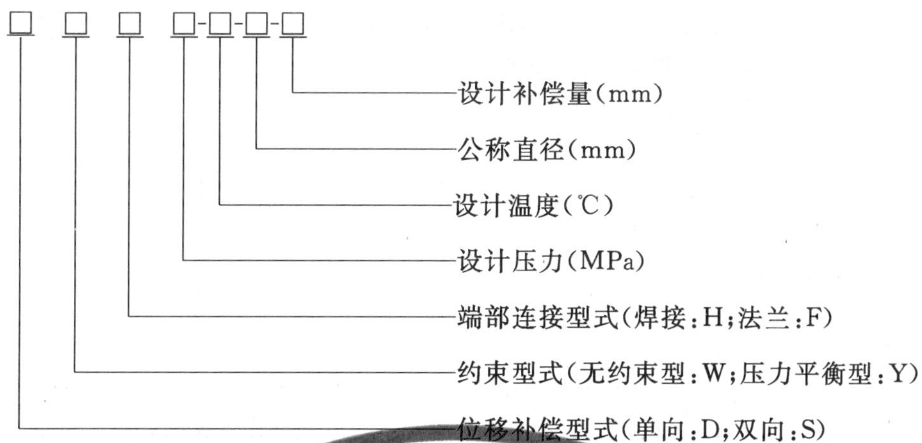

4.2.2 标记示例

设计补偿量为400 mm、公称直径为1 000 mm、设计温度为150 ℃、设计压力为1.6 MPa、端部连接型式为焊接连接、约束型式为无约束型、位移补偿型式为单向补偿的补偿器标记为:DWH1.6-150-1000-400。

5 一般要求

5.1 设计压力分级

补偿器的设计压力分级为1.0 MPa、1.6 MPa、2.5 MPa。

5.2 设计温度分级

5.2.1 热水管道用补偿器的设计温度分级为100 ℃、150 ℃、200 ℃。

5.2.2 蒸汽管道用补偿器的设计温度分级为150 ℃、200 ℃、250 ℃、300 ℃、350 ℃。

5.3 材料

5.3.1 补偿器的外套管及芯管宜选用碳素钢,化学成分及力学性能不应低于表4的规定。当采用不锈钢制造时,应符合GB/T 4237、GB/T 14976的规定。

表4 外套管及芯管材料

供热介质种类	材料	质量标准
热水	20	GB/T 8163
	Q235B/C	GB/T 3274
	Q345	GB/T 8163,GB/T 3274
蒸汽	20	GB/T 8163
	Q235B/C	GB/T 3274
	Q345	GB/T 8163,GB/T 3274
	Q245R	GB 713
	Q345R	GB 713

5.3.2 补偿器的密封填料应符合下列规定:

a) 密封填料应选用与补偿器设计温度相匹配的材料；

b) 密封填料的设计温度应高于补偿器设计温度 20 ℃；

c) 密封填料应对芯管和外套管无腐蚀；

d) 密封填料应对供热介质无污染；

e) 密封填料应具有相应温度下耐温老化试验报告及国家质量部门出具的有效质量合格证明；

f) 密封填料不应使用再生材料；

g) 密封填料可按表 5 的规定选择。

表 5 密封填料

供热介质种类	材料	相应质量标准
热水	橡胶	GB/T 12834
	柔性石墨	JB/T 7370
	石棉	JC/T 1019
蒸汽	柔性石墨	JB/T 7370
	石棉	JC/T 1019

5.3.3 补偿器的填料压盖及其他受力部件，应采用碳素结构钢制造。

5.4 结构

5.4.1 补偿器材料的许用应力应按 GB 150.2 的规定选取。

5.4.2 补偿器的外套管应能承受设计压力和压紧填料的作用力。外套管的圆周环向应力应不大于设计温度下材料许用应力的 50%。

5.4.3 补偿器的芯管应能承受设计压力和压紧填料的作用力。芯管的圆周环向应力应不大于设计温度下材料许用应力的 50%，并应按 GB 150.3 规定的方法进行外压稳定性的校核。

5.4.4 补偿器填料函的结构型式及尺寸应能满足设计压力、设计温度下密封的要求。

5.4.5 补偿器应设有防脱结构，防脱结构可设置在补偿器的内部或外部，强度应能承受管道固定支架失效时管道内介质所产生的压力推力。

5.4.6 芯管与外套管之间的环向支撑结构应不小于 2 道，且工作状态下芯管与外套管间隙的偏差应不大于 3 mm。

5.4.7 补偿器配合尺寸的公差应考虑部件在工作温度造成变形的影响。

5.5 密封表面粗糙度

滑动密封面粗糙度应不大于 $Ra\,1.6$，固定密封面粗糙度应不大于 $Ra\,3.2$。

5.6 管道连接端口

5.6.1 与管道焊接连接的补偿器，端口应加工坡口，坡口结构见图 3，坡口尺寸应符合表 6 的规定。

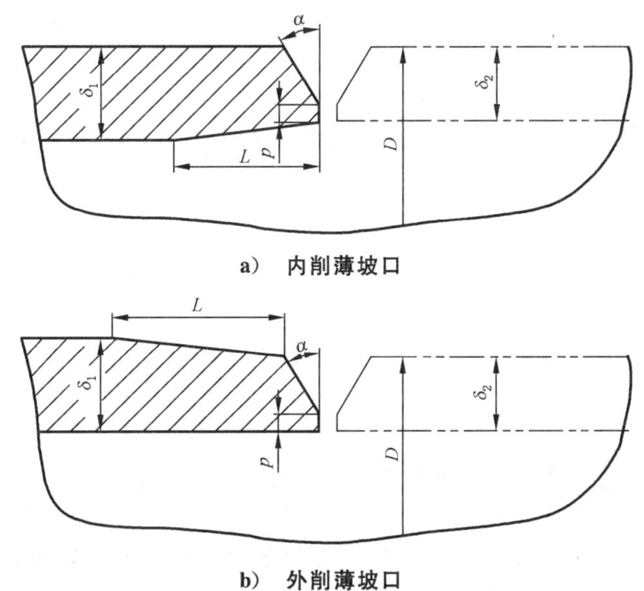

a） 内削薄坡口

b） 外削薄坡口

说明：

α ——坡口角度；

p ——钝边；

δ_1——外套管或芯管壁厚；

δ_2——连接管道壁厚；

D ——连接管道外径；

L ——削薄长度。

图 3　焊接端口的坡口型式示意图

表 6　补偿器焊接端口尺寸

项目	管道壁厚 δ_2/mm	
	3～9	9～26
坡口角度 α/(°)	30～32.5	27.5～30
钝边 p/mm	0～2	0～3
削薄长度 L/mm	$\geqslant(\delta_1-\delta_2)\times4$	

5.6.2　与管道法兰连接的补偿器，法兰尺寸及法兰密封面型式应与管道法兰一致。

5.7　热处理

在机加工前，应对卷焊的外套管、芯管毛坯、拼焊后的填料压盖毛坯等进行消除焊接应力的热处理。

5.8　紧固件表面处理

紧固件应进行防锈蚀处理。

5.9　装配

5.9.1　装配及吊装过程中应保持密封面干净，不应有划痕及损伤。

5.9.2　成型填料补偿器的密封填料宜采用无接口的整体密封环。当采用有接口的密封环时，接口应与填料轴线成45°的斜面，各成型填料的接口应相互错开，并应逐圈压紧。非成型填料补偿器，填注密封填料时应依次均匀压注。

5.10 使用寿命

在设计温度和设计压力条件下的使用寿命:热水补偿器应不小于10年,蒸汽补偿器应不小于5年。

6 要求

6.1 外观

补偿器外观应平整、光滑,不应有气泡、龟裂和剥落等缺陷。

6.2 尺寸偏差

6.2.1 补偿器未注尺寸偏差的线性公差应符合GB/T 1804—2000中m级的规定,螺纹公差应符合GB/T 197的规定。

6.2.2 补偿器与管道连接端口相对补偿器轴线的垂直度偏差应不大于补偿器公称直径的1%,且应不大于4 mm;同轴度偏差应不大于补偿器公称直径的1%,且应不大于3 mm。

6.2.3 补偿器与管道连接端口的圆度偏差应不大于补偿器公称直径的0.8%,且应不大于3 mm。

6.2.4 补偿器与管道连接端口的外径偏差应不大于补偿器公称直径的±0.5%,且应不大于±2 mm。

6.3 表面涂层

补偿器芯管与密封填料接触的表面应进行防腐减摩处理。当采用镀层时,应符合GB/T 13912、GB/T 13913、GB/T 11379的规定。当采用含氟聚合物涂层时,厚度应为30 μm~35 μm,涂层附着力应不低于GB/T 9286—1998中1级的规定。

6.4 补偿量

单向补偿器的最大设计补偿量宜按表7的规定执行,双向补偿器的总补偿量应为单向补偿器的2倍。

表7 单向补偿器最大设计补偿量

单位为毫米

补偿器公称直径DN	最大设计补偿量	
	用于热水管道	用于蒸汽管道
50~65	160	220
80~125	160	275
150~300	230	330
350~500	320	440
600~1 400	360	440

6.5 焊接

6.5.1 外观应符合下列规定:

a) 焊接接头的型式与尺寸应符合GB/T 985.1或GB/T 985.2的规定。坡口表面不应有裂纹、分层、夹渣等缺陷;

b) 焊缝的错边量应不大于板厚的10%;

c) 焊缝的咬边深度应不大于0.5 mm,咬边连续长度应不大于100 mm,焊缝两侧咬边总长度应不大于焊缝总长度的10%；

d） 焊缝表面应与母材圆滑过渡；

e） 焊缝和热影响区表面不应有裂纹、气孔、弧坑和夹渣等缺陷。

6.5.2 无损检测应符合下列规定：

a） 外套管和芯管组件等受压元件的纵向和环向对接焊缝应采用全熔透焊接，焊接后应进行100%射线检测，且应符合NB/T 47013.2的规定，合格等级为Ⅱ级；

b） 外套管组件上法兰和外套管挡环的拼接焊缝应进行100%超声波检测，且应符合NB/T 47013.3的规定，合格等级为Ⅰ级；

c） 外套管组件上法兰、挡环与外套管的组焊焊缝应进行100%渗透检测，且应符合NB/T 47013.5的规定，合格等级为Ⅰ级。

6.5.3 当焊缝产生不允许的缺陷时应进行返修，返修部位应重新进行无损检测。同一部位焊缝返修次数应不大于2次。

6.6 承压

补偿器在设计压力和设计温度下应能正常工作，不应有泄漏。

6.7 摩擦力

补偿器的密封填料与芯管表面的静摩擦系数应不大于0.15。

6.8 设计位移循环次数

6.8.1 补偿器的设计位移循环次数应不小于1 000次。

6.8.2 间歇运行及停送频繁的供热系统应根据实际运行情况与用户协商确定设计位移循环次数。

7 试验方法

7.1 外观

外观采用目测进行检验。

7.2 尺寸偏差

尺寸偏差采用量具进行检验，检验量具及其准确度应按表8的规定执行。

表8 测试用量具及其准确度范围

测量项目	量具	测量单位	准确度范围
尺寸测量	钢直尺、钢卷尺	mm	±1.0 mm
	游标卡尺	mm	±0.02 mm
	千分尺	mm	0.01 mm
	超声测厚仪	mm	±(0.5%H+0.04)mm(H为测量范围)
	涂层测厚仪	μm	±(3%H+1)μm(H为测量范围)
	螺纹量规	mm	U=0.003 mm k=2
	塞尺	mm	±0.05 mm

表 8（续）

<table>
<tr><th colspan="3">测量项目</th><th>量具</th><th>测量单位</th><th>准确度范围</th></tr>
<tr><td colspan="3">垂直度、角度偏差</td><td>角度尺</td><td>(°)</td><td>±0.2°</td></tr>
<tr><td rowspan="7">焊缝检查</td><td rowspan="3">高度</td><td>平面高度</td><td rowspan="7">焊缝规
焊缝检验尺</td><td rowspan="3">mm</td><td>±0.2 mm</td></tr>
<tr><td>角焊缝高度</td><td>±0.2 mm</td></tr>
<tr><td>角焊缝厚度</td><td>±0.2 mm</td></tr>
<tr><td colspan="2">宽度</td><td>mm</td><td>±0.3 mm</td></tr>
<tr><td colspan="2">焊缝咬边深度</td><td>mm</td><td>±0.1 mm</td></tr>
<tr><td colspan="2">焊件坡口角度</td><td>度</td><td>±30′</td></tr>
<tr><td colspan="2">间隙尺寸</td><td>mm</td><td>±0.1 mm</td></tr>
</table>

7.3 表面涂层

镀层的试验方法应按 GB/T 13912、GB/T 13913、GB/T 11379 的规定执行。补偿器芯管与密封填料接触的表面防护涂层厚度使用涂层测厚仪进行检测，量具准确度应符合表 8 的规定。

7.4 补偿量

补偿量应使用钢直尺或钢卷尺进行检测，量具准确度应符合表 8 的规定。

7.5 焊接

7.5.1 焊缝外观采用目测和量具进行检测，量具应使用焊缝规和焊缝检验尺，量具准确度应符合表 8 的规定。

7.5.2 无损检测应符合下列规定：

a) 射线检测方法应按 NB/T 47013.2 的规定执行。

b) 超声波检测方法应按 NB/T 47013.3 的规定执行。

c) 渗透检测方法应按 NB/T 47013.5 的规定执行。

7.6 承压

7.6.1 压力试验介质应采用洁净水，水温应不小于 15 ℃。当补偿器材料为不锈钢时，水的氯离子含量应不大于 25 mg/L。

7.6.2 水压检测应采用 2 个经过校正且量程相同的压力表，压力表的精度应不低于 1.5 级，量程应为试验压力的 1.5 倍～2 倍。

7.6.3 试验压力应为设计压力的 1.5 倍。

7.6.4 试验时压力应缓慢上升，达到试验压力后应保压 10 min。试验压力不应有任何变化。在规定的试验压力和试验持续时间内试件的任何部位不应渗漏和有明显的变形、开裂等缺陷。

7.7 摩擦力

7.7.1 摩擦力试验应在补偿器承压试验合格后进行。

7.7.2 摩擦力测量应采用压力传感器及相应的测量仪表进行，试验前应对测量仪表进行检定，试验用压力表的数量、精度和量程应符合 7.6.2 的规定。

7.7.3 摩擦力试验应采用洁净水，水温应不低于 15 ℃。当补偿器材料为不锈钢时，水的氯离子含量应不大于 25 mg/L。

7.7.4 摩擦力试验应按下列步骤进行：

a) 按图 4 a)或图 4 b)所示将两个串联反向安装的补偿器两端封堵并固定于试验台上，水压加至补偿器的设计压力。

b) 采用液压千斤顶在图 4 中加力装置处缓慢加力，通过压力传感器及测量仪表测量芯管与外套管相对运动瞬间的荷载 F_i。

c) 在整个试验过程中，补偿器的密封结构不应出现渗漏，试件中的水压应保持设计压力。压力偏差应不大于±1%。

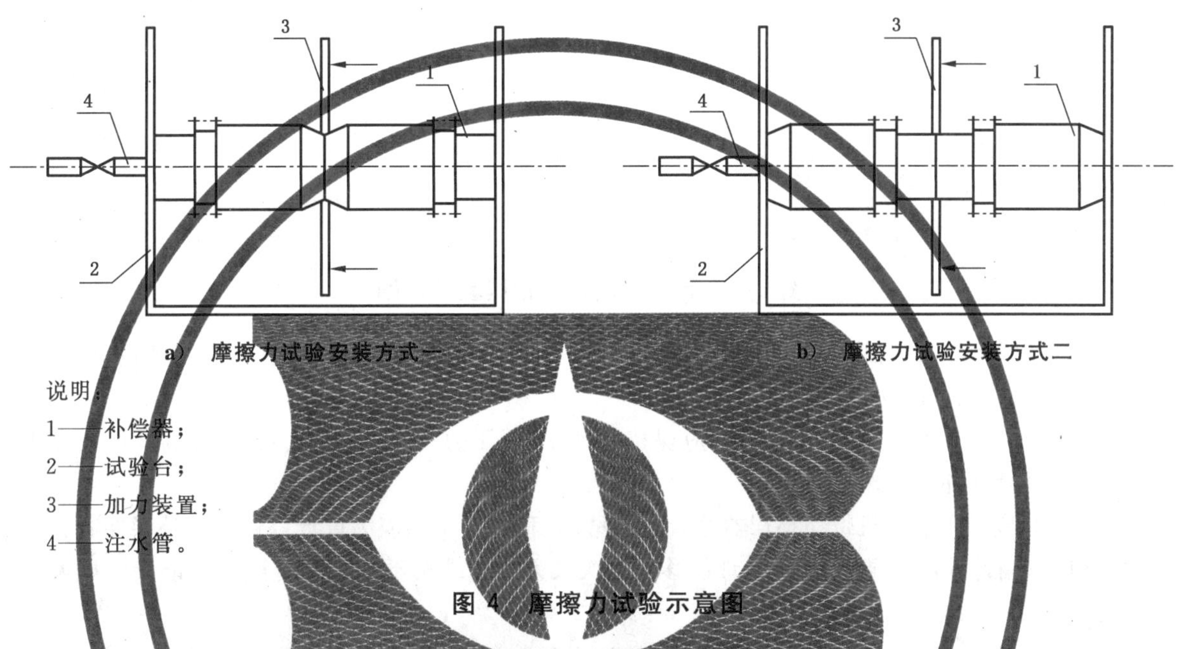

说明：

1——补偿器；

2——试验台；

3——加力装置；

4——注水管。

图 4 摩擦力试验示意图

7.7.5 同一型号补偿器的试验样品数量宜不小于 2 对。

7.7.6 补偿器摩擦力应按式(1)、式(2)计算：

$$F = \frac{\overline{F_l}}{2} \tag{1}$$

$$\overline{F_l} = \frac{\sum_{1}^{N} F_i}{N} \tag{2}$$

式中：

F ——单个补偿器静摩擦力，单位为牛(N)；

$\overline{F_l}$ ——试验样品荷载的平均值，单位为牛(N)；

F_i ——试验样品芯管与外套管相对运动瞬间的荷载，单位为牛(N)；

N ——试验荷载的测量次数。

7.8 设计位移循环次数

7.8.1 设计位移循环次数试验应在补偿器承压试验合格后进行。

7.8.2 设计位移循环次数试验应在如图 5 所示的试验台上进行。

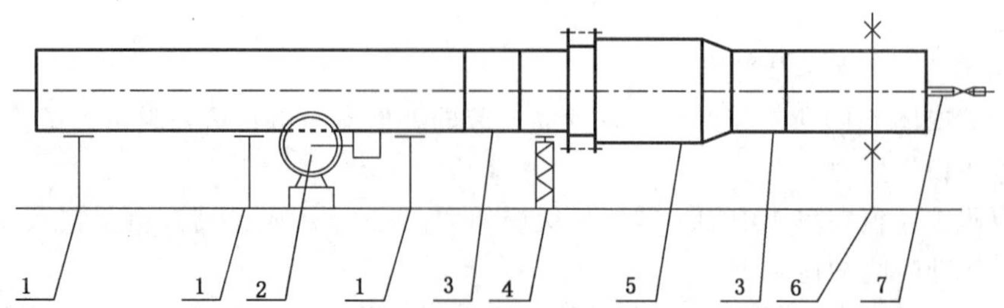

说明：

1——滑动支座；

2——减速器及电动机；

3——试验配合用短管；

4——计数器；

5——补偿器；

6——固定支座；

7——注水管。

图 5　设计位移循环次数试验示意图

7.8.3　设计位移循环次数试验应采用洁净水，水温应不低于 15 ℃。当补偿器材料为不锈钢时，水的氯离子含量应不大于 25 mg/L。

7.8.4　在整个试验过程中，试件中的水压应保持设计压力，压力偏差应不大于±1%，试验用压力表的数量、精度和量程应符合 7.6.2 的规定。

7.8.5　试验时应采用电动机带动补偿器芯管往复移动，移动的距离应为设计补偿量。补偿器芯管往复移动次数应采用计数器记录，补偿器设计位移循环次数为密封结构不出现任何渗漏时记录的最大往复移动次数。

8　检验规则

8.1　检验类别

补偿器的检验分为出厂检验和型式检验。检验项目应按表 9 的规定执行。

表 9　检验项目

序号	检验项目	出厂检验	型式检验	要求	试验方法
1	外观	√	√	6.1	7.1
2	尺寸偏差	√	√	6.2	7.2
3	表面涂层	—	√	6.3	7.3
4	补偿量	—	√	6.4	7.4
5	焊接	√	√	6.5	7.5
6	承压	√	√	6.6	7.6
7	摩擦力	—	√	6.7	7.7
8	设计位移循环次数	—	√	6.8	7.8
注：“√”为检验项目，“—”为非检验项目。					

8.2 出厂检验

8.2.1 产品应经制造厂质量检验部门逐个检验,合格后方可出厂。同类型、同规格的补偿器20只为1个检验批。

8.2.2 合格判定应符合下列规定:

a) 按照表9第1项检验,当不符合要求时,则判定该批补偿器出厂检验不合格;

b) 按照表9第2、5、6项检验,当全部检验项目符合要求时,则判定该补偿器出厂检验合格,否则判定为不合格。

8.3 型式检验

8.3.1 当出现下列情况之一时,应进行型式检验:

a) 新产品或转产生产试制产品时;

b) 产品的结构、材料及制造工艺有较大改变时;

c) 停产1年以上,恢复生产时;

d) 连续生产每4年时;

e) 出厂检验结果与上次型式检验有较大差异时。

8.3.2 检验样品数量应符合下列规定:

a) 同一类型的补偿器取2只不同规格的检验样品,摩擦力试验检验样品数量按7.7确定;

b) 抽样方法应按GB/T 2828.1的规定执行。

8.3.3 合格判定应符合下列规定:

a) 当所有样品全部检验项目符合要求时,判定补偿器型式检验合格;

b) 按照表9第1项检验,当不符合要求时,则判定补偿器型式检验不合格;

c) 按照表9第2~8项检验,当有不符合要求的项目时,应加倍取样复验,若复验符合要求,则判定补偿器型式检验合格;当复验仍有不合格项目时,则判定补偿器型式检验不合格。

9 干燥与涂装

9.1 干燥

承压试验、摩擦力试验和设计位移循环次数试验后应将试件中的水排尽,并应对表面进行干燥。

9.2 表面涂装

9.2.1 补偿器检验合格后,外表面应涂防锈油漆,可采用防锈漆两道。芯管组件镀层外露表面及焊接坡口处应涂防锈油脂。

9.2.2 补偿器装运用的临时固定部件应涂黄色油漆。

10 标志、包装、运输和贮存

10.1 标志

在每个补偿器外套管上应设铭牌或喷涂、打印标志。标志应标注下列内容:

a) 制造单位名称和出厂编号;

b) 产品名称和型号;

c) 公称直径(mm);

d) 设计压力(MPa)；

e) 设计温度(℃)；

f) 设计补偿量(mm)；

g) 产品最小长度(mm)；

h) 适用介质种类；

i) 设计位移循环次数；

j) 质量(kg)；

k) 制造日期。

10.2 包装

10.2.1 补偿器的包装应符合 JB/T 4711 的规定。

10.2.2 补偿器应提供下列文件：

a) 产品合格证；

b) 密封填料、芯管和外套筒的材料质量证明文件；

c) 承压试验、无损检测结果报告；

d) 安装及使用维护保养说明书；

e) 组装图及主要部件明细表。

10.3 运输和贮存

10.3.1 补偿器运输及贮存时应垂直放置。

10.3.2 补偿器运输及贮存时应对补偿器端口进行临时封堵。

10.3.3 补偿器在运输及贮存过程中不应损伤。

10.3.4 吊装时应使用吊装带。

10.3.5 运输、贮存时不应受潮和雨淋。

ICS 91.060.01
Q 70

中华人民共和国建筑工业行业标准

JG/T 448—2014

既有采暖居住建筑节能改造能效测评方法

Method of the energy performance evaluation for heating system in existing residential buildings

2014-09-29 发布 2015-04-01 实施

中华人民共和国住房和城乡建设部 发 布

前　言

本标准按照GB/T 1.1—2009给出的规则起草。

本标准由住房和城乡建设部标准定额研究所提出。

本标准由住房和城乡建设部建筑环境与节能标准化技术委员会归口。

本标准起草单位:北京住总集团有限责任公司、江苏天宇建设集团有限公司、中国建筑科学研究院、北京市建筑节能与建筑材料管理办公室、北京建筑节能研究发展中心、天津市供热管理办公室、北京金房暖通节能技术股份有限公司、辽宁省建设科学研究院、北京中建建筑科学研究有限公司、乌鲁木齐市建设委员会、北京市住宅建筑设计研究院有限公司、住房和城乡建设部科技发展促进中心、北京市建筑设计研究院有限公司、邢台市热力公司、北京建工一建工程建设有限公司、瑞国节能投资(北京)有限公司、北京康易格瑞能源技术有限公司、北京市建设工程质量第六检测所有限公司、北京建工路桥工程建设有限责任公司。

本标准主要起草人:张贵林、黄维、杨健康、孙新民、鲍宇清、田桂清、李群、周宁、丁琦、田雨辰、孙作亮、张昭瑞、傅寿国、任静、龚海光、王庆辉、米舰、丁雪峰、胡颐蘅、徐显辉、夏祖宏、解文强、孙志谦、刘一凡、王妍、黄勃、梁传志、朱晓锋、张金花、周磊。

既有采暖居住建筑节能改造能效测评方法

1 范围

本标准规定了既有采暖居住建筑节能改造能效测评的基本要求、采暖效果测评方法、采暖能耗测评方法、供热节能技术应用测评方法。

本标准适用于具备热计量功能的既有居住建筑集中采暖系统的节能运行能效测评，以及节能改造效果测评。新建建筑能效测评可参照执行。

2 规范性引用文件

下列文件对于本文件的应用是必不可少的。凡是注日期的引用文件，仅注日期的版本适用于本文件。凡是不注日期的引用文件，其最新版本(包括所有的修改单)适用于本文件。

GB/T 16732 建筑采暖通风空调净化设备 计量单位及符号

GB/T 16803 采暖、通风、空调、净化设备 术语

GB/T 23483—1997 建筑物围护结构传热系数及采暖供热量检测方法

GB/T 50893 供热系统节能改造技术规范

JGJ/T 132 居住建筑节能检测标准

3 术语和定义

GB/T 16732、GB/T 16803、GB/T 23483—1997 和 JGJ/T 132 界定的以及下列术语和定义适用于本文件。为了便于使用，以下重复列出了某些术语和定义。

3.1

能效测评 energy performance evaluation

对反映能源消耗量、用能效率和运行效果等性能指标进行计算、核查与必要的检测，分析其可能存在的问题的活动。

3.2

运行补水率 operating water makeup ratio

集中热水采暖系统在正常运行工况下，在检测持续时间内补水系统的总补水量与循环水系统的累积流量的比值。

3.3

室内日平均温度 daily average room air temperature

在房间内一个或多个代表性位置连续 24 h 测得的室内空气温度的算术平均值。

3.4

显示热量 displaying energy

读表时刻在热量表上直接读取到的累积热量值。

3.5

建筑物采暖供热量　heat supply for space heating

在一段采暖期间内，建筑物热力入口由采暖设备供给建筑物的热量。

[GB/T 23483—1997，定义 3.3]

3.6

当日建筑物供热系数　daily heating coefficient of building

在采暖期间某一日，单位建筑面积在单位度日数内的建筑物采暖供热量，该系数受日照得热、室内得热、开窗散热和冷风渗透等因素的影响而逐日变化。

3.7

建筑物围护结构评价基数　evaluation index of insulation of building

在采暖期间内，连续 3 d 的平均当日建筑物供热系数的最小值。

3.8

当日供热运行过量系数　daily excess coefficient of heating

在采暖期间某一日，实际建筑物采暖供热量超出计算供热量的百分比。

3.9

采暖季供热运行过量系数　seasonal excess coefficient of heating

当日供热运行过量系数在采暖期内的算数平均值。

3.10

热工缺陷　thermal irregularities

当围护结构中保温材料缺失、分布不均、受潮或其中混入灰浆时或当围护结构存在空气渗透的部位时，则称该围护结构在此部位存在热工缺陷。

[JGJ/T 132—2009，定义 2.1.15]

3.11

室外管网热损失率　heat loss ratio of outdoor heating network

集中热水采暖系统室外管网的热损失与管网输入总热量(即采暖热源出口处输出的总热量)的比值。

[JGJ/T 132—2009，定义 2.1.20]

3.12

建筑物流量平衡系数　factor of hydraulic balance

在集中热水采暖系统中，单个建筑物热力入口的单位面积循环水量与系统总管上的单位面积循环水量之比。

3.13

建筑物温差平衡系数　factor of temperature deviation between supply and return water

在集中热水采暖系统中，单个建筑物热力入口的供回水温差与若干建筑物热力入口的平均供回水温差之比。

3.14

供热量调节技术　regulation technology of heating energy

根据室外气象条件和室内温度等变化因素引起的供热需求变化，自动调节热源输出供热量的技术。

4　基本要求

4.1　测试条件

4.1.1　采暖系统应已竣工验收，且运行正常。

4.1.2 既有采暖居住建筑节能运行的基本信息资料应齐全，具体信息应包括以下内容：居住建筑小区名称、地址、小区内楼栋编号和建筑面积，建筑竣工年代、建筑节能设计标准、热源和室外管网图纸、楼栋内采暖系统形式、节能改造内容和测评工作联系人等。

4.1.3 在采暖系统中，热源或热交换站应安装热量表、水流量计量装置和电能计量装置；楼栋热力入口应安装热量表，循环水泵的耗电量应单独计量。热量表、水流量计量装置和电能计量装置应有法定计量部门出具的有效期内的检定证书，仪器仪表的测量性能应符合表1规定。

表 1 仪器仪表测量性能要求

序号	测试仪表名称	准确度等级或最大允许误差
1	热量表	不低于三级
2	水流量计量装置	不低于三级
3	电能计量装置	不低于三级
4	温度自记仪或在线温度测试仪	温度：±0.5 ℃ 时间：±5 s/d

4.1.4 表1中的测量仪表宜配备远程上传数据的系统，且能够实现在要求时间采集数据的功能；热量表不能实现远程上传时，应能够在整个采暖季存储每日零时的数据。

4.1.5 在测评过程中，如对热量、水量和电量数据不能确定，应采用便携式热量表、流量表和电能表进行现场核对，便携仪表应具有在法定计量部门出具的有效期内的检定证书或校准证书，且其性能指标应符合表1的规定。

4.1.6 当建筑分户热计量采用通断时间面积法或者温度面积法热计量装置时，可采用该热计量装置测得的室温作为测评依据；未采用上述计量方法时，应采用在线温度测试仪或温度自记仪监测房间温度，室内平均温度的检测方法应符合 JGJ/T 132 的规定，且应符合下列规定：

——每个楼栋内的测温住户不应少于9户，每个测温住户的室温测点不应少于1个。测温住户的分布应包括建筑的两边、中间、顶层和底层等典型位置，且应选择正常采暖住户；

——室温测量间隔不应小于 0.5 h。

4.2 数据采集

供热计量仪表数据的采集整理参见附录 A。

4.3 测评报告

测评报告可参照附录 B。

5 采暖效果测评方法

5.1 每日应采集计算室内日平均温度、楼栋日平均温度、小区日平均温度和室外日平均温度。

5.2 室外日平均温度应通过当地气象部门获得，对于大型城市宜按不同城区采用不同的室外温度数据。

5.3 室内日平均温度、楼栋日平均温度、小区日平均温度和室外日平均温度的计算周期应为 24 h，且应保持同步，计算周期宜为当日零时至次日零时。

5.4 对于已实施按热量计量且室内散热设备具有可调节温控装置的采暖系统，当住户人为调低室内温度设定值时，室内日平均温度值可不参与统计分析。

5.5 应统计逐日室内日平均温度低于当地保障采暖室温下限的住户比例，并分析原因。

5.6 应统计逐日住户室内日平均温度比小区日平均温度高出 2 K 的住户比例，并分析原因。

5.7 应针对每一栋建筑，将严寒季某日的室内日平均温度按照楼层分布计算楼层日平均温度，以楼层数由低到高为横坐标，以温度为纵坐标，绘制楼层—温度坐标图，应将坐标图中的散点数据回归成直线，该直线的斜率为该栋建筑的温度垂直失调度(L_{tv})。

5.8 应将严寒季某日的楼栋日平均温度先按照大小排序，再绘制楼栋—温度坐标图，应将坐标图中的散点数据回归成直线，该直线的斜率为该小区的温度水平失调度(L_{th})。

5.9 应对比逐日不同室外日平均温度对应的小区日平均温度，分析由室外温度变化引起的失调状况。

5.10 对于存有历史数据的测评对象，应对往年数据进行对比，分析采取节能改造或节能措施前后的采暖效果变化。

6 采暖能耗测评方法

6.1 燃料消耗

锅炉房单位供热量的燃料消耗量检测和判定方法，应符合 GB/T 50893 的规定，节能改造前后应进行数据对比。

6.2 建筑物围护结构

6.2.1 采暖建筑单位面积供热量的检测和判定方法，应符合 GB/T 50893 的规定。

6.2.2 应按表 2 内容读取被测评楼栋的热量表，填表应符合下列规定：

——当该楼栋在该年度提前采暖时，应以当地政府规定的采暖周期为基准，补充读取实际采暖起始和结束时刻的显示热量值；

——当在一个建筑物有若干只热量表时，应根据实际情况将若干热量表相加或相减，求得被测评建筑物的显示热量值；

——读取热量表时，应检查热量表时钟是否准确，宜拍照留底。

表 2 楼栋热量记录表

楼栋编号					
楼栋建筑面积/m^2					
显示热量/GJ	年 月 日 (提前采暖日，可选项)				
	年 月 日 (法定采暖开始日)				
	年 月 日 (法定采暖结束日)				
	年 月 日 (延长采暖日，可选项)				
注：显示热量值的读表时刻均为零时。					

6.2.3 建筑物围护结构评价基数应按式(1)、式(2)和式(3)计算。

$$L_{hdd}=\min(\overline{q_a},\overline{q_{(a+1)}},\overline{q_{(a+2)}},\overline{q_{(a+3)}},\cdots,\overline{q_b}) \quad\cdots\cdots(1)$$

$$q_d=\frac{\Delta Q_d\times 10^9}{24\times 3\ 600\times A\times(\overline{t_{di}}-\overline{t_{do}})} \qquad (2)$$

$$\overline{q_d}=\frac{q_{(d-1)}+q_d+q_{(d+1)}}{3} \qquad (3)$$

式中：

L_{hdd} ——建筑物围护结构评价基数，单位为瓦每开尔文平方米[W/(K·m²)]；

q_d ——d 日的当日建筑物供热系数，单位为瓦每开尔文平方米[W/(K·m²)]；

ΔQ_d ——d 日内的建筑物采暖供热量，为次日零时和当日零时的显示热量值之差，单位为吉焦(GJ)；

A ——建筑物建筑面积，单位为平方米(m²)；

$\overline{q_d}$ ——d 日(采暖期内某一日)的 3 日建筑物供热系数平均值，单位为瓦每开平方米[W/(K·m²)]；

$\overline{t_{di}}$ ——d 日的楼栋日平均温度，单位为摄氏度(℃)；

$\overline{t_{do}}$ ——d 日的室外日平均温度，单位为摄氏度(℃)；

$\overline{q_a}$ ——当地法定采暖期开始后第 10 天的 3 d 建筑物供热系数平均值，单位为瓦每开尔文平方米[W/(K·m²)]；

$\overline{q_b}$ ——当地法定采暖期结束前第 10 天的 3 d 建筑物供热系数平均值，单位为瓦每开尔文平方米[W/(K·m²)]。

6.2.4 应将建筑物围护结构评价基数与其他小区(不限于本地)和本小区往年历史数据进行比较。当数值较大时，应采用红外成像仪检测外围护结构热工缺陷，检测方法应符合 JGJ/T 132 的规定。

6.3 供电系统

采暖建筑单位面积耗电量的检测和判定方法，应符合 GB/T 50893 的规定。

6.4 补水系统

6.4.1 运行补水率的检测应在采暖系统正常运行后进行，且检测周期宜为整个采暖期。

6.4.2 测试补水量的累计流量计量装置应安装在采暖系统补水管上适宜位置，且应符合产品的使用要求，计量装置应在检定有效期之内。

6.4.3 采暖系统运行补水率应按式(4)计算：

$$L_{\mathrm{mp}}=\frac{G_b}{G_x}\times 100\% \qquad (4)$$

式中：

L_{mp}——运行补水率，%；

G_b ——检测周期内的总补水量，单位为立方米(m³)；

G_x ——检测周期内的累积循环水量，单位为立方米每小时(m³/h)。

6.4.4 采暖系统一次网运行补水率不应大于 0.5%，二次网运行补水率不应大于 1.0%，且应与其他小区和本小区往年历史数据进行比较。

7 供热节能技术应用测评方法

7.1 供热管网输送效率

7.1.1 供热管网输送效率的测试应在系统处于正常运行工况时进行，检测时刻宜选定在 1 月上旬的某日上午 6 时～8 时之间，且检测时刻热源供水温度值不应低于 35 ℃。

7.1.2 供热管网输送效率的计算应符合 JGJ/T 132 的规定，也可按式(5)计算：

$$L_{ht}=\frac{\sum_{j=1}^{n}P_{o,j}}{P_i}\times 100\% \qquad (5)$$

式中：

L_{ht} ——供热管网输送效率，%；

$P_{o,j}$ ——第 j 个热力入口处的瞬时供热功率，单位为千瓦(kW)；

P_i ——热源(供应 n 个热力入口的总热量)的瞬时供热功率，单位为千瓦(kW)。

7.1.3 供热管网输送效率不应小于90%，且应与其他小区和本小区往年历史数据进行比较。

7.2 水力平衡技术

7.2.1 水力平衡技术的测评宜以建筑物热力入口为测点，测试应在系统处于正常运行工况时进行，检测时刻宜选定在1月上旬的某日上午6时～8时之间，且检测时刻热源供水温度值不应低于35 ℃。

7.2.2 水力平衡效果应按建筑物温差平衡系数和建筑物流量平衡系数两方面加以分析。

7.2.3 建筑物温差平衡系数应按式(6)计算：

$$L_{hb1,j}=\frac{\Delta t_j \div \Delta T_j \times n}{\sum_{i=1}^{n}(\Delta t_i \div \Delta T_i)}\times 100\% \qquad (6)$$

式中：

$L_{hb1,j}$ ——第 j 栋的建筑物温差平衡系数，%；

Δt_i ——第 i 栋建筑物的供回水温差，单位为开尔文(K)；

ΔT_i ——第 i 栋建筑物的采暖系统设计温差，单位为开尔文(K)；一般情况下散热器系统设计温差取20 K，地面辐射供暖系统设计温差取10 K；

Δt_j ——第 j 栋建筑物的供回水温差，单位为开尔文(K)；

ΔT_j ——第 j 栋建筑物的采暖系统设计温差，单位为开尔文(K)；一般情况下散热器系统设计温差取20 K，地面辐射供暖系统设计温差取10 K；

n ——参与水力平衡比较的建筑物数量。

7.2.4 当某栋建筑物温差平衡系数大于120%或低于80%时，应检查水力平衡情况，可调节其热力入口流量加以改善。

7.2.5 建筑物流量平衡系数应按式(7)和式(8)计算：

$$L_{hb2,j}=\frac{g_j}{g_i}\times 100\% \qquad (7)$$

$$g=G/A \qquad (8)$$

式中：

$L_{hb2,j}$ ——第 j 栋的建筑物流量平衡系数，%；

g_j ——第 j 栋建筑的平均循环水量，单位为立方米每小时每平方米[$(m^3/h)/m^2$]；

g_i ——系统总管的平均循环水量，单位为立方米每小时每平方米[$(m^3/h)/m^2$]；

G ——累积循环水量，单位为立方米每小时(m^3/h)；

A ——建筑物建筑面积，单位为平方米(m^2)。

7.2.6 当某栋建筑物的水力平衡系数大于120%时，应判断其水流量偏高；当其水力平衡系数小于90%时，应判断其水流量偏低。出现流量偏高或者偏低时，应调节其热力入口流量以改善水力平衡状况。

7.3 供热量调节技术

7.3.1 应按以下方法选取测评对象：

——当居住建筑的热交换站安装有热量表时，应以该热量表作为测评对象；

——当没有热交换站或者热交换站没有热量表时，锅炉房所供热对象全部为居住建筑，应以锅炉房热量表作为测评对象；

——当以上条件均不满足时，应以小区内两栋居住建筑楼栋热量表的平均值作为测评对象；

——无论供热系统是否安装气候补偿装置或供热量调节装置，均应测评供热量调节效果。

7.3.2 应按表 3 读取测评对象的显示热量值和室外日平均温度，并计算日供热量。

表 3 供热量调节计算表

读表时间	显示热量值[a]/GJ	日供热量[b]/GJ	室外日平均温度/℃
年 月 日			
年 月 日			
年 月 日			
年 月 日			
年 月 日			
年 月 日			
年 月 日			

[a] 显示热量值的读表时刻均为零时，宜在整个采暖季每日读表。

[b] 日供热量为当日显示热量值与前一日显示热量值的差。

7.3.3 应按以下方法绘制日供热量-室外日平均温度图形，分析气候补偿效果：

——以日期顺序为横坐标，以日供热量和室外日平均温度为左右两轴纵坐标，绘制图形查看二者对应关系；

——以室外日平均温度排序为横坐标，以日供热量为纵坐标，绘制图形查看二者线性关系。

7.3.4 对图表中线性较差的点，查询当日楼内住户的设定温度状况和室内日平均温度，并分析原因。

7.3.5 某一栋建筑物的当日供热运行过量系数应按式(9)和式(10)计算。

$$H_d = \left(\frac{\Delta Q_d - Q_d}{Q_d}\right) \times 100\% \quad \cdots\cdots(9)$$

$$Q_d = 24 \times 3\ 600 \times A \times (T_i - \overline{T_{do}}) \times L_{hdd} \div 10^9 \quad \cdots\cdots(10)$$

式中：

H_d ——d 日的当日供热运行过量系数，%；

Q_d ——d 日的计算供热量，单位为吉焦(GJ)；

A ——建筑物的建筑面积，单位为平方米(m^2)；

T_i ——该小区室内设计采暖温度，单位为摄氏度(℃)；

$\overline{T_{do}}$ ——d 日的室外日平均温度，单位为摄氏度(℃)；

L_{hdd} ——建筑物围护结构评价基数，单位为瓦每开尔文平方米[$W/(K \cdot m^2)$]。

7.3.6 当日供热运行过量系数越大，供热系统越可能存在供热过量；系数小于 0 时，系统可能存在供热不足。通过计算统计逐日的当日供热运行过量系数，应分析供热量过量的规律和节能潜力。

7.3.7 采暖季供热运行过量系数应按式(11)计算：

$$L_{HD} = \sum_{d=1}^{D} \frac{H_d}{D} \times 100\% \quad \cdots\cdots(11)$$

式中：

D ——采暖季天数，单位为天(d)；

L_{HD}——采暖季供热运行过量系数,%。

7.3.8 应将采暖季节能运行过量系数与其他小区和本小区往年历史数据进行比较,数值越大节能运行效果越差。

7.4 变流量调节技术

7.4.1 根据仪表获得数据情况,可采用3种方法测评变流量调节技术的效果。

7.4.2 采暖期流量调节系数应按式(12)计算:

$$L_{p1}=\frac{G_b-G_a}{24\times D\times g_{max}}\times 100\% \qquad (12)$$

式中:

L_{p1} ——采暖期流量调节系数,%;

G_a ——采暖开始日热量表上的显示累计流量,单位为立方米(m^3);

G_b ——采暖结束日热量表上的显示累计流量,单位为立方米(m^3);

D ——b、a两个日期之间的天数,单位为天(d);

g_{max}——采暖期内该热量表上读取的最大瞬时流量值,单位为立方米每小时(m^3/h)。

7.4.3 采暖期平均温差系数应按式(13)计算:

$$L_{p2}=\frac{238\times(Q_b-Q_a)}{G_b-G_a}\div\Delta T\times 100\% \qquad (13)$$

式中:

L_{p2}——采暖期平均温差系数,%;

Q_a——采暖开始日累计热量,单位为吉焦(GJ);

Q_b——采暖结束日累计热量,单位为吉焦(GJ);

ΔT——采暖系统设计温差,单位为开(K);一般情况下散热器系统设计温差取20 K,地面辐射供暖系统设计温差取10 K。

7.4.4 采暖期平均耗电输热比应按式(14)计算:

$$L_{p3}=\frac{0.003\,6\times(E_b-E_a)}{Q_b-Q_a}\times 100\% \qquad (14)$$

式中:

L_{p3}——采暖期平均耗电输热比,%;

Q_a——采暖开始日显示热量值,单位为吉焦(GJ);

Q_b——采暖结束日显示热量值,单位为吉焦(GJ);

E_a——采暖开始日循环水泵电能计量装置累计值,单位为千瓦时(kWh);

E_b——采暖结束日循环水泵电能计量装置累计值,单位为千瓦时(kWh)。

7.4.5 应将L_{p1}、L_{p2}和L_{p3}与其他小区和本小区往年历史数据进行比较,应进一步检查水泵配置和变流量调节工况。

7.5 锅炉运行效率

锅炉运行效率的检测和判定方法应符合JGJ/T 132的规定。

附 录 A
（资料性附录）
供热计量仪表数据采集要求

A.1 热量表数据采集

A.1.1 热量表的 ID 应采取以下方式编号：

——锅炉房热量表代号用 G 表示，G1 代表 1 号锅炉房热量表，G0 代表不确定编号（如城市热网）；

——热力站热量表代号用 H 表示，H102 代表 1 号锅炉房的 2 号热力站热量表，H100 代表直供系统无热力站；

——楼栋热量表代号用 L 表示，L20103 代表 2 号锅炉房的 1 号热力站之 3 号楼栋热量表；L00102 代表 1 号热力站之 2 号楼栋热量表；L10007 代表 1 号锅炉房直供之 7 号楼栋热量表；

——根据系统管路实际情况，以上位置的热量表可能是一只或者多只热量表相加减得出。

A.1.2 热量表数据可按表 A.1 采集整理。

表 A.1 热量表数据采集表

热表 ID					建筑面积/m^2				
日期	显示热量值/GJ	显示累计流量/m^3	供水温度/℃	回水温度/℃	瞬时流量/(m^3/h)	日供热量/GJ	日累计流量/m^3	瞬时功率/kW	是否故障(0/1)
年 月 日									
年 月 日									
年 月 日									
注：读表时刻默认为当日零时。									

A.2 补水系统数据采集

A.2.1 补水系统水流量计量装置数据可按表 A.2 采集整理。

表 A.2 补水系统水流量计量装置数据采集表

水流量计量装置位置[a]			建筑面积/m^2	
日期	时间	显示累计流量/m^3	累计流量增量/m^3	是否故障(0/1)
年 月 日	时 分			
年 月 日	时 分			
年 月 日	时 分			
[a] 水流量计量装置位置指补水给一次或者二次循环水系统。				

A.3 电能计量装置数据采集

A.3.1 锅炉房或热力站电能计量装置数据可按表 A.3 采集整理。

表 A.3　锅炉房或热力站电能计量装置数据采集表

电量计量对象描述[a]		建筑面积/m²		
日期	时间	显示累计电量/kWh	累计电量增量/kWh	是否故障(0/1)
年　月　日	时　分			
年　月　日	时　分			
年　月　日	时　分			
[a] 电量计量对象描述需要说明供电对象是锅炉房还是热力站，其中包括哪些用电设备，是否包括水泵。				

A.3.2　循环水泵电能计量装置数据可按表 A.4 采集整理。

表 A.4　循环水泵电能计量装置数据采集表

电量计量对象描述[a]		建筑面积/m²		
日期	时间	显示累计电量/kWh	累计电量增量/kWh	是否故障(0/1)
年　月　日	时　分			
年　月　日	时　分			
年　月　日	时　分			
[a] 电量计量对象描述是指循环水泵所处系统，如一次水循环系统或者二次水循环系统。				

附　录　B
（资料性附录）
测 评 报 告

B.1　测评报告的封面应包括测评项目名称、测评单位和供热单位名称。

B.2　测评报告的扉页应包括测评日期、测评周期、测评单位的测评小组成员名单、用能单位的配合人员名单、测评报告编写人、审核人、批准人姓名等。

B.3　测评报告的第一章应包括测评目的、测评范围和测评依据等内容。

B.4　测评报告的第二章应包括被测评建筑物的基本信息综述、主要用能系统概况等内容。

B.5　测评报告的第三章应包括测评仪器仪表的描述和评价，包括采暖系统上的热计量仪表和测评单位使用的补充仪器仪表。

B.6　测评报告的第四章应为采暖效果测评结果。

B.7　测评报告的第四章应为采暖能耗测评结果，包括燃料消耗测评、建筑物围护结构测评、供电系统测评和补水系统测评。

B.8　测评报告的第五章应为节能技术应用测评报告，包括室外管网损失、水力平衡技术、供热量调节技术、变流量调节技术和锅炉运行效率的测评结果。

B.9　测评报告的第六章应包括测评结果汇总、节能潜力分析及节能措施建议方面的主要内容，测评结果汇总表应按表 B.1 和表 B.2 整理。

表 B.1　楼栋测评

测评项目	符号	单位	检测日期	数值				
				楼栋号	楼栋号	楼栋号	……	楼栋号
建筑物围护结构评价基数	L_{hdd}	[W/(K·m²)]	—					
采暖季供热运行过量系数	L_{HD}	%	—					
温度垂直失调度	L_{tv}	%	年　月　日					
建筑物温差平衡系数	L_{hb1}	%	年　月　日					
建筑物流量平衡系数	L_{hb2}	%	年　月　日					

表 B.2　小区测评

测评项目	符号	单位	检测日期	数值
温度水平失调度	L_{th}	%	年　月　日	
运行补水率	L_{mp}	%	—	
室外管网热损失率	L_{ht}	%	年　月　日	
采暖期流量调节系数	L_{p1}	%	—	
采暖期平均温差系数	L_{p2}	%	—	
采暖期平均耗电输热比	L_{p3}	%	—	

B.10　测评报告的第七章应包括测评结论，测评结论应客观反映测评工作的总体情况。

SHIHAO

成都实好电器有限公司

（原成都市武侯区世豪电器机械厂）

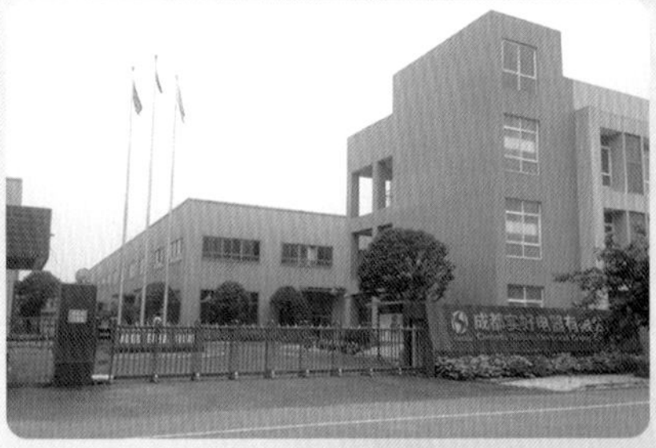

成都实好电器有限公司于2012年成立，它的前身是成都市武侯区世豪电器机械厂，建于1993年5月,如今已成为西南地区生产热水器、壁挂锅炉配套产品规模大，技术力量雄厚、质量好的专业生产厂家之一。企业长期坚持以“为客户提供优质的产品和满意度的服务”作为企业的经营理念。根据不同燃气热水器厂家的技术要求，开发、生产各种规格、型号的燃气热水器热交换器，壁挂炉热交换器等配套产品。所生产的产品经主管部门和使用厂家的检验测试，全部合格，长期受到各燃气热水器、壁挂炉厂家的一致肯定和好评。

企业从创业至今，把握住了正确的发展方向。目前已成为国内同行业中的佼佼者，与国内燃气热水器、燃气壁挂炉的知名企业签订了长期产品配套供货合同，形成了良好的合作伙伴关系。为加速企业的发展，企业已取得国家进出口经营权，我们企业的产品走向了国际市场。

目前工厂已成为一个集研发与生产为一体的科技型企业，企业人数从原来的30人发展到现有员工200多人，其中研发及技术服务人员20多人。未来企业将一如既往的本着“质量是生命、品牌求发展、市场为核心”经营理念，努力为广大新老客户提供更加完美的产品、周到的服务。

企业通过了ISO 9001：2015质量管理体系、ISO 14001：2015环境管理体系、ISO 45001：2018职业健康安全管理体系、GB/T 29490-2013知识产权管理体系的认证，2020年申请通过了四川省高新技术企业的认证，产品通过了CGAC自愿性认证。

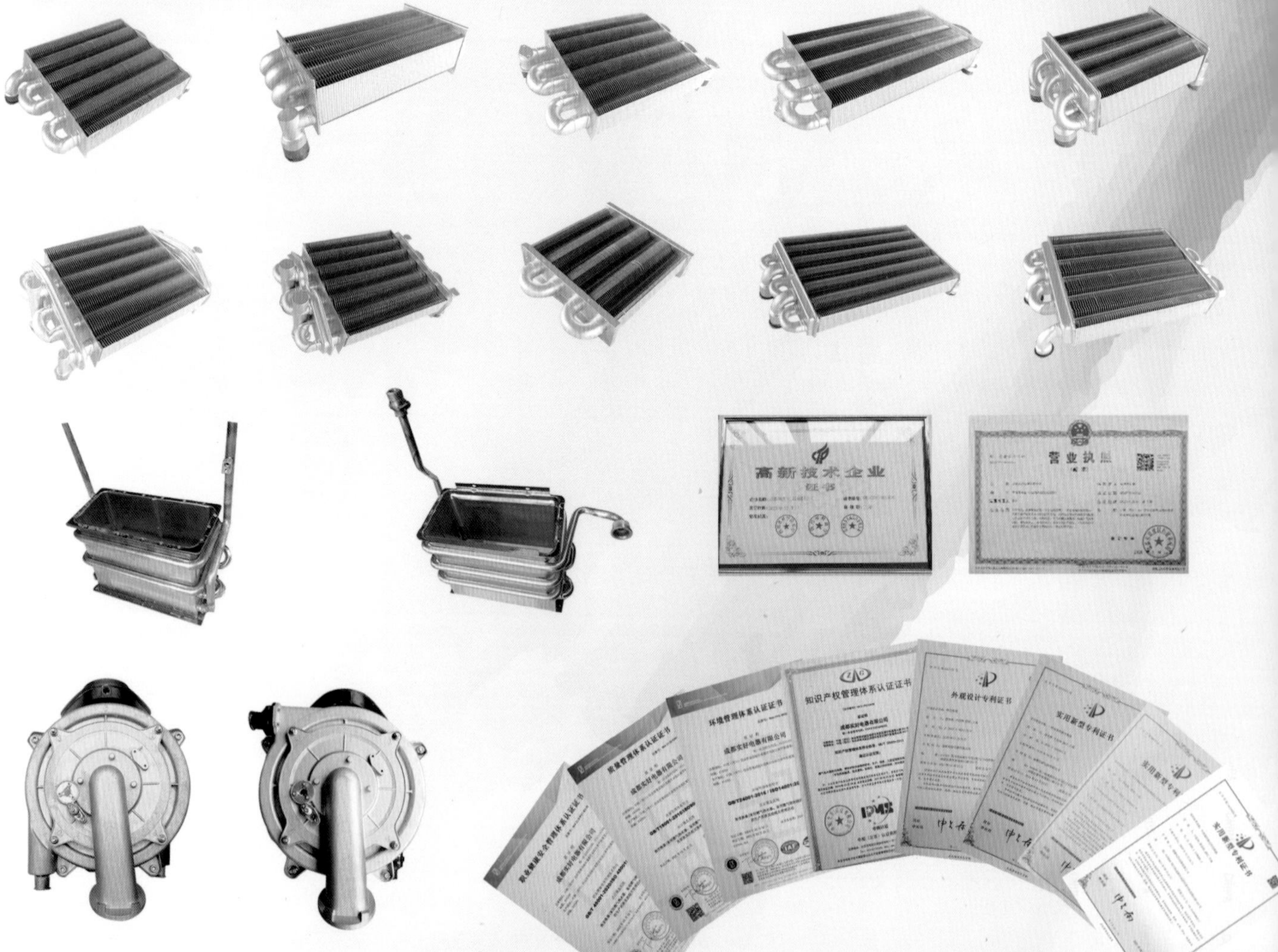

地址：四川省成都市双流区黄甲街道观山路333号　电话：028-85753398　联系人：殷女士　手机：13541161118

传真：028-87423128　网址：www.cdshdq.com　王先生　手机：13808085688

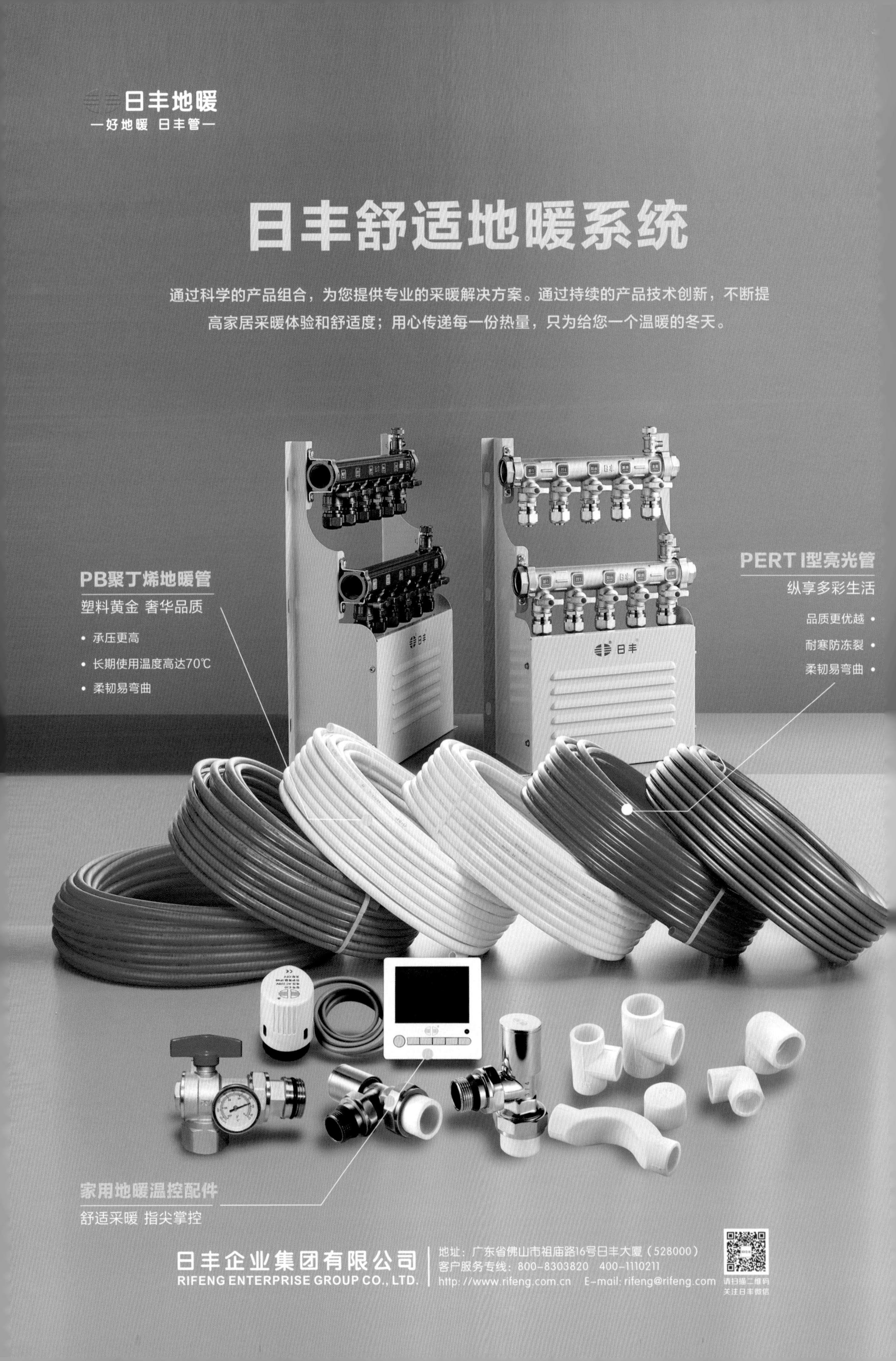

BOSCH
Made in Germany
Deutschland importiert
德国原装进口
Condens 9000
BOSCH
Condens 7100
博世燃气采暖热水炉
绿色科技成就健康舒适家

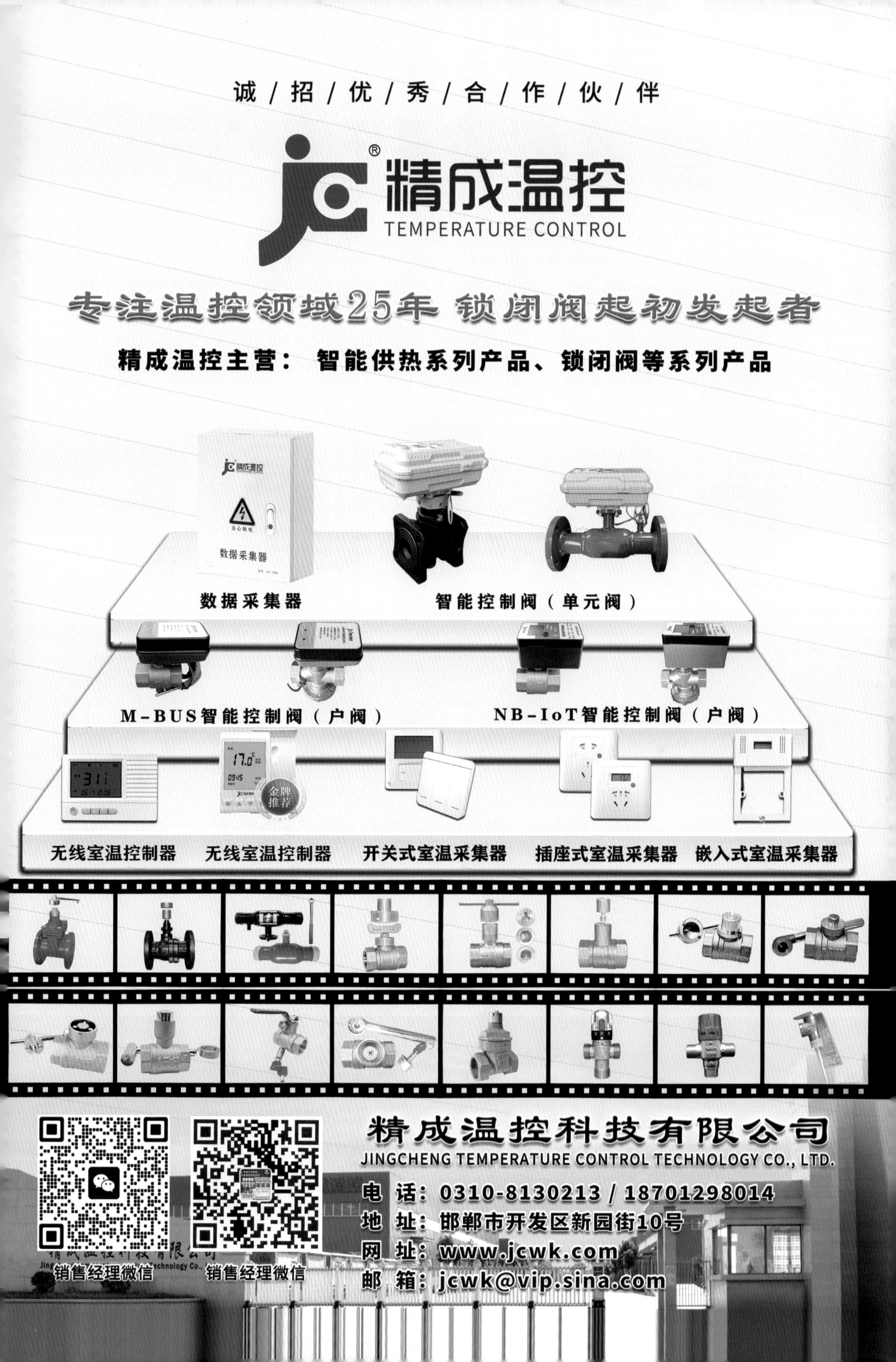
诚/招/优/秀/合/作/伙/伴
精成温控
TEMPERATURE CONTROL
专注温控领域25年 锁闭阀起初发起者
精成温控主营： 智能供热系列产品、锁闭阀等系列产品
数据采集器
智能控制阀（单元阀）
M-BUS智能控制阀（户阀）
NB-IoT智能控制阀（户阀）
无线室温控制器
无线室温控制器
金牌推荐
开关式室温采集器
插座式室温采集器
嵌入式室温采集器
精成温控科技有限公司
JINGCHENG TEMPERATURE CONTROL TECHNOLOGY CO., LTD.
电 话：0310-8130213 / 18701298014
地 址：邯郸市开发区新园街10号
网 址：www.jcwk.com
邮 箱：jcwk@vip.sina.com
销售经理微信
销售经理微信

《供热技术标准汇编 供暖卷》(第4版)

正文前

广东诺科冷暖设备有限公司　封二

北京阿尔肯阀门有限公司

浙江力聚热能装备股份有限公司

正文后

四川昊宇龙星科技有限公司

台州市迪欧电器有限公司

宝路七星管业有限公司

成都实好电器有限公司

浙江华地电子有限公司

日丰企业集团有限公司

博世热力技术（北京）有限公司

北京卓奥阀业有限公司

精成温控科技有限公司

江苏贝特管件有限公司

绍兴艾柯电气有限公司

广东聚思电子有限公司

浙江菲达精工机械有限公司

浙江温州美霸水暖器材有限公司

佛山市史麦斯卫厨电器有限公司

中山骏业佳安特电器有限公司　封三